U0936013

中 国 国 家 标 准 汇 编

2008 年修订-40

中国标准出版社　编

中 国 标 准 出 版 社

北　京

图书在版编目（CIP）数据

中国国家标准汇编：2008 年修订．40/中国标准出版社编．—北京：中国标准出版社，2009

ISBN 978-7-5066-5518-7

Ⅰ．中…　Ⅱ．中…　Ⅲ．国家标准-汇编-中国-2008　Ⅳ．T-652.1

中国版本图书馆 CIP 数据核字（2009）第 186496 号

中国标准出版社出版发行
北京复兴门外三里河北街 16 号
邮政编码：100045

网址 www.spc.net.cn
电话：68523946　68517548
中国标准出版社秦皇岛印刷厂印刷
各地新华书店经销

*

开本 880×1230　1/16　印张 38.75　字数 1 161 千字
2009 年 11 月第一版　2009 年 11 月第一次印刷

*

定价 200.00 元

出 版 说 明

1.《中国国家标准汇编》是一部大型综合性国家标准全集。自 1983 年起，按国家标准顺序号以精装本、平装本两种装帧形式陆续分册汇编出版。它在一定程度上反映了我国建国以来标准化事业发展的基本情况和主要成就，是各级标准化管理机构，工矿企事业单位，农林牧副渔系统，科研、设计、教学等部门必不可少的工具书。

2.《中国国家标准汇编》收入我国每年正式发布的全部国家标准，分为“制定”卷和“修订”卷两种编辑版本。

“制定”卷收入上年度我国发布的、新制定的国家标准，顺延前年度标准编号分成若干分册，封面和书脊上注明“20××年制定”字样及分册号，分册号一直连续。各分册中的标准是按照标准编号顺序连续排列的，如有标准顺序号缺号的，除特殊情况注明外，暂为空号。

“修订”卷收入上年度我国发布的、被修订的国家标准，视篇幅分设若干分册，但与“制定”卷分册号无关联，仅在封面和书脊上注明“20××年修订-1，-2，-3，……”字样。“修订”卷各分册中的标准，仍按标准编号顺序排列(但不连续)；如有遗漏的，均在当年最后一分册中补齐。需提请读者注意的是，个别非顺延前年度标准编号的新制定的国家标准没有收入在“制定”卷中，而是收入在“修订”卷中。

读者配套购买《中国国家标准汇编》“制定”卷和“修订”卷则可收齐上一年度我国制定和修订的全部国家标准。

3. 由于读者需求的变化，自 1996 年起，《中国国家标准汇编》仅出版精装本。

4. 2008 年制修订国家标准共 5946 项。本分册为“2008 年修订-40”，收入新制修订的国家标准 29 项。

中国标准出版社

2009 年 10 月

目　　录

ICS 31.240
K 05

中华人民共和国国家标准

GB/T 7269—2008
代替 GB/T 7269—1987

电子设备控制台的布局、型式和基本尺寸

Arrangement, types and basic dimensions of consoles for electronic equipments

2008-06-19 发布　　　　2009-04-01 实施

中华人民共和国国家质量监督检验检疫总局
中国国家标准化管理委员会　发布

前 言

本标准代替 GB/T 7269—1987《电子设备控制台的布局、型式和基本尺寸》。

本标准与 GB/T 7269—1987 相比，主要变化如下：

——增加“范围”及“规范性引用文件”两章；

——将图 8 中角度 25°(两处)改为 5°；

——“基本尺寸表”增加了“表 1”字样；

——修改了表 1 表头形式；

——删除了附加说明。

本标准由全国电工电子设备结构综合标准化技术委员会(SAC/TC 34)提出并归口。

本标准起草单位：江苏瑞特电子设备有限公司。

本标准主要起草人：付士海、田树松。

本标准所代替的标准的历次版本的发布情况为：

——GB/T 7269—1987。

电子设备控制台的
布局、型式和基本尺寸

1 范围

本标准规定了电子设备控制台(以下简称“控制台”)的一般要求、控制台面要求,以及控制台的布局、型式和基本尺寸。

本标准适用于地面固定安装的电子设备控制台。

2 规范性引用文件

下列文件中的条款通过本标准的引用而成为本标准的条款。凡是注日期的引用文件,其随后所有的修改单(不包括勘误的内容)或修订版均不适用于本标准,然而,鼓励根据本标准达成协议的各方研究是否可使用这些文件的最新版本。凡是不注日期的引用文件,其最新版本适用于本标准。

GB/T 3047.1—1995 高度进制为 20 mm 的面板、架和柜的基本尺寸系列

GB/T 19520.1—2007 电子设备机械结构 482.6 mm(19 in)系列机械结构尺寸 第 1 部分:面板和机架(IEC 60297-1:1986,IDT)

3 一般要求

3.1 控制台上或内部安装的插箱面板尺寸应符合 GB/T 19520.1—2007 及 GB/T 3047.1—1995。

3.2 设计组拼型控制台时,对操作过程中最重要、最常用的控制操作和信息显示等装置,应布置在同样的位置。

3.3 必要时,控制台应具有抽屉和活动板,用以存放文件和记事本。

3.4 控制台应具有操作人员必要的腿部和脚的活动空间。

4 控制台面要求

4.1 与操作人员无直接关系的标记、代号,例如工厂名称、商标等,不应在控制台面上出现。

4.2 控制台面上不应设置和摆放可能阻碍操作人员工作的各种装置、仪器、工具及物品。

4.3 控制台面上布置的操纵机构与信息显示等装置不应相互干扰。

4.4 控制台面上操纵机构和信息显示等装置,可按功能和顺序布置。

4.5 控制台面的操纵机构和信息显示等装置,应按下列区间布置:

——重要的和最常用的操纵机构和信息显示等装置,应布置在最优操作区域和最优观测区域内;

——应急装置布置在人手最易伸及之处,但非最优操作区域;

——次要的和周期性使用的操纵机构和信息显示等装置,不宜布置在最优区间,此时宜按需要分组,并考虑其相互联系。

4.6 布置操纵机构时,所有操纵机构都应安置于人手伸及区域以内,对于经常使用的坐着操作的机构,其高度在 1 000 mm 以内。

4.7 在同一系统中,控制台面上职能相同的操纵机构,应按同一方式布置。

4.8 控制台面应具有光反射扩散或定向分散性能,以避免在视区内出现反射亮点而造成操作人员的误判和误操作。

4.9 控制台面位置与其倾斜角度的数值:

——坐着操作时，控制台面的位置与其倾斜角度见图 1；

——坐-立操作时，控制台面的位置与其倾斜角度见图 2。

单位为毫米

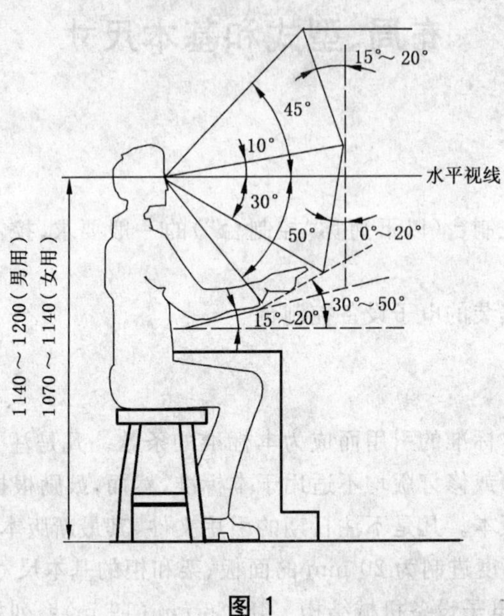

图 1

单位为毫米

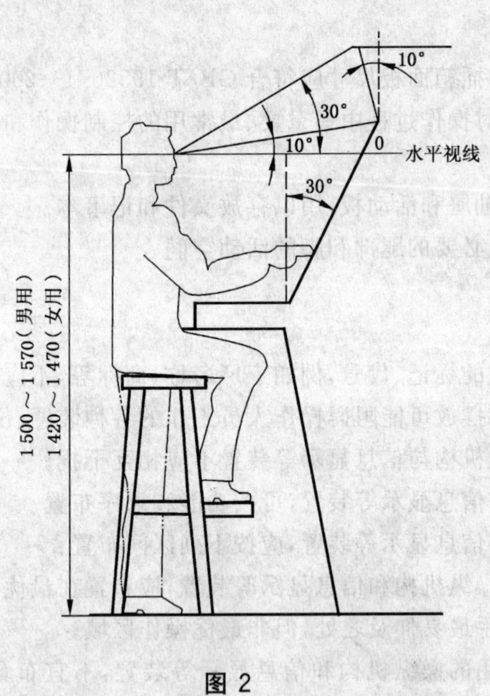

图 2

5 控制台的布局、型式和基本尺寸

5.1 控制台面上操纵机构和信息显示等装置的布局

5.1.1 坐姿操作控制台的操作和信息显示等装置的布局区域见图 3。

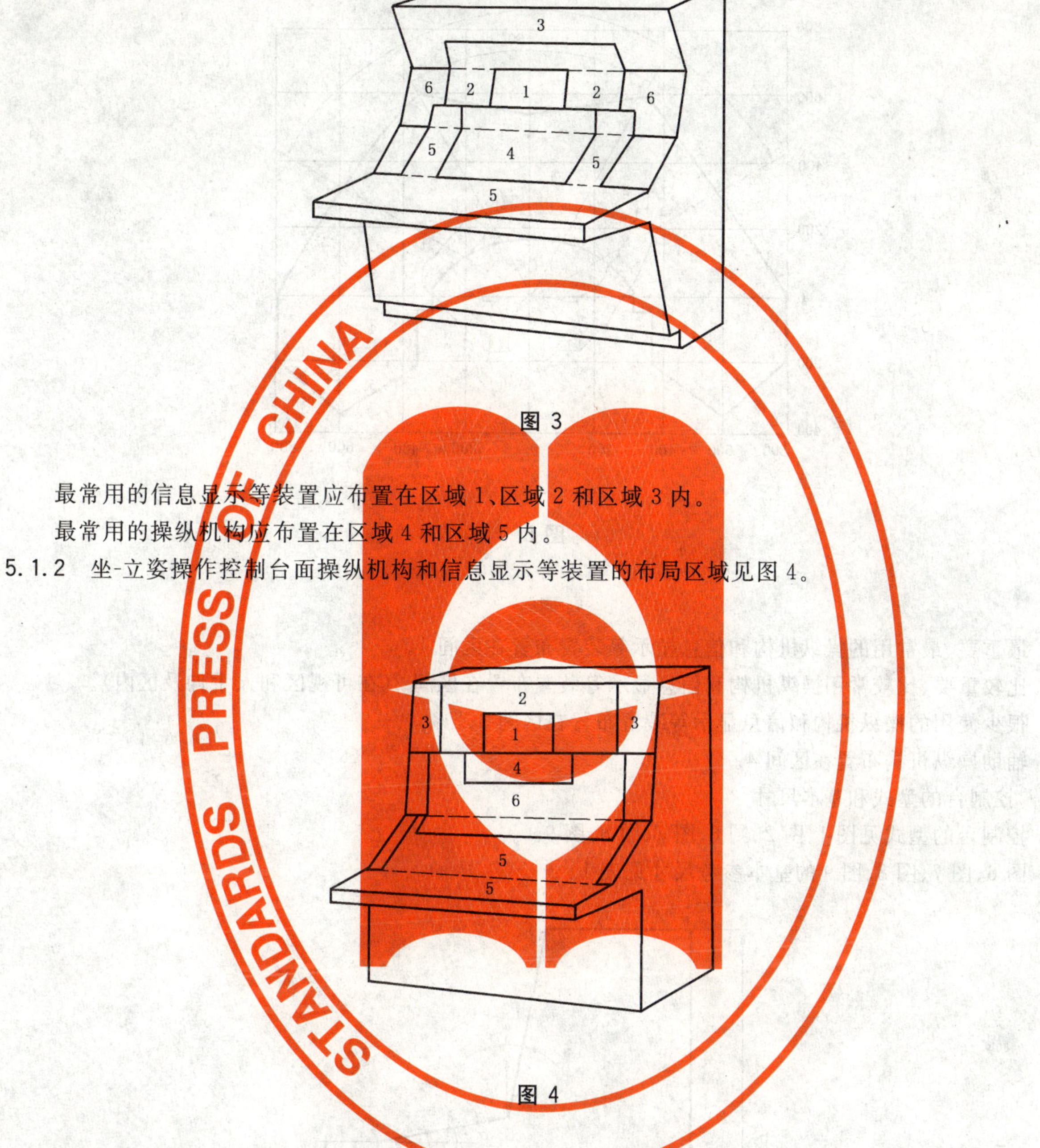

图 3

最常用的信息显示等装置应布置在区域 1、区域 2 和区域 3 内。

最常用的操纵机构应布置在区域 4 和区域 5 内。

5.1.2 坐-立姿操作控制台面操纵机构和信息显示等装置的布局区域见图 4。

图 4

最常用的信息显示等装置应布置在区域 1、区域 2 和区域 3 内。

最常用的操纵机构应布置在区域 5 和区域 6 内。

5.1.3 坐姿工作时，控制台面上的操纵机构和信息显示等装置在水平面上的布局区域见图 5〔长度单位：毫米(mm)，角度单位：度(°)〕。

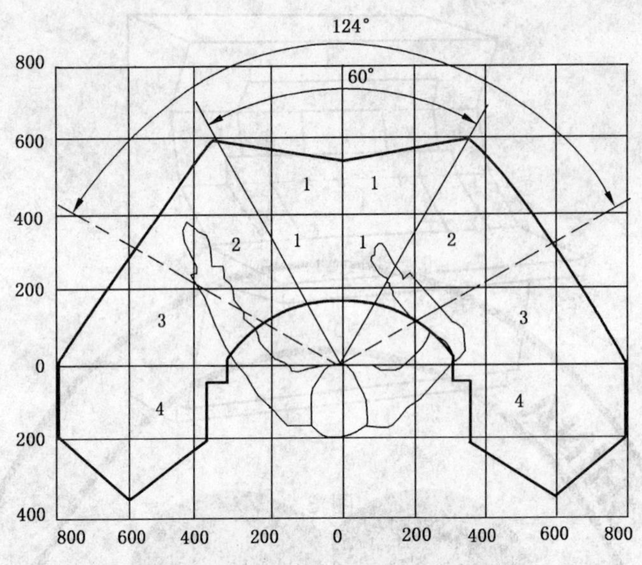

图 5

最重要、最常用的操纵机构和信息显示等装置布置在区间 1。

比较重要、比较常用操纵机构和信息显示等装置布置在区间 2(在可视区和人手伸及区内)。

很少使用的操纵机构和信息显示等装置布置在区间 3。

辅助操纵机构布置在区间 4。

5.2 控制台的型式和基本尺寸

控制台的型式见图 1、图 2、图 6、图 7、图 8、图 9。

图 6、图 7、图 8、图 9 的基本参考尺寸见表 1。

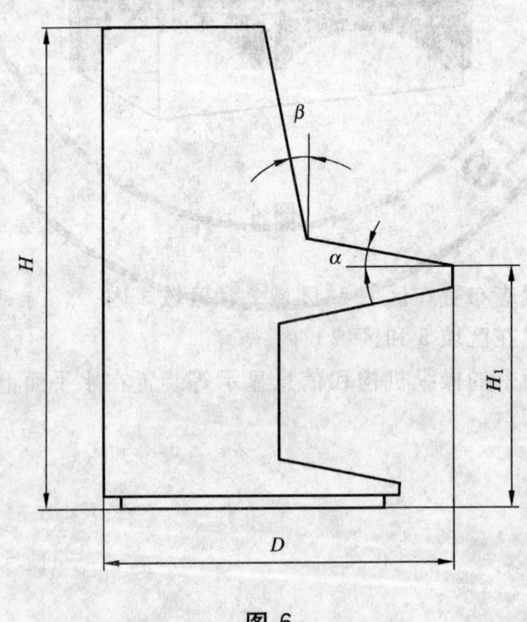

图 6

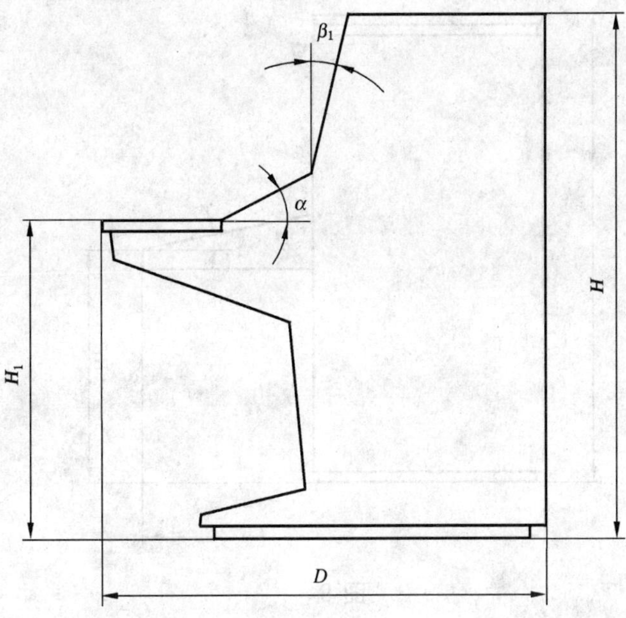

图 7

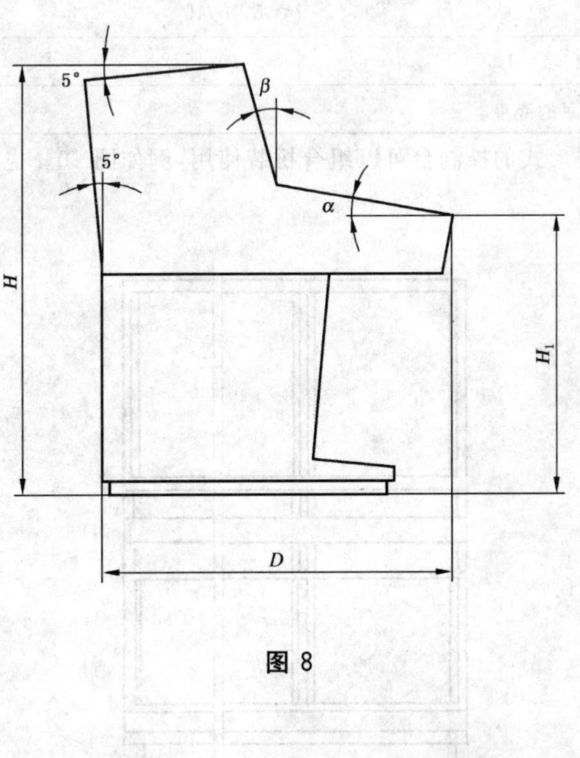

图 8

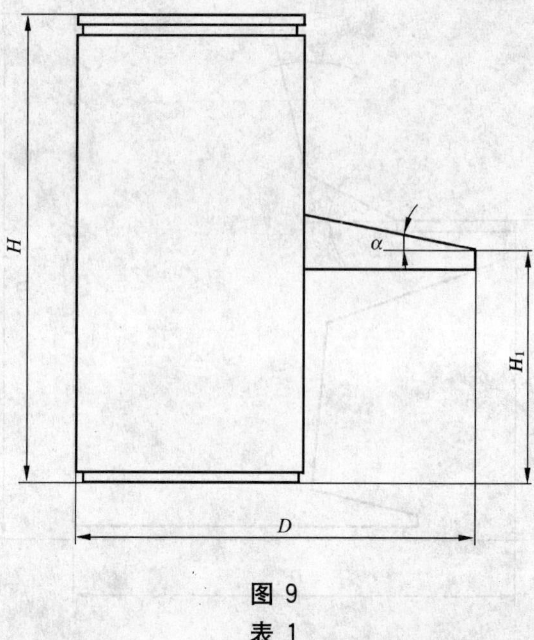

图 9

表 1

尺寸	图编号
	图 6、图 7、图 8、图 9
高度(H),单位:毫米(mm)	1 000,1 200,1 300,1 400,1 500,1 600,1 800
台面高度(H_1),单位:毫米(mm)	760,780,800,900[a]
深度(D),单位:毫米(mm)	700,800,900,1 000,1 100,1 200,1 300
台面与水平面的角度(α),单位:度(°)	0,5,10,15
台面与垂直面的角度(β),单位:度(°)	0,5,10,15,20
[a] 坐-立姿操作控制台台面的高度。	

5.3　同一基本尺寸和相同形式的控制台可以组合拼装使用,例如图 10。也可以根据需要组合成图 11 的型式。

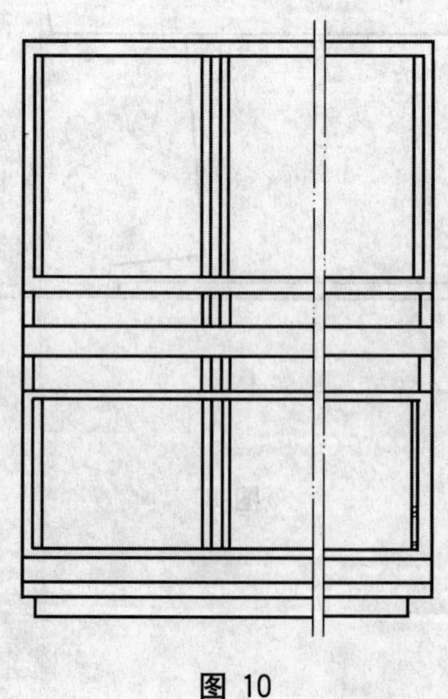

图 10

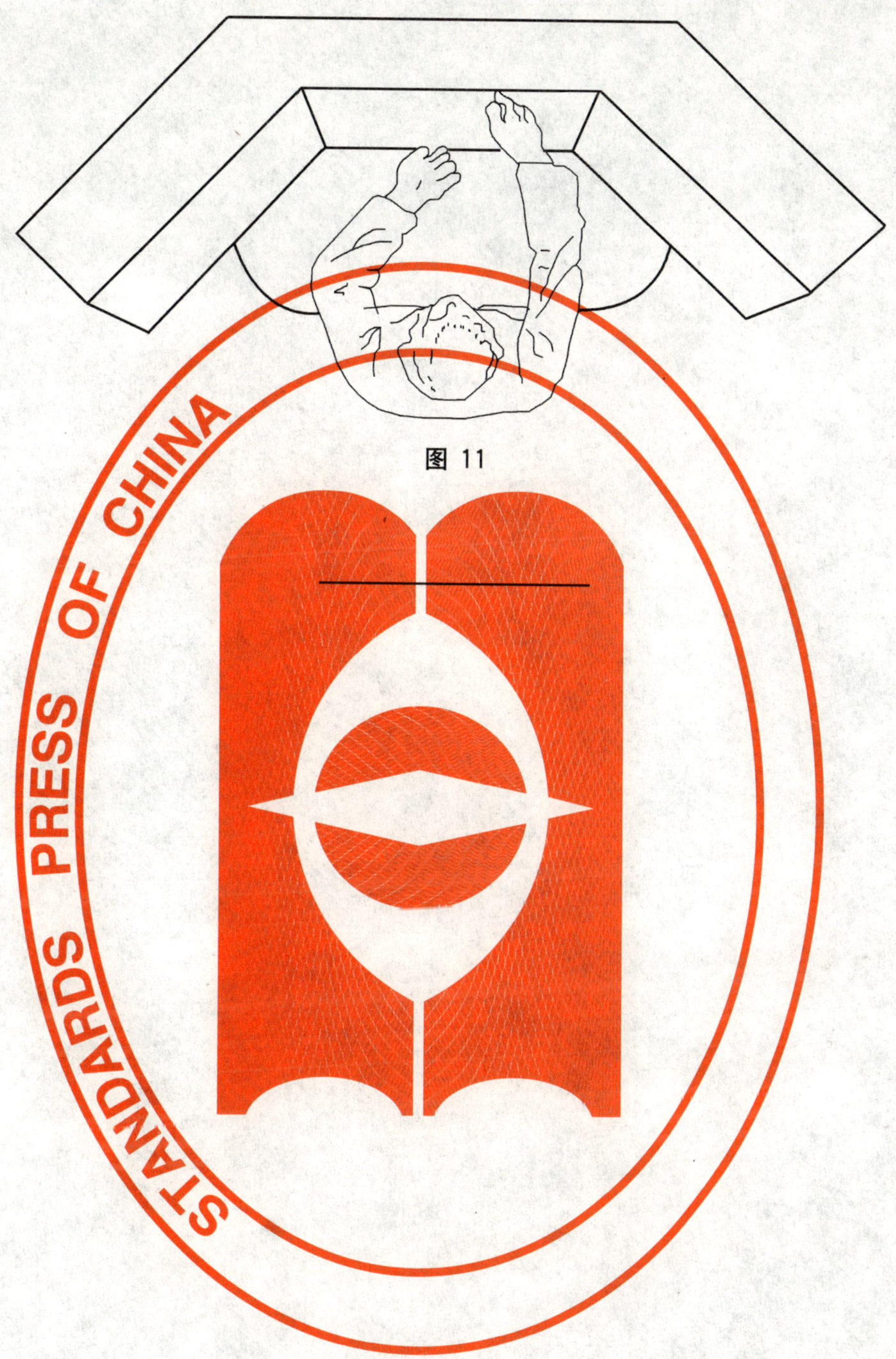

图 11

ICS 25.180.10
K 60

中华人民共和国国家标准

GB/T 7287—2008
代替 GB/T 7287.1～GB/T 7287.12—1987

红外辐射加热器试验方法

Test method of infrared heater

2008-06-30 发布　　2009-04-01 实施

中华人民共和国国家质量监督检验检疫总局
中国国家标准化管理委员会　发布

前　言

本标准代替 GB/T 7287.1～GB/T 7287.12—1987《红外辐射加热器试验方法》，与后者相比，主要差异如下：

——根据红外辐射加热器产品制造与检测技术的发展，将适用范围由中温红外辐射加热器扩展到各种低温、中温及高温红外辐射加热器。

——增加了“规范性引用文件”、“术语和定义”与“产品分类”三部分。

——根据相关产品标准的变化，增加了“工作温度下泄漏电流和电气强度”、“耐潮湿”、“有效辐射能量比与分布温度”、“接线柱拉力”、“机械强度”、“弯折试验”、“剥离强度”、“阻燃性能”、“低温储存”及“过载能力”等性能指标的试验方法。

——法向全发射率的测量在“相对辐射计法”的基础上增加了“热像测量法”(方法 B)。

——电-热辐射转换效率在“辐射计法”的基础上增加了“热像测量法”(方法 B)及“分布辐射度法”(方法 C)。

本标准由中国电器工业协会提出。

本标准由全国工业电热设备标准化技术委员会(SAC/TC 121)归口。

本标准起草单位：国家红外及工业电热产品质量监督检验中心、扬中市大唐电器制造有限公司、南京溧水贝斯特有限公司。

本标准主要起草人：曾宇、熊杰、叶平、李刚、唐瑞仙、卫斯萍。

本标准所替代标准的历次发布情况为：

——GB/T 7287.1～7287.12—1987。

红外辐射加热器试验方法

1 范围

本标准规定了红外辐射加热器(以下简称"加热器")的性能试验方法。

本标准适用于红外辐射加热器,其中包括金属基体或非金属基体的各类低温、中温及高温电热式红外辐射加热器。

本标准说明红外辐射加热器的基本特性和规定试验这些特性的方法,以供用户参考。

2 规范性引用文件

下列文件中的条款通过本标准的引用而成为本标准的条款。凡是注日期的引用文件,其随后所有的修改单(不包括勘误的内容)或修订版均不适用于本标准,然而,鼓励根据本标准达成协议的各方研究是否可使用这些文件的最新版本。凡是不注日期的引用文件,其最新版本适用于本标准。

GB/T 2423.10—2008 电工电子产品环境试验 第2部分:试验方法 试验 F_C:振动(正弦)(IEC 60068-2-6:1995,IDT)

GB/T 2900.23—2008 电工术语 工业电热装置(IEC 60050-841:2004, IDT)

GB 4706.1—2005 家用和类似用途电器的安全 第1部分:通用要求(IEC 60335-1:2001,IDT)

GB 4706.8—2003 家用和类似用途电器的安全 电热毯、电热垫及类似柔性发热器具的特殊要求(IEC 60335-2-17:1998,IDT)

GB/T 8808—1988 软质复合塑料材料剥离试验方法(neq DIN 53357:1982)

GB/T 10066.1—2004 电热设备的试验方法 第1部分:通用部分(IEC 60398:1999,MOD)

GB/T 10066.12—2006 电热装置的试验方法 第12部分:红外加热装置

QB/T 2057—2006 红外线灯泡

3 术语和定义

GB/T 2900.23—2008 和 GB/T 10066.12—2006 确立的以及下列术语和定义适用与本部分。

3.1

红外辐射加热器 infrared heater

将输入的能量主要转换成红外辐射能量的加热器。

3.2

充分发热条件 conditions of adequate heat discharge

加热器在正常使用条件下的工作状态。

3.3

稳定工作状态 condition of adequate heated

加热器在正常使用条件下通电升温达到热平衡的工作状态。

3.4

工作温度 working temperature

加热器在额定电压下工作并且在充分发热条件下,辐射面的平均温度。

3.5

电-热辐射转换效率 electric-to-radiant power transfer efficiency

加热器在额定电压下工作达到热平衡后,将输入的电功率转换成输出的总辐射通量的百分比。

3.6

有效辐射能量比 ratio for effective radiant power

加热器在有效红外光谱波段(1 μm～25 μm)的辐射通量与总辐射通量之比。

3.7

升温时间 temperature rise time

加热器表面温度从室温上升至稳定工作温度的90%时所需要的时间。

4 产品分类

4.1 按辐射基体分类

4.1.1 金属基体加热器；

4.1.2 非金属基体加热器，包括：

——陶瓷类加热器；

——碳化硅类加热器；

——锆英砂类加热器；

——石英玻璃类加热器；

——微晶玻璃类加热器；

——碳晶发热板加热器；

——碳纤维类加热器；

——聚酯薄膜类加热器；

——黑磁类加热器；

——钒钛黑瓷类加热器；

——黑化锆类加热器；

——高硅氧类加热器；

——半导体类加热器；

——搪瓷类加热器。

应说明加热器的辐射基体类型。

4.2 按产品的型式结构分类

——板状加热器；

——管状加热器；

——灯状加热器；

——面状加热器；

——其他异型加热器。

应说明加热器的型式结构。

4.3 按产品的工作温度分类

——低温加热器(<200 ℃)；

——中温加热器(200～600 ℃)；

——高温加热器(>600 ℃)。

应说明加热器的工作温度范围。

5 试验项目

5.1 加热器尺寸、形状及外观的检测(第7章)；

5.2 加热器表面温度分布的测量(第8章)；

5.3 加热器辐射面和背面温度比的测量(第9章)；

5.4 加热器升温时间的测量(第10章)；

5.5 加热器功率偏差的测量(第11章);
5.6 加热器工作温度下泄漏电流和电气强度的试验(第12章);
5.7 加热器耐潮湿的试验(第13章);
5.8 加热器泄漏电流和电气强度的试验(第14章);
5.9 加热器绝缘电阻的测量(第15章);
5.10 加热器耐冷热交变性能的试验(第16章);
5.11 加热器电-热辐射转换效率的测量(第17章);
5.12 加热器法向全发射率的测量(第18章);
5.13 加热器法向光谱发射率的测量(第19章);
5.14 加热器有效辐射能量比、分布温度与辐射波长范围的测量(第20章);
5.15 加热器接线柱的拉力试验(第21章);
5.16 加热器工作寿命试验(第22章);
5.17 加热器振动试验(第23章);
5.18 加热器机械强度试验(第24章);
5.19 加热器弯折试验(第25章);
5.20 加热器剥离强度的试验(第26章);
5.21 加热器阻燃性能的试验(第27章);
5.22 加热器低温储存的试验(第28章);
5.23 加热器过载能力的试验(第29章)。

6 试验的一般条件

除非另有规定外,试验应在下列条件下进行。

样品的电源电压波动不超过额定功率要求电压值的±1%。

第8章、第9章、第10章、第11章、第12章、第14章、第15章、第17章、第18章、第19章、第20章、第25章、第26章、第27章的试验在环境温度保持在(20±5)℃、相对湿度不大于85%,无强制对流空气的试验室内进行。

7 加热器尺寸、形状及外观的检测方法

7.1 测量工具

毫米刻度的金属直尺、卷尺、游标卡尺(0.05 mm)、塞尺、平板。

7.2 测量方法

7.2.1 外形尺寸的测量

7.2.1.1 板状、矩形加热器尺寸的测量

用毫米刻度的金属直尺或卷尺在板状、矩形加热器中心线位置测量其长度和宽度,厚度测量则在相对两边的中间部位进行。

7.2.1.2 管状加热器尺寸的测量

用毫米刻度的金属直尺或卷尺测量管子的长度,测量在相对的两端进行。

管子的直径测量则在相对两边的中间部位用游标卡尺进行测量。

7.2.1.3 板状、矩形加热器及辐射基板平度的测量

以平板作为基准平面,将试件放在平板上,用塞尺测量试件底面与基准平面之间的最大间隙。

7.2.1.4 管状、灯状加热器的基体中心轴线直线度测量

将试件放在平板上,用塞尺对加热器基体弯曲最大处进行测量,读出最大值,并按总长百分率计算,应符合相关标准基体轴线直线度误差的规定。

7.2.2 外观检查

应符合相关标准的规定，通过视检，检查其合格性。

8 加热器表面温度分布的测量方法

8.1 测量仪器

辐射测温仪或其他测温仪以及配套装置，其准确度应符合 GB/T 10066.1—2004 中 5.7 规定；其测温量程应与被测加热器的工作温度范围相适应。

8.2 测量方法

8.2.1 确定测温点

板状、矩形加热器的测温点应符合图 1 所示。

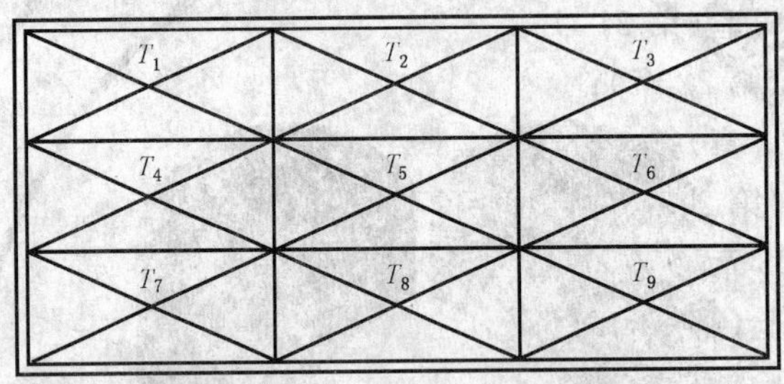

图 1 板状加热器测温点分布

管状、灯状加热器的测温点应符合图 2 所示。

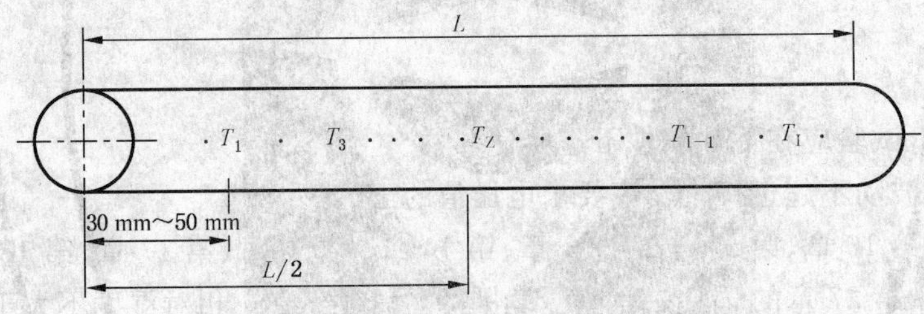

图 2 管状(或灯状)加热器测温点分布

其他形状的加热器按均匀分布的原则适当确定测温点。

8.2.2 调节测温仪

根据加热器辐射面的法向全发射率值 ε_n，调节测温仪进行法向全发射率 ε_n 修正。然后，把试样置于试样架上并根据辐射测温仪视场确定测温距离，使图 1 和图 2 所示的每个测温点的直径均相等，且充满测温仪视场。

8.2.3 测温

对试样进行通电加热，使试样升温达到稳定工作状态后，用辐射测温仪或其他测温仪依次测量各测温点的温度值，并记录各点温度值。

8.2.4 计算温度分布系数(温度分布不均匀度)

按式(1)计算温度分布系数：

$$a = \frac{1}{T_Z}\sqrt{\frac{1}{n}\sum_{i=1}^{n}(T_i - T_Z)^2} \quad \cdots\cdots(1)$$

式中：

T_Z——辐射面几何中心处的温度值，单位为开氏绝对温标(K)；

T_i——辐射面第 i 点的温度值，单位为开氏绝对温标(K)；

n——除辐射面几何中心处测温点外的测温点数目，无量纲；

a——温度分布系数(温度分布不均匀度)，无量纲。

9 加热器辐射面和背面温度比的测量方法

9.1 测量仪器

应符合 8.1 规定。

9.2 测量方法

9.2.1 调节测温仪

根据加热器辐射面的法向全发射率值 ε_{n1}（当测量辐射面时）和加热器背面法向全发射率值 ε_{n2}（当测量背面时）调节测温仪进行法向全发射率修正。然后，根据辐射测温仪视场确定测温距离，使每个测温点的直径均相等，且充满测温仪视场。

9.2.2 测温

将被测试样置于试样架上，施加额定工作电压，待其温度稳定后，根据第 8 章中板状加热器测温点分布图，测量并分别算出辐射面和背面的平均温度。

9.2.3 计算温度比

按式(2)计算温度比：

$$\beta = \overline{T_f} / \overline{T_b} \qquad \cdots\cdots(2)$$

式中：

β——温度比，无量纲；

$\overline{T_f}$——加热器辐射面平均温度，单位为摄氏度(℃)；

$\overline{T_b}$——加热器背面平均温度，单位为摄氏度(℃)。

10 加热器升温时间的测量方法

10.1 测量仪器

应符合 8.1 规定。

时间记录装置(如函数记录仪、秒表等)，能分辨比分更精确的时间。

10.2 测量方法

根据加热器辐射面几何中心处的法向全发射率值 ε_n，调节辐射测温仪进行法向全发射率 ε_n 修正。

将被测试样置于试样架上，确定测温距离，使试样辐射面几何中心充满辐射测温仪的视场。

给试样施加额定工作电压，在试样通电加热的同时，用辐射测温仪测量温度，并记录从室温升至温度稳定状态的升温曲线，如图 3 所示：

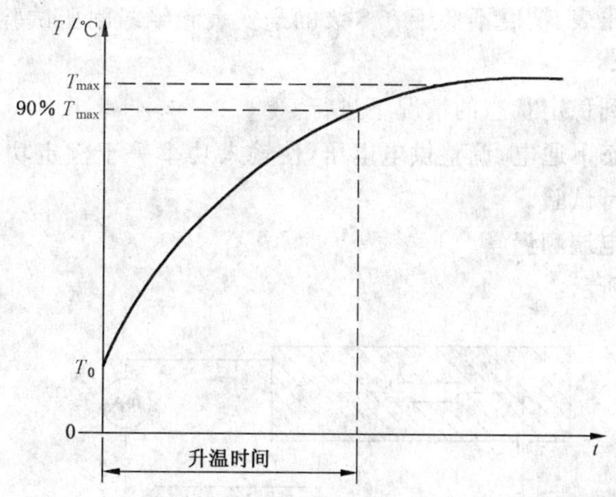

图 3 升温时间曲线图

根据记录曲线，取温度从室温升至温度稳定状态的 90% 时所需要的时间作为升温时间，如升温时间曲线图所示。

11 加热器功率偏差的测量方法

11.1 测量仪器

0.5 级的电功率表、0.2 级的电压表。

11.2 测量方法

接线示意图如图 4：

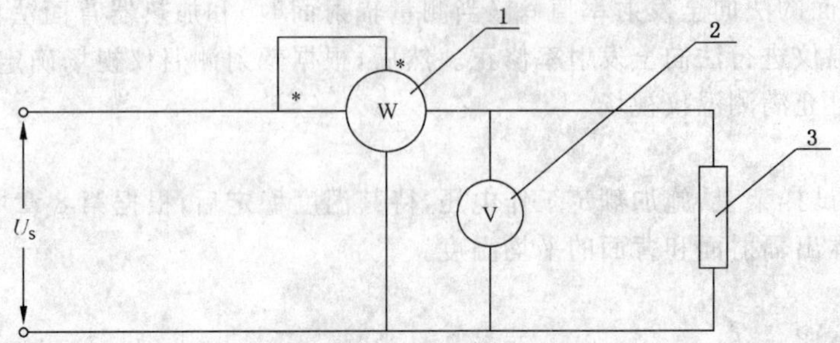

1——电功率表；
2——电压表；
3——试样。

图 4 电功率测量接线示意图

给试样施加额定工作电压，进行升温。当达到稳定状态(按第 10 章确定)后，电功率表上所示的数值即为试样的实测功率。在升温过程中，须用电压表监视试样所施加的额定工作电压。

功率偏差率 J 按式(3)计算：

$$J=\frac{P-P_h}{P_h}\times 100\% \quad \cdots\cdots(3)$$

式中：

J——功率偏差率，无量纲；

P——实测电功率，单位为瓦(W)；

P_h——额定电功率，单位为瓦(W)。

12 加热器工作温度下的泄漏电流和电气强度的试验方法

12.1 测量仪器

精度不低于 0.5 级的电压表、精度不低于 0.5 级的毫安表和绝缘耐压试验台等。

12.2 测量方法

试验在加热器通电并达到稳定状态的情况下进行。

将加热器在正常工作状态下通电，调整供电电压，使输入功率等于额定功率的 1.15 倍。当加热器工作温度达到稳定状态后进行试验。

12.2.1 工作温度下的泄漏电流测量

测量电路原理图如图 5 所示：

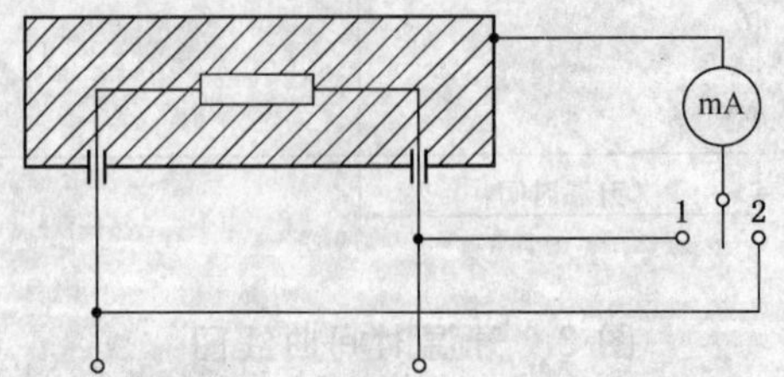

图 5 工作温度下的泄漏电流测量电路图

测量时应通过选择开关的转换，分别在加热器的两个引出棒或两个电极与加热器外壳之间测量泄漏电流，测量结果取较大值。

12.2.2 工作温度下的电气强度试验

绝缘应承受 1 min 频率为 50 Hz 或 60 Hz 基本为正弦波的电压。对单相加热器，按图 6 所示进行连接。三相加热器在切断电源后，立即试验。

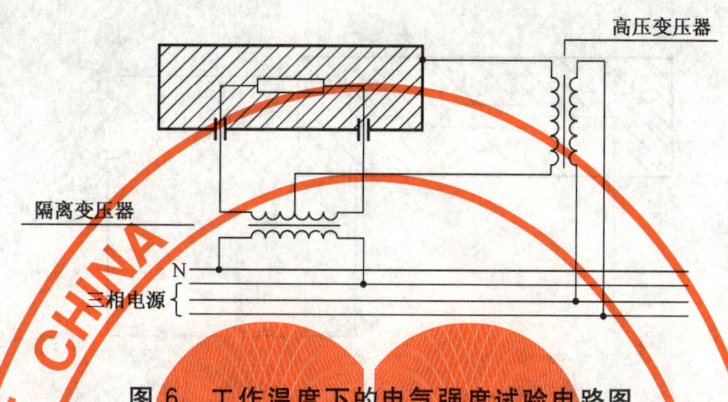

图 6 工作温度下的电气强度试验电路图

试验电压施加在加热器的引出棒或两电极与外壳之间。按照有关产品标准的规定施加试验电压值。

试验初始，首先设定动作电流，施加的电压不超过规定电压值的一半，然后迅速升高到规定值。

动作电流由式(4)决定：

$$I_H = \frac{U_H}{R_H} \qquad \cdots\cdots(4)$$

式中：

I_H——动作电流，单位为毫安(mA)；

U_H——试验电压，单位为伏特(V)；

R_H——120，单位为千欧(kΩ)。

动作电流应圆整到整数值。

13 加热器耐潮湿的试验方法

13.1 试验仪器

潮湿试验箱及绝缘耐压试验台、毫安电流表等测量仪器。

13.2 试验方法

经受试验的加热器在具有通常大气环境的试验室内放置 24 h 后，再经受本试验。

加热器应在不包装、不通电、"准备使用状态"和正常工作位置或按有关标准的状态放入试验箱。

潮湿处理在相对湿度为(93±2)%的潮湿箱内进行 48 h。空气的温度保持在 20 ℃～30 ℃之间任何一个方便值 t 的 1 K 之内。在放入潮湿箱之前，使样品达到 t 温度。

在这一处理之后，加热器应在原潮湿箱内，或在一个使样品达到规定温度的房间内，立即经受泄漏电流和电气强度试验。

耐潮湿试验后的泄漏电流和电气强度的试验方法按第 14 章的规定进行。

14 加热器泄漏电流和电气强度的试验方法

14.1 试验仪器

精度不低于 0.5 级的电压表、精度不低于 0.5 级的毫安表和绝缘耐压试验台等。

14.2 试验方法

试验在加热器不通电的情况下进行。

14.2.1 泄漏电流测量

使加热器的外壳与大地绝缘，然后将试验电压加在加热器任一引出棒或任一带电部件与外壳之间，用接在连线中的毫安表 mA 测得电流即为泄漏电流。

试验电压 U_s 为额定电压的 1.1 倍。

试验电路原理图如图 7 所示：

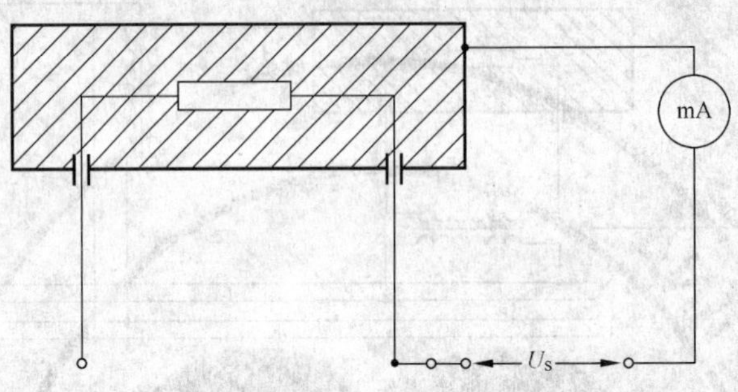

图 7 泄漏电流的测量电路图

14.2.2 电气强度试验

在 14.2.1 试验之后，绝缘要立即经受 1 min 频率为 50 Hz 或 60 Hz 基本为正弦波的电压。试验方法见 12.2.2。

15 加热器绝缘电阻的测量方法

15.1 测量仪器

精度不低于 1.0 级 500 V 的兆欧表。

15.2 测量方法

15.2.1 冷态绝缘电阻的测量

用 500 V 的兆欧表连续多点测量加热器的接线端子和加热器表面之间及接线端子和外壳之间的电阻，取各次测量值中的最小值为该加热器的冷态绝缘电阻。

15.2.2 热态绝缘电阻的测量

在额定工作电压下，将加热器通电加热，当升温时间达到稳定状态后，立即断电停止加热，用500 V 的兆欧表在 15 s 内多点测量加热器的接线端子和加热器表面之间及接线端子和外壳之间的电阻，取各次测量值中的最小值为该加热器的热态绝缘电阻。

16 加热器耐冷热交变性能的试验方法

16.1 试验设备

a) 热过载试验装置：由控制柜、试验架等组成。

控制柜包括三相调压器（应满足 16.2.1 的要求）、精度不低于 0.5 级的电流表及 0.5 级的电压表等部分。

试验架应由具有抗高温、抗锈蚀的金属框架构成。

b) 喷雾风机：工作性能应能满足 16.2.2 的要求。

c) 风速仪：灵敏度不低于 0.2 m/s，最大量程为 15 m/s。

d) 放大镜：放大倍数 4 倍～5 倍。

冷热交变试验装置的示意图如图 8：

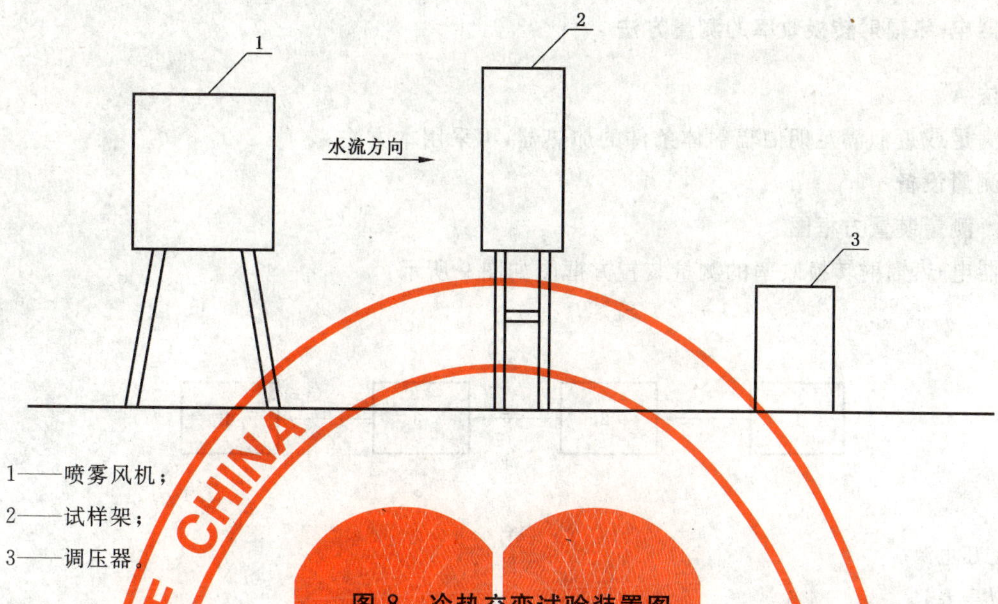

1——喷雾风机；

2——试样架；

3——调压器。

图 8 冷热交变试验装置图

16.2 试验方法

16.2.1 将加热器固定在试验架上，调整电压，使加热器在额定工作电压的 1.35 倍电压下进行过载加热（碳纤维发热丝加热器在 1.2 倍额定电压下进行过载加热），通电加热时间为加热器升温时间的 2 倍。

16.2.2 加热器经热过载试验后断电，按表 1 所规定的冷却条件迅速操作喷雾风机使加热器急剧冷却，直至 40 ℃以下。

喷雾风机的射流速度应距加热器 150 mm 处测量，并应符合有关产品标准的规定要求。

未列入表中的加热器，其冷却条件亦可参照表中的规定执行。

加热器经冷却试验后，若处于潮湿状态，应在额定电压下进行干燥处理。

加热器的冷却条件按表 1 确定：

表 1 加热器的冷却条件

序号	试样名称	冷却条件	
		冷却介质	射流速度/(m/s)
1	碳化硅加热器	水雾	13
2	锆英砂加热器	空气	13
3	高硅氧加热器	水雾	13
4	陶瓷釉质加热器	空气	13
5	集成式电阻膜加热器	水雾	13
6	搪瓷类加热器	空气	13
7	金属基体涂层型加热器	空气	13
8	石英玻璃加热器	空气	13
9	其他类型加热器	空气	13

16.2.3 试样经受一次热过载过程和冷却过程，合称试样冷热交变次数一次。

冷热交变的次数应符合有关产品标准的规定。

冷热交变试验结束后，用放大镜检查加热器表面状态，并评定是否符合有关产品标准的要求。

17 加热器电-热辐射转换效率的测量方法

17.1 方法 A

对于满足或近似满足朗伯辐射体条件的加热器，可采用本方法。

17.1.1 测量设备

17.1.1.1 测量装置方框图

加热器电-热辐射转换效率的测量装置方框图如图 9 所示：

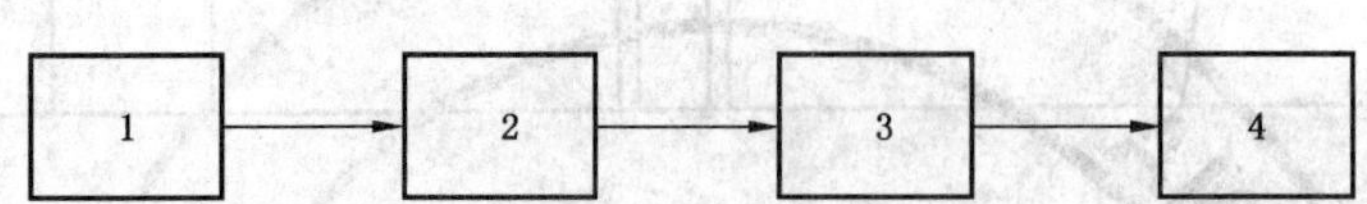

1——稳压电源；

2——功率表；

3——被测加热图；

4——辐射功率计。

图 9 电-热辐射转换效率测量装置方框图

17.1.1.2 测量仪器

a) 稳压电源，其电压波动不大于±1%；

b) 功率表，精度不低于 0.5 级；

c) 热释电辐射功率计，不确定度不低于 2%。

17.1.2 测量方法

17.1.2.1 加热器辐射面的几何尺寸

按 7.2.1 测出加热器辐射面的几何尺寸。

17.1.2.2 确定测量点

按 8.2.1 在被测辐射面上均匀选取 n(n 不小于 9)个面元，并以面元的中心为加热器的待测点。

17.1.2.3 调整光学系统

使所测辐射面相对于探测器可作点源近似。

辐射功率计探测器的光敏面、光栏平面及加热器的待测面三者要平行且共轴。

调整限束光栏，使被测辐射面充满探测器的视场。

17.1.2.4 功率测量

接通电源，当其达到升温时间后，测出并记录电功率值 P_e。

依次测出并记录各测量点辐射功率的测量值 P_i。

17.1.3 测量结果计算

17.1.3.1 辐射面积的计算

根据 17.1.2.1 的测量值，计算辐射面的面积 $S(m^2)$。

17.1.3.2 辐射出射度的计算

在满足朗伯辐射体条件下，辐射出射度按式(5)计算：

$$M = \frac{16}{\pi} \cdot \left(\frac{L}{d_1 \cdot d_2}\right)^2 \cdot \frac{\sum_{i=1}^{n} P_i}{n} \quad \cdots\cdots(5)$$

式中：

M——辐射出射度，单位为瓦每平方米（W/m^2）；

L——探测器光敏面到光栏的距离，单位为米（m）；

d_1——探测器的限束光栏的直径，单位为米（m）；

d_2——光栏直径，单位为米（m）；

P_i——辐射面上第 i 点的辐射功率测量值，单位为瓦（W）；

其中：L、d_1、d_2 的大小参照 17.1.2.3 确定。

17.1.3.3 转换效率的计算

电-热辐射转换效率按式(6)计算：

$$\eta = \frac{M \cdot S}{P_e} \times 100 \qquad (6)$$

式中：

η——电-热辐射转换效率，单位为百分比（%）；

P_e——实测电功率，单位为瓦（W）。

17.2 方法 B（热像测量法）

适用于灰体型加热器或具有近似灰体特性的加热器。

17.2.1 测量设备

a) 稳压电源，其电压波动不大于±1%；

b) 功率表，精度不低于 0.5 级；

c) 红外热像仪，精度≤±1%。

17.2.2 测量方法

17.2.2.1 加热器辐射面的几何尺寸

按 7.2.1 测出加热器辐射面的几何尺寸。

17.2.2.2 电功率测量

给加热器施加额定工作电压，通电升温达到热平衡后，测出并记录电功率值 P_e。

17.2.2.3 辐射温度测量

适当调整热像仪探测头与加热器之间的距离，使加热器辐射面基本充满热像仪视场，设置热像仪发射率校正值为 1.000。用红外热像仪测出加热器辐射面的平均辐射温度 T_r；或选择能反映辐射面平均温度的样品局部表面，测出其平均辐射温度 T_r。

17.2.3 测量结果计算

17.2.3.1 辐射面积的计算

根据 17.1.2.1 的测量值，计算辐射面的面积 S（m^2）。

17.2.3.2 转换效率的计算

电-热辐射转换效率按式(7)计算：

$$\eta = \frac{S\sigma(T_r^4 - T_0^4)}{P_e} \times 100 \qquad (7)$$

式中：

η——电-热辐射转换效率，单位为百分比（%）；

P_e——实测电功率，单位为瓦（W）；

T_r——平均辐射温度，单位为开氏绝对温标（K）；

T_0——环境温度，单位为开氏绝对温标（K）；

σ——斯特藩-波耳兹曼常数，5.67×10^{-8} $W/(m^2 \cdot K^4)$。

17.3 方法 C

按 QB/T 2057—2006 中 6.14.1 的规定进行。

18 加热器法向全发射率的测量方法

18.1 方法 A

18.1.1 测量装置和参比涂料

18.1.1.1 测量装置如图 10 所示：

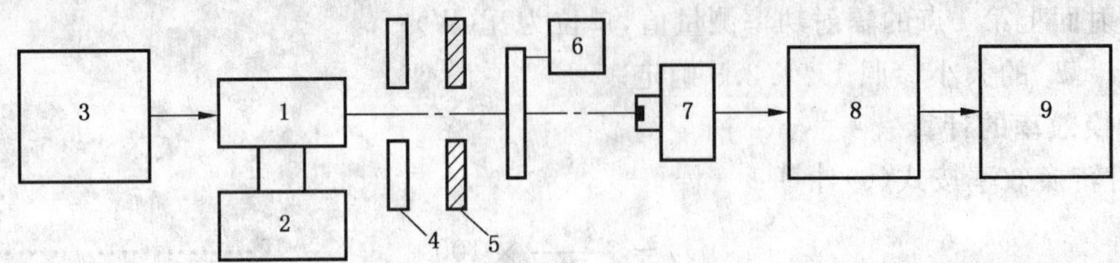

1——待测试样；

2——试样支架；

3——控温仪；

4——水冷光栏；

5——限束光栏；

6——调制器；

7——探测器；

8——放大系统；

9——毫伏表。

图 10 法向全发射率测量装置图

18.1.1.2 仪器设备

控温仪，控温精度不低于±0.5 K。

试样支架，能方便夹持各种加热器，并具有三维连续可调的功能。

调制器，转速不稳定度不大于±1%，其调制频率应与探测器的频响特性一致。

探测器，比探测度不小于 10^8 cm·$Hz^{1/2}$·W^{-1}，至少应在 1 μm～25 μm 的波长范围内具有平坦的光谱响应。

放大系统，信噪比大于 20，中心频率应与调制频率一致，非线性度不大于±2%。

毫伏表，精度不低于 1.0 级。

辐射测温仪，精度不低于±1%。

注：由探测器、放大系统及毫伏表组成的探测系统也可由绝对辐射功率计代替，其精度不低于±2%。

18.1.1.3 参比涂料

参比涂料应具有下列性质：

a) 化学性质稳定，在测试温度范围内涂覆于各种加热器表面均不发生化学变化；

b) 当厚度不小于 0.2 mm 时，对 1 μm～25 μm 的红外辐射不透明；

c) 法向全发射率在测试温度范围内的平均温度变化率小于 0.03×10^{-2}/K；

d) 法向全发射率大于 0.8，光谱辐射特性近似灰体；

e) 所给参比涂料在测试温度范围内的法向全发射率数据，其精度不低于±3%。

18.1.2 测量方法

18.1.2.1 给待测试样施加额定工作电压，待温度稳定后，用辐射测温仪测定试样表面温度分布，并确定其中心部位的等温区的工作温度，然后断电冷却至室温。

18.1.2.2 将试样固定在试样支架上，调整光学系统达到下列要求：

a) 探测器光敏面与调制平面，光栏平面及试样辐射面相互平行且共轴；

b) 有效限束光栏对探测器所张的视场角不大于 5.7°；

c) 由有效限束光栏所决定的试样待测面积位于等温区内并小于等温区面积。

18.1.2.3 将控温仪热电偶焊接或粘接于待测面附近(等温区内)。用控温仪将待测表面温度控制在其工作温度。待温度稳定后，测量放大系统输出的试样与调制盘差分信号电压 U_s。

18.1.2.4 关闭控温仪，试样冷却至室温后，在等温区内均匀涂覆参比涂料，涂覆厚度为 0.2 mm，涂覆稳定后，测量放大系统输出的参比涂料与调制盘差分信号电压 U_t。

18.1.2.5 移开试样，测量放大系统输出的背景与调制盘差分信号电压 U_w。

18.1.2.6 用辐射测温仪测量等温区的表观工作温度 T_r。

18.1.3 测量结果计算

按式(8)计算试样在工作温度下的法向全发射率，结果保留二位有效数字：

$$\varepsilon_n = \frac{(U_s - U_w + R \cdot K \cdot P_0)}{(U_t - U_w + R \cdot K \cdot P_0)} \cdot \varepsilon_{tn} \qquad \cdots\cdots(8)$$

式中：

ε_n——试样在工作温度下的法向全发射率，无量纲；

ε_{tn}——参比涂料在加热器工作温度下的法向全发射率(取表观工作温度 T_r 下的数值)，无量纲；

U_s——试样与调制盘差分信号电压，单位为毫伏(mV)；

U_t——参比涂料与调制盘差分信号电压，单位为毫伏(mV)；

U_w——背景与调制盘差分信号电压，单位为毫伏(mV)；

R——探测器响应率，单位为毫伏每毫瓦(mV/mW)；

K——放大系统放大系数，无量纲；

P_0——探测器接收的背景辐射功率，单位为毫瓦(mW)。

(注：将背景作黑体处理，用点源公式计算给出 P_0。)

18.2 方法 B(热像测量法)

适用于灰体型加热器或具有近似灰体特性的加热器。

18.2.1 测量设备和参比涂料：

a) 稳压电源，其电压波动不大于±1%；

b) 红外热像仪，精度≤±0.5%；

c) 参比涂料的要求同上。

18.2.2 测量方法

18.2.2.1 在待测加热器几何中心附近部位均匀涂覆参比涂料，涂覆厚度约为 0.2 mm，涂层边缘应整齐。涂覆完毕自然干燥 15 min。

18.2.2.2 将待测加热器固定在样品架上，施加额定工作电压通电升温。

18.2.2.3 调整热像仪探测头至加热器表面的距离约为 1 m，按热像仪操作规程开启热像仪，设定发射率校正值为 1.000，并设定适当的测温灵敏度。

18.2.2.4 加热器温度稳定后，在紧邻涂层边界的两侧分别对称选取一个等温面元，并分别测量参比涂层及加热器表面的辐射温度 T_{rt} 与 T_r。

18.2.3 测量结果计算：

按式(9)计算加热器试样在工作温度下的法向全发射率，结果保留二位有效数字：

$$\varepsilon_n = \left(\frac{T_r}{T_{rt}}\right)^4 \varepsilon_{tn} \qquad \cdots\cdots(9)$$

式中：

ε_n——加热器在工作温度下的法向全发射率，无量纲；

ε_{tn}——参比涂料在加热器工作温度下的法向全发射率，无量纲；

T_r——加热器表面的辐射温度，单位为开氏绝对温标(K)；

T_{rt}——参比涂料的辐射温度，单位为开氏绝对温标(K)。

19 加热器法向光谱发射率的测量方法

19.1 测量装置和参比涂料

测量装置如图 11 所示：

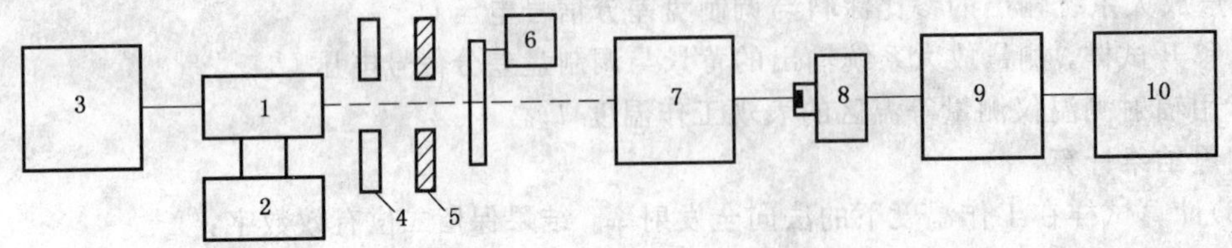

1——待测试样；

2——试样支架；

3——控温仪；

4——水冷光栏；

5——限束光栏；

6——调制器；

7——单色仪；

8——探测器；

9——放大系统；

10——函数记录仪。

图 11 法向光谱发射率测量装置图

19.1.1 仪器设备

控温仪，控温精度不低于±0.5 K。

试样支架，能方便夹持各种加热器，并具有三维连续可调的功能。

调制器，转速不稳定度不大于±1%，其调制频率应与探测器的频响特性一致。

单色仪，工作波段应覆盖 0.38 μm～25 μm，并带有波长扫描装置。

探测器，比探测度不小于 10^9 cm·$Hz^{1/2}$·W^{-1}，至少应在 1 μm～25 μm 的波长范围内具有平坦的光谱响应。

放大系统，信噪比大于 20，中心频率应与调制频率一致，非线性度不大于±2%。

函数记录仪，精度不低于 1.0 级。

辐射测温仪，精度不低于±1%。

注 1：记录部分也可由 A/D 转换器、微型计算机及绘图仪组成的记录系统代替，系统精度不低于±2%。

注 2：图 11 中第 6～10 部分也可由傅立叶变换红外光谱仪代替。

19.1.2 参比涂料

参比涂料应具有与 18.1.1.3 相同的性质及精度。

19.2 测量方法

19.2.1 与 18.1.2.1 相同。

19.2.2 将试样固定在试样支架上，调整光学系统达到下列要求：

a) 与 18.1.2.2 中 a)项相同。

b) 光学系统所决定的试样待测面积相对于探测器可作“点源”近似；且位于等温区内并小于等温区面积。

19.2.3 将控温仪热电偶焊接或粘接于待测面附近(等温区内)。用控温仪将待测表面温度控制在其工作温度。待温度稳定后，开启单色仪的扫描装置，使之在 0.38 μm～25 μm 的波长范围内进行连续扫描，同时使记录仪与之同步，测出放大系统输出的试样与调制盘差分光谱信号电压 $U_{S\lambda}$ 随波长变化的关系曲线。

19.2.4 关闭控温仪，试样冷却至室温后，在等温区内均匀涂覆参比涂料，涂覆厚度为 0.2 mm，涂覆方法与获取其发射率数据的原测量方法中的一致。然后开启控温仪(设定温度与第 19.2.3 相同)。温度稳定后，按 19.2.3 的方法测出放大系统输出的参比涂料与调制盘差分光谱信号电压 $U_{t\lambda}$ 随波长变化的关系曲线。

19.2.5 移开试样，测量放大系统输出的背景与调制盘差分光谱信号电压 $U_{w\lambda}$ 随波长变化的关系曲线(方法同 19.2.3)。

19.2.6 用辐射测温仪测量等温区的表观工作温度 T_r。

19.3 测量结果计算

按式(10)计算试样在工作温度下的法向光谱发射率，结果保留二位有效数字：

$$\varepsilon_{n\lambda} = \frac{(U_{s\lambda} - U_{w\lambda} + R_\lambda \cdot K \cdot P_{0\lambda} \cdot \Delta\lambda)}{(U_{t\lambda} - U_{w\lambda} + R_\lambda \cdot K \cdot P_{0\lambda} \cdot \Delta\lambda)} \cdot \varepsilon_{tn\lambda} \qquad \cdots\cdots(10)$$

式中：

$\varepsilon_{n\lambda}$——试样在工作温度下的法向光谱发射率，无量纲；

$\varepsilon_{tn\lambda}$——参比涂料在试样工作温度下的法向光谱发射率(取表观工作温度 T_r 下的数值)，无量纲；

$U_{s\lambda}$——试样与调制盘差分光谱信号电压，单位为毫伏(mV)；

$U_{t\lambda}$——参比涂料与调制盘差分光谱信号电压，单位为毫伏(mV)；

$U_{w\lambda}$——背景与调制盘差分光谱信号电压，单位为毫伏(mV)；

R_λ——探测器光谱响应率，单位为毫伏每毫瓦(mV/mW)；

K——放大系统电压放大系数，无量纲；

$\Delta\lambda$——单色仪谱线宽度，单位为微米(μm)；

$P_{0\lambda}$——探测器接收的背景光谱辐射功率，单位为毫瓦每微米(mW/μm)。

注：将背景作黑体处理，用点源公式计算给出 $P_{0\lambda}$。

20 加热器有效辐射能量比、分布温度与辐射波长范围的测量方法

20.1 仪器设备

测量装置，与图 11 相同。

标准黑体，工作温度范围与被测样品的辐射光谱分布相适应，控温精度优于 1%。

20.2 测量方法

20.2.1 设置黑体工作温度 T_b 与被测样品最高温度基本接近。

20.2.2 给加热器施加额定工作电压，通电升温至稳定。

20.2.3 在相同的光学条件下，分别测量黑体的相对辐射能谱 $U_\lambda(T_b)$ 与样品中心部位的相对辐射能谱 $U_\lambda(T)$。

20.3 测量结果计算

20.3.1 按式(11)计算样品的光谱辐射出射度 $M_\lambda(T)$：

$$M_\lambda(T) = \frac{U_\lambda(T)}{U_\lambda(T_b)} M_\lambda(T_b) \qquad \cdots\cdots(11)$$

式中：

$M_\lambda(T)$——样品的光谱辐射出射度，单位为瓦每平方厘米微米[W/(cm² · μm)]；

$M_\lambda(T_b)$——黑体的光谱辐射出射度(由普朗克公式计算给出)，单位为瓦每平方厘米微米[W/(cm² · μm)]；

$U_\lambda(T)$——样品的相对辐射能谱(测量系统输出的信号电压)，单位为毫伏(mV)；

$U_\lambda(T_b)$——黑体的相对辐射能谱(测量系统输出的信号电压)，单位为毫伏(mV)。

20.3.2 按式(12)计算样品的有效辐射能量比 R_e：

$$R_e = \frac{\int_{1}^{25} M_\lambda(T)\,d\lambda}{\int_{\lambda_1}^{\lambda_2} M_\lambda(T)\,d\lambda} \qquad \cdots\cdots(12)$$

式中的 $\lambda_1 \sim \lambda_2$ 为样品总辐射通量对应的波长范围。

20.3.3 根据分布温度的定义和样品的光谱辐射出射度 $M_\lambda(T)$，利用“多波长逼近法”及其相应的计算软件，算出样品的分布温度 T_d。计算光谱的起始波长为 λ_1，终止波长为 λ_2。应在计算结果中同时给出所选择的波长间隔 $\Delta\lambda$。

20.3.4 辐射波长范围的确定

根据样品的绝对辐射能谱（即光谱辐射出射度 $M_\lambda(T)$ 曲线），计算 10%（或 X%）峰值辐射出射度所对应的光谱区间，即为样品的有效辐射波长范围。X 值根据有关产品标准确定。

21 加热器接线柱的拉力试验方法

21.1 试验仪器

拉力试验机，精度不低于 1%。

21.2 试验方法

将加热器的接线柱紧固在拉力机上，施加规定的拉力，历时 3 min，然后检验之，其结果应符合有关产品技术标准的规定要求。

22 加热器工作寿命试验方法

22.1 试验设备

加速老化试验装置（由控制柜、试验架等组成）。

控制柜由三相调压器、精度不低于 0.5 级的电流表及 0.5 级的电压表等组成。

试验架应由具有抗高温、抗锈蚀的金属框架构成。

加速老化试验装置的示意图如图 12：

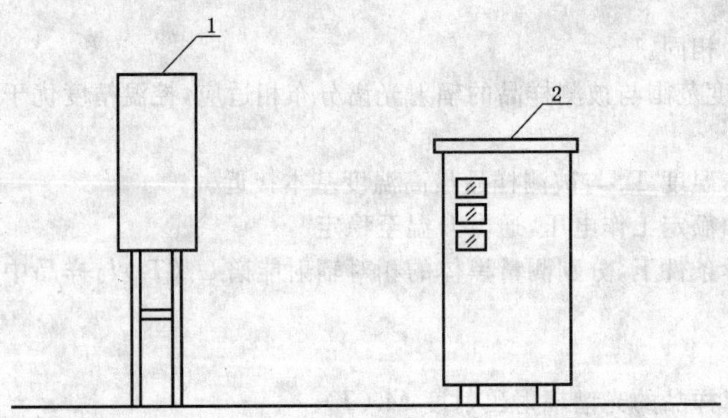

1——试验架；
2——控制柜。

图 12 加速老化试验装置

22.2 **试验方法**

22.2.1 转换效率的测量

按第 17 章测量加热器的电-热辐射转换效率值确定为初值。

22.2.2 待加热器的寿命(老化)试验结束后,重新测量加热器的电-热辐射转换效率值确定为终值。

22.2.3 寿命(老化)的试验

可按下述两种方法进行。

a) 模拟(加速)寿命试验法

碳纤维发热丝加热器在 1.3 倍额定电压下连续通电工作,其他类型加热器在 1.35 倍额定电压下连续通电工作,试验时间见表 2。

表 2 工作寿命的试验时间

h

标称工作寿命	试验时间
3 000	36
4 000	48
5 000	60
…	…
10 000	120

试验结束后,如果待测加热器的电-热辐射转换效率终值不低于初始值的 90%、且未出现损坏,则判定该加热器的寿命不低于该加热器的标称工作寿命。

b) 常规寿命试验法

在额定电压下,连续通电 n h。

注:n 为自然数。

试验结束后,如果待测加热器的电-热辐射转换效率终值不低于初始值的 90%、且未出现损坏,则判定该加热器的寿命不低于 n h。

23 加热器振动试验方法

23.1 试验设备

振动试验台,其特性应符合 GB 2423.10—2008 中 4.1 的有关规定。

23.2 试验方法

23.2.1 根据有关产品标准规定的振动等级参数确定下列数值:

a) 频率范围;

b) 振幅值;

c) 试验持续时间。

23.2.2 初始检测

对待测加热器进行拆箱,按有关产品标准的规定对加热器进行外观检查和电性能的检测。完成初始检测后,按有关产品标准的规定进行包装。

23.2.3 对包装好的加热器进行振动试验。

23.2.4 最后检测

对完成振动试验后的试样拆箱,并按有关产品标准的规定进行外观检查和电性能的检测。

24 加热器机械强度试验方法

适用于非金属基体类加热器。

24.1 试验设备

弹簧冲击器(±0.04%)。

24.2 试验方法

按照 GB 4706.1—2005 中第 21 章的规定,用弹簧冲击器在样品外表面每一个可能的薄弱点上打击三次。打击能量为(0.5±0.04) J,或按有关产品标准的规定确定打击能量值。

试验结束后,检查是否符合有关产品标准的要求。

25 加热器弯折试验方法

适用于柔性辐射电热膜、柔性面状辐射加热类产品。

25.1 试验设备

低温试验箱,精度优于±1 ℃,温度波动度±0.5 ℃,温度均匀度≤2 ℃。

25.2 试验方法

25.2.1 冷弯试验

将样品卷在一个直径为 55 mm 的纸筒上,然后将卷好的样品在-30 ℃±3 ℃的低温试验箱中存放 4 h;之后在 20 ℃~25 ℃下,将样品打开,从相反的方向重新卷好,在 30 min 内重复三次后,样品在环境温度下恢复 4 h。

试验结束后,检查是否符合有关产品标准的要求。

25.2.2 冷折试验

样品在冷弯试验中,当温度保持在-30 ℃±3 ℃时,将其折成 90°,然后检查是否符合有关产品标准的要求。

26 加热器剥离强度的试验方法

适用于柔性辐射电热膜、柔性面状辐射加热类产品。

26.1 试验设备

带有图形记录装置的拉伸试验机,精度±1%。

26.2 试验方法

按照 GB/T 8808—1988 的有关规定进行,并按有关产品标准的要求检查是否合格。

27 加热器阻燃性能的试验方法

适用于辐射电热膜类产品。

按照 GB/T 4706.8—2003 中 30.102 的规定进行试验与评定。

28 加热器低温储存的试验方法

适用于柔性辐射电热膜、柔性面状辐射加热类产品。

28.1 试验设备

低温试验箱,精度优于±1 ℃,温度波动度±0.5 ℃,温度均匀度≤2 ℃。

28.2 试验方法

按有关产品标准的规定,将低温试验箱设置于指定的试验温度。把样品放入低温试验箱内,储存指定的时间后取出,在室温条件下恢复 1 h,然后检测其输入功率、表面温度、电气强度及外观,并评定是否符合有关产品标准的要求。

29 加热器过载能力的试验方法

29.1 试验设备

三相调压器、精度不低于 0.5 级的电功率表及 0.5 级的电压表。

29.2 试验方法

将加热器接入电源，同时调节电压使输入功率达到规定值，加热器在充分发热条件下，通电 1 h，然后断电冷却 0.5 h 到室温(必要时可采用强迫冷却)。通断电的循环次数为 30 次。

对额定功率不大于 100 W 的加热器，过载试验的输入功率为额定功率的 1.3 倍；对大于 100 W 的加热器，过载试验的输入功率为额定功率的 1.27 倍或 1.21 倍加 12 W，取两者中的大值。

过载试验后，检查并评定样品是否出现损坏、是否符合有关产品标准的要求。

ICS 01.080.01
A 22

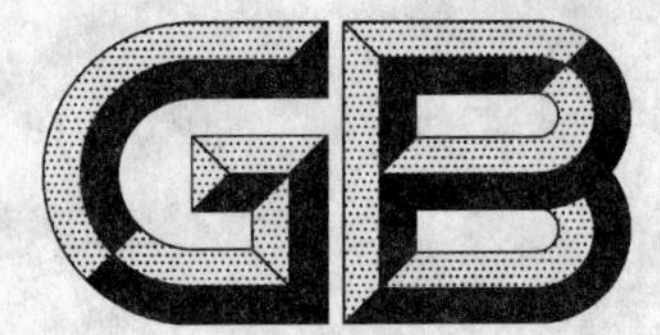

中华人民共和国国家标准

GB/T 7291—2008
代替 GB 7291—1987

图形符号 基于消费者需求的技术指南

**Graphical symbols—
Technical guidelines for the consideration of consumers' needs**

(ISO/IEC Guide 74:2004,MOD)

2008-07-16 发布　　2009-01-01 实施

中华人民共和国国家质量监督检验检疫总局
中国国家标准化管理委员会　发布

前　言

本标准使用重新起草法修改采用 ISO/IEC Guide 74:2004《图形符号　基于消费者需求的技术指南》。

本标准与 ISO/IEC Guide 74:2004 相比，存在如下技术性差异：

——用修改采用国际标准的 GB/T 2893.1 代替了原国际标准中的引用文件 ISO 3864-1；

——用 GB/T 15565(所有部分)代替了原国际标准中的引用文件 ISO 17724；

——将第 4 章中有关图形符号的国际标准化组织的情况介绍改为我国图形符号相关技术委员会的情况介绍；

——由于本标准为推荐性国家标准，因此删除 5.2 中的立法建议“可立法规定风险评价程序”；

——由于我国尚未建立图形符号注册制度，也就无法保证现有国家标准中的图形符号均符合图形符号的标准化设计要求，因此将原国际标准中 5.4 条“如果存在合适的符号，应使用该符号。”改为“如果存在合适的符号，宜使用该符号”；

——由于图形符号含义的惟一性是保证图形符号被正确理解的先决条件，因此将原国际标准中 5.4 条“在任何领域，图形符号宜仅表达惟一含义。”改为“在任何领域，图形符号应仅表达惟一含义”；

——由于安全色涉及人身安全，因此将 6.1 条原国际标准中陈述性文字改为技术性要求。即“如果在安全标志或产品安全标签中使用图形符号，那么标志或标签的安全色应符合 GB/T 2893.1 的有关规定”；

——将第 7 章表 1 和表 2 中的某些国际标准用转化后对应的国家标准代替；

——由于我国尚未建立完善的图形符号注册制度和相关程序，因此删除原国际标准 4.1 中的“还应遵循有关技术委员会的程序”和第 9 章。

为了便于使用，本标准还对 ISO/IEC Guide 74:2004 做了如下编辑性修改：

——“本指南”一词改为“本标准”。

本标准代替 GB 7291—1987《与消费者有关图形符号的一般要求》，与 GB 7291—1987 的主要区别为：

——将标准名称更改为《图形符号　基于消费者需求的技术指南》；

——按照 ISO/IEC Guide 74:2004 重新进行了修订。

本标准的附录 A 为资料性附录。

本标准由全国图形符号标准化技术委员会提出并归口。

本标准起草单位：中国标准化研究院、中机生产力促进中心、中国消费者协会。

本标准主要起草人：邹传瑜、白殿一、郭汀、陈剑、张亮、陈永权。

本标准于 1987 年首次发布，本次为第一次修订。

引　言

设计拙劣的图形符号和含义相同、构图不同的图形符号都会影响消费者的理解。在旅游业蓬勃发展、劳动力自由流动和贸易全球化时代，如果不依照相关国家标准对图形符号进行设计、测试和标准化，消费者难以理解图形符号的问题将越来越普遍。

我国已经发布了相应的国家标准，规定了在创建和标准化图形符号时遵循的程序。

在信息传递领域，图形符号无疑具有突出优势，例如：

——视觉效果强；

——能够以紧凑的形式传递信息；

——能够以直观的、不依赖语言的形式传递信息；

——能引导观察者实现预期目的或做出相应决定。

但是，图形符号并非总能发挥自身优势。本标准目的是促使在设计新图形符号时，能充分考虑消费者的需求。若要使符号能被绝大多数目标受众正确地理解，那么就要保证符号功能的一致性和较高的使用频率，这将有助于提高目标受众对该符号的熟悉程度。在产品或设备上使用图形符号将减少使用者查阅手册的次数。但在某些情况下，还需要有辅助文字才能达到最佳效果。

对于消费者而言，图形符号明确有效地传达预期信息是非常重要的，尤其需要区分安全信息（包括与非安全使用或错误使用产品、设备相关的信息）和非安全信息。因此，建议技术委员会在着手设计向消费者传递信息的图形符号时，一定要邀请相关群体参与设计过程，例如，可以采用吸收消费者代表参加技术委员会、对消费者使用情况开展调研等。

图形符号 基于消费者需求的技术指南

重要提示:本标准中的颜色不能用于颜色匹配。有关颜色匹配的要求,请参考 GB/T 2893.1 规定的色度属性和光度属性,GB/T 2893.1 的附录 A 还提供了其他安全色在颜色体系中的参考值。

1 范围

本标准规定了以下三类图形符号的设计程序:

——公共信息图形符号;

——安全标志和产品安全标签用图形符号;

——设备和产品用图形符号。

上述图形符号有可能用在消费者使用的文档中。

本标准适用于上述与消费者相关图形符号的设计,但不适用于道路交通标志和技术产品文件用图形符号。

注:图形符号的设计规则已在相关国家标准和国际标准中予以规定。本标准汇总了相关标准信息和参考文件,有助于各技术委员会和设计者在考虑新图形符号需求时遵从"最佳做法"。

2 规范性引用文件

下列文件中的条款通过本标准的引用而成为本标准的条款。凡是注日期的引用文件,其随后所有的修改单(不包括勘误的内容)或修订版均不适用于本标准,然而,鼓励根据本标准达成协议的各方研究是否可使用这些文件的最新版本。凡是不注日期的引用文件,其最新版本适用于本标准。

GB/T 2893.1 图形符号 安全色和安全标志 第 1 部分:工作场所和公共区域中安全标志的设计原则(GB/T 2893.1—2004,ISO 3864-1:2002,MOD)

GB/T 15565(所有部分) 图形符号 术语

3 术语和定义

GB/T 15565 界定的术语和定义适用于本标准。

4 国内相关标准化技术委员会

4.1 概述

本标准涉及的负责制修订与图形符号设计和标准化相关国家标准的国内技术委员会有 SAC/TC 59 和 SAC/TC 27 等。这些技术委员会负责制定与图形符号设计和标准化相关的国家标准。

技术委员会在起草引用图形符号或含图形标志的标准时,应遵循本标准的规定。

4.2 SAC/TC 59

SAC/TC 59 全国图形符号标准化技术委员会负责:

——图形符号术语、表示规则;

——公共信息图形符号;

——安全标识、标志、形状、符号和颜色;

——设备用图形符号;

——承担与国际标准化组织图形符号技术委员会(ISO/TC 145)对口的国内标准化技术工作。

SAC/TC 59 下设一个分技术委员会，即 SC1：城市导向分技术委员会。

4.3 SAC/TC 27

SAC/TC 27 全国电气信息结构文件编制和图形符号标准化技术委员会负责的电气图形符号工作为：

——电气简图用图形符号；

——电气技术文件的编制规则；

——电气设备用图形符号；

——承担与国际电工委员会信息结构，文件编制和图形符号(IEC/SC 3C)对口的国内标准化技术工作。

注：为了提供方便，相关技术委员会的网址为：SAC/TC 59，http://www.cnsymbol.org/；SAC/TC 27，http://www.tc27.org.cn；ISO/TC 145，http://www.iso.org/tc145；IEC/SC 3，http://tc3.iec.ch。

5 前期考虑因素

5.1 待传递的信息

待传递的信息包括产品或设备的识别信息、产品或设备的状态指示或使用者相应的行为反应等。因此，图形符号的设计者宜：

a) 确认待传递的危险或信息的性质，尤其是它是否与使用者有关，或者仅与设备有关；

b) 确定待传递给目标受众的信息以及信息的传递方式(例如，需要使用公共信息图形符号，安全标志用和产品安全标签用图形符号，或设备用和产品用图形符号)。

如果使用公共信息图形符号和设备用图形符号，那么向消费者传递的最重要信息为：产品或设备的识别信息、状态指示、操作指示。

如果使用安全标志用和产品安全标签用图形符号，那么关键信息为：

——禁止；

——指令；

——警告；

——安全环境、疏散路线、安全设备；

——消防设施的位置。

5.2 风险评价

在许多情况下，通过正式的风险评价能确认安全问题的性质。可制定相关国家标准或业务规程规定实施风险评价的程序。

5.3 目标受众

考虑目标受众(例如儿童、老年人和有特殊需求的人们)的特定信息传递要求并采取相应措施。可采用目标受众熟悉的概念，并考虑诸如理解障碍和视力等因素。

注：GB/T 20002.2 提供了老年人和残疾人需求的相关指南。

通常，某些图形符号将设计成既适用于工作场所，也适用于公共区域。此时，目标受众包括受过健康和安全培训的人，以及没有经过培训的普通公众。例如，一幢允许访客参观的写字楼，写字楼工作人员受过与他们工作场所相关的培训，而访客没有受过相关培训。为这样的场所设计图形符号时，最重要的一点就是确保考虑了访客的需求。

查明相关的文化或民族禁忌，并在设计时予以考虑。

确保图形符号含义明确、没有歧义。宜避免在图形符号中使用文字，如确需在图形符号中使用文字，则需确保其含义能被人们广泛理解。

5.4 检索含义相同的现有符号

确定在国家标准和国际标准中是否已经存在适合预期用途的图形符号(见表1)。如果存在合适的符号,宜使用该符号。在任何领域,图形符号应仅表达惟一含义。

6 新图形符号的设计

6.1 基本程序

如果没有合适的符号,要遵循国家标准和国际标准(见表2)中有关图形符号设计、测试和标准化程序的要求设计新的图形符号。

如果在安全标志或产品安全标签中使用图形符号,那么标志或标签的安全色应符合 GB/T 2893.1 的有关规定。

6.2 使用环境

6.2.1 图形符号设计者考虑的因素

对于图形符号设计者,重要的是要了解使用环境,以便更好地确定设计方案。尤其是宜依照以人为本的设计原则,深入调查消费者行为以及物理环境、周围环境和社会文化环境的特点(参见 GB/T 18976)。

关键使用环境因素可包括:

——图形符号或图形符号(或标志)组合(可附带辅助文字)的使用环境;

——观察距离;

——照明和周围照明条件(可能包括紧急情况下);

——与其他符号的使用关系。

6.2.2 标志的设置和使用

实际设置标志时,需要考虑与具体使用环境相关的因素。虽然本标准不对使用环境相关因素进行深入讨论,但是,在此列举以下因素的目的是强调这样一种事实:如果拙劣地复制或使用不当,精心研究设计的图形符号也可能无法发挥应有的作用。

为了最大程度地提高图形符号的有效性,根据图形符号类型和具体应用,可能有必要考虑以下因素:

——避免颜色的过度使用和不正确使用;

——衬底色和安全色之间可能存在的混淆;

——图形符号和衬底色之间的对比;

——尺寸;

——材料和结构的属性(例如反射性和耐久性);

——图形符号复制技术的效果;

——位置(例如高、低)和视线清晰;

——照明(标志本身及其周围);

——使用辅助文字提高被理解程度的需求;

——影响部分人识读标志能力的光泽度;

——有视觉缺陷的人(包括色盲)的需求。

7 相关国家标准和国际标准

7.1 涉及图形符号和安全标志的标准

宜按照表1提供的标准检索是否已经存在预期用途的图形符号。

表 1 涉及标准化图形符号和安全标志的国家标准和国际标准

图形符号(或标志)类型	相关国家标准和国际标准
公共信息图形符号	GB/T 10001
安全标志	GB 2894,ISO 7010
设备用图形符号	GB/T 16273,GB/T 5465.2,ISO 7000

附录 A 提供了标准化图形符号和安全标志的示例。

7.2 涉及图形符号设计原则和要求的标准

宜参考表 2 中的现行标准设计新的图形符号。

表 2 涉及图形符号设计原则和要求的国家标准和国际标准

图形符号(或标志)类型	相关国家标准和国际标准
公共信息图形符号	GB/T 16900,GB/T 16903.1
安全标志	GB/T 2893.1,ISO 3864-2,ISO 3864-3,ISO 17398
设备用图形符号	GB/T 5465.1,GB/T 16902.1

注：参考文献提供了相关标准的信息。

8 安全标志(含产品安全标签)和公共信息图形符号的易理解性评价

评价图形符号信息传递效果的最优方法是从目标受众中选取样本,并宜采用如下可控的评价方式:

a) 认真和可靠地制备测试程序中使用的图形符号方案的测试样本;

b) 从广泛的人群中客观地选择具有代表性的目标受众,并宜考虑年龄、性别及其他特殊要求等因素。此外,还宜选择不同文化背景的被调查者;

c) 全程管理和监督测试过程;

d) 确认并记录测试数据的分析结果。

GB/T 16903.2 规定了对图形符号易理解性的评价程序。

附 录 A
（资料性附录）
标准化图形符号和安全标志示例

GB/T 10001.1—2006(04)
楼梯
(公共信息)

GB/T 10001.2—2006(58)
大型封闭式缆车
(公共信息)

GB 2894—1996(2-28)
当心绊倒
(警告)

GB 2894—1996(1-1)
禁止吸烟
(禁止)

GB 13495—1992(3.3.2)
灭火器
(消防安全)

ISO 7010—E005
方向箭头
(安全环境)

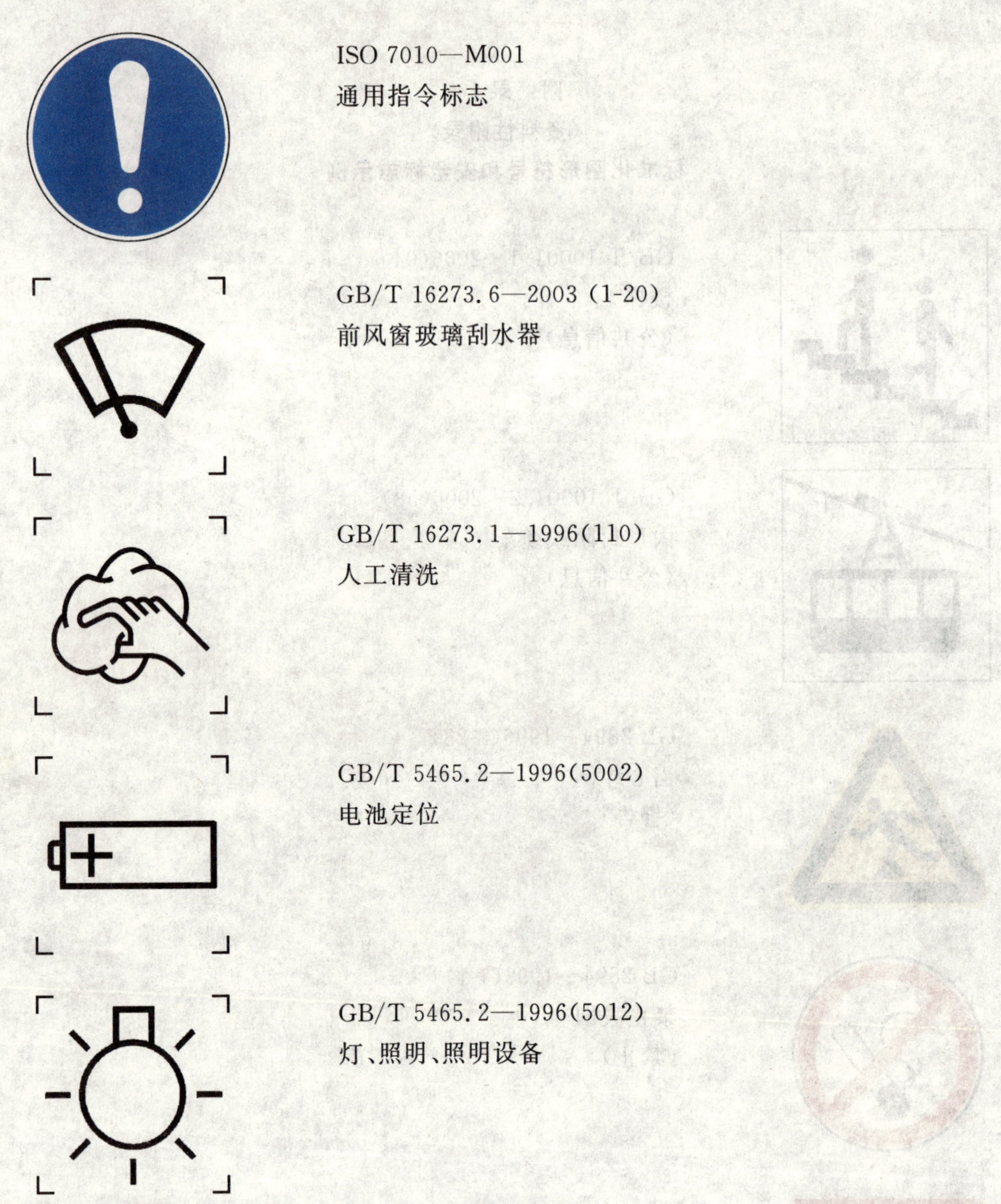

ISO 7010—M001
通用指令标志

GB/T 16273.6—2003 (1-20)
前风窗玻璃刮水器

GB/T 16273.1—1996(110)
人工清洗

GB/T 5465.2—1996(5002)
电池定位

GB/T 5465.2—1996(5012)
灯、照明、照明设备

注：引自 GB 2894、GB 13495 和 ISO 7010 的示例表明了 GB/T 2893.1 规定的安全标志的形状、颜色和基本类型。

参 考 文 献

国家标准

[1] GB/T 2893.1 图形符号 安全色和安全标志 第1部分:工作场所和公共区域中安全标志的设计原则

[2] GB 2894 安全标志

[3] GB/T 5465.1 电气设备用图形符号基本规则 第1部分:原形符号的生成

[4] GB/T 5465.2 电气设备用图形符号 第2部分:图形符号

[5] GB/T 8593(所有部分) 土方机械 司机操纵和其他显示符号

[6] GB/T 10001(所有部分) 标志用公共信息图形符号

[7] GB 13495 消防安全标志

[8] GB/T 15565(所有部分) 图形符号 术语

[9] GB/T 16273(所有部分) 设备用图形符号

[10] GB/T 16900 图形符号表示规则 总则

[11] GB/T 16902.1 图形符号表示规则 设备用图形符号 第1部分:原形符号

[12] GB/T 16903.1 图形符号表示规则 标志用图形符号 第1部分:图形标志的形成

[13] GB/T 16903.2 标志用图形符号表示规则 第2部分:测试程序

[14] GB/T 18976 以人为中心的交互系统设计过程

[15] GB/T 20002.2 标准中特定内容的起草 第2部分:老年人和残疾人的需求

ISO/IEC 国际标准

[16] ISO 3864-2 图形符号 安全色和安全标志 第2部分:产品安全标签设计原则

[17] ISO 3864-3 图形符号 安全色和安全标志 第3部分:安全标志用图形符号的设计原则

[18] ISO 6309 防火 安全标志

[19] ISO 7000 设备用图形符号 索引和一览表

[20] ISO 7001 公共信息图形符号

[21] ISO 7010 图形符号 安全色和安全标志 用于工作场所和公共区域的安全标志

[22] ISO/TR 7239 公共信息符号的设计和应用原则

[23] ISO 9186 图形符号 易理解性和理解度的测试方法

[24] ISO 13407 以人为中心的交互系统设计过程

[25] ISO 17398 安全色和安全标志 安全标志的分类、性能和耐久性

[26] ISO/IEC 80416-1 设备用图形符号的基本原则 第1部分:符号原型的创建

[27] ISO/IEC 80416-2 设备用图形符号的基本原则 第2部分:箭头形状和用途

[28] ISO/IEC 80416-3 设备用图形符号的基本原则 第3部分:图形符号应用准则

[29] ISO 80416-4 设备用图形符号的基本原则 第4部分:适用于屏幕和显示器用图形符号(图标)的补充性准则

[30] IEC 60417 设备用图形符号

ISO/IEC 指南

[31] ISO/IEC Guide71 标准制定者考虑老年人和残疾人需求的指南

ITU-T 建议案

[32] ITU-T 建议案 F.910(02/95) 设计、评估和选择符号、图形符号和图标的程序

[33] ITU-T 建议案 E.121(07/96) 旨在帮助电话业务用户的图形符号、符号和图标

ICS 65.120
B 46

中华人民共和国国家标准

GB/T 7295—2008
代替 GB/T 7295—1987

饲料添加剂　维生素 B_1（盐酸硫胺）

Feed additive—Vitamin B_1 (thiamine hydrochloride)

2008-03-03 发布　　2008-05-01 实施

中华人民共和国国家质量监督检验检疫总局
中国国家标准化管理委员会
发布

前　言

本标准是对 GB/T 7295—1987《饲料添加剂　维生素 B_1（盐酸硫胺）》的修订，自实施之日起代替 GB/T 7295—1987，与 GB/T 7295—1987 相比主要变化如下：

——按 GB/T 1.1—2000 的要求增加了前言、规范性引用文件；

——按 GB/T 20001.4—2001 的要求增加了试验方法中指标测定的重复性；

——将酸度 pH 范围由“2.7～3.3”调整为“2.7～3.4”；

——将测定方法中的“加水 20 mL 使溶解”修订为“加水 50 mL 使溶解”。

本标准由全国饲料工业标准化技术委员会提出并归口。

本标准主要起草单位：国家饲料质量监督检验中心（武汉）。

本标准主要起草人：钱昉、刘小敏、屈利文 。

本标准所代替标准的历次版本发布情况为：

——GB/T 7295—1987。

饲料添加剂　维生素 B_1（盐酸硫胺）

1　范围

本标准规定了饲料添加剂维生素 B_1（盐酸硫胺）的要求、试验方法、检验规则及标签、包装、贮存、运输。

本标准适用于化学合成法制得的维生素 B_1（盐酸硫胺）产品，在饲料工业中作为维生素类饲料添加剂。

化学名称：氯化 4-甲基-3-[(2-甲基-4-氨基-5-嘧啶基)甲基]-5-(2-羟基乙基)噻唑嗡盐酸盐

分子式：$C_{12}H_{17}ClN_4OS \cdot HCl$

相对分子质量：337.27（1999 年国际相对原子质量）

结构式：

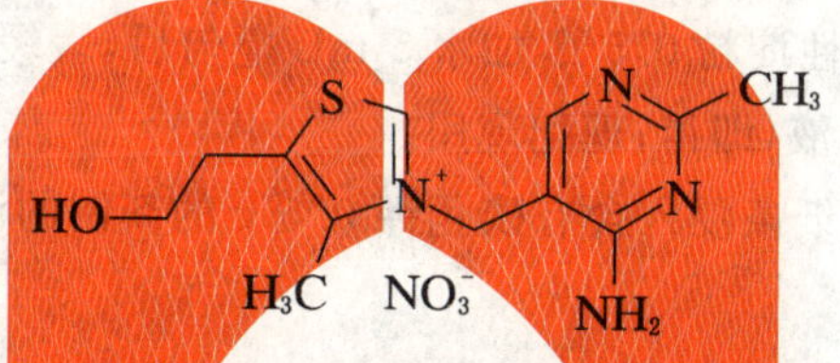

2　规范性引用文件

下列文件中的条款通过本标准的引用而成为本标准的条款。凡是注日期的引用文件，其随后所有的修改单（不包括勘误的内容）或修订版均不适用于本标准，然而，鼓励根据本标准达成协议的各方研究是否可使用这些文件的最新版本。凡是不注日期的引用文件，其最新版本适用于本标准。

GB/T 602　化学试剂　杂质测定用标准溶液的制备(GB/T 602—2002,ISO 6353-1:1982,NEQ)

GB/T 603　化学试剂　试验方法中所用制剂及制品的制备(GB/T 603—2002,ISO 6353-1:1982,NEQ)

GB/T 6682　分析实验室用水规格和试验方法(GB/T 6682—1992,neq ISO 3696:1987)

GB 10648　饲料标签

3　要求

3.1　外观和性状

本品为白色结晶或结晶性粉末，有微弱的特臭，味苦。易溶于水中，略溶于乙醇，不溶于乙醚。干燥品在空气中迅即吸收约 4%的水分。

3.2　技术指标

技术指标应符合表 1 要求。

表 1　主要技术指标

项　　目	指　　标
维生素 B_1 含量（以 $C_{12}H_{17}ClN_4OS \cdot HCl$ 干基计）/%	98.5～101.0
干燥失重/%	≤5.0
炽灼残渣/%	≤0.1
溶液色泽	≤0.6 mL
酸度(pH)	2.7～3.4
硫酸盐（以 SO_4^{2-} 计）/%	≤0.03

4 试验方法

本标准所用试剂和水，除特别注明外，均指分析纯试剂和符合 GB/T 6682 中规定的三级用水，标准溶液和杂质溶液的制备应符合 GB/T 602 和 GB/T 603。

4.1 鉴别

4.1.1 试剂和溶液

4.1.1.1 氢氧化钠：称取氢氧化钠 4.3 g，加水使溶解成 100 mL。

4.1.1.2 铁氰化钾：称取铁氰化钾 1 g，加水 10 mL 使溶解，临用现配。

4.1.1.3 正丁醇。

4.1.1.4 二氧化锰。

4.1.1.5 硫酸。

4.1.1.6 碘化钾。

4.1.1.7 淀粉指示液：称取可溶性淀粉 0.5 g，加水 5 mL 搅匀后，缓缓倾入 100 mL 沸水中，随加随搅拌，继续煮沸 2 min，放冷，取上清液，即得；现配现用。

4.1.1.8 碘化钾淀粉试纸：取滤纸条浸入含有碘化钾 0.5 g 的新制的淀粉指示液 100 mL 中，湿透后，取出干燥，即得。

4.1.2 鉴别步骤

4.1.2.1 称取样品约 5 mg，加氢氧化钠溶液 2.5 mL 溶解后，加铁氰化钾溶液 0.5 mL 与正丁醇5 mL，强力振摇 2 min，放置使分层，上面的醇层显强烈的蓝色荧光，加酸使成酸性，荧光即消失，再加碱使成碱性，荧光又显出。

4.1.2.2 本品的水溶液显氯化物的鉴别反应：称取样品 0.5 g，置干燥试管中，加二氧化锰 0.5 g，混匀，加硫酸湿润，缓缓加热，即发生氯气，能使湿润的碘化钾淀粉试纸显蓝色。

4.2 盐酸硫胺含量测定

4.2.1 试剂和溶液

4.2.1.1 盐酸。

4.2.1.2 10%硅钨酸溶液：称取 10 g 硅钨酸溶解于 100 mL 水中。

4.2.1.3 5%盐酸溶液：取 5 mL 盐酸加水稀释成 100 mL。

4.2.1.4 丙酮。

4.2.2 测定方法

称取样品 0.05 g(准确至 0.000 2 g)，加水 50 mL 溶解后，加盐酸(4.2.1.1)2 mL 煮沸，立即滴加硅钨酸溶液(4.2.1.2)4 mL，继续煮沸 2 min，用在 80℃干燥至恒重的 4＃垂熔坩埚滤过，沉淀先用煮沸的盐酸溶液(4.2.1.3)20 mL 分次洗涤，再用水 10 mL 洗涤 1 次，最后用丙酮(4.2.1.4)洗涤 2 次，每次 5 mL，沉淀物在 80℃干燥至恒重。

4.2.3 结果计算

盐酸硫胺含量 w_1 以质量分数计，数值以%表示，按式(1)计算：

$$w_1 = \frac{m_1 \times 0.1939}{m \times (1 - w_2)} \times 100 \qquad (1)$$

式中：

m_1——干燥恒重后沉淀质量，单位为克(g)；

0.193 9——盐酸硫胺硅钨酸盐换算成盐酸硫胺系数；

m——样品质量，单位为克(g)；

w_2——样品干燥失重，%。

4.2.4 重复性

两个平行测定结果绝对值之差，不大于 0.5%。

4.3 溶液色泽的检查

4.3.1 试剂和溶液

制备比色用重铬酸钾溶液。

4.3.2 测定方法

称取样品 1.0 g，置于 50 mL 纳氏比色管中，加水 10 mL 溶解后与同体积的对照液（取比色用重铬酸钾溶液 0.6 mL，加水适量使成 40 mL）比较，颜色不得更深。

4.4 酸度的测定

4.4.1 仪器设备

酸度计。

4.4.2 测定方法

称取样品 0.5 g（准确至 0.01 g），置于 100 mL 烧杯中，加水 50 mL 使溶解，用酸度计测其 pH 值。

4.5 硫酸盐的测定

4.5.1 试剂和溶液

4.5.1.1 10%盐酸溶液：取 10 mL 盐酸加水稀释成 100 mL。

4.5.1.2 25%氯化钡溶液：称取 25 g 氯化钡溶解于 100 mL 水中。

4.5.1.3 制备标准硫酸钾溶液（1 mL 含 0.1 mg SO_4^{2-}）。

4.5.2 测定方法

称取样品 1 g（准确至 0.1 g），加水溶解成 20 mL。溶液如不澄清，过滤。置 50 mL 纳氏比色管中，加水适量稀释成 25 mL，再加盐酸溶液（4.5.1.1）1 mL。加氯化钡溶液（4.5.1.2）3 mL，摇匀，放置 10 min，如发现浑浊，与标准硫酸钾溶液（4.5.1.3）3 mL 用同法制成的对照液比较，不得更浑浊。

4.6 干燥失重的测定

4.6.1 测定方法

称取样品 1 g～2 g（准确至 0.000 2 g），置于已在 105℃烘箱中干燥至恒重的称量瓶内，打开称量瓶瓶盖，置于 105℃烘箱中，干燥至恒重。

4.6.2 结果计算

干燥失重 w_2 以质量分数计，数值以%表示，按式（2）计算：

$$w_2 = \frac{(m_2 - m_3)}{m} \times 100 \qquad \cdots\cdots(2)$$

式中：

m_2——干燥前的样品和称量瓶总质量，单位为克（g）；

m_3——干燥后的样品和称量瓶总质量，单位为克（g）；

m——样品质量，单位为克（g）。

4.6.3 重复性

两个平行测定结果绝对值之差，不大于 0.05%。

4.7 炽灼残渣的测定

4.7.1 试剂

硫酸。

4.7.2　测定方法

称取样品 1 g(准确至 0.01 g),置于已在 700℃～800℃灼烧至恒重的瓷坩埚中,用小火缓缓加热至完全炭化,放冷后,加硫酸 0.5 mL～1 mL 使湿润,低温加热至硫酸蒸气除尽后,移入马福炉中,在 700℃～800℃下灼烧至恒重。

4.7.3　结果的计算

炽灼残渣 w_3 以质量分数计,数值以%表示,按式(3)计算:

$$w_3 = \frac{(m_4 - m_5)}{m} \times 100 \qquad \cdots\cdots(3)$$

式中:

m_4——坩埚和残渣质量,单位为克(g);

m_5——坩埚质量,单位为克(g);

m——样品质量,单位为克(g)。

4.7.4　重复性

两个平行测定结果绝对值之差,不大于 0.02%。

5　检验规则

5.1　出厂检验

饲料添加剂维生素 B_1(盐酸硫胺)应由生产企业的质量监督部门按本标准进行检验,本标准规定所有项目为出厂检验项目,生产企业应保证所有产品均符合本标准规定的要求。每批产品都应检验合格后方可出厂。

5.2　验收检验

使用单位有权按照本标准对所收到的维生素 B_1(盐酸硫胺)产品进行质量验收,检验其指标是否符合本标准的要求。

5.3　取样方法

取样需备有清洁、干燥、具有密闭性和避光性的样品瓶。瓶上贴有标签,并注明生产厂名称、产品名称、批号及取样日期。

抽样时,应用清洁适用的取样工具插入料层深度四分之三处,将所取样品充分混匀,以四分法缩分,每批样品分 2 份,每份样量应为检验所需试样的 3 倍量,装入样品瓶中,一份供检验用,另一份应密封保存,以备仲裁分析用。

5.4　判定规则

如果检验结果有一项指标不符合本标准要求时,应加倍抽样进行复验,复验结果仍有一项指标不符合本标准要求时,则整批产品判为不合格品。

5.5　仲裁检验

如供需双方对产品质量发生异议时,可由双方协商选定仲裁单位,按本标准的检验方法进行仲裁检验。

6　标签、包装、运输、贮存

6.1　标签

标签按 GB 10648 的规定执行。

6.2　包装

本品装于适当的容器内封存,包装应符合运输和贮藏的要求。每件包装的质量可根据客户的要求而定。

6.3 运输

应避免日晒雨淋、受热及撞击。搬运装卸小心轻放,不得与有毒有害或其他有污染的物品混装、混运。

6.4 贮存

本品应贮存在通风、阴凉、干燥、无污染、无有害物质的地方。

本品在规定的贮存条件下,原包装保质期12个月。

ICS 65.120
B 46

中华人民共和国国家标准

GB/T 7296—2008
代替 GB/T 7296—1987

饲料添加剂　维生素 B_1（硝酸硫胺）

Feed additive —Vitamin B_1 (thiamine mononitrate)

2008-04-09 发布　　2008-07-01 实施

中华人民共和国国家质量监督检验检疫总局
中国国家标准化管理委员会　发布

前　言

本标准是 GB/T 7296—1987《饲料添加剂　维生素 B_1(硝酸硫胺)》的修订版。

本标准代替 GB/T 7296—1987。

本标准与 GB/T 7296—1987 的主要技术差异为：

——增加前言、规范性引用文件；

——技术要求中明确含量以干基计；

——增加铅不大于 10 mg/kg 的要求；

——增加硝酸硫胺含量测定允许差；

——增加干燥失重的测定允许差；

——增加炽灼残渣的测定允许差。

本标准由全国饲料工业标准化技术委员会提出并归口。

本标准主要起草单位：中国饲料工业协会、国家饲料质量监督检验中心(武汉)、上海市饲料行业协会。

本标准主要起草人：杨林、辛盛鹏、钱昉、粟胜兰、何一帆、何凤琴、黄婷、凤懋熙。

本标准所代替标准的历次版本发布情况为：

——GB/T 7296—1987。

饲料添加剂　维生素 B_1(硝酸硫胺)

1　范围

本标准规定了饲料添加剂维生素 B_1(硝酸硫胺)的技术要求、试验方法、检验规则以及标签、包装、贮存、运输。

本标准适用于化学合成法制得的维生素 B_1(硝酸硫胺)产品,在饲料工业中作为维生素类饲料添加剂。

化学名称:4-甲基-3-[(2-甲基-4-氨基-5-嘧啶基)甲基]-5-(2-羟基乙基)噻唑鎓硝酸盐。

分子式:$C_{12}H_{17}N_5O_4S$

相对分子质量:327.37(2001 年国际相对原子质量)

结构式:

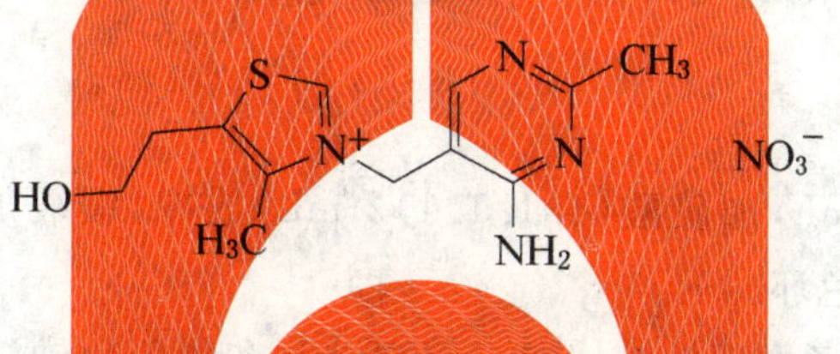

2　规范性引用文件

下列文件中的条款通过本标准的引用而成为本标准的条款。凡是注日期的引用文件,其随后所有的修改单(不包括勘误的内容)或修订版均不适用于本标准,然而,鼓励根据本标准达成协议的各方研究是否可使用这些文件的最新版本。凡是不注日期的引用文件,其最新版本适用于本标准。

GB/T 6682　分析实验室用水规格和试验方法(GB/T 6682—1992,neq ISO 3696:1987)

GB 10648　饲料标签

GB/T 13080　饲料中铅的测定　原子吸收光谱法

GB/T 14699.1　饲料　采样(GB/T 14699.1—2005,ISO 6497:2002,IDT)

中华人民共和国药典　2005 年版

3　要求

3.1　外观和性状

本品为白色或微黄色结晶或结晶性粉末,有微弱的特臭。在水中略溶,在乙醇或三氯甲烷中微溶。

3.2　技术要求

技术指标应符合表 1 要求。

表 1　技术指标

项　目		指　标
含量(以 $C_{12}H_{17}N_5O_4S$ 干基计)/%		98.0～101.0
pH		6.0～7.5
氯化物(以 Cl 计)(质量分数)/%	≤	0.06
干燥失重/%	≤	1.0
炽灼残渣/%	≤	0.2
铅/(mg/kg)	≤	10

4 试验方法

本标准所用试剂和水，除特别注明外，均指分析纯试剂和符合 GB/T 6682 中规定的三级用水。

4.1 鉴别

4.1.1 试剂和溶液

4.1.1.1 硫酸。

4.1.1.2 硫酸亚铁：取硫酸亚铁($FeSO_4 \cdot 7H_2O$) 8 g，加新沸过的冷水 100 mL 使溶解，摇匀，现用现配。

4.1.1.3 冰乙酸。

4.1.1.4 乙酸铅溶液：取乙酸铅 10 g，加新沸过的冷水溶解后，滴加冰乙酸使溶液澄清，再加新沸过的冷水使成 100 mL，摇匀。

4.1.1.5 氢氧化钠溶液(质量浓度)：10%。

4.1.1.6 铁氰化钾溶液：取铁氰化钾[$K_3Fe(CN)_6$]1 g，加水 10 mL，使溶解，现用现配。

4.1.1.7 异丁醇。

4.1.2 方法

4.1.2.1 取 2%试样溶液 2 mL，加硫酸(4.1.1.1)2 mL，放冷，缓缓加入硫酸亚铁溶液(4.1.1.2) 2 mL，两层溶液接触处产生棕色环。

4.1.2.2 溶解试样约 5 mg 于乙酸铅溶液(4.1.1.4)1 mL 和氢氧化钠溶液(4.1.1.5)1 mL 的混合液中，产生黄色；再在水浴上加热几分钟，溶液变成棕色，放置有硫化铅析出。

4.1.2.3 称取试样约 5 mg，加氢氧化钠溶液(4.1.1.5)2.5 mL，溶解后，加铁氰化钾溶液(4.1.1.6) 0.5 mL与异丁醇(4.1.1.7)5 mL 强力振摇 2 min，放置使分层，上面的醇层显强烈的蓝色荧光；加酸使成酸性，荧光即消失，再加碱使成碱性，荧光又显出。

4.2 硝酸硫胺含量测定

4.2.1 试剂和溶液

4.2.1.1 盐酸。

4.2.1.2 硅钨酸：10%溶液。称取 10 g 硅钨酸，溶于 100 mL 水中。

4.2.1.3 盐酸：取盐酸(4.2.1.1)5 mL 加水稀释至 100 mL。

4.2.1.4 丙酮。

4.2.2 测定方法

称取试样 0.1 g(准确至 0.000 2 g)，加水 50 mL 溶解后，加盐酸(4.2.1.1)2 mL，煮沸，立即滴加硅钨酸(4.2.1.2)溶液 10 mL，继续煮沸 2 min，用在 80℃ 干燥至恒重的 4# 垂熔坩埚过滤，沉淀先用煮沸的盐酸溶液(4.2.1.3)洗涤 2 次，每次 10 mL，再用水 10 mL 洗涤 1 次，最后用丙酮(4.2.1.4)洗涤 2 次，每次 5 mL，沉淀物在 80℃ 干燥至恒重。

4.2.3 结果计算

硝酸硫胺含量 ω_1 以质量分数计，数值以%表示，按式(1)计算：

$$\omega_1 = \frac{m_1 \times 0.188\,2}{m \times (1-\omega_2)} \times 100 \qquad \cdots\cdots(1)$$

式中：

ω_1——试样中硝酸硫胺含量，%；

m_1——干燥恒重后沉淀质量，单位为克(g)；

0.188 2——硝酸硫胺硅钨酸盐换算成硝酸硫胺系数；

m——试样质量,单位为克(g);

ω_2——试样干燥失重(质量分数),%。

4.2.4 允许差

两个平行测定结果绝对值之差,不大于 0.5%。

4.3 酸度的测定

4.3.1 仪器设备

酸度计。

4.3.2 测定方法

称取试样 0.5 g(准确至 0.01 g),置于 50 mL 烧杯中,加水 25 mL 使溶解,用酸度计测其 pH。

4.4 氯化物的测定

4.4.1 试剂和溶液

4.4.1.1 硝酸。

4.4.1.2 硝酸银:0.1 mol/L 溶液。

4.4.1.3 标准氯化钠溶液:按《中华人民共和国药典》2005 年版一部附录制备(1 mL 含 0.1 mg Cl)。

4.4.2 测定方法

称取试样 0.2 g(准确至 0.01 g),置于 100 mL 纳氏比色管中,加水 30 mL～40 mL 使其溶解,再分别加硝酸(4.4.1.1)1 mL 及硝酸银溶液(4.4.1.2)1 mL,加水至 50 mL,摇匀,在暗处放置 5 min,如发生浑浊,与标准氯化钠溶液(4.4.1.3)1.20 mL 用同法制成的对照液比较,颜色不得更浓。

4.5 干燥失重的测定

4.5.1 测定方法

称取试样 1 g～2 g(准确至 0.000 2 g),置于已在 105℃烘箱中干燥至恒重的称量瓶内,打开称量瓶瓶盖,置于 105℃烘箱中,干燥至恒重。

4.5.2 结果计算

干燥失重 ω_2 以质量分数计,数值以%表示,按式(2)计算:

$$\omega_2 = \frac{(m_2 - m_3)}{m} \times 100 \quad \cdots\cdots(2)$$

式中:

ω_2——试样干燥失重,%;

m_2——干燥前的试样和称量瓶总质量,单位为克(g);

m_3——干燥后的试样和称量瓶总质量,单位为克(g);

m——试样质量,单位为克(g)。

4.5.3 允许差

两个平行测定结果绝对值之差,不大于 0.05%。

4.6 炽灼残渣的测定

4.6.1 试剂

硫酸。

4.6.2 测定方法

称取试样 1 g(准确至 0.01 g),置于已在 700℃～800℃灼烧至恒重的瓷坩埚中,用小火缓缓加热至完全炭化,放冷后,加硫酸 0.5 mL～1 mL 使湿润,低温加热至硫酸蒸气除尽后,移入马福炉中,在 700℃～800℃下灼烧至恒重。

4.6.3 结果的计算

炽灼残渣 ω_3 以质量分数计,数值以%表示,按式(3)计算:

$$\omega_3 = \frac{(m_4 - m_5)}{m} \times 100 \quad \cdots\cdots\cdots\cdots (3)$$

式中：

ω_3——试样炽灼残渣，%；

m_4——坩埚和残渣质量，单位为克(g)；

m_5——坩埚质量，单位为克(g)；

m——试样质量，单位为克(g)。

4.6.4 允许差

两个平行测定结果绝对值之差，不大于 0.02%。

4.7 铅的测定

按 GB/T 13080 执行。

5 检验规则

5.1 采样方法

按 GB/T 14699.1 进行。

5.2 出厂检验

5.2.1 批

以同班、同原料、同配方的产品为一批，每批产品进行出厂检验。

5.2.2 出厂检验项目

本标准第 3 章中除铅以外的其他所有项目。

5.2.3 判定方法

以本标准的有关试验方法为依据，对抽取样品按出厂检验项目进行检验。检验结果如有一项指标不符合本标准要求时，应重新加倍抽样进行复检，复检结果如仍有任何一项不符合标准要求，则判定该批产品为不合格产品，不能出厂。

5.3 型式检验

5.3.1 有下列情况之一时，应进行型式检验：

a) 改变配方或生产工艺；

b) 正常生产每半年或停产半年后恢复生产；

c) 国家技术监督部门提出要求时。

5.3.2 型式检验项目

本标准第 3 章中的全部项目。

5.3.3 判定方法

以本标准的有关试验方法为依据，对抽取样品按型式检验项目进行检验，检验结果如有一项指标不符合本标准要求时，应重新加倍抽样进行复检，复检结果如仍有任何一项不符合本标准要求，则判型式检验不合格。

6 标签、包装、运输、贮存

6.1 标签

应符合 GB 10648 中的规定。

6.2 包装

本产品内包装采用食品级聚乙烯薄膜，外包装采用纸箱、纸桶或聚丙烯塑料桶包装，每箱(桶)净含量 25 kg(或根据客户要求，按合同执行)。

6.3 **运输**

运输过程中，不得与有毒、有害、有污染和有放射性的物质混放混载，防止日晒雨淋。

6.4 **贮存**

本品应贮存在清洁、干燥、阴凉、通风的仓库中。

在符合上述运输、贮存条件下，本产品自出厂之日起原包装保质期为24个月。

ICS 65.120
B 46

中华人民共和国国家标准

GB/T 7302—2008
代替 GB/T 7302—1987

饲料添加剂　叶酸

Feed additive—Folic acid

2008-03-03 发布　　　　2008-05-01 实施

中华人民共和国国家质量监督检验检疫总局
中国国家标准化管理委员会　发布

前 言

本标准是对 GB/T 7302—1987《饲料添加剂 叶酸》的修订，自实施之日起代替 GB/T 7302—1987，与 GB/T 7302—1987相比主要变化如下：

——增加前言、规范性引用文件部分；

——实验方法中增加叶酸含量指标测定允许差；

——叶酸测定方法目前通行的检测方法为高效液相法，内标法为仲裁法。

本标准由全国饲料工业标准化技术委员会提出并归口。

本标准起草单位：国家饲料质量监督检验中心(武汉)。

本标准主要起草人：高利红、刘小敏、钱昉。

本标准所代替标准的历次版本发布情况为：

——GB/T 7302—1987。

饲料添加剂 叶酸

1 范围

本标准规定了饲料添加剂叶酸的要求、试验方法、检验规则及标签、包装、运输、贮存等。

本标准适用于化学合成法制得的叶酸产品,在饲料工业中作为维生素类饲料添加剂。

化学名称:*N*-[4-[(2-氨基-4-氧代-1,4-二氢-6-蝶啶)甲氨基]苯甲酰基]-L-谷氨酸

分子式:$C_{19}H_{19}N_7O_6$

相对分子质量:441.40(按1999年国际相对原子质量)

结构式:

H₂N, H, N, N, N, N, O, H, N, H, N, O, O, OH, H, HO, O

2 规范性引用文件

下列文件中的条款通过本标准的引用而成为本标准的条款。凡是注日期的引用文件,其随后所有的修改单(不包括勘误的内容)或修订版均不适用于本标准,然而,鼓励根据本标准达成协议的各方研究是否可使用这些文件的最新版本。凡是不注日期的引用文件,其最新版本适用于本标准。

GB/T 602 化学试剂 杂质测定用标准溶液的制备(GB/T 602—2002,ISO 6353-1:1982,NEQ)

GB/T 603 化学试剂 试验方法中所用制剂及制品的制备(GB/T 603—2002,ISO 6353-1:1982,NEQ)

GB/T 6682 分析实验室用水规格和试验方法(GB/T 6682—1992,neq ISO 3696:1987)

GB 10648 饲料标签

3 要求

3.1 性状

本品为黄色或橙黄色结晶性粉末,无臭、无味。在水、乙醇、丙酮、三氯甲烷或乙醚中不溶,在氢氧化碱或碳酸盐的稀溶液中溶解。

3.2 技术指标

技术指标应符合表1要求。

表1 技术指标

项 目	指 标
叶酸含量(以 $C_{19}H_{19}N_7O_6$ 干基计)/%	95.0~102.0
干燥失重/%	≤8.5
炽灼残渣/%	≤0.5

4 试验方法

本标准所用试剂和水，除特别注明外，均指分析纯试剂和符合 GB/T 6682 中规定的二级用水。标准溶液和杂质溶液的制备应符合 GB/T 602 和 GB/T 603。

4.1 鉴别试验

4.1.1 试剂和溶液

4.1.1.1 0.1 mol/L 氢氧化钠溶液：称取氢氧化钠 4.0 g，用水溶解并稀释至 1 000 mL。

4.1.1.2 0.1 mol/L 高锰酸钾。

4.1.2 仪器设备

分光光度计。

4.1.3 鉴别方法

4.1.3.1 称取样品约 0.2 mg，加氢氧化钠溶液 10 mL，振摇使溶解，加高锰酸钾溶液 1 滴，振摇混匀后，溶液显蓝绿色，在紫外光灯下，显蓝绿色荧光。

4.1.3.2 取样后，加氢氧化钠溶液制成每 1 mL 中含 10 μg 样品的溶液，用分光光度计测定，在 256 nm±1 nm、283 nm±2 nm 及 365 nm±4 nm 的波长处有最大吸收。吸收度 256 nm 与吸收度 365 nm 的比值应为 2.8～3.0。

4.2 叶酸含量测定

4.2.1 试剂和溶液

4.2.1.1 重蒸水：符合 GB/T 6682 中规定的一级用水。

4.2.1.2 磷酸二氢钾：优级纯。

4.2.1.3 磷酸氢二钾：优级纯。

4.2.1.4 0.1 mol/L 氢氧化钾溶液：称取 0.56 g 氢氧化钾溶于 100 mL 水中。

4.2.1.5 甲醇：色谱纯。

4.2.1.6 氨水：体积分数为 0.5%。

4.2.1.7 烟酰胺内标液：取烟酰胺适量，加水溶解并稀释制成 1.0 mg/ mL 的溶液。

4.2.1.8 流动相 A：称取 6.8 g 磷酸二氢钾，加入 70 mL 氢氧化钾溶液(4.2.1.4)，用水稀释成约 850 mL并调节 pH 值至 6.3±0.1，加入甲醇 80 mL，用水稀释至 1 000 mL。

4.2.1.9 流动相 B：称取 19.64 g 磷酸二氢钾和 9.68 g 磷酸氢二钾溶于水中，倒入 2 L 容量瓶中，加入 240 mL 甲醇，用水定容至刻度(pH6.4～6.7)。

4.2.1.10 标准工作液 A：取叶酸干燥对照品(纯度≥98.5%)约 20 mg，置于 100 mL 容量瓶中，加入 0.5%氨溶液约 60 mL 溶解，精密加入烟酰胺内标液(4.2.1.7)20 mL，用 0.5%氨溶液稀释至刻度，摇匀。

4.2.1.11 标准工作液 B：取叶酸干燥对照品(纯度≥98.5%)约 20 mg，置于 100 mL 容量瓶中，加入 1.8 mL氢氧化钾溶液(4.2.1.4)和 10.0 mL 流动相 B(4.2.1.9)溶解，然后用流动相 B(4.2.1.9)定容至刻度。

4.2.2 仪器设备

4.2.2.1 一般实验室设备。

4.2.2.2 超声波清洗器。

4.2.2.3 液相色谱仪。

4.2.3　叶酸含量测定

4.2.3.1　内标法(仲裁法)

4.2.3.1.1　色谱条件与系统适应性试验

4.2.3.1.1.1　用十八烷基硅烷键合硅胶为填充剂柱,叶酸与内标物质峰的分离度应大于1.5。

4.2.3.1.1.2　取叶酸标准工作液A,连续进样5次,其峰面积测量值的相对偏差应不大于2.0%。

4.2.3.1.2　试样溶液的制备

取叶酸样品约200 mg(精确至0.000 2 g),置于100 mL容量瓶中,加入0.5%氨溶液溶解,定容;精确移取10.0 mL溶液,加入烟酰胺内标液(4.2.1.7)20.0 mL,用0.5%氨溶液稀释至刻度,摇匀。

4.2.3.1.3　测定

4.2.3.1.3.1　色谱条件

固定相:十八烷基硅烷键合硅胶填充柱,粒度5 μm,柱长250 mm,内径4 mm不锈钢柱。

移动相:磷酸盐缓冲液(4.2.1.7)。

流速:1.0 mL/min。

温度:室温。

进样量:10 μL~20 μL。

检测器:紫外检测器(或二极管矩阵检测器PDA),波长254 nm。

4.2.3.1.3.2　定量测定

取标准溶液及试样溶液,分别连续进样3次~5次按峰面积计算校正因子,并用其平均值计算试样中叶酸含量。

4.2.3.1.4　结果的计算与表述

叶酸含量 w_1 以质量分数计,数值以%表示,按式(1)、式(2)计算:

$$w_1 = f \times \frac{A_3 \times m_4}{A_4 \times m_3} \times 100 \qquad (1)$$

$$f = \frac{A_1 \times m_2}{A_2 \times m_1} \qquad (2)$$

式中:

f——叶酸质量校正因子;

A_3——试样溶液中叶酸的峰面积;

m_4——试样溶液中内标物的质量,单位为克(g);

A_4——试样溶液中内标物的峰面积;

m_3——试样溶液中叶酸的质量,单位为克(g);

A_1——标准溶液中内标物质峰面积;

m_2——标准溶液中叶酸的质量,单位为克(g);

A_2——标准物质中叶酸对照品峰面积;

m_1——标准溶液中内标物的质量,单位为克(g)。

4.2.3.1.5　重复性

本方法两次平行测定的允许绝对差≤2.0%。

4.2.3.2　外标法

4.2.3.2.1　色谱条件与系统适应性试验

取叶酸标准工作液A,连续进样5次,其峰面积测量值的相对偏差应不大于2.0%。

4.2.3.2.2　试样溶液的制备

取叶酸样品约200 mg(精确至0.000 2 g),置于100 mL容量瓶中,加入1.8 mL氢氧化钾溶液(4.2.1.4)和10.0 mL流动相B(4.2.1.9)溶解,然后用流动相B(4.2.1.9)定容至刻度。

精确移取 10.0 mL 溶液，用流动相 B(4.2.1.9)稀释至刻度，摇匀。

4.2.3.2.3 测定

4.2.3.2.3.1 色谱条件

色谱柱：ODS C_{18}柱，粒度 4 μm，150 mm×3.9 mm(内径)或性能类似的分析柱。

流动相：磷酸盐缓冲液(4.2.1.9)。

流速：0.6 mL/min。

温度：30℃。

进样量：10 μL。

检测器：紫外检测器(或二极管矩阵检测器 PDA)，波长 280 nm。

4.2.3.2.3.2 定量测定

取标准溶液及试样溶液，分别连续进样 3 次～5 次按峰面积计算校正因子，并用其平均值计算试样中叶酸含量。

4.2.3.2.4 结果的计算与表述

叶酸含量 w_2 以质量分数计，数值以%表示，按式(3)计算：

$$w_2 = \frac{A_5 \times m_6}{A_6 \times m_5} \times 100 \qquad \cdots\cdots(3)$$

式中：

A_5——试样溶液中叶酸的峰面积；

m_6——标准溶液中叶酸的质量，单位为克(g)；

A_6——标准物质中叶酸对照品峰面积；

m_5——试样溶液中叶酸的质量，单位为克(g)。

4.2.3.2.5 重复性

本方法两次平行测定的允许绝对差≤2.0%。

4.3 干燥失重的测定

4.3.1 仪器设备

真空恒温干燥箱。

4.3.2 测定方法

称取样品 1 g(准确至 0.000 2 g)，置于已在 100℃～105℃真空干燥至恒重的称量瓶内，打开称量瓶瓶盖，置于 100℃～105℃真空干燥箱中，压力不超过 0.7 kPa(约相当于 5 mmHg)，真空干燥 3 h 后取出，放入干燥器内冷却至室温，称取质量。

4.3.3 结果计算

干燥失重 w_3 以质量分数计，数值以%表示，按式(4)计算：

$$w_3 = \frac{m_7 - m_8}{m_9} \times 100 \qquad \cdots\cdots(4)$$

式中：

m_7——干燥前的样品和称量瓶总质量，单位为克(g)；

m_8——干燥后的样品和称量瓶总质量，单位为克(g)；

m_9——样品质量，单位为克(g)。

4.4 炽灼残渣的测定

4.4.1 试剂及设备

4.4.1.1 硫酸。

4.4.1.2 马福炉。

4.4.2 测定方法

称取样品 1 g(准确至 0.01)，置于已在 700℃～800℃灼烧至恒重的瓷坩埚中，用小火缓缓加热至完全炭化，放冷后，加硫酸 0.5 mL～1 mL 使湿润，低温加热至硫酸蒸气除尽后，移入马福炉中，在

700℃～800℃下灼烧至恒重。

4.4.3 结果计算

炽灼残渣 w_4 以质量分数计，数值以%表示，按式(5)计算：

$$w_4 = \frac{m_{10} - m_{11}}{m_{12}} \times 100 \quad \cdots\cdots(5)$$

式中：

m_{10}——坩埚和残渣质量，单位为克(g)；

m_{11}——坩埚质量，单位为克(g)；

m_{12}——样品质量，单位为克(g)。

5 检验规则

5.1 出厂检验

饲料添加剂叶酸应由生产企业的质量监督部门按本标准进行检验，本标准规定所有项目为出厂检验项目，生产企业应保证所有产品均符合本标准规定的要求。每批产品都应附有产品合格证。

5.2 进货验收

使用单位有权按照本标准的规定对所收到的叶酸产品进行验收，验收时间在货到一个月内进行。

5.3 取样方法

取样需备有清洁、干燥、具有密闭性和避光性的样品瓶。瓶上贴有标签，并注明生产厂名称、产品名称、批号及取样日期。

抽样时，应用清洁适用的取样工具插入料层深度四分之三处，将所取样品充分混匀，以四分法缩分，每批样品分 2 份，每份样量应为检验所需试样的 3 倍量，装入样品瓶中，一份供检验用，另一份应密封保存，以备仲裁分析用。

5.4 判定规则

如果检验结果有一项指标不符合本标准要求时，应加倍抽样进行复验，复验结果仍有一项指标不符合本标准要求时，则整批产品判为不合格品。

5.5 仲裁检验

如供需双方对产品质量发生异议时，可由双方协商选定仲裁单位，按本标准的检验方法进行仲裁检验。

6 标签、包装、运输、贮存

6.1 标签

标签按 GB 10648 的规定执行。

6.2 包装

本品装于适当的容器内封存，包装应符合运输和贮存的要求。每件包装的质量可根据客户的要求而定。

6.3 运输

应避免日晒雨淋、受热及撞击。搬运装卸小心轻放，不得与有毒有害或其他有污染的物品混装、混运。

6.4 贮存

本品应贮存在通风、阴凉、干燥、无污染的地方。

本品在规定的贮存条件下，原包装保质期 24 个月(开封后尽快使用，以免变质)。

ICS 21.100.10
J 12

中华人民共和国国家标准

GB/T 7308—2008/ISO 3548:1999
代替 GB/T 7308—1987,GB/T 3162—1991

滑动轴承　有法兰或无法兰薄壁轴瓦 公差、结构要素和检验方法

Plain bearings—Thin-walled half bearings with or without flange—Tolerances, design features and methods of test

(ISO 3548:1999,IDT)

2008-08-25 发布　　　　2009-03-01 实施

中华人民共和国国家质量监督检验检疫总局
中国国家标准化管理委员会　发布

前　言

本标准等同采用国际标准 ISO 3548:1999《滑动轴承　有法兰或无法兰薄壁轴瓦　公差、结构要素和检验方法》。

本标准整合修订 GB/T 3162—1991《滑动轴承薄壁轴瓦尺寸、结构要素与公差》及 GB/T 7308—1987《滑动轴承薄壁翻边轴瓦尺寸、公差及检验方法》，主要修改如下：

——将原 GB/T 3162—1991、GB/T 7308—1987 合并为一个标准；

——对直径<160 mm 的轴瓦，增加了壁厚规格；

——部分公差数值有所调整；

——增加了 5.4 内容。

本标准自实施之日起代替 GB/T 3162—1991、GB/T 7308—1987。

本标准的附录 A 是规范性附录。

本标准由中国机械工业联合会提出。

本标准由全国滑动轴承标准化技术委员会归口。

本标准起草单位：中机生产力促进中心、上海交通大学机械与工程动力学院、宁波凯达轴瓦有限公司、成都圣三强铁路配件有限公司。

本标准由全国滑动轴承标准化技术委员会秘书处负责解释。

本标准所代替标准的历次版本发布情况为：

——GB/T 7308—1987；

——GB 3162—1982、GB/T 3162—1991。

滑动轴承　有法兰或无法兰薄壁轴瓦
公差、结构要素和检验方法

1　范围

本标准规定了外径 D_o 至 250 mm 整体式薄壁法兰轴瓦和外径 D_o 至 500 mm 无法兰薄壁轴瓦的公差、结构要素和检验方法。由于结构设计的变化，轴瓦尺寸不做统一规定。

符合本标准的轴瓦主要用于往复式发动机，轴瓦由钢背及其内侧的一层或多层轴承合金组成。

在往复式发动机上，有法兰轴瓦与无法兰轴瓦可同时使用。

可以采用无法兰轴瓦与符合 GB/T 10447 的两个半圆止推垫圈一起，或具有组合式法兰的轴瓦，替代整体式法兰轴瓦。

2　规范性引用文件

下列文件中的条款通过本标准的引用而成为本标准的条款。凡是注日期的引用文件，其随后所有的修改单(不包括勘误的内容)或修订版均不适用于本标准，然而，鼓励根据本标准达成协议的各方研究是否可使用这些文件的最新版本。凡是不注日期的引用文件，其最新版本适用于本标准。

GB/T 10447　滑动轴承　半圆止推垫圈　要素和公差(GB/T 10447—2008，ISO 6526:1983，MOD)

GB/T 10610　产品几何技术规范　表面结构　轮廓法评定表面结构的规则和方法(GB/T 10610—1998，eqv ISO 4288:1996)

TB/T 2958　滑动轴承　薄壁轴瓦周长的检验方法(TB/T 2958—1999，idt ISO 6524:1992)

3　符号

见图 1、图 2 和表 1。

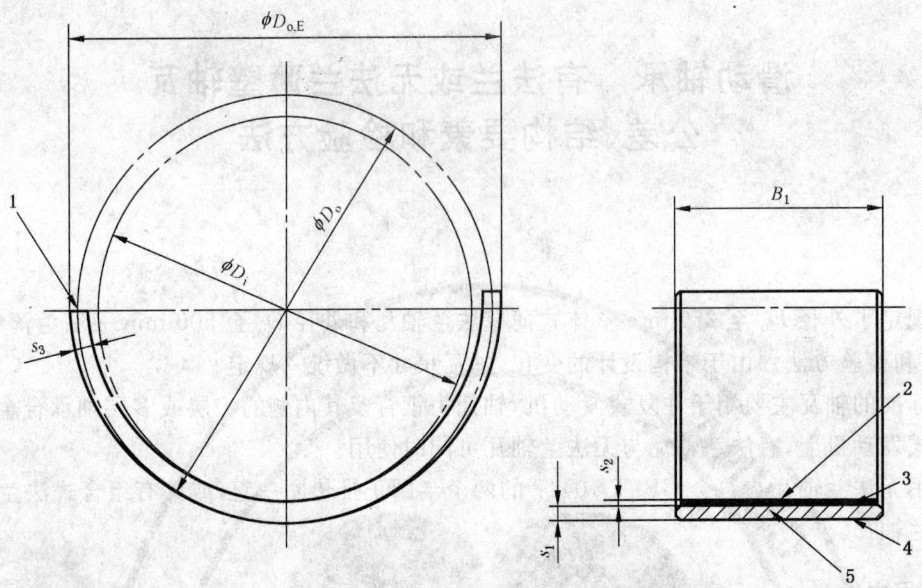

1——对口面；

2——滑动表面；

3——轴承合金；

4——轴瓦背面；

5——钢背。

图 1　无法兰轴瓦(带有自由弹张量)

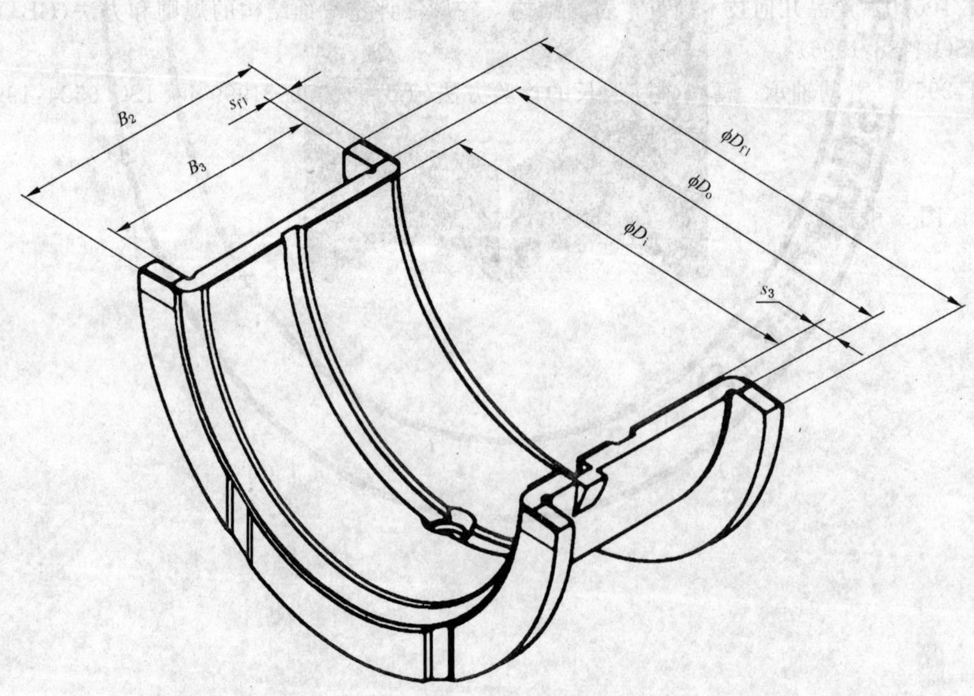

图 2　有法兰轴瓦(整体式或组合式,无自由弹张量)

表 1 符号和单位

符号	说明	单位
a_1	测量点至对口平面的垂直距离	mm
A_{cal}	轴瓦横截面的有效距离(计算值)	mm^2
b_H	轴承座宽度	mm
B_1	轴瓦宽度(无法兰)	mm
B_2	有法兰轴瓦宽度	mm
B_3	法兰间距	mm
C_1	外倒角	mm
C_2	内倒角	mm
d_{Ch}	检验模内孔直径	mm
d_H	轴承座孔直径	mm
D_{fl}	法兰外径	mm
D_i	轴瓦公称内径(轴承孔)	mm
D_o	轴承公称外径	mm
$D_{o,E}$	轴瓦自由状态(有自由弹张量)的外径	mm
e_B	偏心量	mm
F	检验载荷	N
F_{ax}	组合式法兰轴瓦的轴向检验载荷	N
h	高出度(压缩量、超出量),$h=h_1+h_2$(检验方法 B)	mm
p	自由弹张量	mm
s_{fl}	法兰厚度	mm
s_1	钢背厚度	mm
s_2	轴承合金厚度	mm
s_3	轴瓦壁厚	mm
s_4	油槽底部壁厚	mm
u	偏心轴瓦的壁厚减薄量	mm

4 尺寸和公差

4.1 轴承座直径、轴瓦外径和高出度

轴承座直径按 H6 公差等级制造。因此,轴瓦外径应按加大尺寸选配以确保其在轴承座孔径中有足够的安装过盈。

在轴承座由高膨胀系数材料制造或涉及轴承座尺寸刚度之类的其他因素的情况下,轴承座尺寸可以不采用 H6,但必须按 6 级公差进行生产。

自由状态下的轴瓦是弹性的,其外径不能直接测量,而只能通过专用检测器具测量其周长来代替直径测量。这一周长等于检验模孔的周长和计及在给定检验载荷下每个对口面的变形量之后的高出度之和。轴瓦在轴承座孔中的有效安装过盈的计算见参考文献[5]。

表 2 中列出的高出度公差,适用于对口面进行加工的轴瓦。不同的材料和轴承座结构需要不同的安装过盈。因此仅给出表 2 列出的公差。

表 2 适用于有或没有法兰轴瓦的尺寸、公差和极限偏差

轴承座孔直径/mm		壁厚/mm	公差或极限偏差[a]/mm										表面粗糙度[b,c] μm	
			壁厚		法兰厚度[d,e]	轴瓦宽度			法兰外径	法兰间距[e]	轴承座宽	高出度[f]	瓦背	滑动表面
d_H		s_3	s_3		s_{fl}	B_1	B_2		D_{fl}	B_3	b_H	h	Ra	Ra
>	≤	优先选用的公称尺寸	无电镀减摩层	带电镀减摩层[g]		无法兰轴瓦	整体法兰轴瓦	组合法兰轴瓦[h]						
—	50	1.5 1.75 2 2.5	0.008	—	0 −0.05	0 −0.3	0 −0.05	0 −0.12	±1	+0.05 0	−0.02 −0.07	0.03	0.8	0.8
50	80	1.75 2 2.5 3	0.008	0.012	0 −0.05	0 −0.3	0 −0.05	0 −0.12	±1	+0.05 0	−0.02 −0.07	0.035	0.8	0.8
80	120	2 2.5 3 3.5	0.01	0.015	0 −0.05	0 −0.3	0 −0.07	0 −0.12	±1	+0.07 0	−0.02 −0.07	0.04	0.8	0.8
120	160	3 3.5 4 5	0.015	0.022	0 −0.05	0 −0.4	0 −0.07	0 −0.2	±1.5	+0.07 0	−0.02 −0.1	0.045	1.2	0.8
160	200	3.5 4 5	0.015	0.022	0 −0.05	0 −0.4	0 −0.12	0 −0.2	±1.5	+0.07 0	−0.02 −0.1	0.05	1.2	0.8
200	250	4 5 6	0.02	0.03	0 −0.05	0 −0.4	0 −0.12	0 −0.2	±1.5	+0.07 0	−0.02 −0.1	0.055	1.2	0.8
250	315	5 6 8	0.02	0.03	—	0 −0.5	—	—	—	—	—	0.06	1.6	1.2
315	400	6 8 10	0.025	0.035	—	0 −0.5	—	—	—	—	—	0.07	1.6	1.2
400	500	8 10 12	0.03	0.04	—	0 −0.5	—	—	—	—	—	0.07	1.6	1.2

a 经用户与制造商共同商定。

b 表面粗糙度按照 GB/T 10610 规定的方法评定。

c 带电镀减摩层的轴瓦表面粗糙度测量，可能会因测量装置的探针将软合金层划伤而不够安全。

d 在承载边。

e 极限偏差不应加大。

f 见第 6 章，图 18 及图 19，电镀减摩层之后不再加工，对口面的轴瓦高出度公差应增加 0.01 mm。

g 对于大型轴瓦，往往使用较厚的电镀减摩层并需要进行另外的加工。在这种情况下，采用滑动表面无电镀减摩层的公差。

h 检验按 7.1 和 7.2。

4.2 轴瓦壁厚和轴承孔

轴瓦壁厚的优先选用公称尺寸列于表2。对于每种用途下的壁厚数据不能进行一般规定，因此，仅给出壁厚的公差。有或没有电镀减摩层的轴瓦公差以及瓦背表面和滑动表面的粗糙度见表2。

轴瓦壁厚公差取决于轴承孔是需要最后加工（即“加工状态”）还是轴承孔电镀后不再进一步加工（即“电镀状态”）。

轴瓦外径表面上轻微的变形是可以接受的。但是，壁厚测量不应在这些变形部位进行。

安装状态下的轴承孔等于由压配合造成弹性涨大的轴承座孔减去两倍轴瓦壁厚值（见参考文献[5]）。

注：在有些应用场合可能有必要使用具有不等壁厚的轴瓦或法兰轴瓦，即轴瓦壁厚从顶部到对口面均匀减小（见图3及图4）。

偏心 e_B 是以在径向平面上的轴承外表面的中心 X_1 和轴承孔中心 X_2 之间的距离为表征的。e_B 并非标注尺寸。偏心是通过减薄量 u 来控制的，u 是在距对口面平面的垂直距离 a_1 处测量的（作为指导方案一般对 a_1 作出规定以便使角度 α_2 自对口面起约为25°）。它应经过用户和制造商之间的协商一致。

图3 轴瓦的偏心

图4 在不同角度的轴瓦壁厚举例

壁厚变化的极限偏差可按照下列近似公式进行计算：

$$s_{\alpha,BL} = s_{3,act} - BL_u \times \frac{1-\sin\alpha}{1-\sin\alpha_2}$$

$$s_{\alpha,UL} = s_{3,act} - UL_u \times \frac{1-\sin\alpha}{1-\sin\alpha_2}$$

式中：

BL_u——u 的下限值；

UL_u——u 的上限值；

$s_{3,act}$——s_3 的实际值；

$s_{\alpha,BL}$——s_α 的最小值；

$s_{\alpha,UL}$——s_α 的最大值。

附录A给出了计算示例。

4.3 轴瓦宽度、法兰间距、法兰外径和法兰壁厚

轴瓦宽度和法兰间距的公称尺寸取决于应用方式，通常比率是 $B_1(B_2)/D_i \leqslant 0.5$。表2给出了轴瓦宽度的公差。法兰外径应小于轴肩的直径。

大多数情况下，法兰厚度固定地同轴瓦壁厚保持一致，同时，通常只有承压一边的法兰厚度有确定公差以确保上瓦和下瓦的法兰具有相同的厚度。在这种情况下，法兰相对于定位唇的位置是固定的。

如果上瓦和下瓦结构相同，通常同一片轴瓦的两个法兰必须具有在表2确定的公差范围之内的相同厚度。在这些情况下，法兰厚度由轴瓦宽度和法兰间距得出。

经用户和制造商协商一致后，某些其他公差照例可以接受（见第7章）。

4.4 自由弹张量

自由弹张量受合金层材料、厚度及其物理性质，瓦背材料及其性质以及组装后的工作温度等因素的

影响。由于这些细节不是在本标准中规定的，要规定自由弹张量是不可能的。自由弹张量在所有情况下都必须是正的。内燃机在正常情况下使用之后，轴瓦应保留足够的自由弹张量以使之重装。实际的自由弹张量应由用户同制造商协商。

注：往复式发动机的轴瓦一般具有 0.2 mm～3 mm 的自由弹张量。对于非常大的薄壁轴瓦可以有较大的自由弹张量，但它不应当造成轴瓦无法装入轴承座之中。

5 结构要素

尺寸由协商确定，公差由表 3、表 4 给出。

5.1 定位唇及其定位槽

定位唇及其定位槽见图 5、图 6 及图 7。

单位为毫米

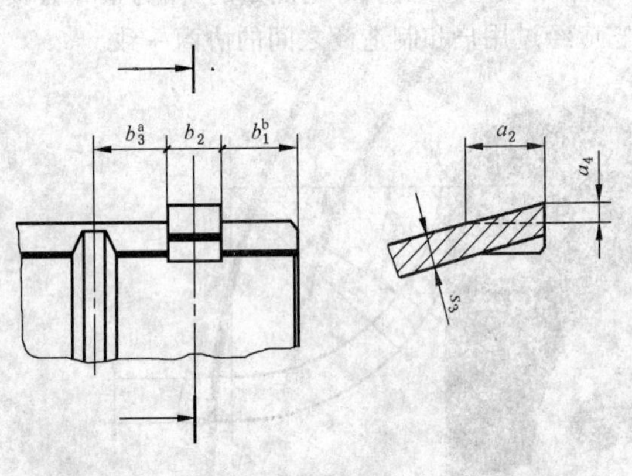

$b_1 \geqslant 1.5 \times s_3$，但不小于 3 mm。

a 若 b_3 小于 2 mm，该部位超过圆周长度 a_2 的范围内允许去除轴承合金，以免进行轴承孔加工时轴承合金碎裂。定位唇也可以在油槽中冲出。

b 定位唇也可以在轴瓦端部冲成($b_1=0$)。

图 5 无法兰轴瓦的定位唇

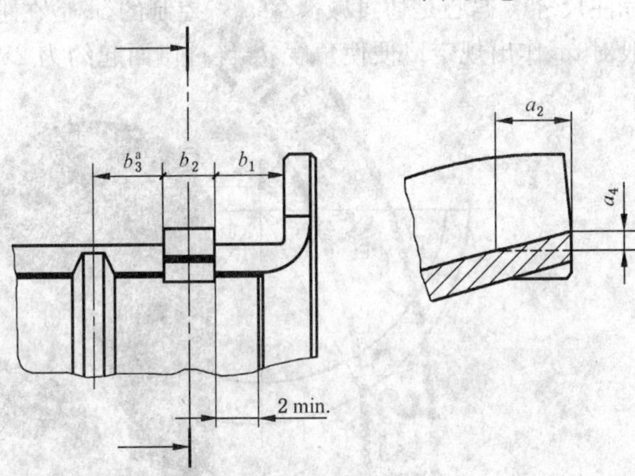

$b_1 \geqslant 1.5 \times s_3$，但不小于 3 mm。

a 若 b_3 小于 2 mm，该部位超过圆周长度 a_2 的范围内允许去除轴承合金，以免进行轴承孔加工时轴承合金碎裂。定位唇也可以在油槽中冲出。

图 6 有法兰轴瓦的定位唇

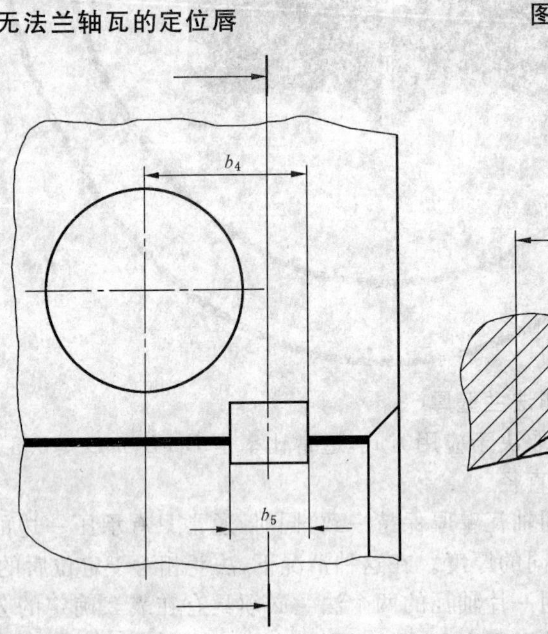

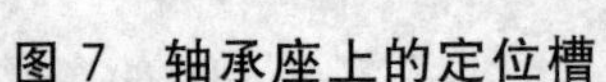

$$b_4 = \frac{B_1(B_2)}{2} - b_1{}^{a}$$

a 见图 4 或图 5。

图 7 轴承座上的定位槽

5.2 削薄量和倒角

通常在轴瓦(有或没有法兰)两边沿整个宽度进行对口面处的内孔削薄。作为建议尺寸 a_6 约为内径 D_i 的 1/10,但这一尺寸的实际值应根据用途并由用户同制造商协商(见图 8)。

无法兰轴瓦两端应有倒角(见图 9)。

止推法兰的两对口面(见图 10,剖面 A—A)以及止推法兰滑动表面的边缘(见图 10,局部放大图 X)应进行削薄。

尺寸和极限偏差见表 3。

单位为毫米

$a_6 = D_i/10$

图 8 轴承孔削薄

图 9 倒角

单位为毫米

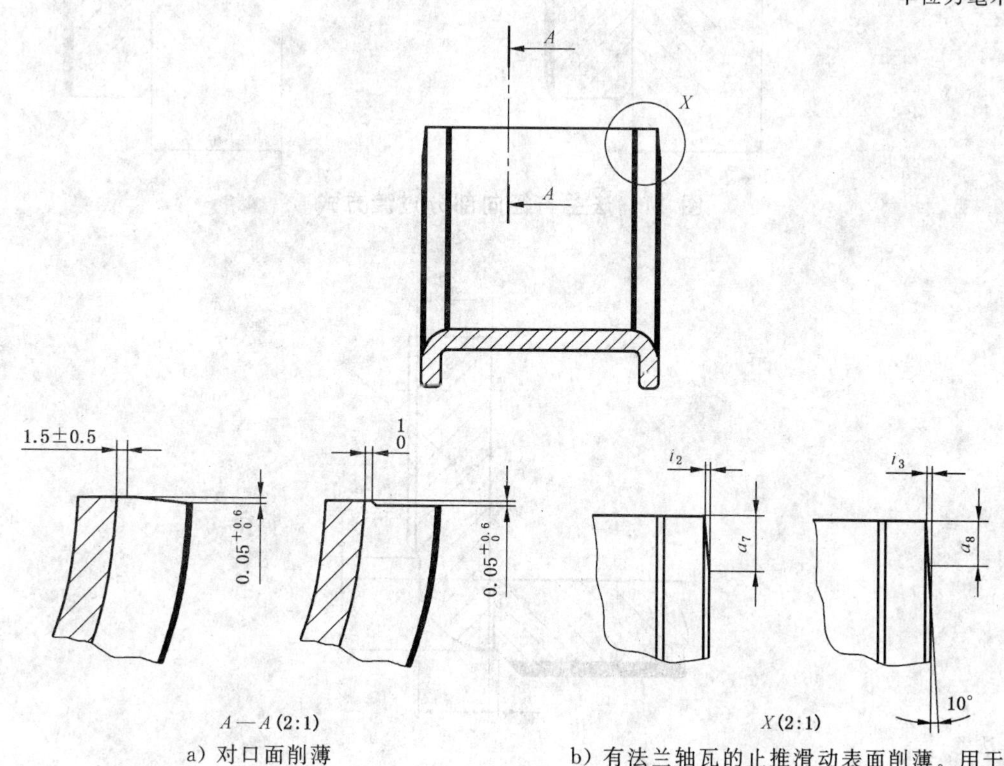

a) 对口面削薄

b) 有法兰轴瓦的止推滑动表面削薄。用于组合式法兰轴瓦,滑动表面的削薄应符合 GB/T 10447

图 10 有法兰轴瓦的削薄(结构方案由制造商选择)

表 3 法兰的过渡和削薄最小高度(和宽度)

单位为毫米

轴承座直径 d_H		a_7	a_8	a_9	i_2	i_3
>	≤	±2	±2	min	$^{+0.2}_{0}$	$^{+0.3}_{0}$
—	120	5.5	3	2	0.1	0.3
120	250	8	3	3	0.2	0.3

5.3 法兰和径向部分的过渡

图 11 表示出过渡区的典型示例,实际形式通常取决于制造方法和轴瓦壁厚与法兰厚度之比值。

径向部分和法兰之间的过渡应按照尺寸 a_9,以防止造成破坏。

过渡的几何形状应根据轴的形式,以防止同轴的内圆角半径和轴承座内孔相碰。

图 12 表示组合式法兰轴瓦的轴瓦和法兰之间过渡范围的示例。

该图表示用于组合式法兰轴瓦的附加法兰之过渡区域的最大实体优选尺寸。

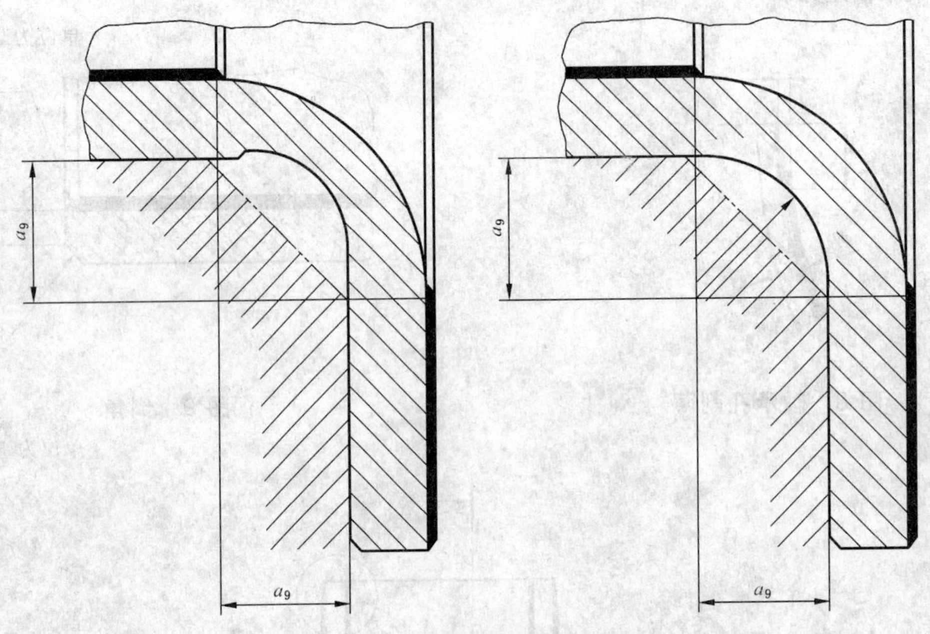

图 11 法兰与径向部分过渡方式

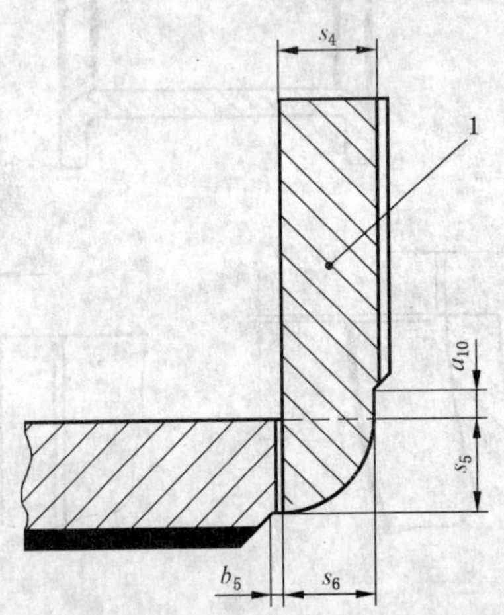

1——法兰。

s_5≥轴瓦壁厚的 66%。

s_6≥法兰厚度的 50%,但≤s_4。

拐角轮廓应按如下尺寸超过法兰和轴瓦厚度:

a_{10}≥0.5 mm;

b_5≥0.25 mm。

油槽深度应离开轴瓦止推法兰过渡区域的最大轮廓。

图 12 组合式法兰轴瓦法兰与轴瓦之间的过渡型式

5.4 组合式法兰的扇形镶嵌槽

这种结构用以改善材料的应用，同时应当指出这是非强制性的，见图 13。

1——止推垫圈。

注：根据 GB/T 10447，为便于最大限度地利用材料，在组合式止推法兰与轴瓦相结合的结合面上采用扇形镶嵌槽结构是任选的。

图 13 组合式止推法兰上的扇形镶嵌槽

5.5 油槽和油孔

油槽、油孔和油穴尺寸由功能要求决定，本标准不予规定。

优先选用的径向部分油槽型式见图 14。

法兰止推面上的油槽或油穴最好加工至轴承合金层以内的钢背，且一般规定用于止推法兰的外径 $D_{fl} \leqslant 160$ mm。超过这一尺寸的可规定其他油槽或油穴型式。

油孔可以是钻孔或冲孔，这两种情况下的油孔尖棱都必须去除毛刺，但在向油槽过渡部分的除外。如果要规定倒角，其型式由制造商选取。在滑动表面上需要倒角。

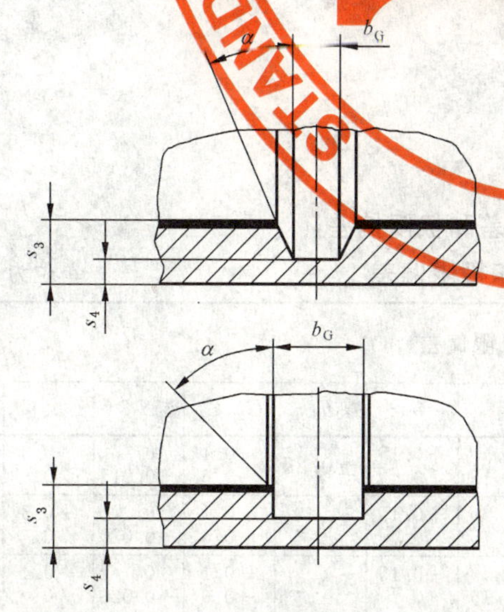

通常 $\alpha = 30°$ 或 $45°$，$s_4 \approx 0.35 s_3$ 但要 $\geqslant 0.7$ mm。

图 14 油槽类型

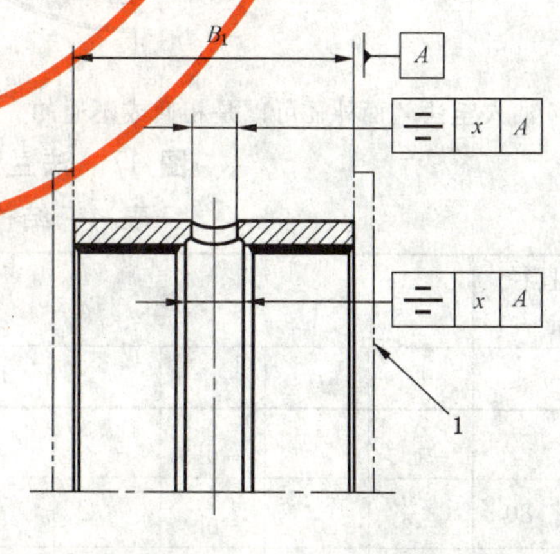

1——有法兰轴瓦轮廓。

注：公差值 x 见表 4。

图 15 油槽和油孔的位置

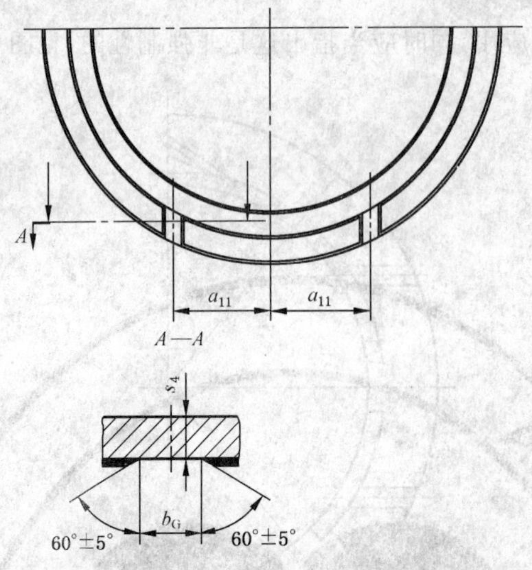

图 16　法兰止推面上的油槽型式

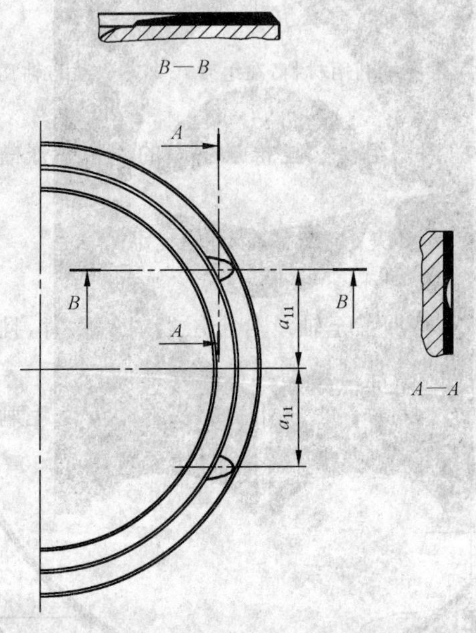

注：油穴至法兰面外径可以是相通或不通的。

图 17　法兰止推面上的公差和极限偏差

表 4　结构要素的公差和极限偏差[a]　　单位为毫米

座孔直径 d_H		公差和极限偏差												
>	≤	a_2	a_3	a_4	a_5	a_6	a_{11}	b_2	b_5	b_G	C_1、C_2	i_1	s_4	x
—	50	0 −1.5	+1.5 0	0 −0.3	+0.25 0	0 −3	±1.5	0 −0.15	+0.15 0	±0.25	−0.1 −0.6	0 −0.015	+0.3 0	
50	80	0 −2	+1.5 0	0 −0.4	+0.4 0	0 −3	±1.5	0 −0.15	+0.15 0	±0.25	−0.1 −0.6	0 −0.020	+0.3 0	
80	120	0 −2	+2 0	0 −0.4	+0.6 0	0 −4	±2.5	0 −0.15	+0.15 0	±0.25	−0.1 −0.6	0 −0.020	+0.4 0	0.6
120	160	0 −2	+3 0	0 −0.4	+0.75 0	0 −4	±2.5	0 −0.15	+0.15 0	±0.25	−0.4 −1.2	0 −0.020	+0.4 0	
160	200	0 −2.5	+3.5 0	0 −0.5	+1 0	0 −5	±2.5	0 −0.15	+0.15 0	±0.25	−0.4 −1.2	0 −0.020	+0.4 0	

表 4（续）

单位为毫米

座孔直径 d_H		公差和极限偏差												
>	≤	a_2	a_3	a_4	a_5	a_6	a_{11}	b_2	b_5	b_G	C_1、C_2	i_1	s_4	x
200	250	0 −2.5	+5 0	0 −0.5	+1.2 0	0 −6	±2.5	0 −0.15	+0.15 0	±0.25	−0.4 −1.2	0 −0.025	+0.4 0	0.6
250	315	0 −2.5	+5 0	0 −0.5	+1.2 0	0 −6	±2.5	0 −0.15	+0.15 0	±0.25	−1 −2	0 −0.025	+0.5 0	0.8
315	400	0 −3	+5 0	0 −0.5	+1.5 0	0 −8	±2.5	0 −0.2	+0.2 0	±0.25	−1 −2	0 −0.030	+0.5 0	
400	500	0 −3	+5 0	0 −0.6	+1.5 0	0 −8	±2.5	0 −0.25	+0.25 0	±0.25	−1.5 −2.5	0 −0.035	+0.6 0	1
a 更严的公差由用户与制造商共同商定。														

6 用于测定周长的检验数据

6.1 检验载荷 *F* 计算

在具有内径 d_{Ch}（通常等于最大座孔直径）的检验模中，用以测定钢背轴瓦的高出度而施加于每个对口面的检验载荷 F(N)，计算如下：

$F=100\times A_{cal}$（圆整到 500 N，但最大极限为 100 000 N）

轴瓦的横截面有效面积 A_{cal}（计算值）(mm^2)，按公式(1)～公式(3)计算：

$$A_{cal}=(B_1 \text{ 或 } B_2)\times s_1 \quad \text{适用于钢背/铅基合金和钢背/锡基合金} \tag{1}$$

$$A_{cal}=(B_1 \text{ 或 } B_2)\times(s_1+s_2/2) \quad \text{适用于钢背/铜基合金} \tag{2}$$

$$A_{cal}=(B_1 \text{ 或 } B_2)\times(s_1+s_2/3) \quad \text{适用于钢背/铝基合金} \tag{3}$$

油槽造成的横截面有效面积的减小，随其制造的型式、位置和类型而定。如果面积减小量大于10%，在计算中就应计及。

注：根据轴瓦的外径尺寸决定采用 TB/T 2958 所规定的推荐检验方法 A（见图 18）或检验方法 B（见图 19）；当采用检验方法 B 时，检验载荷 F 要施加于每个对口面（见图 19），施加的总力则为 $2F$。

6.2 检验方法 A

当采用检验方法 A 时，应根据 TB/T 2958 的规定在图纸上用下图予以表示。

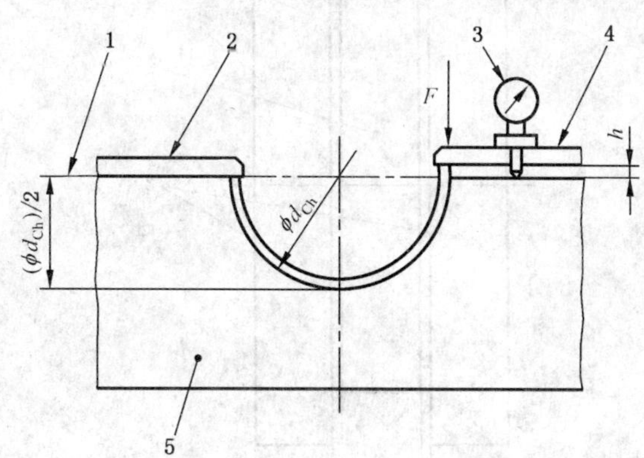

1——基准面；
2——固定挡板；
3——测微表；
4——压板；
5——检验模。

图 18 检验方法 A 举例，检验力 F=6 000 N

6.3 检验方法 B

当采用检验方法 B 时，应根据 TB/T 2958 的规定在图纸上用下图予以表示。

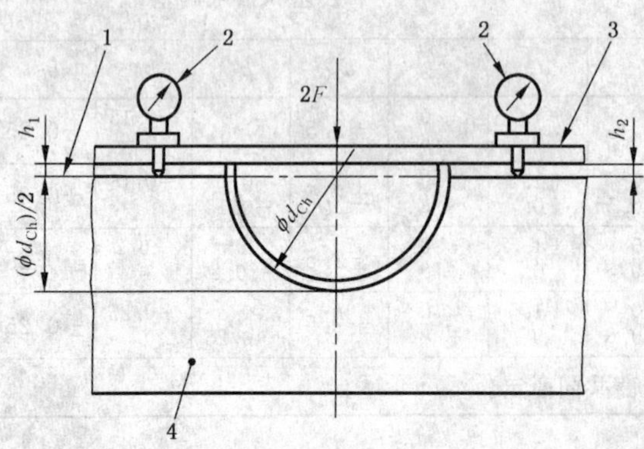

1——基准面；
2——测微表；
3——压板；
4——检验模。

图 19 检验方法 B 举例，检验力 F=6 000 N（总力 $2F$=12 000 N）

7 用以测定有法兰轴瓦轴向宽度 B_2 的检验数据

检验方法和检验载荷（如果有）应由制造商同用户商定。

7.1 自由状态下的轴瓦宽度检验

如图 20 所示，用一只量规插入一件整体式或组合式法兰轴瓦的法兰之间，轴瓦必须能在两固定平板之间自由通过。

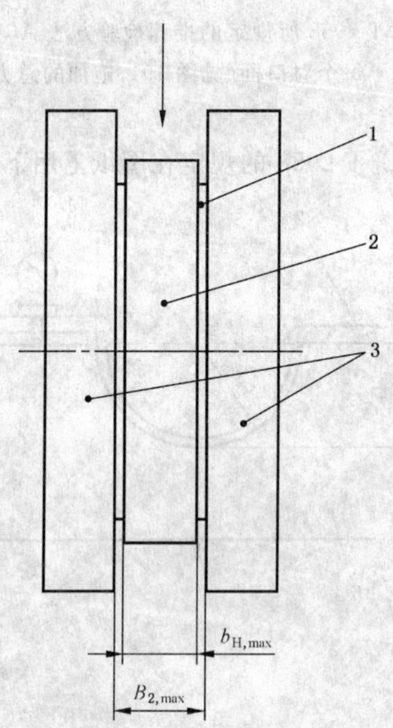

1——整体式或组合式法兰轴瓦；
2——量规；
3——固定平板。

图 20 用于整体式或组合式法兰轴瓦自由状态下的标准检验

7.2 在压力下的轴向宽度检验

如图 21 所示，用一只量规插入一件组合式法兰轴瓦的法兰开档之间，在轴向力 F_{ax} 压紧下检验轴瓦的轴向宽度。

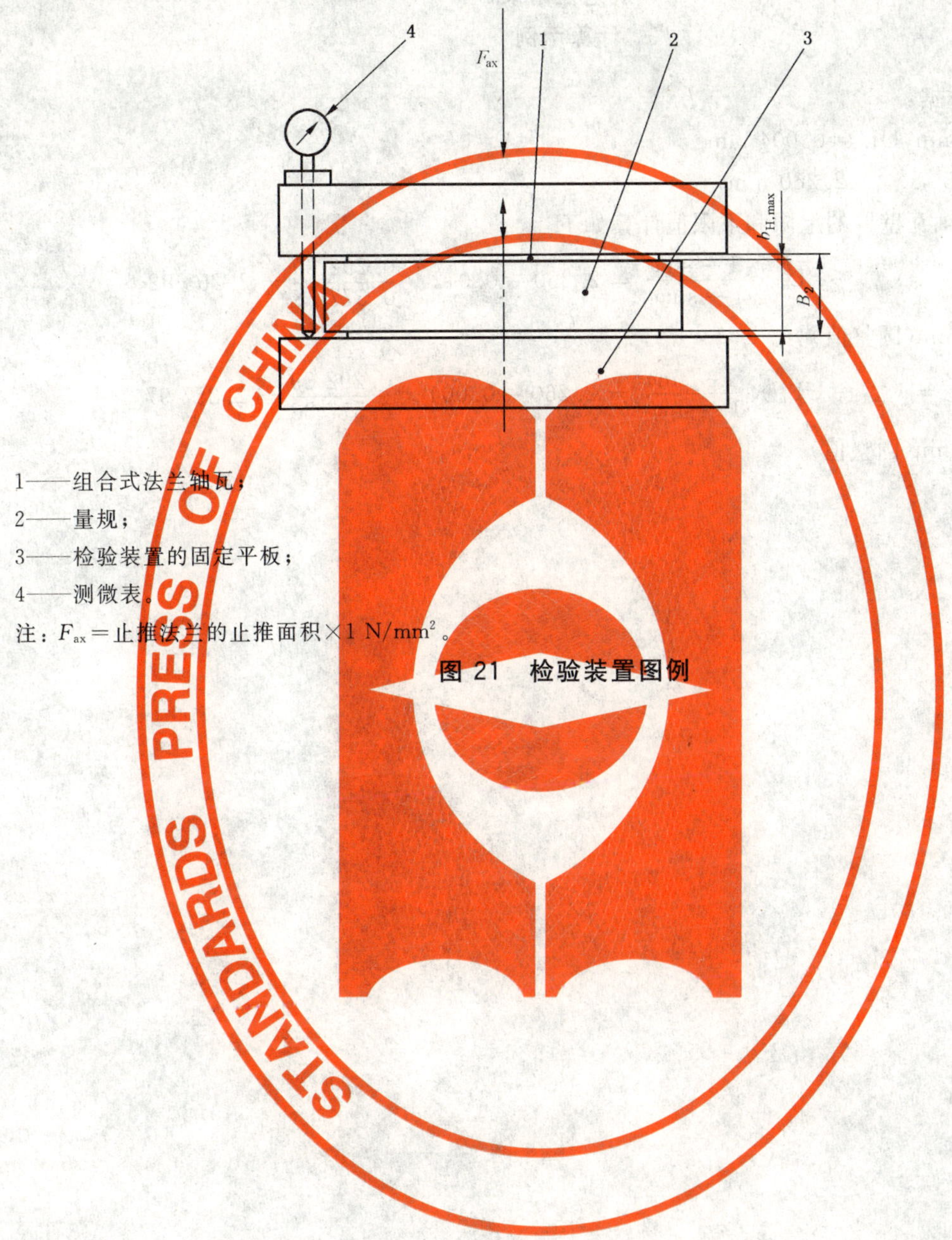

1——组合式法兰轴瓦；

2——量规；

3——检验装置的固定平板；

4——测微表。

注：F_{ax}＝止推法兰的止推面积×1 N/mm^2。

图 21 检验装置图例

附　录　A
（规范性附录）
计算示例

设计给定的数据：

$BL_u = 0.012\ \text{mm}$，$UL_u = 0.004\ \text{mm}$

$\alpha = 45°$，$\alpha_2 = 25°$，$s_{3,\text{act}} = 2.260\ \text{mm}$

当 $\alpha = 45°$ 时，轴瓦壁厚的上限和下限值计算如下：

$$s_{\alpha,\text{BL}} = s_{3,\text{act}} - BL_u \times \frac{1-\sin\alpha}{1-\sin\alpha_2} = 2.260 - 0.012 \times \frac{0.292\ 89}{0.577\ 38} = 2.253\ 92$$

$s_{\alpha,\text{BL}} \approx 2.254\ \text{mm}$（圆整值）

$$s_{\alpha,\text{UL}} = s_{3,\text{act}} - UL_u \times \frac{1-\sin\alpha}{1-\sin\alpha_2} = 2.260 - 0.004 \times \frac{0.292\ 89}{0.577\ 38} = 2.257\ 97$$

$s_{\alpha,\text{UL}} \approx 2.258\ \text{mm}$（圆整值）

参 考 文 献

[1] GB/T 18326 滑动轴承 薄壁滑动轴承用金属多层材料(GB/T 18326—2001,eqv ISO 4383).

[2] JB/T 7925.1 滑动轴承 单层轴承减摩合金的硬度检验方法(JB/T 7925.1—1995,neq ISO 4384-2).

[3] JB/T 7925.2 滑动轴承 单层轴承减摩合金的硬度检验方法(JB/T 7925.2—1995,neq ISO 4384-1).

[4] ISO 6282 滑动轴承 薄壁金属轴瓦 $\sigma_{0.01}$极限值的确定.

[5] Beuth-Kommentare;Gleitlager,Konstrukyion,Auslegung,Prüfung mit Hilfe von DIN-Normen,Tepper,H.,Schopf.;Beuth Verlag,Burggrafenstraße 6,10787 Berlin;ISBN 3-410-11849-7.

ICS 55.200
A 83

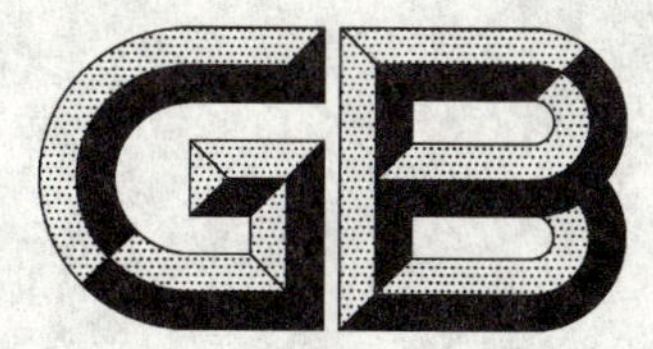

中华人民共和国国家标准

GB/T 7311—2008
代替 GB/T 7311—2003,GB/T 19357—2003

包装机械分类与型号编制方法

Classification and editorial nominating method for packaging machinery

2008-07-18 发布　　2009-01-01 实施

中华人民共和国国家质量监督检验检疫总局
中国国家标准化管理委员会　发布

前言

本标准代替 GB/T 7311—2003《包装机械型号编制方法》和 GB/T 19357—2003《包装机械分类》。

本标准与 GB/T 7311—2003 和 GB/T 19357—2003 相比，主要变化如下：

——扩大了标准的适用范围；

——增加了包装型号编制原则的内容；

——明确了选加项目代号表示的主要内容；

——将结构型式代号修改为包装机械型号不可省略的部分；

——增加了常用包装机械型号示例的内容；

——列举了部分包装机械型号的编制示例。

本标准的附录 A 为资料性附录。

本标准由全国包装标准化技术委员会(SAC/TC 49)提出并归口。

本标准起草单位：机械科学研究总院、中机生产力促进中心、中国包装联合会。

本标准主要起草人：黄雪、刘国靖、张晓建、刘萍、李越。

本标准所代替标准的历次版本发布情况为：

——GB/T 7311—1987、GB/T 7311—2003；

——GB/T 19357—2003。

包装机械分类与型号编制方法

1 范围

本标准规定了包装机械的分类、包装机械型号编制方法等内容。

本标准适用于包装机械类产品。

2 规范性引用文件

下列文件中的条款通过本标准的引用而成为本标准的条款。凡是注日期的引用文件，其随后所有的修改单(不包括勘误的内容)或修订版均不适用于本标准，然而，鼓励根据本标准达成协议的各方研究是否可使用这些文件的最新版本。凡是不注日期的引用文件，其最新版本适用于本标准。

GB/T 4122.1 包装术语 第1部分:基础

GB/T 4122.2 包装术语 机械

3 术语与定义

GB/T 4122.1 和 GB/T 4122.2 确立的定义和术语适用于本标准。

4 分类

按照包装机械产品主要功能的不同对包装机械产品进行分类。常用包装机械分类见表1。

表1 常用包装机械分类与型号

分类/代号	型式或名称	型号示例
充填机械/C	量杯式充填机	CL×××
	气流式充填机	CQ×××
	柱塞式充填机	CS×××
	螺杆式充填机	CG×××
	计量泵式充填机	CB×××
	插管式充填机	CA×××
	料位式充填机	CW×××
	定时式充填机	CD×××
	推入式充填机	CT×××
	拾放式	CF×××
	重力式	CZ×××
	净重式	CJ×××
	毛重式	CM×××
	单件计数充填机	CJD×××
	多件计数充填机	CJU×××
	转盘计数式充填机	CJP×××
	履带计数式	CJL×××

表 1（续）

分类/代号	型式或名称	型号示例
灌装机械/G	等压灌装机	GD×××
	负压灌装机	GF×××
	常压灌装机	GC×××
封口机械/F	热压式封口机	FR×××
	熔焊式封口机	FH×××
	折叠式封口机	FZ×××
	压纹式封口机	FW×××
	插合式封口机	FC×××
	滚压式封口机	FG×××
	卷边式封口机	FB×××
	压力式封口机	FY×××
	旋合式封口机	FX×××
	缝合式封口机	FF×××
	钉合式封口机	FD×××
	胶带式封口机	FJ×××
	粘合式封口机	FN×××
	结扎式封口机	FA×××
裹包机械/B	折叠式裹包机	BZ×××
	扭结式裹包机	BN×××
	接缝式裹包机	BJ×××
	覆盖式裹包机	BF×××
	缠绕式裹包机	BC×××
	拉伸式裹包机	BL×××
	收缩包装机	BS×××
	贴体包装机	BT×××
多功能包装机械/D	充填-封口机	DC×××
	灌装-封口机	DG×××
	开箱-充填-封口机	DKX×××
	开袋-充填-封口机	DKD×××
	开瓶-充填-封口机	DKP×××
	箱(盒)成型-充填-封口机	DXX×××
	袋成型-充填-封口机	DXD×××
	冲压成型-充填-封口机	DXC×××
	热成型-充填-封口机	DXR×××
	真空包装机	DZ×××
	充气包装机	DQ×××
	泡罩包装机	DP×××

表 1（续）

分类/代号	型式或名称	型号示例
贴标机械/T	粘合贴标机	TN×××
	套标机	TT×××
	订标签机	TD×××
	挂标签机	TG×××
	收缩标签机	TS×××
清洗机械/Q	干式清洗机	QG×××
	湿式清洗机	QS×××
	机械式清洗机	QJ×××
	电解式清洗机	QD×××
	电离式清洗机	QL×××
	超声波清洗机	QC×××
干燥机械/Z	热式干燥机	ZR×××
	机械式干燥机	ZJ×××
	化学式干燥机	ZH×××
	真空干燥机	ZK×××
杀菌机械/S	热式杀菌机	SR×××
	超声波杀菌机	SC×××
	电离杀菌机	SL×××
	化学杀菌机	SH×××
	微波杀菌机	SW×××
捆扎机械/K	机械式捆扎机	KX×××
	液压式捆扎机	KY×××
	气动式捆扎机	KQ×××
	穿带式捆扎机	KD×××
	捆结机	KJ×××
	压缩打包机	KS×××
集装机械/J	集装机	JZ×××
	堆码机	JD×××
	拆卸机	JC×××
辅助包装机械/U	打码机	UM×××
	整理机	UL×××
	检验机	UJ×××
	选别机	UX×××
	输送机	US×××
	投料机	UT×××

表 1（续）

分类/代号	型式或名称	型号示例
包装容器及容器部件制造机械	制盖机	ZG×××
	制瓶机	ZP×××
	制罐机	ZG×××
	制桶机	ZT×××
	制袋机	ZD×××
包装材料制造机械	瓦楞纸板机械	WLB×××
	蜂窝纸板机械	FBJ×××
其他包装机械	现场发泡机	XFP×××

5 型号编制方法

5.1 编制原则

包装机械型号应反映产品的类别、系列、品种、规格、派生和改进的全部信息，型号包括主型号和辅助型号两个部分。包装机械型号示例参见附录 A。

5.2 主型号

5.2.1 主型号包括包装机械的分类名称代号、结构型式代号，必要时，也可在其后选加被包装产品、包装材料、包装容器或自动化程度等选加项目代号。

5.2.2 主型号以其有代表性汉字名称的第一个汉字的拼音字母表示，遇有重复字母时，可采用第二个汉字的拼音字母以示区别。也可用其汉语名称的几个具有代表性汉字的拼音字母组合表示。字母 I、O 一般不使用。

5.3 辅助型号

5.3.1 辅助型号包括产品的主要技术参数，派生顺序代号和改进设计顺序代号。

5.3.2 主要技术参数用阿拉伯数字表示，应取其极限值。当需要表示二组及以上的参数时，可用斜线“/”隔开。

5.3.3 派生顺序代号以罗马数字Ⅰ、Ⅱ、Ⅲ……表示。

5.3.4 改进设计顺序代号依次用英语字母 A、B、C……等表示。当辅助型号中无主要参数时，在主型号与派生顺序代号或改进设计号之间用短划线“-”隔开。第一次设计的产品无顺序代号。

5.4 编制格式

包装机械型号编制格式示例见图 1。

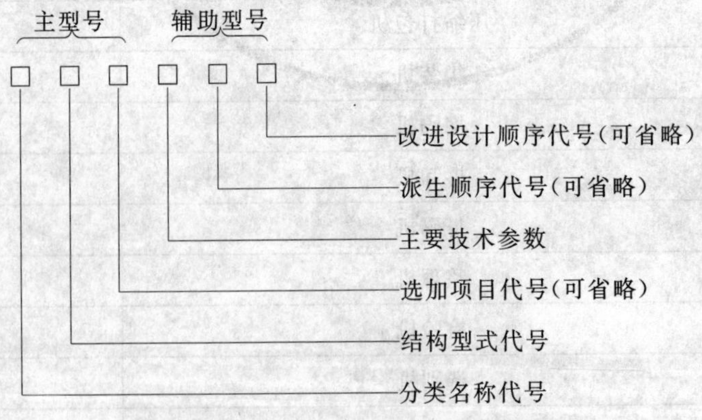

图 1 包装机械型号编制格式示例

附　录　A
（资料性附录）
包装机械型号示例

例 1:量杯式充填机

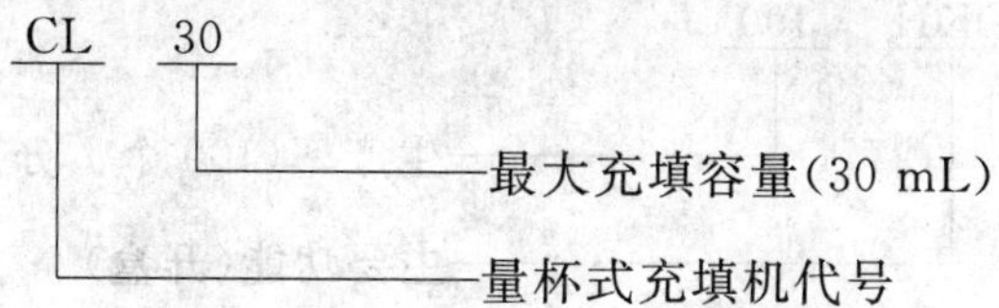

例 2:称重式填充机

例 3:负压灌装机

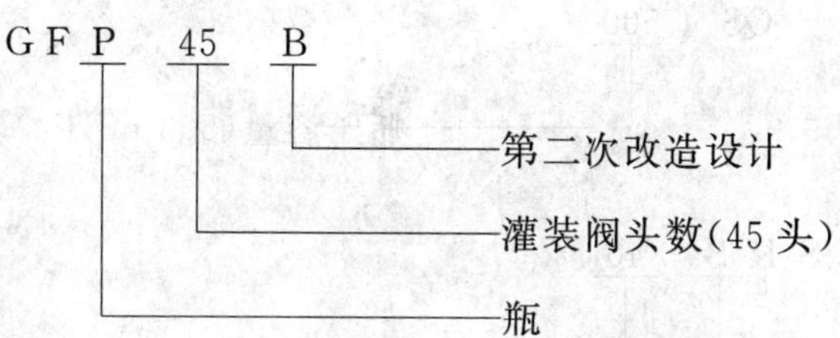

例 4:热压式封口机

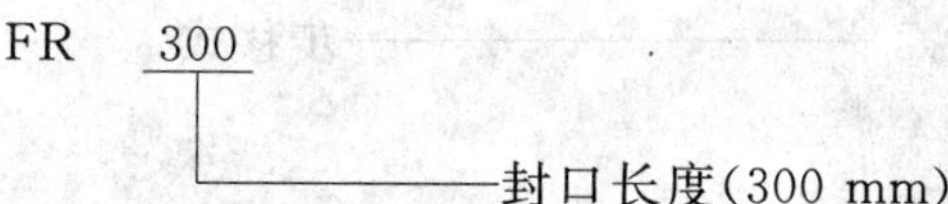

例 5:卷边式封口机

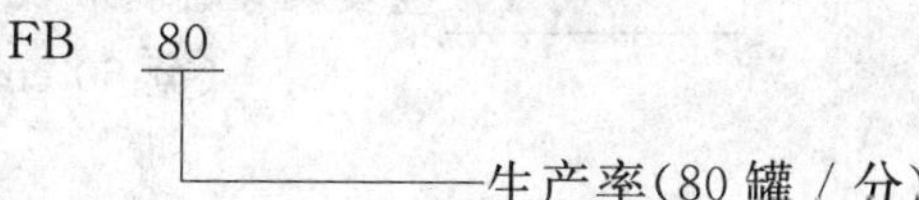

例 6:压力式封口机

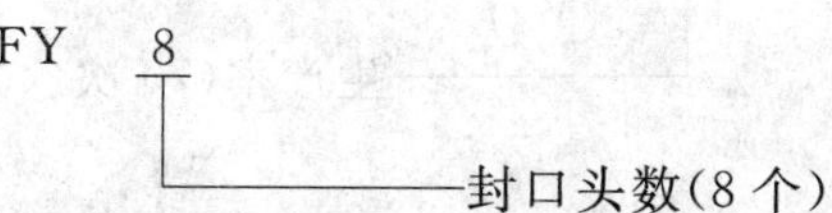

例 7:扭结式裹包机

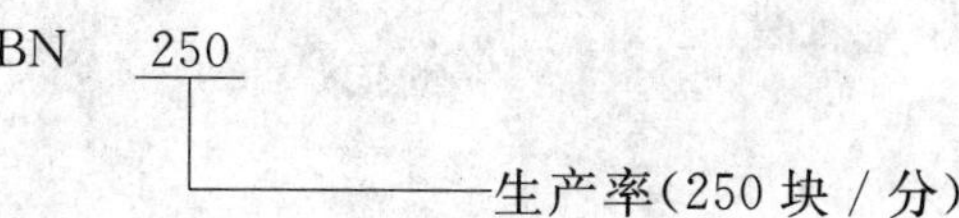

例 8:等压灌装-封口机

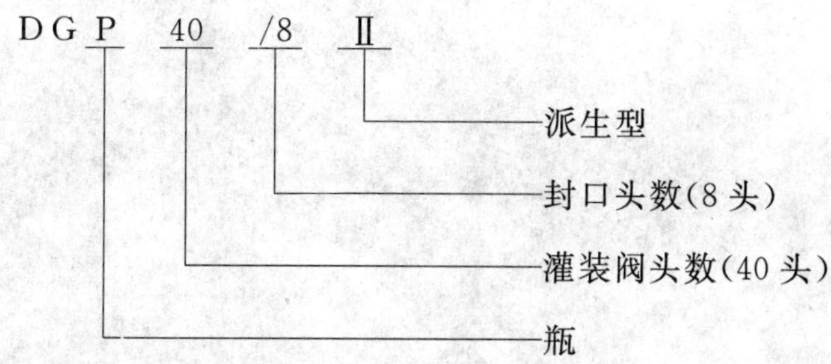

例 9:颗粒充填-封口机

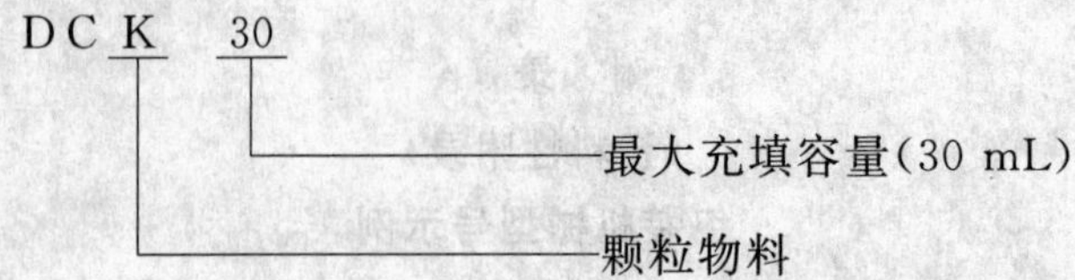

例 10:开盒-充填-封口机

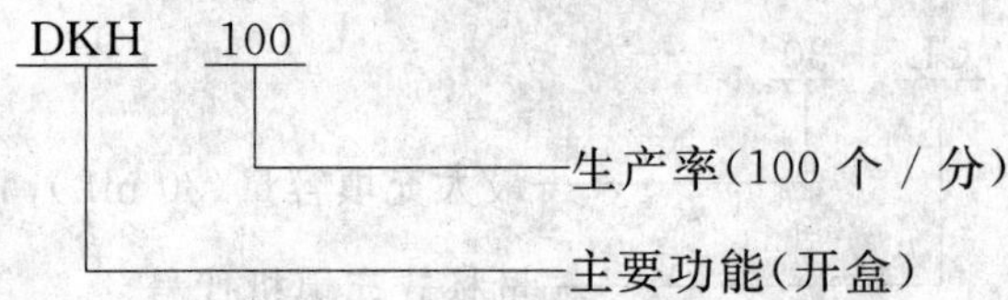

例 11:粘合式贴标机

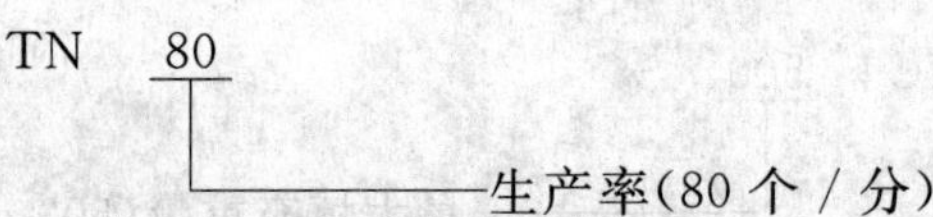

例 12:湿式清洗机

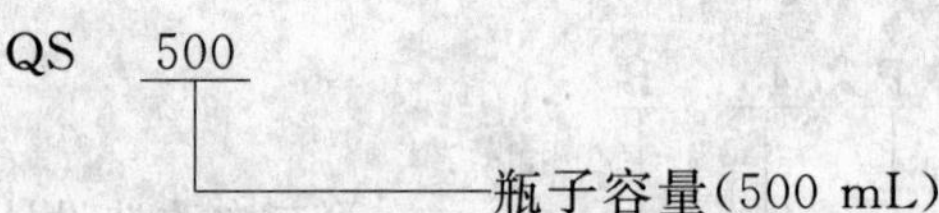

例 13:热式杀菌机

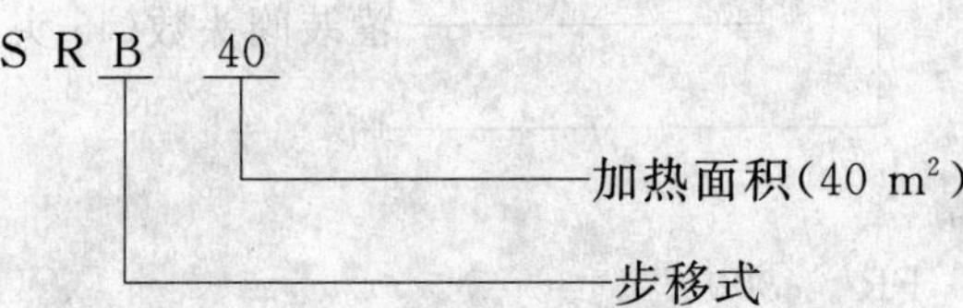

例 14:机械式捆扎机

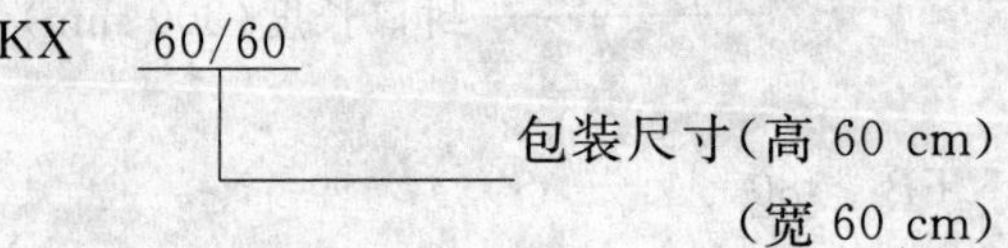

例 15:自动打码机

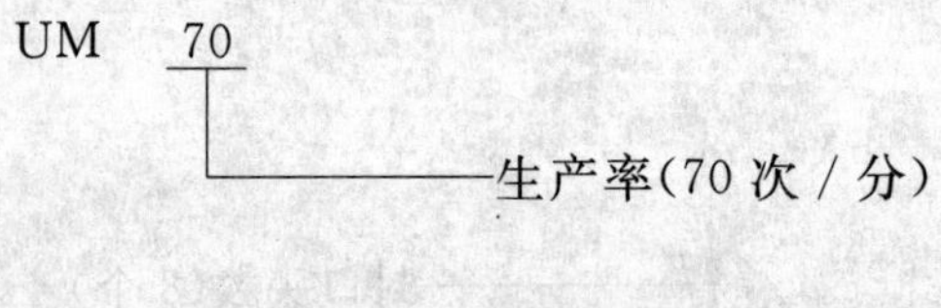

ICS 81.080
Q 40

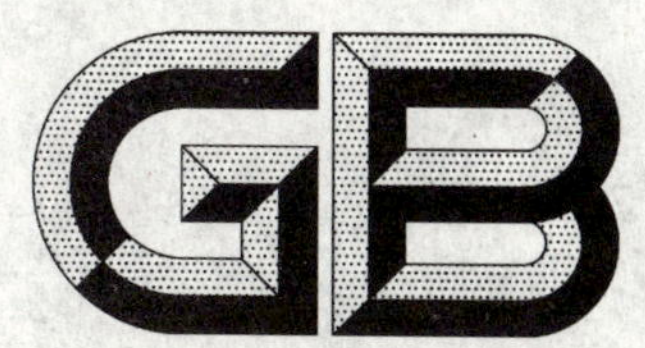

中华人民共和国国家标准

GB/T 7320—2008
代替 GB/T 7320.1～7320.2—2000

耐火材料 热膨胀试验方法

Refractories—Determination of thermal expansion

2008-06-03 发布 2008-12-01 实施

中华人民共和国国家质量监督检验检疫总局
中国国家标准化管理委员会 发布

前言

本标准代替 GB/T 7320.1—2000 耐火材料热膨胀试验方法(顶杆法)和 GB/T 7320.2—2000 耐火材料热膨胀试验方法(望远镜法)。

本标准与 GB/T 7320—2000 相比主要差异如下:

——保留了顶杆法;

——删除了望远镜法;

——增加了根据 EN 993-19:2004《致密定形耐火制品试验方法 第 19 部分:示差法热膨胀的测定》(英文)制定的示差法;

——修改了对加热炉和位移测量系统的要求;

——将原标准的附录改为标准的章节。

本标准由全国耐火材料标准化技术委员会(SAC/TC 193)提出并归口。

本标准起草单位:中钢集团洛阳耐火材料研究院有限公司、山西西小坪耐火材料有限公司。

本标准主要起草人:张亚静、王秀芳、郝良军、袁晓萍、孙安琴、谭丽华。

本标准所代替标准版本的历次发布情况:

——GB/T 7320—1987;

——GB/T 7320.1—2000 和 GB/T 7320.2—2000。

耐火材料　热膨胀试验方法

1　范围

本标准规定了顶杆法和示差法耐火材料热膨胀试验方法。

本标准适用于测定耐火材料的线膨胀率或平均线膨胀系数。

2　规范性引用文件

下列文件中的条款通过本标准的引用而成为本标准的条款。凡是注日期的引用文件，其随后所有的修改单（不包括勘误的内容）或修订版均不适用于本标准，然而，鼓励根据本标准达成协议的各方研究是否可使用这些文件的最新版本。凡是不注日期的引用文件，其最新版本适用于本标准。

GB/T 5989　耐火材料　荷重软化温度试验方法-示差升温法

GB/T 7321　定形耐火制品试样制备方法

GB/T 8170　数值修约规则

GB/T 10325　定形耐火制品抽样验收规则

GB/T 16839.1　热电偶　第1部分　分度值

GB/T 16839.2　热电偶　第2部分　允差

3　定义

本标准采用下列术语和定义。

3.1

线膨胀率　linear expansion

ρ

室温至试验温度间，试样长度的相对变化率，用%表示。

3.2

平均线膨胀系数　mean expansion coefficient

α

室温至试验温度间，温度每升高1℃试样长度的相对变化率，单位$℃^{-1}$。

3.3

恒定载荷　constant load

试验过程中试样所承受的恒定压负荷，单位MPa。

4　顶杆法

4.1　原理

以规定的升温速率将试样加热到指定的试验温度，测定试样随温度升高的长度变化值，计算出试样随温度升高的线膨胀率和指定温度范围的平均线膨胀系数，并绘制出膨胀曲线。

4.2　设备和材料

包括一台加热炉（见4.2.1）和三个测控系统（见4.2.2～4.2.4），同时能按4.4进行校正。

4.2.1　加热炉，应能容纳试样及装样管（见图1），装样管一端封闭，另一端固定在支撑架上，试样放置在封闭端和顶杆之间，并能光滑无阻的沿轴线移动。加热炉应保证装样管内炉温均匀，并以满足4.5.3要求的升温速率，必要时应具备相应的保护装置和提供保护气氛。

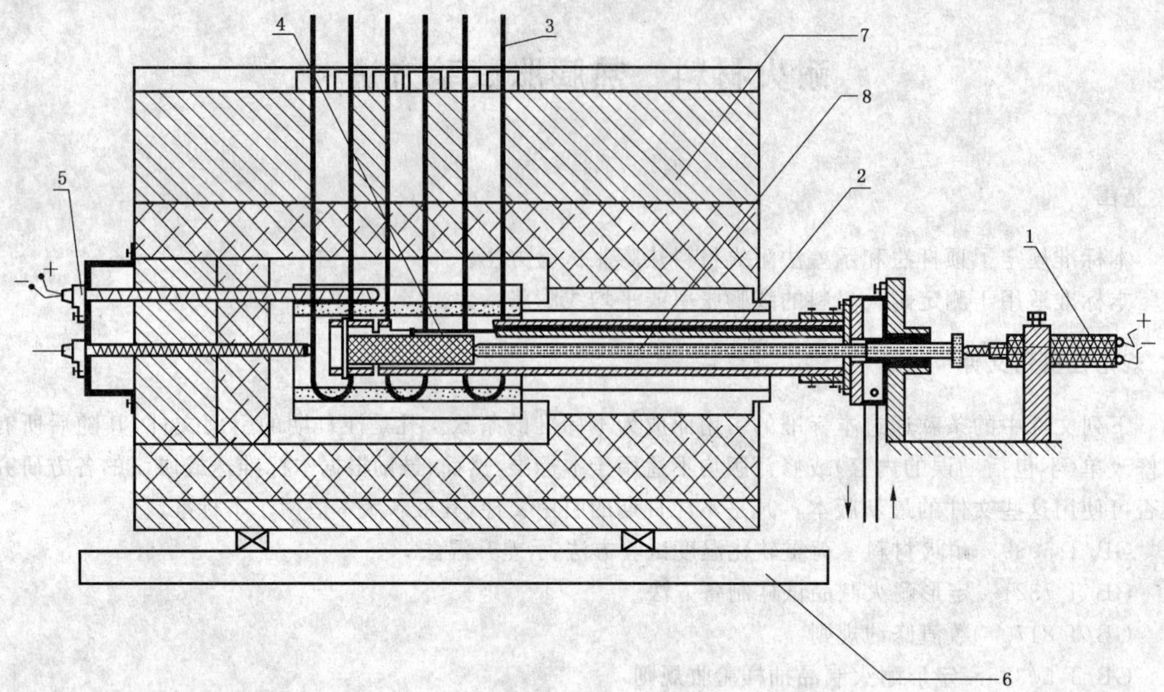

1——位移传感器；
2——装样管；
3——发热体；
4——试样；
5——热电偶；
6——底座；
7——炉体；
8——顶杆。

图1 装样机构示意图

4.2.2 位移测量系统，位移传感器用于测量试样的长度变化，其线性度要求 0.1% 以上，准确度要求 0.5%，量程不小于试样的 10%。每次设备校验时应校验位移传感器的精度。

4.2.3 温度测控系统，按照程序给定的升温速率升温，测控炉温的精度为±0.5%。

4.2.4 热电偶，由铂/铂铑丝制成，并与最终试验温度相匹配。符合 GB/T 16839.1 和 GB/T 16839.2 的要求。

4.2.5 电热干燥箱，温度能控制在(110±5)℃。

4.2.6 游标卡尺，分度值 0.02 mm。

4.2.7 校准样，用于校准系统，推荐采用氧化铝标准样（Al_2O_3 含量≥99.8%，体积密度≥3.7 g/cm^3）作为校准样。采用其他标准试样应在报告中注明校准样类型及相应的标准数据。

4.3 试样

4.3.1 取样

按照 GB/T 10325 或有关方协商取样。

4.3.2 形状和尺寸

从样品或预制的试件上切取的试样，其周边与制品边缘的距离至少为 15 mm，应制成 ϕ10 mm×50 mm 的试样，对于不宜制成此样的，可采用 ϕ20 mm×100 mm 的试样。不定形材料可采用模具成型试样。

注：难以制成圆柱形试样的，也可制成 10 mm×10 mm×50 mm 或 20 mm×20 mm×100 mm 的长方体。

4.3.3 试样两端应磨平且相互平行并与其轴线垂直，制样时应避免试样产生裂纹和水化现象。试样制取后应于(110±5)℃烘干，然后在干燥器中冷却至室温。

4.4 仪器校验

4.4.1 仪器校正

仪器校正值是指仪器的测试系统随温度升高而变化的一系列数据。当实验条件改变或仪器部件更换时，或校验期已到，需要校正测试系统的膨胀。

4.4.2 校准样

校准样随温度升高的膨胀特性已知，且不包括不可逆部分。试样的尺寸应与被测试样相当。

4.4.3 校正程序

按 4.5 测量校准样相应温度下的热膨胀，得出不同温度下的校正值。

4.4.4 仪器校正值的计算

按式(1)计算仪器校正值 $A_K(t)$，以%表示，通常要取数次试验的平均值。

$$A_K(t) = A_E(t) - A_{EM}(t) \quad \cdots\cdots(1)$$

式中：

$A_E(t)$——校准样温度 t 时的标准值，%；

$A_{EM}(t)$——校准样温度 t 时的测得值，%。

4.5 试验步骤

4.5.1 测量并记录试样在室温下的长度，精确至 0.02 mm。

4.5.2 将试样放入装样管的装样区，热电偶的热端位于试样长度的中心位置。调整测量装置(见图 1)，使试样、顶杆、位移传感器接触良好。

4.5.3 以(4～5)℃/min 的升温速率加热，直至试验最终温度。按一定温度间隔记录位移传感器的读数并计算出试样的膨胀或收缩。

注：对于 ϕ20 mm×100 mm 或 20 mm×20 mm×100 mm 的硅质材料试样，在 300℃之前以(2～3)℃/min 的升温速率加热，在 300℃之后以(4～5)℃/min 的升温速率加热，直至试验最终温度。

4.6 结果计算

4.6.1 试样的线膨胀率 ρ，以%表示，按式(2)计算：

$$\rho = \frac{L_t - L_0}{L_0} \times 100 + A_K(t) \quad \cdots\cdots(2)$$

式中：

L_0——试样原始长度，单位为毫米(mm)；

$L_{(t)}$——试样在试验温度 t 时的长度，单位为毫米(mm)；

$A_K(t)$——仪器校正值，%。

试验结果按 GB/T 8170 修约至 2 位小数。

4.6.2 按式(3)计算室温至试验温度 t 的平均线膨胀系数 α，单位为 10^{-6}℃$^{-1}$：

$$\alpha = \frac{\rho}{(t - t_0) \times 100} \times 10^6 \quad \cdots\cdots(3)$$

式中：

ρ——试样的线膨胀率，%；

t_0——室温，℃；

t——试验温度，℃。

试验结果按 GB/T 8170 修约至 1 位小数。

5 示差法

5.1 原理

圆柱体试样在恒定的压应力下以恒定的速率加热，记录温度和试样高度的变化，计算试样高度随温度变化的百分率。

5.2 设备

5.2.1 加荷装置

5.2.1.1 概述

加荷装置应能在整个试验过程中沿加压棒、试样和支承棒的公共轴心线垂直施加压力，加荷装置的具体要求见 5.2.1.2～5.2.1.5。

恒定载荷垂直向下直接或间接施加于放置在固定的支承棒上的试样上面。试样高度的变化由通过支承棒中心的测量装置来测量。

5.2.1.2 支承棒

外径至少 45 mm 并带有轴向内孔(见 5.2.1.5)。棒的端面应平整并与其轴线垂直。

5.2.1.3 加压棒

外径至少 45 mm，棒的端面应平整并与其轴线垂直。

注：加压棒可以固定在炉子上，炉子和棒组成可移动的加荷装置。

5.2.1.4 上下垫片

厚度 5 mm～10 mm，直径至少 50.5 mm，且不小于试样实际的直径。垫片可采用与待测材料相匹配的耐火材料制作。

注：如测量硅酸铝制品时采用高温烧成莫来石或氧化铝材料，测量碱性制品时采用氧化镁或尖晶石材料。

垫片放置在试样和加压棒、试样和支承棒之间。其中放置在试样和支承棒之间的垫片带有中心孔(见 5.2.1.5)。每个垫片的表面应平整且相互平行。

如果垫片和试样之间发生化学反应，应在二者之间放置铂或铂铑垫片(厚度 0.2 mm)。

5.2.1.5 装置组成

支承棒、加压棒、上下垫片、铂金片(如果使用)和试样的放置方法见图 2。

5.2.1.6 施加载荷

支承棒、加压棒、上下垫片应能承受给定的压力直到最终的试验温度而不发生显著变形，而且垫片不与支承棒、加压棒发生反应。

垫片所用材料的 T_1 值应大于或等于试样材料的 T_5 值，T_1、T_5 值按照 GB/T 5989 测定，分别是变形 1%和 5%的温度。

5.2.2 加热炉

应能按规定的升温速率(见 5.4.3)加热试样至最终试验温度。当炉温达到 500℃以上时，试样周围(上下 12.5 mm)的区域应能保持温度均匀至±20℃，应可以用固定在试样内外表面不同点的热电偶进行调节。

注：加热炉的设计应能使整个压棒系统易于安放，可以通过移动支承棒或当支承棒移入炉体受限制时移动炉体本身，整个装置应使加压棒和试样垂直放置并与支承棒同轴。

5.2.3 测量装置

测量装置安装在试样下方(见图 2 和图 3)，包括以下几个内容：

5.2.3.1 外示差管，放置在支承棒内，紧贴下垫片的下表面，并可在支承棒内自由移动(见 5.2.3.3)。

5.2.3.2 内示差管，放置在外示差管内，并通过下垫片和试样的中心孔紧贴上垫片的下表面，并能在外示差管内下垫片和试样之间自由移动(见 5.2.3.3)。

5.2.3.3 内、外示差管、上下垫片和试样的放置见图 2。

5.2.3.4 测量仪器(如千分尺或包括自动记录系统的位移传感器)安装在外示差管的一端，由内示差管传动，测量装置的灵敏度至少为 0.001 mm。

5.2.3.5 内、外示差管应能承受给定的压力直到最终的试验温度而不发生显著变形。

5.2.4 温度测量装置

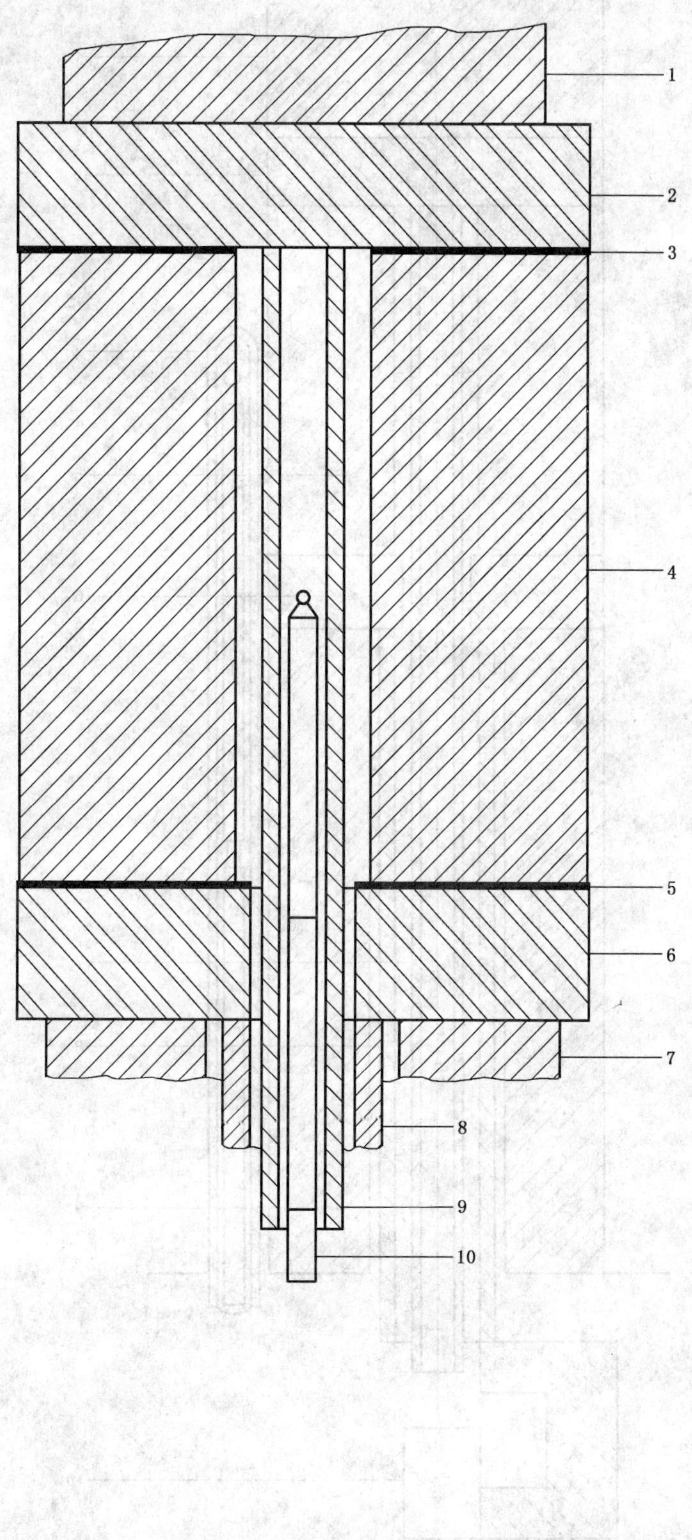

1——压棒；

2——上垫片；

3——铂铑垫片；

4——试样；

5——铂铑垫片；

6——下垫片；

7——支承棒；

8——外示差管；

9——内示差管；

10——中心热电偶。

图 2 试样、压棒、垫片和示差管安装示意图

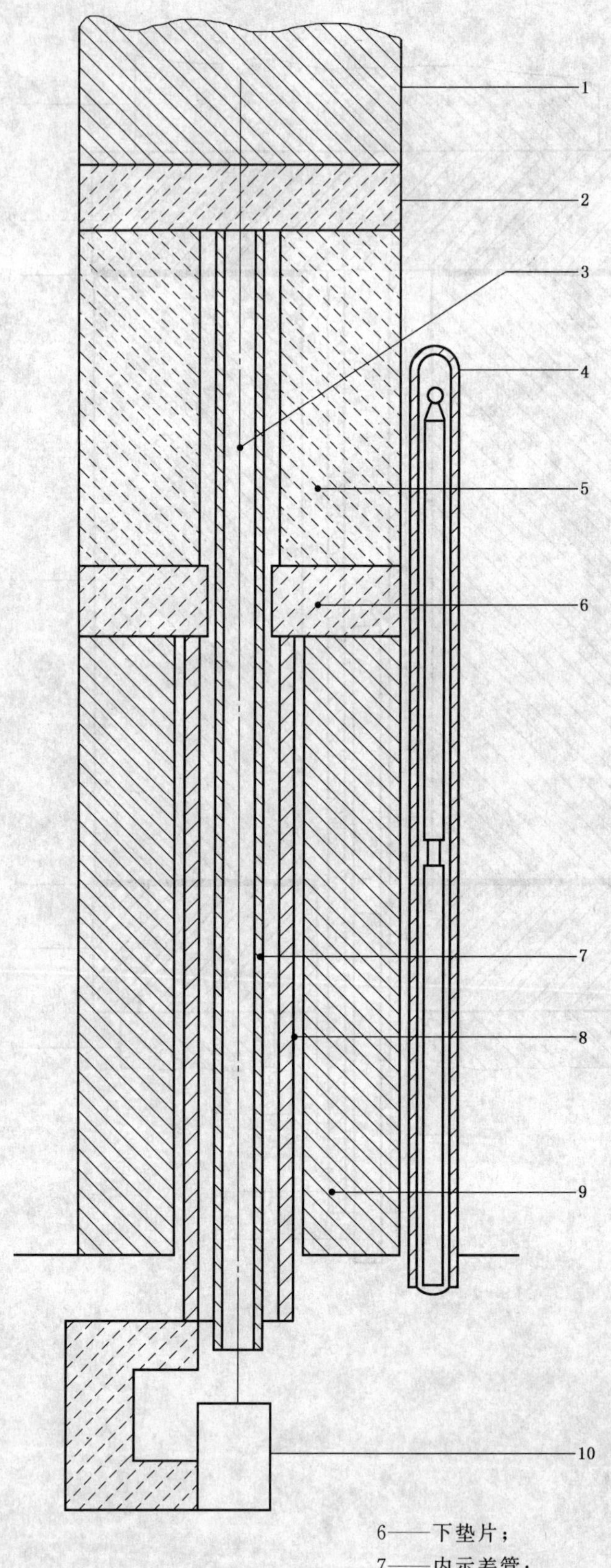

1——压棒；
2——上垫片；
3——中心热电偶；
4——控温热电偶；
5——试样；
6——下垫片；
7——内示差管；
8——外示差管；
9——支承棒；
10——测量装置。

图3　测量装置示意图

5.2.4.1 中心热电偶,插入内示差管(见5.2.3.2)热端置于试样中间部位,用于测量试样几何中心的温度。

5.2.4.2 控温热电偶,带有保护管放置在试样外部(见图3),用于控制炉温和调节升温速率。

注1:对某些构造的炉子,将热电偶放置在加热元件附近是可行的。

热电偶(见5.2.4.1和5.2.4.2)由铂/铂铑丝制成,并与最终试验温度相匹配。符合GB/T 16839.1和GB/T 16839.2规定热电偶的要求。

注2:中心热电偶与连续的记录装置相连,组成温度/位移记录系统的一部分。

5.2.5 游标卡尺,分度值为0.02 mm。

5.3 试样

5.3.1 试样为中心带通孔的圆柱体,直径(50±0.5)mm,高(50±0.5)mm,中心通孔直径(12～13)mm,并与圆柱体同轴。试样的轴向应与制品的压制方向一致。

5.3.2 试样的上下端面应平整并相互平行(必要时可研磨),而且应与圆柱体轴线垂直。圆柱体表面不应有肉眼可见的缺陷。用游标卡尺测量试样的高度,任何两点的高度差不应超过0.2 mm。当试样的一个端面放置在一个平面上时,该圆柱体端面应与平面完全接触,当用角尺测量时,其柱面与角尺之间的间隙不应超过0.5 mm。

5.3.3 为确保试样的上下端面完全平整,可将其两端面依次压在衬有复印纸的硬滤纸(厚度0.15 mm)的平板上,或采取印邮戳的方式。如果印痕不清晰完整则应重新磨平。也可以用直尺控制试样的平整度。

5.4 试验步骤

5.4.1 测量试样的高度及内外径,精确到0.1 mm,将试样放置在加压棒和支承棒之间,并用垫片隔开,调整测量装置至合适位置,并将其放入试验炉内。

5.4.2 对加压棒施加恒定的力使得作用于试样上的载荷(包括加压棒的质量)为0.20 MPa。总应力变化不超过±1 N。若双方同意,试验也可采用其他的载荷。

5.4.3 按(5±0.5)℃/min的升温速率加热至最终的试验温度,升温速率由控温热电偶调节。若双方同意,试验也可采用其他的升温速率。

注:对具有晶型转变的材料(如二氧化硅和氧化锆),在晶型转变温度区域需要较慢的加热速率。

5.4.4 按一定的温度间隔(中心热电偶显示的温度)记录测量装置的读数,直至试验结束。

5.5 结果计算

5.5.1 利用5.4.4获得的数据绘制曲线 C_1(见图4),C_1 代表试样高度变化百分率与中心热电偶测量温度的关系,不计示差管(5.2.3.1和5.2.3.2)长度的变化。

5.5.2 确定内示差管在试样中心孔的一段长度 L_1 随温度变化的百分率,绘制校正曲线 C_2,见图4。

5.5.3 在任何给定温度下,$AB=CD$,绘制校正后曲线 C_3(见图4)。

注:在任何给定温度下,$C_3=C_1+C_2$,在水平轴以下的点为负值。

5.5.4 按以下形式表述结果:

a) 在升温过程中,绘制试样高度变化百分率(相对于原始高度)和温度的关系曲线(膨胀曲线);

b) 试样的线膨胀率 ρ,以%表示,按式(4)计算:

$$\rho=\frac{L_t-L_0}{L_0}\times 100 \qquad (4)$$

式中:

L_0——试样原始高度,单位为毫米(mm);

L_t——试样在试验温度 t 时的高度,单位为毫米(mm)。

试验结果按GB/T 8170修约至保留2位小数。

c) 对特定的温度范围按式(3)计算线膨胀系数。

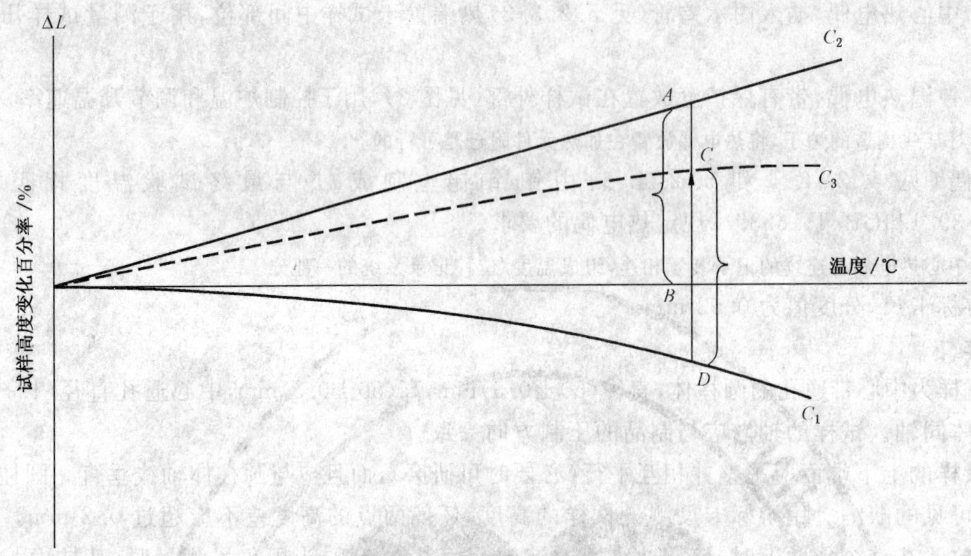

图 4　校正曲线

6　允许误差

同一试验室同一块砖的试验误差不得超过：线膨胀率为 0.06%；线膨胀系数为 $0.6\times10^{-6}\cdot℃^{-1}$。

不同试验室同一块砖的试验误差不得超过：线膨胀率为 0.10%；线膨胀系数为 $1.0\times10^{-6}\cdot℃^{-1}$。

7　试验报告

试验报告应包括如下内容：

a）试验材料的描述，包括生产商、型号、批次；

b）执行标准及采用的方法，如 GB/T 7320—2008 顶杆法；

c）试样编号；

d）试验炉型号；

e）如果不是空气气氛，应注明试验炉气氛；

f）升温速率；

g）如果有，应注明荷载大小；

h）试样大小；

i）根据 4.6 和 5.5 所获得的试验结果；

j）与规定程序的任何偏离；

k）试验期间观察到的任何异常现象；

l）试验日期。

ICS 75.100
E 36

中华人民共和国国家标准

GB/T 7323—2008
代替 GB 7323—1994

极压锂基润滑脂

Extreme pressure lithium lubricating grease

2008-06-23 发布　　2008-12-01 实施

中华人民共和国国家质量监督检验检疫总局
中国国家标准化管理委员会　发布

前　言

本标准与日本工业标准 JIS K2220—2003《集中供油用润滑脂第 4 类》的一致性程度为非等效。

本标准代替 GB 7323—1994《极压锂基润滑脂》。

本标准与 GB 7323—1994 相比主要变化如下：

——由强制性标准修改为推荐性标准；

——极压锂基润滑脂 1 号和 2 号的滴点由 170 ℃改为 175 ℃；

——防腐蚀性结果表述方式由“不大于 1 级”改为“合格”；

——增加了第 3 章分类和标记；

——增加了第 5 章检验规则。

本标准由全国石油产品和润滑剂标准化技术委员会(SAC/TC 280)提出。

本标准由中国石油化工集团公司归口。

本标准起草单位：中国石油化工股份有限公司石油化工科学研究院。

本标准主要起草人：刘中其。

本标准历次版本发布情况为：

——GB 7323—1987、GB 7323—1994。

极压锂基润滑脂

1 范围

本标准规定了由脂肪酸锂皂稠化矿物润滑油并加入抗氧、极压添加剂所制得的极压锂基润滑脂的分类和标记、要求和试验方法、检验规则及标志、包装、运输和贮存。

本标准所属产品适用于工作温度在−20 ℃～120 ℃范围的高负荷机械设备轴承及齿轮的润滑，也可用于集中润滑系统。

2 规范性引用文件

下列文件中的条款通过本标准的引用而成为本标准的条款。凡是注日期的引用文件，其随后所有的修改单(不包括勘误的内容)或修订版均不适用于本标准，然而，鼓励根据本标准达成协议的各方研究是否可使用这些文件的最新版本。凡是不注日期的引用文件，其最新版本适用于本标准。

GB/T 269　润滑脂和石油脂锥入度测定法

GB/T 4929　润滑脂滴点测定法

GB/T 5018　润滑脂防腐蚀性试验法

GB/T 7325　润滑脂和润滑油蒸发损失测定法

GB/T 7326　润滑脂铜片腐蚀试验法

SH/T 0048　润滑脂相似粘度测定法

SH/T 0109　润滑脂抗水淋性能测定法

SH 0164　石油产品包装、贮运及交货验收规则

SH/T 0202　润滑脂极压性能测定法(四球机法)

SH/T 0203　润滑脂极压性能测定法(梯姆肯试验机法)

SH/T 0229　固体和半固体石油产品取样法

SH/T 0324　润滑脂钢网分油测定法(静态法)

SH/T 0336　润滑脂杂质含量测定法(显微镜法)

3 分类和标记

3.1 产品分类

本标准所属产品按锥入度分为 00 号、0 号、1 号和 2 号。

3.2 产品标记

符合本标准表 1 技术要求的极压锂基润滑脂应标记为：产品名称 产品型号 标准号。

示例：极压锂基润滑脂 2 号 GB/T 7323。

4 要求和试验方法

极压锂基润滑脂的技术要求与试验方法见表 1。

表 1 极压锂基润滑脂技术要求和试验方法

项目	质量指标				试验方法
	00 号	0 号	1 号	2 号	
工作锥入度/(1/10 mm)	400～430	355～385	310～340	265～295	GB/T 269
滴点/℃ 不低于	165	170	175	175	GB/T 4929
腐蚀(T_2 铜片,100 ℃,24 h)	铜片无绿色或黑色变化				GB/T 7326 乙法
钢网分油(100 ℃,24 h)(质量分数)/% 不大于	—	—	10	5	SH/T 0324
蒸发量(99 ℃,22 h)(质量分数)/% 不大于	2.0				GB/T 7325
杂质(显微镜法)/(个/cm³) 25 μm 以上 不大于 75 μm 以上 不大于 125 μm 以上 不大于	 3 000 500 0				SH/T 0336
相似黏度(−10 ℃,10 s^{-1})/(Pa·s) 不大于	100	150	250	500	SH/T 0048
延长工作锥入度(100 000 次)/(1/10 mm) 不大于	450	420	380	350	GB/T 269
水淋流失量(38 ℃,1 h)(质量分数)/% 不大于	—	—	10		SH/T 0109
防腐蚀性(52 ℃,48 h)	合格				GB/T 5018
极压性能:(梯姆肯法)OK 值/N 不小于	133	156			SH/T 0203
(四球机法)P_B/N 不小于	588				SH/T 0202

5 检验规则

5.1 检验分类与检验项目

产品检验分出厂检验和型式检验。

5.1.1 出厂检验

出厂批次检验项目包括:工作锥入度、滴点、腐蚀和钢网分油。

出厂周期检验项目包括:蒸发量、杂质、相似黏度、延长工作锥入度和水淋流失量每半年检验一次,防腐蚀性和极压性能每年检验一次。

5.1.2 型式检验

型式检验项目包括技术要求表中的全部项目。有下列情况之一时,应进行型式检验:

a) 新产品投产或产品定型鉴定时;

b) 原材料、工艺等发生较大变化,可能影响产品质量时;

c) 出厂检验结果与上次型式检验结果有较大差异时。

5.2 组批

在原材料、工艺不变的条件下,产品每生产一罐或釜为一组(批)。

5.3 取样

取样按 SH/T 0229 进行，取 2.5 kg 作为检验和留样用。

5.4 判定规则

出厂检验和型式检验结果符合第 4 章表 1 的技术要求，则判定该批产品合格。

5.5 复验规则

如出厂检验结果中有不符合第 4 章表 1 技术指标的规定时，按 SH/T 0229 的规定重新取样进行复检，复检结果如仍有一项不符合本标准规定的技术指标时，则判该批产品为不合格。

6 标志、包装、运输和贮存

本产品的标志、包装、运输、贮存及交货验收按 SH 0164 进行。

ICS 91.120.40
K 49

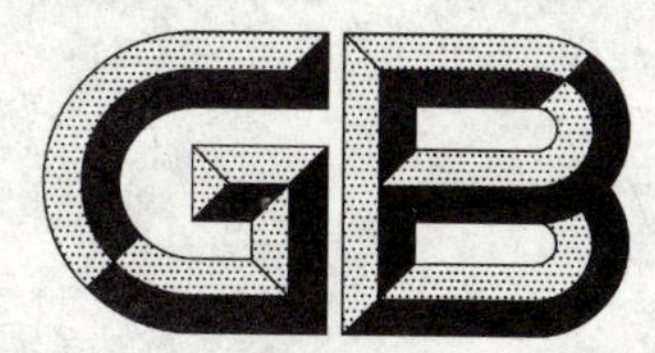

中华人民共和国国家标准

GB/T 7327—2008
代替 GB 7327—1987

交流系统用碳化硅阀式避雷器

Silicon carbide surge arresters for a. c. systems

2008-06-18 发布　　　　2009-03-01 实施

中华人民共和国国家质量监督检验检疫总局
中国国家标准化管理委员会　发布

前　言

本标准代替 GB 7327—1987《交流系统用碳化硅阀式避雷器》。

本标准与 GB 7327—1987 相比主要变化如下：

——结构和编写规则按 GB/T 1.1—2000《标准化工作导则　第 1 部分：标准的结构和编写规则》；

——增加了“规范性引用文件”；

——将“避雷器的异常使用条件”放在附录 A 中；

——将“标志、包装、运输及保管”一章移至附录 C 中；

——将原标准中附录 B 的“名词解释”，放在“术语和定义”中。

本标准的附录 A 为规范性附录，附录 B 和附录 C 为资料性附录。

本标准由中国电器工业协会提出。

本标准由全国避雷器标准化技术委员会归口。

本标准起草单位：西安电瓷研究所。

本标准主要起草人：程文怡、张雨时、李宏建。

本标准所代替标准的历次版本发布情况为：

——GB 7327—1987。

交流系统用碳化硅阀式避雷器

1 范围

本标准规定了交流碳化硅阀式避雷器在正常使用条件下的技术要求、试验方法及检验规则等。

本标准适用于交流电力系统中限制过电压，保护电气设备免受过电压损坏的碳化硅阀式避雷器。

2 规范性引用文件

下列文件中的条款通过本标准的引用而成为本标准的条款。凡是注日期的引用文件，其随后所有的修改单(不包括勘误的内容)或修订版均不适用于本标准，然而，鼓励根据本标准达成协议的各方研究是否可使用这些文件的最新版本。凡是不注日期的引用文件，其最新版本适用于本标准。

GB 311.1—1997 高压输变电设备的绝缘配合(neq IEC 60071-1:1993)

GB 311.2—2002 绝缘配合 第 2 部分:高压输变电设备的绝缘配合使用导则(IEC 60071-2:1996，EQV)

GB 2900.12—2008 电工术语 避雷器、电涌保护器及元件

GB 2900.19—1994 电工术语 高电压试验技术和绝缘配合(neq IEC 60071-1:1993)

GB/T 4585—2004 交流系统用高压绝缘子的人工污秽试验(IEC 60507:1991,IDT)

GB/T 7354—2003 局部放电测量(IEC 60270:2000,IDT)

GB/T 11604—1989 高压电器设备无线电干扰测试方法(eqv IEC 18:1983)

3 术语和定义

GB/T 2900.12—2008 和 GB/T 2900.19—1994 中确立的以及下列术语和定义适用于本标准。

3.1

普通阀式避雷器 normal valve type surge arrester

普通阀式避雷器是用平板间隙和阀片组成的避雷器。

3.2

磁吹阀式避雷器 valve type surge arrester with magnetically blown gaps

磁吹阀式避雷器是用磁吹间隙(利用外磁场和内磁场的作用力使电弧运动)和阀片组成的避雷器。

3.3

间隙 gap

间隙是由保持一定间隔距离的两个电极组成。它是避雷器的主要组成部分。主要作用是绝缘、放电和灭弧。在正常工作电压下，避雷器处于绝缘状态。当系统电压达到间隙放电电压时，间隙放电。通过一定的冲击电流和工频电流，并在工频电流第一次过零以后，在灭弧电压下灭弧。

3.4

限流间隙 current limiting gap

工频续流通过时在磁场的作用下，电弧被拉长、挤压使弧阻增加，从而限制了工频续流，具有这种原理的间隙称为限流间隙。

3.5

工频续流 follow current

避雷器动作后，流过避雷器的工频电流，称为工频续流。

3.6

均压电阻 grading resistor

在避雷器中与间隙并联，用以调整电压分布的电阻。

3.7

长线能量释放 long line energy discharge

操作过电压聚集在输电线上的能量通过避雷器释放。

3.8

短时工频电压升高 instantaneous power frequency overvoltage rise

指单相接地时，健全相电压的升高。对非直接接地系统，单相接地时间可长达 2 h；对直接接地系统单相接地的时间决定于开关跳闸的时间，一般不超过 0.2 s。

3.9

湿热带强雷地区 strong thunder storm zone in damp tropics

环境温度在－5℃～＋45℃之间，相对湿度 95％(25℃时)，常年有凝露霉菌、年雷电日为 90 及其以上的地区。

4 运行条件

4.1 正常运行条件

符合本标准的避雷器，按照下列正常使用条件，适用于户内外运行。

a) 环境温度不高于＋40℃，不低于－40℃；

b) 海拔高度不超过 1 000 m；

c) 电力系统的额定频率为 50 Hz；

d) 在避雷器的安装点电力系统的短时工频电压升高不超过避雷器额定电压。

4.2 异常使用条件

异常运行条件见附录 A 的规定。

5 技术要求

5.1 避雷器的额定值

5.1.1 避雷器的额定电压

避雷器额定电压值以 kV(有效值)为单位，其值分别如下：

0.25	0.50	2.3[1)]	3.8	4.6[1)]	7.6
12.7	16.7	19			41
(50)	51[1)]	69	(75)	100	(126)
(177)	200	290	310	420	444
468					

注：括号内的电压数值为不推荐使用的避雷器额定电压值。

5.1.2 避雷器的额定频率

避雷器的额定频率为 50 Hz。

5.1.3 避雷器的标称放电电流

避雷器标称放电电流分为 10 kA、5 kA、3 kA、1 kA 四个等级，其波形为 8/20 μs。

---

1) 表示为中性点保护用避雷器额定电压值。

5.2 避雷器的机械性能

避雷器在下列机械负荷作用下，应能保证可靠运行。

a) 避雷器顶端最大允许水平拉力为 F_1，应符合表1的规定。

表 1 避雷器顶端最大允许水平拉力

避雷器额定电压/kV		3.8～25	41～75	100～200	290～468
最大允许水平拉力 F_1/kgf	磁吹阀式避雷器和保护旋转电机避雷器	15 (147)	30 (294)	50 (490)	150 (1 471)
	其他阀式避雷器	15 (147)	30 (294)	20 (196)	
注：kgf=9.806 65 N					

b) 作用于避雷器上的风压力 F_2，按式(1)计算：

$$F_2 = \alpha \frac{(\beta V_0)^2}{16} S \quad \text{kgf} \qquad (1)$$

式中：

V_0——基本风速(时距10 min平均值)，单位为米每秒(m/s)，取为35 m/s；

S——避雷器的风向投影面积(避雷器表面覆冰厚度应不超过20 mm)，单位为平方米(m^2)；

β——风速增加系数，一般取1.2；

α——空气动力系数，风速为35 m/s时，α=0.9。

5.3 避雷器的电气特性

a) 避雷器工频放电电压；

b) 1.2/50 μs冲击放电电压；

c) 波前冲击放电电压；

d) 冲击放电伏秒特性；

e) 操作冲击放电伏秒特性；

f) 标称放电电流下的残压；

g) 操作冲击电流下的残压。

以上特性应符合表2、表3、表4的规定。

表 2　电站型阀

系统标称电压/kV（有效值）	避雷器额定电压/kV（有效值）	波前冲击放电的波前陡度/kV/μs	磁吹阀				
			工频放电电压/kV（有效值）		1.2/50 μs 冲击放电电压/kV（峰值）	波前冲击放电电压/kV（峰值）	操作冲击放电电压/kV（峰值）
			不小于	不大于	不大于	不大于	不大于
3	3.8	32					
6	7.6	63					
10	12.7	106					
	20.5	175					
	25	208					
	25	208					
35	41	343	70	85	112	130	
	51	425	87	98	134	161	
63	69	573	117	133	178	214	
110	100	813	170	195	260	312	285
(110)	126	980	255	290	345	414	
220	200	1 200	340	390	520	624	570
330	290	1 500	510	580	780	936	820
	310	1 500	545	620	834	1 001	870
500	420	2 000	567		1 005	1 200	890
	444	2 000	600		1 055	1 265	940
	468	2 000	632		1 110	1 326	992

注：括号内电压等级不推荐采用。

式避雷器特性

式避雷器				普通阀式避雷器					
标称电流下残压/kV（波形 8/20μs）（峰值）			操作冲击电流残压/kV（峰值）	工频放电电压/kV（有效值）		1.2/50 μs 冲击放电电压/kV（峰值）	波前冲击放电电压/kV（峰值）	标称电流下残压/kV（波形 8/20 μs）（峰值）	备注
1 kV	5 kV	10 kV	不大于	不小于	不大于	不大于	不大于	5 kV	
不大于	不大于	不大于						不大于	
				9.0	11.0	20.0	25.0	13.5	
				16.0	19.0	30.0	37.5	27.0	
				26.0	31.0	45.0	56.3	45.0	
				41	49	73	91	67	作为元件用
				51	61	85	106	81.5	作为元件用
				56	67	110	138	81.5	作为元件用
	108			82	98	134	168	134	
134									110 kV 变压器中性点保护用
	178								
	260			224	268	326	408	326	
	332			255	314	375	469	410	不接地系统
	520			448	536	620	775	652	
		820	820						
		870	870						
		913	890						
		965	940						
		1 018	992						

表 3　配电型及低压阀式避雷器特性

系统标称电压/kV（有效值）	避雷器额定电压/kV（有效值）	波前冲击放电的波前陡度/kV/μs	配电型避雷器					低压阀式避雷器				
			工频放电电压/kV（有效值）		1.2/50 μs 冲击放电电压/kV（峰值）	波前冲击放电电压/kV（峰值）	标称电流下残压/kV（波形 8/20 μs）（峰值）5 kA	工频放电电压/kV（有效值）		1.2/50 μs 冲击放电电压/kV（峰值）	波前冲击放电电压/kV（峰值）	标称电流下残压/kV（波形 8/20 μs）（峰值）3 kA
			不小于	不大于	不大于	不大于	不大于	不小于	不大于	不大于	不大于	不大于
0.22	0.25	10						0.50	0.90	1.70	2.21	1.50
0.38	0.50	10						1.10	1.60	3.00	3.90	3.00
3	3.8	32	9.0	11.0	21.0	26.3	17.0					
6	7.6	63	16.0	19.0	35.0	43.8	30.0					
10	12.7	106	26.0	31.0	50.0	62.5	50.0					

表 4　保护旋转电机避雷器特性

电机标称电压/kV（有效值）	避雷器额定电压/kV（有效值）	工频放电电压/kV（有效值）		1.2/50 μs 冲击放电电压/kV（峰值）	冲击放电电压/kV（预放电时间 10/μs）（峰值）	标称电流下残压/kV（波形 8/20 μs）（峰值）3 kA	备　注
		不小于	不大于	不大于	不大于	不大于	
	2.3	4.5	5.7	6.0	6.0	6.0	电机中性点保护用
3.15	3.8	7.5	9.5	9.5	9.5	9.5	
	4.6	9.0	11.4	12.0	12.0	12.0	电机中性点保护用
6.3	7.6	15.0	18.0	19.0	19.0	19.0	
10.5	12.7	25.0	30.0	31.0	31.0	31.0	
13.8	16.7	33	39	40	40	40	
15.75	19	37	44	45	45	45	

5.4　避雷器的通流容量

避雷器的阀片应分别耐受 2 000 μs 方波通流容量试验和 18/40 μs 冲击通流容量试验 20 次不损坏（不击穿、不闪络）。此两种通流容量试验应分别在不同的试品上进行。试验用的电流值应按表 5 的规定。对避雷器额定电压 100 kV 及以上磁吹避雷器除作阀片通流容量试验外，还应做长线能量释放试验。

表 5　阀片通流容量试验电流值

避雷器类别		避雷器额定电压/kV（有效值）	18/40 μs 冲击电流/kA（峰值）	2 000 μs 方波电流/A（峰值）
电站型避雷器	磁吹阀式避雷器	41～200	10	600
		290～310	15	800
		420～468	15	1 000
	普通阀式避雷器	3.8～200	10	150
配电型避雷器		3.8～12.7	5	75
低压阀式避雷器		0.25～0.50	3	50
保护旋转电机避雷器		2.3～19	10	400

5.5　避雷器的大电流冲击耐受性能

避雷器应耐受 4/10 μs 波形的大电流冲击试验 2 次。试验用的电流值如表 6 规定。

表 6　大电流冲击耐受试验电流值

避雷器类别	4/10 μs 冲击电流/kA（峰值）
磁吹避雷器	65
普通阀式避雷器	40

表 6（续）

避雷器类别	4/10 μs 冲击电流/kA(峰值)
配电型避雷器	25
保护旋转电机避雷器	25

5.6 避雷器的动作负载耐受性能

避雷器应在避雷器额定电压下承受 20 次动作负载试验。冲击点火电流的波形为 8/20 μs，幅值为避雷器的标称放电电流。

5.7 避雷器的密封性能

避雷器应有可靠的密封。

5.8 避雷器的压力释放性能

磁吹阀式避雷器及保护旋转电机避雷器应具有压力释放装置。试验时，压力释放装置应动作。试品破坏后的碎片不应超过规定围栏所包围的范围。试验的电流值按表 7 的规定。

表 7 压力释放试验电流值

避雷器类别	大电流试验	小电流试验
	工频对称分量电流值/kA（有效值）	工频对称分量电流值/A（有效值）
磁吹阀式避雷器	20	800
保护旋转电机避雷器	10	800
注：对其他避雷器，用户需要压力释放装置时，可与制造厂协商解决。		

5.9 避雷器的外绝缘性能

避雷器的外绝缘性能应符合 GB 311.1—1997 的规定。低压避雷器的干湿工频耐压应不小于 4 kV。

5.10 避雷器泄漏电流要求

避雷器应进行泄漏电流试验，所加电压和合格电流值由制造厂规定。

5.11 避雷器的污秽性能

本试验是为了证明避雷器放电特性耐受瓷套外表面污秽所引起电场畸变的能力。此项试验仅对耐污型避雷器进行。

5.12 避雷器的无线电干扰电压和局部放电试验

无线电干扰试验是测量由避雷器所产生的高频电压，它对通讯能引起有害的干扰。避雷器额定电压 290 kV 及以上的避雷器其干扰电压值应不大于 2 500 μV。其他产品干扰电压值不作规定，只提供实测数据。

局部放电试验是测量避雷器内部出现的局部放电量，局部放电可使避雷器内部绝缘介质变质。各种避雷器的内部局部放电量不作具体规定，只提供实测数据。

5.13 避雷器的脱离器性能要求

在脱离器试验时，无论是与避雷器联合或单独进行，均必须在动作时要有明显的开断表示，以表明避雷器已损坏。脱离器本身不能防止避雷器发生爆炸。

5.13.1 脱离器应耐受下列各项试验均不得动作

a） 大电流冲击耐受；

b） 2 000 μs 方波电流耐受；

c） 动作负载耐受；

d） 18/40 μs 冲击电流耐受。

5.13.2 脱离器的安秒特性

脱离器应在20 A、200 A、800 A(±20%)3种电流值下测量安秒特性。

6 试验方法

避雷器在做以下试验时,应在常温下尽可能按实际运行情况安装。试验前试品表面应是清洁干燥的。

6.1 工频放电电压试验

工频电源的频率范围为:48 Hz～52 Hz或58 Hz～62 Hz,波形为近似正弦波,其峰值与有效值之比应等于$\sqrt{2}\pm0.07$。

电源容量应满足:变压器短路电流应不低于1A(有效值),电压有效值取所量的峰值除以$\sqrt{2}$。

试验应在完整避雷器上进行,对每只试品施加电压次数应不少于5次。施加到试品上的电压应从零开始,在电压表能准确读数条件下,均匀快速地升到试品放电为止,每次放电后,应在0.5 s内切断工频电源,通过试品的工频电流应限制在0.2 A～0.7 A(有效值)之间。每次施加电压的时间间隔应不小于10 s。对带有均压电阻的避雷器,电压在超过避雷器额定电压后的时间应尽可能控制在2 s之内。

例行试验时,测量次数应不少于5次。型式试验时,测量次数应不少于10次,每次放电电压值应符合表2、表3、表4的规定。

型式试验还应在淋雨状态下进行,其试验条件应符合GB 311.2—2002中相应的规定。湿工放试验时,测量次数应不少于10次。其算术平均值应不超过表2、表3、表4中所规定的范围。每次所测数据不得超过规定值上限的5%和不低于下限的5%。试验时,除间隙放电外,任何绝缘部分不应发生闪络现象。

6.2 冲击放电电压试验

6.2.1 1.2/50 μs冲击放电试验

1.2/50 μs波形的冲击电压,按表2、表3、表4所规定的预期峰值,对整只避雷器施加正、负极性各5次。避雷器均应放电,允许有1次不放电,此时应以同种极性的冲击电压另加10次,避雷器均应放电,则认为试品通过了本项试验。

波形调整偏差如下:

——峰值在规定值的97%～100%之间;

——视在波前时间为0.85 μs～1.6 μs;

——视在波尾时间为40 μs～60 μs。

视在波前起始部分(低于50%)的振荡,应不超过峰值的10%。允许在靠近波峰处微小振荡,但其振幅应低于峰值的5%。

6.2.2 冲击放电伏秒特性试验

本试验应在整只避雷器上进行,采用正或负极性的冲击,应选取其中放电电压较高的极性。为了绘制特性曲线,应将1.2/50 μs的电压逐步增加,从低于避雷器的放电电压开始,直到冲击波前陡度等于表2、表3规定为止。对于小于1.2 μs预放电时间的冲击放电电压可以用斜角波来试验。

对于每次放电,以放电前所达到的最高电压和由视在原点量起的预放电时间为坐标轴绘制曲线。为了画出该曲线,至少应有20个试验数据。

6.2.3 波前冲击放电电压试验

本试验应在整只避雷器上进行,按表2、表3中所规定的最大波前陡度。以正、负两种极性电压的冲击波向试品各施加5次,其放电电压值均不得超过表2、表3中所规定的数值。

允许用第6.2.2款所得曲线和代表表2、表3所规定的陡度的直线的交点确定避雷器的最大波前放电电压值。并与表2、表3中所规定的数值进行比较,试验中至少有5次正和5次负的放电点位于该规定陡度直线的±0.1 μs范围内,如图1所示。

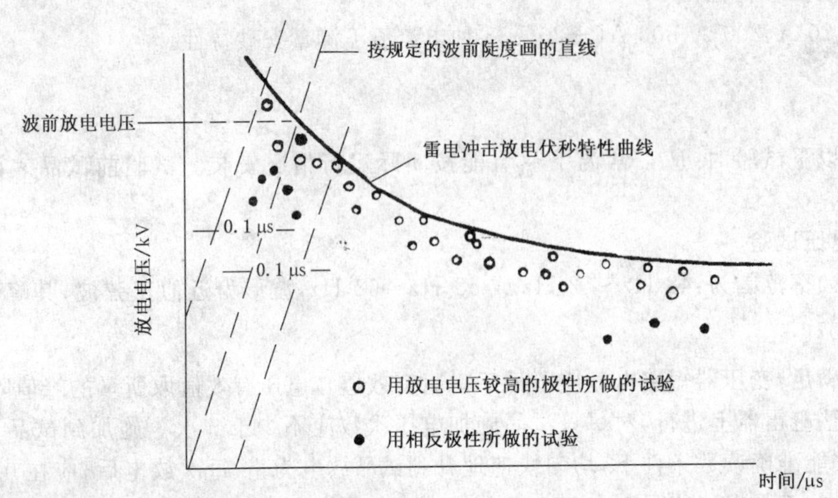

图1 确定波前放电电压的作图法

6.2.4 操作冲击放电伏秒特性试验

对于避雷器额定电压100 kV及以上的磁吹避雷器，可用本试验来表明避雷器的操作冲击放电特性。

a) 放电试验应采取不同的冲击电压波形，其视在波前时间应在下列范围。

——30 μs～60 μs；

——150 μs～300 μs；

——1 000 μs～2 000 μs。

视在波尾时间应长于2倍的视在波前时间。

b) 每种波形和极性的试验方法如下：

1) 确定避雷器50%放电电压发生器的基本充电电压 V_G，其方法如下：

开始施加比避雷器的预期50%放电电压稍低的冲击电压，然后每次按其5%为一档升高发生器充电电压，直到避雷器放电为止。此后，继续施加20次冲击电压。每次放电时则降低发生器充电电压5%，而避雷器不放电时增加充电电压5%。V_G 是20次冲击中所用的发生器充电电压的平均值。

2) 发生器充电电压为1.2 V_G 和1.4 V_G 时，分别对避雷器施加10次冲击电压。

上述一系列试验中，记录每次放电的放电电压及所对应的预放电时间，并绘制成伏-秒特性曲线。

在每种波形下(包括正负极性在内)测量次数的95%应符合表2的规定。其超出值应不大于规定值的5%。

6.3 电流波形的规定

6.3.1 8/20 μs冲击电流、18/40 μs冲击电流、4/10 μs冲击电流等电流波形的规定

冲击电流残压测量采用8/20 μs波形。冲击电流容量试验采用18/40 μs波形。大电流冲击耐受采用4/10 μs波形。冲击电流的幅值及波形的误差见表8。

表8 冲击电流的幅值及波形的误差

波形	8/20 μs	18/40 μs	4/10 μs
幅值误差	+10%	+10%	+10%
波前时间误差	±10%	±10%	±10%
波长时间误差	±10%	±10%	±10%
反极性振动	≤10%	≤10%	≤20%

根据冲击电流示波图(图2)决定波前及波长的方法如下：

在冲击电流波形图波头上，取电流等于其幅值的10%和90%的两点(所对应的时间为 t_1 及 t_2)，通过此两点作一直线与时间轴交于一点 t_0，在波尾上取电流等于幅值的50%的一点 t_3，波前等于从 t_1 到 t_2 时间的1.25倍，波长等于 t_0 到 t_3 的时间。

图2 冲击电流波形图

6.3.2 2 000 μs 方波冲击电流的规定

其波形规定见图3。

图3 2 000 μs 方波波形图

a=2 000 μs，误差+20%；b/a≤1.5；c≤10%幅值。

100%处表示幅值，幅值误差+10%，幅值处振荡或突起应小于幅值的10%。

6.4 标称电流下残压试验

型式试验时用比例单元进行试验，逐个试验时，允许只对阀片进行试验，但避雷器的残压应加上间隙在标称电流下的压降。

在测残压之前，阀片均应经冲击电流稳定，其波形为18/40 μs，电流幅值由制造厂确定。阀片在测残压前的温度应接近环境温度。型式试验时，试品的比例单元的额定电压至少为3 kV，但不需超过12 kV。

试验时，每只试品分别用峰值约为0.5、1和2倍的避雷器的标称放电电流测出相应的残压，并绘制成残压-电流特性曲线。试验时，通流间隙时间应使试品冷却到环境温度。

利用3只试品所得伏安特性曲线绘制成避雷器试品的最大包络线，然后在曲线上读取标称电流所对应的残压值，此残压值乘上比例单元与整只避雷器的比例系数，即为避雷器的残压。

6.5 操作冲击电流下残压试验

对于避雷器额定电压在290 kV及以上的避雷器，应进行此项试验。试验可在比例单元上进行。试品的额定电压至少为3 kV，但不应超过12 kV，每次测试前，试品的温度应为环境温度。

6.5.1 试验回路

试验回路为长持续时间冲击电流释放回路，见附录B，其参数如下：

Z_G——试验回路等效波阻抗，每千伏试品额定电压应为0.75 Ω～1.5 Ω。

L_T——L_T 是加在试品与发生器之间的电感，每千伏试品额定电压应为 3 mH～3.5 mH。

T_D——持续时间，T_D 应足够地长，以测得试品上的最高残压值，其值应为：

$$T_D = 2\sum_{i=1}^{i=n} \sqrt{L_i C_i} \geqslant 2\ 000\ \mu s \qquad \cdots\cdots\cdots\cdots (2)$$

式中：

n——发生器的链数，应大于 10 链。

分压器应采用高阻值的分压器。

6.5.2 操作冲击电流下残压的测量

应在试品通电后至少 30 μs 测量试品的最高残压。

在测残压之前先确定试品残压范围，即利用升高发生器的充电电压，一般从 1.0 试品的峰值额定电压标么值开始，每次的增量不超过 0.25 倍标么值。但最高也不需超过 2.5 倍标么值。在每一个充电电压水平下，至少试验 2 次，通过上述试验确定出最大残压时发生器的充电电压。

试验至少有 6 只新试品，2 个试品在上述最大残压时的发生器充电电压下试验，而其余的每 2 个试品分别在最大残压时发生器充电电压加减 0.25 标么值下的充电电压下试验。

试品的最大残压值应为上述所测得的 3 个最大残压值的平均值，而所测得的避雷器的最大残压值不得超过表 2 中的规定。

6.6 通流容量试验

6.6.1 阀片方波和冲击通流容量试验

a) 型式试验

为了考核阀片的通流能力，从被试品阀片中抽取残压最高的 10 片，分为 2 组，每组 5 片。按本标准表 5 的规定分别进行冲击和方波通流容量试验。

每片阀片耐受不少于 20 次试验，每相邻两次试验的间隔时间为 50 s～60 s，每 5 次间隔的时间应足以使阀片冷却到室温，在试验中，如果有通流不足 20 次的阀片出现时，则认为试验没有通过。

b) 抽样试验

从同批阀片中抽取残压最高的 10 片，试验方法与型式试验相同，试验中如果仅有一片通流不足 20 次时，则加倍数量抽取残压最高者做试验。如第二次试验全部合格，则认为试品合格。如其中仍有通流不足 20 次的阀片出现时，则认为试验没有通过，这时允许降低残压(降低数值由制造厂自行规定)重新进行试验，试验合格后，高于此残压的阀片认为不合格。经过通流容量试验后的阀片，不允许装入正式产品中使用。

6.6.2 大电流冲击耐受试验

本试验应在新的只做过残压和工频放电电压试验的完整避雷器、避雷器比例单元或阀片上进行。对避雷器额定电压 100 kV 及其以上的磁吹阀式避雷器用比例单元进行试验，其他避雷器用阀片进行试验。比例单元的额定电压值至少为 3 kV，但不需超过 12 kV。试品阀片中应含有一批阀片中残压最高的阀片。

在做试验之前，必须先测出每个试品的干工频放电电压的平均值。

对每个试品施加 4/10 μs 波形的冲击电流 2 次，其峰值按表 6 的规定。2 次冲击电流之间的时间间隔，应使试品冷却到接近环境温度。对于每次冲击，必须测量试品上的电压和电流值。试验后，在环境温度下，重复测量试品的工频放电电压，其平均值的变化不得超过±10%。检查试品，阀片不得有击穿或闪络，间隙及均压电阻不得损坏。

6.6.3 长线能量释放试验

本试验仅对避雷器额定电压 100 kV 及以上的磁吹阀式避雷器进行。

试品为比例单元，且额定电压至少为 3 kV，但不需超过 12 kV。

由于磁吹阀式避雷器采用磁吹限流间隙，使电流波不能保持完整的矩形。因此在做试验之前，长持续时间冲击电流回路应作调整和校准。其方法如下：

向分布参数发生器充一适当电压 U_d。它不低于规定充电电压 U_c 的 50%，然后通过低电感的电阻 R 放电，R 约等于负载电阻 R_1。对于不同通流等级的避雷器之 U_c 和 R_1 的数值列于表 9 中。

表 9　长持续时间冲击电流试验参数

长持续时间通流等级	负载电阻 R_1/Ω	电流峰值持续时间/μs	充电电压 U_c(直流)/kV	线路波阻抗[a]/Ω	相应于系统电压/kV
1	$3.3U_s$	2 000	$3.0U_s$	450	110
2	$1.8U_s$	2 000	$2.6U_s$	400	220
3	$1.2U_s$	2 400	$2.6U_s$	350	330
4	$0.8U_s$	2 800	$2.4U_s$	325	500
注：U_s 为试品的额定电压(kV)。					
[a] 为推荐值。					

释放电流的峰值为 I_d，按式(3)：

$$K=\frac{U_d}{2\cdot I_d\cdot R} \qquad \cdots\cdots(3)$$

若 K 值在 0.95 到 1.05 之间，则认为发生器的特性是正确的。U_d 的单位为 kV，I_d 单位为 kA，R 的单位为 Ω，冲击电流大体上保持为矩形，应满足方波波形的规定(负荷电阻值和发生器波阻必须大致相等，以便得到实质上的矩形电流波)。

当按上述步骤将回路校正好之后，换上试品，如果 K 值不超过 1.0，则发生器的充电电压为 U_c，如果 K 值超过 1.0，则充电电压为 KU_c。

试验前应在环境温度下测量试品的工频放电电压和标称电流下的残压。

试验进行 20 次，每 5 次为 1 组，第 2 次之间的间隔时间为 50 s～60 s。每 2 组之间的间隔时间应足以使试品冷却到室温。并应在试验的第 1 次和第 20 次录取试品上的电压及通过试品的电流示波图。

试验后，待试品冷却到环境温度，重测工频放电电压和标称电流下的残压，其残压的变化及工频放电电压平均值的变化应不大于±10%，则认为合格。

本试验如果采用辅助冲击点火，其能量不得超过分布参数发生器贮存能量的 0.5%。

经过长线能量释放试验的试品，不得装入产品中使用。

注：在冲击波上允许有小振荡，在峰值附近的振荡幅值应小于峰值的 5%，但为了测量方便，可用一平均线来确定其峰值。

6.7　动作负载试验

本试验在新的避雷器或避雷器比例单元上进行。试验前应在环境温度下测量试品的工频放电电压和标称电流下残压。试品的额定电压至少为 3 kV，但不需超过 12 kV。施加在试品间隙上的电压值和通过试品的标称电流下的残压、工频续流值，要尽可能地代表整只避雷器的条件。

试品应是密封的。

对于电压分布均匀的避雷器，施加在试品上的工频电压应等于整只避雷器的额定电压除以相同避雷器比例单元的总数 n。对于电压分布不均匀的避雷器，施加在试品上的工频电压应按整只避雷器中电压分布最高的部分。为了保持正确的续流值，试品中的阀片残压值也应按比例求得。

如果避雷器由 n 个比例单元组成，其工频放电电压的 n 倍应不超过整只避雷器工频放电电压的 1.2 倍，则认为该避雷器的电压分布是均匀的。n 为比例单元与整只避雷器的比率。

在做动作负载试验之前，应测定每个试品的工频放电电压的平均值及标称电流下的残压值。

将试品接到频率 48 Hz～52 Hz 或 58 Hz～62 Hz 的工频电源上，对电源的要求是在续流通过期间，试品两端的工频电压的峰值不得降低到试品额定电压的峰值之下，在续流切断后，电源电压的峰值不得超过试品额定电压峰值的 110%。这个电压的增量，仅仅是为了使用合理的试验电源容量，而决不是作为实际运行中允许超过避雷器额定电压的理由。

点火用 8/20 μs 的冲击电流，其峰值应等于避雷器的标称放电电流的峰值。对于限流型间隙点火角度应在电压峰值前 5°～30°电气角度处。对于非限流型间隙，点火角度应在电压峰值前 60°电气角度处。如果不能稳定地建立续流，可每次增加 10°电气角度向峰值附近移动。直到稳定地建立续流为止。

点火角度调整好后，向每一试品施加 20 次，每 5 次为 1 组，共分 4 组。每相邻 2 次之间的时间间隔为 50 s～60 s。每相邻 2 组之间的时间间隔为 25 min～30 min，在每 2 组之间可以不连续施加工频电压。

冲击电流的极性与工频半波的极性相同或相异，但在 20 次试验中，异极性应不少于 2 次。

每次试验均须切断续流。每次试验均需录取工频电压和续流的示波图。示波图中，在续流前后，至少有 1 个完整的工频电压波。

经过动作负载试验后，待试品冷却到环境温度，测量其工频放电电压和残压值。其试验前后工频放电电压平均值的变化及标称电流下残压的变化应不超过±10%。

经续流试验的间隙和阀片，不允许组装成产品使用。

6.8 避雷器的泄漏电流试验

在避雷器(或元件)的两端施加规定的直流电压进行试验，直流电压的脉动部分应不超过±1.5%。电压和电流值由制造厂自行规定。

6.9 避雷器的密封试验

密封试验是为了测定避雷器(或元件)的密封性能，以保证避雷器在运行中电气性能不因密封性能不良而变坏，甚至失去其保护作用。

具体的试验方法推荐用氦质谱仪检漏。或用压差法将避雷器(或元件)抽气到压差 5.07×10^{4} Pa～5.33×10^{4} Pa，保持 30 min，压差变化不大于 133.332 Pa，则认为合格。也允许使用其他有效方法进行此项试验。

6.10 压力释放试验

本条适用于绝缘瓷套密封，并带有压力释放装置，用于空气中的避雷器。

6.10.1 总论

当避雷器装有压力释放装置时，应按照本条标准规定进行试验。每次试验应在新瓷套组装的试品上进行，1 只试品做大电流试验，另 1 只试品做小电流试验。

为了使试品内部引起电弧，全部阀片和间隙可用熔丝旁路，并且熔丝应尽可能地贴在阀片和间隙的表面上。试验电流导通后 30°电气角度内熔丝应熔断。

试品应模拟实际运行情况进行安装。试品的上端应装有另一单元的端部结构或顶盖，选择限制压力释放较严的一种。其基座应与圆形围栏顶端在一个水平面内。围栏近似为圆形，高为 30 cm，其直径等于试品的直径加上 2 倍试品的高度，但最小直径应为 1.8 m。试品安装在围栏的中心。试验后如果试品保持原样，或避雷器破坏后所有碎片都散落在围栏的内部，则认为试品通过了本项试验。

6.10.2 大电流压力释放试验

试品应在同种设计中避雷器元件的最高电压等级上进行，此时可认为本试验代表同种设计的所有额定电压的避雷器。

注 1：避雷器的内部设计变化时，避雷器应重新进行试验。

注 2：避雷器每个元件的瓷套，横截面积应相同，如果不同，则应选取横截面积较大、长度最长的进行试验。

电源的短路容量应足够大，当用一阻抗非常小的导线将避雷器短路时，电流交流分量的有效值在 0.2 s 内不会降到规定值的 75%以下，试验回路的短路功率因数应不大于 0.1($X/R=10$ 或更大)。

试验应在单相回路，并且电压为避雷器额定电压的77%($^{+30}_{-0}$%)下进行。对于高压避雷器，当试验时没有足够的功率满足77%额定电压的试验要求，则第6.10.2.1项和第6.10.2.2项中列出两种大电流压力释放试验方法可供选择。

注：77%电压相当于额定电压为系统电压的75%的避雷器上所施加的电压(即在具有75%接地系数的安装点)。对于接地系数为80%或100%的地点，相应的电压分别为避雷器额定电压的72%或58%。

按照表7所表明的任何一种压力释放等级做试验时，试验电流通过时间至少为0.2 s。对于测量预期电流及调整回路试验，不需要这么长的时间。排气的最大时间为0.15 s。

6.10.2.1 在77%额定电压下的大电流试验

首先应测量试验回路的预期电流，用一个阻抗非常小的导体将避雷器短路，回路参数和合闸开关的时间整定为：使电流交流分量的有效值等于或超过表7压力释放等级所对应的电流值。以及在第一个主波峰值至少为电流交流分量的有效值的2.5倍。然后拆除短路导体，用同样回路的参数及合闸时间，对避雷器试品进行试验。

避雷器内阻对电弧有一定的限制，其弧阻会降低电流交流分量及其峰值。这不影响试验的效果。因为这是在正常运行电压下进行的，对试验电流的影响与实际运行故障时相同。当试验电流等于所测的预期电流分量的有效值时，则认为避雷器通过了此项试验。

6.10.2.2 低于77%额定电压的大电流试验

当回路电压比试品额定电压的77%低得多的情况下，避雷器内部电弧的电阻比试验回路的阻抗高得多。因而电流的交流分量及峰值比在77%额定电压时显著降低，这样通过避雷器试品的电流就不能保持预期的数值。因此在低于避雷器的77%额定电压下做试验时，通过避雷器电流的第1个主波峰值。至少需为表7所选定的压力释放等级对应的预期电流有效值的1.7倍，而且试验电流的交流分量有效值至少需等于预期电流有效值。

利用阻抗非常小的导体将避雷器短路做预备试验不是主要的。但是在选择回路参数时，应留有裕度。由于避雷器瓷套内部对电弧电阻有一定影响，所以电弧电阻随电弧的长度及其受限制的情况而变化。这就要求增加预期电流，尤其是试验回路电压比避雷器额定电压的77%低得多的情况下，增加预期电流是很有必要的。

6.10.3 小电流压力释放试验

避雷器试品可以是同种设计中的任意额定值。但本试验应能代表该设计的所有额定值。在试验回路电压等于试品额定电压的77%($^{+30}_{-0}$%)的情况下，将回路调整到能产生电流为800 A有效值(±10%)，此数值是在电流导通后约0.1 s时测得，电流应持续到发生放气为止。试验时，电流的降低量不得超过起始测量值的10%，排气时间应小于2 s。

注：如果在试验时，避雷器的压力释放装置未能放气，为了排除内部气压，靠近时要特别小心，因为即使冷却了，内部气压仍然还很高。

6.11 避雷器的机械强度试验

在避雷器顶端施加一水平负荷，当此负荷小于5.2规定负荷的50%以前，可以任意速度均匀地增加。在超过50%之后，负荷的增加速度应以每秒1%～2%的规定值上升，当达到规定值的1.5倍时，观察试品，若无异常现象(瓷套、附件无裂纹及任何破坏)则认为合格。

如果避雷器是由若干元件组成，允许在元件上进行此项试验，但要将整只避雷器规定的负荷折算到元件上。

6.12 避雷器的外绝缘试验

对完整的避雷器进行试验。

本试验应在干湿状态下进行。试品应是清洁的，并要尽可能按实际运行情况安装。

试验时避雷器内部间隙和阀片要除去。具体试验要求及方法应符合GB 311.1—1997中的有关规定。

6.13 避雷器的污秽试验

在进行试验时，避雷器的安装方式应模拟实际运行情况。工频电源容量应符合 GB/T 4585—2004 的有关规定。

污秽悬浮液由盐水溶液和保水剂混合组成(如由 40 g 高岭土，1 000 g 水和适量的盐组成或由100 g 硅藻土，10 g 高度分散的二氧化硅，1000g 水和适量的盐组成)，以得到 0.03 mg/cm²(±15%)的盐密。

在避雷器瓷套上喷涂污秽层之后 3 min 内开始做此项试验。

首先向避雷器上施加的工频电压为避雷器额定电压的 80%，在此电压下保持 60 s，然后再升高电压至避雷器的额定电压，保持 1 s，再降到避雷器额定电压的 80%，这样构成 1 个循环试验。在电压改变时要迅速，但不应产生任何暂态过电压施加到避雷器上。

这样连续 8 次循环试验为 1 个系列，然后停止试验并向避雷器施加新的污秽层。4 个系列试验构成一个完整的试验。

如果避雷器在电压高于额定电压时，发生闪络或放电，应立即切除电源，并立即开始下一个循环试验。

在一个循环试验中，如果避雷器在低于额定电压下发生闪络，则应在间隔 1 min 后继续试验，直到一个循环成功，而发生闪络的循环不应计入。

在循环试验中，如果避雷器不发生放电，则认为避雷器通过了试验。如果避雷器在高于额定电压下发生放电，在评价时可不计入。

检查通过避雷器的电流及所加电压的波形的变化可判断避雷器是否发生放电。

6.14 无线电干扰和局部放电试验

试品应按实际运行情况安装。其温度为环境温度。

当避雷器是由多节元件组成时，试验应在运行条件下的完整避雷器上进行。

测试无线电干扰的频率为 1.0 MHz(或 0.5 MHz)并尽可能靠近这个频率下测量。

在此试验前，应确定设备的背景干扰水平。但要将背景干扰水平限制到最低水平。

如果施加工频电压 10 s 后，发现局部放电和无线电干扰电压有降低的情况，则应给避雷器预先施加电压，但不超过 5 min。

无线电干扰和局部放电试验时，施加到避雷器两端上的工频试验电压应为施加在避雷器上的系统最大运行相电压的 1.05 倍。

无线电干扰试验应按照 GB/T 11604—1989 的规定进行试验。

局部放电试验应按照 GB/T 7354—2003 的规定进行试验。

6.15 避雷器的脱离器试验

6.15.1 总则

试验应在装有脱离器的避雷器上进行，或者如果脱离器的设计在正常安装位置上不会受到避雷器发热的影响时，则可在单独的脱离器上进行。

试品安装要符合制造厂的推荐，用所推荐的尺寸和强度最大，长度最短的连接导线。如果无正式推荐，则可用裸铜线，直径为 5 mm，长度为 30 cm，安装应使脱离器动作时能自由地下落。

6.15.2 冲击电流和动作负载耐受试验

若脱离器与避雷器构成一体时，冲击电流和动作负载试验应在避雷器上进行。如果脱离器只是避雷器的附件，则可单独在脱离器上进行冲击电流和动作负载试验，或与避雷器联合起来进行试验。脱离器试品必须是新的，应耐受下列各项试验而不得动作。

a) 大电流冲击耐受试验

本试验可按照 6.6.2 所规定的方法进行，试验电流的峰值应符合使用该脱离器的最高等级避雷器的要求。

b) 方波冲击试验

本试验按 6.6.1 所规定的方法进行,试验电流的峰值及持续时间应符合使用该脱离器的最高等级避雷器的要求。

c) 动作负载试验

本试验应按 6.7 规定的方法进行,应使脱离器与避雷器相串联,该避雷器是同类型中续流值最高者。

6.15.3 安秒特性曲线试验

脱离器动作的安秒特性曲线表征脱离器动作时的对称电流(有效值)与时间的关系,也允许脱离器的动作发生在电流切断之后。

至少应在 20 A,200 A,800 A(有效值 ±20%)3 种电流值下测定安秒特性。

对于受与之相连的避雷器内部发热影响的脱离器,试验时为了起燃内部电弧,应将避雷器的阀片及间隙用直径为 0.08 mm～0.13 mm 的裸铜线旁路。

对于不受与之相连的避雷器内部发热影响的脱离器,如果为安装脱离器而使用避雷器试验时,避雷器的阀片和间隙可用导体旁路,导体直径要足够的大,以保证在试验时不会熔断。

试验电源的工频电压可为任意适当值,但要在避雷器电弧中保持有足够的电流,并足以造成和维持使脱离器动作的间隙的电弧。试验电压为使用脱离器的避雷器的最低额定电压值。

试验回路的参数应先用阻抗非常小的导体将试品短接起来进行调整,以产生所要求的电流值。合闸开关应调整在电压峰值附近的几度内接通回路。分闸开关是为了控制通过试品的通流时间,回路调好以后,将短路导体拆除。

导通时电流应保持在要求的数值,直到脱离器动作为止。对于 3 种电流值的每 1 种,至少应以 5 只新试品做试验。

对于所有试品,应以通过试品的电流有效值和脱离器开始动作前所持续的时间为坐标,通过代表最大持续时间的各点,绘制出脱离器的安秒特性曲线。

对动作时延较长的脱离器,为了作其安秒特性曲线,而采用控制电流的持续时间的办法,这些电流都应使脱离器动作。在 5 次试验中,必须全部动作,如果仅有一次不动作,需增补 5 次试验,在此 5 次试验中脱离器应全部成功地动作。

脱离器动作后,脱离器必须明确地表明是有效的、永久的脱离标志,或者将等于带有该脱离器的避雷器的额定电压的 1.2 倍的工频电压对脱离器施加 1 min,通过动作后的脱离器的电流应不超过 1 mA(有效值)。

7 检验规则

7.1 总则

避雷器应由制造厂技术检查部门进行检验。制造厂应保证全部出厂产品符合本标准的要求。用户有权按本标准的规定对避雷器进行验收。

避雷器应按批进行检验,批的划分由制造厂自定。

避雷器的检验分为例行试验、抽样试验及型式试验三种。其试验方法除符合本标准规定外,还应符合 GB 311.2—2002 的规定。其试品应是清洁的、装配完整的,并尽可能按实际运行情况安装。

7.2 例行试验

凡出厂避雷器均应按表 10 的规定进行检查。如果避雷器有不满足表中所规定的任何一项要求时,则此避雷器不合格。

表 10 避雷器例行试验项目

序号	试验名称	试验依据	试验方法
1	标称电流下残压试验	5.3	6.4
2	工频放电电压试验	5.3	6.1
3	泄漏电流试验	5.10	6.8
4	密封试验	5.7	6.9
注：没有规定工频放电电压上限的避雷器，1.2/50 μs 冲击放电电压试验应做例行试验。			

7.3 抽样试验

为了控制产品质量，制造厂检查部门必须定期或按批进行抽样试验，其项目如下：

7.3.1 阀片的方波和冲击通流容量试验

试验方法按 6.6.1，试品应按批抽试。

7.3.2 避雷器(或元件)密封及密封孔密封试验

试验方法按 6.9，试品应按批抽试，抽试数为每批 5 个。

如果试验中有 1 只不合格，则制造厂应将该批产品修理后按上述规定重新抽样试验。

7.3.3 避雷器 1.2/50 μs 冲击放电电压试验

试验方法按 6.2.1，每隔三月最少抽检一次，抽试数量从同批产品中最少抽取工放电压最高 3 只。试验中有 1 只不合格，则将该批产品转为例行试验，该批产品例行试验中仍有 1 只不合格，则将该项试验转为例行试验。例行试验的时间为一个月，如在转为例行试验的一个月中没有不合格的产品，则可转为抽样试验，否则就延长一个月，其余类推。

7.4 型式试验

型式试验是全面考核产品能否满足技术要求的试验，新产品投产前应进行全部项目的型式试验。在整个系列产品停产一年以上，并且老产品的结构、材料、制造工艺的改变影响产品性能时，必须对有关的部分项目或全部型式试验项目进行试验。正常生产的产品每三年至少进行一次型式试验。

型式试验项目和试品数量按表 11 规定。试验中只要有一只试品有一项未通过试验，则型式试验不合格。

表 11 避雷器型式试验项目

序号	试验项目内容	试验依据	试验方法	试品数量	试品名称	备注
1	工频放电电压试验	5.3	4.1	3 只	整只避雷器	干湿状态下均应进行
2	1.2/50μs 冲击放电电压试验	5.3	6.2.1	3 只	整只避雷器	
3	冲击放电伏秒特性试验	5.3	6.2.2	3 只	整只避雷器	
4	波前冲击放电电压试验	5.3	6.2.3	3 只	整只避雷器	
5	操作冲击放电伏秒特性试验	5.3	6.2.4	3 只	整只避雷器	
6	标称电流下残压试验	5.3	6.4	3 只	比例单元	
7	阀片方波及冲击通流容量试验	5.4	6.6.1	从同批阀片中抽取残压最高的 10 片	阀片	
8	大电流冲击耐受试验	5.5	6.6.2	3 只(或 3 片)	比例单元(或阀片)	

表 11（续）

序号	试验项目内容	试验依据	试验方法	试品数量	试品名称	备注
9	长线能量释放试验	5.4	6.6.3	3 只	比例单元	100 kV 及以上的磁吹阀式避雷器进行试验
10	动作负载试验	5.6	6.7	3 只	比例单元	
11	电导电流或泄漏电流试验	5.10	6.8	3 只	整只避雷器或元件	
12	密封试验	5.7	6.9	3 只	整只避雷器或元件	
13	压力释放试验	5.8	6.10	1 只作大电流 1 只作小电流	元件	
14	机械强度试验	5.2	6.11	1 只	整只避雷器瓷套或元件瓷套	
15	外绝缘试验	5.9	6.12	1 只	整只避雷器	
16	污秽试验	5.11	6.13	1 只	整只避雷器	耐污秽避雷器进行试验
17	无线电干扰及局部放电试验	5.12	6.14	1 只	整只避雷器	
18	操作冲击电流下的残压试验	5.3	6.5	6 只	比例单元	290 kV 及以上的磁吹避雷器进行试验
19	避雷器的脱离器试验	5.13	6.15	15 只	避雷器及脱离器	

注 1：对于避雷器额定电压为 0.25 kV、0.50 kV 的低压避雷器不做表中第 5、8、9、13、14、16、17、18、19 等 9 项试验。

注 2：表中第 1、2、3、4、5、6、11、12、17 项应在同一试品上进行。

注 3：老产品每三年进行一次型式试验时，表中第 13、14、15、16、19 项可以不作。

7.5 验收试验

当需方要求验收试验时，可抽取供货避雷器数量立方根的整数（不足 1 只按 1 只计）进行下列试验：

a） 结构检查：对于结构、铭牌及其附件检查有无短缺或损坏；

b） 按照 6.1 的规定，做工频放电电压试验；

c） 按照 6.2.1 的规定做 1.2/50 μs 冲击放电电压试验；

d） 按照 6.4 的规定做标称电流下残压试验；

e） 按照 6.9 的规定，做密封试验。

试品数量或试验内容的变更应由供需双方进行协商。

附 录 A
（规范性附录）
避雷器异常使用条件

如果避雷器要在下列异常条件下运行，应由供需双方协议。

a) 环境温度超过＋40℃或低于－40℃；

b) 海拔高度超过 1 000 m；

c) 有可能损坏绝缘表面或安装器具的烟雾或蒸汽；

d) 受烟尘、盐雾或其他导电物质的过度污染；

e) 带电冲洗；

f) 湿热带强雷地区；

g) 灰尘、气体、挥发性气体的爆炸性混合物；

h) 异常的摇动或机械震动；

i) 使用点的系统短时工频电压升高有可能超过避雷器的额定电压；

j) 异常的运输或贮存；

k) 地震烈度 8 度及以上的地区。

附 录 B
（资料性附录）
长持续时间冲击电流发生器回路图

长持续时间冲击电流发生器回路图如图 B.1。

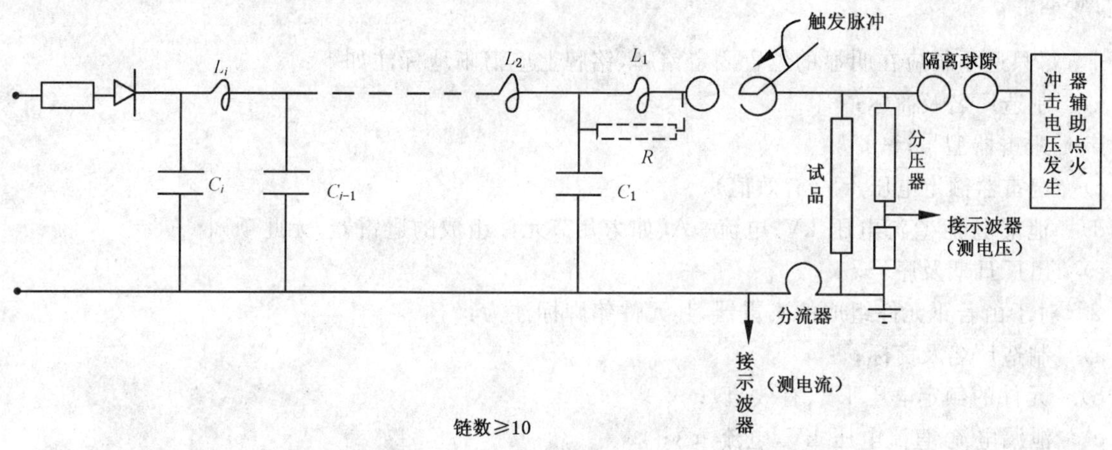

图 B.1

试验回路等效波阻抗 $Z=\sqrt{\dfrac{\sum\limits_{i=1}^{N}L_i}{\sum\limits_{i=1}^{N}C_i}}$

若发生器充电电压不足以使被试试品的间隙放电时，需增加辅助点火冲击电压发生器。并且加装隔离球隙。

当 L_1 增大而使波前陡度降低时，可与 L_1 并接电阻 R 以改善波前陡度。

附 录 C
（资料性附录）
标志、包装、运输及保管

C.1 标志

C.1.1 每只避雷器应在明显的位置固定铭牌，铭牌上应清晰地标注如下：

a) 制造厂名及商标；

b) 避雷器型号；

c) 避雷器额定电压 kV(有效值)；

d) 泄漏电流 直流电压 kV；电流 μA(如为几节元件组成的避雷器，无此项)；

e) 出厂日期及序号。

C.1.2 对于由若干元件组成的避雷器，其元件铭牌标注为：

a) 制造厂名及商标；

b) 元件的额定电压 kV(有效值)；

c) 泄漏电流 直流电压 kV，电流 μA；

d) 出厂日期及序号。

C.2 包装

避雷器包装必须保证在运输中，不因包装不良而损坏，在包装箱上应标明：

a) 产品名称及型号，制造厂名；

b) 发货单位，收货单位及详细地址；

c) 产品净重、毛重、体积等；

d) “小心轻放”、“向上”、“易碎”等字样和标记。

C.3 随产品提供技术文件

a) 包装清单；

b) 产品出厂合格证书；

c) 安装、使用说明书(每组避雷器附一份)。

C.4 运输及保管

整只产品或分别运输部件的包装，都要适合运输、装卸的要求，如果在制造厂所在的市区内运输，在保证产品质量和安全的情况下，制造厂可根据情况决定包装的方式。

ICS 33.060.40
M 31

中华人民共和国国家标准

GB/T 7329—2008
代替 GB/T 7329—1998

电力线载波结合设备

Coupling devices for power line carrier systems

(IEC 60481:1974,NEQ)

2008-03-25 发布 2008-10-01 实施

中华人民共和国国家质量监督检验检疫总局
中国国家标准化管理委员会 发布

前 言

本标准对应国际标准 IEC 60481：1974《电力线载波结合设备》,与其一致性程度为非等效。

本标准与 IEC 60481：1974 比较,主要差异如下：

1） 本标准在格式上采用了 GB/T 1.1—2000 的规定,因此,条文编号与 IEC 60481 不同,但包含其全部技术条款。

2） 增加了耦合电容器低电压端子杂散电容、杂散电导对结合设备主要性能影响的内容。

3） 增加了失真和交调的具体试验方法。

本标准所表征的产品性能和质量水平相当并略高于国际标准。

本标准代替 GB/T 7329—1998《电力线载波结合设备》。

本标准与 GB/T 7329—1998 比较主要变化：

1） 增加了“用于继电保护高频通道时的要求”(5.4.6)；

2） 增加了“工频电流载流能力的检验”(6.8 b))；

在标准的文字及图的细节上也作了一些修改,以使标准更加符合实际,更便于应用。

本标准由中国电力企业联合会提出。

本标准由全国电力系统管理及其信息交换标准化技术委员会(SAC/TC 82)归口。

本标准由北京电力设备总厂负责起草,西北电力设计院、国网南京自动化研究院、广东省电网公司参加起草。

本标准主要起草人：陈宇辉、李顺、陈道元、李杰。

电力线载波结合设备

1 范围

本标准规定了电力线载波结合设备的术语、要求、试验方法、检验规则、包装运输等。

本标准适用于电力线载波结合设备的制造和使用。

2 规范性引用文件

下列文件中的条款通过本标准的引用而成为本标准的条款。凡是注日期的引用文件，其随后所有的修改单(不包括勘误的内容)或修订版均不适用于本标准，然而，鼓励根据本标准达成协议的各方研究是否可使用这些文件的最新版本。凡是不注日期的引用文件，其最新版本适用于本标准。

GB/T 191 包装储运图示标志(GB/T 191—2000,eqv ISO 780:1997)

JB/T 6479—1992 交流电力系统线路阻波器用有串联间隙金属氧化物避雷器

3 术语和定义

下列术语和定义适用于本标准。

3.1

结合设备 coupling device

与耦合电容器一起，在电力线和高频电缆之间传输载波信号的设备。

结合设备包括以下基本元件：

a) 接地刀闸：将结合设备的初级端子直接有效地接地，以适应维修和其他需要，保证设备和人身安全；

b) 避雷器：限制来自电力线的暂态过电压；

c) 排流线圈：将来自耦合电容器的工频电流接地；

d) 调谐元件(包括匹配变量器)：与耦合电容器一起组成高通、带通滤波器或其他网络，以提高载波信号的传输效率；

e) 平衡变量器：在以两台相地结合设备构成相相耦合情况下，将两台相地结合设备的次级端子转换为一台相相结合设备的次级端子。

3.2

耦合方式 methods of coupling

结合设备经过耦合电容器与电力线的一相或多相导线耦合。相地耦合、相相耦合是最普遍的耦合方式。

3.3

相地耦合 phase-to-earth coupling

结合设备经过耦合电容器在电力线的一相的导线和地之间实现的耦合(图1)。

3.4

相相耦合 phase-to-phase coupling

结合设备经过耦合电容器在电力线的一相导线与另一相导线之间实现的耦合。这两条相线可以属于电力线的同一回路也可以不属于同一回路。

相相耦合可以由一台相相结合设备构成(图2a))，也可以由两台相地结合设备构成(图2b))。一般常采用两台相地结合设备构成方式。这种方式安装比较方便，运行也比较安全。

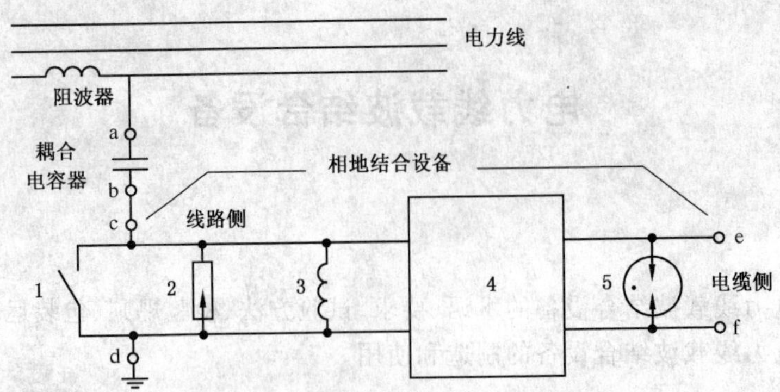

1——接地刀闸；

2——主避雷器；

3——排流线圈；

4——调谐元件；

5——保护元件；

a——耦合电容器高电压端子；

b——耦合电容器低电压端子；

c——结合设备初级端子；

d——结合设备接地端子；

e,f——结合设备次级端子。

图 1　相地耦合

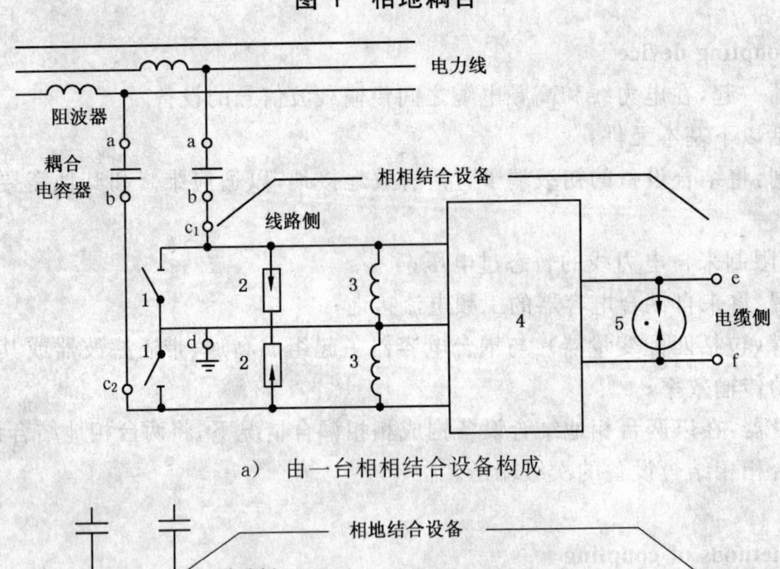

a）由一台相相结合设备构成

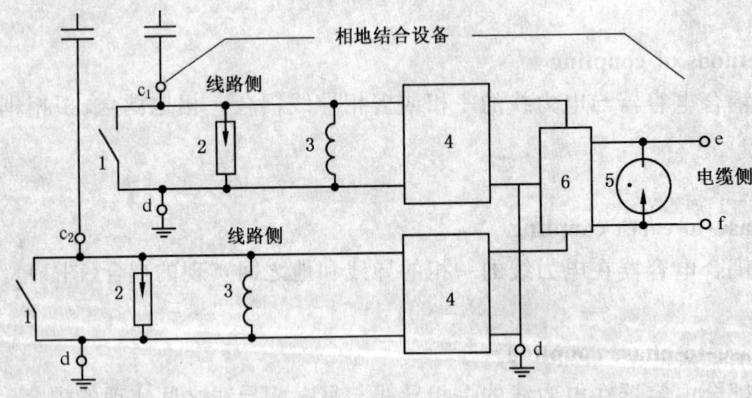

b）由两台相地结合设备构成

c_1，c_2——相相结合设备的两个初级端子；

6——平衡变量器；其他符号说明见图 1

图 2　相相耦合

结合设备经过耦合电容器在电力线的一相导线与另一相导线之间实现的耦合。这两条相线可以属于电力线的同一回路也可以不属于同一回路。

相相耦合可以由一台相相结合设备构成(图 2a)),也可以由两台相地结合设备构成(图 2b))。一般常采用两台相地结合设备构成方式。这种方式安装比较方便,运行也比较安全。

3.5

接地端子　earth terminal

结合设备连接公共接地网的端子。

3.6

初级端子　primary terminal

结合设备连接耦合电容器低电压端子的端子。

3.7

次级端子　secondary terminal

结合设备连接高频电缆的端子。

3.8

耦合电容器低电压端子的杂散电容　stray capacitance of low voltage terminal of coupling capacitor

耦合电容器或电容分压器低电压端子和接地端子之间的电容。

3.9

耦合电容器低电压端子的杂散电导　stray conductance of low voltage terminal of coupling capacitor

耦合电容器或电容分压器低电压端子和接地端子之间的电导。

3.10

线路侧标称阻抗　nominal line side impedance

Z_1

相地耦合方式时,耦合电容器高电压端子和接地端子之间的标称阻抗值;或相相耦合方式时,两个耦合电容器高电压端子之间的标称阻抗值(图 3)。

3.11

电缆侧标称阻抗　nominal equipment side impedance

Z_2

结合设备电缆侧的标称阻抗值(图 3)。

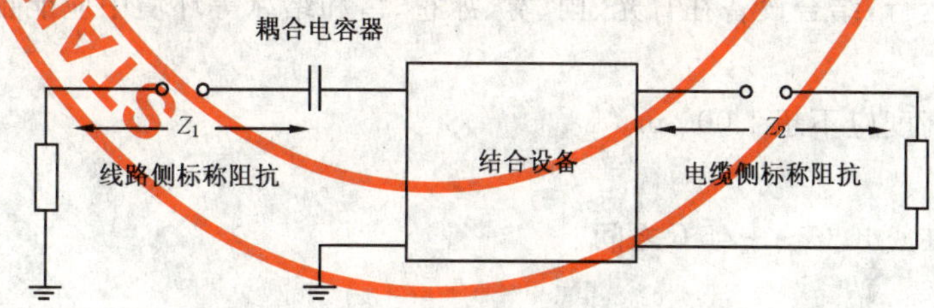

图 3　结合设备标称阻抗

3.12

工作衰减　composite loss

结合设备和耦合电容器组成的四端网络的工作衰减。测试时,模拟耦合电容器的测试电容器具有规定的耦合电容器的电容量并假定无损耗,耦合电容器低电压端子的杂散电容及杂散电导用模拟网络代替,四端网络两端分别终接以线路侧、电缆侧标称阻抗值的无感电阻。

3.13

回波损耗　return loss

结合设备和耦合电容器组成的四端网络的回波损耗。测试时,模拟耦合电容器的测试电容具有规定的耦合电容器的电容量并假定无损耗，耦合电容器低电压端子的杂散电容及杂散电导用模拟网络代替，四端网络的两端分别终接以线路侧、电缆侧标称阻抗值的无感电阻。

3.14

工作频带　available bandwidth

工作衰减不大于规定值，回波损耗不小于规定值的载波频带。

3.15

标称峰值包络功率　nominal peak envelope power

满足失真和交调要求的结合设备峰值包络功率的设计值。

注：峰值包络功率是调制包络线最高峰值处载波一周期内的平均功率值。

4　产品品种、规格

4.1　结构型式

4.1.1　机械结构

结合设备中排流线圈、主避雷器、调谐元件(包括匹配变量器)、保护元件等部分装在一个壳体内，接地刀闸可在壳体内部或外部。

4.1.2　电路型式

结合设备采用高通、带通滤波器或其他类似网络。

4.2　规格

结合设备的规格可按耦合电容器电容量、标称功率区分。

a)　耦合电容器电容量系列(pF)：

3 500，5 000，7 500，10 000，15 000，20 000。

b)　结合设备标称功率系列(W)：

100，200，400，600，800，1 000。

5　要求

5.1　工作条件

5.1.1　工作场所

工作条件为户外运行，结合设备在日光、雨、雾、冰雹、雪和结冰等环境中应能正常运行。

5.1.2　海拔高度

安装地点的海拔高度应不超1 000 m。

5.1.3　环境温度

周围空气温度应在－40℃～＋45℃之间。

5.1.4　工业频率

电力系统频率应在0 Hz～60 Hz之间。

5.1.5　工作电压

电力线的额定电压不低于10 kV。

5.1.6　载波频率范围

40 kHz～500 kHz。

5.1.7　其他工作条件的规定

不能满足上述工作条件时，制造厂和用户应订特殊协议。

5.2　基本要求

5.2.1　结合设备连同耦合电容器应保证：

a） 在高频电缆和电力线之间有效地传输载波信号；

b） 保护人身安全并保证载波设备不受工频电压和暂态过电压的危害。

5.2.2 结合设备的结构及部件应符合相关标准的规定，并充分考虑外壳的防水性，密封圈的耐久性，接线端子、接地刀闸的可靠性，以及其他使用上的要求。

5.3 载波传输要求

5.3.1 工作衰减

结合设备工作频带内的工作衰减应不大于 2 dB(用于继电保护专用通道时不大于 1.3 dB)。测试时应计及耦合电容器的低电压端子杂散电容及杂散电导的影响。杂散电容及杂散电导的数值范围见表1及表 2。

表 1 耦合电容器低电压端子杂散电容及杂散电导值

耦合电容器电容量/ pF	杂散电容/ pF	杂散电导/ μS
3 500 ～ 20 000	100 ～ 200	20

表 2 电容分压器低电压端子杂散电容及杂散电导值

<table>
<tr><th>电容分压器电容量/
pF</th><th>杂散电容/
pF</th><th>杂散电导/
μS</th></tr>
<tr><td>5 000</td><td>400 ～ 550</td><td rowspan="5">50</td></tr>
<tr><td>7 500</td><td>400 ～ 675</td></tr>
<tr><td>10 000</td><td>400 ～ 800</td></tr>
<tr><td>15 000</td><td>400 ～ 1 050</td></tr>
<tr><td>20 000</td><td>400 ～ 1 300</td></tr>
</table>

5.3.2 回波损耗

结合设备工作频带内线路侧和电缆侧的回波损耗应不小于 12 dB(用于继电保护专用通道时不小于 20 dB)。测试时应计及耦合电容器低电压端子杂散电容及杂散电导的影响。

5.3.3 线路侧标称阻抗

线路侧标称阻抗值由最常用的线路阻波器和电力线和线路阻抗并联组合确定。相地耦合时为 200 Ω～400Ω，相相耦合时为 400Ω～800Ω。结合设备线路侧应具有调整到不同阻抗值的端子。

5.3.4 电缆侧标称阻抗

电缆侧标称阻抗为 75 Ω(不平衡)或用户要求的特殊数值。

5.3.5 失真和交调

由结合设备引起的各个失真和交调产物电平应比相应的峰值包络功率电平低 80 dB 以上。

5.4 安全和保护要求

5.4.1 危险电压

结合设备应能使载波设备不致因电力线上的工作电压和可能的暂态过电压而出现危险电压，以保证工作人员的人身安全。

5.4.2 初级端子的接地

结合设备初级端子和接地端子之间的工频阻抗应不超过 20 Ω，端子的连接应安全可靠。

5.4.3 排流线圈

排流线圈在避雷器的保护作用下，应能承受电力线上可能出现的暂态过电压。

排流线圈的工频载流量为：

——持续电流：有效值 1 A；

——短时电流：有效值 50 A，0.2 s。

5.4.4 接地刀闸

接地刀闸的绝缘水平应不低于工频 3 kV，工频额定电流应不小于 100 A。

接地刀闸“分”“合”的位置指示应清晰可见。

5.4.5 避雷器

主避雷器直接连接于初级端子和接地端子之间，应能有效地保护结合设备和载波设备。

如采用有间隙的避雷器，工频放电电压的数量级为有效值 2 kV；能承受波形 8/20 μs，最低 5 kA 的冲击放电电流，及有效值 5 kA，时间 0.2 s 的工频电流。避雷器应易于维修更换。即使避雷器损坏，结合设备各部分也应不出现危险电压。

如采用非线性电阻式避雷器，额定电压的数量级为 1 kV，能承受波形 8/20 μs、至少 5 kA 的冲击放电电流。

耦合电容器与结合设备相隔较远时，应在耦合电容器下方加装一个和主避雷器相似的避雷器。

为保护电力线载波设备，应在结合设备的次级装设限制过电压的保护元件。

5.4.6 用于继电保护载波通道时的要求

结合设备用于继电保护载波通道时有以下附加要求：

a) 变量器的电缆侧应串联电容器后再连接到次级端子(图 1、2 的 e 点)。

b) 应能提供相互绝缘的线路侧接地端子(图 1、2 的 d 点)与电缆侧地线端子(图 1、2 的 f 点)。

5.5 绝缘要求

5.5.1 工频电压

结合设备绕组间以及内部元件与外壳间应能承受工频电压有效值 5 kV，时间 1 min 而无放电或击穿现象。

5.5.2 冲击电压

结合设备的初级端子应能承受 1.2/50 μs，峰值为主避雷器冲击放电电压的 2 倍的冲击电压而无放电或击穿现象。

6 试验

6.1 试验条件

环境温度：＋15℃～＋35℃；

相对湿度：45%～75%；

大气压力：86 kPa～106 kPa。

6.2 测试仪表

测试仪表应可溯源到国家基准。

6.3 工作衰减

工作衰减 A_C 应在结合设备的工作频带内用比较法测量。耦合电容器用低损耗等电容量的测试电容器 C' 代替，假定无损耗，耦合电容器低电压端子的杂散电容及杂散电导用模拟网络 Y 代替，试验接线见图 4。振荡器置于低内阻，输出电平保持不变，频率在工作频带内变化，电平表置于高阻抗，调整可变衰减器使电平表置于 1/1′端及 2/2′端时读数都相等。

工作衰减值以下式计算：

相地耦合时：

$$A_C = A_0 + 10 \lg \frac{Z_2}{Z_1} \qquad \cdots\cdots(1)$$

相相耦合时：

$$A_C = A_0 + 10\ \lg \frac{Z_2}{Z_1} + 6 \qquad \cdots\cdots\cdots\cdots(2)$$

式(1)和(2)中：

A_C——工作衰减，dB；

A_0——可变衰减器读数，dB；

Z_1，Z_2——线路侧及电缆侧标称阻抗，Ω。

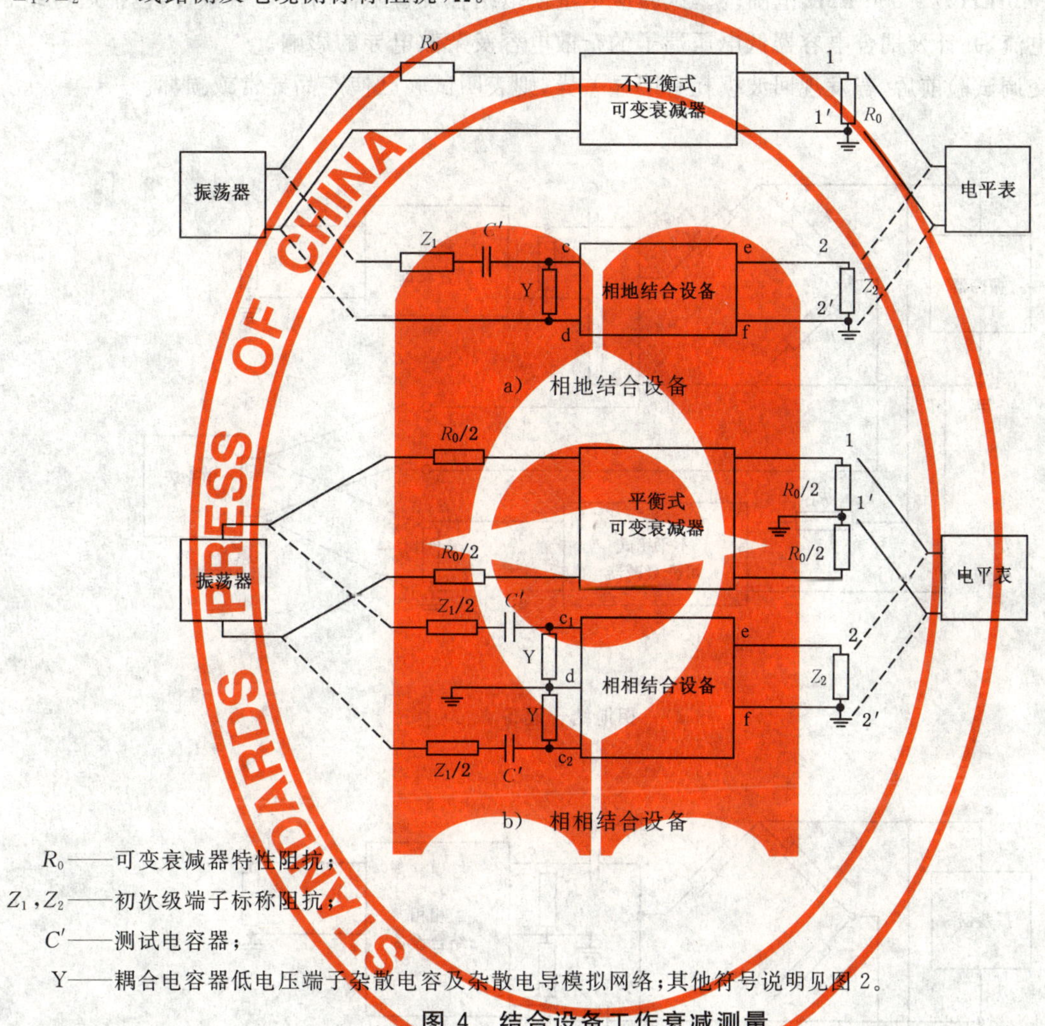

R_0——可变衰减器特性阻抗；

Z_1，Z_2——初次级端子标称阻抗；

C'——测试电容器；

Y——耦合电容器低电压端子杂散电容及杂散电导模拟网络；其他符号说明见图 2。

图 4 结合设备工作衰减测量

6.4 回波损耗

回波损耗应在结合设备的工作频带内用比较法测量。耦合电容器用低损耗等电容量的测试电容器 C' 代替，假定无损耗，耦合电容器低电压端子的杂散电容及杂散电导用模拟网络 Y 代替，试验接线见图 5。振荡器置于低内阻，输出电平保持不变，电平表置于高阻抗，调整可变衰减器使电平表在置于 1/1′ 及 2/2′ 端时读数都相等，可变衰减器的读数即回波损耗值。

6.5 失真和交调

6.5.1 对测试系统的要求

a） 测试系统的电源应有屏蔽滤波装置，以防止外部干扰；

b） 功率放大器的输出功率应足够大，失真应较低；

c） 被试结合设备应安放在电磁屏蔽测试箱内，测试箱设有输入、输出端子，外壳接地；

d） 结合设备输入端信号的失真和交调衰减应不低于 90 dB。

6.5.2　**试验方法**

失真和交调的试验原理接线如图 6 所示。在结合设备的次级端子并接两个测试信号源，两个试验信号的频率不同，但都位于结合设备的工作频带内并接近频带下限，结合设备的初级端子通过上述测试电容器 C' 连接一个阻值等于线路侧标称阻抗的无感电阻，两个试验信号源的信号在无感电阻上各可产生 1/4 的峰值包络功率，通过衰减器及高通滤波器，以有效带宽不超过 300 Hz 的选频电平表在负载电阻上测出其中任一种失真和交调产物，试验频率按 $mf_1 \pm nf_2$（m，n 为 0 或正整数，$f_2 > f_1$）的组合频率选取，限定在 40 kHz ～ 500 kHz 范围内。试验应尽量模拟结合设备工作时的运行条件，包括通过结合设备的工频电流，并计及耦合电容器低电压端子的杂散电容及杂散电导的影响。

失真和交调试验前后，若发现回波损耗有明显差异，则表明试验已使产品异常或损坏。

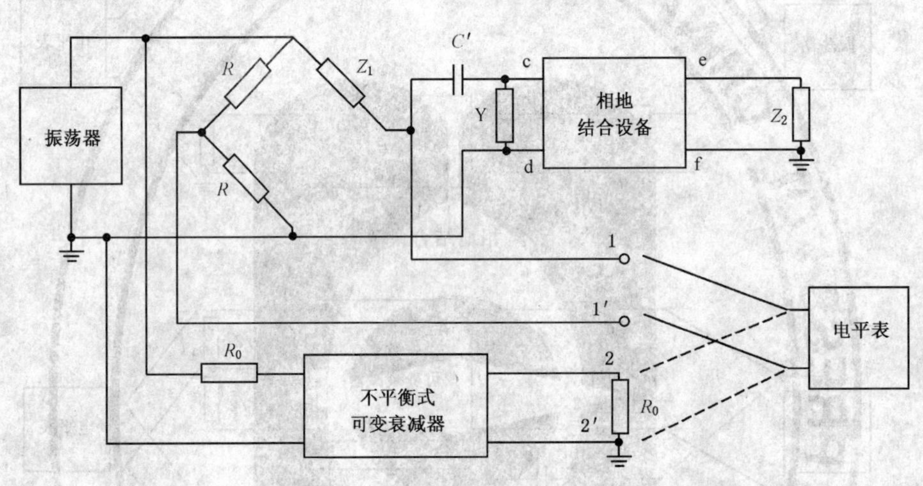

a）　相地结合设备

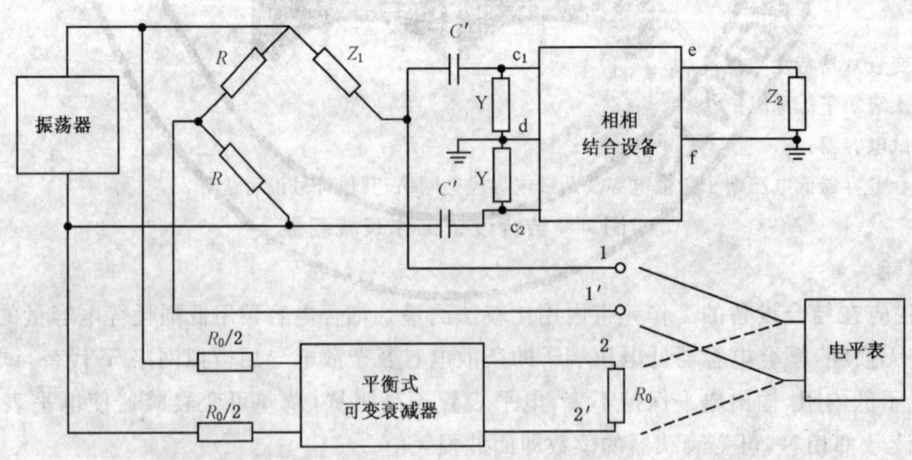

b）　相相结合设备

注：符号说明见图 4。

图 5　结合设备回波损耗测量

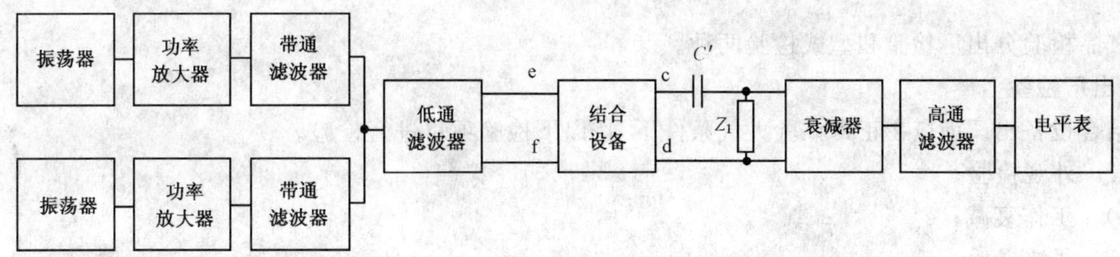

注：符号说明见图4。

图6 结合设备失真和交调试验

6.6 工频电压试验

试验匹配变量器绕组对绕组的绝缘水平时，拆除内部与结合设备外壳的连线，工频电压依次加在每一个绕组和地之间，其他绕组和屏蔽接地。

试验结合设备元件对外壳的绝缘水平时，拆除内部与结合设备外壳的连线，工频电压加在相地结合设备的初级端子和外壳之间。对于相相结合设备，两个初级端子连接在一起。

工频试验电压应符合5.5.1规定，试验时应不发生放电或击穿现象。

6.7 冲击电压试验

相地结合设备的冲击电压试验，应在断开避雷器和保护元件后按图7a)接线进行。相相结合设备的冲击电压试验方法相同，试验接线见图7b)，将冲击电压加在一个端子上，然后再加在另一个端子上，不试验的端子保持在隔离状态。试验时顺次加1.2/50 μs正负极性的冲击电压各5次，两次试验的时间间隔不少于3 s，试验电压值应符合5.5.2规定，试验时应不发生放电或击穿现象。

冲击电压试验前后，若发现回波损耗有明显差异，则表明试验已使产品异常或损坏。

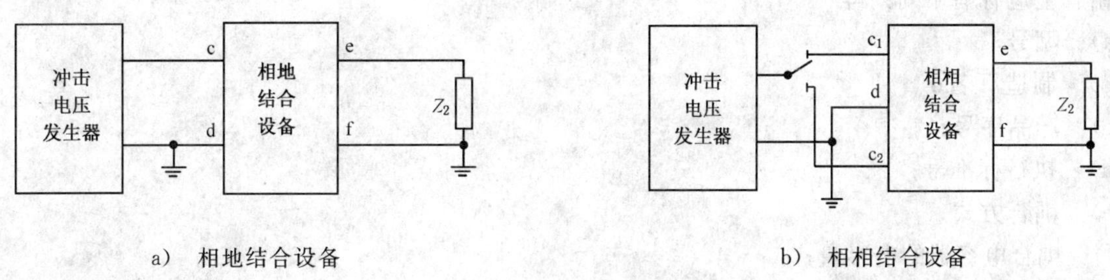

a) 相地结合设备　　b) 相相结合设备

注：符号说明见图4。

图7 结合设备冲击电压试验

6.8 排流线圈试验

排流线圈试验包括以下项目：

a) 工频阻抗测量；

b) 工频电流载流能力试验。

工频电流载流能力试验前后，若发现回波损耗有明显差异，则表明试验已使产品异常或损坏。

6.9 避雷器试验

避雷器试验参照JB/T 6479进行。

7 检验规则

产品检验分出厂检验和型式检验两种。

7.1 出厂检验

结合设备出厂前应在正常试验大气条件下，按以下检验项目进行检验。

a) 外观检验；

b) 工作衰减；

c) 回波损耗；

d) 工频电压。

7.2 型式检验

型式检验是全面验证产品质量性能是否符合第5章要求的检验，检验项目为第6章中的全部项目。下列情况下应进行型式检验：

a) 新产品定型时；

b) 技术、工艺或使用材料有重大改变时；

c) 同类产品对比时；

d) 停止生产一年以上的产品再次生产时；

e) 出厂检验结果与上次型式检验有较大差异时；

f) 国家质量监督机构提出进行型式检验要求时。

进行型式检验的样品数量为该批总数的3%，并不少于5台。经检验如发现有不合格样品，应加倍抽样进行复试。复试如仍有不合格者，则本批产品的型式检验为不合格。

8 标志、包装、运输、贮存

8.1 铭牌

结合设备的铭牌应用不易腐蚀的材料制作。

铭牌上应标有下列内容：

a) 型号；

b) 制造厂名；

c) 产品序号；

d) 执行标准号；

e) 耦合方式；

f) 耦合电容器的电容量；

g) 工作频带；

h) 线路侧标称阻抗；

i) 电缆侧标称阻抗；

j) 标称峰值包络功率；

k) 原理接线图；

l) 出厂年月。

8.2 包装

包装箱上应有制造厂名、产品名称、型号、出厂年月、“小心轻放”、“向上”、“防止受潮”及箱号等标志，应符合GB/T 191要求。

8.3 储存

结合设备应储存在－25℃～＋65℃，相对湿度小于80%的库房内，保持通风干燥无腐蚀物质，防止强烈震动。

8.4 技术文件

应随同产品提供以下技术文件：

a) 装箱清单；

b) 产品合格证；

c) 产品说明书；

d) 出厂检验记录。

ICS 33.060.40
M 31

中华人民共和国国家标准

GB/T 7330—2008
代替 GB/T 7330—1998

交流电力系统阻波器

Line traps for a.c. power systems

(IEC 60353:1989, NEQ)

2008-03-25 发布　　2008-10-01 实施

中华人民共和国国家质量监督检验检疫总局
中国国家标准化管理委员会　发布

前 言

本标准对应于 IEC 60353：1989《交流电力系统阻波器》及其 2002 年补充件附录 C“调谐电容器的电介质要求”，与其一致性程度为非等效。

本标准与 IEC 60353：1989 比较，主要差异如下：

——在格式方面，该国际标准保留了 30 多年前出版的第 1 版 IEC 60353：1971 的格式，与 GB/T 1.1—2000的规定相差很大。根据我国标准编写规则，取消其中篇的编号，将原第 1、2 章合并为第 1 章“范围”，增加了第 2 章“规范性引用文件”，将原第 3 章“符号”和第 2 篇“定义”合并为第 3 章“术语、符号和定义”，将原第 4 章工作条件、第 3 篇“要求”的 12 章以及原第 4 篇“铭牌”合并为第 4 章“要求”，将原第 5 篇“试验”的 2 章合并为第 5 章“试验方法”，将原第 6 篇“推荐值”的 4 章合并为第 6 章“推荐值”。这样，由 IEC 60353 的 23 章减少为 6 章，而在条文先后次序上仍尽量保持了 IEC 60353 的顺序，以便查对。

——将列在原表 2“电力系统电压、无线电干扰电压及试验电压的关系”中的电力系统电压等级及其他有关参数按我国电力系统的规定予以调整（本版的 4.8）。

——参照 IEC 60353 的补充件，增加了辅助保护元件有关内容，以及对调谐装置及其元件的要求（本版的 3.3，4.2.2，4.3 等）。

——提高了阻波器的耐压水平（本版的 5.4.1.2，5.4.2）。

——增加了对主线圈端子的要求（本版的 4.2.1）。

——增加了对用于继电保护载波通道的阻波器以阻塞电阻为基础计算分流损耗的建议（本版的 4.4）。

——增加了有关防晕环的说明（本版的 4.11.2）。

——删去了原标准中有关 Aldrey（一种铝镁硅合金）的温度系数的内容（本版的 5.2.1）。

——以 IEC 60076-5 中相应的计算式代替原标准中检验热性能用的最终温度计算式及其表 4（本版的 5.5）。

——将 IEC 60353 的补充件附录 C 列为本标准的附录 C。由于具体试验条件的限制，该附录提出的电容器双极性脉冲试验在我国还不易实现，本标准暂以提高阻波器冲击试验电压（本版的 5.4.1.2）和调谐装置工频试验耐压（本版的 5.4.2）的方式来提高调谐电容器的绝缘水平作为过渡措施，待条件具备后再完全执行 IEC 60353：1989 及其补充件附录 C 的要求。

本标准代替 GB/T 7330—1998《交流电力系统阻波器》。

本标准与 GB/T 7330—1998 比较，在格式及技术内容方面，原 GB/T 7330—1998 基本保留了 IEC 60353：1998的格式及其技术内容，而在本版中做了较大改动，还增加了附录 C，已如上述。此外，在文字和图的细节上也作了一些修改。

本标准的附录 A、附录 B 为资料性附录，附录 C 为规范性附录。

本标准由中国电力企业联合会提出。

本标准由全国电力系统管理及其信息交换标准化技术委员会（SAC/TC 82）归口并解释。

本标准由北京电力设备总厂和天津水利电力机电研究所负责起草，西北电力设计院、国网南京自动化研究院、广东电网公司参加起草。

本标准主要起草人：郭香福、朱梦熊、杨泽明、李顺、陈道元、胡雨旺。

交流电力系统阻波器

1 范围

本标准规定了有关阻波器的定义、工作条件、要求、试验和推荐值。

本标准适用于串接于高压和超高压交流电力线中的阻波器。该设备用以防止频率一般在40 kHz ～500 kHz范围内的载波信号在电力系统各种条件下发生过度损耗，并使来自邻近载波的干扰降至最小。

本标准不适用于为其他目的在高压电力线上的电感器以及用于交直流换流站的阻波器。用于交直流换流站的阻波器的有关资料参见附录A。

2 规范性引用文件

下列文件中的条款通过本标准的引用而成为本标准的条款。凡是注日期的引用文件，其随后所有的修改单(不包括勘误的内容)或修订版均不适用于本标准，然而，鼓励根据本标准达成协议的各方研究是否可使用这些文件的最新版本。凡是不注日期的引用文件，其最新版本适用于本标准。

GB 311.1—1997 高压输变电设备的绝缘配合(neq IEC 60071-1：1993)

GB 1094.2—1996 电力变压器 第2部分 温升(eqv IEC 60076-2：1993)

GB/T 5273—1985 变压器、高压电器和套管的接线端子(neq IEC 60518：1975)

GB 7327—1987 交流系统用碳化硅阀式避雷器(neq IEC 60099-1:1991)

GB 11032—2000 交流无间隙金属氧化物避雷器(eqv IEC 60099-4：1991)

GB/T 11604—1989 高压电器设备无线电干扰测试方法(eqv IEC 60018：1983)

GB/T 16927.1—1997 高电压试验技术 第一部分：一般试验要求(eqv IEC 60060-1：1989)

GB/T 16927.2—1997 高电压试验技术 第二部分：测量系统(eqv IEC 60060-2：1994)

JB/T 6479—1992 交流电力系统线路阻波器用有串联间隙金属氧化物避雷器

3 术语和定义

下列术语和定义适用于本标准。

3.1

阻波器 line trap

一种由电感型式的主线圈、调谐装置、保护元件组成的高压设备，串接在高压电力线的载波信号连接点与相邻的电力系统元件(如母线、变压器等)之间，或电力线分支点处。调谐装置跨接于主线圈两端，经适当调谐，可使它在一个或多个载波频率点或连续的载波频带内呈现较高阻抗，而工频阻抗则可忽略不计，以限制电力系统载波信号的功率损失。

图1a)和图1b)给出了阻波器的两种典型电路：单频调谐阻波器和频带调谐阻波器。阻波器也可采用其他形式的电路。

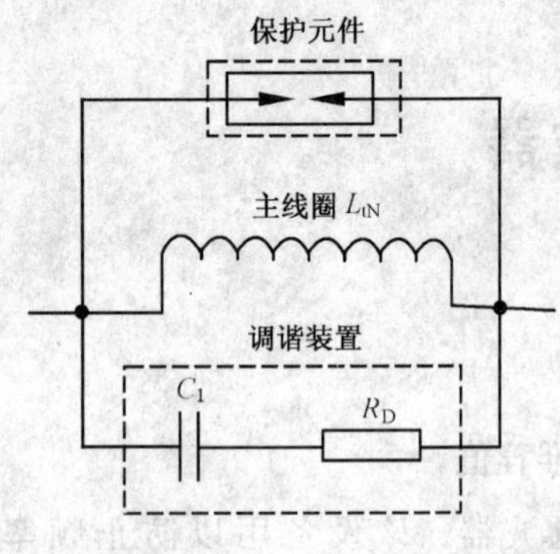

a) 单频调谐阻波器

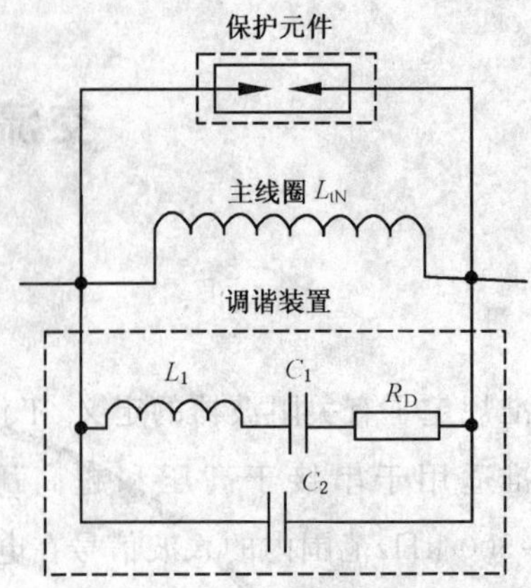

b) 频带调谐阻波器

图 1 阻波器典型电路

3.2

主线圈 main coil

承载高压电力线工频电流的电感线圈。

3.2.1

视在电感 apparent inductance

主线圈的电抗除以确定该电抗的角频率的商,固有电容的影响未被补偿。

3.2.2

工频电感 power-frequency inductance

L_p

主线圈在工业频率下的电感。

3.2.3

真实电感 true inductance

L_t

主线圈在规定频率下的自电感,固有电容的影响已补偿(参见附录B的B.1)。

3.2.4

额定电感 rated inductance

L_{tN}

主线圈在100 kHz的真实电感(参见附录B的B.2)。

3.2.5

固有电容 self-capacitance

C_r

与真实电感一起使主线圈在自谐振频率点谐振的电容。固有电容的数值决定于主线圈的结构设计。

3.2.6

自谐振频率 self-resonant frequency

主线圈的真实电感与固有电容一起形成的谐振频率。

3.2.7

主线圈的电阻 resistance of main coil

主线圈在直流状态下的电阻。

3.2.8

温度系数　temperature coefficient

α

温度每变化 1℃,主线圈导体材料的电阻率变化量与 0℃时电阻率的比值。

3.2.9

额定工频　rated power frequency

f_{pN}

阻波器所连接的高压电力系统的频率。

3.3

调谐装置　tuning device

与主线圈并联，由电容器、电感器、电阻器等元件组成的部件。这些元件由阻波器的载频性能要求确定,不一定同时具备。

3.4

保护元件　protective device

跨接于主线圈和调谐装置的元件,使阻波器不会因暂态过电压损坏。

3.5

载波频率特性　carrier-frequency characteristics

阻波器在规定载波频带范围内呈现的阻塞阻抗或其电阻分量的频率响应特性。

电力系统的元件如变压器、母线、线路等相当于在阻波器以外接在线路和大地之间的阻抗。该阻抗与阻波器的阻抗相串联,形成载波通道的分路。该分路所引起的信号功率的损耗取决于两部分阻抗的向量和。在最不利的情况下,两阻抗中的电抗分量可能会相互抵消,从而使得总分路阻抗降低到不合要求的数值。为消除这种可能性,以及进一步消除由电力系统开关操作引起的分流损耗的变化,阻波器的阻塞阻抗应含有电阻分量。阻波器的性能可以只按其电阻分量评价。

3.5.1

阻塞阻抗　blocking impedance

Z_b

在规定的载波频带内整个阻波器的复阻抗。

3.5.2

阻塞电阻　blocking resistance

R_b

阻塞阻抗的电阻分量。

3.5.3

分流损耗　tapping loss

A_t

由于阻波器阻塞能力有限而引起的载波信号的损耗。取一与电力线特性阻抗相等的阻抗,在与阻波器并联和不并联两种情况下,该阻抗两端信号电压的比值定义为分流损耗，以 dB 表示。

3.5.4

以阻塞电阻为基础的分流损耗　tapping loss based on blocking resistance

A_{tR}

在阻塞阻抗中的电抗分量被完全抵消的条件下,由于阻塞阻抗中电阻分量有限而引起的载波信号的损耗。

3.5.5

以阻塞阻抗为基础的频带　bandwidth based on blocking impedance

Δf_1 或 Δf_2

图 2 中的载波频带 Δf_1 或 Δf_2。在此频带内，阻塞阻抗的模值不低于规定值，或分流损耗 A_t 不超过规定值。

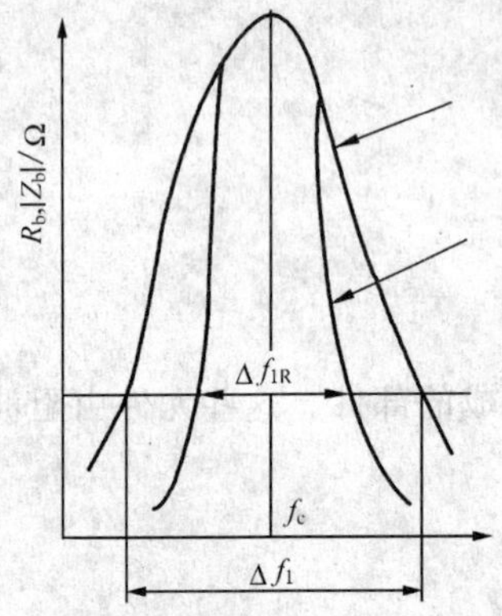

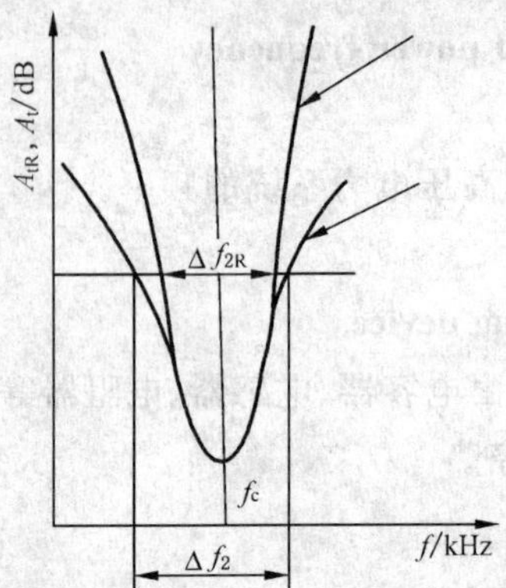

a)　单频调谐阻波器

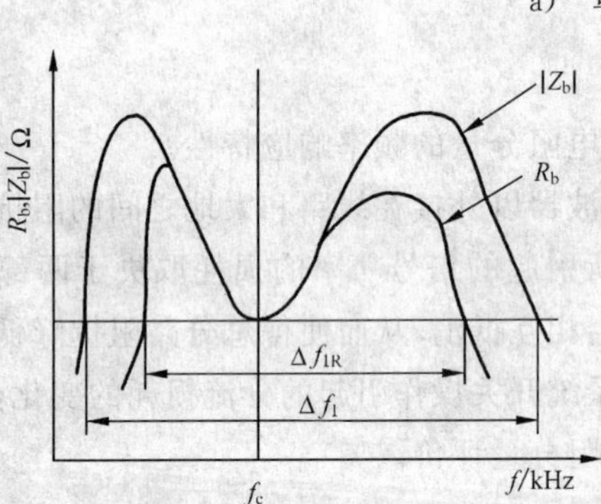

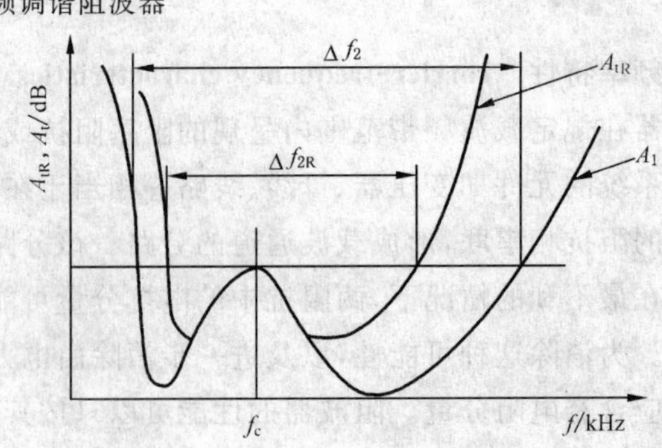

b)　频带调谐阻波器

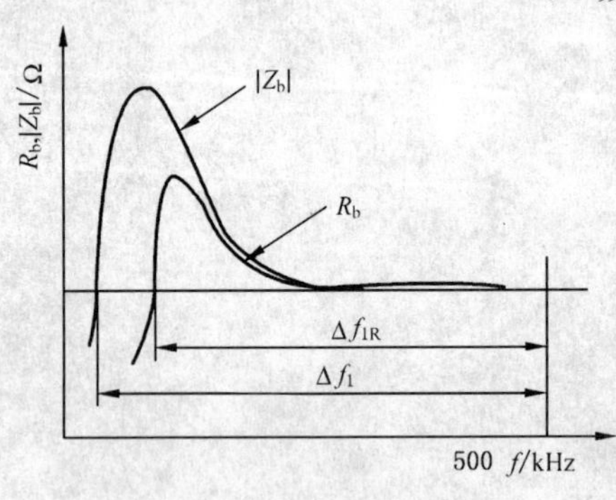

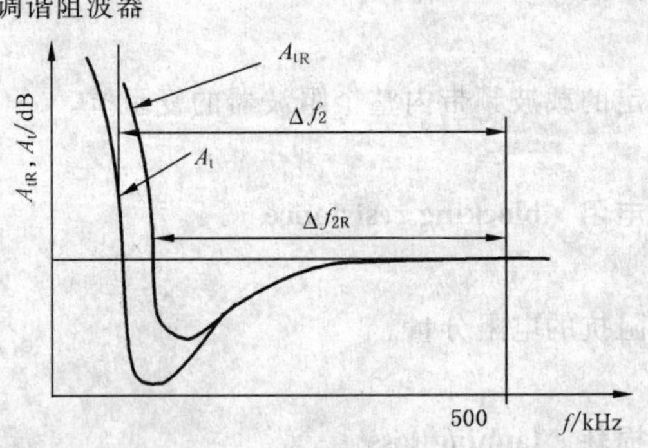

c)　采用高通滤波电路的宽带调谐阻波器

注：$\Delta f_{1R}=\Delta f_{2R}$，但 $\Delta f_1 \neq \Delta f_2$。

图 2　阻波器频带的定义

3.5.6

以阻塞电阻为基础的频带　bandwidth based on blocking resistance

Δf_{1R} 或 Δf_{2R}

图 2 中的载波频带 Δf_{1R} 或 Δf_{2R}。在此频带内阻塞电阻不低于规定值，或以阻塞电阻为基准的分流损耗不超过规定。

3.5.7

中心频率　centre frequency

f_c

阻塞频带边界频率的几何平均值。

3.5.8

以阻塞电阻为基础的中心频率　centre frequency based on blocking resistance

f_{cR}

以阻塞电阻为基础的阻塞频带边界频率的几何平均值。频带调谐阻波器的 f_{cR} 等于 f_c。

3.5.9

品质因数　Q factor

Q

主线圈在规定频率下的电抗值对电阻值的比值。

3.6

额定持续电流　continuous rated current

I_N

在规定工频下连续流过主线圈而不会使其温升超过限值的最大电流的有效值。

3.7

额定短时电流　rated short-time current

I_{kN}，I_{km}

在一定时间内通过主线圈而不会引起热损坏或机械损坏的短路电流稳态分量有效值（I_{kN}）。额定短时电流第一个半波的非对称峰值（I_{km}）应取为稳态分量有效值（I_{kN}）的 2.55 倍。

3.8

紧急过载电流　emergency overload current

在一定时间内主线圈能够承受而不引起永久性损坏，且不至于显著缩短使用寿命的电流（参见附录 B 的 B.4）。

4　要求

4.1　工作条件

4.1.1　标准条件

标准条件应为户外运行。阻波器在日照、雨、雾、霜、雪及结冰等情况下应能实现所要求的功能。盐雾、工业污秽等恶劣的大气条件应在制造厂与用户间的具体协议中规定。

4.1.2　海拔高度

除非与制造厂有特殊协议并采取保证其适用性的措施，阻波器不应在海拔 1 000 m 以上地区使用。

4.1.3　环境温度

除非与制造厂有特殊协议并采取保证其适用性的措施，阻波器工作环境的空气温度范围不应超过 －40℃～＋40℃。

4.1.4　工业频率

本标准适用于工业频率为 50 Hz 或 60 Hz 的交流电力系统。

4.1.5　波形

应用本标准时，可以认为阻波器所连接的电力系统的工频电流、电压的波形接近正弦波。

4.1.6　其他工作条件

如果阻波器的工作条件超出 4.1.1 和 4.1.2 的规定，应按 4.5 和 4.7.3 处理。

4.2 一般要求

4.2.1 主线圈

主线圈的额定电感应从 6.1 的推荐值中选择，且不低于规定值的 90%。如对互换性有要求，制造厂应与用户协商确定适当的偏差。计算阻塞电阻或以阻塞电阻为基准的带宽时，应采用额定电感的下偏差。

主线圈的端子的位置和形式可由制造厂和用户协商确定。该端子应具有足够的接触面积和机械强度，并设计得在主线圈通过额定持续电流、额定短时电流、紧急过载电流时不因电动力而损坏。应注意 GB/T 5273 对端子尺寸的详细规定。

4.2.1.1 自谐振频率

主线圈的自谐振频率应高于 500 kHz，但额定电感大于 0.5 mH 的阻波器除外。这种阻波器的主线圈由于实际结构的限制可能无法使该频率达到这要求。

4.2.1.2 品质因数

如对互换性有要求，主线圈在 100 kHz 的品质因数应不小于 30。主线圈的实际结构会影响 Q 值。

4.2.1.3 电流额定值

额定持续电流和额定短时电流的值应与 6.2、6.3 的推荐值一致。

4.2.2 调谐装置

调谐装置整体及其中各元件的绝缘配合和结构应设计得在通过额定持续电流、额定短时电流或紧急过载电流时不会引起任何损坏，主线圈的温升及磁场也不会使阻塞性能显著变化。

应充分考虑：

——调谐装置的阻燃、防水、密封、防振等要求；

——由雷电和断路器操作产生的单极性脉冲以及附近隔离开关操作产生的双极性重复脉冲对调谐电容器的影响(见附录 C 的 C.4)；

——多个电容元件串联组成的电容器组中各单个电容元件的电容量的误差，这对控制串联电容器的电压分布非常重要(见附录 C 的 C.5.3)。如用户对单个电容元件电容量的误差有具体要求，可在与制造厂的协议中规定。

——调谐装置的布置应便于更换。

4.3 保护元件

建议采用符合 GB 11032、JB/T 6479 规定的金属氧化物避雷器。保护元件的设计及安装应保证在主线圈通过额定持续电流、额定短时电流、紧急过载电流时，其温升和磁场不会引起任何损坏，也不会使性能发生显著变化。当额定短时电流通过阻波器时，在阻波器两端之间感应的工频电压不应使它动作或放电。不仅如此，在它动作于冲击过电压后，相继而来的短时电流感应的工频电压也不应使它维持放电或动作状态。

保护元件的标称放电电流不应小于安装在阻波器后面的站用避雷器的数值，且不允许低于 5 kA。避雷器的通流容量应足以释放各种操作过电压的能量。

保护元件杂散电容的分散性与不稳定性不应对阻波器阻塞特性产生不良影响。应保证阻波器在承载上述各种电流时，阻塞特性频响曲线不会因避雷器杂散电容受温升影响而发生明显变化。阻塞阻抗或阻塞电阻在此条件下不应低于规定值。

可为调谐装置的电感器、电容器、电阻器配置辅助保护元件，以保护它们在各种运行状态下不被击穿。辅助保护元件应是放电间隙，其固有电容应尽量小，放电电压应长期稳定。在稳态和短路情况下，辅助保护元件不应动作，从而不致影响阻波器的性能。

4.4 阻塞要求

阻塞阻抗和分流损耗的要求由制造厂和用户协商确定。为了明确频带的概念，建议以 2.6 dB 作为分流损耗和以阻塞电阻为基础的分流损耗的最大值，相当于阻塞电阻为电力线特性阻抗的 1.41 倍。单导线电力线的相对地阻抗的典型值为 400 Ω,与它相连的阻波器的阻塞电阻为 570 Ω。

用于继电保护载波通道的阻波器,建议以阻塞电阻为基础计算分流损耗。

4.5 连续工作要求

当海拔高度不超过 1 000 m,环境空气温度在 4.1.3 规定的范围以内时,在通过额定持续电流的情况下,阻波器任何部分的温升不应超过表 1 列出的限值。

表 1 温升限值 ℃

耐热等级及参考温度	最高温升		耐热等级及参考温度	最高温升	
	直测法测得的热点温升	电阻法测得的平均温升		直测法测得的热点温升	电阻法测得的平均温升
A 105	75	65	F 155	135	115
E 120	100	85	H 180	155	140
B 130	110	90	220 220	200	160
注:对于上述等级以外的一些绝缘材料,通过制造厂和用户协商,可以采用此表以外的温升限值。					

热点的温升应直接测定,平均温升按 5.2 规定的电阻法测算得出。

如阻波器需要在环境空气温度超过 4.1.3 规定的最大值 10℃以内的情况下运行,则阻波器允许的最高温升应降低:

——5℃(如超过的温度不大于 5℃);

——10℃(如超过的温度大于 5℃但小于或等于 10℃)。

对于空气温度超过 4.1.3 规定的上限值 10℃以上的情况,允许温升由制造厂与用户协商确定。

当阻波器需要在海拔 1 000 m 以上地区运行,而试验在低海拔地区进行时,海拔 1 000 m 以上每增加 500 m,温升限值下降 2.5%。

对于阻波器的某些部件,根据其位置可能需要另外规定要求。裸露的金属部件或绕组,温升不应超过相邻绝缘材料的使用上限。对于端子尺寸,在参照 GB/T 5273 时应注意到主线圈磁场产生的涡流会使端子工作于较高的温度。

4.6 承受短时电流的能力

4.6.1 机械强度

阻波器承受额定短时电流的非对称峰值 I_{km}后,短时电流所产生的电动力不应使阻波器出现机械结构以及电气特性的改变。按 5.5 规定的方法验证。

4.6.2 热性能

阻波器应能承受时间 1 s、有效值 I_{kN}的额定短时电流的热作用。按 5.5 规定的方法验证。

4.7 绝缘水平

4.7.1 阻波器两端间的绝缘

阻波器两端之间的绝缘水平由保护元件的额定电压决定。

主线圈及调谐装置的绝缘根据以下因素适当确定:

a) 额定工频下额定短时电流通过主线圈时在两端之间感应的工频电压 U:

$$U = 2\pi \cdot f_{pN} \cdot L_p \cdot I_{kN} \quad (1)$$

式中:

U——电压,V;

f_{pN}——额定工频,Hz;

L_p——主线圈的工频电感,mH;

I_{kN}——额定短时电流,有效值,kA 。

保护元件的短时最高工作电压应高于 U。

b) 保护元件的波前冲击放电电压、陡波冲击电流残压或标称放电电流残压的较高值。

4.7.2 系统电压绝缘

阻波器系统电压绝缘通常由悬式或支柱式绝缘子承担。阻波器的系统电压绝缘水平应与连接在高压电网中其他设备一致，见 GB 311.1。

4.7.3 用于高海拔地区的阻波器

如果需要在海拔 1 000 m～3 000 m 的地区使用，但在海拔 1 000 m 以下试验，空气绝缘（由空气距离形成绝缘）的阻波器的试验电压应按 GB 311.1 规定的海拔校正系数予以修正。

4.8 无线电干扰电压(RIV)

阻波器上的电晕会产生无线电干扰电压，建议电晕起始电压至少比阻波器所连接的电网的最高相电压($U_m/\sqrt{3}$)高 15%。表 2 给出了各级电力系统最高电压 U_m、无线电干扰试验电压及最高无线电干扰电压的数值。

表 2 电力系统电压、无线电干扰电压及试验电压的关系

系统电压/kV		无线电干扰试验电压/kV	最高无线电干扰电压/μV	系统电压/kV		无线电干扰试验电压/kV	最高无线电干扰电压/μV
额定电压	系统最高电压			额定电压	系统最高电压		
35	40.5	27	125	220	252	167	250
63	69	46	125	330	363	241	250
110	126	84	125	500	550	365	500
注：如阻波器运行在高海拔地区，但又在低海拔地区试验，试验电压应按 GB 311.1 规定的空气绝缘海拔校正系数修正。							

4.9 工频损耗

由于工频电流流过和涡流的存在，阻波器会产生功率损耗。如果用户要求确定损耗，制造厂应提供损耗值。应注意，损耗的大小与阻波器的结构设计和主线圈使用的材料有关，结构型式和主线圈材料一定时，工频损耗的过度降低还可能影响阻波器的载波频率性能。

工频损耗的测量方法见附录 B 的 B.3。

4.10 悬挂系统抗拉强度

阻波器悬挂系统的抗拉强度至少应达到阻波器质量(kg)的 2 倍，乘以 9.81 换算为 N，再加5 000 N。

4.11 配件

4.11.1 防鸟栅

防鸟栅不是必备配件。如配备，应采用非金属材料，并使直径 16 mm 以上的球体不能进入阻波器。

4.11.2 防晕环

阻波器如配备防晕环，其设计应使主线圈在通过额定持续电流、额定短时电流、紧急过载电流时不因承受电动力而损坏或局部过热，也不因防晕环的存在使阻波器的阻塞性能发生显著变化。

注：阻波器的防晕环是安装在阻波器两端，防止电晕过强，产生过高无线电干扰电压的金属件。其结构可以是环状、棒状、球状或其他形式。

4.12 铭牌

主线圈、调谐装置、保护元件应配有铭牌，固定在明显易见的部位。铭牌应采用耐气候影响的材料制作，文字应不易消除。

4.12.1 主线圈铭牌

主线圈铭牌应列出下列内容：

a) 制造厂名和制造年月；

b) 型号；

c) 序号；

d) 额定电感(mH)；

e) 工频电感(mH)；

f) 额定持续电流(A)；

g) 额定工频(Hz)；

h) 额定短时电流(kA)和持续时间(s)；

i) 质量(kg)；

j) 标准号。

4.12.2 调谐装置铭牌

调谐装置铭牌应列出下列内容：

a) 制造厂名和制造年月；

b) 型号；

c) 序号；

d) 阻塞频率或频带(kHz)；

e) 阻塞阻抗或阻塞电阻(最低值)(Ω)；

f) 额定冲击保护水平(kV)；

g) 额定工频耐压水平(kV)；

h) 主线圈额定电感(mH)和主线圈序号(选用)。

注：额定冲击保护水平是指调谐装置允许的保护元件的冲击保护水平。

4.12.3 保护元件铭牌

保护元件的铭牌应符合相应标准的规定。

5 试验方法

5.1 概述

制造厂可在 0℃～40 ℃之间的任一环境温度的室内或室外进行试验。除非另有说明，阻波器在试验时的安装位置应与运行情况相似。试验时应记录环境温度。如制造厂和用户达成特殊协议，可将部分或全部型式试验作为抽样试验重复进行。保护元件的试验应根据其结构型式按相应的国家标准 GB 11032 或行业标准 JB/T 6479 进行。

为简便起见，对下述一些试验项目推荐了具体的试验方法。其他方法，只要充分证实其准确性和适用性，包括使用直读式仪表以省略或减少计算的方法在内，也可使用。进行载波频率性能测试时，信号源应为低内阻的振荡器，测试环路尽可能地小，以排除其阻抗的影响。如可能，应扣除试验引线的影响。此外，被测设备与周围金属物或金属材料之间至少应隔开一个直径的距离。

5.2 温升试验(型式试验)

本试验的目的是检验阻波器在额定持续电流下的热性能。阻波器主线圈的温升(包括以电阻法测量的平均温升及直测法测量的热点温升)必须确定。

试验应以额定工频的额定持续电流 I_N 进行。如果由于某些原因不能采用额定值，可用不小于 90％额定值的电流 I_t进行试验，并按下式换算出对应于额定持续电流 I_N的温升 θ_R。

$$\theta_R = \theta_t \cdot \left(\frac{I_N}{I_t}\right)^{1.6} \qquad \cdots\cdots\cdots (2)$$

式中：

θ_t——以试验电流 I_t测量的温升，℃。

试验应连续进行，直至产品任何部位的温度在两个相邻的每小时读数之差不大于 2％ 时为止。

5.2.1 以电阻法测量平均温升

由于主线圈的电阻按导体材料的温度系数 α 随温度变化而变化，额定持续电流所引起的温升可以通过测量试验开始前的电阻及试验结束时的电阻计算确定。如果无法直接测量试验电路开断瞬间的电阻，建议在试验完毕后，以不超过 3 min 的时间为测量间隔，测出不同时刻的 4 个以上电阻值，并对应于时间绘成曲线(图 3)，将曲线外推得到试验刚结束时的电阻值。曲线外推的方法应符合 GB 1094.2 的规定。

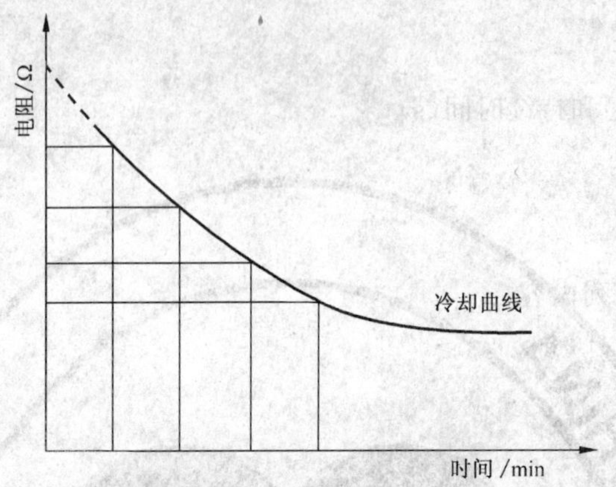

图 3　确定温升试验结束时主线圈电阻的曲线

表 3 给出了铜、铝的温度系数 α 和 T 的数值。其中，α 和 T 互为倒数。

表 3　阻波器主线圈常用导体材料的 α 和 T 值

导体材料	α/(1/℃)	T/℃
铝	0.004 44	225
铜	0.004 26	235

主线圈在试验结束时的温度 θ_2，可通过在那时测定的电阻 R_2 以及在另一温度 θ_1 测定的电阻 R_1 按下式确定：

$$\theta_2 = \frac{R_2}{R_1} \cdot (T + \theta_1) - T \qquad \cdots\cdots(3)$$

θ_1 与 θ_2 以摄氏度为单位。试验结束时的温度 θ_2 与环境温度之间的差值即为平均温升。环境温度的测量方法应符合 GB/T 1094.2 的规定。

5.2.2　以直测法测量热点温升

热点温升是按图 4 所示布设若干测量点（最少 5 点）获得的最高温度读值与试验完毕时环境温度之间的差。如主线圈的轴线为竖直的，热点通常位于线圈的顶部。可用热电偶、温度计、热敏纸或其他适合的器件测量温升。测量器件应埋于线圈内部，贴于导线表面。用热电偶的方法可能难以进行，因为主线圈上的电压会影响读数。

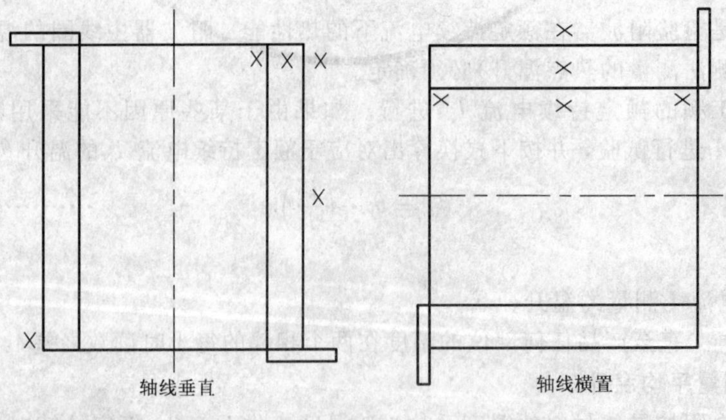

图 4　确定主线圈热点温升时测量点的分布

5.3 无线电干扰电压测量(型式试验)

建议按图5所示安装布置方法确定阻波器在运行条件下是否产生过高的无线电干扰电压。试验环境应清洁干燥,背景干扰电压应不超过试品干扰电压的一半,并以方均根值法修正其影响。

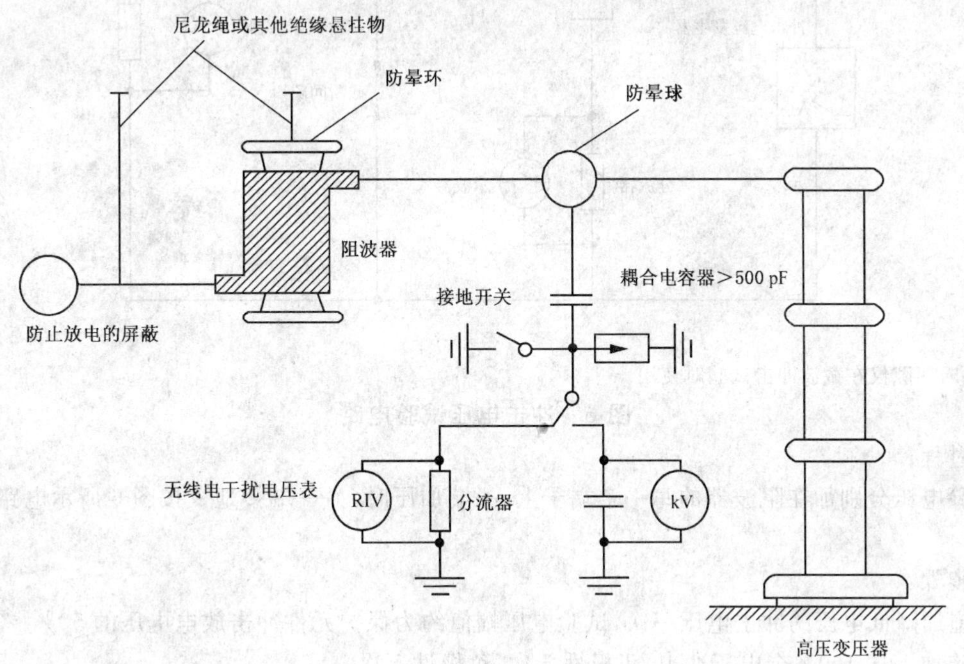

注:只在运行需要配备时才在试验时配备防晕环。

图5 测量无线电干扰电压时阻波器的安装布置

此项试验应按GB/T 11604规定进行。测试设备应是已经普遍认可、可在市场上购得的。其性能应能测量频率为0.5 MHz ~ 1.5 MHz,带宽9 kHz以内的准峰值信号,输入阻抗约为150 Ω。

5.4 绝缘试验

除本条规定以外,其他试验细节可按GB/T 16927执行。

5.4.1 冲击电压试验(型式试验)

5.4.1.1 方法1

试验时用另一只保护元件代替与主线圈实际配套的保护元件。该保护元件的冲击放电电压比被代替的保护元件至少高30%,型式和结构相同,连接的方法不变。放电电压的上限应为高一级保护元件的上限。

保护元件的内在性能不能满足试验要求时,可用球隙代替。

加于阻波器端子的试验电压应具有不低于200 kV/μs的波前陡度以及能使保护元件在波前放电的幅值。推荐的试验电路如图6所示,但应连接保护元件,不装截断间隙。

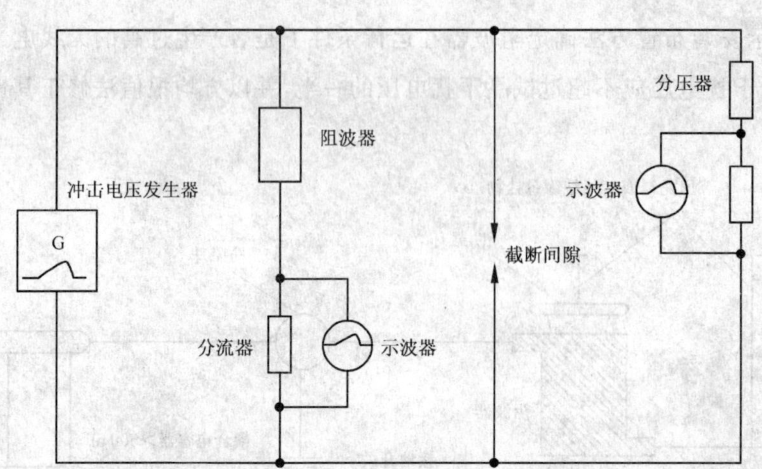

注：截断间隙仅在截波冲击试验时使用。

图 6 冲击电压试验电路

试验过程：

将试验电压分别加在阻波器的每一个端子上，一端加压时，另一端接地。按图 6 所示电路录取所有示波图。

试验步骤：

a) 施加降低电压的冲击电压一次，试验电压幅值约为保护元件冲击放电电压的 50%。

b) 施加上述 100%全电压冲击，正极性 5 次，负极性 5 次。

c) 重复 a)项。

若在冲击电压试验前后，阻波器阻塞能力有显著变化或示波图形有变化，则表明试验已引起绝缘异常或其他损坏。

5.4.1.2 方法 2

试验时不接入保护元件，并按运行情况接入调谐装置。将波形为 1.2/10 μs ～ 50 μs 的冲击电压施加在阻波器的每个端子上。该电压的峰值至少应比保护元件的波前冲击放电电压、陡波冲击电流残压或标称放电电流残压中的较高值高 50%。试验电路如图 6 所示。

对于电感量较小的阻波器，例如 0.5 mH 以下，冲击电压半峰值视在持续时间可能难以达到 10 μs。这时，执行标准的各方可根据试验设备的能力协商确定其他持续时间，例如 5 μs。

试验过程：见 5.4.1.1。

试验步骤：

a) 施加降低电压的全波冲击电压一次，试验电压约为规定幅值的 50%。

b) 施加 100% 的全波冲击电压一次。

c) 施加 100% 的截波冲击电压，正极性两次，负极性两次。最大预截断时间不超过 5 μs，电压骤降视在时间不超过 0.4 μs。

d) 施加 100%的全波冲击电压，正极性 3 次，负极性 3 次。

e) 重复 a)项。

若在冲击电压试验前后，阻波器阻塞能力有显著变化或示波图形有变化，则表明试验已引起绝缘异常或其他损坏。

5.4.2 调谐装置工频耐压试验（型式试验及出厂试验）

试验时调谐装置和主线圈断开，对调谐装置施加工频试验电压 U_t，持续时间 5 s。当阻波器的保护元件为有间隙避雷器时，U_t 的数值为其工频放电电压的上限 U_g 的 1.3 倍；当保护元件为无间隙金属氧化物避雷器时，U_t 的数值与同级有间隙避雷器相同。

5.5　短时电流试验(型式试验)

本试验的目的是检验阻波器承受额定短时电流的机械强度和热性能的能力。额定短时电流的推荐值见 6.3。试验时调谐装置和保护元件接于主线圈上。

阻波器的机械强度以施加非对称短时电流检验。该电流的第一个半波峰值应不小于额定短时电流 I_{kN} 的 2.55 倍，持续时间不少于 5 个周波。制造厂与用户也可协商确定其他持续时间。

阻波器的热性能应通过施加持续时间为 1 s 的短时电流 I_{kN} 检验。若受试验设备容量限制，热性能也可以通过施加电流 I、持续时间 t 来检验，$I^2 t$ 应不小于 $I_{kN}{}^2 \cdot t_N$，其中，t 值为 0.5 s～ 2 s，t_N 为 1 s。

阻波器能否承受短时电流试验可通过测量试验前后的阻塞性能及外观检查确定：阻塞性能有无明显变化，保护元件和调谐装置有无损坏，金属端架有无明显位移或损伤，主线圈有无可见的永久性变形或损坏。

如果试验设备的功率不足以检验阻波器的热稳定性能，可按下式计算最终温度 θ_1。θ_1 应不超过表 4 规定的最高允许温度 θ_2。

表 4　最高允许平均温度 θ_2(适用于铜和铝)　℃

耐热等级及参考温度	θ_2	耐热等级及参考温度	θ_2
A　105	180	F　155	250
E　120	200	H　180	250
B　130	250	220　220	300

对于铜导体：

$$\theta_1 = \theta_0 + \frac{2(\theta_0 + 235)}{\dfrac{101\ 000}{J^2 t} - 1} \qquad \cdots\cdots(4)$$

对于铝导体：

$$\theta_1 = \theta_0 + \frac{2(\theta_0 + 225)}{\dfrac{43\ 600}{J^2 t} - 1} \qquad \cdots\cdots(5)$$

式中：

θ_0——起始温度，℃；

J——短时电流密度，A/mm^2

t——额定短时电流持续时间，s；

θ_1——最终平均温度，℃；

θ_2——最高允许平均温度，℃，见表 4 。

起始温度 θ_0 应为环境温度与按电阻法测得的平均温升的和。

注：机械强度试验和持续时间 1 s 的热性能试验最好结合起来进行。

5.6　主线圈额定电感测量(型式试验及出厂试验)

建议测试设备按图 7 布置。

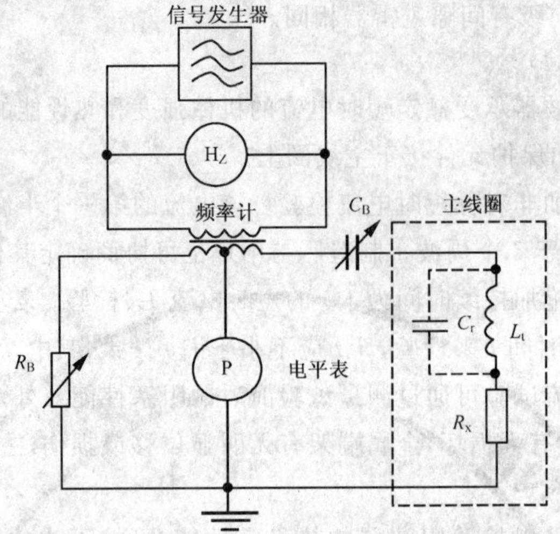

C_B——可变电容器；

R_B——可变电阻器；

L_t——主线圈真实电感；

C_r——主线圈固有电容；

R_x——主线圈交流电阻。

图 7　真实电感测量电路

调节图 7 中的 C_B 和 R_B，使频率 f_1 为 70 kHz 和 f_2 为 140 kHz 时电平指示最小，由此分别得出 C_B 的值和 C_{B1} 和 C_{B2}。电感 L_{tN} 用下式计算：

$$L_{tN}=\frac{1}{4\pi^2\cdot(C_{B1}-C_{B2})}\cdot\left(\frac{1}{f_1{}^2}-\frac{1}{f_2{}^2}\right)\quad(\mathrm{H})\cdots\cdots(6)$$

主线圈在测试频率下的交流电阻为：

$$R_x=R_B$$

5.7　主线圈工频电感测量(型式试验及出厂试验)

以额定工频或 100 Hz 以下任一频率的电压电流法测量。

5.8　阻塞电阻与阻塞阻抗测量(型式试验及出厂试验)

阻波器的阻塞电阻与阻塞阻抗应在规定频带内用图 8 所示的电桥法测量。能保证准确度的其他等效方法也可采用。

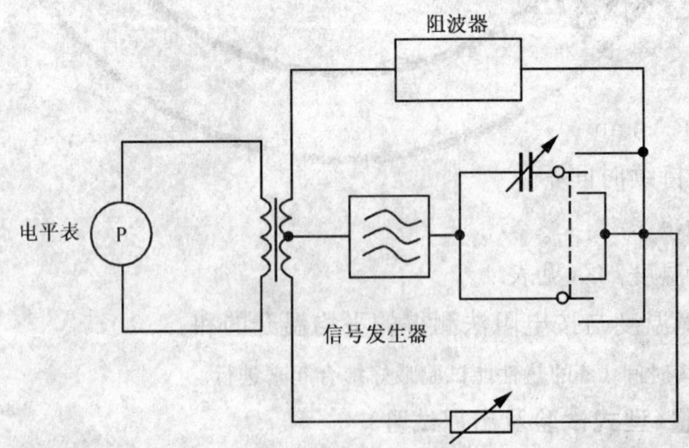

图 8　阻塞阻抗测量电路

如果是单频调谐阻波器，经制造厂和用户协商，可不对一批产品中的每一台进行这种试验。此时，可以只测定调谐频率点的阻抗，建议采用图 9 所示的测量方法。这一方法只在阻塞阻抗为电阻性时才能得到正确的结果。在调谐频率点，电压 U_R 最小。保持电压 U 恒定，改变 R 值直至 U_R 等于 $U/2$，则电阻 R 等于阻波器的阻塞电阻。信号发生器置于低内阻。

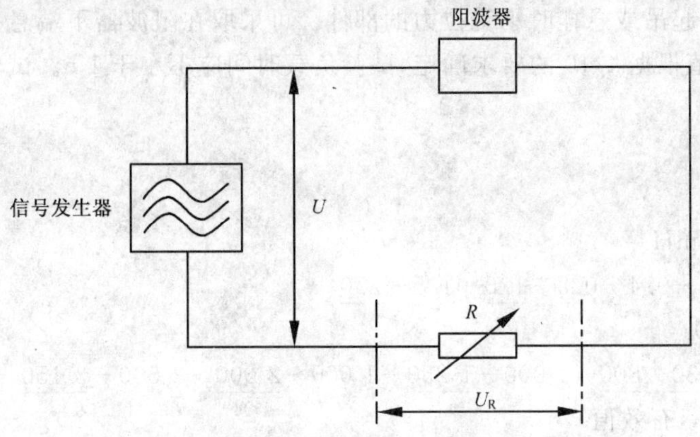

图 9　单频调谐阻波器阻塞电阻的测量电路

5.9　分流损耗和以阻塞电阻为基础的分流损耗测量(型式试验及出厂试验)

建议采用图 10 所示电路测量分流损耗，并按下式计算：

分流损耗：

$$A_t = 20\lg\left|\frac{U_1}{U_2}\right| = 20\lg\left|1+\frac{Z_1}{2Z_b}\right| \quad (\text{dB}) \qquad (7)$$

以阻塞电阻为基础的分流损耗：

$$A_t = 20\lg\left|\frac{U_1}{U_2}\right| = 20\lg\left|1+\frac{Z_1}{2R_b}\right| \quad (\text{dB}) \qquad (8)$$

式中：

Z_1——线路特性阻抗的等效电阻；

Z_b——阻塞阻抗；

R_b——阻塞电阻；

U_1——开关 S_1 断开时，端子 1、2 之间的电压；

U_2——开关 S_1 闭合以及开关 S_2 闭合于 3-4(测量 A_t)或 3-5、3-6(测量 A_{tR})时端子 1、2 之间的电压。

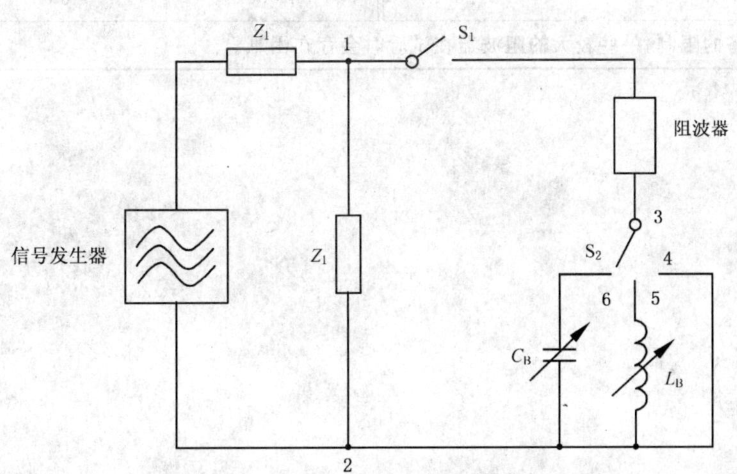

图 10　分流损耗测量电路

测量以阻塞电阻为基础的分流损耗时，应在 3-5 与 3-6 之间切换开关 S_2 的位置，并通过调整电容 C_B 或电感 L_B 抵消阻波器阻塞阻抗中的电抗分量。信号发生器置于低内阻。

注：如以这种方式测量分流损耗，则可不测量阻塞阻抗和阻塞电阻，反之亦然。

5.10 抗拉强度试验(型式试验)

在短时电流试验以前应进行阻波器悬挂系统的抗拉强度试验，以考验主线圈的吊环、金属端架及绝缘拉杆(带)等所有在起吊或悬挂时承受拉力的部件。可采取在阻波器下端悬挂重物的方式或其他方式施加拉力，拉力的数值根据 4.10 的要求确定，试验负载时间应不小于 1 h。试验后阻波器任何部位不应出现永久变形。

6 推荐值

6.1 主线圈额定电感(mH)

0.2—0.25—0.315—0.4—0.5—1.0—1.5—2.0

6.2 额定持续电流(A)

100—200—400—630—800—1 000—1 250—1 600—2 000—2 500—3 150—4 000

6.3 额定短时电流(kA,有效值)

2.5—5—10—16—20—25—31.5—40—50—63—80

注：以上数值中划横线者为优先值。

6.4 额定持续电流和额定短时电流的配合

表 5 为额定持续电流和额定短时电流的配合推荐了两个系列，适用于 6.1 提到的所有电感值。系列 1 属常规要求，系列 2 用于较高要求。

表 5 额定持续电流和额定短时电流的配合

额定持续电流/A	额定短时电流/kA		额定持续电流/A	额定短时电流/kA	
	系列 1	系列 2		系列 1	系列 2
100	2.5	5	1 250	31.5	40
200	5	10	1 600	40	50
400	10	16	2 000	40	50
630	16	20	2 500	50	63
800	20	25	3 150	50	63
1 000	25	31.5	4 000	63	80

注：由于试验设备的限制，一些较大的阻波器在试验时会存在困难。

附　录　A
（资料性附录）
交直流换流站使用的阻波器

根据目前掌握的少量资料，直流阻波器的设计比交流阻波器复杂得多。为了正确研究这些问题，必须考虑滤波器设计的新方法、系统暂态特性、绝缘配合、产生谐波的系统的非线性特性等。为了拟定设计导则及性能要求，并为最终编制标准做准备，需作更多的研究工作，并密切注意现有设备的工作状况。

A.1　引言

在交流变直流及直流变交流的功率转换过程中伴随两种现象：无功功率的消耗超过实际转换功率的一半，以及在电流及电压中产生谐波。为此，需在换流站两侧加装滤波器，抑制进入两侧电网的谐波。换流站的典型布置如图 A.1 所示。在交流侧，交流电网的阻抗难以确定，流经电网阻抗的谐波电流产生谐波电压。在直流侧，谐波电压产生谐波电流，其幅值决定于换流设备的特性及直流电网的阻抗。一般而言，从交流电网角度看，换流阀可视为谐波电流源（高内阻）；从直流电网角度看，换流阀可视为谐波电压源（低内阻）。

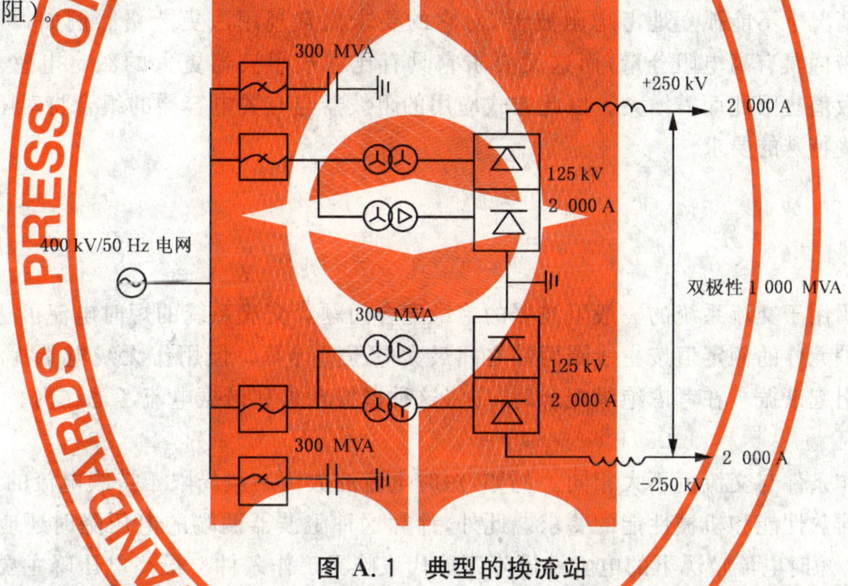

图 A.1　典型的换流站

如果换流阀由三相对称电压源供电，且延迟角是等距离的，则特征谐波的次数决定于换流阀的脉波数 P，在交流侧为 $K \cdot P \pm 1$，在直流侧为 $K \cdot P$，其中 K 为正整数。增加换流阀的脉波数，在理论上可以消除高幅值的低次谐波。

A.2　概述

交直流换流站用阻波器的工作条件及性能要求与普通交流电力系统用的阻波器大不相同。高压直流换流阀产生的谐波占有很宽的频带，自工频起至大约 1 MHz 甚至更高。在频谱的低端（自工频至其 50 次谐波），辐射会对邻近的电话线产生干扰，必须在换流站采取措施将干扰限制到可以接受的水平。频段在 20 kHz ～500 kHz 的电力线载波系统也会受到谐波的干扰，因而载波系统的频率必须审慎选择。在无线电及电视频段，由于谐波衰减很大，一般不存在干扰问题。

目前，这方面的运行经验有限，将来或许还会出现其他问题。

A.3　直流阻波器的特点

阻波器在交流电力系统的应用及其在应用中的工况，已在本标准正文中充分论述。在直流系统中应用阻波器必须考虑以下问题：

a) 由于主线圈内部电流分布不同，按交流条件设计的阻波器用于直流系统时必须降低额定电流。这主要是针对多层线圈，它与单层线圈截然不同。

b) 由于直流线路的故障电流较小，主线圈的发热及机械应力问题不难解决。

c) 由于高频电流的集肤效应很强，确定温升时必须考虑谐波的存在。

d) 电晕及无线电干扰电压与交流线路不同，需另外规定。

A.4 阻波器在交直流换流站的应用

与换流站连接的阻波器可装在换流站一侧或同时装在两侧，用于阻塞载波信号或用作抑制换流阀产生的高频噪声的无线电干扰滤波器的一部分。在后一种情况下，它应具有双重功能：既抑制干扰，又与π形网络中的并联电容一起，为将载波信号发往电力系统或自电力系统接收载波信号提供耦合手段。

A.5 无线电干扰滤波器的应用

无线电干扰滤波器的典型结构是π形网络，以阻波器为串臂，两侧的电容器为并臂。为获得最佳效果，往往将滤波器尽量靠近换流阀装设。

因为在这种情况下不能孤立地考虑阻波器，对它的要求比常规用法更严格。例如，可能要求它在1 MHz或更宽频带内具有高电阻分量，而这又要求它具有比常规阻波器更大的额定电感，调谐装置中的电容及电阻的数值也因此而需增大。以此方式应用的阻波器与有关电容器的组合将对阻波器的载波频率性能提出一些特殊的要求。

A.6 绝缘配合

交流侧：

本标准已说明用于交流系统的一般阻波器的绝缘配合问题。交流系统的短时电流可达到额定持续电流的30倍，保护元件的额定值按主线圈两端之间最大电压降计算。但用作无线电干扰滤波器时，高频电流的存在可引起谐振。在考虑绝缘配合时，应将这种谐振现象和谐振电流考虑在内。

直流侧：

直流侧的工作条件与交流侧不大相同。例如，短时电流的数值一般局限于持续电流的2～5倍，明显降低了对阻波器热性能和机械性能的要求。此外，计算这种阻波器两端的电压降时还应考虑谐波的存在。一般而言，短时电流情况下的电阻性压降不能代表临界工作条件。最高电压降主要决定于电流随时间变化的变化速率 $\mathrm{d}i/\mathrm{d}t$，而这又与平波电抗器的存在和系统参数(包括换流站本身的参数)有关。为了确保绝缘配合的合理性，需采取“系统确定”$\mathrm{d}i/\mathrm{d}t$ 的方法。这种方法需要分析暂态特性，并了解可能发生的各种过电压，以便确定阻波器两端之间的最大过电压和保护元件的额定电压，进而确定调谐装置的额定电压。

A.7 谐波电流

虽然谐波电流(交流侧为奇次，直流侧为偶次)一般被专门设计的滤波器大幅度衰减，但对上述类型的无线电干扰滤波器仍有明显影响。因而以上述方式使用阻波器时，必须仔细分析谐波的存在情况。

附 录 B
（资料性附录）
补充说明

B.1 主线圈真实电感与频率的关系

阻波器是空心线圈的一个特例，其总电感由两部分构成：

a) 环绕线圈并与绕组相链的磁通引起的外电感；

b) 导体内部磁通引起的内电感。

由于电流位移的作用(集肤效应和邻近效应)，内电感随频率的升高而减小。对阻波器而言，工频电感与额定电感相差可达10%。主线圈真实电感与频率的关系如图B.1所示。

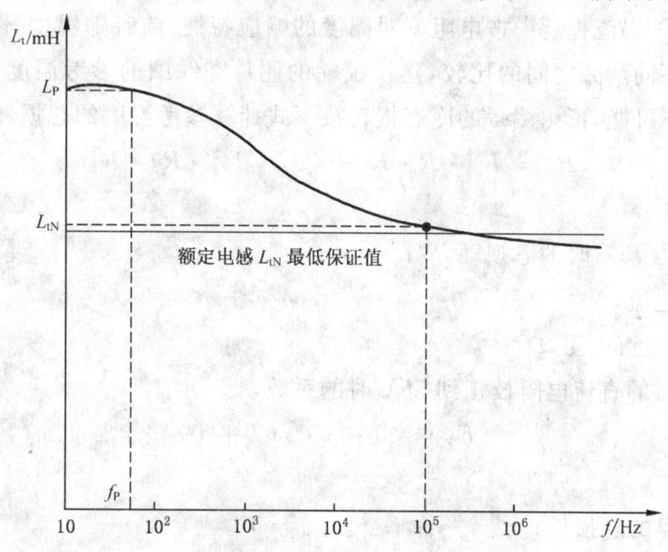

注：工频电感与额定电感的差决定于主线圈的设计，工频电感的允许偏差不规定。

L_t——真实电感；

L_P——工频电感；

L_{tN}——额定电感；

f_P——工频。

图 B.1 主线圈真实电感与频率的关系

B.2 额定电感、阻塞电阻和以阻塞电阻为基础的频带之间的关系

调谐电路有多种型式，适用于各种特定场合，下面举例说明最常见的两种电路：

单频调谐阻波器和频带调谐阻波器的电路如图1所示，相应的阻塞特性和频带的定义如图2所示。

下列公式适用于以上两种调谐方式的任意一种，可用来进行频带Δf_{1R}和边界频率f_{1R}、f_{2R}的理论计算。假定中心频率f_{cR}、额定电感L_{tN}、阻塞电阻R_b包括它们的偏差范围均已确定，则：

a) 以阻塞电阻为基础的频带为：

$$\Delta f_{1R} = 2b \cdot f_{cR} = f_{2R} - f_{1R} \quad (\mathrm{Hz})$$

b) 下边界频率为：

$$f_{2R} = f_{cR} \cdot (\sqrt{1+b^2} - b) \quad (\mathrm{Hz})$$

c) 上边界频率为：

$$f_{2R}=f_{cR}\times(\sqrt{1+b^2}+b)\quad(\mathrm{Hz})$$

对于单频调谐阻波器：

$$b=\pi\times f_{cR}\times L_{tN}/2R_b$$

对于频带调谐阻波器：

$$b=\pi\times f_{cR}\times L_{tN}/R_b$$

可见，频带调谐阻波器的频带宽度为单频调谐的两倍。

B.3 工频损耗的测量

由于阻波器的损耗角很小，工频损耗应采用电桥、低功率因数瓦特表等测量。阻波器的总损耗可分为两部分：由主线圈直流电阻引起的电阻损耗以及由交变磁场在主线圈导体及所有金属件(包括阻波器附近的金属物)内引起的涡流损耗。按电阻率对温度的响应特性，前者随温度升高而增大，后者随温度升高而减小。为便于不同产品之间的比较，建议损耗的测量在线圈的参考温度为75℃时进行，例如在温升试验时进行。如不可能，可由测得的冷态损耗按下式计算参考温度的总损耗：

$$P_w=I_N^2\cdot R\cdot K_1+(P_c-I_N^2\cdot R)\cdot K_2$$

式中：

P_w——参考温度为75℃时的总损耗，W；

I_N——额定持续电流，A；

R——θ(℃)时的直流电阻，Ω；

K_1——将θ(℃)时的直流电阻校正到75℃时的系数，

$$K_1=(T+75)/(T+\theta)$$

T——$1/\alpha$，见表3；

P_c——θ(℃)时测得的总损耗；

K_2——将涡流损耗校正到75℃时的系数(可从类似结构的型式试验中获得)：

$$K_2=(P_{wt}-I_N^2\cdot R_t\cdot K_1)/(P_{ct}-I_N^2\cdot R_t)$$

P_{wt}——75℃时测得的总损耗；

P_{ct}——θ(℃)时测得的总损耗；

R_t——θ(℃)时的直流电阻。

B.4 紧急过载电流

在按额定持续电流正常工作期间，按表B.1承载短时间的过载电流可不损坏阻波器或缩短其使用寿命。应用表B.1时应小心谨慎，如阻波器经常过载，应征求制造厂意见。表B.2给出了各种耐热等级的绝缘材料能够承受的最高温度。

表B.1 紧急过载电流对额定持续电流的百分数 %

环境温度/℃	紧急过载时间				环境温度/℃	紧急过载时间			
	15 min	30 min	60 min	4 h		15 min	30 min	60 min	4 h
+40	140	130	120	110	−20	155	145	135	125
+20	145	135	125	115	−40	160	150	140	130
0	150	140	130	120					

表 B.2　耐热等级与能够承受的最高温度的关系

℃

耐热等级及参考温度	最高温度	耐热等级及参考温度	最高温度
A　105	150	F　155	210
E　120	175	H　180	235
B　130	185	220　220	260

附　录　C
（规范性附录）
调谐电容器的电介质要求

C.1　引言

一般说来，运行实践已证实阻波器为电力线载波系统中很可靠的一种器件。但是，也发生了阻波器中调谐元件的损坏问题。特别是阻波器附近的隔离开关频繁进行空载线路的投切操作时更会如此。看来，阻波器的调谐电容器会因隔离开关操作产生的暂态过电压损坏，即使阻波器的设计符合标准的要求。

近年以试验为基础进行的一些研究表明，电容器介质的击穿强度和材料本身的特性及施加的电介质应力的性质、持续时间（例如，波形、单极性脉冲和双极性脉冲等）有关。

本附录要说明阻波器中的暂态过电压问题，特别是和隔离开关操作有关的问题。着重于有关调谐装置设计的问题。

电容器以外的调谐装置通常由放电间隙保护。暂态过电压影响电容器。调谐电容器对开关操作引起的电介质应力的承受能力应以适当的耐压试验证实。因此，本附录的标题及范围确定为：调谐电容器的电介质要求。

C.2　范围

阻波器可以带有或不带有调谐装置。使用带有调谐装置的阻波器的关键是调谐装置应能可靠承受由于雷电、断路器操作或隔离开关操作施加给它的电介质应力。

调谐装置介电强度要求的基础是阻波器避雷器的保护水平。调谐装置中电容器组对于单个的单极性脉冲（相应于雷电）或重复的双极性电压脉冲（相应于隔离开关的操作）的耐压水平，在最恶劣情况下，应能与避雷器的保护水平相配合。

选用的金属氧化物（MO）避雷器的保护水平以避雷器的冲击电流为峰值 20 kA 波形 8/20 μs 时的残压 U_{P1} 定义。

在本附录中，调谐装置的电介质要求仅以阻波器使用无间隙金属氧化物避雷器为基础。这种避雷器的保护水平受冲击波形的影响可以忽略不计。

阻波器使用的调谐装置由带有串联间隙的避雷器保护时，应考虑放电间隙的击穿电压的延时性。

注：带有串联间隙的避雷器的放电间隙的击穿电压的延时是冲击电压波前的上升率的函数。这样，系统的保护水平就决定于放电间隙的击穿电压。

本附录讨论普遍应用的 4 种调谐装置：

——单频调谐，图 C.1；

——双频调谐，图 C.2；

——单频展宽调谐，图 C.3；

——频带调谐，图 C.4。

调谐装置中的电感器和电阻器通常由放电间隙保护，其耐压应没有问题。

本附录仅涉及调谐电容元件的耐久性要求。这仅是元件性能的鉴定性试验，不是调谐装置的型式试验。

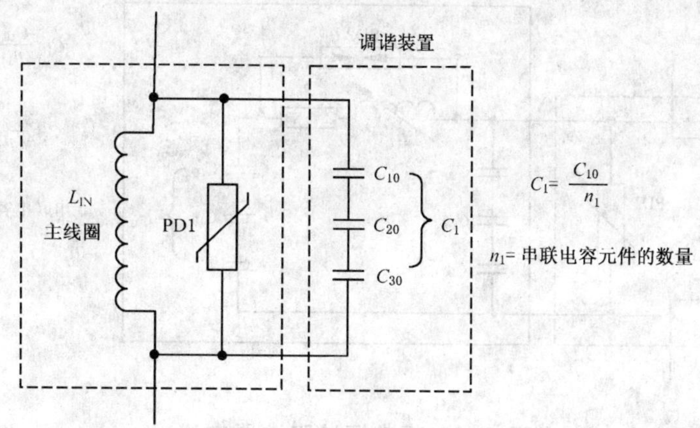

图 C.1　单频调谐阻波器电路

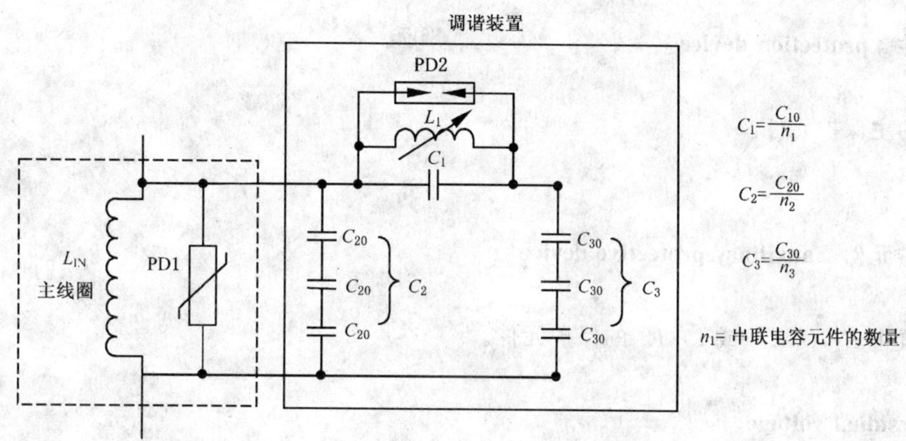

图 C.2　双频调谐阻波器电路

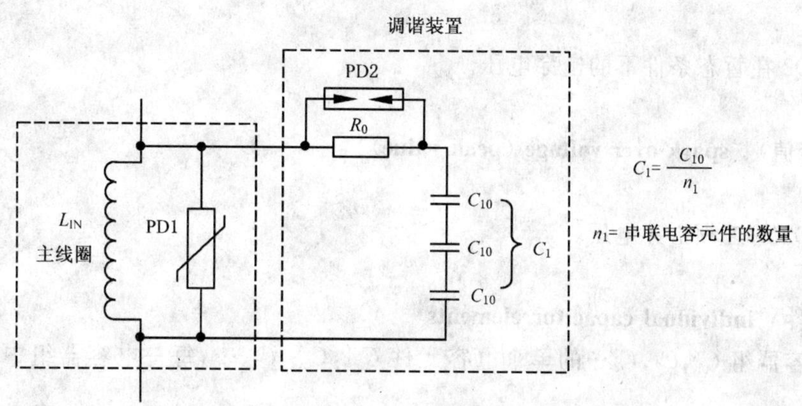

图 C.3　单频展宽调谐阻波器电路

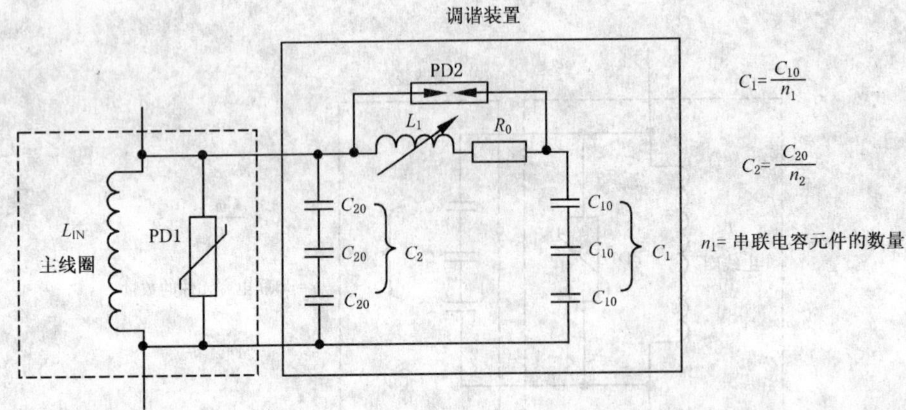

图 C.4 频带调谐阻波器电路

C.3 术语和定义

下列术语和定义适用于本附录。

C.3.1

保护元件 protection device

PD1

阻波器的主保护元件。

C.3.2

辅助保护元件 auxiliary protective device

PD2

调谐装置中 L_1,C_1,R_0 或 L_1,R_0 的保护元件。

C.3.3

残压 residual voltage

U_{P1}

金属氧化物避雷器 PD1 通过波形 8/20 μs,峰值 20 kA 的放电电流时两端呈现的电压。

C.3.4

放电电压 spark-over voltage

U_{P2}

保护元件 PD2 在暂态条件下的击穿电压。

C.3.5

放电电压(峰值) spark-over voltage (peak value)

U_{P20}

保护元件 PD2 的工频击穿电压。

C.3.6

单个电容元件 individual capacitor elements

串联组成电容器组 C_1,C_2,C_3…的单个电容元件 C_{10},C_{20},C_{30}…,每一电容器组中各单元元件的标称电容量相等。

C.3.7

串联电容元件的数量 the number of capacitor elements C_{10},C_{20},C_{30}… connected in series

n_1,n_2,n_3…

C.3.8

调谐装置 tuning device

为实现规定的高频阻塞性能而选用的调谐电路。

C.3.9

调谐电感器 tuning inductor

$\boldsymbol{L_1}$

调谐装置中使用的电感元件,和电容器一起实现需要的响应特性。

C.3.10

电阻器 resistor

$\boldsymbol{R_0}$

用以产生阻尼效应并实现阻塞要求的电阻器。

C.3.11

安全系数 safety factors

$\boldsymbol{Sf_1, Sf_2, Sf_3, Sf_4}$

按各种电压要求给予调谐电容器组的安全系数。

C.3.12

试验电压水平 test voltage level

$\boldsymbol{U_1, U_2, U_{BIL}, U_{BP}}$

进行电容器组耐压试验的电压值。

C.4 工作条件

阻波器,包括其调谐装置,在工作中不断承受着雷电、断路器操作和隔离开关操作产生的暂态电介质应力的影响。因而,调谐装置中的电容元件也承受着主要由雷电和断路器操作产生的单极性脉冲以及由附近隔离开关操作产生的双极性重复脉冲的影响。

C.5 要求

C.5.1 保护元件(PD1)

采用金属氧化物避雷器作阻波器的保护元件 PD1 时,应符合 GB 11032,JB/T 6479 的要求。采用碳化硅阀式避雷器时,应符合 GB 7327 的要求。

避雷器的固有电容在电力线载波频率范围内变化,以及它在运行中的温度不应影响阻波器的高频阻塞性能。

C.5.2 辅助保护元件(PD2)

根据其性能要求,PD2 应是放电间隙。在稳态和短路情况下,PD2 不应动作,从而不致影响阻波器的功能。PD2 的固有电容应尽量小,一般为 5 pF 数量级。

对 PD2 的要求之一是长期稳定性。在施加至少 10^5 个双极性脉冲后,PD2 的放电电压应保持在设计范围以内(参见 C.6.2 的注)。

C.5.3 调谐电容器组 C_1, C_2, C_3…

由电容元件 C_{10}, C_{20}, C_{30}…组成的电容器组的设计应考虑电容量的误差。这对控制这些串联电容器的电压分布非常重要。

C_1, C_2, C_3… 的电容量应为 $C_1 = C_{10}/n_1$, $C_2 = C_{20}/n_2$, $C_3 = C_{30}/n_3$, …。

调谐电容器组设计应有一定的安全系数 Sf,以达到以下试验电压的要求:

a) Sf_1: $U_1 \geq Sf_1 \times 2\pi \times f_{PN} \times L_P \times I_N$ 交流稳态

b) Sf_2: $U_2 \geq Sf_2 \times 2\pi \times f_{PN} \times L_P \times I_{kN}$ 交流动态

c) Sf_3：$U_{BIL} \geqslant Sf_3 \times U_{P1}$　　　　正负极性标准雷电冲击波(5.4.1)

d) Sf_4：$U_{BP} = n \times U_{BPD} \geqslant Sf_4 \times U_{P1}$　　　　多次双极性脉冲

为保证电容器组的介电强度和高频性能，电容元件的介损 tanδ 的数量级一般为 10^{-3}。

单个电容元件 C_{10}，C_{20}，C_{30}…在承受交流电压 U_1/n 时的局部放电水平应在 5 pC 以下($U_1 = Sf_1 \times 2\pi \times f_{PN} \times L_P \times I_N$，$n$ 为串联电容元件的数量)。

设计中要用到单个电容元件 C_{10}，C_{20}，C_{30}…对于 10^5 个双极性脉冲的耐压值 U_{BPD}。该值不应低于 U_{P1}/n(U_{P1} 为避雷器的残压，包括安全系数 Sf_4，n 为串联电容元件的数量)。

图 C.6 为一个电容元件的耐久性曲线示例。

C.6 试验

C.6.1 试验种类

电压耐久性试验是为鉴定调谐电容器介质性能所需的惟一试验。这是对电容元件进行的型式试验，试品应代表调谐装置使用的电容器范围。

在 IEC 60353 的补充件附录 C 中规定了以下用双极性脉冲电压对调谐电容进行电压耐久性试验的方法，目的在于提高所选电容元件的耐受峰值，使之达到可以多次承受操作过电压的绝缘水平。由于具体试验条件的限制，这种双极性脉冲试验目前在我国还不易实现，本标准暂以提高阻波器冲击试验电压(本版的 5.4.1.2)和调谐装置工频试验耐压(本版的 5.4.2)的方式来提高调谐电容器的绝缘水平作为过渡措施，待条件具备后再完全执行 IEC 60353：1989 及其补充件附录 C 的要求。

C.6.2 电压耐久性试验要求

电压耐久性试验对按一定方法设计和制造的电容元件进行。试验通过后不需再重复试验这种调谐电容器的其他产品。电压耐久性试验的结果以适当的试验报告书面记载。

对双极性脉冲试验的要求：

a) 重复速率：50 Hz / 60 Hz → 20 ms / 16.7 ms；

b) 波前陡度：$\Delta U_{bi}/\Delta t \geqslant 40$ kV/μs = 40 V/ns；

c) 双极性脉冲的峰值电压规定在脉冲的零和峰值之间；

d) 一个双极性脉冲由一个正极性脉冲和一个负极性脉冲组成。

电压耐久性试验应至少在 4 级双极性脉冲试验电压下进行。试验的原理电路示例见图 C.5。

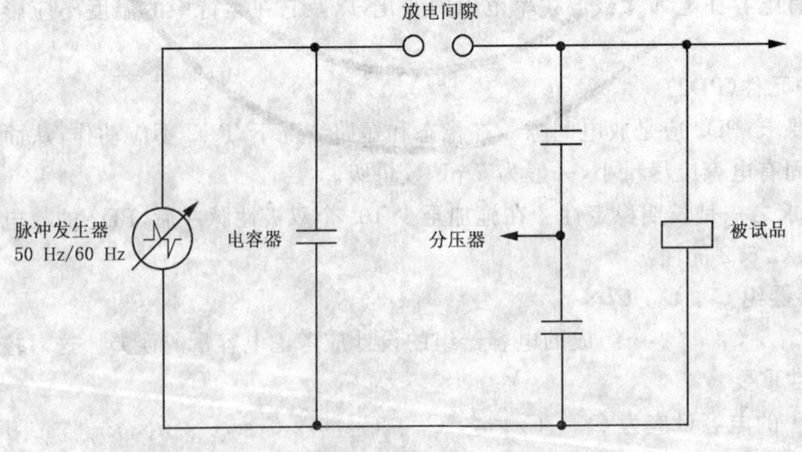

图 C.5 重复双极性脉冲试验电路

可用双对数坐标将电压耐久性试验的数据画成一根直线。图 C.6 是电容元件的电压耐久性寿命的典型曲线示例。

注：电压耐久性试验的目的是确定双极性脉冲电压的耐受峰值，被试电容元件按该峰值承受 10^5 个双极性脉冲。该试验脉冲数相当于在隔离开关每天操作一次的环境中运行 30 年经历的暂态冲击，假定每次操作暂态包含达 10 次的再放电。

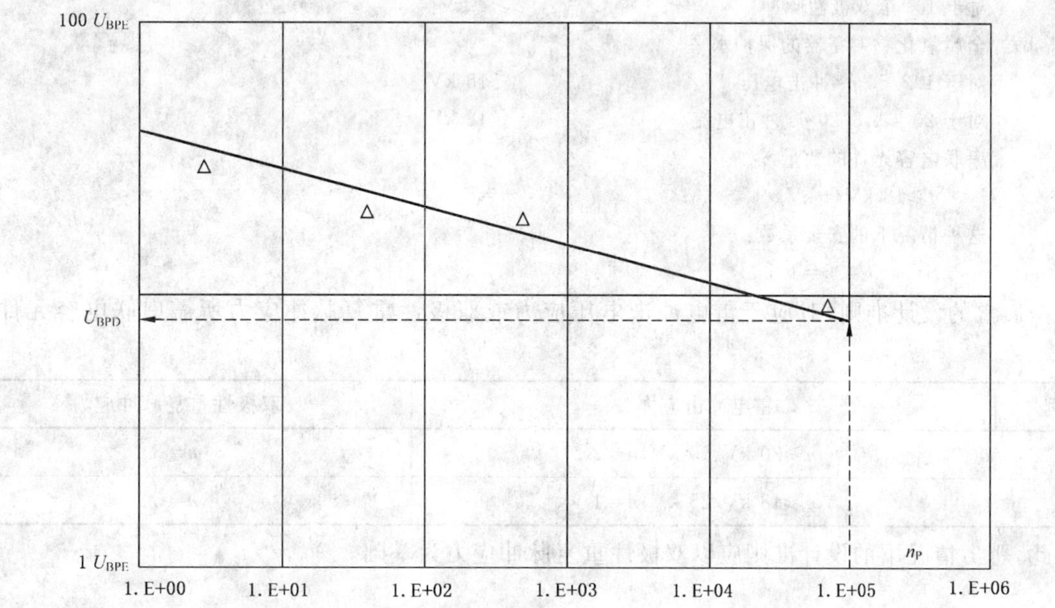

U_{BPE}——设计电容器组所用的电容元件的双极性脉冲的耐压值；

△——各级耐压试验水平时的寿命。

图 C.6　电容元件对于双极性脉冲的耐压值 U_{BPE} 和施加的脉冲数量 n_P 的关系

图中的 4 级击穿电压下的寿命(双极性脉冲数)是以足够数量的试验样值为基础的。每级试验电压至少要有 5 个试验样值。

C.7　绝缘配合

C.7.1　金属氧化物避雷器的残压 U_{P1} 和双极性电压 U_{BP} 的绝缘配合

通过对比金属氧化物的保护水平 U_{P1} 和调谐装置电容器组的双极性重复脉冲试验的耐压水平 U_{BP}(峰值)，可以求出绝缘配合。电容器组由 n 个电容元件组成，每个电容元件的双极性耐压值为 U_{BPD}(峰值)。

U_{BP}、U_{BPD} 与 U_{P1} 之间的关系为：

$$U_{BP} = n \times U_{BPD} \geqslant Sf_4 \times U_{P1}$$

C.7.2　绝缘配合计算示例

示例 1：电容元件 A

a)　电容元件 A 的耐压

对 1.2/50 μs 冲击电压(见 5.4.1.2)　　$\geqslant$15 kV

对 10^5 个双极性脉冲　　$\geqslant$8 kV

b)　金属氧化物避雷器的保护水平

对 1.2/50 μs 冲击电压　　$\leqslant$20 kV

对 20 kA，8/20 μs 冲击电流　　$\leqslant$20 kV

串联电容元件的数量 n：

$n \geqslant 20$ kV/8 kV　　$n=3$

这种情况下的安全系数：

$Sf_4=3.0/2.5=1.2$

示例 2:电容元件 B

a) 电容元件 B 的耐压

对于 1.2/50 μs 冲击电压(见 5.4.1.2) ≥25 kV

对于 10^5 个双极性脉冲 ≥4 kV

b) 金属氧化物避雷器的保护水平

对于 1.2/50 μs 冲击电压 ≤18 kV

对于 20 kA,8/20 μs 冲击电流 ≤18 kV

串联电容元件的数量 n:

$n\geqslant 18\ \text{kV}/4\ \text{kV}$ $n=5$

这种情况下的安全系数:

$Sf_4=5/4.5=1.1$

根据通常的设计准则,对应于雷电冲击电压应力或双极性重复脉冲应力所需串联电容元件的数量为:

示例	雷电冲击应力	双极性重复脉冲应力
A	$n\geqslant 20\ \text{kV}/15\ \text{kV}$;$n=2$	$n=3$
B	$n\geqslant 18\ \text{kV}/25\ \text{kV}$;$n=1$	$n=5$

因此,恶劣情况下的设计准则应以双极性重复脉冲应力为基础。

ICS 29.160.30
K 24

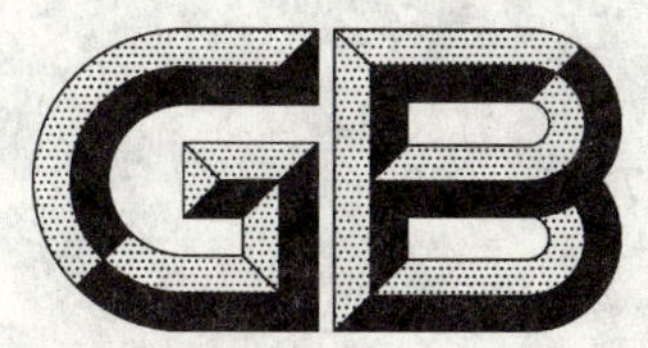

中华人民共和国国家标准

GB/T 7345—2008
代替 GB/T 7345—1994

控制电机基本技术要求

General requirements for electrical machine for automatic control system

2008-06-30 发布　　　　2009-04-01 实施

中华人民共和国国家质量监督检验检疫总局
中国国家标准化管理委员会　发布

前言

本标准代替 GB/T 7345—1994《控制微电机基本技术要求》，标准名称改为《控制电机基本技术要求》。

本标准与 GB/T 7345—1994 相比有下列主要不同：

——标准的编排结构进行了调整；

——增加了术语和定义；增加了资料性附录 C 和附录 D；增加了噪声等级表；

——删去可闻结构噪声和有关图表。

本标准涉及与“控制系统”有关的术语和内容，由 GB/T 2900.26《电工术语　控制电机》规定。

控制电机中涉及的电子装置，其容量、保护等要求由通用技术条件或专用技术条件规定。

本标准的附录 A 为规范性附录，附录 B 、附录 C 、附录 D 为资料性附录。

本标准由中国电器工业协会提出。

本标准由全国微电机标准化技术委员会(SAC/TC 2)归口。

本标准主要起草单位：西安微电机研究所、北京和利时电机技术有限公司、横店集团联宜电机有限公司、贵州航天林泉电机有限公司、中国电子科技集团公司第 21 研究所、淄博博山杰瑞微电机有限公司

本标准主要起草人：莫会成、刘博伟、王健、董超奎、谭莹、朱智平、周爱美、王福杰

本标准所代替标准的历次版本发布情况为：

——GB/T 7345—1987 、GB/T 7345—1994。

控制电机基本技术要求

1 范围

本标准规定了控制电机及其组合(以下简称电机)的术语和定义、分类、基本技术要求和试验方法、检验规则、交付准备和用户服务等要求。

本标准为有下列需求的组织提供了电机的基本技术要求和试验方法:

a) 需要证实电机产品具有满足用户和适用法律法规要求的能力;

b) 订货或产品验收;

c) 检验依据;

d) 政府或行业监管产品质量。

当本标准中可选条款因电机产品特点不适用时,可对其删减,但是删减不能影响证实电机产品具有满足用户和适用法律法规要求的能力或责任。

本标准规定的试验方法是常用的,允许标准使用方选择使用。

本标准规定了电机的基本要求,当有特殊要求尤其对电子驱动有特殊要求时,制造商应制定专用技术条件。

本标准应与电机通用技术条件或专用技术条件一起使用。

本标准适用于各种控制电机及其组合,普通用途的电机也可参照采用。

2 规范性引用文件

下列文件中的条款通过本标准的引用而成为本标准的条款。凡是注日期的引用文件,其随后所有的修改单(不包括勘误的内容)或修订版均不适用于本标准,然而,鼓励根据本标准达成协议的各方研究是否可使用这些文件的最新版本。凡是不注日期的引用文件,其最新版本适用于本标准。

GB 755 旋转电机 定额和性能(idt IEC 60034-1:1996)

GB/T 2423.1 电工电子产品环境试验 第2部分:试验方法 试验A:低温(idt IEC 60068-2-1:1990)

GB/T 2423.2 电工电子产品环境试验 第2部分:试验方法 试验B:高温(idt IEC 60068-2-2:1974)

GB/T 2423.3 电工电子产品基本环境试验规程 试验Cab:恒定湿热试验方法(eqv IEC 68-2-3:1984)

GB/T 2423.4 电工电子产品基本环境试验规程 试验Db:交变湿热试验方法(eqv IEC 68-2-30:1980)

GB/T 2423.5 电工电子产品环境试验 第二部分:试验方法 试验Ea和导则:冲击(idt IEC 68-2-27:1987)

GB/T 2423.10 电工电子产品环境试验 第二部分:试验方法 试验Fc和导则:振动(正弦)(idt IEC 68-2-6:1982)

GB/T 2423.11 电工电子产品环境试验 第2部分:试验方法 试验Fd和导则:宽频带随机振动 一般要求(idt IEC 68-2-34:1973)

GB/T 2423.15 电工电子产品环境试验 第二部分:试验方法 试验Ga和导则:稳态加速度(idt IEC 68-2-7:1986)

GB/T 2423.16 电工电子产品环境试验 第2部分:试验方法 试验J和导则:长霉(idt IEC 68-2-10:1988)

GB/T 2423.17　电工电子产品基本环境试验规程　试验 Ka:盐雾试验方法(eqv IEC 68-2-11:1981)

GB/T 2423.22　电工电子产品环境试验　第2部分:试验方法　试验 N:温度变化(idt IEC 68-2-14:1984)

GB/T 2423.25　电工电子产品基本环境试验规程　试验 Z/AM:低温/低气压综合试验(neq IEC 68-2-40:1976)

GB/T 2423.26　电工电子产品基本环境试验规程　试验 Z/BM:高温/低气压综合试验(neq IEC 68-2-41:1976)

GB/T 2828.1　计数抽样检验程序　第1部分:按接收质量限(AQL)检索的逐批检验抽样计划(idt ISO 2859-1:1999)

GB/T 2900.26　电工术语　控制电机

GB/T 6113.2　无线电骚扰和抗扰度测量方法(eqv CISPR 16-2:1996)

GB/T 7346　控制电机基本外形结构型式

GB/T 10069.1　旋转电机噪声测定方法及限值　第1部分:旋转电机　噪声测定方法(GB/T 10069.1—2006,neq ISO 1680-1:1986)

GB/T 10405　控制电机型号命名方法

GB 17799.3　电磁兼容　通用标准　居住、商业和轻工业环境中的发射标准(GB/T 17799.3—2001,idt CISPR/IEC 61000-6-3:1996)

GB 17799.4　电磁兼容　通用标准　工业环境中的发射标准(GB/T 17799.4—2001,idt IEC 61000-6-4:1997)

GB 18211—2000　微电机安全通用要求

JB/T 8162—1999　控制电机　包装技术条件

3　术语和定义

GB/T 2900.26 确立的以及下列术语和定义适用于本标准。

3.1

控制电机　electrical machine for automatic control system

在自动控制系统中作状态监测、信号处理或伺服驱动等用途的各种电机、电机组件及其系统。

示例:自整角机、旋转变压器、感应移相器、感应同步器、轴角编码器、测速发电机、伺服电动机、步进电动机、力矩电动机、磁滞同步电动机、超声波电动机、永磁无刷电机系统等。

3.2

组织　organization

职责权限和相互关系得到安排的一组人员或个人。

示例:制造商、代理商、用户、检测机构、政府组织等。

3.3

制造商　manufacturer

设计、生产或组装、销售电机的个人或组织。

3.4

承运商　transporter

将制造商的电机承运给用户的组织或个人。

3.5

机座号　frame size

电机按外形尺寸或轴中心高大小进行分类时的代号。

3.6

可靠性 reliability

电机在规定时间内,规定运行条件下,完成规定功能的能力。

3.7

安全性 security

免除不可接受的损害风险的能力。

3.8

电磁兼容性 electromagnetic compatibility (EMC)

电机在其电磁环境中能正常工作且不对该环境中任何事物构成不能承受的电磁骚扰的能力。

3.9

设计确认 design validation

通过提供客观证据对设计的电机的预期用途或应用要求已得到满足的认定。

3.10

鉴定部门 appraisal department

负责进行电机鉴定的组织或团体。

4 分类

4.1 型号命名

电机型号命名方法应符合 GB/T 10405 的规定。

4.2 基本外形结构及安装型式

电机的基本外形结构及安装型式应符合 GB/T 7346 的规定。

4.3 机座号

电机的机座号应符合下列规定:

a) 机座号一般用电机轴中心高或外圆直径表示。

b) 用外圆直径表示机座号时,对外圆直径不大于 320 mm 的电机,其机座号按 GB/T 7346 的规定,当电机外形为非圆柱结构时,用非圆柱断面的内切圆直径表示;对外圆直径大于 320 mm 的电机,其机座号可用电机轴中心高表示。

c) 用轴中心高表示机座号时,应在轴中心高表示的机座号后加"M"。

d) 机座号仅取机座尺寸的数值部分,无计量单位。

4.4 额定电压和额定频率

除另有规定外,电机的额定电压和额定频率应在表 1 中选取。

表 1

频率/Hz	电压/V
50	6,12,24,36,110,220,380
400,1 000	6,12,20,26,36,60,115,200,220
直流	1.5,3,4.5,6,9,12,24,27,36,48,60,110,220,380,400

4.5 工作制

电机的工作制应符合 GB 755 的规定。电机非连续工作时,制造商应对此作出明确规定并对电机予以标识。

5 技术要求和试验方法

5.1 外观

5.1.1 技术要求

电机表面不应有锈蚀、碰伤、划痕和涂覆层剥落，颜色应正确，标志应清楚无误。

5.1.2 试验方法

目检电机及其附件的外观，结果应符合 5.1.1 的要求。

5.2 铭牌

5.2.1 技术要求

电机应有铭牌，铭牌应符合 GB/T 7346 中与铭牌相关的规定和 GB 18211—2000 中耐久性的规定。

5.2.2 试验方法

铭牌的耐久性通过下述方法进行试验：

用浸有水的湿棉布擦 15 s，再用浸有汽油的棉布擦 15 s，每秒来回擦一次。

经过耐久性试验和本标准规定的全部试验后，检查铭牌本身质量和字迹，以及铭牌移位情况。其结果应符合 5.2.1 的要求。

5.3 引出线或接线端

5.3.1 技术要求

5.3.1.1 总则

电机出线方式可采用引出线或接线端方式，亦可采用电连接器方式出线，出线标记应符合 GB/T 7346 中与出线方式和标记相关的规定。

引出线或接线端应有足够的强度。

5.3.1.2 引出线

除另有规定外，对于 24 及以下机座号的电机，每根引出线应能承受 4.5 N 或专用技术条件规定的拉力，对于 24 以上机座号的电机，每根引出线应能承受 9.0 N 或专用技术条件规定的拉力。试验后，引出线不能断开，绝缘层和线芯不能损坏。

5.3.1.3 螺纹接线柱

对于每个螺纹接线柱，应分别能承受 22.5 N 的压力、拉力及表 2 规定的扭矩，或承受专用技术条件规定的压力、拉力及扭矩。螺纹接线柱与周围结构不应移位和损坏。

表 2

标准螺纹直径/mm	2.5	3.0	4.0	5.0	6.0	8.0	10.0
扭矩/(N·m)	0.4	0.5	1.2	2.0	2.5	5.0	8.0

5.3.1.4 接线片(柱)

每个接线片(柱)应能承受 9.0 N 的拉力或专用技术条件规定的拉力，接线片(柱)与周围结构材料不应有移位和损坏。

注：接线片(柱)是指与电机成为一体的固定插件或嵌件。

5.3.2 试验方法

5.3.2.1 引出线

将电机引出线的引出端朝下，在接线端垂直向下施加 5.3.1.2 规定的力，加力时应使导线线芯和绝缘层均匀受力，各方位加力保持时间 5 s～10 s。

对于从电机后端部沿电机轴向的出线，先使电机轴伸垂直向上，然后将电机转过 90°，使轴成水平位置，再将机壳绕轴线顺时针和逆时针各转 360°。

对于沿电机径向的出线，先将电机水平放置，使引出线向下，然后将电机垂直旋转 90° 使轴伸垂直向上，再将机壳绕出线孔的轴线顺时针和逆时针各转 360°。

试验后应符合 5.3.1.2 的要求。

5.3.2.2 螺纹接线柱

将电机固定，沿螺纹接线柱轴向方向分别施加 5.3.1.3 规定的压力和拉力。然后沿螺纹接线柱圆周方向施加扭矩到其端头上。该扭矩逐渐均匀施加(没有任何冲击)，达到 5.3.1.3 的规定的扭矩值后保持 5 s～10 s，试验后应符合 5.3.1.3 的要求。

5.3.2.3 接线片(柱)

将电机固定，沿接线片(柱)轴向施加拉力到其端头上。该拉力应逐渐均匀施加(没有任何冲击)，达到 5.3.1.4 规定的拉力数值后保持 5 s～10 s，试验后应符合 5.3.1.4 的要求。

5.4 外形及安装尺寸

5.4.1 技术要求

制造商应对电机的外形及安装尺寸作出规定，外形及安装尺寸应符合电机通用技术条件或专用技术条件的规定。除另有规定外，制造商交付电机时应将外形及安装尺寸图一并交付。

注：外形及安装尺寸包括尺寸公差。

5.4.2 试验方法

按电机的外形及安装尺寸要求选用量具种类及精度等级，将电机放置在常温条件下，使其达到稳定非工作温度后，逐项进行测量，结果应符合 5.4.1 的要求。

注：在不影响测量精度情况下，允许常温下即时测量。

5.5 径向间隙

5.5.1 技术要求

电机轴的径向间隙与电机轴承室加工精度、轴承径向间隙和轴伸径向受力情况相关。当有要求时，制造商应对电机轴的径向间隙大小和径向施力作出规定。径向间隙应符合电机通用技术条件或专用技术条件的规定。

5.5.2 试验方法

将电机牢固地轴向水平安装，可用千分表的测量头置于轴伸面上，并尽可能靠近轴承位置，施加通用技术条件或专用技术条件规定的力，沿与轴向垂直的方向加在轴上，首先向一个方向，然后向相反方向，观察千分表两次读数之差即为径向间隙测量值，其大小应符合 5.5.1 的要求。

注：加力位置与千分表的测量头位置应靠近。表头测点与加力点连线应与电机轴线平行。

5.6 轴向间隙

5.6.1 技术要求

电机的轴向间隙与电机轴向尺寸配合精度、轴向垫圈弹性和轴向受力情况相关。当有要求时，制造商应对电机轴的轴向间隙大小和轴向施力作出规定。轴向间隙应符合电机通用技术条件或专用技术条件的规定。

5.6.2 试验方法

将电机牢固地轴向水平安装，可用千分表的测量头置于轴伸端面，施加通用技术条件或专用技术条件规定的力，沿轴向水平方向加在轴上，首先向一个方向，然后向相反方向，观察千分表两次读数之差即为轴向间隙测量值，其大小应符合 5.6.1 的要求。

5.7 轴伸径向圆跳动

5.7.1 技术要求

电机的轴伸径向圆跳动与电机径向配合尺寸、安装止口外圆加工精度相关。当有要求时，制造商应对轴伸径向圆跳动大小作出规定。轴伸径向圆跳动应符合电机通用技术条件或专用技术条件的规定。

5.7.2 试验方法

将电机牢固地轴向水平安装，千分表的测量头置于轴伸面上离轴伸端面距离约为轴伸长度的 1/3 处，缓慢地转动电机转轴，在一周内测取其最大差值即为电机的轴伸径向圆跳动，其大小应符合 5.7.1 的要求。

5.8 安装配合面的同轴度

5.8.1 技术要求

此条要求仅适用于止口安装方式的电机。安装配合面的同轴度与电机安装止口配合面外圆加工精度以及定转子装配质量相关。当有要求时，制造商应对安装配合面的同轴度大小作出规定。安装配合面的同轴度应符合电机通用技术条件或专用技术条件的规定。

5.8.2 试验方法

固定电机转子，将千分表的测量头置于定子安装配合圆面上，转动电机定子，测取千分表最大与最小读数之差即为安装配合面的同轴度，其大小应符合 5.8.1 的要求。

5.9 安装配合端面的垂直度

5.9.1 技术要求

此条要求仅适用于止口安装方式的电机。安装配合端面的垂直度与电机安装止口配合端面加工精度以及定转子装配质量相关。当有要求时，制造商应对安装配合端面的垂直度大小作出规定。安装配合端面的垂直度应符合电机通用技术条件或专用技术条件的规定。

5.9.2 试验方法

固定电机转子，可用千分表的测量头置于定子安装配合端面上，转动电机定子，在端面均匀测量三个圆周的跳动，取其最大值即为安装配合端面的垂直度，其大小应符合 5.9.1 的要求。

5.10 摩擦力矩

5.10.1 技术要求

5.10.1.1 概述

摩擦力矩是衡量电机转动灵活性的参数之一，它包括静摩擦力矩和励磁静摩擦力矩。

5.10.1.2 静摩擦力矩

静摩擦力矩是电机不通电且电枢绕组开路时转子在任意位置开始转动需克服的摩擦阻力矩。当有要求时，制造商应对静摩擦力矩作出规定。静摩擦力矩应符合电机通用技术条件或专用技术条件的规定。

5.10.1.3 励磁静摩擦力矩

励磁静摩擦力矩是在规定励磁条件下，使转子在任意位置开始转动需克服的阻力矩。当有要求时，制造商应对励磁静摩擦力矩作出规定。励磁静摩擦力矩应符合电机通用技术条件或专用技术条件的规定。

5.10.2 试验方法

5.10.2.1 静摩擦力矩

按照电机机座号大小，选取附录 A 中图 A.5 所示相应规格圆盘。根据规定的静摩擦力矩值大小选取附录 A 中图 A.6 所示相应规格的摩擦力矩试验用重物。

将圆盘刚性地固定在电机轴伸上，所选取的试验用重物牢固地悬挂在圆盘上的固定位置。

电机机壳以 4 r/min～6 r/min 的恒定转速分别在两个相反方向旋转，每个方向至少转三转。在各方向转动过程中，若圆盘转动均不超过一转，则静摩擦力矩符合 5.10.1.2 的要求。

允许用其他等效的方法测量。

5.10.2.2 励磁静摩擦力矩

按规定励磁条件给电机励磁。按 5.10.2.1 的方法检查励磁静摩擦力矩，励磁静摩擦力矩应符合 5.10.1.3 的要求。

允许用其他等效的方法测量。

5.11 空载起动电压

5.11.1 技术要求

空载起动电压是衡量电机灵敏度的指标之一。当有要求时，制造商应对空载起动电压值作出规定。空载起动电压应符合电机通用技术条件或专用技术条件的规定。

5.11.2 试验方法

试验前，将电机定子固定，并使电机空载运行 3 min～5 min。

试验时，在电机转子任意起始位置，使控制电压（或电枢电压）均匀缓慢地从零逐渐增加，直至转子开始连续旋转为止，读出此时的控制电压（或电枢电压）值。对有电励磁要求的电机，给励磁绕组施加额定励磁电压。每一旋转方向随机进行三次，两个方向共六次，取六次控制电压（或电枢电压）的最大值即为空载起动电压。其值应符合 5.11.1 的要求。

5.12 控制特性

5.12.1 技术要求

控制特性是控制电机特有的能力。包括额定参数、控制范围、精度和响应能力等。制造商应根据电机的用途对其控制特性技术指标予以规定，技术指标应满足用户和适用法律法规要求。控制特性技术指标应符合电机通用技术条件或专用技术条件规定。

5.12.2 试验方法

按电机通用技术条件或专用技术条件规定的试验方法进行试验，结果应符合 5.12.1 的要求。

示例：永磁直流伺服电动机的控制特性可包括转速范围、起动电压、工作区等；自整角机的控制特性可包括电气误差、零位电压等。

5.13 电流

5.13.1 技术要求

制造商应对电机电流的性质和大小作出规定，且电流应在制造商提供的允差范围内。

5.13.2 试验方法

将电机安装在标准试验支架上，达到规定运行条件时，用电流表或电流传感器测量绕组的电流，其值应符合 5.13.1 的要求。

注：测量电流时，应按照电流的性质、大小、测量精度选择不同类别的电流测量仪表。不同类别的测量仪表对同一电流可能会得出不同的测量值，特别是对电流有畸变的电机更是如此。

5.14 功率

5.14.1 技术要求

制造商应对电机功率的种类和大小作出规定。且功率值应在制造商提供的允差范围内。

5.14.2 试验方法

除另有规定外，将电机安装在标准试验支架上，达到规定运行条件时，使用功率表或综合测试仪测量电机的功率，其值应符合 5.14.1 的要求。

5.15 阻抗

5.15.1 技术要求

阻抗是交流电机特有技术参数。它体现了电机与其相连接电气设备的匹配能力。当有要求时，制造商应对电机阻抗作出规定。

5.15.2 试验方法

将电机安装在标准试验支架上，按规定的试验频率和电压，通电运行至稳定工作温度后，使用附录 B 中 B.1 规定的测量方法，测量电机的各阻抗值，应符合 5.15.1 的要求。

允许用其他等效的方法进行测量。

注：电机阻抗有输入阻抗和输出阻抗之分。

5.16 电刷接触电阻变化

5.16.1 技术要求

电刷接触电阻变化是有刷电机特有的技术参数。它表征了此类电机电刷和滑环的接触质量。制造商应根据下列规定对电刷接触电阻变化值作出选择：

当电机转子电阻为 200 Ω(20 ℃)或以下时，接触电阻的变化值应不大于 1 Ω；当电机转子电阻大于 200 Ω(20 ℃)时，接触电阻变化值应不大于被测电机转子电阻的 0.5%，但持续时间小于 25 ms 的电阻变化可忽略不计。

注：直流有刷电机通常不规定电刷接触电阻变化值，但是制造商应能证明电机电刷接触是可靠的。

5.16.2 试验方法

电机的每对电刷以不超过 10 mA 的恒定电流源供电，转子以不超过 1 r/min 的转速均匀旋转，转过第三转后在完整的一转内用电桥法或其他能保证测量精度的方法，测量电刷和滑环之间接触电阻的变化。其值应符合 5.16.1 的要求。

鉴定检验时，接触电阻的变化应按附录 B 中 B.2 规定的方法测量。

5.17 绝缘介电强度

5.17.1 技术要求

制造商应对电机的绝缘介电强度作出规定。电机各独立绕组及其相互间应能承受表 3 或通用技术条件规定的绝缘介电强度试验，应无绝缘击穿或飞弧现象。绕组的峰值漏电流分为五挡：1 mA、5 mA、10 mA、20 mA、30 mA。供制造商或电机通用技术条件选择。漏电流应不包括试验设备电容所耗电流。试验后立即测量绝缘电阻应符合 5.18 的规定。

5.17.2 试验方法

试验用电源，其频率为 50 Hz，电压波形近似于正弦波。电源功率和输出阻抗应能保证在各种负载下都无显著的波形失真和显著的电压变化。

电机按 5.17.1 的规定施加试验电压，电压值应从零缓慢上升(至少 3 s)到规定值，在规定值上持续 1 min。整个试验过程中电压峰值应不超过规定有效值的 1.5 倍，并应监视故障指示器，以判定电机有无击穿放电及漏电流值。试验结束时，应逐渐降低试验电压至零，以免出现浪涌。1 min 试验可用约 5 s 试验代替，试验电压值为表 3 规定的正常值。也可用 1 s 试验来代替，但试验电压值为表 3 规定值的 120%。试验结束后按 5.18.2 测量绝缘电阻，应符合 5.18.1 的规定。

表 3

单位为伏特

额定电压	试验电压			
	绕组对机壳及定子绕组对转子绕组		同一铁心上各独立绕组之间	
	24 号机座及以下	24 号机座以上	24 号机座及以下	24 号机座以上
≤20	100_{-3}^{0}	250_{-8}^{0}	100_{-3}^{0}	100_{-3}^{0}
>20～60	300_{-9}^{0}	500_{-15}^{0}	150_{-5}^{0}	250_{-8}^{0}
>60～115	500_{-15}^{0}	750_{-23}^{0}	300_{-9}^{0}	400_{-12}^{0}
>115～220	1000_{-30}^{0}	1000_{-30}^{0}	500_{-15}^{0}	500_{-15}^{0}
>220～380	—	1500_{-45}^{0}	—	750_{-23}^{0}
>380	由电机通用技术条件或专用技术条件规定			
注：重复绝缘介电强度试验时，试验电压值为表 3 规定值的 80%。				

5.18 绝缘电阻

5.18.1 技术要求

制造商应对电机的绝缘电阻作出规定。在正常试验条件及专用技术条件规定的极限低温条件下，电机各独立绕组对机壳及其相互间的绝缘电阻应不小于 50 MΩ，在相应高温条件下绝缘电阻应不小于 10 MΩ。

在相应湿热条件下绝缘电阻应不小于 1 MΩ。

直流电机的绝缘电阻值由电机通用技术条件规定。

检查绝缘电阻所用兆欧表的电压值应符合表 4 的规定。

表 4

单位为伏特

绝缘介电强度试验电压	兆欧表电压
100	100
150～300	250
400～1 000	500
1 500	1 000
>1 500	由电机通用技术条件或专用技术条件规定

5.18.2 试验方法

按表 4 的规定选择对应的兆欧表，测量电机各独立绕组对机壳及各绕组间的绝缘电阻数值应符合 5.18.1 的要求。

注：使用兆欧表时，通常规定其额定转速为 120 r/min，读数应在额定转速下工作 1 min 后进行。

5.19 转子转动惯量

5.19.1 技术要求

转子转动惯量是衡量电机响应能力和灵活性的指标之一。当有要求时，制造商应对电机转子转动惯量作出规定。

5.19.2 试验方法

附录 C 列出了可用的电机转子转动惯量的试验方法，表 5 为附录 C 中不同方法的选择提供参考。

表 5

试验方法	主要应用
计算法	电机转子形状规则且质量分布均匀的电机转子
单钢丝扭转振荡法[a]	对转子转动惯量测量精度要求较高时
双线悬吊法[a]	对质量较小的转子且测量精度要求较高时
三线悬吊法[a]	适用于转子质量特别小的电机转子转动惯量测量
落重法	电机整机或大电机转子转动惯量测量。使用该方法测量转子带永磁体的电机转子转动惯量时，应考虑定子涡流的影响
[a] 此方法对带有永磁体的转子测量时，由于受地磁场影响，测量误差可能较大，应慎重选择	

电机转子转动惯量测量时，各相关方应根据电机转子结构特点，选用适当的转子转动惯量测量方法。电机转子转动惯量测量结果值应符合 5.19.1 的要求。

5.20 机电时间常数

5.20.1 技术要求

机电时间常数是衡量电机快速响应能力的指标之一。当有要求时，制造商应对电机机电时间常数作出规定。

5.20.2 **试验方法**

附录 D 列出了电机机电时间常数试验方法，表 6 为附录 D 中不同方法的选择提供参考。

表 6

试验方法	主要应用
起动电流法	电气时间常数远小于机械时间常数的电机
制动电流法	同上
测速发电机法	适用于机电时间常数大于十几毫秒的直流伺服电动机
对拖法	适用于电气时间常数相对较小的各种直流电动机
拍摄法	适用于各种电动机

电机机电时间常数试验时，各相关方应根据电机结构特点，选用适当的机电时间常数试验方法。电机机电时间常数试验结果值应符合 5.20.1 的要求。

5.21 **温升(温度)**

5.21.1 **技术要求**

温升(温度)是衡量电机在规定工作条件下连续工作的能力。温升(温度)与电机的材料、结构、工作条件和环境条件相关。制造商应根据电机的工作条件和使用环境对温升(温度)作出规定。电机温升(温度)应符合通用技术条件或专用技术条件的规定。

5.21.2 **试验方法**

5.21.2.1 **电机绕组平均温升**

电机安装在规定的标准试验支架上(附录 A 中图 A.1～图 A.4，对 K2 、K5 型电机可用附录 A 中图 A.1～图 A.4 规定的试验支架和散热板，根据电机安装特点，用螺钉将电机固定在散热板上)或按通用技术条件或专用技术条件的规定安装，应避免通过轴伸及与其所连接物体进行热量传递，并且不受外界热辐射及气流的影响。

电机在室温下达到稳定非工作温度，测量规定绕组的直流电阻(当用带电测量法时应按试验线路附录 A 中图 A.9)，记下室温，然后按规定条件通电运行至稳定工作温度，测量同一绕组的直流电阻，并记录此时室温。

温升由式(1)求出，并应符合 5.21.1 的要求。

$$\theta = \frac{R_2 - R_1}{R_1}(235 + t_1) + (t_1 - t_2) \qquad \cdots\cdots(1)$$

式中：

θ——电机的温升，单位为开尔文(K)；

R_2——1) 若用带电法测量时，R_2 为温升试验结束时的绕组电阻，单位为欧姆(Ω)；

2) 若从断电开始，则 R_2 为温升试验结束 5 s 内绕组电阻；温升试验结束超过 5 s 时测取绕组电阻值随时间变化的曲线，则 R_2 为曲线外推到离温升试验结束时间为 5 s 的绕组电阻值，单位为欧姆(Ω)；

R_1——温度为 t_1(冷态)时的绕组电阻，单位为欧姆(Ω)；

t_1——测量绕组(冷态)初始电阻时的温度，单位为摄氏度(℃)；

t_2——温升试验结束时绕组的温度，单位为摄氏度(℃)。

注：温升试验中的标准试验支架是按一般电机机座号大小规定的，对机座号相同而电机细长比和功率不同的电机，应根据电机使用条件和用户要求由通用技术条件或专用技术条件规定。

5.21.2.2 表面温度

在测量电机绕组温度的同时使用点温计或红外测温仪测量端盖轴承部位、换向器表面和机壳表面温度。

电机温升(温度)应符合 5.21.1 的要求。

5.22 低温

5.22.1 技术要求

电机应能在规定的低温条件下贮存和工作。制造商应对电机的低温条件、保持时间、试验样品处理和恢复、运行条件和检测要求作出规定。电机低温试验应符合通用技术条件或专用技术条件的规定。

注:低温可能会对电机的结构、绝缘性能、转动灵活性和控制特性造成影响。低温检测项目通常有起动电压、绝缘介电强度、绝缘电阻、控制特性等。

5.22.2 试验方法

将电机安装在标准试验支架上,按 GB/T 2423.1 中试验方法 Ad 进行低温试验。其试验温度、保温时间、电机运行条件和检测要求按 5.22.1 规定,结果应符合 5.22.1 的要求。

5.23 高温

5.23.1 技术要求

电机应能在规定的高温条件下贮存和工作。制造商应对电机的高温条件、保持时间、试验样品处理和恢复、运行条件和检测要求作出规定。电机高温试验应符合电机通用技术条件或专用技术条件的规定。

注:高温可能会对电机的结构、绝缘性能、润滑能力和控制特性造成影响。高温检测项目通常有润滑检查、绝缘介电强度、绝缘电阻、控制特性等。

5.23.2 试验方法

将电机安装在标准试验支架上,按 GB/T 2423.2 中试验方法 Bd 进行高温试验。其试验温度、保持时间、电机运行条件和检测要求按 5.23.1 规定,检测结果应符合 5.23.1 的要求。

5.24 温度变化

5.24.1 技术要求

当有要求时,电机应能承受规定的极限高、低温的温度变化条件。制造商应对电机的极限高、低温的温度变化条件,极限温度下保持时间,极限高、低温间转换的温度变化速率,温度变化循环次数、试验样品处理和恢复、检测要求作出规定。电机温度变化试验应符合电机通用技术条件或专用技术条件的规定。

5.24.2 试验方法

将电机安装在标准试验支架上,按 GB/T 2423.22 中试验方法 N 进行温度变化试验。其试验的极限高、低温的温度变化条件,极限温度下保持时间,极限高、低温间转换的温度变化速率、温度变化循环次数、试验样品处理和恢复、检测要求温度、保温时间、电机运行条件和检测要求按 5.24.1 的规定。检测结果应符合 5.24.1 的要求。

5.25 低气压

5.25.1 低温低气压

5.25.1.1 技术要求

当有要求时,电机应能在规定的低温低气压条件下贮存和工作。制造商应对电机的低温低气压条件、保持时间、试验样品处理和恢复、电机运行条件和检测要求作出规定。电机低温低气压试验应符合电机通用技术条件或专用技术条件的规定。

5.25.1.2 试验方法

将电机安装在标准试验支架上,按 GB/T 2423.25 中的试验方法 Z/AM 进行低温低气压试验。其试验的低温低气压条件、保持时间、试验样品处理和恢复、电机运行条件和检测要求按 5.25.1.1 的规定。检测结果应符合 5.25.1.1 的要求。

5.25.2 高温低气压

5.25.2.1 技术要求

当有要求时，电机应能在规定的高温低气压条件下贮存和工作。制造商应对电机的高温低气压条件、保持时间、试验样品处理和恢复、电机运行条件和检测要求作出规定。电机高温低气压试验应符合电机通用技术条件或专用技术条件的规定。

5.25.2.2 试验方法

将电机安装在标准试验支架上，按 GB/T 2423.26 中的试验方法 Z/BM 进行高温低气压试验。其试验的高温低气压条件、保持时间、试验样品处理和恢复、电机运行条件和检测要求按 5.25.2.1 的规定。检测结果应符合 5.25.2.1 的要求。

注 1：低气压有低温低气压和高温低气压之分。

注 2：低气压可能会对电机的结构、绝缘性能、起动能力、润滑能力和控制特性造成影响。低气压检测项目通常有起动检查、润滑检查、绝缘介电强度、绝缘电阻、控制特性等。

5.26 振动

5.26.1 技术要求

当有要求时，电机应能在规定的振动条件下工作和运输。制造商应对电机的振动类型、振动条件参数、振动方向、振动时间、试验样品处理、电机运行条件和检测要求作出规定。振动试验应符合电机通用技术条件或专用技术条件的规定。

振动类型通常分为正弦扫频振动和随机振动。表 7 列出了正弦扫频振动试验参数，供相关方规定振动条件时参考。

表 7

振动频率/Hz	交越频率/Hz	振幅或加速度	扫频次数	每一轴线振动时间/min	三个相互垂直轴线方向振动总时间/min
10～55	—	双振幅 1.5mm	10	10,30,45	30,90,135
10～500	57.7	双振幅 1.5 mm 或加速度 100 m/s^2	10		
10～2 000	70.7	双振幅 1.5 mm 或加速度 150 m/s^2	10		

注 1：振动可能会对电机的结构、装配质量和控制特性造成影响。振动检测项目通常有外观检查、绝缘介电强度、绝缘电阻、控制特性等。

注 2：完整振动过程有初始振动、连续振动和耐久性振动。

5.26.2 试验方法

电机应牢固地安装在试验支架上，试验支架应刚性固定在振动设备试验台面上，按 GB/T 2423.10 中的扫频试验方法 Fc 进行正弦扫频振动试验或按 GB/T 2423.11 中一般随机振动试验方法 Fd 进行随机振动试验。其中振动类型、振动条件参数、振动方向、振动时间、试验样品处理、电机运行条件和检测要求按 5.26.1 的规定进行。检测结果应符合 5.26.1 的要求。

振动试验时，若规定电机轴上带机械负载，则安装附录 A 中图 A.7 或图 A.8 所示的圆盘可作为机械负载的一种选择。

5.27 冲击

5.27.1 技术要求

当有要求时，电机应能在规定的冲击条件下工作和运输。制造商应对电机的冲击条件参数、冲击方向、冲击脉冲持续时间、试验样品处理、电机运行条件和检测要求作出规定。冲击试验应符合电机通用技术条件或专用技术条件的规定。

表 8 列出了冲击试验参数，供相关方规定冲击条件时参考。

表 8

峰值加速度/m/s²	脉冲持续时间/ms	波　　形	每一轴线冲击次数	三个相互垂直轴线的6个方向冲击总次数
150	11	半正弦	3	18
300	11	半正弦	3	18

注：冲击可能会对电机的结构、装配质量和控制特性造成影响。冲击检测项目通常有外观检查、绝缘介电强度、绝缘电阻、控制特性等。

5.27.2　**试验方法**

电机应牢固地安装在试验支架上，试验支架应刚性固定在冲击设备试验台面上，按 GB/T 2423.5 中 Ea 的冲击试验方法进行冲击试验。其中冲击条件参数、冲击方向、冲击时间、试验样品处理、电机运行条件和检测要求按 5.27.1 的规定进行。检测结果应符合 5.27.1 的要求。

冲击试验时，若规定电机轴上带机械负载，则安装附录 A 中图 A.7 或图 A.8 所示的圆盘可作为机械负载的一种选择。

5.28　**稳态加速度**

5.28.1　**技术要求**

当有要求时，电机应能在规定的稳态加速度条件下工作。制造商应对电机的稳态加速度条件参数、加速度方向、加速度试验持续时间、试验样品处理、电机运行条件和检测要求作出规定。稳态加速度试验应符合电机通用技术条件或专用技术条件的规定。

5.28.2　**试验方法**

电机应牢固地安装在试验支架上，试验支架应刚性固定在加速度设备悬臂上，按 GB/T 2423.15 中 Ga 的稳态加速度试验方法进行试验。其中稳态加速度条件参数、加速度方向、加速度试验持续时间、试验样品处理、电机运行条件和检测要求按 5.28.1 的规定进行。检测结果应符合 5.28.1 的要求。

稳态加速度试验时，若规定电机轴上带机械负载，则安装附录 A 中图 A.7 或图 A.8 所示的圆盘可作为机械负载的一种选择。

5.29　**湿热**

5.29.1　**恒定湿热**

5.29.1.1　**技术要求**

当有要求时，电机应能在规定的恒定湿热条件下贮存和工作。制造商应对电机的恒定湿热条件参数、恒定湿热试验持续时间、试验样品处理及恢复、电机运行条件和检测要求作出规定。恒定湿热试验应符合电机通用技术条件或专用技术条件的规定。

表 9 列出了恒定湿热试验参数，供相关方规定恒定湿热条件时参考。

表 9

温度/℃	相对湿度/%	持续时间/d
40±2	90～95	2、4、10

注：恒定湿热条件可能会对电机表面质量、绝缘性能和控制特性造成影响。恒定湿热试验检测项目通常有外观检查、绝缘电阻、控制特性等。

5.29.1.2　**试验方法**

将电机安装在标准试验支架上，轴伸及安装配合面涂以防锈脂，按 GB/T 2423.3 中试验方法 Cab 的规定进行恒定湿热试验，其中恒定湿热条件参数、恒定湿热试验持续时间或周期、试验样品处理及恢复、电机运行条件和检测要求按 5.29.1.1 的规定。检测结果应符合 5.29.1.1 的要求。

5.29.2 交变湿热

5.29.2.1 技术要求

当有要求时,电机应能在规定的交变湿热条件下贮存和工作。制造商应对电机的交变湿热条件参数、交变湿热试验循环周期、试验样品处理及恢复、电机运行条件和检测要求作出规定。交变湿热试验应符合通用技术条件或专用技术条件的规定。

表10列出了交变湿热试验参数,供相关方规定交变湿热条件时参考。

表10

高温温度/℃	相对湿度/%	持续时间/d
40±2	45～95	2、6、12
55±2		1、2、6

注:交变湿热条件可能会对电机表面质量、绝缘性能和控制特性造成影响。交变湿热试验检测项目通常有外观检查、绝缘电阻、控制特性等。

5.29.2.2 试验方法

将电机安装在标准试验支架上,轴伸及安装配合面涂以防锈脂,按GB/T 2423.4中试验方法Db规定的进行交变湿热试验,其中交变湿热条件参数、交变湿热试验循环周期、试验样品处理及恢复、电机运行条件和检测要求按5.29.2.1的规定。检测结果应符合5.29.2.1的要求。

5.30 可靠性(寿命)

5.30.1 技术要求

电机应具有规定要求的可靠性,制造商应根据电机使用的规定条件和规定功能对其可靠性技术指标、样品抽样、产品失效判据、试验样品处理、试验检测要求和数据统计方法作出规定。可靠性试验应符合电机通用技术条件或专用技术条件的规定。

电机常用可靠性技术指标包括下列几项,相关方可选择其中一项:

寿命(保证工作期限)T;

在规定时间t时的可靠度$R(t)$;

失效前,平均工作时间MTTF;

平均失效率$\overline{\lambda}$。

表11列出了电机可靠性技术指标,供相关方规定可靠性技术指标时参考。

表11

分类	寿命(保证工作期限) T/h	平均工作时间 MTTF/h	平均失效率$\overline{\lambda}$/ $10^{-6}\cdot h^{-1}$	可靠度/$R(t)$	
				工作期限 t/h	可靠度 R
可靠性技术指标	100、500、750、1 000、1 500、2 000	500、750、1 000、1 500、2 000、3 000、5 000	2 000、1 500、1 000、750、500、100、75、50、20、10、1.0	50、75、100、500、750、1 000、1 500、2 000、3 000、5 000	0.98、0.96、0.94、0.92、0.90

可靠性抽样方案按可接收的可靠性水平A_α和拒收的可靠性水平A_β,制造商风险α和用户风险β,根据相关标准选取抽样数n和允许失效数c。(n,c)构成了抽样方案。

注1:按可靠性定义,保证工作期限不是可靠性技术指标,但制造商常给出该指标,并且通常称之为“寿命”,它的含义是指由制造商保证的最低限度无故障持续工作期限。用户在选用电机“寿命”时,可区分选择。

注2:控制电机因其自身特点,一般规定为不可修复产品,这里的失效是指不可修复的失效。故平均寿命为失效前平均工作时间MTTF(Mean Time to Failure)。因此,在可靠性试验中电机出现故障时不允许更换和修复。

但对规定工作期限 t 大于或等于 1 000 h 的电机，在最初试验 30 h～50 h 以内出现故障时除外。

注 3：经用户同意，可靠性试验可随用户整机在相应运行条件下进行，此时制造商应对试验数据收集及其处理方法作出规定。

注 4：可靠性试验允许采用加速试验方法，但电机通用技术条件或专用技术条件应对加速试验因子、加速次数和试验结果的计算方法作出规定。

5.30.2 试验方法

按电机通用技术条件或专用技术条件规定进行试验，其中可靠性技术指标的选择、抽样方案、产品失效判据、试验样品处理、试验检测要求和数据统计方法按 5.30.1 的规定。检测结果应符合 5.30.1 的要求。

5.31 噪声

5.31.1 技术要求

电机噪声应不超过规定限值。电机的噪声限值分为 N 级(普通级)、R 级(一级)、S 级(优等级)和 E 级(低噪声级)等四个等级。R 级噪声限值比 N 级低 5 dB，S 级比 N 级低 10 dB，E 级比 N 级低 15 dB。如无其他规定，电机的噪声应符合 N 级的要求。

电机在空载时的 A 计权声功率级的噪声限值应符合表 12 规定中的某一等级的要求。并在各类型电机标准中规定。

注：表 12 中同步转速对直流电机是指额定电压下的空载转速。

表 12

轴承类别	同步转速/(r/min)	额定功率/W																											
		$P_N \leqslant 10$				$10 < P_N \leqslant 40$				$40 < P_N \leqslant 180$				$180 < P_N \leqslant 750$				$750 < P_N \leqslant 1\ 500$				$1\ 500 < P_N \leqslant 2\ 200$				$2\ 200 < P_N$			
		声功率级噪声/dB(A)																											
		N	R	S	E	N	R	S	E	N	R	S	E	N	R	S	E	N	R	S	E	N	R	S	E	N	R	S	E
滚动轴承	$n_0 \leqslant 750$	—	—	—	—	—	—	—	—	55	50	45	40	60	55	50	45	—	—	—	—	—	—	—	—	—	—	—	—
	$750 < n_0 \leqslant 1\ 000$	—	—	—	—	—	—	—	—	58	53	48	43	65	60	55	50	68	63	58	53	—	—	—	—	—	—	—	—
	$1\ 000 < n_0 \leqslant 1\ 500$	50	45	40	35	57	52	47	42	62	57	52	47	67	62	57	52	73	68	63	58	78	73	68	63	83	78	73	68
	$1\ 500 < n_0 \leqslant 3\ 000$	55	50	45	40	62	57	52	47	67	62	57	52	72	67	62	57	78	73	68	63	83	78	73	68	88	83	78	73
	$3\ 000 < n_0 \leqslant 5\ 000$	60	55	50	45	65	60	55	50	—	—	—	—	—	—	—	—	—	—	—	—	—	—	—	—	—	—	—	—
	$5\ 000 < n_0 \leqslant 8\ 000$	65	60	55	50	70	65	60	55	—	—	—	—	—	—	—	—	—	—	—	—	—	—	—	—	—	—	—	—
滑动轴承	$n_0 \leqslant 1\ 500$	45	40	35	30	—	—	—	—	—	—	—	—	—	—	—	—	—	—	—	—	—	—	—	—	—	—	—	—
	$1\ 500 < n_0 \leqslant 3\ 000$	50	45	40	35	55	50	45	40	60	55	50	45	—	—	—	—	—	—	—	—	—	—	—	—	—	—	—	—
	$3\ 000 < n_0 \leqslant 5\ 000$	55	50	45	40	60	55	50	45	65	60	55	50	—	—	—	—	—	—	—	—	—	—	—	—	—	—	—	—
	$5\ 000 < n_0 \leqslant 8\ 000$	60	55	50	45	65	60	55	50	70	65	60	55	—	—	—	—	—	—	—	—	—	—	—	—	—	—	—	—
	$8\ 000 < n_0 \leqslant 12\ 000$	65	60	55	50	—	—	—	—	—	—	—	—	—	—	—	—	—	—	—	—	—	—	—	—	—	—	—	—

5.31.2 试验方法

电机噪声试验方法按 GB/T 10069.1 的有关规定进行。试验结果应符合 5.31.1 的要求。

5.32 电磁兼容

5.32.1 技术要求

当有要求时，电机应满足规定的电磁兼容性。电机的电磁兼容性要求包括电磁干扰要求和敏感度要求。其中电磁干扰要求用电磁发射限值表示，电磁敏感度要求用电磁抗扰度表示。制造商应对电机的电磁兼容试验样品处理、安装方式、电机运行条件及其检测要求作出规定。

电磁发射限值应符合 GB 17799.4 或 GB 17799.3 的规定；电磁抗扰度应符合电机通用技术条件或专用技术条件的规定。

5.32.2 试验方法

电磁发射限值和电磁抗扰度试验方法按 GB/T 6113.2 的规定。

其中电磁兼容试验样品处理、安装方式、电机运行条件及其检测要求应符合 5.32.1 的规定。检测结果应符合 5.32.1 的要求。

5.33 盐雾

5.33.1 技术要求

当有要求时，电机应具有规定的抗盐雾腐蚀能力。制造商应对电机盐雾试验样品处理与恢复、安装细节、试验持续时间及其检测要求作出规定。盐雾试验条件应符合 GB/T 2423.17 中试验方法 Ka 的规定，其中盐雾试验持续时间可在下列范围内根据产品不同要求选取：16 h、24 h、48 h、96 h。盐雾试验后电机不能有影响正常工作的腐蚀迹象和破坏性变质。

注：盐雾试验样品可使用电机零部件，但零部件应能代表电机的抗盐雾腐蚀的能力。

5.33.2 试验方法

电机盐雾试验按 GB/T 2423.17 中试验方法 Ka 规定的进行，其中盐雾试验样品处理与恢复、安装细节、试验持续时间及其检测要求应符合 5.33.1 的规定。检测结果应符合 5.33.1 的要求。

5.34 长霉

5.34.1 技术要求

当有要求时，电机及其所用材料在有利于霉菌生长气候条件下应具有抵抗霉菌破坏影响的能力。制造商应对电机长霉试验样品处理与恢复、试验持续时间及其检测等级要求作出规定。长霉试验条件应符合 GB/T 2423.16 中试验方法 Ja 的规定，其中长霉试验持续时间为 28 d。长霉试验后电机的任何部位霉菌生长程度等级应不超过规定值。

注：长霉试验样品可使用电机零部件，但零部件应能代表电机所用的全部有机材料。

5.34.2 试验方法

电机长霉试验按 GB/T 2423.16 中试验方法 Ja 的规定进行，其中长霉试验样品处理与恢复、试验持续时间及其检测等级要求应符合 5.34.1 的规定。检测结果应符合 5.34.1 的要求。

5.35 质量

5.35.1 技术要求

电机及其附件的质量应不超过规定要求。制造商应对电机及其附件的质量作出规定。

5.35.2 试验方法

用相对精度不低于 1% 的衡器，称量电机及其附件的质量，电机及其附件的质量应符合 5.35.1 的规定。

5.36 安全

5.36.1 技术要求

电机应具有规定的安全性。电机的安全性应符合 GB 755 和 GB 18211—2000 的规定。当用户有要求时，制造商应能提供与电机安全有关的证据。

5.36.2 试验方法

电机的安全试验方法按 GB 18211 的规定。电机的安全试验结果应符合 5.36.1 的规定。

5.37 试验条件

5.37.1 试验的标准大气条件

所有试验若无其他规定，均应在下列试验的标准大气条件下进行：

温度：15 ℃～35 ℃；

相对湿度：45%～75%；

气压:86 kPa～106 kPa。

5.37.2 仲裁试验的标准大气条件

如果需要严格控制试验大气条件,以获得可重现结果时,规定在下列仲裁试验标准大气条件下进行:

温度:20 ℃±1 ℃;

相对湿度:48%～52%;

气压:86 kPa～106 kPa。

5.37.3 基准试验的标准大气条件

作为计算依据的基准试验标准大气条件为:

温度:20 ℃;

相对湿度:50%;

气压:101.3 kPa。

5.37.4 试验电源

试验用电源的容量、内阻以及电压幅值和频率的稳定度、允差,电压的相位、电压波形的非正弦失真度以及直流电压的脉动分量等,由电机通用技术条件规定。

5.37.5 试验仪表和试验线路

试验仪表和试验线路由电机通用技术条件规定。

5.37.6 电机的安装

如无特殊规定,试验时电机应轴向水平安装在附录 A 中图 A.1、图 A.2、图 A.3 和图 A.4 所示的标准试验支架上。

6 检验规则

6.1 检验分类

a) 鉴定检验;

b) 质量一致性检验。

6.2 鉴定检验

6.2.1 鉴定检验时机和条件

当有要求时,鉴定检验应在国家认可的实验室按通用技术条件规定进行。

有下列情况之一时,应进行 C 组检验:

a) 新产品设计确认前;

b) 已鉴定产品设计或工艺变更时;

c) 已鉴定产品关键原材料、原器件变更时;

d) 产品制造场所改变时。

6.2.2 样机数量

从批产品中随机抽取六台样机,其中四台供鉴定检验用,另外两台保存备用。

注:定型批产品数量不足六台时,应全数提交鉴定检验。但供鉴定检验样机数量不得少于两台。

6.2.3 检验程序

鉴定检验项目、基本顺序和样机编号由各类电机通用技术条件参照表 13 规定进行。

6.2.4 检验结果的评定

6.2.4.1 合格

鉴定检验用样机的全部项目检验符合要求,则鉴定检验合格。

表 13

序号	检验项目	技术要求和试验方法条款	鉴定检验样机编号	质量一致性检验	
				A组检验	C组检验
1	外观	5.1	1,2,3,4	√	—
2	铭牌[a]	5.2	1,2,3,4	√	√
3	引出线或接线端[a]	5.3	1,2,3,4	√	√
4	外形及安装尺寸	5.4	1,2,3,4	√	—
5	径向间隙	5.5	1,2,3,4	√	—
6	轴向间隙	5.6	1,2,3,4	√	—
7	轴伸径向圆跳动	5.7	1,2,3,4	√	—
8	安装配合面的同轴度	5.8	1,2,3,4	√	—
9	安装配合端面的垂直度	5.9	1,2,3,4	√	—
10	绝缘介电强度	5.17	1,2,3,4	√	—
11	绝缘电阻	5.18	1,2,3,4	√	—
12	摩擦力矩	5.10	1,2,3,4	√	—
13	空载起动电压	5.11	1,2,3,4	√	—
14	控制特性	5.12	1,2,3,4	√	—
15	电流	5.13	1,2,3,4	√	—
16	功率	5.14	1,2,3,4	√	—
17	阻抗	5.15	1,2,3,4	√	—
18	电刷接触电阻变化	5.16	1,2,3,4	√	—
19	转子转动惯量[b]	5.19	1,2	—	√
20	机电时间常数	5.20	3,4	—	√
21	噪声	5.31	1,2,3,4	—	√
22	温升	5.21	1,2,3,4	—	√
23	低温	5.22	3,4	—	√
24	高温	5.23	3,4	—	√
25	温度变化[c]	5.24	3,4	—	√
26	低气压[c]	5.25	1,2	—	√
27	电磁兼容[c]	5.32	1,2,3,4	—	—
28	振动	5.26	1,2,3,4	—	√
29	冲击	5.27	1,2,3,4	—	√
30	稳态加速度[c]	5.28	1,2	—	√
31	湿热[c]	5.29	3,4	—	√
32	可靠性[d]	5.30	[d]	—	—
33	盐雾[c]	5.33	1,2	—	—
34	长霉[c]	5.34	3,4	—	—
35	质量	5.35	1,2	—	—
36	安全[d]	5.36	1,2	—	—

注:"√"表示进行该项目检验,"—"表示不进行该项检验。

[a] 铭牌A组检验时不检测其耐久性。引出线或接线端标记应在A组检验时检测,其强度应在C组检验时检测。

[b] 鉴定检验时,允许用同批次转子零部件进行检测。

[c] 根据电机用途和环境条件,当有要求时才进行的鉴定检验项目。

[d] 制造商可通过间接方式提供满足检验项目要求的证据并获得用户同意。

6.2.4.2 不合格

只要有一台样机的任一项目不符合要求，则鉴定检验不合格。

6.2.4.3 偶然失效

当鉴定部门确定电机某一不合格项目属于孤立性质的偶然失效时，允许在每次提交的样机中取一台备用样机代替失效样机，并补做失效发生前(包括失效时)的所有项目。然后继续试验，若再有一台样机的任一个项目不符合要求，则鉴定检验不合格。

6.2.4.4 性能降低

样机经环境试验后，允许出现不影响其使用的性能降低，性能降低的允许值由通用技术条件规定。

6.2.4.5 环境试验期间和试验后的性能严重降低

样机在环境试验期间和试验后，出现影响其使用的性能严重降低时，鉴定部门可以采取两种方式：或者认为鉴定不合格，或者当一台样机出现失效时，允许用新的两台样机代替，并补做失效发生前(包括失效时)的所有试验，然后补足原样机数量继续试验，若再有一台样机的任一个项目不合格，则鉴定检验不合格。

6.2.5 同类型产品鉴定检验

当某一类同机座号的两个及两个以上型号的电机同时提交鉴定检验时，每种型号均应提交四台样机，所有样机应通过质量一致性中的 A 组检验，然后选取四台有代表性的不同型号的样机进行其余项目的试验。试验结果评定按 6.2.4 规定。任一台样机的任一项目不合格，则鉴定检验不合格。本检验不允许样机替换。

若鉴定检验合格，则同时提交的所有型号的电机均鉴定检验合格。

对此后制造的同类同机座电机或对原型号设计更改的电机应进行差异性鉴定检验，差异性鉴定检验合格，则认为该型号电机鉴定检验合格。

6.3 质量一致性检验

质量一致性检验分为 A 组和 C 组检验。

a) A 组检验是为了证实电机产品是否满足常规质量要求所进行的出厂检验；

b) C 组检验是周期性检验。

6.3.1 A 组检验

A 组检验项目及基本顺序按表 13 规定进行。

A 组检验可以抽样或逐台进行。抽样按 GB/T 2828.1 中检验水平Ⅱ，一次抽样方案进行，接收质量限(AQL 值)，由用户和制造商协商选定。

逐台检验中，电机若有一项或一项以上不合格，则该电机为不合格品。

A 组检验合格，则除抽样中的不合格电机之外，用户应整批接收。

若 A 组检验不合格，则整批拒收，由制造商消除缺陷并剔除不合格品后，再次提交 A 组检验。

注：表 13 所列项目，由制造商根据电机特点和质量控制要求程度选择使用。所选项目应满足法律法规和用户要求。

6.3.2 C 组检验

C 组检验项目及基本顺序按表 13 规定进行。

6.3.2.1 检验时机和周期

有下列情况之一时，一般应进行 C 组检验：

a) 相关项目检验；

b) A 组检验结果与鉴定检验结果发生较大偏差时；

c) 周期检验；

d) 政府或行业监管产品质量或用户要求时。

C 组检验周期除另有规定，每两年应至少进行一次。

6.3.2.2 检验规则

C 组检验项目及基本顺序按表 13 规定进行。

C 组检验样机从已通过 A 组检验的产品中抽取，对未做过 A 组检验的样机应补做 A 组检验项目的试验，待合格后方能进行 C 组检验。

C 组检验样机数量及检验结果评定按 6.2.1 和 6.2.4 的规定。

若 C 组检验不合格，由制造商消除不合格原因后，重新进行 C 组检验。

7 交付准备

7.1 总则

除另有规定外，交付的电机应是通过设计确认后制造的，且经 A 组检验合格的产品。

7.2 包装

电机包装应符合 JB/T 8162—1999 的规定，制造商应确保电机通过包装能得到有效防护。

7.3 运输

包装的电机在运输过程中应小心轻放，避免碰撞和敲击，严禁与酸碱等腐蚀性物质放在一起。制造商应通过标识或协议方式将运输条件告知用户和承运商。

7.4 储存

电机应储存在环境温度为 −10 ℃～35 ℃，相对湿度不大于 85%，清洁且通风良好的库房内，空气中不得含有腐蚀性气体。储存期分为一年、三年和五年，由制造商规定。制造商应将储存条件和储存期告知用户。

7.5 保证期

保证期系制造商就电机正确储存和使用期限而向用户作出的承诺。

保证期是从产品出厂之日算起的储存期(包括运输期)与保用期之和。

保用期从电机包装启封开始计算，分为一年、两年半或根据各类电机的特点，由电机通用技术条件规定。

在正确储存和使用情况下，制造商应保证电机在保用期内正常工作。如在保用期内电机因制造质量不良而发生损坏或不能正常工作时，制造商应负责维修或更换。

8 用户服务

制造商应对电机交付后的技术服务作出规定，当用户有需求时，应能及时提供技术服务。

附 录 A
（规范性附录）
标准试验支架和工装

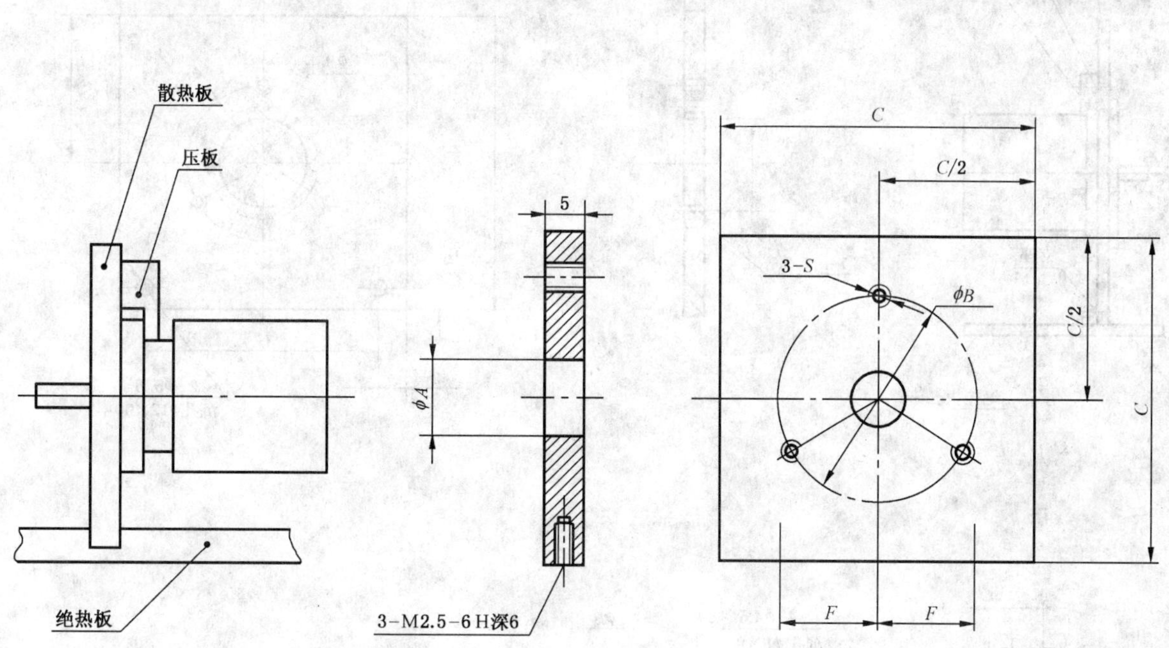

散热板材料：铝合金，表面阳极氧化处理呈黑色。

单位为毫米

机座号	A	B	C	F	S
12	10	26	56	16	M3-8H
16	13	30	56	16	
20	13	34	60	20	
24	15	38	72	24	
28	26	42	84	28	M4-8H
32	29	47	96	32	
36	32	52	108	36	
40	36	56	120	40	
45	41	62	135	45	

图 A.1 K1、K3 型电机标准试验支架

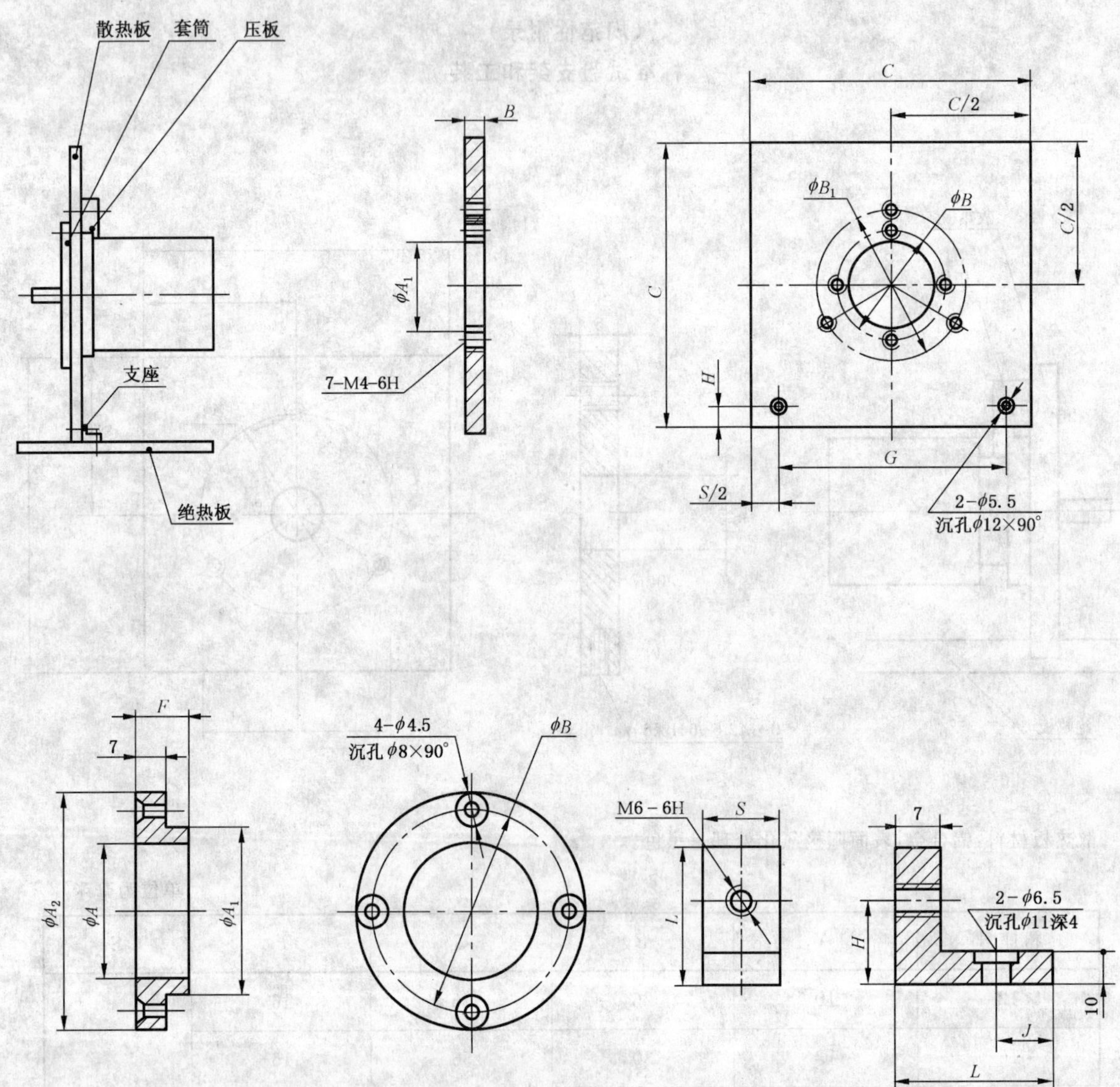

散热板、套筒、支座材料:铝合金,表面阳极氧化处理呈黑色。

单位为毫米

机座号	A	B	C	E	A_1	B_1	F	G	A_2	L	S	H	J
55	55	72	165	5	62	87	12	150	82	30	15	20	12
70	70	88	210	5	78	103	12	195	98	30	15	20	12
90	90	110	270	7	100	125	14	250	120	40	20	25	16

图 A.2 K4 型 55、70、90 号机座电机标准试验支架

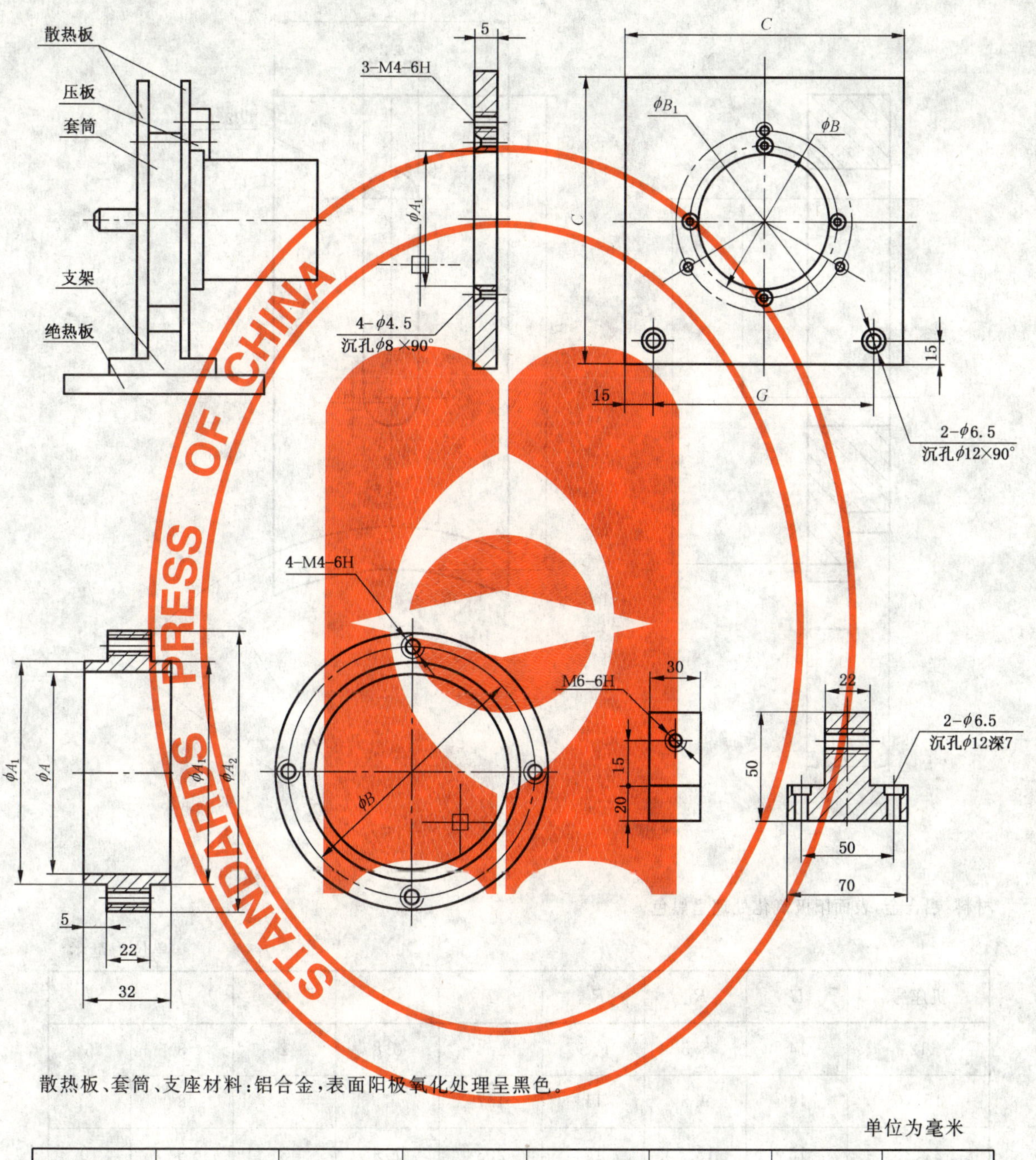

散热板、套筒、支座材料：铝合金，表面阳极氧化处理呈黑色。

单位为毫米

机座号	A	A_1	B	A_2	B_1	C	G
110	110	119	127	135	140	240	210
130	130	141	149	157	162	270	240

图 A.3 K4 型 110、130 号机座电机标准试验支架

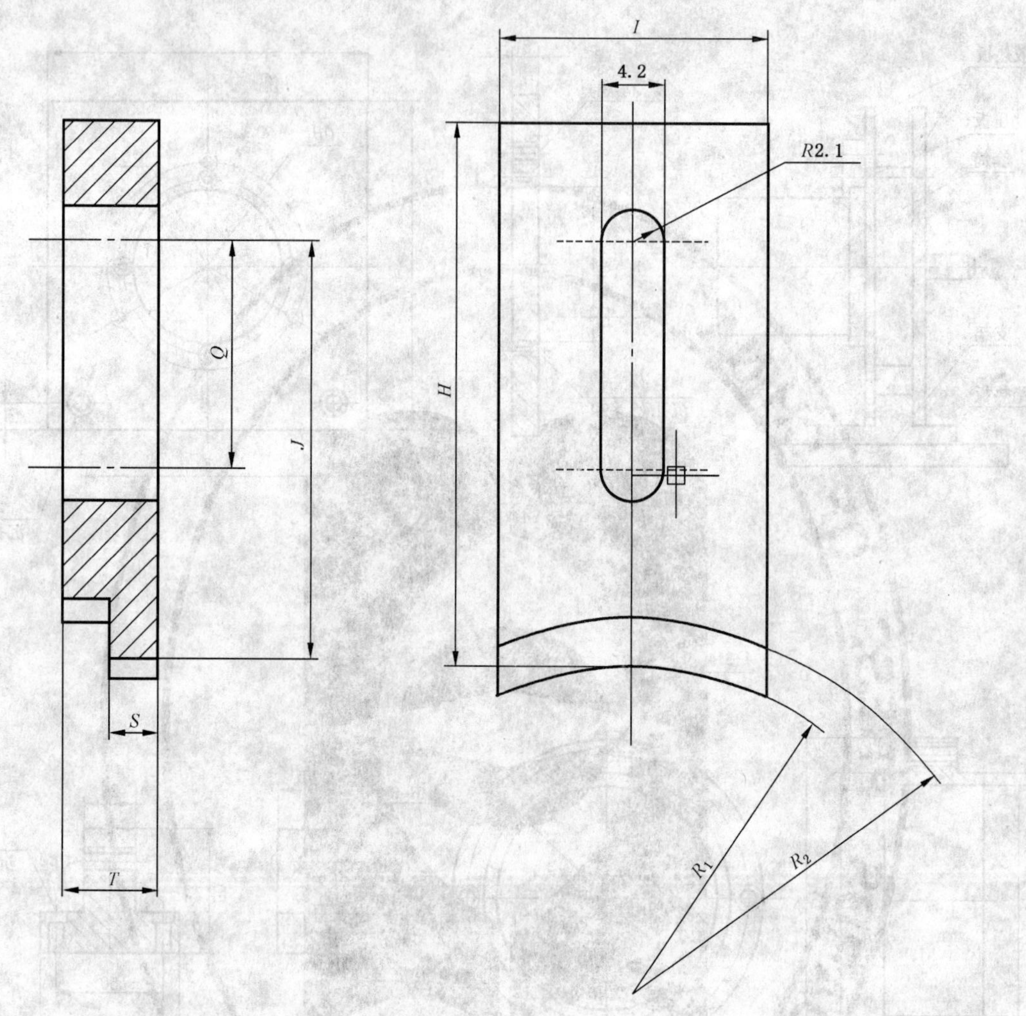

材料：铝合金，表面阳极氧化处理呈黑色。

单位为毫米

机座号	H	R_1	R_2	T	S	Q	J	I
12	14	5.5	6.5	1.4	0.8	2	8	6
15、20	14	9.5	11	1.7	1	2	8	8
24、28	15	13.5	15	2.3	1.3	3	8	10
32、35、40、45	18	21	23	3.3	1.8	5	10	12
55、70、90	26	45	49	8	3.5	8	18	14
110、130	28	65	70	9	4	10	17	16

图 A.4 压板

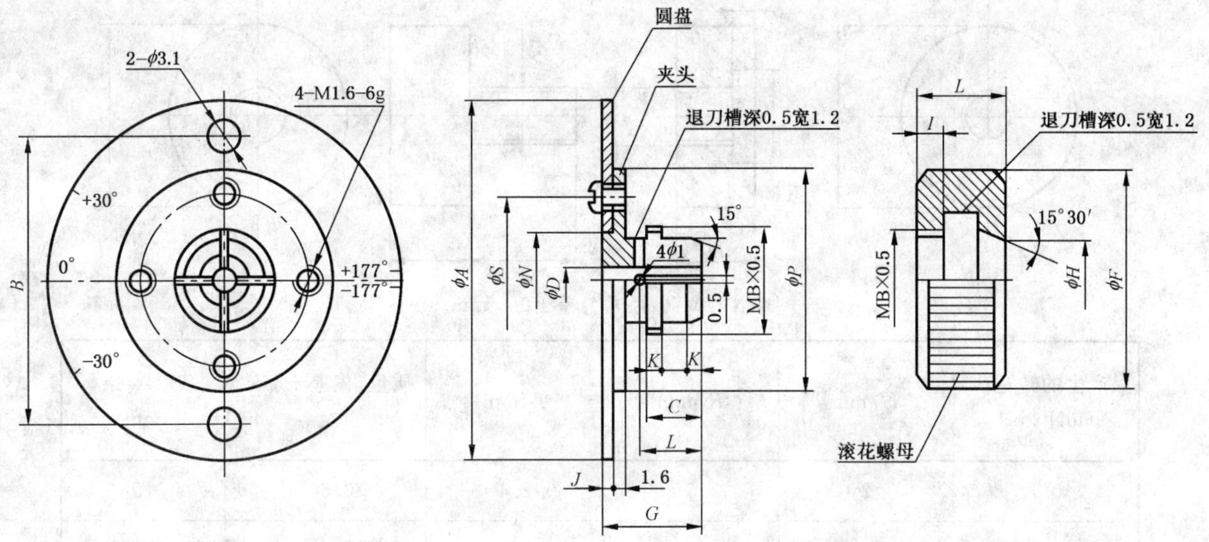

材料：铝合金，刻线前阳极氧化呈黑色。

单位为毫米

<table>
<tr><td rowspan="2">机座号</td><td>A</td><td>B</td><td>C</td><td>E</td><td>F</td><td>G</td><td>J</td><td>H</td><td>K</td><td>L</td><td>N</td><td>P</td><td>S</td></tr>
<tr><td>±0.1</td><td>±0.05</td><td colspan="11">供参考</td></tr>
<tr><td>12</td><td rowspan="5">36</td><td rowspan="5">30</td><td rowspan="5">4.5</td><td rowspan="5">6</td><td rowspan="5">10</td><td rowspan="5">8</td><td rowspan="5">0.4</td><td rowspan="5">4.24</td><td rowspan="5">2</td><td rowspan="5">5</td><td rowspan="5">10</td><td rowspan="5">20</td><td rowspan="5">15</td></tr>
<tr><td>16</td></tr>
<tr><td>20</td></tr>
<tr><td>24</td></tr>
<tr><td>28</td></tr>
<tr><td>32、36</td><td>36</td><td rowspan="2">30</td><td rowspan="2">6</td><td rowspan="2">8</td><td rowspan="2">12</td><td rowspan="2">10</td><td rowspan="2">0.4</td><td rowspan="2">5.97</td><td rowspan="2">2.5</td><td rowspan="2">6.5</td><td rowspan="2">10</td><td rowspan="2">20</td><td rowspan="2">15</td></tr>
<tr><td>40、45</td><td>50</td></tr>
<tr><td>55</td><td>70</td><td>60</td><td>6</td><td>10</td><td>14</td><td>10</td><td>0.4</td><td>7.97</td><td>2.5</td><td>6.5</td><td>10</td><td>20</td><td>15</td></tr>
<tr><td>70</td><td rowspan="2">90</td><td rowspan="2">60</td><td rowspan="2">6</td><td rowspan="2">12</td><td rowspan="2">16</td><td rowspan="2">10</td><td rowspan="2">0.4</td><td rowspan="2">9.97</td><td rowspan="2">2.5</td><td rowspan="2">6.5</td><td rowspan="2">12</td><td rowspan="2">22</td><td rowspan="2">17</td></tr>
<tr><td>90</td></tr>
<tr><td>110</td><td>100</td><td>60</td><td>6</td><td>14</td><td>18</td><td>10</td><td>0.5</td><td>12.45</td><td>2.5</td><td>6.5</td><td>14</td><td>24</td><td>19</td></tr>
<tr><td>130</td><td>100</td><td>60</td><td>6</td><td>18</td><td>22</td><td>10</td><td>0.5</td><td>16.45</td><td>2.5</td><td>6.5</td><td>18</td><td>28</td><td>23</td></tr>
<tr><td colspan="14">注 1：M1.6 数量 2 个～4 个，允许用铆钉。
注 2：D 的名义尺寸与电机轴伸名义尺寸相同，公差 H7。</td></tr>
</table>

图 A.5 摩擦转矩、阻尼时间和自转试验用圆盘

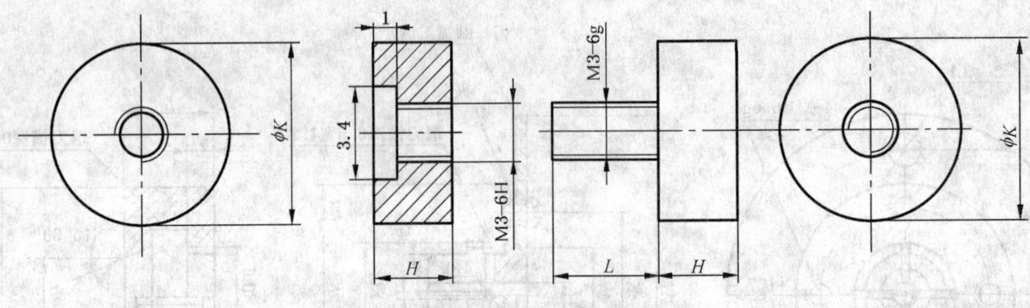

材料:黄铜,尺寸公差±0.1 mm。

产生的转矩/(mN·m)	H/mm	K/mm	L/mm	质量,偏差±3%/g	安装半径/mm
0.1	2	5	2.4	0.667	15
0.2	2.8	6	3.2	1.333	15
0.3	3.05	7	3.45	2	15
0.4	3.1	8	3.5	2.667	15
0.5 1	3.05	9	3.45	3.333	15 30
0.6 1.2	3.7	9	4.1	4	15 30
0.7 1.4	4.3	9	4.7	4.667	15 30
0.8 1.6	4.95	9	5.35	5.333	15 30
0.9 1.8	5.5	9	5.9	6	15 30
1 2	6.15	9	6.55	6.667	15 30
3	7.5	10	7.9	10	30
4	7	12	7.4	13.333	30
6	6.65	15	7.05	20	30

图 A.6 摩擦转矩试验用重物

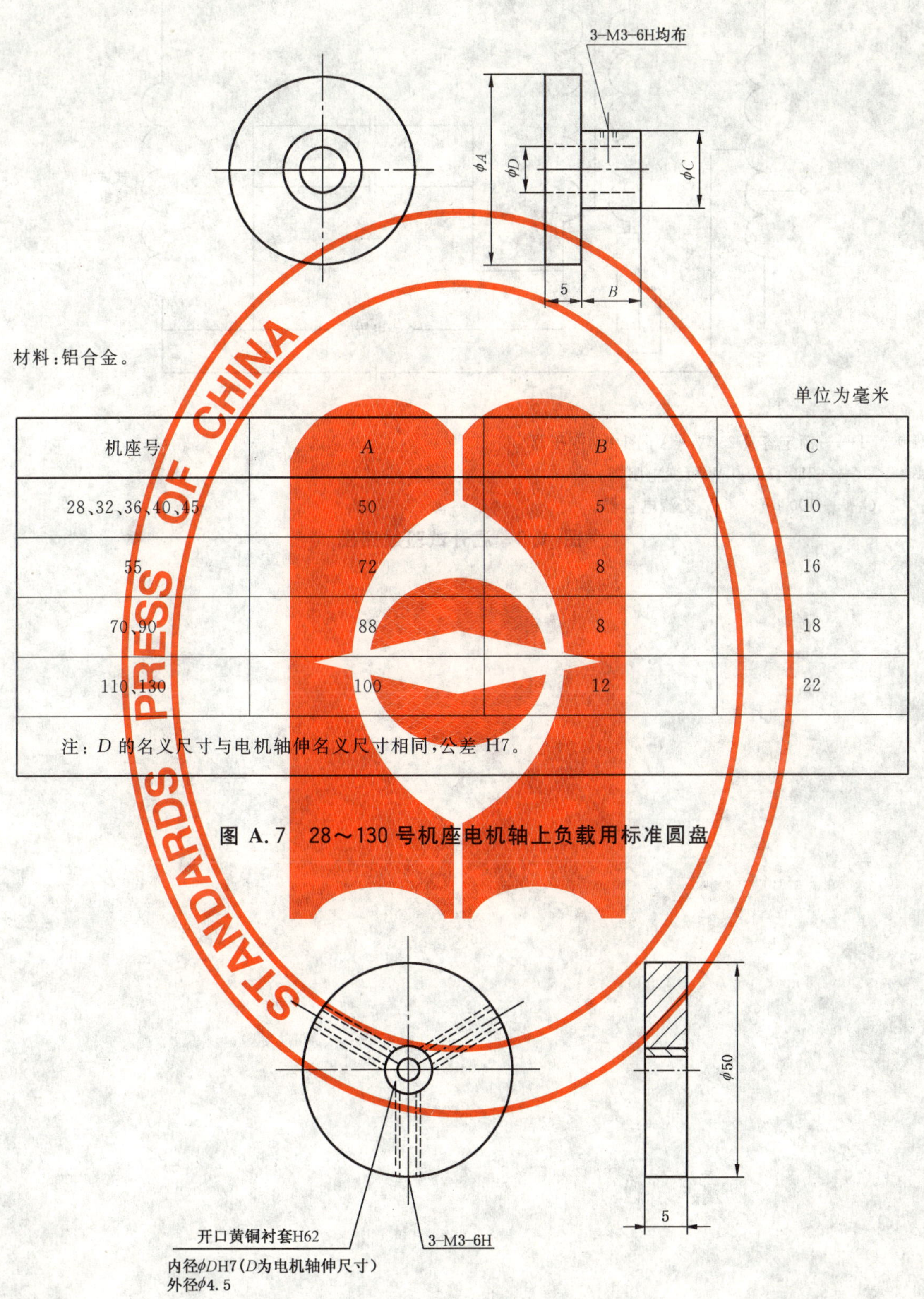

材料：铝合金。

单位为毫米

机座号	A	B	C
28、32、36、40、45	50	5	10
55	72	8	16
70、90	88	8	18
110、130	100	12	22
注：D 的名义尺寸与电机轴伸名义尺寸相同，公差 H7。			

图 A.7　28～130 号机座电机轴上负载用标准圆盘

图 A.8　12 号、16 号、20 号、24 号机座电机轴上负载用圆盘

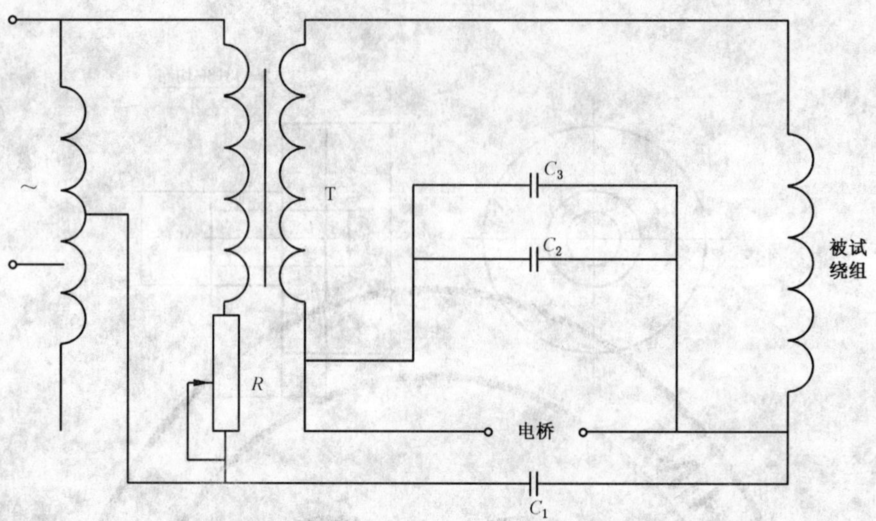

T——额定容量 250V·A 的 1∶1 变压器；

R——250 Ω、100 W 可变电阻器；

C_1、C_2、C_3——100 μF、115 V 交流电容器。

图 A.9 温升试验线路图

附　录　B
（资料性附录）
阻抗和电刷接触电阻的测量方法

B.1　阻抗测量方法

B.1.1　总则

本附录列出了能够精确测量电机阻抗和电刷接触电阻的试验方法，一般适用于自整角机、旋转变压器、传输解算器、感应移相器及感应同步器等信号控制电机，伺服电动机等其他控制电机可采用其他简便的方法测量。

B.1.2　维式麦克斯韦尔电桥法

图 B.1 为电桥线路图，使用此线路时应注意以下几点：

a）电桥元件要按图 B.1 所示予以屏蔽，使电容电流直接从电源接地而不对被测元件形成分流；

b）为了避免杂散电容的影响和减少从电源或变压器到指零仪接地端的漏电流，必须采用双屏蔽变压器；

c）为了减少由频率变化引起的测试误差，桥臂电阻 R_3应尽可能的小；

d）电源变压器和指零仪变压器之间的磁耦合可能引起附加误差。电源变压器应安置得使电桥达到平衡后再围绕其轴线旋转，而指零仪无明显改变；

e）应保证试验电源的频率和电压的精度满足规定要求；

f）测量自整角机、旋转变压器阻抗时，转子最好处于零位的±3′内。对于线性旋转变压器最好处于正最大有效电气位置上；

g）电桥中元件的精度应在额定值的 0.1% 之内。

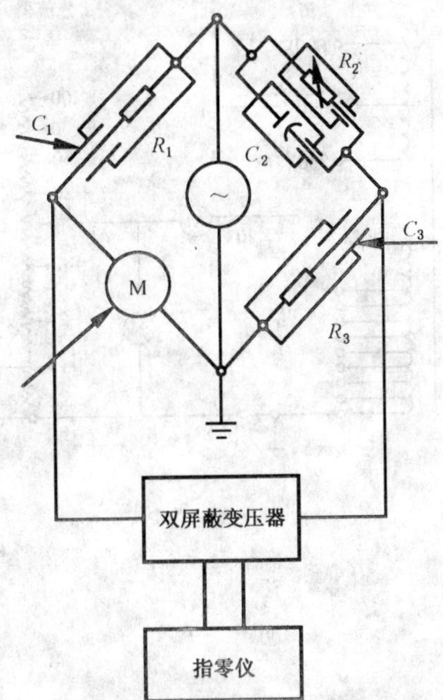

M——被试电机；

～——电源；

C_1、C_2、C_3——电容；

R_1、R_2、R_3——电阻。

图 B.1　维式麦克斯韦尔电桥法

被试电机的电阻 R 和电感 L 用式(B.1)和式(B.2)计算：

$$R=\frac{R_1R_3}{R_2}(1+\omega^2C_2C_3R_2R_3-2\omega^2R_1R_3C_2C_4) \quad \cdots\cdots\cdots\cdots\cdots(B.1)$$

$$L=R_1R_2C_2(1-\omega^2R_1R_3C_2C_4) \quad \cdots\cdots\cdots\cdots\cdots(B.2)$$

式中：

ω——电源的角频率，单位弧度每秒(rad/s)。

B.1.3 马歇尔电位计法

图 B.2 为马歇尔电位计线路图，图 B.3 为对应的电流平衡网络及控制电机电流计算公式。图中，变压器 T_1 给控制电机和电压表及功率表电压线圈供电，变压器 T_2 供给反相电流。适当调节使指零仪指零后，控制电机的电流等于电流表读数除以由分流器抽头位置决定的电流比，控制电机的两端电压由电压表读数与变压器 T_1 的抽头比求得。

控制电机的阻抗根据功率表、电压表和电流表的读数来计算。

此方法的优点是电表损失可忽略不计，控制电机的电流也不受限制，因分流器的电阻很小，功率消耗也很小，第一个抽头(1 号分接头)为 0.5Ω 比较合适，见图 B.3。

变压器 T_1 在最大负载时，对其抽头的电压比不能有明显影响。选用抽头时应使电压表和功率表指针有较大的偏转。

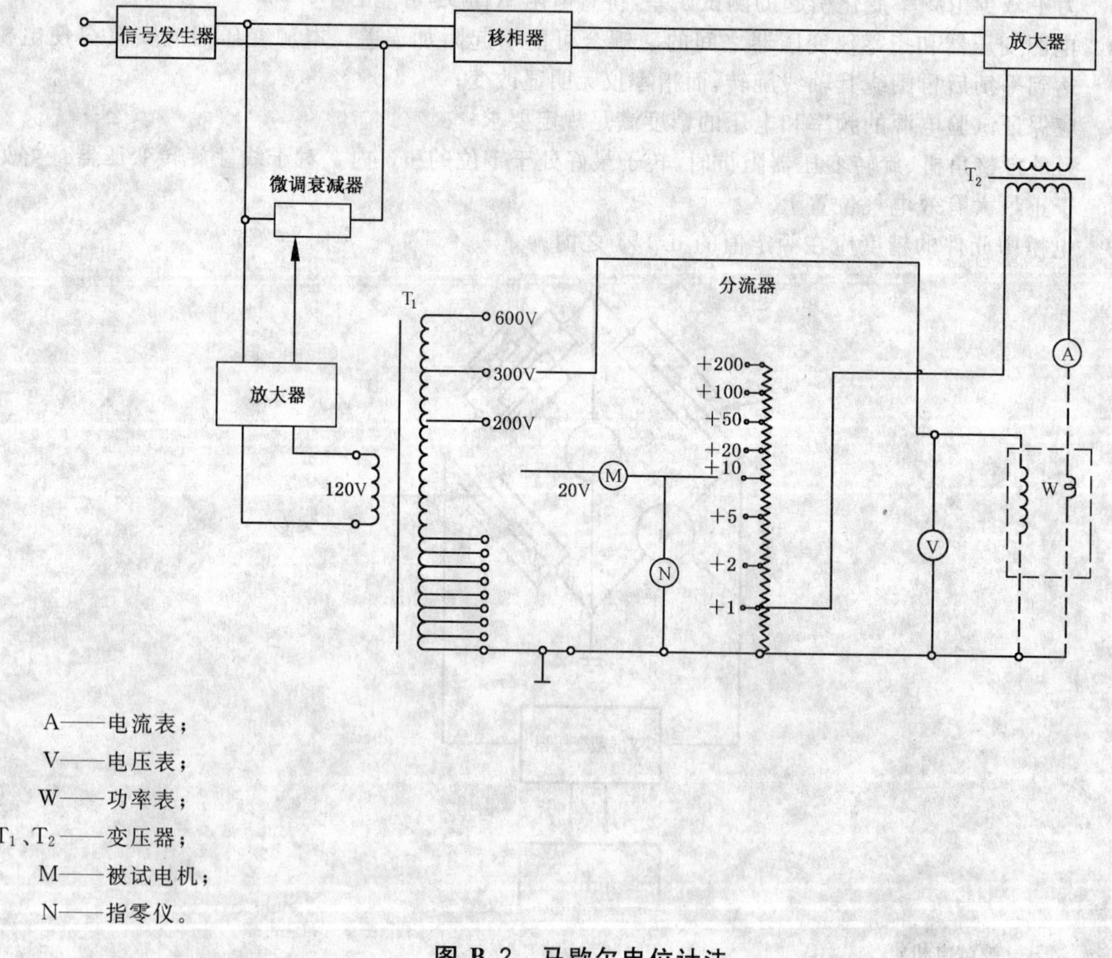

A——电流表；
V——电压表；
W——功率表；
T_1、T_2——变压器；
M——被试电机；
N——指零仪。

图 B.2 马歇尔电位计法

指零仪指零时：$I_s(R_1+0.5+1.5+\cdots\cdots+R_n)-I_R R_1=0$

即

$$\frac{I_R}{I_S}=\frac{(R_1+0.5+1.5+\cdots\cdots+R_n)}{R_1}$$

图 B.3 马歇尔电位计分流电路图

B.1.4 精密电感电桥法

图 B.4 为精密电感电桥的电路图和相应的控制电机阻抗计算公式。

电桥由未知量(被测绕组)与电阻器 R_a、R_b 和 R_c 组成。R_b 的值应比未知量小。流过未知量的电流在 R_b 上产生一电压降。在电路中 R_h 是用来补偿 R_b 上的电压降的。电感“L”平衡控制的设置使 L 隔离放大器产生一个与电源同相的流过标准电容器 C 的电流。电阻“R”平衡控制与 R_aR_c 电压分压器和隔离放大器一起产生一个流过标准电阻器 G 的电流。该电流与电源电压成正比而相位相反。L 电流和 R 电流的复合调整使指零仪指零。于是电阻和电感可直接从平衡控制的刻度盘上读出，并用式(B.3)计算阻抗 Z。

$$Z=R+jX_L \quad\cdots\cdots(B.3)$$

$$X_L=2\pi fL \quad\cdots\cdots(B.4)$$

Z 和 X 的夹角 φ：

$$\varphi=\tan^{-1}\frac{R}{X_L} \quad\cdots\cdots(B.5)$$

复阻抗的模：

$$|Z|=\sqrt{R^2+X_L^2} \quad\cdots\cdots(B.6)$$

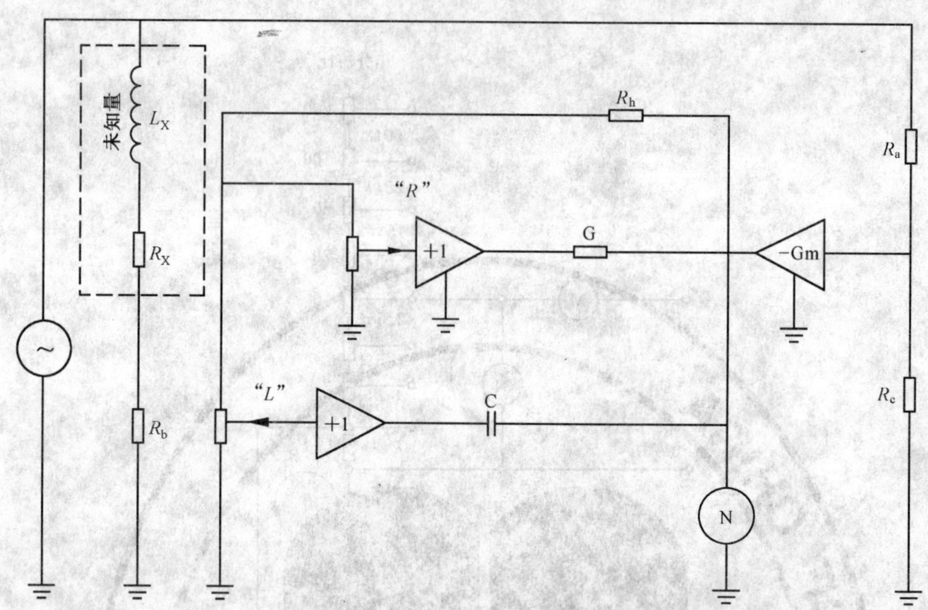

N——指零仪；

C——标准电容(其值决定于电源电压的频率)；

G——标准电阻(其值决定于电源电压的频率)；

R_a、R_b、R_c 和 R_h——电阻器；

"R"和"L"——电阻平衡控制和电感平衡控制；

$-G_m$ 和 $+1$——隔离放大器。

图 B.4　精密电感电桥

B.2　电刷接触电阻变化

图 B.5 是用电桥测量电刷接触电阻变化的线路图，测量时应注意以下几点：

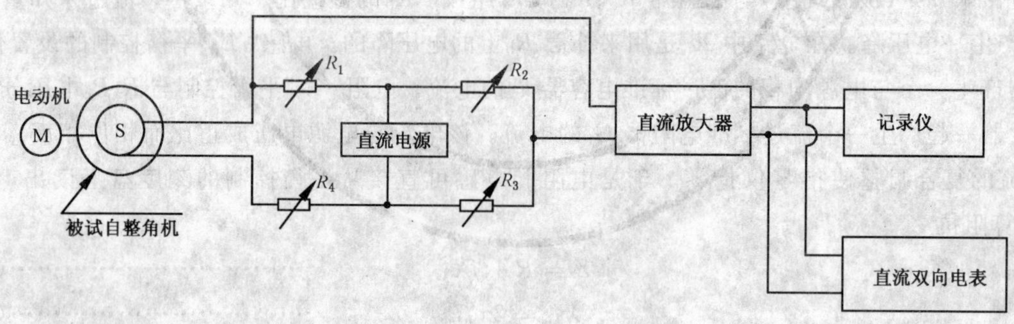

注：需要时，可在直流电源中串接 1 kΩ 限流电阻。

M——1 r/min 电动机；

R_1——1 kΩ 十进电阻箱；

R_2、R_3——10 kΩ 十进电阻箱；

R_4——10 Ω 十进电阻箱。

图 B.5　电刷接触电阻变化试验线路

a) 电阻 R_1 调整到近似等于转子直流电阻的两倍，电阻 R_4 用来决定接触电阻变化范围，当接触电阻变化范围在 ±0.5 Ω 时，可先预置 0.5 Ω。
电阻 R_2 和 R_3 用于调节电桥平衡；
b) 转子电流不应大于 10 mA；
c) 调节电阻 R_2 和 R_3 使电桥平衡，电桥输出端连接到具有适当放大系数的直流放大器和零点在中心位置的直流双向电表。如若提高测量精度，可提高放大器和指示仪表的灵敏度，如果有过度的漂移出现，则应降低转子电流直到电表零位稳定；
d) 适当调节记录仪和放大器灵敏度，使电阻 R_4 从给定值 0.5 Ω 增加或减少时（从 0.0 到 1.0），记录笔在记录纸带上偏移到适当位置，此即合格界线；
e) 在记录纸带上作好参考标记后，用电动机带动转子以 1 r/min 的速度旋转，记录器的记录纸带以 5 mm/s 的速度移动。

附 录 C
（资料性附录）
转动惯量的测量方法

C.1 概述

本附录给出了转动惯量的常用测量方法，相关方可以根据情况选择使用。

C.2 计算法

C.2.1 基本原理

按照物理学定义，物体转动惯量的基本单元是物体质量与物体质心到转轴距离平方的乘积。数学式表示如式(C.1)：

$$\Delta J = \Delta m r^2 \qquad \text{(C.1)}$$

式中：

ΔJ——转动惯量基本单元，单位为千克平方米（kg·m²）；

Δm——物体质量，kg；

r——物体质心到转轴距离，单位为米(m)。

对于电机转子，可将其看作是由不同直径和长度的圆柱体叠加而成，只要计算出每一个圆柱体绕轴线的转动惯量，然后将这些转动惯量求和，就可以求出整个电机转子绕轴线的转动惯量。为了便于说明，现举例如下，设某圆柱体如图C.1所示，外圆半径为R，质量为M，假定其密度为ρ且均匀，长度为H，则按式(C.1)并参见图C.1有，

$$\Delta J = \Delta m r^2 = 2\pi r \Delta r H \rho r^2 = 2\pi H \rho r^3 \Delta r \qquad \text{(C.2)}$$

$$J_i = \int_0^R \Delta J = \int_0^R 2\pi H \rho r^3 \mathrm{d}r = \frac{\pi R^2 H \rho}{2} R^2 = \frac{1}{2} M R^2 \qquad \text{(C.3)}$$

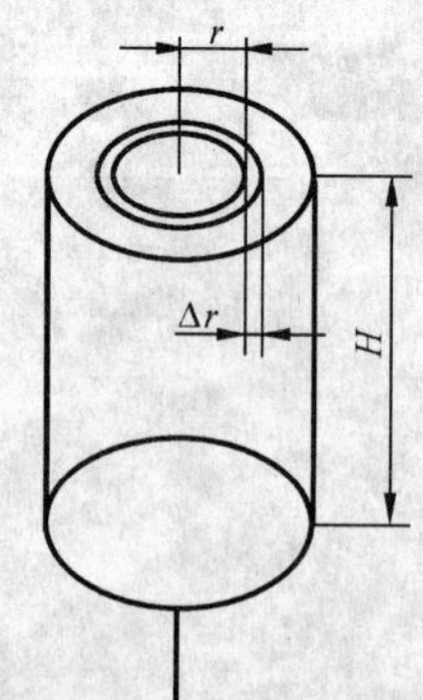

图 C.1 圆柱体转动惯量求解示意图

C.2.2 计算过程

先将待测电机转子不同圆柱体直径R和长度一一测出，求出各段圆柱体体积，按各段所含材质及量的大小等因素估算其质量密度ρ后，可求出其质量M，然后利用式(C.3)求出各段圆柱体绕转轴的转动惯量J_i，最后电机转子的转动惯量J可按式(C.4)求出：

$$J = \sum_{i=1}^{n} J_i \qquad \text{(C.4)}$$

式中：

$i=1,2,\cdots,n$，n为转子分段数。

C.2.3 单钢丝扭转振荡法

C.2.3.1 测试原理

悬挂在弹性钢丝下端的物体绕钢丝扭转一个适当的角度后，若不计周围介质阻力和振动影响，则物体做简谐扭转振荡。若物体振荡周期为 T，钢丝扭转弹性模量为 E，则根据简谐振动原理，物体转动惯量 J 可按式(C.5)计算，

$$J=\frac{ET^2}{(2\pi)^2} \quad \cdots\cdots(C.5)$$

从式(C.5)看出，做简谐扭转振荡的物体其转动惯量与振荡周期的平方成正比。若令电机转子转动惯量为 J_1，振荡周期为 T_1；假转子的转动惯量为 J_2，振荡周期为 T_2。在振荡条件相同条件下，电机转子转动惯量 J_1 可按式(C.6)求出：

$$J_1=\frac{T_1^2}{T_2^2}J_2 \quad \cdots\cdots(C.6)$$

C.2.3.2 测量方法

测量前选择质量密度均匀的金属材料，将其加工成规则几何形状(重量和直径最好与被试电机转子相似)的圆柱体假转子，按所测电机转子重量选择适当直径和一定长度(对微电机一般可选 0.5 m)的钢丝，此钢丝应能承受被测电机转子或假转子重量，并且受力后不产生轴向变形。按计算法求出假转子的转动惯量 J_2。

测量步骤：如图 C.2 所示，将假转子可靠地悬挂在钢丝一端，钢丝的另一端固定在支架上。必须将钢丝的轴线与假转子的轴线同心且垂直于地面。

图 C.2 单钢丝扭转振荡法示意图

待假转子静止后，把假转子扭转一个适当角度(可取起始角为 30°左右)，仔细地测取若干往复振荡次数和时间，求出振荡周期的平均值 T_2。换上被测电机转子，其他条件保持不变，求得被测电机转子振荡周期的平均值 T_1。然后利用式(C.6)计算求得被测电机转子转动惯量 J_1。

C.2.4 双线悬吊法

C.2.4.1 测试原理

双线悬吊法同样基于简谐振荡原理。与单钢丝扭转振荡法不同的是，产生振荡扭矩的来源不同，单钢丝扭转振荡法产生扭矩靠钢丝弹力，而双线悬吊法产生扭矩靠转子重力在双线扭转圆周切线方向的分力。图 C.3 为双线悬吊法示意图，双线下端悬吊一被测电机转子。当转子扭转一个较小角度后，由于此时转子受到双线拉力和自身重力作用，将在双线扭转圆周切线方向产生分力，该分力将相对旋转轴线产生扭矩。如图 C.4 所示，假定悬挂线长为 L，转子扭转角度为 θ，悬挂线绕固定点转过角度为 β，悬挂线距转轴线距离为 r，转子重量为 G。转子受力分析如图 C.4 所示。由于两根悬挂线完全对称，故图 C.4 只画出了一根悬挂线时的情况。

转子扭转一个微小角度后，A 点运动到 A′，转子位置平面有微小升高，有 O 升到 O′。从图 C.4 可以看出，$\theta r \approx L\beta$，因此，

$$\beta \approx \theta r / L \quad \cdots\cdots (C.7)$$

由 G 在双线扭转圆周切线方向产生的分力为：

$$G\sin\beta \approx G\beta \approx G\theta r / L \quad \cdots\cdots (C.8)$$

分力绕转轴线产生的扭矩为：

$$rG\sin\beta \approx G\theta r^2 / L \quad \cdots\cdots (C.9)$$

若不计阻尼影响，则这一扭矩使转子产生简谐振荡，其关系式为：

$$-\frac{Gr^2}{L}\theta = J\frac{\mathrm{d}^2\theta}{\mathrm{d}t} \quad \cdots\cdots (C.10)$$

令 $\theta = A\sin(\omega t + \theta_0)$，则有，$\omega^2 = \frac{\frac{Gr^2}{L}}{J} = \frac{Gr^2}{LJ}$，

即：

$$J = \frac{Gr^2}{\omega^2 L} = \frac{Gr^2}{(2\pi f)^2 L} \quad \cdots\cdots (C.11)$$

式中：

J——电机转子转动惯量，单位千克平方米（$kg \cdot m^2$）；

G——电机转子重量，单位为牛顿（N）；

r——悬挂线距转轴线距离，单位为米（m）；

L——悬挂线长度，单位为米（m）；

f——电机转子振荡频率，单位为赫兹（Hz）；

ω——电机转子振荡角频率，单位为弧度每秒（rad/s）。

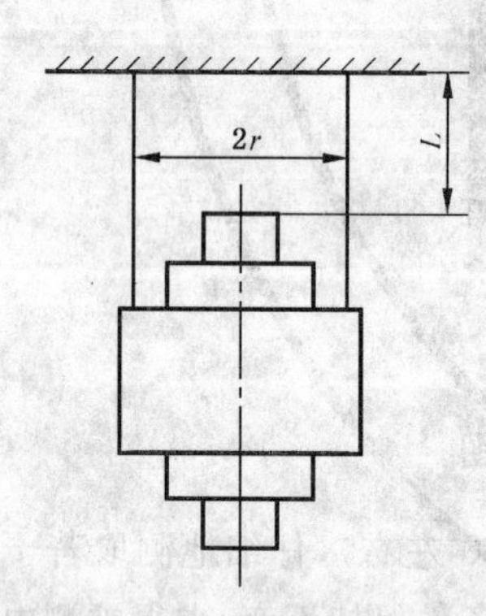

图 C.3　双线悬吊法示意图

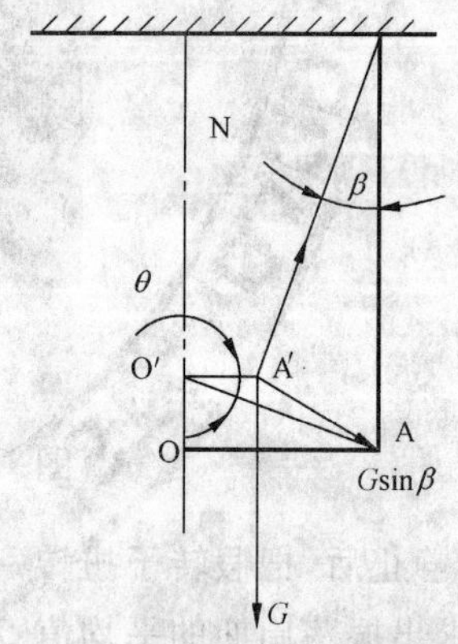

图 C.4　双线悬吊受力分析

C.2.4.2　测试方法

将电机转子从电机中抽出，称其重量，然后用两根细线悬吊起来，如图 C.3 所示。外施转矩使转子以电机轴线为中心，扭转一个小角度后让其自由振荡，记录其振荡频率，则电机转子转动惯量可由式（C.11）算出。

C.2.5　三线悬吊法

C.2.5.1　测试原理

与双线悬吊法基本相同，同样利用简谐振荡原理，区别是三线悬吊法比双线悬吊法多了一根细线，同时在三线下端预先悬挂了一个重量已知的圆形或等边三角形平板。

C.2.5.2 测试方法

将电机转子置于图C.5所示的平板上，使转子轴线与平板垂直，并处于平板中心，平板重量约等于转子重量，平板与水平悬挂面之间用三根等长且互相平行的线相连接，三根线到转子轴线的距离相等，平板与悬挂面之间的距离应大于任一根线到转子轴线距离的两倍。试验时应尽量避免气流和外来振动的影响，以防止摆动。将平板扭转一个小角度，使其绕轴线振荡，测定其振荡周期；用同样的方法测定不带转子时平板的振荡周期，则转子转动惯量由式(C.12)求出，

$$J=\frac{(G+G')r^2}{4L\pi^2}T^2-\frac{G'r^2}{4L\pi^2}T'^2 \quad \cdots\cdots(C.12)$$

式中：

J——转子转动惯量，单位为千克平方米(kg·m²)；

G——转子重量，单位为牛顿(N)；

G'——平板重量，单位为牛顿(N)；

r——任一根线到转子轴线的距离，单位为米(m)；

L——平板至悬挂面的距离，单位为米(m)；

T——带转子时平板振荡周期，单位为秒(s)；

T'——平板振荡周期，单位为秒(s)。

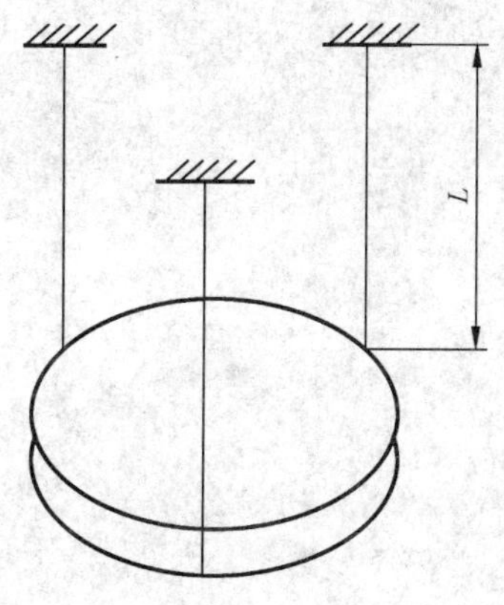

图C.5 三线悬吊法示意图

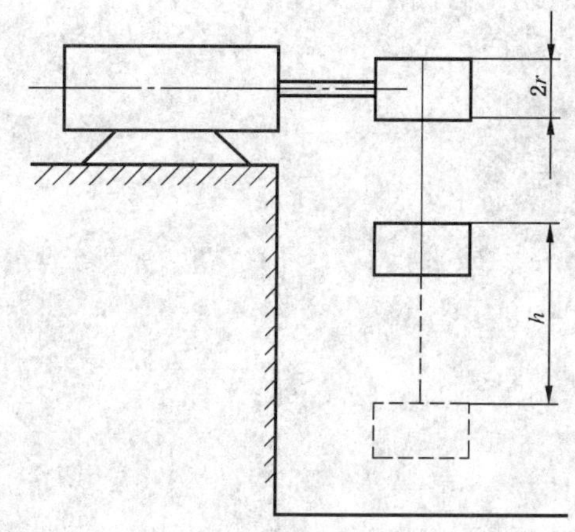

图C.6 落重法示意图

C.2.6 落重法

C.2.6.1 测试原理

如图C.6所示，若不计电机转子轴承摩擦力及风阻时，落重物体下降带动电机转子，转子旋转过程中机械能守恒。设落重物体下降距离为h，下降所用时间为t，在t时刻落重物体速度为v，若电机转轴上安装的滑轮半径为r，则滑轮在t时刻旋转的角速度$\omega=v/r$，根据机械能守恒定律有：

$$Gh=\frac{1}{2}\times\frac{G}{g}v^2+\frac{1}{2}J\omega^2 \quad \cdots\cdots(C.13)$$

将$\omega=v/r$，$h=vt/2$代入上式，得

$$J=\left(\frac{t^2}{2h}-\frac{1}{g}\right)Gr^2 \quad \cdots\cdots(C.14)$$

式中：

G——落重质量，单位为牛顿(N)；

r——滑轮半径，单位为米(m)；

t——落重下落所用时间，单位为秒(s)；

g——自由落体加速度，单位为米每平方秒(m/s²)；

h——落重下落距离，单位为米(m)；

J——被测电机转子转动惯量，单位为千克平方米($kg \cdot m^2$)。

C.2.6.2 测试方法

将被测电机按图 C.6 所示方式固定在一平面上，电机轴伸伸出台面。在被测电机轴伸端安装一个滑轮，并在滑轮上绕有细线，细线另一端挂一适当重量的落重物，落重物从初始位置自由下落。测量落重物自由下落时间及其距离、落重重量及滑轮转动惯量，即可按式(C.14)计算出被测转子和滑轮的总转动惯量。将计算结果减去滑轮转动惯量后就可得出被测转子的转动惯量。

附 录 D
（资料性附录）
机电时间常数的测量方法

D.1 概述

由于电机是电气与机械的结合体，因此机电时间常数既包含电气时间常数又包含机械时间常数。测试时要将它们分开有一定困难，加之电气时间常数通常情况下比机械时间常数小很多，工程上一般不去将它们分开。

机电时间常数的两类测试方法中速度法的原理源于机电时间常数定义，而电流法原理则源于电机动态理论和工程近似。

D.2 起动电流法

D.2.1 定义

按照直流电机动态理论，得出如式(D.1)：

$$i_a(t) \approx \frac{u_a}{R_a} e^{-\frac{t}{\tau_M}} \qquad \text{(D.1)}$$

式中：

u_a——电枢电压，单位为伏特(V)；

i_a——电枢电流，单位为安培(A)；

R_a——电枢电阻，单位为欧姆(Ω)；

τ_M——机电时间常数，单位为秒(s)。

从式(D.1)可以得出，电机空载起动时电流从最大值衰减到 63.2% 所用时间就是机电时间常数 τ_M。

D.2.2 测试方法

将电机定子固定，电机轴上不加任何负载。对带励磁的电机激磁绕组施加额定励磁，电枢绕组加额定阶跃电压，用示波器记录电机加阶跃电压过程中起动电流的完整波形，然后通过波形数据处理获取电机的时间常数。

D.3 制动电流法

D.3.1 定义

同起动电流法类似，可得出如式(D.2)：

$$i_a(t) \approx \frac{u_a}{R_a} e^{-\frac{t}{\tau_M}} \qquad \text{(D.2)}$$

式中：

u_a——电枢电压，单位为伏特(V)；

i_a——电枢电流，单位为安培(A)；

R_a——电枢电阻，单位为欧姆(Ω)；

τ_M——机电时间常数，单位为秒(s)。

从式(D.2)可以得出，电机空载制动时电流从最大值衰减到 63.2% 所用时间就是机电时间常数 τ_M。

D.3.2 测试方法

将电机定子固定，电机轴上不加任何负载。对带励磁的电机激磁绕组施加额定励磁，电枢绕组加额定电压，待电机转速稳定后，断开电枢绕组电压，立即将电枢绕组断路。用示波器记录电机电枢绕组断路至电机停转过程中制动电流的完整波形，然后通过波形数据处理获取电机的时间常数。

D.4 测速机法

D.4.1 定义

测速发电机空载时的输出电压与转速的关系式如式(D.3)：

$$u_a = k_b n \qquad \text{(D.3)}$$

式中：

u_a——发电机输出电压，单位为伏特(V)；

k_b——电机常数，单位为伏特秒每弧度(V·s/rad)；

n——发电机转速，单位转每分钟(r/min)。

将测速发电机与待测电动机同轴连接，电动机加阶跃电压起动时，带动测速发电机旋转而产生输出电压，从(D.3)式知，测速发电机输出电压与电动机转速成正比，只要测出测速发电机输出电压上升波形就可以求出电动机的机电时间常数。

D.4.2 测试方法

用一台低惯量测速发电机和待测电动机同轴刚性连接并固定。按图 D.1 所示接线。给电动机施加额定阶跃电压 U_N，电动机带动测速发电机一起旋转，直到转速稳定。在示波器上记录测速发电机的电压波形，从波形图上求出电压从零上升至稳态值的 63.2% 所用时间，此即为机电时间常数。

D.4.3 对拖法

D.4.3.1 定义

$$u_b = \frac{k_b u_a}{k_a}(1 - e^{-\frac{t}{\tau_M}}) \qquad \text{(D.4)}$$

式中：

u_b——发电机电枢电压，单位为伏特(V)；

k_b——发电机常数，单位为伏特秒每弧度(V·s/rad)；

u_a——电动机电枢电压，单位为伏特(V)；

k_a——电动机常数，单位为伏特秒每弧度(V·s/rad)；

τ_M——联合机电时间常数，单位为秒(s)。

发电机电枢电压 u_b 的上升曲线与机组旋转角速度呈线性关系，从 u_b 曲线中求得电压从零上升至稳态值的 63.2% 所用的时间，此时间就是联合时间常数 τ_M。

D.4.3.2 测试方法

将被试电机与另一台机电时间常数已知的电机同轴刚性连接，一台作为电动机工作另一台作为测速发电机工作，按图 D.2 所示接线。给电动机施加额定阶跃电压 U_N，并测量测速发电机输出电压波形，时间常数的求取方法与测速机法相同，只不过所得时间常数为联合机电时间常数。对于型号规格完全相同的两台电机，把波形图上求出的机电时间常数除以 2，就是所求电机的机电时间常数。若两台电机型号规格不同，则应预先知道当作测速发电机的电机的机电时间常数，然后将波形图上求出的机电时间常数 τ_M 减去测速发电机机电时间常数后就是所求电机的机电时间常数。

M——被测电动机；

T——测速发电机。

图 D.1 测速机法接线图

M——被测电动机；

G——另一台电动机(作为发电机用)。

图 D.2 对拖法接线图

ICS 17.040.30
F 86

中华人民共和国国家标准

GB/T 7352—2008
代替 GB/T 7352—1987

利用电离辐射源的电测量系统和仪表

Electrical measuring systems and instruments utilizing ionizing radiation source

(IEC 60476:1993,Nuclear instrumentation—Electrical measuring systems and instruments utilizing ionizing radiation source—General aspects,NEQ)

2008-07-02 发布 2009-04-01 实施

中华人民共和国国家质量监督检验检疫总局
中国国家标准化管理委员会 发布

前　言

本标准对应于IEC 60476:1993《核仪器　利用电离辐射源的电测量系统和仪表　一般特性》,与IEC 60476:1993一致性程度为非等效。

本标准代替GB/T 7352—1987《利用放射源的电测量仪表》。

本标准与GB/T 7352—1987的主要差别如下:

——标准名称改为《利用电离辐射源的电测量系统和仪表》;

——更新和增添了规范性引用文件(见第2章);

——按IEC 60476增添了术语和定义(见第3章);

——增加了电磁兼容性的要求(见4.1.4.4);

——增加了“检验规则”一章,对出厂检验和型式检验作了原则性的规定,为制定具体的产品标准提供了依据(见第6章);

——增加了“标志、包装、运输和贮存”一章,使标准的结构完整(见第7章);

——删除原标准的附录A和附录B;

——附录A中放入IEC 60476:1993第4.2中的特性。

本标准的附录A为资料性附录。

本标准由中国核工业集团公司提出。

本标准由全国核仪器仪表标准化技术委员会(SAC/TC 30)归口。

本标准起草单位:上海工业自动化仪表研究所、核工业标准化研究所、深圳计量质量检测研究院。

本标准主要起草人:李佳嘉、熊正隆、周迎春、蔡闻智、许晓蔚、李名兆。

本标准所代替标准的历次版本发布情况为:

——GB/T 7352—1987。

利用电离辐射源的电测量系统和仪表

1 范围

本标准规定了利用电离辐射源的电测量系统和仪表的术语、技术要求、试验方法、检验规则以及标志、包装、运输和贮存。

本标准适用于利用电离辐射源的电测量系统和仪表,可为制定有关产品标准提供基础,也可作为制造厂与用户之间签订协议的指南。

2 规范性引用文件

下列文件中的条款通过本标准的引用而成为本标准的条款。凡是注日期的引用文件,其随后所有的修改单(不包括勘误的内容)或修订版均不适用于本标准,然而,鼓励根据本标准达成协议的各方研究是否可使用这些文件的最新版本。凡是不注日期的引用文件,其最新版本适用于本标准。

GB/T 191 包装储运图示标志(GB/T 191—2008,ISO 780:1997,MOD)

GB 3836.1—2000 爆炸性气体环境用电气设备 第1部分:通用要求(eqv IEC 60079-0:1998)

GB 3836.2—2000 爆炸性气体环境用电气设备 第2部分:隔爆型"d"(eqv IEC 60079-1:1990)

GB 3836.4—2000 爆炸性气体环境用电气设备 第4部分:本质安全型"i"(eqv IEC 60079-11:1999)

GB 4075—2003 密封放射源一般要求和分级(ISO 2919:1999,MOD)

GB/T 8993—1998 核仪器环境条件与试验方法

GB/T 10257—2001 核仪器和核辐射探测器质量检验规则

GB/T 11684—2003 核仪器电磁环境条件与试验方法

GB 11806 放射性物质安全运输规程(GB 11806—2004,IAEA No. TS-R-1:1996/2003,IDT)

GB/T 15479—1995 工业自动化仪表绝缘电阻、绝缘强度 技术要求和试验方法

GB/T 17626(所有部分) 电磁兼容 试验和测量技术(idt IEC 61000-4)

GB/T 18271.2—2000 过程测量和控制装置 通用性能评定方法和程序 第2部分:参比条件下的试验(idt IEC 61298-2:1995)

GB/T 18271.3—2000 过程测量和控制装置 通用性能评定方法和程序 第3部分:影响量影响的试验(idt IEC 61298-3:1998)

GB/T 18871—2002 电离辐射防护与辐射源安全基本标准

GB/T 19661.1—2005 核仪器及系统安全要求 第1部分:通用要求

GB/T 19661.2—2005 核仪器及系统安全要求 第2部分:放射性防护要求(IEC 60405:2003,Nuclear instrumentation—Constructional requirments and classification of radiometric gauges,MOD)

EJ/T 1059 核仪器产品包装通用技术要求

3 术语和定义

下列术语和定义适用于本标准。

3.1 测量系统

3.1.1

厚度计(电离辐射) thickness gauge (ionizing radiation)

带有电离辐射源,并设计成可以利用电离辐射非破坏性测量物质的厚度或单位面积质量的测量装置。

3.1.2

密度计(电离辐射)　density gauge (ionizing radiation)

带有电离辐射源,并设计成可以利用电离辐射衰减或反散射的变化,测量均匀物质或多种物质混合物的平均密度的测量装置。

3.1.3

物位计(电离辐射)　level gauge (ionizing radiation)

带有电离辐射源,并设计成可测量物质表面或界面位置的测量装置。

3.1.4

透射式测量系统　transmission measurement system

利用穿透被测物质的电离辐射进行测量的仪表系统。辐射源和探测器分别放置在被测物质相对的两侧。系统可包括测量和校正不良影响量影响的补偿传感器。

3.1.5

反散射式测量系统　back-scatter measurement system

利用测量被测物质以及与被测物质贴近的基体(衬底)物质反散射的电离辐射进行测量的仪表系统。放射源和探测器放置在被测物质的同一侧。系统可包括测量和校正不良影响量影响的补偿传感器。

3.1.6

荧光X射线测量系统　X-ray fluorescence measurement system

利用在被测物质或与被测物质贴近的(衬底)物质中激发的荧光X射线进行测量的仪表系统。系统可包括测量和校正不良影响量影响的补偿传感器。

3.1.7

测量头　measuring head

测量部件　measuring assembly

由一个或多个辐射源和辐射探测器以及能用来测量和校正不良影响量影响的任何补偿传感器或装置一起组成的子部件。

3.1.8

源室　source housing

源部[组]件　source assembly

测量头中包含辐射源、源容器和主屏蔽以及关闭机构等部分。

3.1.9

探测器室　detector housing

探测部[组]件　detector assembly

测量头中包含探测器的部分。该部件可以和源室做成一体,特别是反散射测量系统。

3.1.10

密封源　sealed source

密封在包壳内或与某种材料紧密结合的放射性物质。在规定的使用条件和正常磨损下,这种包壳或结合材料能足以保持源的密封性。

3.1.11

电测量子部件　electronic measuring sub-assembly

处理单元　processing unit

通过组合的电气和电子器件,用于处理测量头产生的电气量并为测量目的提供具有适宜值的电气量的部件。

注:电测量子部件通常称为主机。

3.1.12

测试点　test point

测量系统中可以监测电信号的点。

3.1.12.1

测试点 A　test point A

测量系统中可以按其原始基本形式监测探测器输出信号的点。

注：对于积分电离室，这点通常是在前置放大器之后，并在任何变换成数字形式之前。

3.1.12.2

测试点 B　test point B

测量系统中监测控制信号的点。在无控制输出的系统中不存在这一点。

3.1.12.3

测试点 C　test point C

测量系统中产生正常测量显示读数的点。

3.1.13

测量头安装架　measuring head supporting mechanism

安装测量头的机械部件。

3.1.13.1

固定式安装架　fixed mechanism

固定不动的测量头安装架。

3.1.13.2

回收式安装架　retractable mechanism

能从测量位置缩回的测量头安装架。

3.1.13.3

移动式安装架　traversing mechanism

测量头可沿着被测物质进行横向或纵向一定范围移动的测量头安装架。

3.1.14

测量间距　measuring gap

在透射式仪表中，它是置于被测物质两侧的源部件与探测部件相对面之间的最短距离。在反散射式仪表中，它是从探测部件(或源部件)最靠近被测物质的面到被测物质最远表面(或基体物质表面)的最短距离。

3.1.15

通行线　pass line

被测物在测量间距中的位置线。

3.1.16

参比通行线/参考通行线　reference pass line

在测量间距中对应于正常完成校准时的通行线。它通常以一个离源室表面或探测室表面的规定距离来定义。

3.1.17

测量面积　measurement area

被测物置于参比通行线上，被来自源部件的有用电离辐射束照射的横截面积。

3.1.17.1

总测量面积　total measurement area

参比通行线上能提供 100％的输出信号的、给定被测物的最小面积。

3.1.17.2

有效测量面积　effective measurement area

为了提供输出信号和被测变量表之间的最佳校正，参比通行线上给定被测物质的面积。通常这个面积为总测量面积的65%～95%。

注：当测量区内被测物质的质量(例如裂纹、粒度等)不均匀时，这个概念特别重要。

3.1.18

分辨力　resolution

能够观察或者检测的被测量的最小变化。应考虑信号的统计特性和采样技术的影响。宜校正信号过滤和数据测量时间对采样数据的影响。

3.1.19

系统几何分辨长度　system geometrical resolution length

在具有确定“质量/单位面积”的标准样品的指定方向上，在给定误差因素条件下能测量的最小长度。例如，在用扫描测量系统测量厚度时，几何分辨长度是有效测量面积、仪表建立时间、测量头扫描速度和累积数据采样时间等的函数。

3.1.20

不稳定性　instability

在参比条件下且所有影响量保持恒定，被测量在有效测量范围内保持不变，仪器在规定时段输出信号的变化。

3.1.20.1

电不稳定性　electrical instability

在参比条件下，当所有影响量保持恒定并且辐射探测器没有受到照射时输出信号的变化。

3.1.20.2

辐射测量不稳定性　radiometric instability

电离辐射的统计涨落　statistical fluctuation of ionizing radiation

源辐射发射及被探测的随机特性单独引起的输出信号变化。当探测器处于辐照状态时，其值规定为输出信号(不包含所有的漂移)平均值的$\pm 2\sigma$。

3.1.20.3

综合辐射测量不稳定性　overall radiometric instability

由所有内在影响引起的输出信号变化，但电离辐射统计涨落和源活度衰变引起的漂移除外。如果没有其他规定，漂移可以用一个相对于初始输出信号的输出信号最大变化的时间函数来表示。综合辐射测量不稳定性包括长期漂移和短期漂移。

3.1.20.3.1

长期漂移　long-term drift

在一天直至一年的时段内观察到的漂移，它不包括诸如腐蚀、容器和管道的磨损以及在管道和容器壁上物质粘附等外界因素引起的漂移。

3.1.20.3.2

短期漂移　short-term drift

在短于一天的时段内发生的漂移。

3.1.20.4

源活度衰变不稳定性　source decay instability

源活度衰变以及任何相关补偿电路和算法引起的误差。

3.1.21

时间响应　time response

在规定工作条件下，应用指定输入产生的、表示为时间函数的输出。典型参数“响应时间”和“建立时间”的定义如图1所示。

在数字系统中，输出信号由离散值组成。对被测量变化的响应表现为输出从初始值到最终值的阶跃变化。图2列举一个典型的例子。参数“上升时间”和“平均响应时间”不能用通常的方法进行定义，因为阶跃变化的出现无法确定。唯一有用的参数是“平均建立时间”，它表示为与系统采样时间、采样率及积分时间有关的离散时间间隔(见图2)。

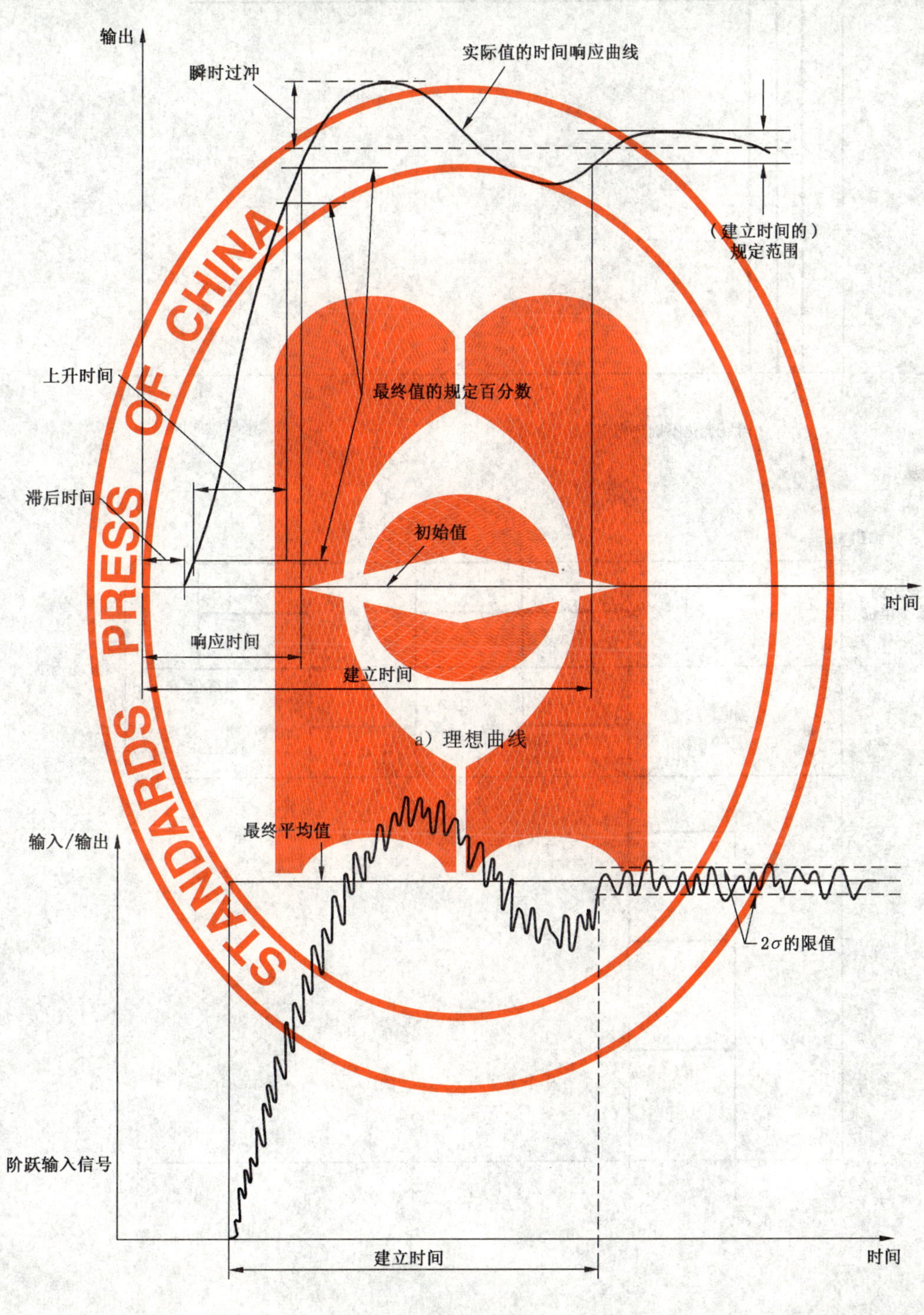

a) 理想曲线

b) 实际曲线

图1 模拟系统对输入阶跃增量的典型时间响应

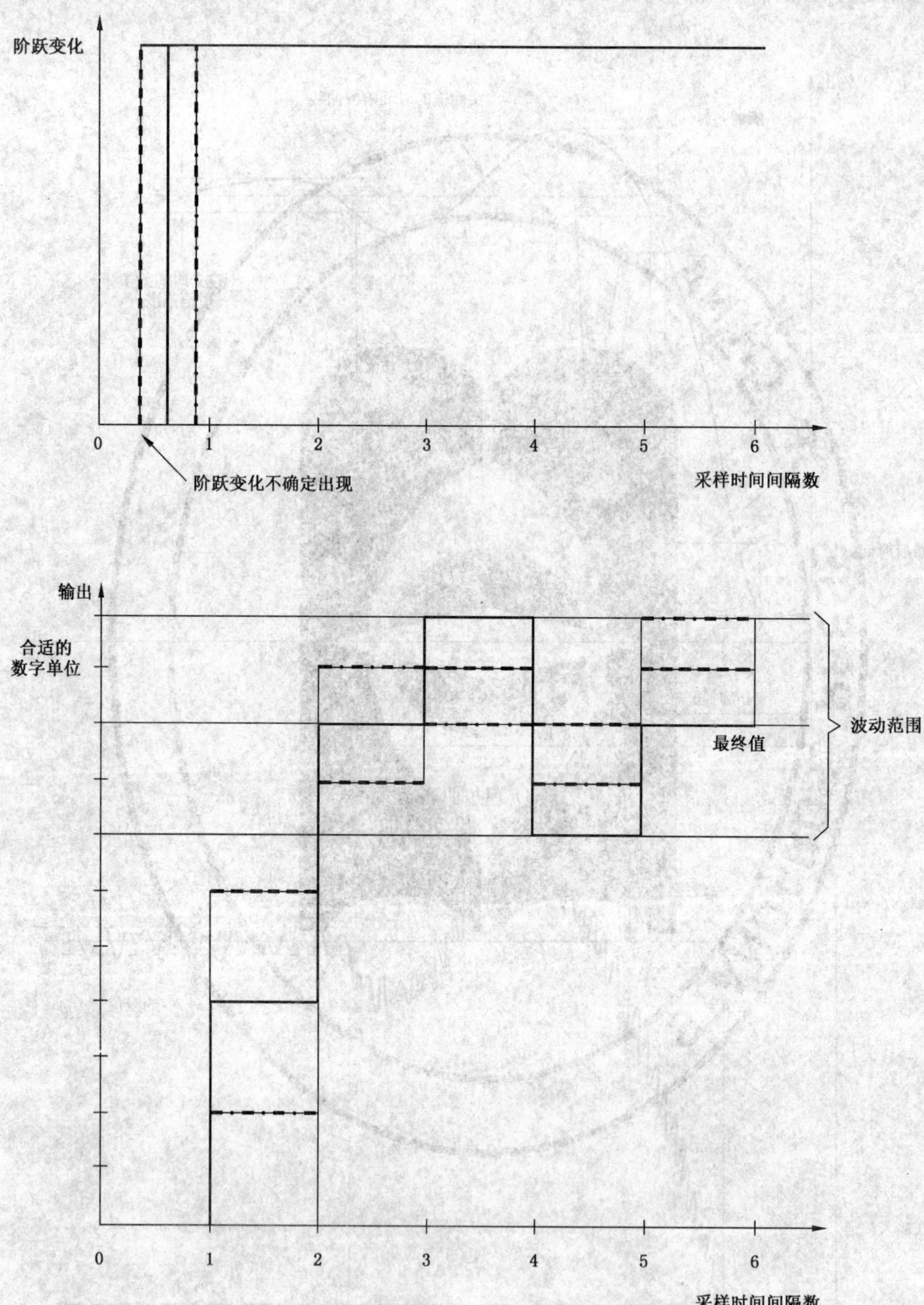

图 2　数字系统对输入阶跃变化的典型时间响应

3.1.22

平均响应时间(模拟信号)　mean response time (analogue signals)

从被测量发生阶跃变化时起,到输出信号第一次达到其最终平均值的规定百分数时止(适当考虑给出的信号统计特性)的平均时间。通常,阶跃变化的63.2%作为定义一倍时间常数的规定百分数。任何瞬时过冲量的大小宜予以指明。

3.1.23

平均建立时间(模拟信号)　mean settling time(analogue signals)

从被测量发生规定的阶跃变化时起,到输出信号达到并保持在最终平均值$\pm 2\sigma$的统计噪声带内所需的最短时间。

3.1.24

恢复时间(模拟信号)　recovery time(analogue signals)

当测量状态从测量间距内没有被测物质的状态阶跃到测量范围内一个指定值时起,到输出信号达到并保持在最终平均值$\pm 2\sigma$的统计噪声带内所需的时间。

3.1.25

采样时间(数字信号)　sampling time(digital signals)

完成输入量信息收集并转换为单一数值过程的整个时间间隔。

3.1.26

采样率(数字信号)　sampling rate(digital signals)

被测量在单位时间内被采样的次数。

3.1.27

平均时间(数字信号)　averaging time (digital signals)

总积分时间(数字信号)　overall integration time (digital signals)

以指定方式完成被测量数字化并取平均(例如,线性平均或指数平均)所用的时间间隔(通常以采样时间表示)。这些数字值可表示被测量按时间的平均值。

3.1.28

平均建立时间(数字信号)　mean settling time (digital signals)

从被测量发生规定的阶跃变化时起,到输出信号达到并保持在最终平均值$\pm 2\sigma$的统计噪声带内所需的最短时间。该数字平均建立时间宜表示为采样时间的倍数。

3.1.29

恢复时间(数字信号)　recovery time (digital signals)

当测量状态从测量间距内没有被测物质的状态阶跃到测量范围内一个指定值时起,到输出信号达到并保持在最终平均值$\pm 2\sigma$的统计噪声带内所需的时间。该恢复时间宜表示为采样时间的倍数。

3.1.30

校准曲线　calibration curve

作为被测变量函数的系统输出信号的解析式、图形或列表的表示。

3.1.31

线性度　linearity

测量系统的实际校准曲线接近规定直线的吻合程度,如图3规定。

注:通常测量的是非线性度,并用它来表示线性度。

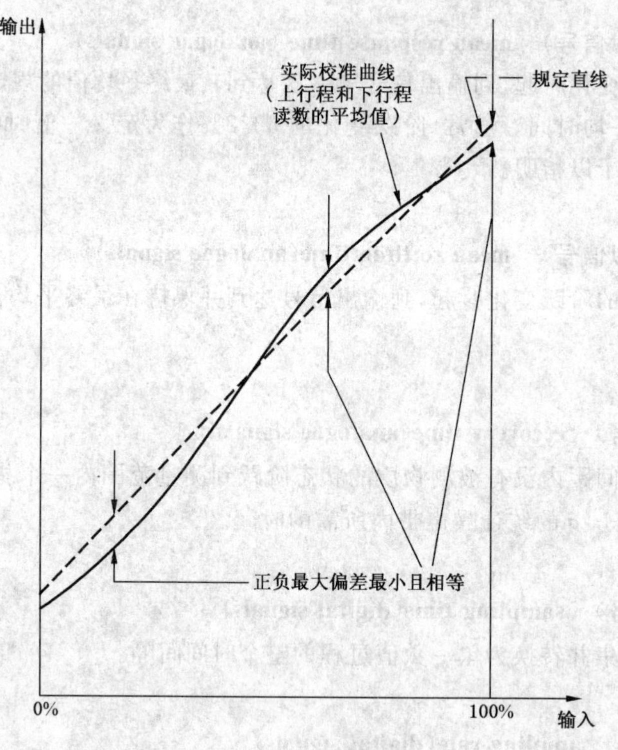

图 3 线性度

3.1.32

额定使用范围 rated range of use

影响量数值的范围，在该范围内仪器能满足有关工作误差的要求。

3.1.33

额定范围 rated range

制造商对设备规定的测量、观察、输入或设定的量值范围。

3.1.34

有效范围 effective range

额定范围的一部分，在该范围内仪器能在指定的误差极限内完成测量。

3.1.35

量程 span

有效范围的上、下限值的代数差，或被测变量的上、下范围值的代数差。

3.1.36

通行线误差 pass line error

由于被测物质在测量间距中沿着垂直于通行线的方向移动所引起的测量误差。

3.1.37

测量头的准直性误差/对准误差 head alignment error

透射式测量系统中测量头相对另一个测量头移动所引起的测量误差。直线位移和角位移均包括在内。

3.1.37.1

***X* 方向的准直性误差 *X*-direction alignment error**

测量头在过程机械方向上作垂直于源-探测器轴线的直线相对位移所产生的偏移误差。

3.1.37.2

Y 方向的准直性误差　*Y*-direction alignment error

测量头在过程机械与 X 方向十字交叉方向上作垂直于源－探测器轴线的直线相对位移所产生的偏移误差。

3.1.37.3

Z 方向的准直性误差　*Z*-direction alignment error

测量头沿放射源-探测器轴线方向作相对线位移所产生的偏转误差。

3.1.38

扫描误差/采样廓形误差　sample profile error

均匀标准样品位于参比通行线上并在参比条件下进行扫描测量时，由于横向移动机构在不同位置的偏移所引起的测量头的准直性误差。

该误差表示为对每个标准样品的偏差。横向移动机构不同位置的影响可储存在测量系统的存储器中，用于不同位置测量值的修正，以最大限度地减少测量误差。

注：这是一个动态误差，它可以是系统时间响应、测量头扫描速度及环境温度的函数。横向移动机构的偏移可能受到被测物质的工艺温度和环境温度的影响。

3.1.39

成分影响　composition effects

测量过程中被测物质成分变化造成的影响。

3.1.40

杂质堆积误差　foreign material build-up error

由于杂质(例如污垢)堆积在测量头窗口上所造成的测量误差。

3.1.41

误差极限　limits of error

设备在试验方法规定的条件下工作时，制造商对一个被测量所指定的误差最大值。

3.1.42

基本误差/固有误差　intrinsic error

参比条件下测定的误差。

3.1.43

重复性　repeatability

在相同的工作条件下，由同一操作员在短时间内连续多次对同一样品值的输入进行测量，其结果的一致性程度。

注：通常测量的是非重复性，并用它来表示重复性。

3.1.44

再[复]现性　reproducibility

在相同的工作条件下，可由不同的操作员在长时间内多次对相同值的输入进行测量，其结果的一致性程度。再现性也适用于在相同工作条件下，对相同的输入值进行校准时，用不同测量仪器测量，其结果的一致性程度。

注：通常测量的是非再现性，并用它来表示再现性。

3.1.45

精确度/准确度(静态)　accuracy (static)

在参比条件下进行静态测量时，指示值与约定真值相符合的程度。

注：通常测量的是不精确度，并用它来表示精确度。

3.1.46

标准化(功能)　standardization

在某些可能产生误差的条件(例如源衰变、污垢和电子漂移等)下进行测量时,系统可使测量输出规范化的自动、半自动或手动功能。

注:检查样品的手动插入和随过程参数变化的变化被认为是重新校准,而不是标准化。

3.1.47

诊断功能　diagnostic features

测量系统能使操作员断定系统正在以标准方式运行的那些功能。这些功能通常包括与运行过程中系统输入和输出极限值有关的分析算法,以及报告状态的手段。

3.1.48

补偿功能　compensation features

测量系统使影响量(例如准直度和通行线等)的影响减小或波动的那些功能。存在这些功能的场合,确定测量误差时应将它们考虑在内。

3.1.49

回差　hysteresis

输入变量上升和下降时,同一输入的两相应输出值间的最大差值(通常指全行程范围内)。

3.2　测量系统外部有关的项目和量

3.2.1

单位面积质量　mass per unit area

面质量　surface mass

面密度　surface density

等于物质的密度(单位体积质量)及其厚度乘积的量。单位面积质量通常采用物质样品称重,并用该质量除以它的面积来计算。

3.2.2

影响量　influence quantity

可以影响设备性能的外部量。

注:当一个性能特性变化影响到另一个性能特性时,将它称为影响特性。

3.2.3

参比条件/参考条件　reference conditions

为进行比对和校准试验而规定的、带有容差或限定范围的一组影响量和影响特性(必需时)的值。

3.2.4

空气柱影响　air column effects

源与探测器之间的空气柱密度随测量期间大气压力和温度变化而变化所造成的影响。

3.2.5

外部噪声敏感度　external noise susceptibility

由于电磁或高能辐射源的外部噪声源的干扰所引起的示值误差。

3.2.6

精确度/准确度(动态)　accuracy (dynamic)

在正常工作环境条件下进行测量时,指示值与约定真值相符合的程度。

注:通常测量的是不精确度,并用它来表示精确度。

4　技术要求

4.1　通用要求

4.1.1　测量系统或仪表的描述

测量系统或仪表的描述宜包括:

a) 测量原理——透射式、反散射式、荧光 X 射线等；

b) 辐射源特性——类型、形状、数量、放射性同位素、活度、物理和化学特性等；

c) 成套性——测量头安装架的功能及控制方式、传感器类型及数量、传感器输出信号、信号处理、特性线性化及补偿等；

d) 应用现场——用途、正常工作条件、各部分的外形尺寸、质量及安装尺寸、电缆的连接方式和最大长度、测量间距及其可调范围等。

正常工作大气条件可从表 1 中选取。

表 1 正常工作大气条件

<table>
<tr><th>组别</th><th>环境温度/
℃</th><th>相对湿度/
%</th><th>大气压力/
kPa</th><th>适用场所</th></tr>
<tr><td>Ⅰ</td><td>＋5～＋40</td><td>20～80(30℃)，无凝露</td><td rowspan="3">86～106</td><td>室内</td></tr>
<tr><td>Ⅱ</td><td>－10～＋55</td><td>10～90(35℃)，含凝露</td><td>简易房或工棚</td></tr>
<tr><td>Ⅲ</td><td>－20～＋60</td><td>5～95(40℃)，含凝露</td><td>室外</td></tr>
</table>

4.1.2 测量的基本要求

具体的产品标准应明确测量系统或仪表适用的过程或物质的物理性能和特性。它包括：

a) 被测量——单位面积质量、厚度、密度、物位、成分、均匀度、固体含量、粒度、质量流量、含水量及距离等；

b) 被测物质特性(成分、成分变化、均匀度及物理状态等)；

c) 系统或仪表的测量范围。

具体的产品标准还应明确测量系统或仪表的供电电源及预热时间。所用的供电电源可从表 2 中选取。

表 2 供电电源

<table>
<tr><th colspan="2" rowspan="3">参　量</th><th rowspan="3">公称值</th><th colspan="3">允许偏离其公称值的百分数/%</th></tr>
<tr><th colspan="3">偏差级别</th></tr>
<tr><th>1 级</th><th>2 级</th><th>3 级</th></tr>
<tr><td rowspan="3">交流</td><td rowspan="2">电压/V
(有效值)</td><td>单相 220</td><td rowspan="2">±10</td><td rowspan="2">＋10
－12</td><td rowspan="2">＋15
－20</td></tr>
<tr><td>三相 380</td></tr>
<tr><td>频率/Hz</td><td>50</td><td>±2</td><td>±5</td><td>±10</td></tr>
<tr><td>直流</td><td>电压/V</td><td>由制造商确定</td><td colspan="3">±10</td></tr>
</table>

4.1.3 外观

测量系统或仪表的外壳和零部件表面的涂复层、面板、铭牌及标志均应光洁完好，不得有剥落和伤痕；标志的文字和符号应清晰；测量头、安装架的表面处理应良好。

4.1.4 安全

4.1.4.1 放射性安全

通常情况下，测量系统或仪表所用的放射源是密封源，并符合 GB 4075—2003 中的有关规定。

测量系统或仪表的放射性防护要求，包括辐射防护分级、对电离辐射的防护、级别代码和标志、随行文件等应符合 GB/T 19661.2—2005 的有关规定。在源室的外壳上应有明显的放射性标记，分别给出源闸关闭和开启时离开放射源一定距离处周围剂量当量率的最大值。

制造商应为系统和仪表的辐射源的安全操作、贮存、倒装及处理制定安全使用规则。

4.1.4.2 电气安全

4.1.4.2.1 接地

Ⅰ类防电击的测量系统或仪表的接地要求如下：

a) 所有的金属框架应该用尽可能低阻抗的导体接地；

b) 同一机箱或同一台仪表内，各功能单元的电路之间只能形成一个公共接地点；

c) 同一机箱或同一台仪表内，测量微弱信号的各功能单元应按要求进行电气绝缘和屏蔽，其屏蔽电路在接到公共地电路和单元本身接地电路前，应维持自身的绝缘和屏蔽的连续性。

4.1.4.2.2 绝缘电阻

测量系统或仪表规定端子之间的绝缘电阻应符合 GB/T 15479—1995 规定的要求，其限值见表 3。

表 3 绝缘电阻限值

工作电压(直流或交流有效值)/V	直流试验电压/V	绝缘电阻/MΩ			
		正常工作大气条件		湿热条件	
		Ⅰ类防电击	Ⅱ类防电击	Ⅰ类防电击	Ⅱ类防电击
≤60	100	5	7	1	2
>60～130	250	7	10	2	5
>130～500	500	10	20	5	7
注 1：湿热条件按 GB/T 8993—1998 恒定湿热等级划分。 注 2：设备的防电击分类见 GB/T 19661.1—2005 的表 2。					

4.1.4.2.3 绝缘强度

测量系统或仪表规定端子之间的绝缘强度应符合 GB/T 15479—1995 规定的要求。

试验电压见表 4。

表 4 绝缘强度试验的试验电压值

额定电压或标称电路电压(直流或交流正弦波有效值)/V	试验电压/kV	
	Ⅰ类防电击	Ⅱ类防电击
≤60	0.5	0.75
>60～130	1.0	1.5
>130～250	1.5	3.0
>250～650	2.0	4.0
注：设备的防电击分类见 GB/T 19661.1—2005 的表 2。		

4.1.4.2.4 报警和安全装置

测量系统或仪表宜有显示工作状态的报警和安全装置。

4.1.4.3 防爆

爆炸性气体环境中使用的测量系统或仪表应按照国家授权的防爆检验机构批准的图样制造，并符合 GB 3836.1—2000 以及与其防爆类型相对应的标准部分(例如，隔爆型为 GB 3836.2—2000；本质安全型为 GB 3836.4—2000)规定的要求。经国家指定的防爆机构检验合格，取得“防爆合格证”后，方可使用。

4.1.4.4 电磁兼容

测量系统或仪表的电磁环境条件(即电磁兼容试验项目)应按 GB/T 17626.1—2006 或 GB/T 11684—2003 的 4.6，在具体的产品标准中予以规定，或由制造商和用户协商确定。

电磁兼容试验结果分类见表 5，用作评估测量系统或仪表电磁兼容性的依据。从实用的角度出发，测量系统或仪表电磁兼容试验的结果不宜低于 B 级。

表 5 电磁兼容性评估等级

评估等级	试验结果
A	在技术要求限值内性能正常
B	功能或性能暂时降低或丧失,但能自行恢复
C	功能或性能暂时降低或丧失,但需操作者干预或系统复位
D	因设备(元件)或软件损坏,或数据丢失而造成不能自行恢复至正常状态的功能降低或丧失

4.2 特殊要求

4.2.1 内部特性

4.2.1.1 一般要求

内部特性指的是测量系统本身固有的那些特性,参见附录 A。具体的产品标准可对所有适合系统或仪表的内部特性定量地给出性能要求和试验方法,具体的项目由制造商(或与用户协商)确定。本标准列举其中常用的一些内部特性。

为了不使外部影响量影响结果,这些试验及操作一般规定在参比条件下进行。

4.2.1.2 精确度

具体的产品标准应给出产品的精确度等级或基本误差限。

4.2.1.3 回差

回差不宜大于基本误差限的绝对值的 1/2。

4.2.1.4 重复性

重复性误差不宜大于基本误差限的 1/2。

4.2.1.5 线性度

线性刻度的仪表应给出线性度的要求。

4.2.1.6 时间特性

4.2.1.6.1 平均响应时间

具体的产品标准应给出产品的平均响应时间。

4.2.1.6.2 平均建立时间

具体的产品标准应给出产品的平均建立时间。

4.2.1.6.3 恢复时间

具体的产品标准应给出产品的恢复时间。

4.2.1.7 不稳定性

4.2.1.7.1 电噪声及电的长期不稳定性

具体的产品标准应给出对产品的电噪声及电的长期不稳定性要求。

4.2.1.7.2 辐射测量不稳定性(统计涨落)

具体的产品标准应给出对产品的辐射测量不稳定性(统计涨落)要求。

4.2.1.7.3 综合辐射测量不稳定性

具体的产品标准应给出对产品的综合辐射测量不稳定性要求。

4.2.2 外部特性

4.2.2.1 通则

外部特性包括外部影响量对测量系统产生影响的那些特性,参见附录 A。具体的产品标准可对所有适合系统或仪表的外部特性定量地给出性能要求和试验方法,具体的项目由制造商(或与用户协商)确定。本标准列举其中常用的一些外部特性。

这些试验及操作一般规定在参比条件下(正在关注其变化的影响量除外)进行。

4.2.2.2 供电电源变化

当供电电源的参数(交流为电压有效值和频率值,直流为电压值)在表 2 规定的范围内变化时,所造成的示值变化不宜超过基本误差限的绝对值。

4.2.2.3 环境温度变化

当环境温度在规定的正常工作条件范围内变化时,环境温度平均每变化 10℃所造成的示值变化不宜超过基本误差限绝对值。

4.2.2.4 湿热

在正常工作条件的最高温度和最高相对湿度的环境中,示值变化不宜超过基本误差限绝对值的 3 倍。湿热试验的测量系统或仪表在正常工作环境下恢复 24 h 后,应仍符合 4.2.1.1～4.2.1.3 和 4.1.3 的要求。

4.2.2.5 外界磁场

在磁场强度为 400 A/m 的外界磁场作用下,示值变化不宜超过基本误差限的绝对值。

4.2.2.6 机械振动

在振幅峰值为 0.075 mm(振动频率 10 Hz～60 Hz)以及加速度幅值为 10 m/s^2(振动频率 60 Hz～150 Hz)的机械振动环境中,示值变化不宜超过基本误差限的绝对值。

注:机械振动的严酷度可根据工作环境条件另行选定。

4.2.3 运输

测量系统或仪表在包装条件下,应能承受 GB/T 8993—1998 附录 H 规定的抗运输环境试验。试验后,应仍符合 4.2.1.1～4.2.1.3 和 4.1.3 的要求。

5 试验方法

5.1 一般要求

5.1.1 测量系统或仪表的描述

检查被试测量系统或仪表实物以及它的铭牌、标志和随行文件,确认其是否与 4.1.1 的描述完全一致。

5.1.2 测量的基本要求

检查被试测量系统或仪表实物以及它的铭牌、标志和随行文件,确认其是否满足 4.1.2 规定的测量基本要求。

5.1.3 外观

用目视法检查测量系统或仪表的外观。

5.1.4 安全

5.1.4.1 放射性安全

按照 GB/T 19661.2—2005 的规定检查被试测量系统或仪表实物以及它的铭牌、标志和随行文件,确认其使用的放射源以及所采取的防护措施。

所有参加试验的人员在进行操作之前必须熟悉制造厂制定的安全使用规则,掌握有关的放射性安全防护知识,并在整个试验过程中严格执行。

5.1.4.2 电气安全

5.1.4.2.1 接地

检查Ⅰ类防电击的被试测量系统或仪表的接地,确认它是否符合 4.1.4.2.1 的要求。

5.1.4.2.2 绝缘电阻

被试测量系统或仪表的绝缘电阻试验应使用直流电压合适的兆欧表(或绝缘电阻表),并按照 GB/T 15479—1995 中 5.3 的规定进行。

注:试验设备的其他要求见 GB/T 15479—1995 中 5.2.1。

5.1.4.2.3 绝缘强度

被试测量系统或仪表的绝缘强度试验应使用功率不小于表6规定值的交流耐压试验仪(或耐压绝缘测试装置),并按照GB/T 15479—1995中5.4的规定进行。

注:为了试验时操作安全、尽量避免设备和被试测量系统或仪表的损坏、以及便于具体检测,在具体的产品标准中可以规定绝缘回路泄漏电流的允许值作为判定试验结果的依据。

表6 绝缘强度试验设备的功率

试验电压/kV	设备功率/(kV·A)
≤1.5	0.25
>1.5～3.0	0.5
>3.0	1.0
注:设备的其他要求见GB/T 15479—1995中5.2.2。	

5.1.4.2.4 报警和安全装置

利用模拟信号检查报警和安全装置工作是否正常。

5.1.4.3 防爆

防爆试验由国家授权的防爆监测检验机构按照GB 3836.1—2000以及与其防爆类型相对应的标准部分(例如,隔爆型为GB 3836.2—2000;本质安全型为GB 3836.4—2000)的规定进行。

5.1.4.4 电磁兼容

电磁兼容试验应根据确定的项目,按GB/T 17626(相关部分)或GB/T 11684—2003第5章和附录B的规定进行。对试验结果进行评估并予以报告。

5.2 特殊要求

5.2.1 内部特性

5.2.1.1 参比条件

内部特性试验,特别是仲裁时,应在参比条件下进行。参比条件参数及其允差见表7。

表7 参比条件和一般试验条件

影响量	参比条件	一般试验条件
环境温度	20℃(或23℃、25℃)±2℃	15℃～35℃
环境相对湿度	50%～75%	45%～75%
大气压力	86 kPa～106 kPa	
交流供电电压	(1±0.01)电压公称值	
交流供电频率	(1±0.01)频率公称值	
直流供电电压	(1±0.01)电压公称值	
外界磁场	除地磁场外,其他外界磁场的影响小到可以忽略	
环境放射性	不高于本底水平	
日光照射	无直射	

5.2.1.2 精确度

测量系统或仪表的不精确度按照GB/T 18271.2—2000的第4章规定进行测量。

5.2.1.3 回差

测量系统或仪表的回差按照GB/T 18271.2—2000的第4章规定进行测量。

5.2.1.4 重复性

测量系统或仪表的不重复性按照GB/T 18271.2—2000的第4章规定进行测量。

5.2.1.5 线性度

测量系统或仪表的非线性按照 GB/T 18271.2—2000 的第 4 章规定进行测量。线性度可以用校准曲线与规定直线(用使正、负最大偏差最小并相等的方法获得)之间的最大偏差表示(如图 3);也可以用回归分析法,用线性相关系数表示。同时应说明$\pm 2\sigma$(标准偏差)的极限值。

5.2.1.6 时间特性

5.2.1.6.1 平均响应时间

本试验在有效测量范围内的任何两点之间进行。使被测量产生一个规定的阶跃变化(所需时间不得大于被测平均响应时间的 1/10),使用高速记录仪、示波器或其他合适的仪器获取阶跃变化所引起响应的记录或图形等数据。确定从被测量产生阶跃变化开始到输出信号第 1 次达到最终变化量的63.2%时所需的时间。

通常取 3 次测量结果的平均值。

5.2.1.6.2 平均建立时间

本试验在有效测量范围内的任何两点之间进行。使被测量产生一个规定的阶跃变化(通常取在给定量程范围的 30%~80%之间;所需时间不得大于被测平均建立时间的 1/10),使用高速记录仪、示波器或其他合适的仪器获取阶跃变化所引起响应的记录或图形等数据。确定从被测量发生阶跃变化时起,到输出信号达到并保持在最终平均值$\pm 2\sigma$的标准偏差带内所需的最短时间。

被测量增大和减小时的平均建立时间都需要测量。

通常取 3 次测量结果的平均值。

5.2.1.6.3 恢复时间

需进行两项试验:

a) 被测量由 0 阶跃到有效测量范围 10%左右(各量程);

b) 被测量由 0 阶跃到有效测量范围 90%左右(各量程)。

使被测量产生一个规定的阶跃变化(所需时间不得大于被测恢复时间的十分之一),使用高速记录仪、示波器或其他合适的仪器获取阶跃变化所引起响应的记录或图形等数据。确定当测量状态从测量间距内没有被测物质的状态(即为 0)阶跃到测量范围内一个指定值时起,到输出信号达到并保持在最终平均值$\pm 2\sigma$的标准偏差带内所需的时间。

通常取 3 次测量结果的平均值。

5.2.1.7 不稳定性

5.2.1.7.1 电噪声及电的长期不稳定性

在没有放射源影响(关闭源闸或取走放射源)的情况下,测量系统或仪表的电噪声,结果用$\pm 2\sigma$表示。

在规定时间(与具体应用时间相对应)内,测量输出信号的最大漂移,用来表示其电的长期不稳定性。

5.2.1.7.2 辐射测量不稳定性(统计涨落)

应在有效测量范围内 10%、50%和 90%量程处测量输出信号的辐射测量不稳定性(统计涨落)。

辐射测量不稳定性(统计涨落)用与偏离最终输出信号平均值的$\pm 2\sigma$相当的被测量的量值或测量值的相对偏差表示。

通常取上述三处测得值中的最大值作为辐射测量不稳定性(统计涨落)试验的结果,也可以将三者同时列出。

5.2.1.7.3 综合辐射测量不稳定性

在射线束内插入一个固定的吸收体(此时测量系统或仪表应工作在有效测量范围内),在规定时间(与具体应用时间相对应)内自动记录输出信号平均值随时间的漂移。综合辐射测量不稳定性用最大漂移量的相对误差或测量值的相对标准偏差表示。

5.2.2 外部特性

5.2.2.1 一般要求

这些试验及操作一般规定在参比条件下(除正在关注其变化的影响量外)进行。

如无异议,这些试验及操作也可以在一般试验条件(见表7)下进行。但应在试验报告中说明试验时的影响量的具体参数值。

5.2.2.2 供电电源变化

根据正常工作条件中允许的变化范围,按照GB/T 18271.3—2000的12.1进行。

直流供电为电压上限值、额定值和下限值,共3组。

交流供电为电压的上限值、额定值、下限值和频率的上限值、额定值、下限值之间的组合,共9组。

计算各组的示值变化。

5.2.2.3 环境温度变化

根据正常工作条件中环境温度的上下限,分别按GB/T 8993—1998的附录A和附录B规定的方法进行低温试验和高温试验,并计算环境温度每变化10 ℃引起的示值变化。

5.2.2.4 湿热

根据正常工作条件中环境温度和相对湿度的上限,按GB/T 8993—1998的附录D规定的方法进行,并计算湿热环境引起的示值变化。

湿热试验的测量系统或仪表在正常工作环境下恢复24 h后,再次检查4.2.1.1～4.2.1.3和4.1.3的要求。

5.2.2.5 外界磁场

试验按照GB/T 18271.3—2000第15章的方法进行,并计算外界磁场引起的示值变化。

注:试验也可以按照GB/T 8993—1998的附录H的方法进行。

5.2.2.6 机械振动

试验按照GB/T 18271.3—2000第7章的方法进行,并计算机械振动引起的示值变化。

注:试验也可以按照GB/T 8993—1998的附录E的方法进行。

5.2.3 运输

抗运输环境性能试验按GB/T 8993—1998的附录H规定的方法进行。试验后,再次检查4.2.1.1～4.2.1.3和4.1.3的要求。

6 检验规则

6.1 检验的分类

检验可以分为出厂检验和型式检验两种。具体的产品标准应给出检验项目表,表中宜有相应的技术要求和试验方法章条号。

6.2 出厂检验

每台产品(测量系统或仪表)应按具体产品标准给出的检验项目表逐项进行出厂检验。经检验合格,并附上产品合格证,方可出厂。

6.3 型式检验

6.3.1 总则

有下列情况之一时,应进行型式检验:

a) 新产品或老产品转厂生产的试制定型鉴定;

b) 正常生产后,如结构、材料、工艺有较大改变,可能影响产品性能时;

c) 正常生产时,定期进行;

d) 产品长期停产后,恢复生产时;

e) 出厂检验结果与上次型式检验有较大差异时；

f) 国家质量监督机构提出进行型式检验要求时。

除非另有规定，型式检验应按本标准规定的全部技术要求项目进行。

注：防爆产品在其“防爆合格证”有效期内，只要产品按照国家指定的防爆检验机构批准的图样制造，可以不进行防爆试验。

6.3.2 抽样和判定

型式检验的抽样和判定按 GB/T 10257—2001 的规定进行。

7 标志、包装、运输和贮存

7.1 标志

7.1.1 产品(或电测量部件)

产品(或电测量部件)应有铭牌，标明以下内容：

——产品型号和名称；

——产品制造日期、编号或生产批号；

——制造厂名或商标。

必要时，还可标明：

——被测物质及其特性；

——测量范围；

——精确度等级；

——供电电源；

——外形尺寸、质量及安装尺寸；

——电缆的连接方式和最大长度；

——测量间距及其可调范围等。

7.1.2 源部件

源容器的外壳上应有明显的放射性标志和屏蔽性能的级别标记。放射性标志(包括必要时使用的警告标志)应符合 GB/T 18871—2002 规定。

源部件的铭牌上至少应有下列内容：

——放射性核素的名称；

——放射源活度及其测定时间；

——放射源的辐射防护等级；

——源部件的编号。

注：铭牌上的内容可根据需要进行增补。

7.1.3 防爆产品

防爆产品的标志和铭牌内容还应符合 GB 3836.1—2000 的规定。

7.2 包装

7.2.1 要求

产品的包装应符合 EJ/T 1059 的要求。

带放射源的产品(或部件)的包装箱，其箱外标志应符合 GB/T 191 的规定。

7.2.2 随行文件

包装箱内的随行文件包括：产品合格证、产品使用说明书、装箱单、随机备件或附件清单、安装图及其他有关技术资料。

7.3 运输

产品在包装条件下，应允许用汽车、飞机、轮船等任意方式运输。带放射源的产品(或部件)的运输应按 GB 11806 的规定进行，托运前必须经辐射安全主管部门检查并获得认可证书。

7.4 贮存

产品在包装条件下，贮存在温度为－40℃～＋60℃、相对湿度不超过 95%、无腐蚀性气体的环境中。

当放射源不使用时应交有关部门处理或贮存在专用的放射源存放处，并有专人负责保管。

附　录　A
（资料性附录）
利用电离放射源的电测量系统的内部特性和外部特性

在复杂的测量和控制系统中，可以在整个系统的若干部位上提出试验和性能规范的要求。例如，测试点可以选择在基本传感器输出处和信号处理之前、一次信号处理模块的输出处、过程控制信号模块的输出处以及常规测量显示装置的输出处。由于拥有不同的响应时间以及使用不同的信号处理硬件和算法，上述各部位处可呈现不同的测量性能特性。在确定系统是否适合预期的应用时，熟悉各部位处的性能特性是很重要的。

A.1　内部特性

A.1.1　电气特性和软件特性

a）时间常数；

b）平均响应时间；

c）平均建立时间；

d）恢复时间；

e）开关时间；

f）开关点；

g）采样率；

h）采样时间；

i）平均时间；

j）电噪声；

k）测量线性；

l）模-数转换分辨力；

m）软件查询表分辨力；

n）软件位分辨力。

A.1.2　辐射测量特性

a）辐射测量不稳定性（噪声）；

b）受辐射测量不稳定性限制的分辨力；

c）受辐射测量不稳定性限制的重复性；

d）源活度衰变影响。

A.1.3　几何特性

a）源-探测器的距离；

b）测量间距；

c）通行线；

d）总测量面积；

e）有效测量面积；

f）几何分辨力。

A.1.4　机械特性

a）杂质（污垢）的堆积；

b）测量头的准直性：

1）X 轴方向偏移；

2） Y 轴方向偏移；
3） Z 轴方向偏移；
4） 角偏转。
c） 扫描位置误差；
d） 扫描采样廓形误差。

A.1.5 总系统特性

a） 校准曲线；
b） 线性度；
c） 灵敏度曲线；
d） 额定测量范围；
e） 有效测量范围；
f） 信噪比；
g） 系统标准化功能：
1） 电子漂移校正；
2） 源活度衰变补偿；
3） 杂质(污垢)堆积补偿；
4） 其他定期校正；
h） 重复性；
i） 再现性；
j） 非线性辐射(测量束)平均；
k） 非线性信号平均；
l） 固有误差；
m） 诊断功能；
n） 短期漂移；
o） 长期漂移。

A.2 外部特性

A.2.1 电气特性和软件特性

a） 主电源电压；
b） 外部测量和补偿；
c） 误差测量和补偿算法。

A.2.2 环境特性

a） 环境温度；
b） 环境湿度；
c） 振动；
d） 日光照射；
e） 本底辐射；
f） 大气压力；
g） 电磁场。

A.2.3 过程特性

a） 过程温度；
b） 成分影响；
c） 被测物的不稳定性(挥发等)；

d） 被测物的不均匀性。

A.2.4 总系统特性

a） 精确度/准确度；

b） 测量的可溯源性；

c） 再现性。

参 考 文 献

[1] IEC 60476:1993 核仪器 利用电离辐射源的电测量系统和仪表 一般特性

ICS 71.100.01;87.060.10
G 56

中华人民共和国国家标准

GB/T 7370—2008
代替 GB/T 7370—1992

对氨基苯甲醚

p-Anisidine

2008-09-24 发布　　　　2009-05-01 实施

中华人民共和国国家质量监督检验检疫总局
中国国家标准化管理委员会　发布

前言

本标准代替 GB/T 7370—1992《对氨基苯甲醚》。

本标准与 GB/T 7370—1992 相比主要变化如下：

——色谱柱由填充柱修改为毛细管柱（本版的 5.4.2；1992 年版的 4.2.2.1）；

——固定相由丁二酸乙二醇聚酯（PEGS）修改为（5%苯基）甲基聚硅氧烷（本版的 5.4.2；1992 年版的 4.2.2.1）；

——对氨基苯甲醚及其有机杂质的定量方法由校正面积归一化法修改为峰面积归一法（本版的 5.4.1；1992 年版的 4.2.3）；

——提高了对氨基苯甲醚纯度的一等品和合格品的指标（本版的第 3 章；1992 年版的第 3 章）；

——降低了邻氨基苯甲醚含量的一等品和合格品的指标，降低了水分含量的优等品的指标，降低了对氯苯胺、高沸物含量的指标（本版的第 3 章；1992 年版的第 3 章）；

——将取样方法规范为采样（本版的第 4 章；1992 年版的 5.4）；

——增加“安全、安全技术说明书”规定（本版的第 8 章）。

本标准由中国石油和化学工业协会提出。

本标准由全国染料标准化技术委员会（SAC/TC 134）归口。

本标准起草单位：沈阳化工研究院。

本标准主要起草人：蒲爱军。

本标准所代替标准的历次版本发布情况为：

——GB/T 7370—1987；

——GB 7370—1992。

对氨基苯甲醚

警告——使用本标准的人员应有正规实验室工作的实践经验。本标准并未指出所有可能的安全问题。使用者有责任采取适当的安全和健康措施,并保证符合国家有关法规规定的条件。

1 范围

本标准规定了对氨基苯甲醚的要求、采样、试验方法、检验规则以及标志、标签、包装、运输、贮存、安全和安全技术说明书。

本标准适用于对氨基苯甲醚的产品质量控制,该产品主要用于染料工业中。

结构式:

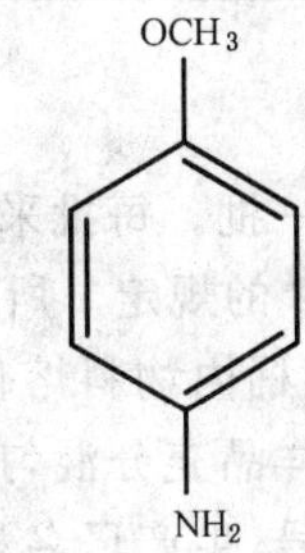

分子式:C_7H_9NO

相对分子量:123.15 (按 2005 年国际相对原子质量)

CAS No:104-94-9

2 规范性引用文件

下列文件中的条款通过本标准的引用而成为本标准的条款。凡是注日期的引用文件,其随后所有的修改单(不包括勘误的内容)或修订版均不适用于本标准,然而,鼓励根据本标准达成协议的各方研究是否可使用这些文件的最新版本。凡是不注日期的引用文件,其最新版本适用于本标准。

GB 190 危险货物包装标志

GB/T 191 包装储运图示标志(GB/T 191—2008,ISO 780:1997,MOD)

GB/T 1250—1989 极限数值的表示方法和判定方法

GB/T 2385—2007 染料中间体 结晶点的测定通用方法(ISO 1392:1977,MOD)

GB/T 2386—2006 染料及染料中间体 水分的测定

GB/T 6678—2003 化工产品采样总则

GB/T 6680—2003 液体化工产品采样通则

GB/T 6682 分析实验室用水规格和试验方法(GB/T 6682—2008,ISO 3696:1987,MOD)

GB/T 9722 化学试剂 气相色谱法通则

GB 12268—2005 危险货物品名表

GB 15258 化学品安全标签编写规定

GB 16483 化学品安全技术说明书 内容和项目顺序

3 要求

对氨基苯甲醚质量应符合表 1 的规定。

表 1 对氨基苯甲醚的质量要求

项目		指标		
		优等品	一等品	合格品
(1) 外观		浅黄、浅灰至褐色片状或块状或熔铸体		
(2) 干品结晶点/℃	≥	57.0	56.7	56.5
(3) 对氨基苯甲醚纯度/%	≥	99.00	98.50	98.00
(4)邻氨基苯甲醚质量分数/%	≤	0.50	0.70	1.00
(5) 对氯苯胺质量分数/%	≤	0.20	0.30	0.50
(6) 低沸物质量分数/%	≤	0.10	0.20	
(7) 高沸物质量分数/%	≤	0.20	0.30	
(8) 水分的质量分数/%	≤	0.20	0.50	

4 采样

以批为单位采样，生产厂以均匀的产品为一批。每批采样数量应符合 GB/T 6678—2003 中 7.6 的规定。采样管应符合 GB/T 6680—2003 中 6.2 的规定。所采样产品的包装必须完好，采样时勿使外界杂质落入产品中。铸熔体取样时以蒸汽加热至桶内物料熔化，所采样品总量液体不得少于 500 mL，片状或块状样品总量不得少于 500 g。将采取的样品充分混匀后，分装于两个清洁、干燥、避光及密封良好的容器中，其上粘贴标签。注明：产品名称、批号、生产厂名称、取样日期、地点。一个供检验，一个保存备查。

5 试验方法

5.1 一般规定

除非另有规定，仅使用确认为分析纯的试剂和 GB/T 6682 中规定的三级水。检验结果的判定按 GB/T 1250—1989 中的 5.2 修约值比较法进行。

5.2 外观的评定

在自然光线下采用目视评定。

5.3 干品结晶点的测定

按 GB/T 2385—2007 的有关规定进行。

取约 50 g 对氨基苯甲醚试样于 125 mL 广口瓶中，加入 5Å 分子筛 25 g，盖上瓶盖脱水 1 h(期间摇动 3 次～4 次)。

5.4 对氨基苯甲醚纯度及有机杂质含量的测定

5.4.1 方法提要

采用毛细管柱气相色谱法，分离对氨基苯甲醚及其有机杂质，采用峰面积归一化法定量。

5.4.2 仪器设备

a) 气相色谱仪：仪器灵敏度和稳定性应符合 GB/T 9722 的规定；

b) 检测器：氢火焰离子化检测器(FID)；

c) 色谱柱：内径 0.32 mm，长 30 m，膜厚 0.25 μm 毛细管柱；

d) 固定相：(5%苯基)甲基聚硅氧烷，如 HP-5；

e) 微量注射器：10 μL；

f) 色谱工作站或数据处理机。

5.4.3 试剂

三氯甲烷。

5.4.4 色谱分析条件

色谱操作条件如表2所示。

可根据仪器不同,选择最佳分析条件。

5.4.5 分析步骤

5.4.5.1 对氨基苯甲醚试样溶液的配制

称取0.5 g对氨基苯甲醚试样于10 mL棕色容量瓶中,加入三氯甲烷溶解并定容。

5.4.5.2 测定

开启色谱仪。待仪器各项操作条件稳定后,进试样溶液0.6 μL,待出峰完毕后,用色谱工作站或数据处理机进行结果处理。

表2 色谱操作条件

色谱柱规格:长度×内径×固定相膜厚		30 m×0.32 mm×0.25 μm
载气		氮气
载气压力/kPa		60
检测器温度/℃		300
汽化室温度/℃		300
燃烧气(氢气)流量/(mL/min)		30
助燃气(空气)流量/(mL/min)		300
补偿气(氮气)流量/(mL/min)		20
分流比		20:1
程序升温	初始柱温/℃	110
	初温保持时间/min	10
	升温速度/(℃/min)	20
	终止温度/℃	260
	终温保持时间/min	5

5.4.5.3 结果计算

对氨基苯甲醚纯度及有机杂质的含量以 w_i 计,数值用%表示,按式(1)计算:

$$w_i = \frac{A_i}{\sum A_i} \times 100 \qquad \cdots\cdots(1)$$

式中:

A_i——对氨基苯甲醚及各有机杂质的峰面积数值;

$\sum A_i$——对氨基苯甲醚及各有机杂质的峰面积数值的总和。

计算结果表示到小数点后两位。

注:低沸物为溶剂峰后主峰前除对氯苯胺、邻氨基苯甲醚以外所有流出组分,高沸物为间氨基苯甲醚之后所有流出组分。

5.4.5.4 允许差

对氨基苯甲醚纯度两次平行测定结果之差应不大于0.1%,各有机杂质两次平行测定结果之差应不大于0.05%,取其算术平均值作为测定结果。

5.4.5.5 色谱图

色谱图见图1。

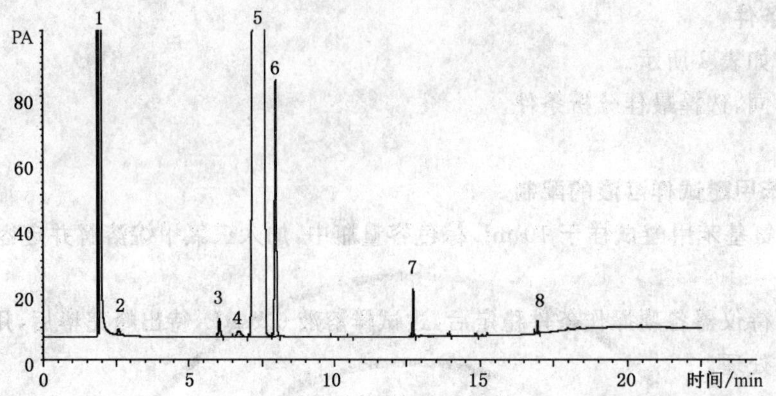

1——溶剂；

2——低沸物(苯胺)；

3——邻氨基苯甲醚；

4——对氯苯胺；

5——对氨基苯甲醚；

6——间氨基苯甲醚；

7,8——高沸物。

图 1 对氨基苯甲醚色谱图

5.5 水分的测定

按 GB/T 2386—2006 中的 3.4"卡尔·费休法及卡尔·费休改良法"的规定进行，对氨基苯甲醚的进样量为 1 g。

6 检验规则

6.1 检验分类

本标准第 3 章的表 1 中规定的全部项目为出厂检验项目。

6.2 出厂检验

对氨基苯甲醚应由生产厂的质量检验部门进行检验。生产厂应保证所有出厂的对氨基苯甲醚均符合本标准的要求。

6.3 复验

如果检验结果中有一项指标不符合本标准的规定时，应重新自两倍量的包装中取样进行检验，重新检验的结果即使只有一项指标不符合本标准的要求，则整批产品不能验收。

7 标志、标签、包装、运输、贮存

7.1 标志、标签

对氨基苯甲醚的每个包装上都应按 GB 190 中的有关规定涂刷牢固、清晰的标志，注明：产品名称、注册商标、产品生产许可证编号及标志、净含量、生产厂名称、厂址、标准编号、批号、生产日期。也可将批号、生产日期打印在标签上，并和产品质量检验合格的证明一起放入适宜处。化学品安全标签编写应符合 GB 15258 的规定。

7.2 包装

对氨基苯甲醚用铁桶包装，每桶净含量 50 kg、100 kg、200 kg。

7.3 运输

运输时应符合 GB/T 191 的有关规定。轻取轻放，防止日晒、碰撞、雨淋和包装破损。

7.4 贮存

贮存时应远离火源，放置阴凉干燥处。

8 安全、安全技术说明书

8.1 安全

根据GB 12268—2005，对氨基苯甲醚危险品编号（UN：2431，CN：61784），属于有毒物质。经吞食、吸入或皮肤接触后可能造成死亡或严重受伤，损害健康。如发生意外，应及时就医。使用及搬运时，应穿戴劳动保护用品，严格注意安全。

8.2 安全技术说明书

按GB 16483化学品安全技术说明书编写规定，该产品出厂应提供详细的安全技术说明书。安全技术说明书应包括如下内容：

a） 提供该产品的危险性信息；

b） 安全使用方法；

c） 运输、储存要求；

d） 防护措施；

e） 应急处理措施等。

ICS 71.080.20
G 15

中华人民共和国国家标准

GB/T 7376—2008
代替 GB/T 7376—1987、GB/T 7374—1987、GB/T 10670—1989

工业用氟代烷烃中微量水分的测定

Determination of micro-amounts of water in industrial fluorinated alkane

2008-04-10 发布　　　　2008-10-01 实施

中华人民共和国国家质量监督检验检疫总局
中国国家标准化管理委员会　发布

前　言

本标准代替 GB/T 7376—1987《工业用氟代甲烷类中微量水分的测定　卡尔·费休法》、GB/T 7374—1987《工业用氟代甲烷类中微量水分的测定　重量法》、GB/T 10670—1989《工业用氟代甲烷类中微量水分的测定　电解法》。

本标准与 GB/T 7376—1987 相比主要变化如下：

——本标准是对 GB/T 7376—1987、GB/T 7374—1987、GB/T 10670—1989 三个标准的整合修订，合并到 GB/T 7376 标准中；

——本标准的名称由《工业用氟代甲烷类中微量水分的测定　卡尔·费休法》改为《工业用氟代烷烃中微量水分的测定》；

——对"范围"一章做了相应修改(1987 年版的第 1 章，本版的第 4 章)；

——增加了卡尔·费休法——库仑电量法(见 5.3)；

——增加了电解法(见 5.4)。

本标准由中国石油和化学工业协会提出。

本标准由全国化学标准化技术委员会有机分会(SAC/TC 63/SC 2)归口。

本标准起草单位：鹰鹏化工有限公司。

本标准参加起草单位：浙江莹光化工有限公司。

本标准主要起草人：颜瑞康、扬星堂、胡德钧、谢汛友、王鸿莺、吴益民。

本标准所代替标准的版本发布情况为：

——GB/T 7376—1987；

——GB/T 7374—1987；

——GB/T 10670—1989。

工业用氟代烷烃中微量水分的测定

1 范围

本标准规定了工业用氟代烷烃中微量水分测定的试验方法：卡尔·费休法——容量法、卡尔·费休法——库仑电量法和电解法。电解法不适用于沸点相对较高的氟代烷烃。

本标准适用于工业用氟代烷烃中微量水分的测定。

2 规范性引用文件

下列文件中的条款通过本标准的引用而成为本标准的条款。凡是注日期的引用文件，其随后所有的修改单(不包括勘误的内容)或修订版均不适用于本标准，然而，鼓励根据本标准达成协议的各方研究是否可使用这些文件的最新版本。凡是不注日期的引用文件，其最新版本适用于本标准。

GB/T 6283—1986 化工产品中水分含量的测定 卡尔·费休法(通用方法)

GB/T 6682—1992 分析实验室用水规格和试验方法(GB/T 6682—1992，neq ISO 3696:1987)

3 一般规定

3.1 除非另有说明，在分析中仅使用确认为分析纯的试剂和 GB/T 6682—1992 中规定的三级水。

3.2 试验中所用的微量水分测定装置应保证密封。各通气孔均应连接干燥管，干燥剂应及时更换。

3.3 试验中所用的取样钢瓶、采样导管及注射针等仪器应干燥，避免测定误差。

3.4 试验方法中需要搅拌时，搅拌速度应保持一致；终点判断保持一致；避免引起较大的测定误差。

4 采样和样品的预处理

根据相应的产品标准规定进行。

5 试验方法

5.1 警示

试验方法规定的一些试验过程可能导致危险情况。操作者应采取适当的安全和防护措施。

5.2 卡尔·费休法——容量法

5.2.1 方法提要

试样中的水分与卡尔·费休试剂定量反应。卡尔·费休试剂预先用水准确标定其滴定度，以“死停点”判断终点。根据滴定时消耗卡尔·费休试剂的毫升数和它的滴定度，计算试样中水的含量。

反应式：$H_2O+I_2+SO_2+3C_5H_5N+CH_3OH=2C_5H_5N\cdot HI+C_5H_5NH\cdot SO_4CH_3$(浅棕黄色)

5.2.2 仪器

5.2.2.1 取样钢瓶：双阀型不锈钢小钢瓶，容积不小于 150 mL，工作压力大于 3.0 MPa，示意图见图 1。

图 1 取样钢瓶示意图

5.2.2.2 微量水分测定仪，示意图见图2。

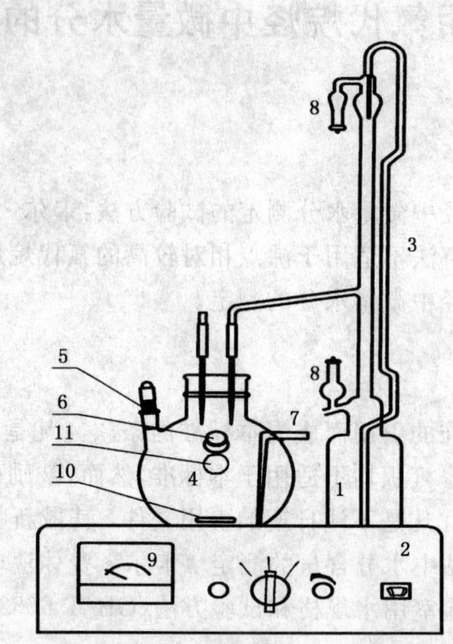

1——卡尔·费休试剂贮瓶；
2——控制箱；
3——卡尔·费休试剂滴定管；
4——滴定瓶；
5——电极；
6——进样口；
7——废液排放口；
8——干燥管；
9——微安表；
10——搅拌棒；
11——尾气放空口。

图2 微量水分测定仪示意图

5.2.2.3 滴定瓶：500 mL。

5.2.2.4 进样针头：针长150 mm～200 mm，内径Φ0.5 mm～0.7 mm，示意图见图3。

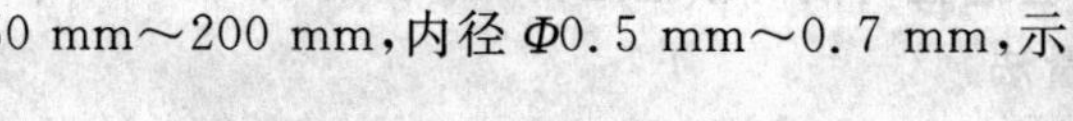

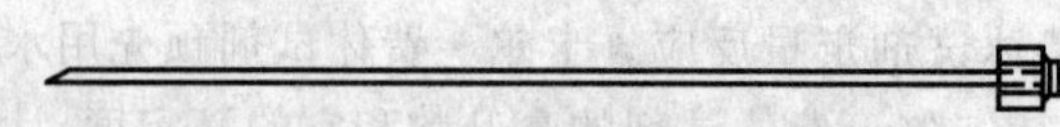

图3 进样针头示意图

5.2.2.5 天平：最大称量不小于3 000 g，分度值0.1 g。

5.2.2.6 电子天平：分度值0.000 1 g。

5.2.2.7 微量注射器：10 μL。

5.2.2.8 玻璃注射器：不小于5 mL。

5.2.2.9 微量滴定管：5 mL。

5.2.3 试剂

5.2.3.1 无水甲醇：甲醇按GB/T 6283—1986的4.1处理。或直接用无水甲醇；

5.2.3.2 卡尔·费休试剂：按 GB/T 6283—1986 中 4.12 配制，使用时根据需要用无水甲醇稀释至含水量 0.5 mg/mL～1.0 mg/mL。或使用市售试剂；

5.2.3.3 水。

5.2.4 **分析步骤**

5.2.4.1 **卡尔·费休试剂的标定**

卡尔·费休试剂应每天标定。

加一定量的无水甲醇于滴定瓶中，浸没电极。接通电源，开动电磁搅拌器，将测定开关旋至“校正”位置，调整电位，使微安表指针移至满刻度，然后将测定开关旋至“测定”位置，微安表指针下降至零点。在搅拌下，用卡尔·费休试剂滴定至指针向满刻度方向偏转至某一位置，停留 30 s 指针不回转即为终点，此时溶液由浅黄色变为琥珀色。

用 10 μL 微量注射器吸取 2 μL～4 μL 水，并称量，精确至 0.1 mg。从进样口将水注入滴定瓶中，再次称量注射器，精确至 0.1 mg，得到加入的水的质量。与上述操作相同，在搅拌下用卡尔·费休试剂滴定至终点，记录消耗卡尔·费休试剂的体积。

卡尔·费休试剂对水的滴定度 T，数值以 mg/mL 表示，按式(1)计算：

$$T = \frac{m}{V} \qquad \cdots\cdots(1)$$

式中：

m——加入水的质量的数值，单位为毫克(mg)；

V——标定时消耗卡尔·费休试剂的体积的数值，单位为毫升(mL)。

5.2.4.2 **试样的测定**

加一定量的无水甲醇于滴定瓶中，浸没电极。按 5.2.4.1 规定的步骤，用卡尔·费休试剂滴定无水甲醇至终点。

称量装有试样的带进样针头的取样钢瓶，精确至 0.1 g。进样针头通过硅橡胶垫插入滴定瓶底部，打开取样钢瓶出口阀使液体试样流出，边搅拌边注入试样，进样速度为 3 g/min～5 g/min，进样量 30 g～100 g，或根据试样含水量和所用仪器调整进样量。为避免出口阀附近结霜，可用吹风机加热。进样完毕后，关闭阀门，拔出进样针头，再次称量带进样针头的取样钢瓶，精确至 0.1 g。对沸点高的产品(如 $HCFC_{141b}$)，可迅速进样，进样约需 2 min，或采用玻璃注射器(5.2.2.8)进样。进样时须保证尾气畅通。

在搅拌下，用卡尔·费休试剂滴定至终点，记录消耗卡尔·费休试剂的体积。

5.2.4.3 **结果计算**

试样中水的质量分数 w_1，数值以%表示，按式(2)计算：

$$w_1 = \frac{TV \times 10^{-3}}{m_1 - m_2} \times 100 \qquad \cdots\cdots(2)$$

式中：

T——卡尔·费休试剂对水的滴定度，单位为毫克每毫升(mg/mL)；

V——滴定时消耗卡尔·费休试剂的体积的数值，单位为毫升(mL)；

m_1——进样前取样钢瓶或玻璃注射器和试料的质量的数值，单位为克(g)；

m_2——进样后取样钢瓶或玻璃注射器和试料的质量的数值，单位为克(g)。

5.3 **卡尔·费休法——库仑电量法**

5.3.1 **方法提要**

试样中的水分与电解液中的碘进行定量反应，反应式为：

$$H_2O + I_2 + SO_2 \longrightarrow 2HI + SO_3$$

$$2I^- - 2e \longrightarrow I_2$$

参加反应的碘的分子数等于水的分子数，而电解生成的碘与所消耗的电量成正比，依据法拉第定律，在仪器上直接读出被测试样中的水含量。

5.3.2 仪器

5.3.2.1 库仑电量水分测定仪：检测灵敏度 0.1 μg 水。或其他能满足分析要求的微量水分测定仪也可使用。

5.3.2.2 取样钢瓶：同 5.2.2.1。

5.3.2.3 天平：最大称量不小于 3 000 g，分度值 0.01 g。

5.3.2.4 玻璃注射器：不小于 5 mL。

5.3.2.5 进样针头：同 5.2.2.4。

5.3.3 试剂

与库仑电量水分测定仪配套的电解液(市售试剂)。

5.3.4 分析步骤

加入电解液，调节库仑电量水分测定仪，使滴定池内达到无水状态。

将进样针头用不锈钢(或适宜材质)的大小接头与盛有试样的取样钢瓶出口阀连接，称量这个带有进样针头的取样钢瓶质量，精确至 0.01 g。将进样针头迅速插入库仑电量水分测定仪电解池的底部，打开取样钢瓶出口阀使液体试样流出，控制进样速度为(1～2)g/min，进样量约为 10 g，或根据含水量适当调整进样量。进样后再次称量带有进样针头的取样钢瓶质量，精确至 0.01 g。对沸点高的产品(如 $HCFC_{141b}$)，可采用玻璃注射器进样。进样结束后，进行电量滴定，在库仑电量水分测定仪显示屏上直接读取水的质量。

5.3.5 结果计算

试样中水的质量分数 w_2，数值以%表示，按式(3)计算：

$$w_2 = \frac{m}{m_1 - m_2} \times 100 \qquad \cdots\cdots(3)$$

式中：

m——试料中水的质量的数值，单位为克(g)；

m_1——进样前取样钢瓶和试料的质量的数值，单位为克(g)；

m_2——进样后取样钢瓶和试料的质量的数值，单位为克(g)。

5.4 电解法

5.4.1 方法原理

被测试样以气体导入电解池，其水分被池内吸湿剂五氧化二磷薄膜吸收，同时被定量电解。

吸收反应：$P_2O_5 + H_2O \longrightarrow 2HPO_3$、

电解反应：$2HPO_3 \xrightarrow[\text{直流电}]{\text{铂丝}} \frac{1}{2}O_2\uparrow + H_2\uparrow + P_2O_5$，

在 25℃、101.3 kPa，气体试样流速 100 mL/min 连续通过的情况下，试样中水分的质量分数为 0.000 1%，电流为 13.4 μA。从仪器上可以直接读取被测试样中的水分。

5.4.2 仪器

微量水分测定仪，装置示意图见图 4。

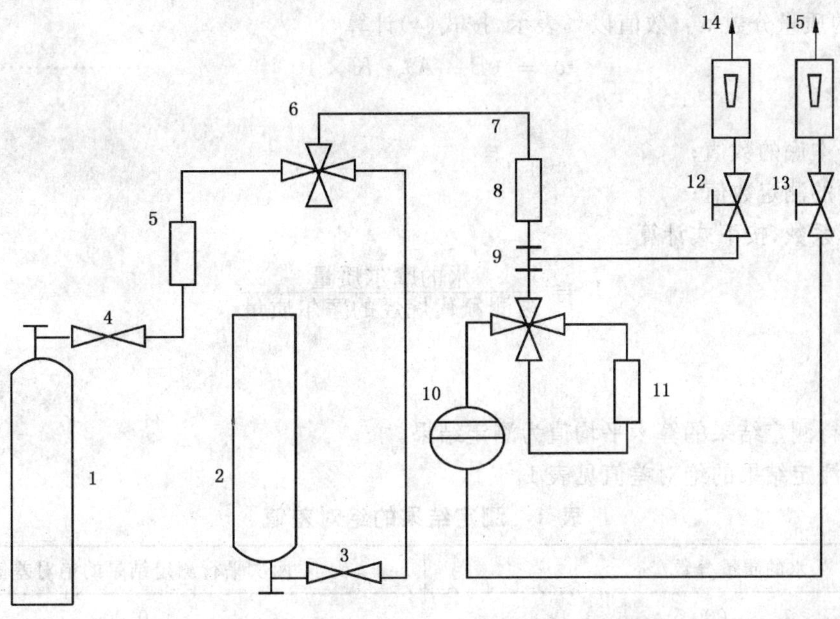

1——辅助气瓶；

2——被测气瓶；

3、4——减压阀；

5、11——干燥器；

6——四通阀；

7——膜式过滤器；

8——三通；

9——控制阀；

10——电解池；

12、13——针形阀；

14——旁通流量计；

15——测量流量计。

图4 电解法微量水分测定仪装置示意图

5.4.3 分析步骤

5.4.3.1 系统干燥

对于长期停用或重新涂敷电解池的仪器，测量前应进行干燥处理。工业氮气作为干燥气时，应接干燥器(5)(内填5 A分子筛)。关闭针形阀(12)、(13)，接通氮气，将控制阀(9)置于"干燥"位置，缓慢开启针形阀(12)使氮气以1 000 mL/min的流量吹扫系统10 min。

5.4.3.2 电解池的干燥

将控制阀(9)置于"干燥"位置，缓慢开启针形阀(13)，同时调小针形阀(12)(不要完全关闭)，控制氮气流量在20 mL/min～50 mL/min，直至表头水分读数值(体积比)降至5以下，关闭减压阀(4)。

5.4.3.3 试样的测定

利用四通阀(6)将干燥气源切换至被测试样气源，控制阀(9)置于"干燥"位置，调节针形阀(13)使测量流量为100 mL/min；调节针形阀(12)使旁通流量为1 000 mL/min，待表头水分读数值(体积比)降至5以下后记录读数，该值为仪器本底值 A。

将控制阀(9)转换至"测量"位置，保持测量和旁通流量不变，待表头示值相对稳定后记录读数，此值为测定值 B。

5.4.4 **结果计算**

试样中水的质量分数 w_3，数值以%表示，按式(4)计算：

$$w_2 = (B - A) \cdot K \times 10^{-4} \qquad \cdots\cdots(4)$$

式中：

A——仪器本底的数值；

B——试样的测定数值；

K——换算系数，按下式计算。

$$K = \frac{\text{水的摩尔质量}}{\text{被测氟代烷烃的摩尔质量}}$$

6 允许误差

6.1 取两次平行测定结果的算术平均值为测定结果。

6.2 两次平行测定结果的绝对差值见表1。

表1 测定结果的绝对差值

水的质量分数/%	两次平行测定结果的绝对差值/%
≤0.000 5	≤0.000 2
>0.000 5～0.002	≤0.000 3
>0.002～0.005	≤0.000 5

ICS 83.160.10
G 41

中华人民共和国国家标准

GB/T 7377—2008
代替 GB/T 7377—1997

力车轮胎系列

Series of cycle tyres

(ISO 5775-1:1997,Bicycle tyres and rims—
Part 1:Tyre designations and dimensions,MOD)

2008-06-18 发布　　　　2009-02-01 实施

中华人民共和国国家质量监督检验检疫总局
中国国家标准化管理委员会　发布

前言

本标准修改采用国际标准 ISO 5775-1:1997《自行车轮胎和轮辋　第1部分:轮胎规格和尺寸》。

本标准代替 GB/T 7377—1997《力车轮胎系列》。

本标准根据 ISO 5775-1:1997 重新起草。附录 A 列出了本标准与 ISO 5775-1:1997 章条编号对照的一览表。本标准与 ISO 5775-1:1997 的有关技术性差异用垂直单线标识在它们所涉及的条款的页边空白处,并在附录 B 中列出了这些技术性差异及其原因。

为了便于使用,本标准还作了以下编辑性修改:

a) “本国际标准”改为“本标准”;

b) 用小数点“.”代替作为小数点的逗号“,”;

c) 删除了国际标准前言。

本标准与 GB/T 7377—1997 的主要差异如下:

——取消了“ISO 前言”;

——增加了钩直边(CT)轮胎(本版的第 4 章中图 2);

——增加了直边轮胎和钩直边轮胎 15 个新规格(1997 版的表 1;本版的表 1)和钩边轮胎 9 个新规格(1997 版的表 3;本版的表 2);

——删除了直边手推车轮胎规格(1997 版的 4.1.3);

——增加了新胎断面宽度及外直径的最大、最小值计算(本版的第 6 章);

——增加了无内胎轮胎的标志(本版的 9.3)。

本标准的附录 A、附录 B 均为资料性附录。

本标准的附录 C、附录 D 均为规范性附录。

本标准由中国石油和化学工业协会提出。

本标准由全国轮胎轮辋标准化技术委员会归口。

本标准委托全国摩托车自行车轮胎轮辋标准化分技术委员会负责解释。

本标准起草单位:广州广橡企业集团有限公司钻石车胎厂。

本标准主要起草人:陈秋发、林俊平、黄国穗、李伊华、梁淑芬、王小菊。

本标准所代替标准的历次版本发布情况为:

—— GB 7377—1987、GB/T 7377—1997。

力车轮胎系列

1 范围

本标准规定了力车轮胎的术语和定义、分类、规格标志、基本参数、主要尺寸和测量方法。

本标准适用于自行车、人力三轮车和手推车充气轮胎。

本标准不适用于管式赛车轮胎和非充气轮胎。

2 规范性引用文件

下列文件中的条款通过本标准的引用而成为本标准的条款。凡是注日期的引用文件，其随后所有的修改单(不包括勘误的内容)或修订版均不适用于本标准，然而，鼓励根据本标准达成协议的各方研究是否可使用这些文件的最新版本。凡是不注日期的引用文件，其最新版本适用于本标准。

GB/T 6326　轮胎术语及其定义(GB/T 6326—2005，ISO 4223-1:2002，Definitions of some terms used in tyre industry—Part 1: Pneumatic tyres，NEQ)

GB/T 8170　数值修约规则

HG/T 2906　力车轮胎静负荷性能试验方法

3 术语和定义

GB/T 6326 确立的以及下列术语和定义适用于本标准。

3.1

钩直边轮胎　crotchet type tyre(CT)

轮胎的胎圈芯采用钢丝或其他高强度材料、胎圈轮廓形状与 CT 轮辋相配合的轮胎。

4 分类

力车轮胎根据胎圈与轮辋配合的结构形式分为四类：直边(SS)轮胎(见图 1)；钩直边(CT)轮胎(见图 2)；钩边(HB)轮胎(见图 3)；软边(BE)轮胎(见图 4)。

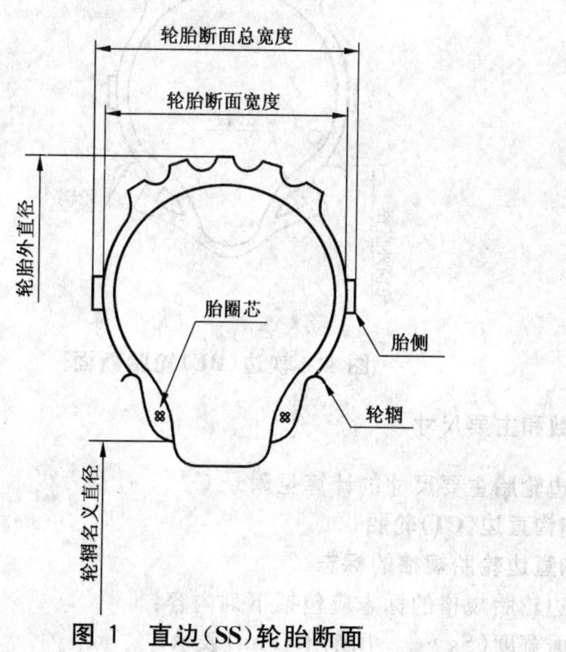

图 1　直边(SS)轮胎断面

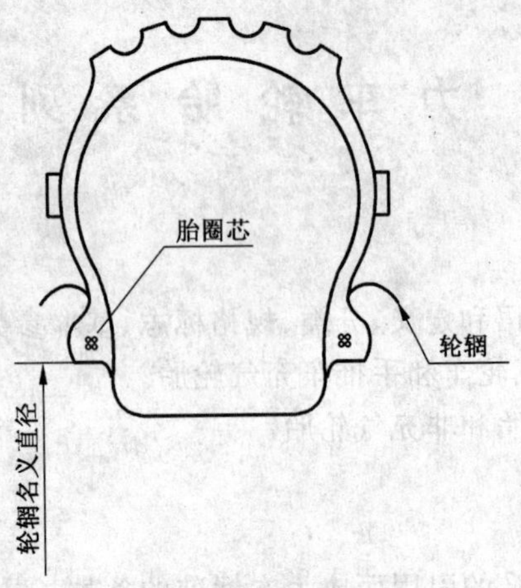

图 2　钩直边(CT)轮胎断面

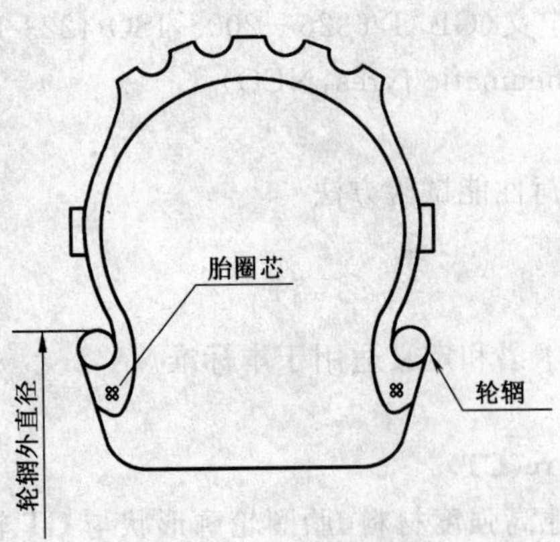

图 3　钩边(HB)轮胎断面

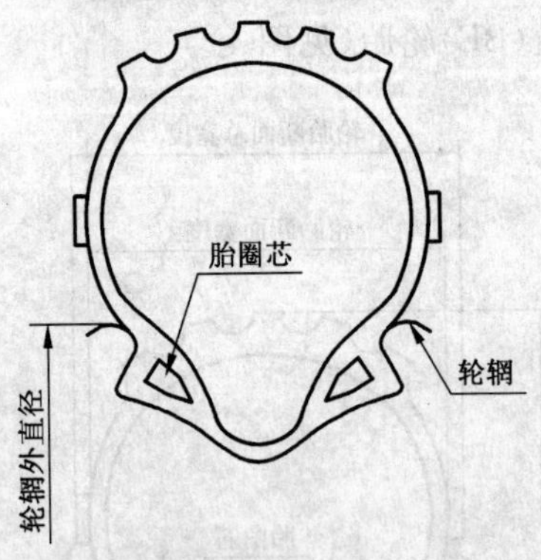

图 4　软边(BE)轮胎断面

5　规格标志、基本参数和主要尺寸

直边、钩直边、钩边轮胎主要尺寸的计算见附录 C。

5.1　直边(SS)轮胎和钩直边(CT)轮胎

5.1.1　直边轮胎和钩直边轮胎规格的标志

直边轮胎和钩直边轮胎规格的标志应包括下列内容：

a)　轮胎名义断面宽度(S_N)——用毫米(mm)表示；

b) 轮胎结构标记——用“—”符号表示；

c) 轮辋名义直径(D_N)——用毫米(mm)表示。

示例：名义断面宽度 37、配合于轮辋名义直径 590 的直边轮胎应标志为：37—590

为兼顾使用习惯，可将与轮胎规格标志相对应的旧标志用括号括上，加在该轮胎规格标志之前或之后。

示例： 37—590(26×1$\frac{3}{8}$)

直边轮胎和钩直边轮胎的规格标志与旧标志的对应关系见附录 D，不包括在附录 D 的规格不采用旧标志。

5.1.2 直边轮胎和钩直边轮胎基本参数和主要尺寸

直边轮胎和钩直边轮胎规格、基本参数和主要尺寸应符合表 1 的规定。

表 1 直边轮胎和钩直边轮胎

规格	基本参数					主要尺寸/mm			
	轮辋尺寸/mm			推荐气压[d]/kPa	推荐负荷/kg	新轮胎尺寸		轮胎最大使用尺寸[f]	
	测量轮辋		允许轮辋名义内宽			断面宽度[e] (S)	外直径 (D_0)	断面宽度 (S_{max})	外直径 (D_{max})
	名义内宽	名义直径							
20-622	13C	622	—	700	50	20	667	21	673
23-622	15C		13C、16		60	23	673	24	679
25-622			13C、17C、16、18		65	25	677	26	683
28-622	18	622	15C、17C、19C、16、20	600	70	25	678	28	684
28-630		630		500			686		692
32-590		590		400	65	29	654	32	660
32-597		597					661		667
32-622		622		600	70		686		692
32-630		630		500			694		700
37-349	20	349	18、22、17C、19C、21C	300	40	34	421	37	427
37-400		400			45		472		478
37-451		451			50		523		529
37-501		501			55		573		579
37-540[a]		540		350	65		612		618
37-540[b]				500	100				
37-584		584		350	70		658		664
37-590[a]		590					662		668
37-590[b]				500	100				
37-622		622		350	70		694		700
37-635		635			75		707		713
37-642		642					714		720
40-330	22	330	20、24、19C、21C、23C		45	37	410	40	416

表 1（续）

规格	基本参数					主要尺寸/mm			
	轮辋尺寸/mm			推荐气压[d]/kPa	推荐负荷/kg	新轮胎尺寸		轮胎最大使用尺寸[f]	
	测量轮辋		允许轮辋			断面宽度[e]	外直径	断面宽度	外直径
	名义内宽	名义直径	名义内宽			(S)	(D_0)	(S_{max})	(D_{max})
40-432		432		420	60		512		518
40-534		534			65		614		620
40-584		584			70		664		670
40-622	22	622	20、24、19C、21C、23C	350	80	37	702	40	708
40-635[a]									
40-635[b]		635		420	100		715		721
40-635[c]				600	150				
44-584	24	584	20、22、27、19C、21C、23C、25C	350	70	41	670	44	676
44-635		635			110		723		729
47-203		203		250	40		297		303
47-305		305			50		399		405
47-355		355	20、22、24、19C、21C、23C、25C	300	60		449		455
47-406	27	406			65	44	500	47	506
47-507		507			80		602		608
47-559		559		350	85		653		659
47-622		622			100		716		722
54-400		400					506		512
54-571		571		500	150	51	677	54	683
54-584		584					692		697
57-305		305	27、25C	250	60		417		423
57-406	30.5	406		280	75	54	518	59	524
57-507		507		300	90		620		626
57-559		559			100		671		677
62-203		203	27	250	40	57	320	62	327

注 1：表中未标层级的皆为 2PR。

注 2：注 1 亦适用于表 2 和表 3。

[a] 轻型。

[b] 标准型。

[c] 载重型。

[d] 最小充气压力：轮胎使用下的下沉率不应超过轮胎高度的 30%，充气压力不应少于：

——窄轮胎 300 kPa（如断面宽度 25 及其以下）；

——正常路面使用的其他规格轮胎 200 kPa；

——越野路面使用的轮胎 150 kPa。

当充气压力超过 500 kPa 时，推荐使用钩直边(CT)轮辋并安装轮辋垫带。对折迭式自行车用胎，其允许轮辋的类型应咨询轮胎生产厂家。

[e] 胎侧部位的文字或花纹的高度不得超过 1.0 mm。（本注亦适用于表 2 和表 3）

[f] D 型胎面，最大使用尺寸断面宽度为 $S+8$(mm)。最大使用尺寸外直径为 D_0+10(mm)。

5.2 钩边(HB)轮胎

5.2.1 钩边轮胎规格的标志

钩边轮胎规格的标志应包括下列内容：

a) 轮胎外直径代号——用整偶数表示；

b) 轮胎结构标记——用“×”符号表示；

c) 轮胎断面宽度代号——用带二位或三位小数的数字表示，并且该数字必须是5的倍数。

示例：外直径代号20、断面宽度代号1.75的钩边轮胎应标志为：20×1.75

5.2.2 钩边轮胎基本参数和主要尺寸

规格、基本参数和主要尺寸应符合表2的规定。

表2 钩边轮胎

<table>
<tr><th rowspan="4">规 格</th><th colspan="5">基本参数</th><th colspan="4">主要尺寸/mm</th></tr>
<tr><th colspan="3">轮辋尺寸/mm</th><th rowspan="3">推荐气压/kPa</th><th rowspan="3">推荐负荷/kg</th><th colspan="2">新轮胎尺寸</th><th colspan="2">轮胎最大使用尺寸</th></tr>
<tr><th colspan="2">测量轮辋</th><th rowspan="2">允许轮辋名义内宽</th><th rowspan="2">断面宽度（S）</th><th rowspan="2">外直径（D_0）</th><th rowspan="2">断面宽度（S_{max}）</th><th rowspan="2">外直径（D_{max}）</th></tr>
<tr><th>名义内宽</th><th>名义直径</th></tr>
<tr><td>20×1.25</td><td rowspan="6">20</td><td>459</td><td rowspan="6">—</td><td rowspan="3">400</td><td>45</td><td rowspan="3">32</td><td>515</td><td rowspan="3">35</td><td>521</td></tr>
<tr><td>24×1.25</td><td>560</td><td>50</td><td>616</td><td>622</td></tr>
<tr><td>26×1.25</td><td>611</td><td>65</td><td>667</td><td>673</td></tr>
<tr><td>20×1.375</td><td>459</td><td rowspan="3">300</td><td>50</td><td rowspan="3">35</td><td>521</td><td rowspan="3">38</td><td>527</td></tr>
<tr><td>24×1.375</td><td>560</td><td>60</td><td>622</td><td>628</td></tr>
<tr><td>26×1.375</td><td>611</td><td>70</td><td>673</td><td>679</td></tr>
<tr><td>14×1.50</td><td rowspan="6">20</td><td>270</td><td rowspan="6">25</td><td rowspan="2">250</td><td>40</td><td rowspan="6">38</td><td>336</td><td rowspan="6">41</td><td>342</td></tr>
<tr><td>16×1.50</td><td>321</td><td>45</td><td>387</td><td>393</td></tr>
<tr><td>18×1.50</td><td>371</td><td rowspan="2">300</td><td>55</td><td>437</td><td>443</td></tr>
<tr><td>20×1.50</td><td>422</td><td>60</td><td>488</td><td>494</td></tr>
<tr><td>24×1.50</td><td>524</td><td rowspan="2">350</td><td>75</td><td>590</td><td>596</td></tr>
<tr><td>26×1.50</td><td>575</td><td>80</td><td>641</td><td>647</td></tr>
<tr><td>14×1.75</td><td rowspan="5">25</td><td>270</td><td rowspan="5">20</td><td rowspan="2">250</td><td>45</td><td rowspan="5">44</td><td>348</td><td rowspan="5">47</td><td>354</td></tr>
<tr><td>16×1.75</td><td>321</td><td>50</td><td>399</td><td>405</td></tr>
<tr><td>18×1.75</td><td>371</td><td rowspan="3">300</td><td>60</td><td>449</td><td>455</td></tr>
<tr><td>20×1.75</td><td>422</td><td>65</td><td>500</td><td>506</td></tr>
<tr><td>22×1.75</td><td>473</td><td>70</td><td>551</td><td>557</td></tr>
<tr><td>24×1.75</td><td rowspan="8">25</td><td>524</td><td rowspan="2">20</td><td rowspan="2">350</td><td>80</td><td rowspan="2">44</td><td>602</td><td rowspan="2">47</td><td>608</td></tr>
<tr><td>26×1.75</td><td>575</td><td>85</td><td>653</td><td>659</td></tr>
<tr><td>16×1.95</td><td>321</td><td rowspan="6">27</td><td rowspan="3">280</td><td>60</td><td rowspan="6">49</td><td>407</td><td rowspan="6">52</td><td>413</td></tr>
<tr><td>18×1.95</td><td>371</td><td>70</td><td>458</td><td>464</td></tr>
<tr><td>20×1.95</td><td>422</td><td>75</td><td>508</td><td>514</td></tr>
<tr><td>22×1.95</td><td>473</td><td rowspan="3">350</td><td>80</td><td>559</td><td>565</td></tr>
<tr><td>24×1.95</td><td>524</td><td>85</td><td>610</td><td>616</td></tr>
<tr><td>26×1.95</td><td>575</td><td>90</td><td>661</td><td>667</td></tr>
</table>

表 2（续）

规格	基本参数					主要尺寸/mm			
	轮辋尺寸/mm			推荐气压/kPa	推荐负荷/kg	新轮胎尺寸		轮胎最大使用尺寸	
	测量轮辋		允许轮辋名义内宽			断面宽度（S）	外直径（D_0）	断面宽度（S_{max}）	外直径（D_{max}）
	名义内宽	名义直径							
14×2.125	27	270	25	250	55	54	366	57	372
16×2.125		321			60		417		423
18×2.125		371		280	70		467		473
20×2.125		422			75		518		524
22×2.125		473		300	80		569		575
24×2.125		524			90		620		626
26×2.125		575			100		671		677

5.3 软边(BE)轮胎

5.3.1 软边轮胎规格的标志

软边轮胎规格的标志应包括以下内容：

a) 轮胎外直径代号——用整数表示；

b) 轮胎结构标记——用“×”符号表示；

c) 轮胎断面宽度代号——用带分数表示。

示例：外直径代号 28、断面宽度代号 1½ 的软边轮胎规格名称应为：28×1½

5.3.2 软边轮胎基本参数和主要尺寸

软边轮胎规格、基本参数和主要尺寸应符合表 3 的规定。

表 3 软边轮胎

规格	基本参数					主要尺寸/mm			
	轮辋尺寸/mm			推荐气压/kPa	推荐负荷/kg	新轮胎尺寸		轮胎最大使用尺寸	
	测量轮辋		允许轮辋名义内宽			断面宽度（S）	外直径（D_0）	断面宽度（S_{max}）	外直径（D_{max}）
	名义内宽	名义直径							
26×1½	22.5	600	20	450	100	37	666	40	672
28×1½[a]		650		420			715		721
28×1½[b]				600	150				
24×1¾	25	525	—	420	100	40	600	43	606
26×1¾		600			120		671		677
26×2 4PR	28			600	200	46	683	49	689
13×2½ 4PR	36	270	34		160	62	365	67	371
18×2½ 4PR		360			285		475		481
26×2½ 4PR		584	—		325		696		702

[a] 标准型

[b] 增强型

6 新轮胎最大、最小尺寸

6.1 新轮胎最大断面宽度(S_{max})、最小断面宽度(S_{min})的计算分别见式(1)和式(2):

$$S_{max} = S(1+a) \quad \cdots\cdots(1)$$

$$S_{min} = S(1-a) \quad \cdots\cdots(2)$$

式中:

S_{max}——新轮胎最大断面宽度,单位为毫米(mm);

S——新轮胎断面宽度,单位为毫米(mm);

S_{min}——新轮胎最小断面宽度,单位为毫米(mm)。

$S \leqslant 34$ mm　　$a=0.06$

$S > 34$ mm　　$a=0.05$

6.2 新轮胎最大外直径(D_{max})、最小外直径(D_{min})的计算分别见式(3)和式(4):

$$D_{max} = 2H(1+b)+D_N \quad \cdots\cdots(3)$$

$$D_{min} = 2H(1-b)+D_N \quad \cdots\cdots(4)$$

式中:

D_{max}——新轮胎最大外直径,单位为毫米(mm);

H——新轮胎断面高度,单位为毫米(mm);

D_N——轮辋名义直径,单位为毫米(mm);

D_{min}——新轮胎最小外直径,单位为毫米(mm)。

$S \leqslant 34$ mm　　$b=0.06$

$S > 34$ mm　　$b=0.05$

7 安装在允许轮辋上的新轮胎断面宽度的修正值

安装在允许轮辋上的新轮胎断面宽度的修正值为测量轮辋与允许轮辋名义内宽之差的0.4倍。

8 轮胎尺寸的测量方法

轮胎尺寸的测量按HG/T 2906的规定进行。

9 结构或用途特殊的轮胎

9.1 钩边(HB)轮辋与直边(SS)轮辋通用的轮胎

此轮胎的设计,使之既能安装在钩边轮辋上,又能安装在相应名义直径的直边轮辋上,轮胎应同时标出两类轮胎规格标志,并用斜线"/"将其隔开。

示例:20×1.75/47—406

当安装于适合的轮辋时,此轮胎最大使用尺寸要符合标识的每一种轮胎标志。

9.2 具最佳行驶方向的轮胎

设计有最佳行驶方向的轮胎,应用箭头标明其行驶方向。

9.3 对于无内胎轮胎,要在轮胎上标出"无内胎(TUBELESS)"标志。

附 录 A
（资料性附录）
本标准章条编号与 ISO 5775-1:1997 章条编号对照

表 A.1 给出了本标准章条编号与 ISO 5775-1:1997 的章条编号对照一览表。

表 A.1 本标准章条编号与 ISO 5775-1:1997 章条编号对照

本标准章条编号	对应的 ISO 5775-1:1997 章条编号
1 和 4	1
2	2
3	3
5.1	4
5.1.1	4.1、4.1.1、4.1.2、4.1.4
5.1.2	4.2.1、4.2.3、4.5、4.6
5.2	5、5.1
5.2.1	5.1.1、5.1.3
5.2.2	5.2.1、5.2.2、5.2.4
5.3	—
6	—
7	4.5
8	4.4、5.3
9.1	4、5.4
—	4.1.3.3
9.2	4.1.3.2、5.1.2
9.3	4.1.3.1
附录 A	—
附录 B	—
C.1	4.2
C.1.1	4.2.1
—	4.2.1.1、4.2.1.2
C.1.1.1	4.2.1.3
C.1.1.2	4.2.1.4
C.1.1.3	4.2.1.5
C.1.2	4.2.2
C.1.2.1	4.2.2.1
C.1.2.2	4.2.2.2
—	4.2.2.3
C.1.3	4.3、5.2

表 A.1(续)

本标准章条编号	对应的 ISO 5775-1:1997 章条编号
C.2	5.2
C.2.1、C.2.2	5.2.1.1
C.2.3	5.2.1.2
C.2.4	5.2.2
C.2.4.1	5.2.2.1
C.2.4.2	5.2.2.2
—	5.2.3
附录 D	附录 A

附　录　B
（资料性附录）
本标准与 ISO 5775-1:1997 的技术性差异及其原因

表 B.1 给出了本标准与 ISO 5775-1:1997 技术性差异及其原因的一览表。

表 B.1　本标准与 ISO 5775-1:1997 的技术性差异及其原因

本标准章条编号	技术性差异	原　因
1	本标准范围增加了人力三轮车和手推车充气轮胎	根据国情
2	本标准引用了国家标准 GB/T 6326《轮胎术语及其定义》(GB/T 6326—2005，ISO 4223-1:2002,NEQ)，增加引用了与 ISO 5775-1:1997 所引用各 ISO 标准没对应关系的 GB/T 8170《数值修约规则》和 HG/T 2906《力车轮胎静负荷性能试验方法》，删除了 ISO 5775-1:1997 所引用的 ISO 5775-2:1996《自行车轮胎和轮辋—第 2 部分:轮辋》	GB/T 6326 与所代替引用的 ISO 4223-1 有对应关系。根据国情需要，引用了 GB/T 8170 和 HG/T 2906。因国家标准《力车轮辋系列》根据 ISO 5775-2:1996(修改单 1:2001)需重新起草，本标准已直接引用相关的“轮辋尺寸”于涉及轮胎具体规格的表 1 和表 2 中，所以删去 ISO 5775-2
4	分类上用直边、钩直边和钩边轮胎代替了 ISO 5775-1:1997 的“硬边”和“软边”轮胎，并增加了与 ISO 标准不同定义的另一类软边轮胎	ISO 范围为“硬边”胎(“wired edge” tyres)和“软边”胎(“beaded edge” tyres):其“硬边”胎包括适于直边(straight side)和钩直边(crotchet type)两种轮辋的轮胎，其“软边”胎则为适于钩边(hooked bead)轮辋的轮胎。 本标准按轮胎胎圈结构及轮辋轮廓配合形式分为直边、钩直边、钩边和软边轮胎，其中直边胎和钩直边胎相应于 ISO 的“硬边”胎，钩边胎相应于 ISO 的“软边”胎，软边胎则为 ISO 标准范围之外
5.1.2	本标准按具体规格列出直边轮胎和钩直边轮胎的基本参数和主要尺寸，代替 ISO 标准的“硬边”轮胎设计尺寸	列出我国力车轮胎直边胎和钩直边胎具体规格的使用条件和新胎尺寸(表 1)，便于系列标准化设计。对具体规格列出推荐气压和推荐负荷，提高了标准的实用性。表 1 中轮辋尺寸与 ISO 标准一致，轮胎尺寸则有所差异，是考虑到国情并通过增加尺寸公差(见第 6 章)以便向 ISO 标准逐步过渡
5.2.2	本标准按具体规格列出钩边轮胎的基本参数和主要尺寸，代替 ISO 标准的“软边”轮胎设计尺寸。并适当增加了 ISO 标准中没有的一些断面宽度代号产品	列出我国力车轮胎钩边胎具体规格的使用条件和新胎尺寸(表 2)，以便于系列标准化设计。对具体规格列出推荐气压和推荐负荷，提高了标准的实用性。增加一些断面宽度代号产品，是为了适应国内产品的发展需要
5.3	增加了我国产品分类上与 ISO 标准不同定义的另一类软边轮胎	软边力车轮胎在我国与日本等国家仍生产和发展。为适应国情，保留该产品系列，且列出具体规格的使用条件和新胎尺寸，以便于系列标准化设计

表 B.1(续)

本标准章条编号	技术性差异	原 因
6	增加了新轮胎最大、最小尺寸的规定	考虑到设计、制造、使用等差异,而规定新胎设计尺寸公差。这也是国内外其他类型轮胎系列标准的普遍做法
—	删去 ISO 5775-1:1997 的“4.1.3.3”	ISO 标准的“4.1.3.3”是关于最大充气压力和其他特征的标志要求,因已在 GB/T 1702《力车轮胎》中纳入,故删除
附录 C	用附录代替 ISO 标准中的“4.2(“硬边”轮胎)轮胎尺寸”和“5.2(“软边”轮胎)轮胎尺寸”	把设计规范的表述列入附录,作为标准正文的设计参考依据,以满足使用者和设计者对本标准的不同需求
—	删去 ISO 5775-1:1997 的“4.2.1.1 理论轮辋宽度 R_{th}”和“4.2.1.2 测量轮辋宽度”	已在本标准的表 1 中列出各规格直边轮胎和钩直边轮胎产品具体的测量轮辋宽度
C.1.1.1、C.1.1.2 和 C.1.2.1	直边轮胎和钩直边轮胎(除窄断面轮胎外)的尺寸取值:用 $S=S_N-(3\sim5)$ 代替 ISO 标准的 $S=S_N$,并形成 H 与 S_{max} 的取值范围有所不同	根据国情,并逐步增加尺寸公差(见第 6 章)以便向 ISO 标准逐步过渡
—	删去 ISO 5775-1:1997 的“4.2.2.3 最小总宽度 S_{min}”	本标准“6.1”已规定最小断面宽度 S_{min} 的计算方法,代替 ISO 标准中 S_{min} 为“$S-2(S_N\leqslant28)$”和“$S-3(S_N>28)$”
—	删去 ISO 5775-1:1997 的“5.2.3 名义外直径代号的确定”	在本标准“5.2.1 钩边轮胎规格的标志”的 a)已应用了该规定
附录 D	删除了 ISO 标准“附录 A 旧标志”中国内没有的一些规格及其旧标志	与标准正文相对应

附 录 C
（规范性附录）
轮胎尺寸的计算

C.1 直边轮胎尺寸的计算

C.1.1 新轮胎尺寸计算

C.1.1.1 新轮胎断面宽度（*S*）

名义断面宽度 S_N 为 28 以下的轮胎：

$$S = S_N \qquad \text{(C.1)}$$

式中：

S——新轮胎断面宽度，单位为毫米(mm)；

S_N——轮胎名义断面宽度，单位为毫米(mm)。

S_N 为 28(含 28)至 57(含 57)的轮胎：

$$S = S_N - 3 \qquad \text{(C.2)}$$

S_N 为 62(含 62)以上的轮胎：

$$S = S_N - 5 \qquad \text{(C.3)}$$

C.1.1.2 新轮胎断面高度（*H*）

$$H = S + K \qquad \text{(C.4)}$$

式中：

H——新轮胎断面高度，mm；

K——增加高度，mm。

$S_N < 28$ 时，$K = 2.5$；

$S_N \geqslant 28$ 时，$K = 2 \sim 3$。

C.1.1.3 新轮胎外直径（D_0）

新轮胎外直径 D_0 是名义轮辋直径 D_r 加上 2 倍的轮胎断面高 H：

$$D_0 = D_r + 2H \qquad \text{(C.5)}$$

C.1.2 轮胎最大使用尺寸的计算

这种计算用于车辆生产厂家设计轮胎间隙。

C.1.2.1 轮胎最大使用断面宽度（S_{max}）

轮胎最大使用断面宽度 S_{max} 等于新轮胎断面宽度 S 加上一个数值，如表 C.1 所示。

这包括防擦线、标志、装饰图案、制造公差和使用胀大。

表 C.1 最大使用断面宽度

单位为毫米

轮 胎 类 型	名义断面宽度 S_N	最大使用断面宽度 S_{max}
A	$\leqslant 25$	$S+1$
	$25 < S_N \leqslant 54$	$S+3$
	>54	$S+5$
D	对所有 S_N	$S+8$

C.1.2.2 轮胎最大使用外直径（D_{max}）

$$D_{max} = D_r + 2H + 6\ (\text{A 型轮胎}) \qquad \text{(C.6)}$$

$$D_{max} = D_r + 2H + 10\ (\text{D 型轮胎}) \qquad \text{(C.7)}$$

式中：

D_{max}——轮胎最大使用外直径，单位为毫米(mm)；

D_r——名义轮辋直径，单位为毫米(mm)；

H——新轮胎断面高度，单位为毫米(mm)。

这包括制造公差和使用胀大。

C.1.3 胎面轮廓

图 A.1 是两种适用于自行车轮胎的胎面轮廓。

A 型胎面适用于公路使用的轮胎。

D 型胎面适用于越野路面使用的轮胎(如山地车胎)。

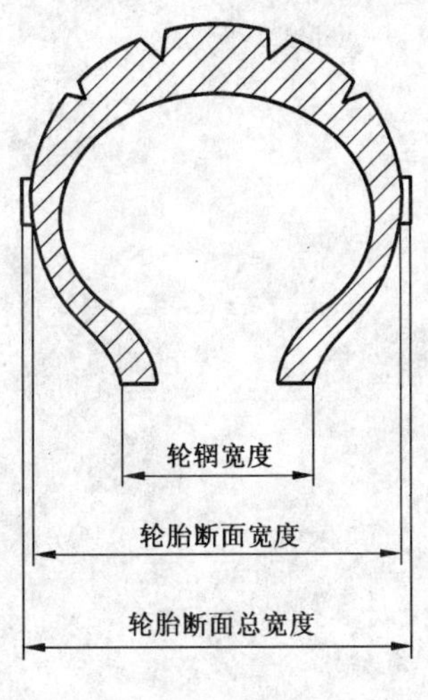

A 型轮胎

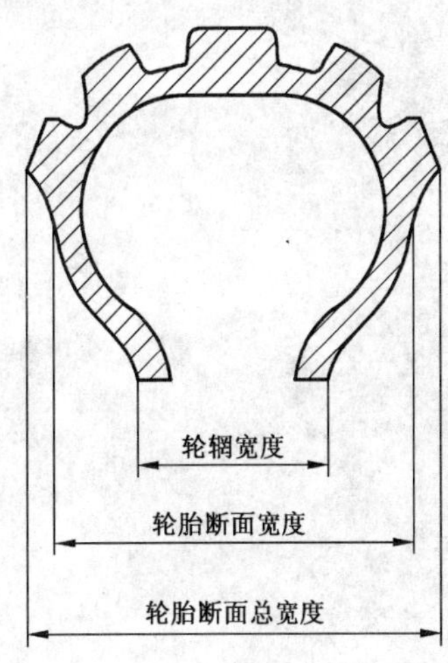

D 型轮胎

图 C.1 断面轮廓

C.2 钩边轮胎尺寸的计算

C.2.1 新轮胎断面宽度(*S*)

$$S = S_N / 0.0395 \quad \cdots\cdots(C.8)$$

式中：

S——新轮胎断面宽度，单位为毫米(mm)；

S_N——轮胎断面宽度代号。

计算结果按 GB/T 8170 取整数值。

C.2.2 新轮胎断面高度(*H*)

$$H = 0.88S \quad \cdots\cdots(C.9)$$

式中：

H——新轮胎断面高度，单位为毫米(mm)。

计算结果按 GB/T 8170 取整数值。

C.2.3 新轮胎外直径(D_0)

$$D_0 = D_2 + 2H \quad \cdots\cdots(C.10)$$

式中：

D_0——新轮胎外直径，单位为毫米(mm)；

D_2——轮辋外直径，单位为毫米(mm)。

C.2.4 轮胎最大使用尺寸

这种计算用于车辆生产厂家设计轮胎间隙。

C.2.4.1 轮胎最大使用断面宽度(S_{max})

$$S_{max} = S + 3 \qquad \text{(C. 11)}$$

式中：

S_{max}——包括了防擦线、标志、装饰图案、制造偏差和使用胀大。

C.2.4.2 轮胎最大使用外直径(D_{max})

$$D_{max} = D_0 + 6 \qquad \text{(C. 12)}$$

式中：

D_{max}——包括制造偏差和使用胀大。

附 录 D
（规范性附录）
直边和钩直边轮胎规格标志与旧标志对照

表 D.1 直边和钩直边轮胎规格标志与旧标志对照

轮胎规格标志	旧标志	轮胎规格标志	旧标志	轮胎规格标志	旧标志
28-622	28×1⅝×1⅛ 700×28C 28×1⅝×1¼×1⅛ 700C Carrear	37-590	26×1⅜ 650 A 650×35 A	47-355	18×1.75×2
28-630	27×1¼ fifty	37-622	28×1⅝×1⅜ 700×35 C 28×1⅜×1⅝	47-406	20×1.75×2 20×1.75
32-540	24×1⅜×1¼	37-635	28×1½×1⅜	47-507	24×1.75×2 24×1.75
32-590	26×1⅜×1¼	37-642	28×1⅜ 700×35 A	47-559	26×1.75×2 26×1.75
32-597	26×1¼	40-330	16×1½ 400×38 B	47-622	28×1¾ 28×1.75 28×1⅝×1¾ 700×45 C
32-622	700×32 C	40-432	20×1½	54-400	20×2×1¾ 20×2F4J
32-630	27×1¼	40-534	24×1½	54-571	26×2×1¾ 26×1¾×2 26×2 650×50 C
37-349	16×1⅜ NL	40-584	26×1½ 650×35 B 650×38 B	54-584	26×2×2½ 26×1½×2
37-400	18×1⅜	40-622	28×1⅝×1½ NL 700×38 C	57-305	16×2.125 16×2.125×2
37-451	20×1⅜	40-635	28×1½×1⅜ 700B Standard 28×1½ 700×35 B 700×38 B	57-406	20×2.125 20×2.125×2
37-501	22×1⅜	44-584	26×1½×1⅝ 650×42 B 650 B Semi-comfort 26×1⅝×1½ 650 B½ Balloon 26×1¾×1½	57-507	24×2.125 24×2.125×2
		44-635	28×1⅝×1½ 28×1½×1⅝		
37-540	24×1⅜	47-203	12½×1.75×2¼	57-559	26×2.125 26×2.125×2
37-584	26×1½×1⅜ 26×1⅜×1½	47-305	16×1.75×2	62-203	12½×2¼ 320×57

ICS 47.020
U 04

中华人民共和国国家标准

GB/T 7386—2008
代替 GB/T 7386.1～7386.4—1987

船舶起居舱室的尺度协调

Co-ordination of dimension in ships' accommodation

2008-02-14 发布　　2008-09-01 实施

中华人民共和国国家质量监督检验检疫总局
中国国家标准化管理委员会　发布

前　言

本标准代替 GB/T 7386.1～7386.4—1987《船舶起居舱室的尺度协调》。

本标准与 GB/T 7386.1～7386.4—1987 相比，主要有下列变化：

——将 GB/T 7386.1～7386.4 四个部分合并为一个标准；

——简化或取消部分叙述性条文；

——附录 A 应用示例中的布置图改用现代船舶布置图。

本标准的附录 A 和附录 B 均为资料性附录。

本标准由中国船舶工业集团公司提出。

本标准由全国海洋船标准化技术委员会船舶基础分技术委员会归口。

本标准起草单位：中国船舶工业综合技术经济研究院、上海船舶研究设计院。

本标准主要起草人：赵华、陈丰年、高学峰、陈大为。

本标准所代替标准的历次版本发布情况为：

——GB/T 7386.1—1987、GB/T 7386.2—1987、GB/T 7386.3—1987、GB/T 7386.4—1987。

船舶起居舱室的尺度协调

1 范围

本标准规定了船舶起居舱室尺度协调的原则、基础、控制基准系、控制线与控制尺度的确定、元件定位、元件和组件尺寸的选择及组装、主要家具设备的协调尺寸等。

本标准适用于民用船舶起居舱室的设计和布置。

2 术语和定义、符号

2.1 术语和定义

下列术语和定义适用于本标准。

2.1.1

尺度协调 dimensional co-ordination

运用一系列有关尺度来确定元件和组件及其相关结构尺寸的过程。

2.1.2

模数协调 modular co-ordination

采用基本模数、倍模数、分模数以及模数化基准来进行的尺度协调。

2.1.3

模数 module

在尺度协调中选定的尺寸增量单位。

2.1.4

标准模数 standard module

尺度协调中所规定的优选序列的模数。

2.1.5

基本模数 basic module

模数制中采用的最基本的模数。本标准的基本模数值为 100 mm。

2.1.6

倍模数 multi-module

基本模数 n 倍的模数，n 为包括 1 在内的任何自然数。

2.1.7

分模数 sub-module

将基本模数等分的模数。

2.1.8

基准系 reference system

用以确定相关元件和(或)组件的尺寸和(或)位置的点、线、面所组成的体系。

2.1.9

基准点 reference point

用以确定相关元件和(或)组件的尺寸和(或)位置的点。

2.1.10

基准线 reference line

用以确定相关元件和(或)组件的尺寸和(或)位置的线。

2.1.11

基准面　reference plane

用以确定相关元件和(或)组件的尺寸和(或)位置的面。

2.1.12

主基准面　key reference plane

确定控制区域边界或区域中线(或支柱中心线)的基准面。是控制线在平面图、正视图等图面上所表示的三维平面。

2.1.13

区域(夹层)　zone

两个基准面之间配置有元件和(或)组件的空间。该空间可以是不充满的或空的。

2.1.14

中间区域　neutral zone

使基准系连续性中断的区域。

2.1.15

可用空间　usable space

以基准面为边界,供人员活动或机械运转的空间。

2.1.16

模数基准系　modular reference system

相邻平行面或平行线之间的距离为基本模数或倍模数的基准系。

2.1.17

模数区域　modular zone

模数面之间的区域。

2.1.18

模数空间　modular space

以模数面为边界的空间。

2.1.19

基准网格　reference grid

在一个平面上由基准线构成的网格。通常为矩形(或正方形)网格。

2.1.20

布置网格　layout grid

用于进行船舶布置的基准网格。

2.1.21

结构网格　structural grid

用于元件或组件定位的基准网格。

2.1.22

空间网格　space grid

由基准线构成的三维网格。

2.1.23

模数网格　modular grid

相邻平行线之间的距离为基本模数或倍模数的基准网格。

2.1.24

基本模数网格　basic modular grid

相邻平行线之间的距离为一个基本模数的基准网格。

2.1.25

控制基准系 controlling reference system

由主基准面、区域和控制尺度组成的基准体系。

2.1.26

控制线 controlling line

表示主基准面的线。

2.1.27

控制区域 controlling zone

甲板、舱壁或衬板等的主基准面之间的区域。控制区域内可包含构件、饰面层、设备、衬板和天花板等。

2.1.28

控制尺度 controlling dimension

主基准面之间的尺度。例如甲板至天花板的高度、支柱中心线间距离、控制区域的宽度。

2.1.29

甲板间高 tween deck height

甲板的横梁上缘至相邻的另一甲板的横梁上缘的垂直距离。

2.1.30

协调面 co-ordinating plane

使元件和(或)组件互相协调时所参照的面。

2.1.31

协调空间 co-ordinating space

由协调面围成的空间,其中间配置元件和(或)组件,且包括接头和公差的余量。

2.1.32

协调尺度 co-ordinating dimension

协调空间或供元件间组装时所使用的尺度。

2.1.33

模数元件 modular component

尺寸为模数化的元件。

2.2 符号

表1中的符号适用于本标准。

表1 符号

符号	名称	说明
————————	基准线	一般用细实线表示
—— - —— - —— - ——	中线和轴线 (一般也作基准线)	用细点划线表示
————————○	控制线	在基准线端部加圆圈表示
⟨————————⟩	控制尺度	用细实线的封闭箭头表示
←————————→	协调空间和尺寸	用细实线两端加敞开箭头表示
◀————————▶	设计尺寸	用细实线两端加实心箭头表示

3 协调原则

3.1 基本要求

在船舶起居舱室的设计与制造中，应尽可能使用标准元件，并对元件尺寸与设置元件所占用的空间进行协调。

3.2 尺度协调

尺度协调应采用下列原则：

a) 减少元件、组件的型式和规格；

b) 充分使用模数系列尺寸的元件和组件，减少非标准件的生产；

c) 使组装中具有最大的灵活性；

d) 使元件具有互换性。

3.3 模数协调

在选定模数时应采用下列原则：

a) 模数值应为整数；

b) 模数值的倍数应能满足各种船用元件所需要的尺寸；

c) 模数值应能使现有尺度获得最有效的简化。

4 尺度协调的基础

4.1 标准模数与协调尺寸

4.1.1 选定的标准模数及优选顺序见表2。

表2 标准模数优选顺序

单位为毫米

优选顺序	1	2	3
标准模数	300	100	50

4.1.2 协调尺寸及其优选顺序见表3。

表3 协调尺寸优选顺序

单位为毫米

优选顺序	1	2	3
协调尺寸			50
		100	100
			150
		200	200
			250
	300	300	300
			350
		400	400
			450
		500	500
			550
	600	600	600
	……	……	……

4.2 尺度结构体系

4.2.1 尺度上协调的元件和(或)组件与其所分配的空间应相配合,采用两者公用的尺度结构体系或基准系。

4.2.2 元件的协调尺寸等于其所分配的协调空间的尺寸,两者均应包括元件、连接件和公差尺寸,见图1。

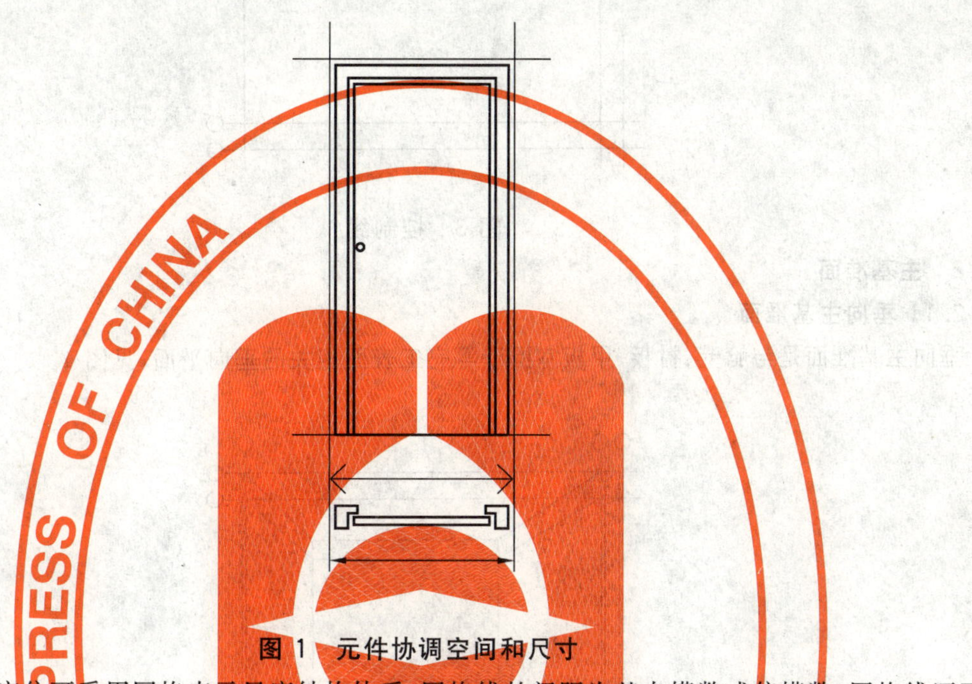

图1 元件协调空间和尺寸

4.2.3 元件的定位可采用网格表示尺度结构体系,网格线的间距为基本模数或倍模数,网格线还可表示元件及其所分配空间的边界,见图2。

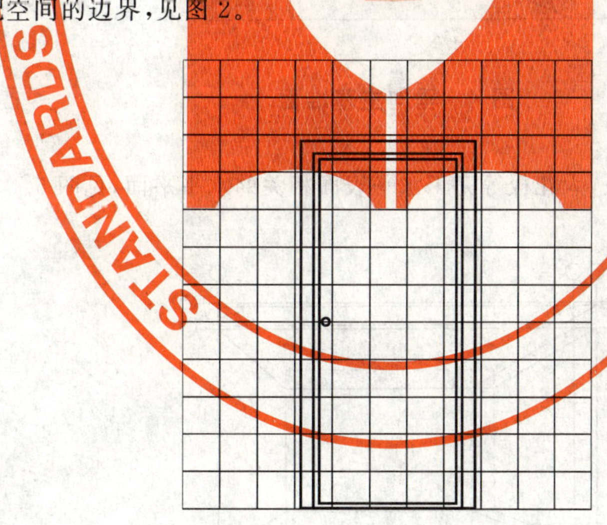

图2 网格线表示

5 控制基准系

5.1 控制线和主基准面

5.1.1 控制线

控制线用于表示主要结构的位置,诸如甲板面、天花板面、舱壁等,见图3。

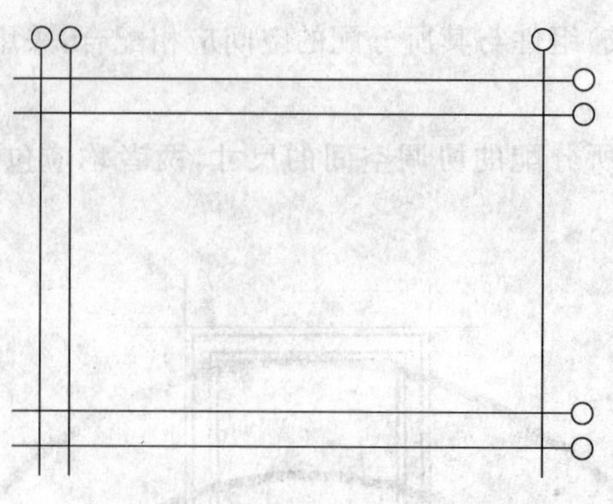

图 3　控制线

5.1.2　主基准面

5.1.2.1　垂向主基准面

垂向主基准面是与舱壁、衬板、甲板室围壁等完工表面相关的垂向平面，见图 4。

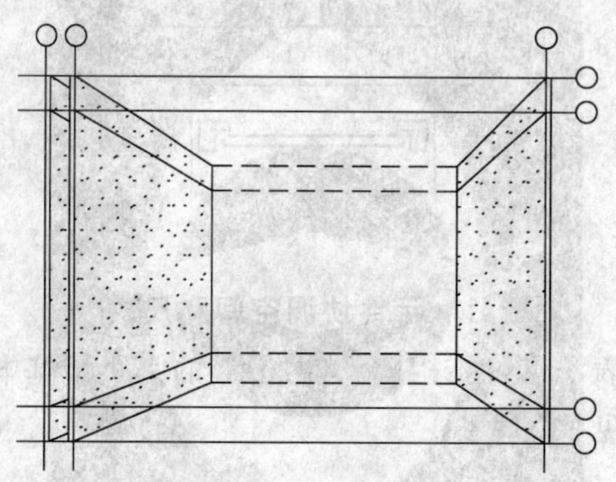

图 4　垂向主基准面

5.1.2.2　水平主基准面

水平主基准面是与地板、甲板、天花板等完工水平表面相关的水平平面，见图 5。

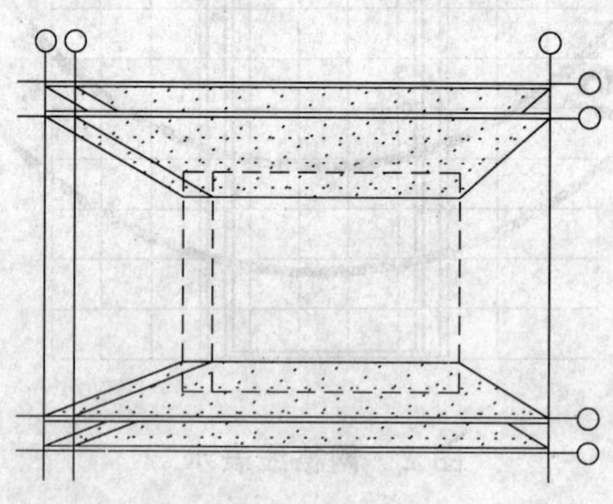

图 5　水平主基准面

5.2　区域和空间

5.2.1　控制区域

控制区域是具有协调尺度的空间，供装配元件用。通常饰面层、绝缘隔热件和水电管线及其附件安置在控制区域内，见图 6。

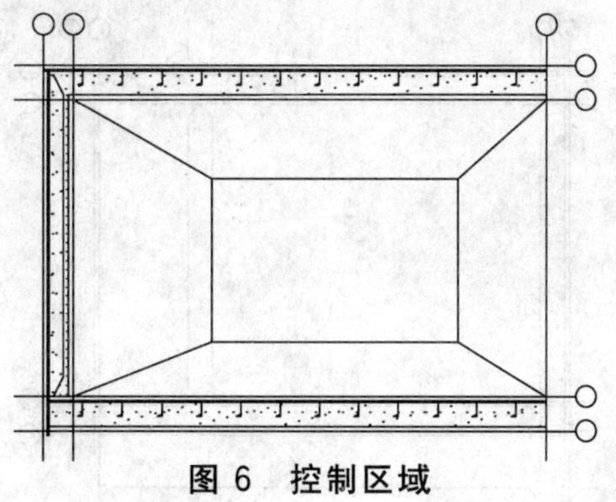

图 6　控制区域

5.2.2　可用空间

可用空间在垂直方向以完工的地板和天花板表面为限界，在水平方向以舱壁或衬板的完工表面为限界，见图 7。

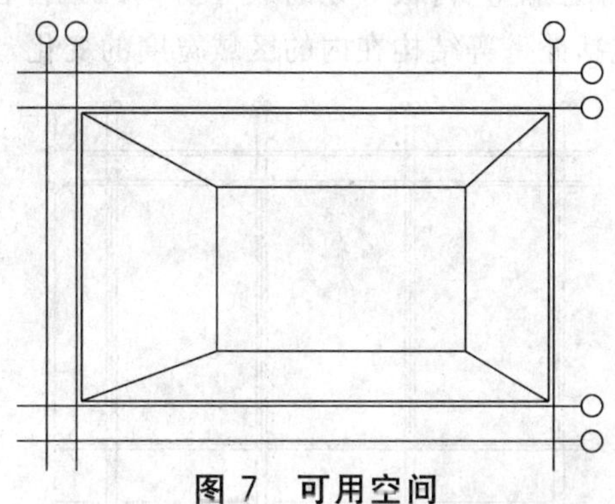

图 7　可用空间

5.2.3　控制尺度

控制尺度应是协调的区域和空间的主要尺度，其值按表 3 选取，见图 8。

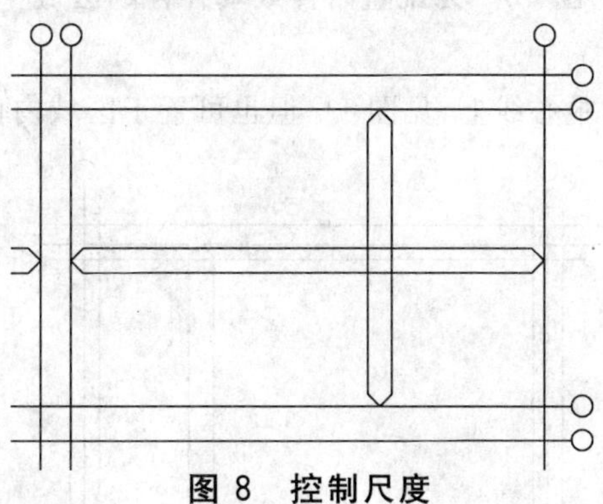

图 8　控制尺度

6　控制线的确定

6.1　应用原则

控制基准系用于舱室设计时，有下列两种确定控制线的方法：

a)　控制线位于区域限界上；

b)　控制线位于区域中心线上。

根据需要可把两种方法结合起来使用，以便最大限度地应用模数化元件。

6.2　控制线位于区域限界上

将控制线标定在区域限界上，即位于区域的两（表）面，见图 9。该方法最适宜应用在起居舱室区域，特别有利于所布置的设备重复出现的舱室。

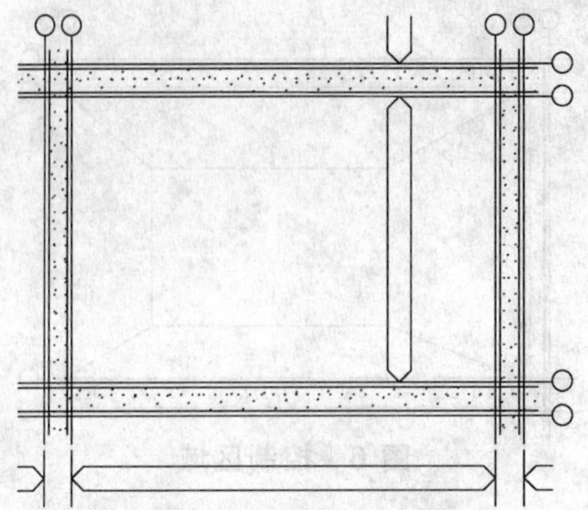

图 9　控制线位于区域限界上

在实际应用中，本方法能使邻近舱壁、衬板等处的尺寸协调的元件在可用空间内定位，而无需再配置专门的附件或填补件来补偿包括舱壁等结构在内的区域宽度的变化，见图 10。

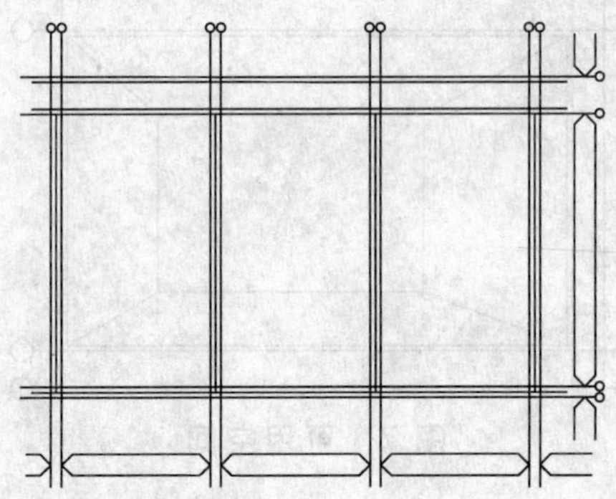

图 10　无配置附件或填补件的区域

6.3　控制线位于区域中心线上

控制线一般应标定在区域的中心线上，见图 11，但也可置于区域内任一位置上。

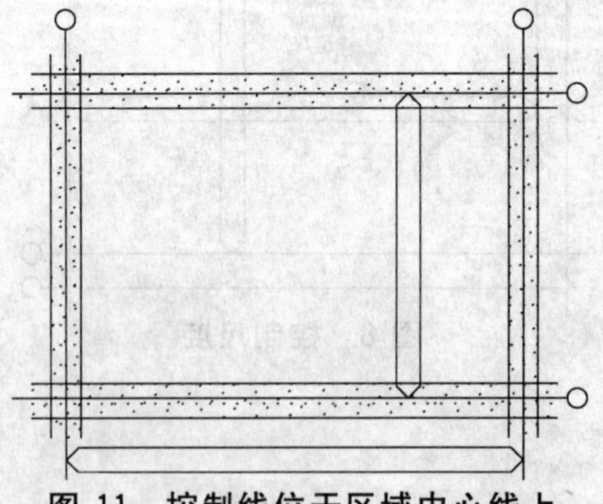

图 11　控制线位于区域中心线上

该方法可用于区域的定位，若由于舱壁、衬板等结构上的原因而引起区域宽度的变化，这就需要配置专门的附件或填补件，以便应用模数化元件。

7　控制尺度的确定

7.1　垂向控制尺度

7.1.1　垂向控制尺度指甲板至天花板以及其间的元件和(或)组件相互连接处的垂间距离，见图 12 和图 13。

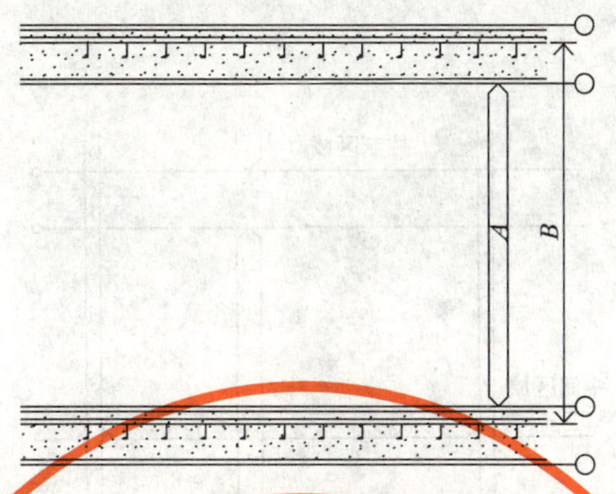

图 12 垂向控制尺度

为充分使用尺度协调的元件,宜采用平面结构,即平甲板,应尽可能取消舷弧和(或)梁拱。若有舷弧和(或)梁拱时,应考虑其对天花板高度等方面的影响,以求得最大限度的模数协调。

7.1.2 甲板至天花板高度的控制尺度,为饰面地板上表面至天花板或管线等附件下缘的垂向距离的净高度,见图 12。

甲板至天花板的高度 A 的优选尺寸为 2 100 mm,也可选用 100 mm 或 50 mm 整倍数的其他高度值。

确定模数化的甲板至天花板的高度时,应根据实际情况考虑甲板间高度 B,留出甲板结构、饰面层、管线附件和天花板等区域的高度,以保证甲板到天花板的高度符合协调尺寸。

7.1.3 窗框、门框上缘以及窗框下缘的垂向控制尺度,指饰面地板上表面以上的高度,见图 13。

图 13 元件和(或)组件的垂间距离

窗框、门框的垂向控制尺度按下列高度值确定:

a) 窗框下缘控制线的首选高度应为 1 000 mm;

b) 窗框上缘控制线的首选高度应为 2 000 mm;

c) 门框上缘控制线的首选高度应为 2 000 mm。

若上列各项的控制线高度作另外选择时,应按标准模数 100 mm 的整数倍选取。

7.2 水平控制尺度

7.2.1 水平控制尺度指包括结构舱壁、衬板等在内的控制区域的宽度和间距,也指隔舱壁的中间区域的间距,见图 14。

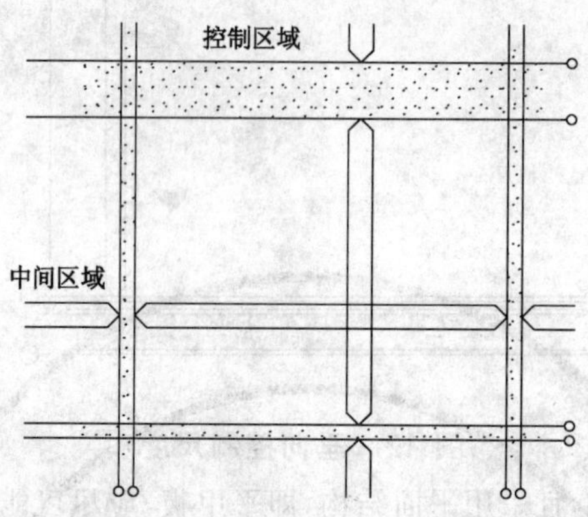

图 14 水平控制尺度

7.2.2 为充分使用尺度上协调的元件,宜采用箱形结构,应尽可能避免倾斜和(或)弯曲的舱室前壁、侧壁及舷侧板,或在其内侧予以消除。若出现弯曲和(或)倾斜情况,应考虑其影响,以求得最大限度的模数协调。

7.2.3 控制区域的水平控制尺度为区域限界内的尺度,见图 15。

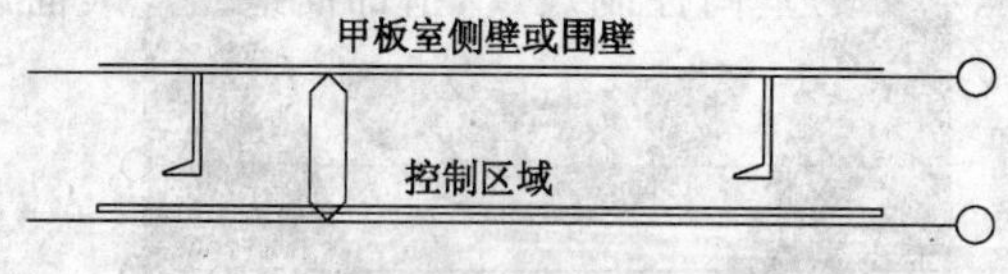

图 15 控制区域的水平控制尺度

控制区域的宽度尺寸包括安装在其内的构件,如扶强材,以及管线附件、固定件、绝缘层和衬板等所需空间的尺寸。

控制区域的尺寸应取 50 mm 的整数倍。

7.2.4 中间区域适于布置非模数化尺寸的元件,如隔舱壁,其尺寸可根据舱壁板的实际厚度及其支承件的实际尺寸,加上饰面层和固定件等项尺寸来确定,但不计入装饰物的尺寸。

7.2.5 区域间距上的控制尺度值应按表 4 选用。

表 4 控制尺寸

单位为毫米

优选顺序	控 制 尺 寸
首 选	300 的整数倍(不小于 300)
次 选	100 的整数倍(不小于 300)

8 元件的定位

8.1 垂向定位

元件的垂向定位仅需要从该元件到完工地板表面的一个尺度,见图 16,垂向定位尺寸应按 7.1 选定。

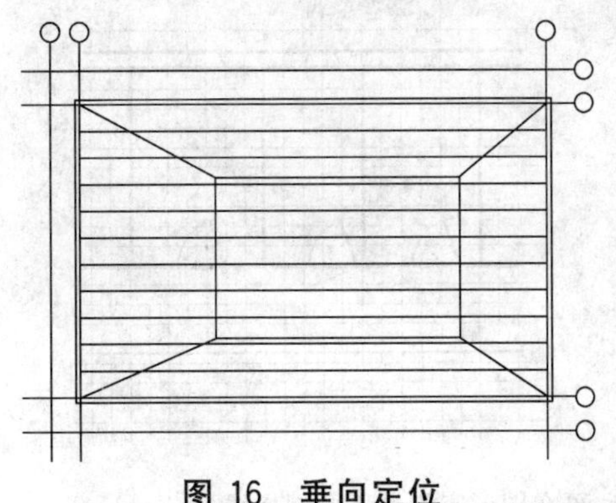

图 16　垂向定位

8.2　水平定位

元件的水平定位需要有两个方向的尺度，宜采用网格定位，见图 17。水平定位尺寸应按 7.2 选定。

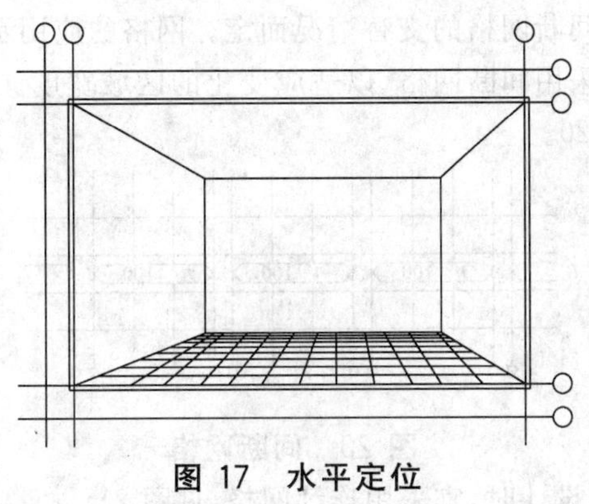

图 17　水平定位

8.3　网格

8.3.1　网格尺寸

基本模数网格，即线间距为 100 mm 的网格，一般用于比例为 1∶50 及 1∶20 的图样中，见图 18。

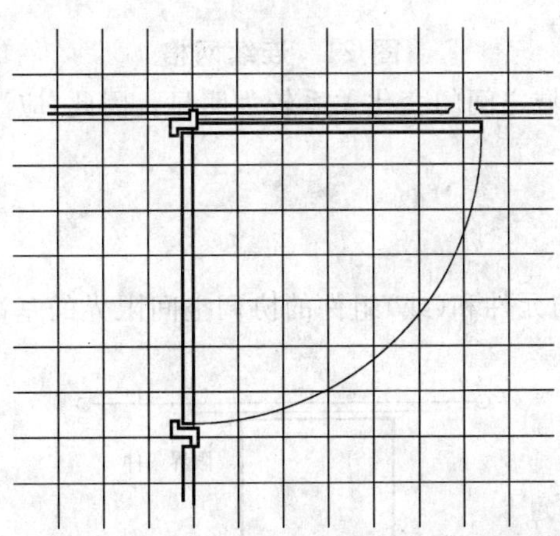

图 18　间距为 100 mm 的网格示意图

300 mm 网格多用于总布置图。在这种网格上，元件常会偏离网格线，一般用于比例为 1∶200 和 1∶100 的图样中，见图 19。

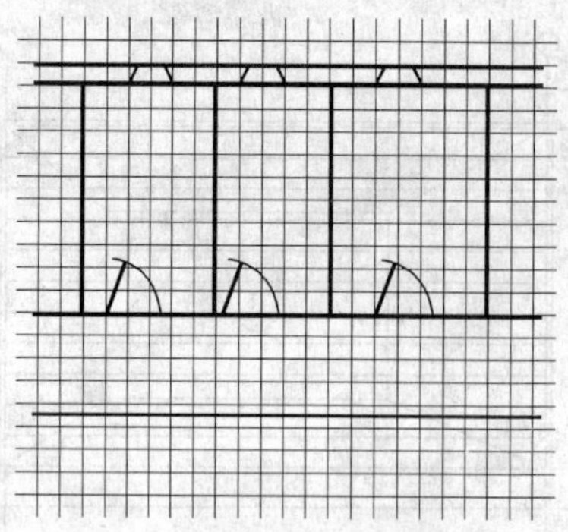

注：实际应用中为保持图样清晰，可在图形密集区不画网格线。

图 19 间距为 300 mm 的网格示意图

8.3.2 网格的应用

8.3.2.1 将网格应用到船舶起居舱室布置上时，网格和区域之间的关系将随网格的尺寸、区域宽度、区域间距的取法以及连续网格或间断网格的交替情况而定。网格的应用示例参见附录 A。

8.3.2.2 为便于详细设计，宜采用间断网格，以适应变化的区域宽度。控制线定位于区域的界(表)面上，其区域间距为倍模数，见图 20。

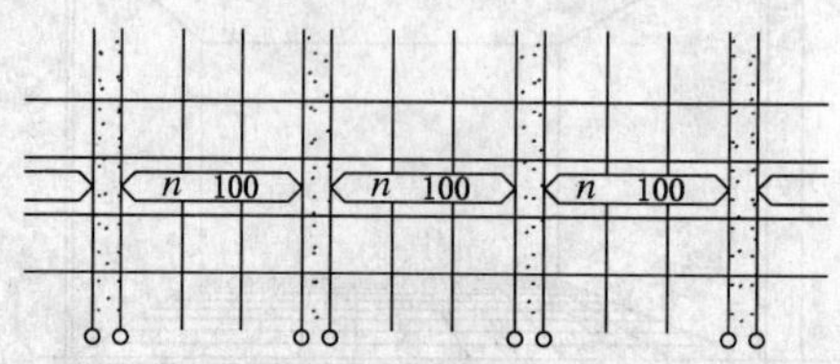

图 20 间断网格

8.3.2.3 在进行起居舱室初步设计时，宜采用连续网格，见图 21。

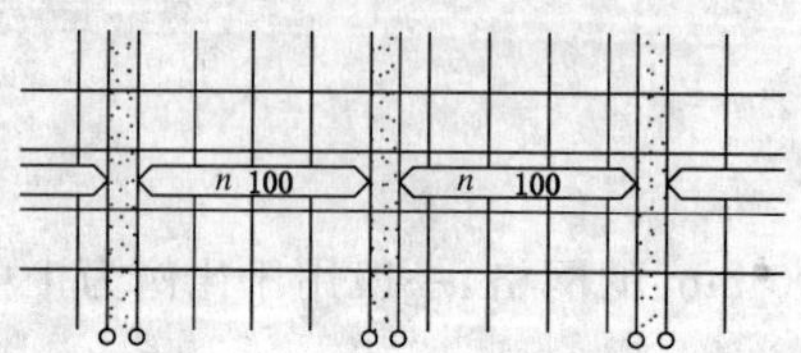

图 21 连续网格

但在这种情况下，网格与区域之间的变化关系较为明显。因此，应注意保证在特定布置上的中间区域的许用宽度。

8.4 限界

8.4.1 限界条件

控制区域限界的主基准面与元件和(或)组件的协调空间限界的基准面之间的关系为限界条件，见图 22。

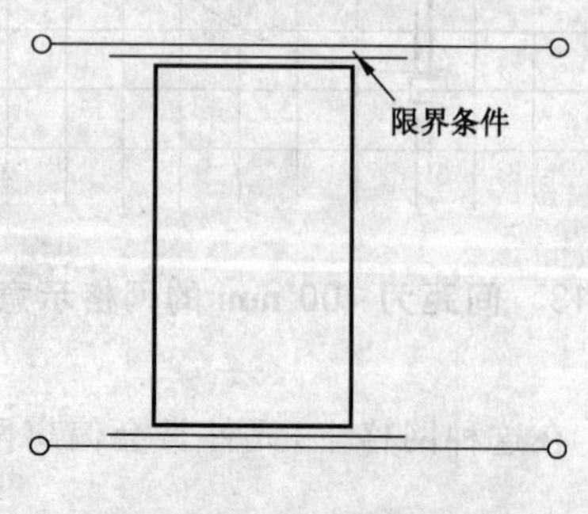

图 22 限界条件

8.4.2 正负限界条件

当协调空间的限界超出主基准面时，其限界条件为正，见图 23。

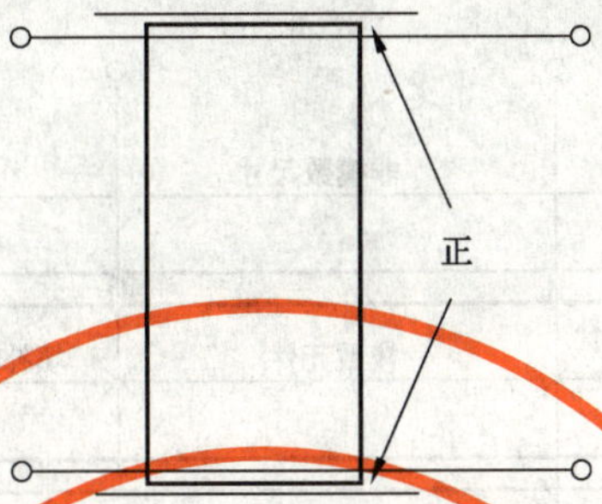

正

图 23 正限界条件

当协调空间的限界不到主基准面时，其限界条件为负，见图 24。

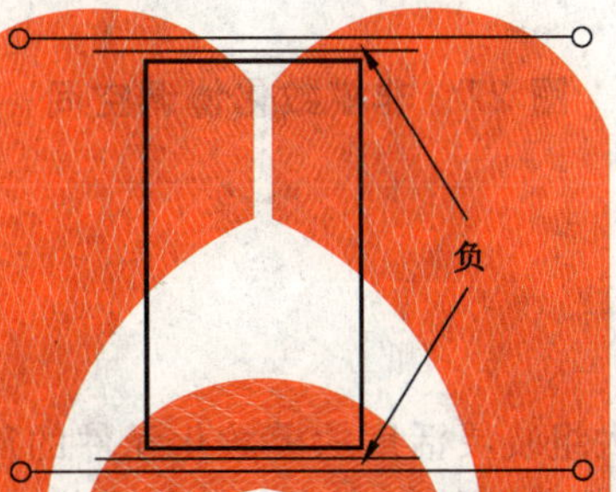

负

图 24 负限界条件

8.4.3 零限界条件

当协调空间的限界与主基准面重合时，其限界条件为零，见图 25。应尽可能使用零限界条件。

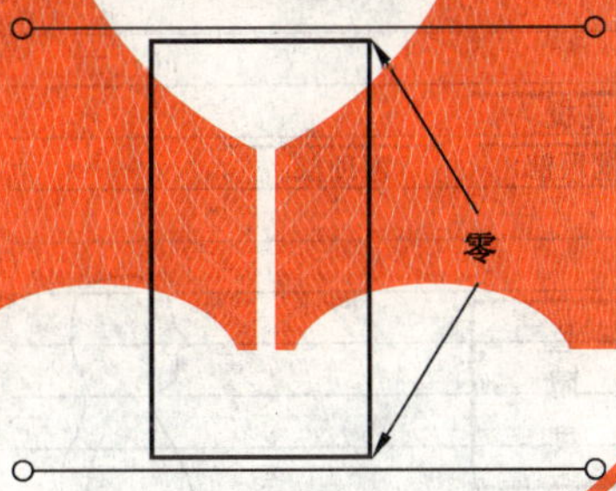

零

图 25 零限界条件

8.4.4 穿插深度

由于功能上的要求需要协调空间的限界超出确定区域的主基准面时，可采用穿插深度来解决，见图 26。其穿插深度值应按 4.1 的规定选取。

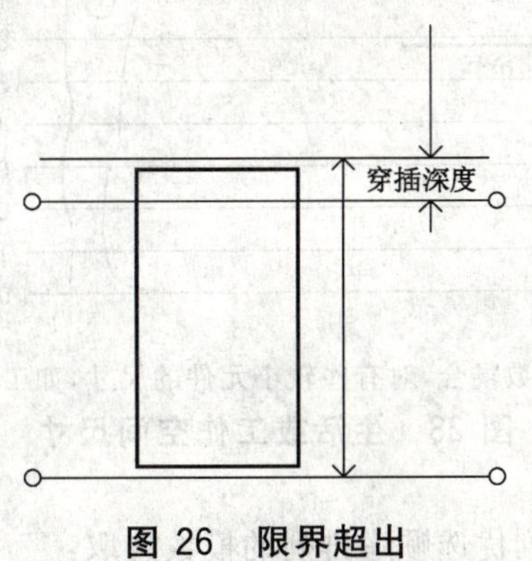

图 26 限界超出

8.4.5 填补件

若由优选系列和限界条件导出的最终协调空间是非模数化的，则在进行布置组装时可用模数化元件和填补件来满足该空间，见图 27。

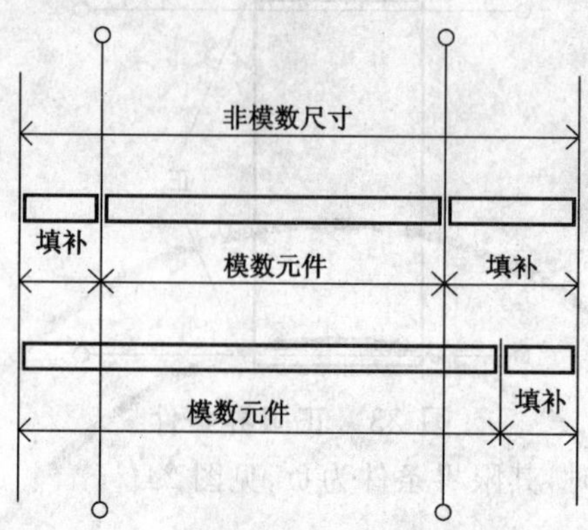

图 27 非模数化协调空间

9 元件和组件尺寸的选择和组装

9.1 元件和组件尺寸的选择

9.1.1 元件和组件尺寸选择的原则

元件和组件尺寸应选择具有最大组装灵活度的模数化元件的尺寸系列，能单独或以各种组装方式满足不同的协调空间。在选择时应考虑人体工程学、经济性、使用频度、灵活性、兼容性和互换性等因素。

根据人体工程学数据确定的供生活或工作所需要的空间尺寸，见图 28。

单位为毫米

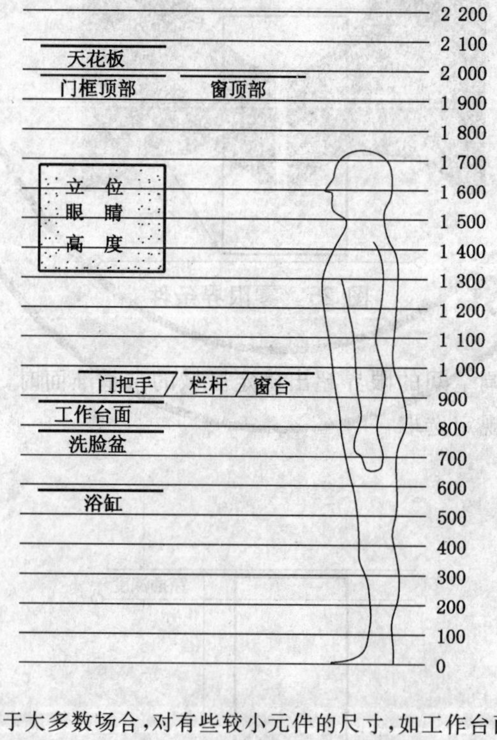

注：图中确定的基本模数适用于大多数场合，对有些较小元件的尺寸，如工作台面的高度，可以有较小的增量。

图 28 生活或工作空间尺寸

9.1.2 元件和组件的协调尺寸

元件和组件的协调尺寸应按下列优选顺序排列的模数选取：

a) n×300 mm；

b) n×100 mm；

c) n×50 mm。

n 为包括 1 在内的任何自然数。

9.2 组装

为避免在现场切割元件，且便于组装，应合理设计元件的实际尺寸和接头型式。为获得元件实际尺寸的最大和最小极限，设计尺寸应留有一定的裕度，这一裕度为偏差、位移和连接提供余量，见图 29。

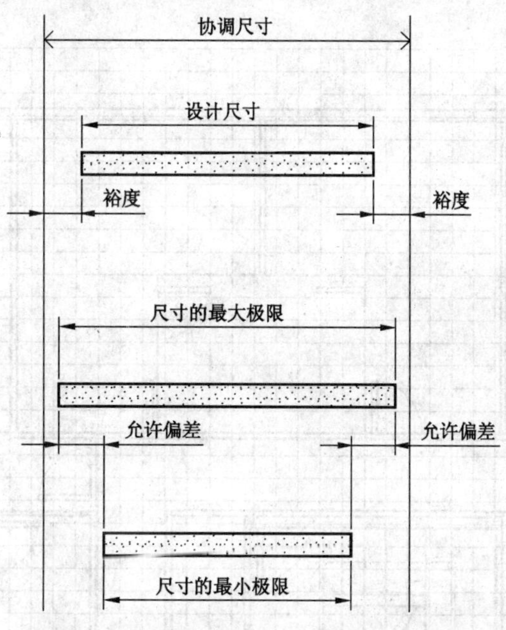

图 29 设计尺寸裕度

在组装阶段，应将尺度协调运用于实际的结构安装或划线中，以取得便于组装的最大效益。组装时应注意控制管、线等设备的安装，以保证设备与邻接元件的干扰最小。例如在甲板与天花板之间的区域内，使端部接头和附件的尺寸在紧靠协调的可用空间部分是协调尺寸。

10 主要家具设备的协调尺寸

在起居舱室的尺寸协调中，一些主要设备将重复出现。为了使这些元件和(或)组件的尺寸合理化，并考虑到人体工程学方面的要求，配合尺寸的选择应将模数限制在下列优选系列之内：

a) n×100 mm；

b) n×50 mm。

n 为包括 1 在内的任何自然数。

主要家具设备的优选尺寸参见附录 B。

附 录 A
（资料性附录）
网格的应用实例

A.1 桥楼甲板总布置图(1∶200)，应用 300 mm 网格，见图 A.1。

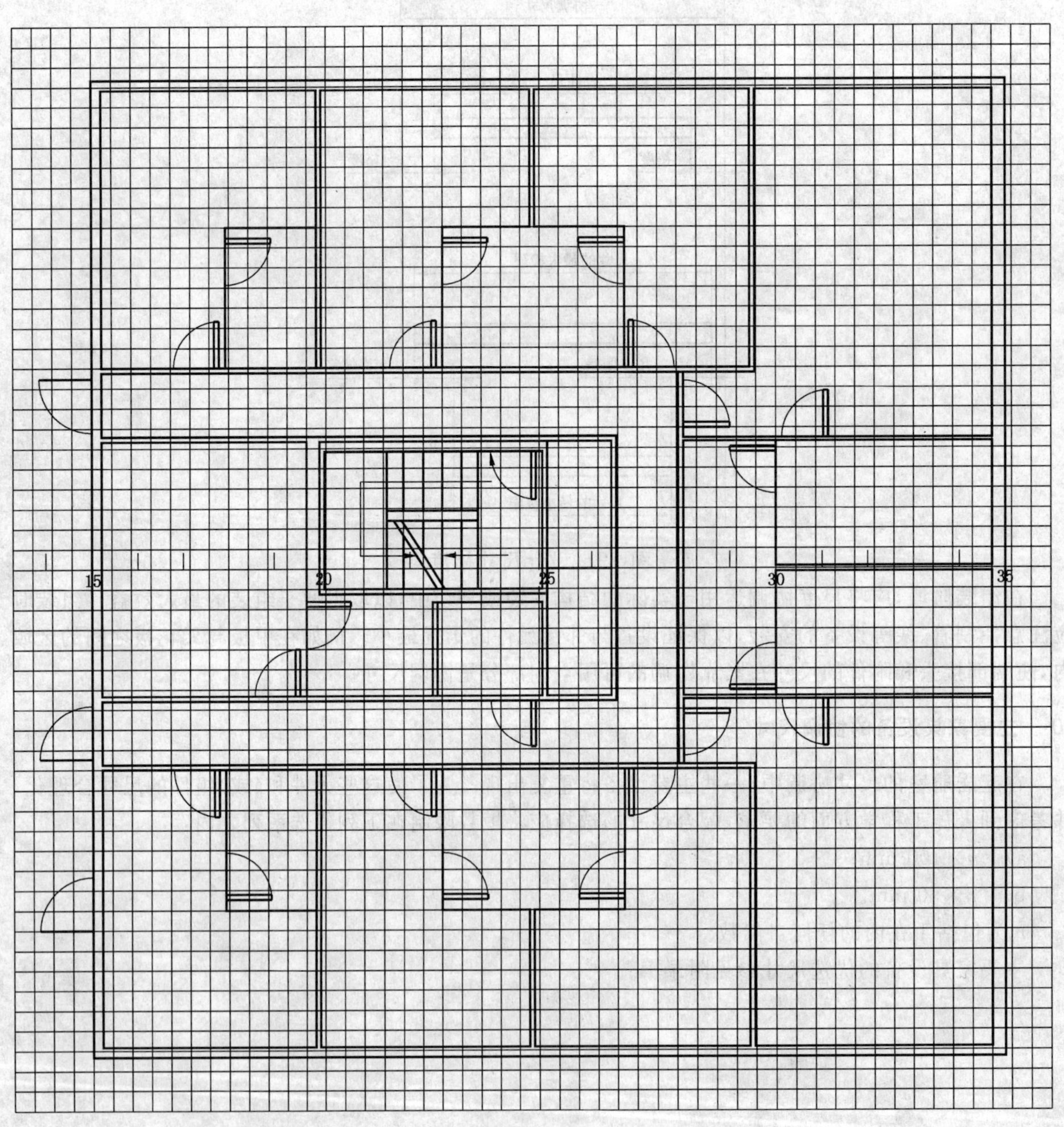

图 A.1 桥楼甲板总布置图(1∶200)

A.2　桥楼甲板总布置图(1∶100),应用 300 mm 网格,见图 A.2。

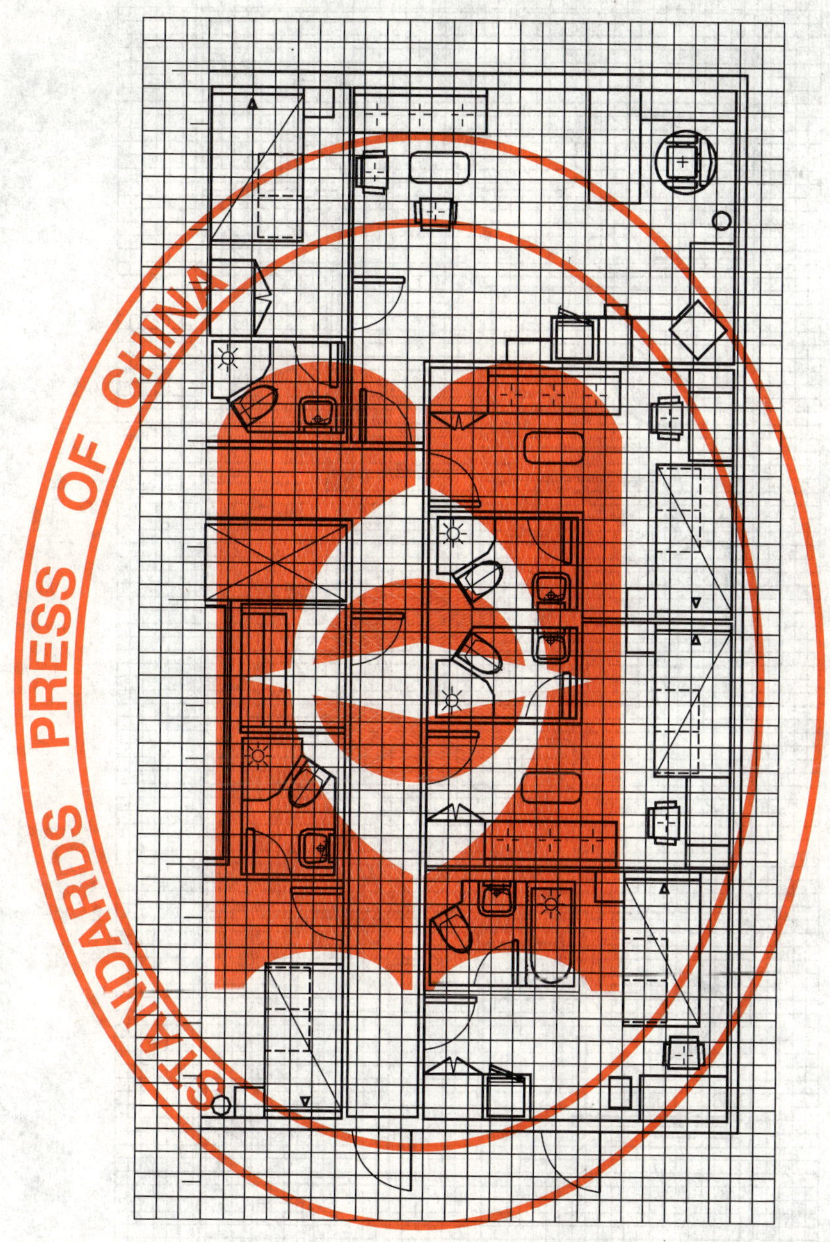

图 A.2　桥楼甲板总布置图(1∶100)

A.3　桥楼甲板舱室布置图(1∶50),应用 100 mm 网格,见图 A.3。

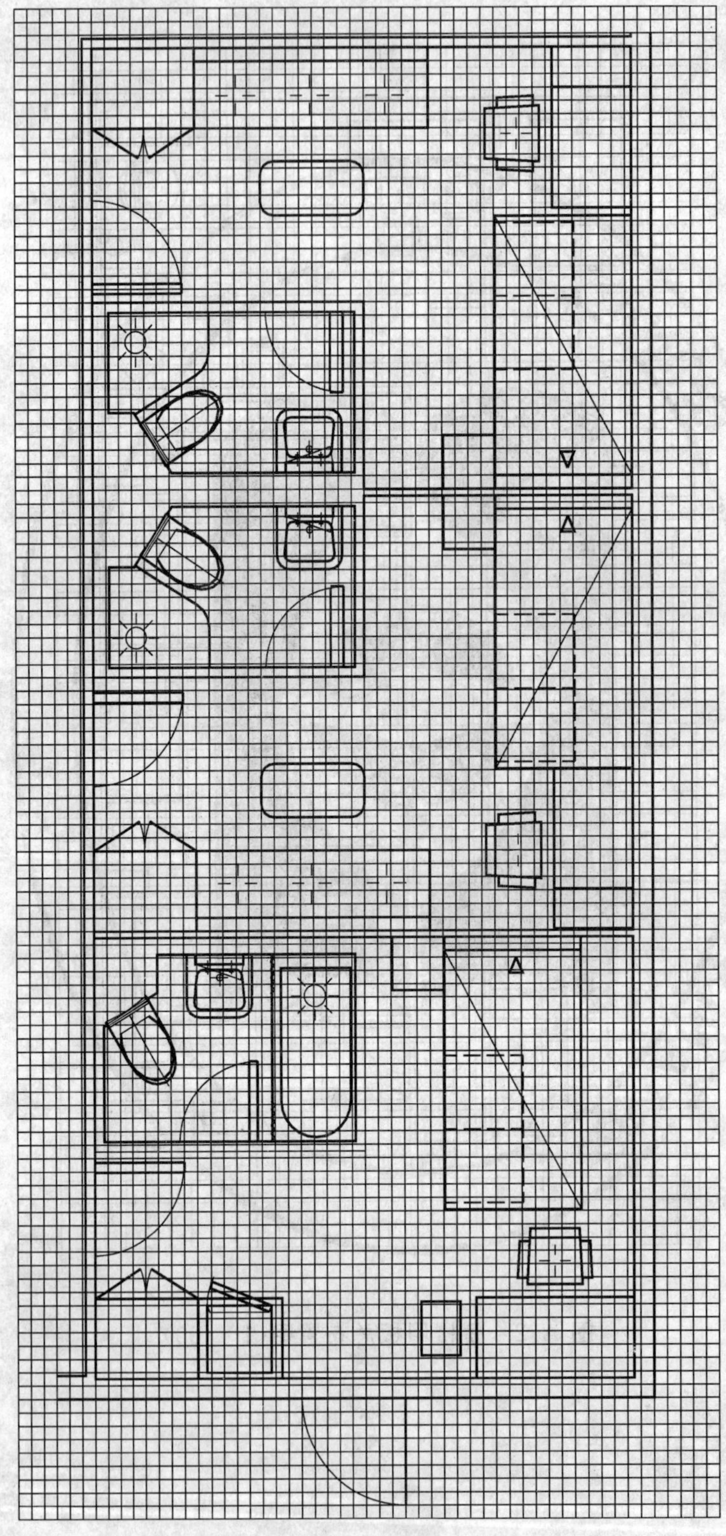

图 A.3　桥楼甲板舱室布置图(1∶50)

A.4 桥楼甲板典型船员卧室布置图，应用 100 mm 网格，见图 A.4。A 向、B 向、C 向、D 向视图，分别见图 A.5 和图 A.6。

单位为毫米

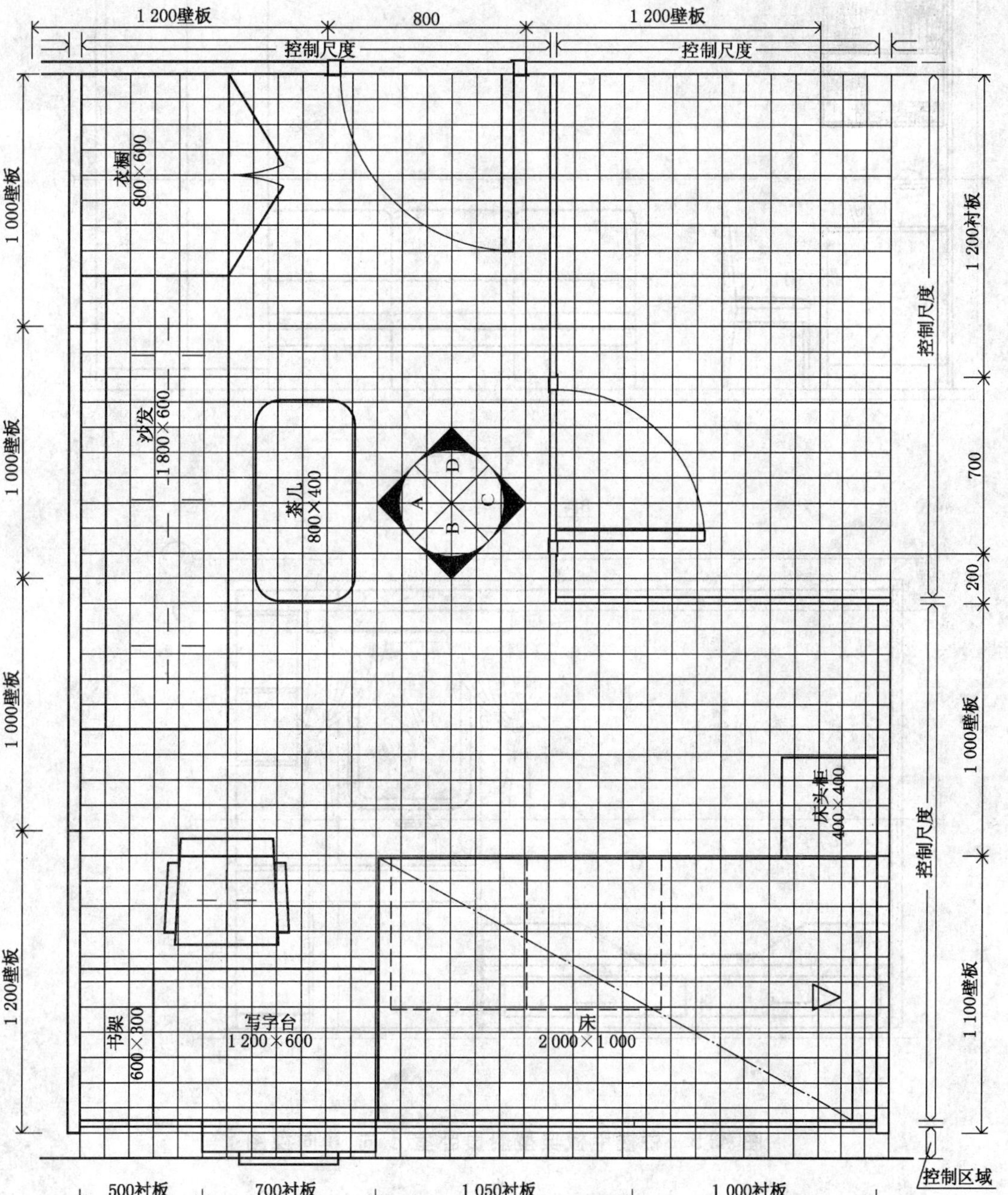

图 A.4 桥楼甲板典型船员卧室布置图

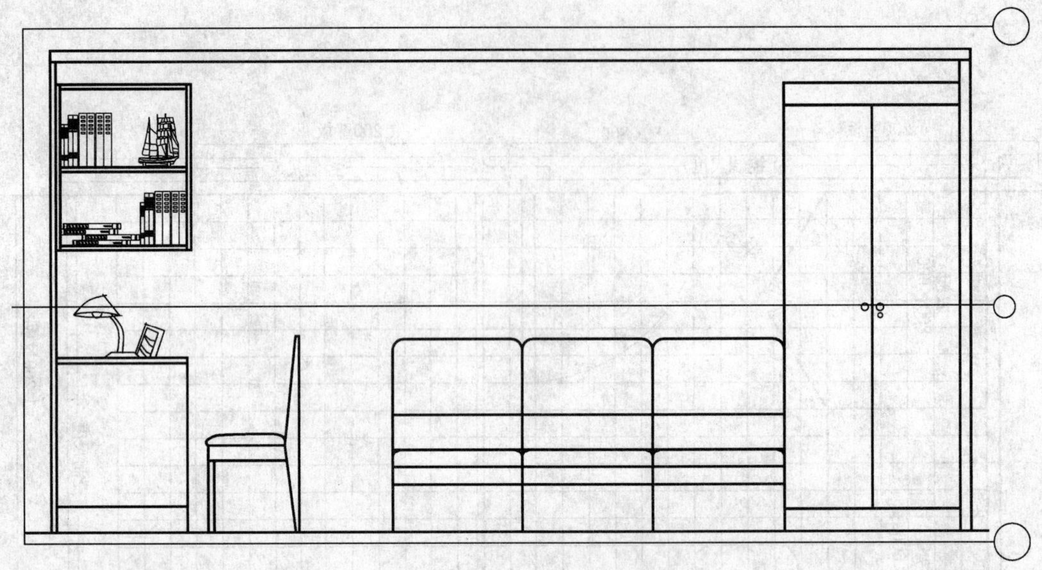

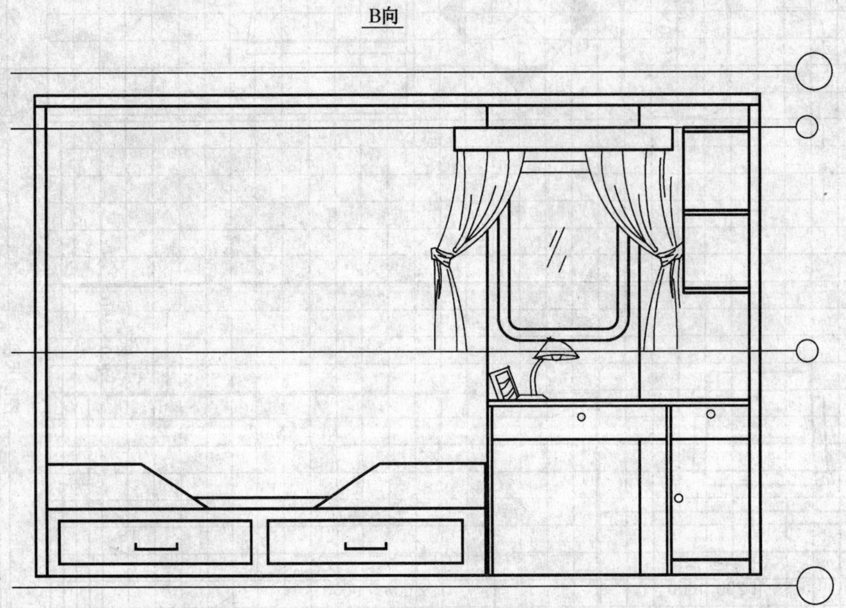

图 A.5 桥楼甲板典型船员卧室 A 向、B 向视图

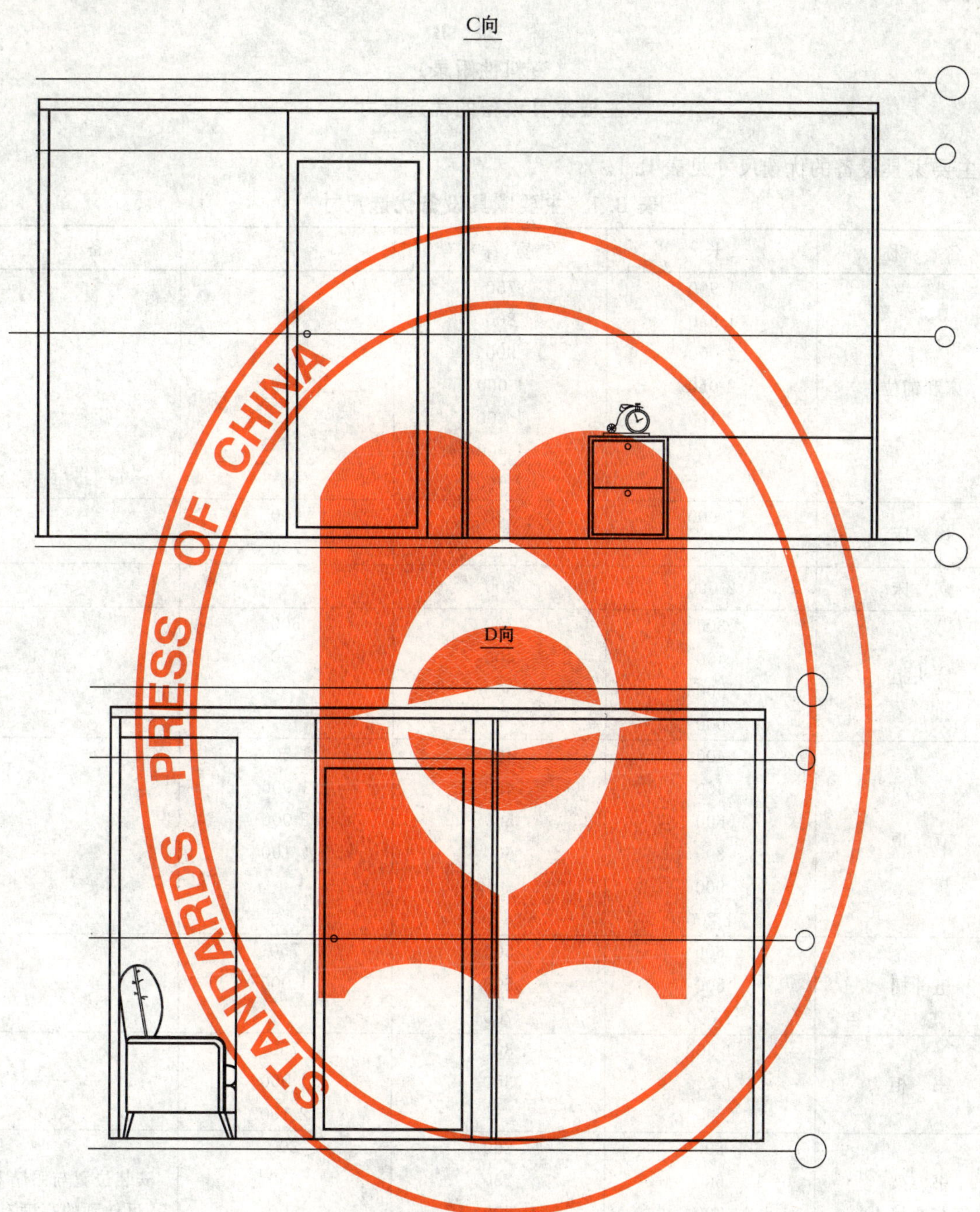

图 A.6　桥楼甲板典型船员卧室 C 向、D 向视图

附　录　B
（资料性附录）
主要家具设备的优选尺寸

主要家具设备的优选尺寸见表B.1。

表B.1　主要家具设备优选尺寸　　单位为毫米

名　称	长	宽(深)	高	备　注
床和铺位	1 900 1 950 2 000 2 050 2 100	750 800 900 1 000 1 200 1 400 1 500	—	—
诊察床	1 900	700	800 700	—
病　床	2 000	800		—
床头柜	300 400 500 600	300 400 500	600 750	—
衣　柜	400 450 600 800 900 1 200	400 450 550 600	1 800 1 900 2 000 2 100	—
五斗橱	600 800 1 000	500 600 700	750 1 000	—
书　柜	1 000 1 200	300 350	750 1 000 2 100	—
书　架 （安装在墙上）	500 600 700 800	200 250 300	200 350 500	安装位置与眼睛和手可伸到的高度有关
书　架	600	200 250 300	750 1 000 1 500 2 000	—
写字台	500 700 1 000 1 200 1 500	450 500 600 700	750	—

表 B.1（续）

单位为毫米

名　　称	长	宽(深)	高	备　　注
文件柜	450	650	800 1400	—
长方形桌	800 1 000 1 200	400 500 600 700	650 700 750	—
圆形桌	ϕ800 ϕ900 ϕ1 000 ϕ1 200		650 700 750	—
娱乐用桌	750	750	750	—
固定座位	1 600 1 800 1 900 2 000	500 600 700	400 （座位） 900 （椅背）	—
窗帘框	600 700 800 900 1 000	100	100 150	—
医药柜	1 500	300 450 600	2 000 2 100	—
长柜台	$n\times100$	400 450 500 600 700 800	750 800 900 950 1 000 1 050 1 100 1 150	—
台　子 （备用台和工作台）	$n\times100$	500 600 700 800 900	700 750 800 850 900 950 1 000	—
碗　橱 （低式）	500 600 800 1 000 1 500 1 800	500 600	750 1 000	—

表 B.1（续）

单位为毫米

名　称	长	宽(深)	高	备　注
碗　橱 (高式)	500 600 800 1 000 1 200	400 500 600	1 900 2 000	—
餐桌碗柜	700	150	900	—
配餐桌	n×100	500 600	750	—
餐具柜	1 000 1 200 1 500 1 800	400 450 500	750 1 000	—
储藏柜	500 800 1 000 1 200 1 500 1 800	500 600	750 1 000	—
厨房配件(工作台、洗池、餐具柜等)	600 700 900 1 200 1 500 1 800	500 600 700 800 900	850 900	—
配膳室用具(工作台、洗池、餐具柜等)	600 700 900 1 200 1 500 1 800	500 600 700 800	850 900	—
餐桌(圆形)	ϕ800		750	—
餐桌(方形)	700 800 1 000	700 800 1 000	750	—
餐桌(矩形)	1 600 2 200	700 800	750	—
餐桌(靠壁梯形)	1 300 1 700	600/700	750	—
搁架 (厨房和配膳室)	900 1 200 1 500 1 800	300 400 500 600 700	n×50	高度和安装位置按视线高度、手摸高度和其他设备及配件的位置确定。壁上附件下缘最小1 500

表 B.1（续）

单位为毫米

名　　称	长	宽(深)	高	备　　注
洗　池	400 450 500 550 600	300 350 400 450 500	800 850	—
污水池	500	550	550	—
扶　手 (风暴、毛巾架、栏杆扶手等)	600	100 150	1 000	宽度指离船壁的总距离，高度指扶手中心高度。扶手的截面应适应人体工程学的要求
浴　缸	1 200 1 400 1 550 1 700 1 750 1 850	650 700 750 800 850	500 550 600 650	—
行李架 (低式)	800 900	450 500 550	n×50	安装位置高度为400/450
海图桌	1 200 2 400	900 1 000 1 100 1 200	950 1 000 1 050	可储藏标准尺寸(1 050×720)海图
工作台	n×100	600 700 800 900	700 750 800 850 900	—
旗　箱	1 000 1 500	350 400 450	900 1 050	分成120×120和120×240孔格

ICS 29.220.20
K 84

中华人民共和国国家标准

GB/T 7403.1—2008
代替 GB/T 7403.1—1996

牵引用铅酸蓄电池 第1部分:技术条件

Lead-acid traction batteries—Part 1:Technical conditions

(IEC 60254-1:2005,Lead-acid traction batteries—
Part 1:General requirements and methods of test,MOD)

2008-01-22 发布　　2008-09-01 实施

中华人民共和国国家质量监督检验检疫总局
中国国家标准化管理委员会　发布

前 言

GB/T 7403《牵引用铅酸蓄电池》由两部分组成：

GB/T 7403.1《牵引用铅酸蓄电池　第1部分：技术条件》；

GB/T 7403.2《牵引用铅酸蓄电池　第2部分：产品品种和规格》。

本部分是GB/T 7403的第1部分。

本部分的编写格式和规则皆采用了GB/T 1.1—2000《标准化工作导则　第1部分：标准的结构和编写规则》和GB/T 1.2—2002《标准化工作导则　第2部分：标准中规范要素内容的确定方法》，以保证标准编写的统一，适于国际交流。

本部分修改采用IEC 60254-1:2005《牵引用铅酸蓄电池　第1部分：一般要求和试验方法》，主要差异如下：

——按照我国国情对IEC 60254-1:2005的部分章、条进行重新编排；

——增加"密封性能"条款技术要求和试验方法；

——增加"封口剂试验"条款技术要求和试验方法；

——增加"检验规则"条款技术要求；

——增加"标志、包装、运输、贮存"条款技术要求；

——增加"牵引用铅酸蓄电池"充电方法；

——增加"试验条件"条款中"测量仪器"技术要求；

——修改"高倍率放电性能"条款中"终止电压"的数值；

——修改"循环耐久能力"条款中"牵引用铅酸蓄电池"的充、放电电流值；

——删除"比能量"项目技术要求。

本部分替代GB/T 7403.1—1996《牵引用铅酸蓄电池》。与GB/T 7403.1—1996相比，主要在以下部分有改变：

——标准名称更改为《牵引用铅酸蓄电池　第1部分：技术条件》；

——增加了前言；

——章、条按GB/T 1.1—2000重新编排；

——在术语部分增加了"终止电压"、"充放电循环"等内容的规定，对部分术语进行了规范，即将"大电流放电性能"改为"高倍率放电性能"；

——将GB/T 7403.1—1996《牵引用铅酸蓄电池》中"产品分类"合并到GB/T 7403.2—2008《牵引用铅酸蓄电池　第2部分：产品品种和规格》中；

——增加"阀控式牵引铅酸蓄电池"相关内容的规定；

——取消GB/T 7403.1—1996中关于蓄电池"震动试验"的相关内容；

——对蓄电池循环耐久能力试验方法、技术指标进行修订；

——增加关于蓄电池密封性能相关内容的规定。

本部分由中国电器工业协会提出。

本部分由全国铅酸蓄电池标准化技术委员会归口。

本部分主要起草单位：沈阳蓄电池研究所、淄博蓄电池厂、镇江金快乐蓄电池有限责任公司、淮南金达力蓄电池有限责任公司、镇江金乐蓄电池有限责任公司、浙江贝纳通电源有限公司、通州市蓄电池厂有限责任公司、江苏双登集团有限公司、浙江超威电源有限公司。

本部分主要起草人：邵长叶、藏广军、陈玉松、田广才、陈松甫、邵双喜、周明明、王伟、李鸿霈、杨会杰。

本部分所代替标准的历次版本发布情况为：

——GB/T 7403.1—1987；

——GB/T 7403.1—1996。

牵引用铅酸蓄电池
第1部分:技术条件

1 范围

GB/T 7403的本部分规定了牵引用铅酸蓄电池一般技术要求、试验条件、试验方法、检验规则、标志、包装、运输、贮存。

GB/T 7403的本部分适用于工矿企业、仓库、码头及车站作电动车辆电源,尤其作电力牵引车辆或物料装卸设备的电源使用的牵引用铅酸蓄电池(以下简称蓄电池)。

2 规范性引用文件

下列文件中的条款通过GB/T 7403的本部分的引用而成为本部分的条款。凡是注日期的引用文件,其随后所有的修改单(不包括勘误的内容)或修订版均不适用于本部分,然而,鼓励根据本部分达成协议的各方研究是否可使用这些文件的最新版本。凡是不注日期的引用文件,其最新版本适用于本部分。

JB/T 10052 铅酸蓄电池用电解液

JB/T 10053 铅酸蓄电池用水

3 术语和定义

3.1

容量 capacity

在规定条件下放电蓄电池输出的电荷,通常用安时(Ah)来表示,本部分中用字母C代表容量。

3.1.1

额定容量 rated capacity

在规定条件下测得的并由制造商宣称的电池的容量值,本部分规定在蓄电池温度为30℃,放电5 h,每一个单体蓄电池终止电压为1.70 V,蓄电池所能给出的电量,用C_5(Ah)表示。相应的放电电流为:

$$I_5 = \frac{C_5}{5} \qquad (1)$$

式中:

I_5——5小时率放电电流,单位为安培(A);

C_5——5小时率额定容量,单位为安时(Ah);

5——放电时间,单位为小时(h)。

3.1.2

实际容量 actual capacity

在规定条件下,蓄电池所能放出的电量,单位为安时(Ah),用C_a(Ah)表示。

3.2

终止电压 terminal voltage

蓄电池规定的放电终止时的电压,单位为伏特(V)。

3.3

荷电保持能力 charge retention

蓄电池在规定条件下的开路状态下保持容量的能力。

3.4

高倍率放电性能　high rate discharge performance

在规定条件下牵引车蓄电池所能够提供高倍率放电能力。

3.5

充放电循环　charge - discharge cycle

在规定条件下，蓄电池从开始放电(或充电)时起到蓄电池完全充电(或放电)的过程。

3.6

循环耐久能力　cyclic endurance

在规定的条件下，蓄电池能够进行充放电的循环次数。

3.7

阀控式牵引用铅酸蓄电池　traction batteries-VRLA

各个电池是密封的，但都带有在内压超出预定值时允许气体逸出的阀的牵引用铅酸蓄电池(简称：阀控式牵引蓄电池)。

注：这种电池在正常情况下不能添加电解液。

4　技术要求

4.1　容量

4.1.1　实际容量在第一次容量试验时，应不低于额定容量的85%。

4.1.2　实际容量在前十次容量试验内，至少有一次达到额定容量。

4.2　荷电保持能力

完全充电的蓄电池在电解液平均温度为20℃±2℃开路贮存28 d，贮存后剩余容量不应低于额定容量的85%。

4.3　高倍率放电性能

电解液温度在30℃条件下，以$5I_5$(A)电流持续放电到单体蓄电池的终止电压为1.50 V的时间不应低于30 min。

4.4　循环耐久能力

4.4.1　在规定的条件下，普通型蓄电池容量降至额定容量的80%时所完成循环的次数不应低于800次。

4.4.2　在规定的条件下，阀控式蓄电池容量降至额定容量的80%时所完成循环的次数不应低于400次。

4.5　封口剂

采用封口剂的蓄电池，封口剂其表面必须均匀，应具有耐寒、耐热性能。当温度在－30℃时封口剂不应有裂纹或与蓄电池槽、盖分离，在65℃时不应溢流。

4.6　密封性能

在规定的试验条件下，蓄电池在与空气隔断后5 s内电池内部压力稳定不变。

5　试验条件

5.1　测量仪器的精度

5.1.1　电气测量

5.1.1.1　仪表量程

所用的仪表量程随被测电压和电流的量值而定，指针式仪表读数应在量程的后三分之一范围内。

5.1.1.2　电压测量

电压测量用的仪表准确度等级不应低于0.5级，内阻不应小于1 kΩ/V。

5.1.1.3　电流测量

电流测量用的仪表准确度等级不应低于0.5级。

5.1.2 温度测量

温度测量用的温度计应具有适当的量程，其分度值不应大于0.5℃。

5.1.3 电解液密度测量

电解液密度测量用的密度计应具有适当的量程，其分度值不应大于0.005 g/cm³。

5.1.4 时间测量

时间测量用的仪表应按时、分、秒分度，至少应具有±1 s的准确度。

5.1.5 尺寸测量

尺寸测量用的量具，其分度值不应大于1 mm。

5.1.6 密封性能测量

密封性能测量用的仪表，精度应不低于0.25级。

5.2 电解液

5.2.1 用于所有试验的完全充电普通型蓄电池的电解液密度应为1.280 g/cm³±0.005 g/cm³(25℃)，也可按制造厂规定。

5.2.2 普通型蓄电池在完全充电状态后，电解液液面高度应高于保护板15 mm～20 mm，也可按制造厂规定。

5.2.3 电解液应符合JB/T 10052标准的规定。

5.2.4 蓄电池用水应符合JB/T 10053标准的规定。

5.3 试验前的准备

5.3.1 试验应在新的完全充电的蓄电池上进行。

5.3.2 蓄电池的完全充电

5.3.2.1 普通型蓄电池完全充电

a) 蓄电池在20℃～25℃条件下，初充电用0.50I_5(A)电流；普通充电用0.70I_5(A)电流充电。当单体蓄电池平均电压达到2.40 V时，初充电再用0.25I_5(A)电流；普通充电再用0.35I_5(A)电流充电。在充电末期连续2 h内蓄电池端电压变化每小时不大于0.02 V，电解液密度无明显变化，认为蓄电池是完全充电。

b) 按制造厂规定的电流(或电压)进行充电。

5.3.2.2 阀控式牵引蓄电池完全充电

a) 蓄电池在20℃～25℃条件下，以单体蓄电池2.4 V±0.01 V(限流2.5I_5(A))的恒电压充电至电流值5 h稳定不变时，认为蓄电池是完全充电。

b) 按制造厂规定的电流(或电压)进行充电。

6 试验方法

6.1 尺寸检查

用分度值为1 mm的直尺及量具检查蓄电池外形尺寸。

6.2 容量试验

6.2.1 容量试验应在完全充电的蓄电池上进行。

6.2.2 将完全充电蓄电池在充电结束后1 h～24 h内，蓄电池用I_5(A)电流放电，电池周围温度保持在22℃～34℃之间。在放电时间内电流值的变化应不大于1%，放电过程中每隔30 min记录一次蓄电池电压；普通型蓄电池每隔1 h记录一次电解液密度。当电压达到1.85 V时，每隔5 min记录一次，当电压达到1.70 V时，停止放电并记录放电时间。并按下式换算到基准温度30℃时的实际容量：

$$C_a = \frac{I_5 \times T}{1 + \lambda \times (t_0 - 30)} \qquad \cdots\cdots(2)$$

式中：

C_a——实际容量，单位为安时(Ah)；

T——初始温度为 t_0 时放电时间，单位为小时(h)；

t_0——初始温度，单位为摄氏度(℃)；

λ——0.006；5 h 率容量温度系数，单位为每摄氏度(℃$^{-1}$)。

6.2.3 试验后，蓄电池应再次完全充电。

6.3 荷电保持能力试验

6.3.1 用于荷电保持能力试验的蓄电池应符合 4.1 规定，并在完全充电的蓄电池上进行。

6.3.2 将蓄电池调整好电解液密度及液面高度，并擦净蓄电池表面残迹，在环境温度为 20℃±2℃ 开路贮存 28 d，在此期间，蓄电池环境最高温度不应超过 25℃，最低温度不应低于 15℃。

6.3.3 开路贮存 28 d 后，将蓄电池环境温度调整到 22℃～34℃之间，在不充电条件下按 6.2 进行容量试验并记录贮存后的剩余容量。

6.4 高倍率放电性能试验

6.4.1 用于高倍率放电性能试验的蓄电池应符合 4.1 规定，并在完全充电的蓄电池上进行。

6.4.2 将完全充电蓄电池在充电结束后 1 h～24 h 内，用 $5I_5$(A)电流放电，蓄电池环境温度保持在 22℃～34℃之间，在放电时间内电流值的变化应不大于 1%。放电开始时记录初始温度同时放电过程中每隔 5 min 记录一次单体蓄电池电压，当电压达到 1.60 V 时，应随时测量，当电压达到 1.50 V 时，停止放电并记录初始环境温度和放电时间。

6.4.3 当电解液初始温度 t_0 时应按下式换算到基准温度 30℃时的放电时间：

$$T_h = T_1[1-\lambda_1(t_0-30)] \quad \cdots\cdots (3)$$

式中：

T_h——基准环境温度 30℃时的放电时间，单位为分钟(min)；

T_1——初始环境温度为 t_0 时的放电时间，单位为分钟(min)；

t_0——初始环境温度，单位为摄氏度(℃)；

λ_1——0.01 高倍率放电温度系数，单位为每摄氏度(℃$^{-1}$)。

6.4.4 试验后，蓄电池应再次完全充电。

6.5 循环耐久能力试验

6.5.1 用于循环耐久能力试验的蓄电池应符合 4.1 规定，并在完全充电的蓄电池上进行。

6.5.2 然后将蓄电池连接在连续循环充放电试验机上，整个试验过程中将进行一系列的连续充放电循环，每次循环包括如下内容：

6.5.2.1 普通型蓄电池

6.5.2.1.1 放电程序

以 $I=1.25I_5$(A)电流放电 3 h。

6.5.2.1.2 充电程序

放电之后紧接着再充电 9 h，充电量方法如下：

第一阶段：以 $1.05I_5$(A)电流充电 3 h；

第二阶段：以 $0.25I_5$(A)电流充电 6 h。

充电时间总计为 9 h。

充电 9 h，放电 3 h 为一个循环。

6.5.2.2 阀控式牵引蓄电池

6.5.2.2.1 放电程序

以 $I=1.0I_5$(A)电流放电 3.5 h。

6.5.2.2.2 充电程序

放电之后紧接着进行恒压再充电,充电时间 14 h,每只单体蓄电池充电电压 2.40 V±0.05 V,最后 2 h 的充电极限电流不超过 $I=0.075I_5$(A),充电 14 h,放电 3.5 h 为一个循环。

注:在恒压充电开始阶段,为安全原因可以进行电流限制。

6.5.2.3 在整个 6.5.2.1 或 6.5.2.2 试验的过程中温度应保持在 33℃～43℃。每 49 次充放电循环后应按 6.2 进行一次容量试验。在进行循环耐久能力试验期间,当容量试验低于额定容量 80%时,均可再进行一次容量试验,仍达不到 80%,循环耐久能力试验结束,这 50 次循环不计入循环耐久能力次数。若是达到 80%,这 50 次循环计入循环耐久能力试验次数,可继续试验。

6.6 封口剂试验

6.6.1 耐寒试验

用未注入电解液的蓄电池,放入低温箱或低温室内,并在－30℃±1℃温度中保持 6 h,当温度回升到－20℃±1℃时,从低温箱或低温室取出后并在 1 min 内,用目视观察,封口剂不应裂纹或与蓄电池槽、盖分离。

6.6.2 耐热试验

用作过耐寒试验的蓄电池,旋下注液孔塞,在室温下保持 6 h 后,放入恒温箱内,并将蓄电池倾斜 45°,在 65℃±1℃温度中再保持 6 h,然后从恒温箱取出蓄电池,用目视观察,封口剂不应溢流。

6.7 密封性能试验

6.7.1 用于密封性能试验的普通型蓄电池应是装配完整的,未灌注电解液的蓄电池。

6.7.2 将未注电解液的蓄电池依次注入压缩空气,当压力大于或等于 25 kPa 时,保压 5 s,观察压力表的变化。

6.7.3 密封性能试验检验合格的蓄电池方能进行蓄电池其他性能试验。

7 检验规则

7.1 检验分类

检验分为出厂检验、周期检验和型式检验。

7.2 出厂检验、周期检验

凡提出交货的产品,必须按出厂检验项目和周期检验项目进行试验,检验项目及检验样品数量见表 1。

7.3 型式检验

作型式检验必须是经出厂检验合格后的产品。遇有下列情况之一时,应进行型式检验:

a) 试制的新产品;

b) 产品结构及工艺配方或原材料有更改时;

c) 对批量生产的产品应进行定期抽试;

d) 政府行为检验。

注:同系列生产产品进行“型式检验”时一般选取产量最大型号抽样。

7.4 型式检验程序

蓄电池型式检验程序见表 2。

7.5 出厂检验、周期检验判定准则

7.5.1 依检验现象评定的检验项目,以检验现象进行判定。

7.5.2 依检验现象评定的检验项目,以全部参试蓄的测试数据作为该项目的判定数据,若有一只参试蓄电池的测量数据不符合本部分要求时,可加倍复测,如仍有一只达不到要求,则判定该批产品不合格。

7.5.3 产品须经质量检验部门检验合格后方可出厂,并应附有证明产品质量合格的文件。

表 1

序号	检验分类	试验项目	样本单位	试验周期
	出厂检验	外观	全数	—
1		外形尺寸	抽检 1%	—
2		极性	全数	—
3		密封性能	全数	—
4	周期检验	封口剂	1 只	半年一次
5		容量	2 只	半年一次
6		荷电保持能力	1 只	每两年一次
7		高倍率放电性能	2 只	半年一次
8		循环耐久能力	2 只	每两年一次

注：封口剂试验只适用于采用封口剂封面的蓄电池。

表 2

试验顺序	试验项目	蓄电池编号		
		1	2	3
试验前	外观、极性	△	△	△
	外形尺寸	△		
	密封性能	△		
	封口剂试验(6.6)	△		
1～10	容量试验(6.2)	△	△	△
11	荷电保持能力试验(6.3)	△		
12	高倍率放电性能试验(6.4)		△	△
13	循环耐久能力试验(6.5)		△	△

注 1：“△”代表需要。

注 2：不采用封口剂的封接蓄电池不进行封口剂试验。

注 3：阀控式牵引用铅酸蓄电池不进行密封性能试验。

8 标志、包装、运输、贮存

8.1 标志

8.1.1 蓄电池产品应有下列标志：

a) 产品型号或规格；

b) 极性符号。

8.1.2 组装箱外壁应有下列标志：

a) 产品名称、型号或规格、数量；

b) 产品执行标准号；

c) 制造日期；

d) 制造厂名称、厂址；

e) 每箱的净重、毛重及尺寸；

f) 标明“怕湿”、“小心轻放”、“向上”等文字或符号；

g） 标明“可回收利用”、“含铅，不可将电池等同生活垃圾处置”等文字或符号。

8.2 包装

8.2.1 蓄电池的包装应符合防潮及防震的要求。

8.2.2 包装箱内随同产品提供的文件及配件：

a） 装箱单；

b） 产品合格证；

c） 产品使用说明书；

d） 蓄电池连接件及其绝缘护套。

8.3 运输

8.3.1 产品在运输过程中，不应受剧烈机械冲击、曝晒、雨淋，不得平放或倒置。

8.3.2 产品在装卸过程中，应轻搬轻放，严禁摔掷、翻滚、重压。

8.4 贮存

蓄电池贮存应符合下列要求：

a） 产品应贮存在5℃～40℃干燥、清洁、通风良好的仓库内；

b） 应不受阳光直射，距离热源(暖气等)不应小于2 m；

c） 避免与任何有毒气体及有机溶剂接触。

ICS 29.220.20
K 84

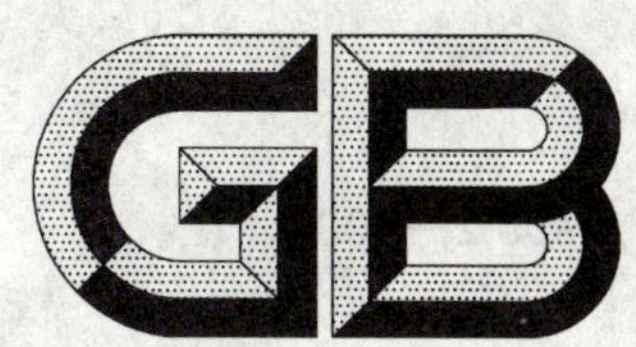

中华人民共和国国家标准

GB/T 7403.2—2008
代替 GB/T 7403.2—1987

牵引用铅酸蓄电池 第2部分:产品品种和规格

Lead-acid traction batteries—Part 2: Product types and specifications

2008-01-22 发布 2008-09-01 实施

中华人民共和国国家质量监督检验检疫总局
中国国家标准化管理委员会 发布

前言

GB/T 7403《牵引用铅酸蓄电池》由两部分组成：

GB/T 7403.1《牵引用铅酸蓄电池　第1部分:技术条件》、GB/T 7403.2《牵引用铅酸蓄电池　第2部分:产品品种和规格》。

本部分是GB/T 7403的第2部分。

本部分是对GB/T 7403.2—1987《牵引用铅酸蓄电池产品品种和规格》的修订。

本部分的编写格式符合GB/T 1.1—2000《标准化工作导则　第1部分:标准的结构和编写规则》和GB/T 1.2—2002《标准化工作导则　第2部分:标准中规范要素内容的确定方法》,以保证标准编写的统一,适于国际交流。

本部分替代GB/T 7403.2—1987《牵引用铅酸蓄电池产品品种和规格》。

本部分与GB/T 7403.2—1987相比主要在下列部分有改变:

——增加了前言;

——章、条按有关标准重新编排;

——将GB/T 7403.1—1996《牵引用铅酸蓄电池》中"产品分类"合并到本部分中;

——增加牵引用铅酸蓄电池的命名规则;

——增加牵引用铅酸蓄电池端子的规定;

——增加牵引用铅酸蓄电池极性标识的规定;

——增加牵引用铅酸蓄电池连接方式。

本部分由中国电器工业协会提出。

本部分由全国铅酸蓄电池标准化技术委员会归口。

本部分主要起草单位:沈阳蓄电池研究所、淄博蓄电池厂、通洲市蓄电池厂有限责任公司、江苏双登集团有限公司、镇江金乐有限公司、浙江贝纳通电源有限公司、镇江金快乐蓄电池有限责任公司、淮南金达力蓄电池有限责任公司、浙江超威电源有限公司。

本部分主要起草人:邵长叶、臧广军、陈玉松、田广才、陈松甫、邵双喜、周明明、王伟、李鸿霈、吴涛。

本部分所代替标准的历次版本发布情况为:

——GB/T 7403.2—1987。

牵引用铅酸蓄电池
第2部分:产品品种和规格

1 范围

GB/T 7403的本部分规定了蓄电池命名方法、产品分类、品种规格、电池端子的尺寸及电池极性的标记。

GB/T 7403的本部分适用于工矿企业、仓库、码头及车站作电动车辆电源,尤其作电力牵引车辆或物料装卸设备的电源使用的牵引用铅酸蓄电池(以下简称蓄电池)。

2 产品名称及含义

2.1 蓄电池名称及含义:

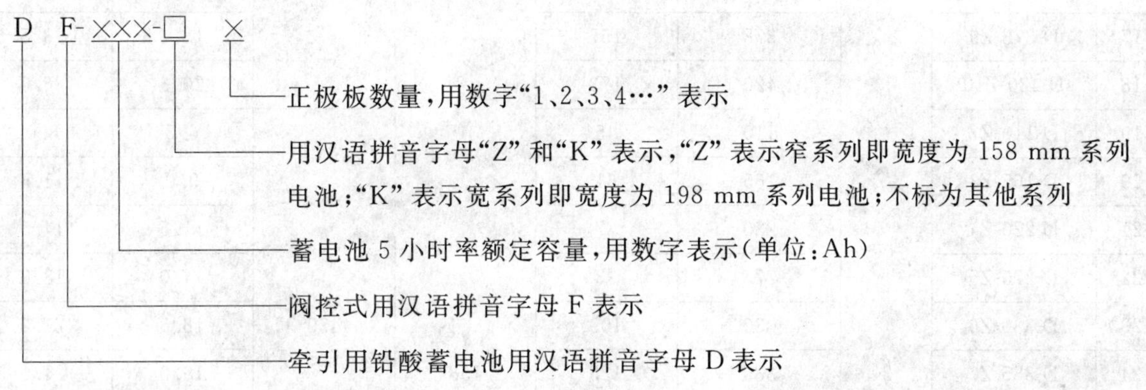

3 产品的型号、规格

3.1 产品的型号、规格Z系列符合表1规定,K系列符合表2规定,其他系列符合表3规定。

3.2 未列入表中的产品型号、规格可由用户与制造厂商协确定。

表1

序号	电池型号	额定电压/V	5小时率额定容量/Ah	外形尺寸/mm			参考质量/kg	
				长 $^{0}_{-2}$	宽 $^{0}_{-2}$	高 ±5	无液	带液
1	D-64-Z2		64	45			4.0	5.5
2	D-96-Z3		96	61			5.5	7.5
3	D-128-Z4		128	77			7.1	9.5
4	D-160-Z5	2	160	93	158	292	8.5	11.5
5	D-192-Z6		192	109			10.1	13.5
6	D-224-Z7		224	125			11.5	15.0
7	D-256-Z8		256	141			13.0	17.0

表 1（续）

序号	电池型号	额定电压/V	5 小时率额定容量/Ah	外形尺寸/mm 长 $^{0}_{-2}$	宽 $^{0}_{-2}$	高 ±5	参考质量/kg 无液	带液
8	D-288-Z9		288	157		292	14.5	19.0
9	D-320-Z10		320	173			16.0	21.0
10	D-84-Z2		84	45			5.0	7.0
11	D-126-Z3		126	61			6.9	9.0
12	D-168-Z4		168	77			8.8	11.5
13	D-210-Z5		210	93			10.7	14.0
14	D-252-Z6		252	109		349	12.6	16.5
15	D-294-Z7		294	125			14.5	19.0
16	D-336-Z8		336	141			16.5	21.5
17	D-378-Z9		378	157			18.4	23.5
18	D-420-Z10		420	173			20.3	26.0
19	D-110-Z2		110	45			6.5	8.0
20	D-165-Z3		165	61			9.0	11.5
21	D-220-Z4		220	77			11.5	14.5
22	D-275-Z5		275	93			14.0	18.0
23	D-330-Z6		330	109		430	16.5	21.0
24	D-385-Z7	2	385	125	158		19.0	24.0
25	D-440-Z8		440	141			21.5	27.5
26	D-495-Z9		495	157			24.0	30.5
27	D-550-Z10		550	173			27.0	34.5
28	D-130-Z2		130	45			7.5	9.5
29	D-195-Z3		195	61			10.5	13.5
30	D-260-Z4		260	77			13.0	17.0
31	D-325-Z5		325	93			16.0	20.5
32	D-390-Z6		390	109		485	19.0	24.5
33	D-455-Z7		455	125			21.5	28.0
34	D-520-Z8		520	141			25.0	32.0
35	D-585-Z9		585	157			28.0	36.0
36	D-650-Z10		650	173			30.5	39.5
37	D-140-Z2		140	45			8.0	10.0
38	D-210-Z3		210	61		528	11.0	14.5
39	D-280-Z4		280	77			14.5	18.5
40	D-350-Z5		350	93			17.5	22.5

表 1(续)

序号	电池型号	额定电压/V	5 小时率额定容量/Ah	外形尺寸/mm 长 0 −2	宽 0 −2	高 ±5	参考质量/kg 无液	带液
41	D-420-Z6	2	420	109	158	528	20.5	26.0
42	D-490-Z7		490	125			23.5	30.5
43	D-560-Z8		560	141			27.0	34.5
44	D-630-Z9		630	157			30.0	39.0
45	D-700-Z10		700	173			33.5	43.0
46	D-160-Z2		160	45		582	9.0	11.5
47	D-240-Z3		240	61			12.5	16.0
48	D-320-Z4		320	77			16.0	20.5
49	D-400-Z5		400	93			19.5	25.0
50	D-480-Z6		480	109			23.0	29.5
51	D-560-Z7		560	125			27.0	34.5
52	D-640-Z8		640	141			30.5	39.0
53	D-720-Z9		720	157			34.0	43.5
54	D-800-Z10		800	173			37.5	48.0
55	D-180-Z2		180	45		648	10.0	13.0
56	D-270-Z3		270	61			14.0	17.5
57	D-360-Z4		360	77			18.0	23.0
58	D-450-Z5		450	93			22.0	28.0
59	D-540-Z6		540	109			26.5	33.5
60	D-630-Z7		630	125			30.0	39.0
61	D-720-Z8		720	141			34.0	43.5
62	D-810-Z9		810	157			38.0	48.5
63	D-900-Z10		900	173			42.0	54.0
64	D-200-Z2		200	45		718	11.5	14.5
65	D-300-Z3		300	61			15.0	20.0
66	D-400-Z4		400	77			20.0	25.5
67	D-500-Z5		500	93			24.5	31.0
68	D-600-Z6		600	109			29.5	37.5
69	D-700-Z7		700	125			33.5	43.5
70	D-800-Z8		800	141			38.0	48.5
71	D-900-Z9		900	157			42.5	54.5
72	D-1000-Z10		1 000	173			47.0	60.5

表 2

序号	电池型号	额定电压/V	5 小时率额定容量/Ah	外形尺寸/mm 长 0 −2	宽 0 −2	高 ±5	参考质量/kg 无液	带液
1	D-110-K2	2	110	47	158	370	6.5	9.0
2	D-165-K3		165	65			9.5	12.0
3	D-220-K4		220	83			12.0	15.5
4	D-275-K5		275	101			14.5	18.5
5	D-330-K6		330	119			17.0	22.0
6	D-385-K7		385	137			19.5	26.0
7	D-440-K8		440	155			22.5	29.5
8	D-495-K9		495	173			25.5	33.0
9	D-550-K10		550	191			29.0	37.0
10	D-140-K2		140	47		432	8.5	10.5
11	D-210-K3		210	65			11.5	14.5
12	D-280-K4		280	83			14.5	19.0
13	D-350-K5		350	101			18.0	23.0
14	D-420-K6		420	119			21.0	27.5
15	D-490-K7		490	137			24.5	31.5
16	D-560-K8		560	155			28.0	36.0
17	D-630-K9		630	173			31.5	40.5
18	D-700-K10		700	191			34.5	44.5
19	D-160-K2		160	47		500	9.5	12.0
20	D-240-K3		240	65			13.0	17.0
21	D-320-K4		320	83			16.5	22.0
22	D-400-K5		400	101			20.0	27.0
23	D-480-K6		480	119			24.0	32.0
24	D-560-K7		560	137			28.5	37.5
25	D-640-K8		640	155			32.5	42.5
26	D-720-K9		720	173			36.5	47.5
27	D-800-K10		800	191			40.5	52.5
28	D-180-K2		180	47		552	10.3	13.5
29	D-270-K3		270	65			14.4	18.5
30	D-360-K4		360	83			18.5	24.5
31	D-450-K5		450	101			22.6	30.0
32	D-540-K6		540	119			26.7	35.5
33	D-630-K7		630	137			31.5	41.5

表 2(续)

序号	电池型号	额定电压/V	5小时率额定容量/Ah	外形尺寸/mm			参考质量/kg	
				长 0 −2	宽 0 −2	高 ±5	无液	带液
34	D-720-K8		720	155			35.6	47.0
35	D-810-K9		810	173		552	39.7	52.5
36	D-900-K10		900	191			43.8	58.0
37	D-200-K2		200	47			12.0	15.5
38	D-300-K3		300	65			16.5	21.0
39	D-400-K4		400	83			22.5	27.0
40	D-500-K5		500	101			27.0	34.5
41	D-600-K6		600	119		597	32.5	40.0
42	D-700-K7		700	137			35.5	45.5
43	D-800-K8		800	155			42.5	51.0
44	D-900-K9	2	900	173	198		48.0	59.0
45	D-1000-K10		1 000	191			53.0	64.5
46	D-240-K2		240	47			14.0	19.0
47	D-360-K3		360	65			20.0	26.0
48	D-480-K4		480	83			26.0	34.0
49	D-600-K5		600	101			32.0	42.0
50	D-720-K6		720	119		750	38.0	49.5
51	D-840-K7		840	137			44.0	57.0
52	D-960-K8		960	155			50.0	63.5
53	D-1080-K9		1 080	173			56.0	71.0
54	D-1200-K10		1 200	191			62.0	78.5

表 3

序号	电池型号	额定电压/V	5小时率额定容量/Ah	外形尺寸/mm			参考质量/kg	
				长 0 −2	宽 0 −2	高 ±5	无液	带液
1	D-250		250	205	131	325	14.0	19.0
2	D-400		400	145	158	420	19.0	24.5
3	D-480		480	145	160	460	23.0	31.5
4	D-450		450	160	160	425	21.0	29.0
5	D-580	2	580	176	160	460	28.0	38.0
6	D-330		330	137	181	427	19.5	28.0
7	D-395		395	137	181	427	22.5	29.5
8	D-440		440	175	181	427	25.5	35.0
9	D-515		515	175	181	427	28.5	36.5

4 蓄电池的端子极性标识

蓄电池正极端子附近用符号“＋”、以凸起或凹陷的形式标记正极极性；负极端子附近用符号“－”、以凸起或凹陷的形式标记负极极性，标识使用的符号“＋”和“－”其实际长度和高度应不小于 5 mm。

5 蓄电池连接方式

5.1 焊接方式连接见图 1。

5.2 螺栓方式连接见图 2。

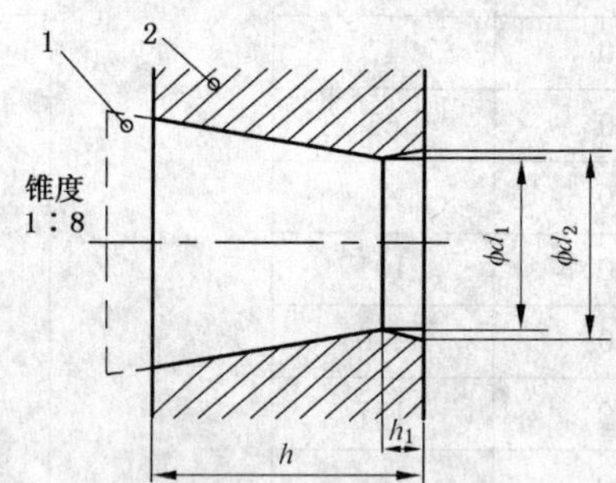

端子类型	电缆最大截面积/mm^2	尺寸/mm			
		d_1	h	d_2	h_1（最大焊接高度）
A_{25}	25	12.0	10.0	12.5	3.0
A_{35}	35	12.0	10.0	12.5	3.0
A_{50}	50	12.5	25.0	13.0	4.0
A_{70}	70	14.0	25.0	14.5	4.0
A_{95}	95	15.0	36.0	16.0	8.0

1——锥形电缆接头；

2——锥形槽。

图 1

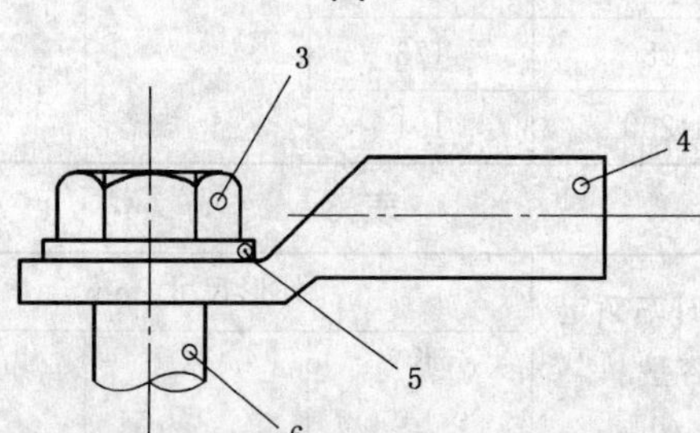

端子类型	螺栓端子型号	螺孔直径/mm	电缆最大截面积/mm^2
B_{35}	M10	11	35
B_{50}	M10	11	50
B_{70}	M10	11	70
B_{95}	M10	11	95

3——M10 螺栓端子；

4——电缆接头（端子类型：B_{35}，B_{50}，B_{70}，B_{95}）；

5——垫圈（直径：ϕ10.5 mm）；

6——蓄电池端子。

图 2

ICS 35.040
R 07

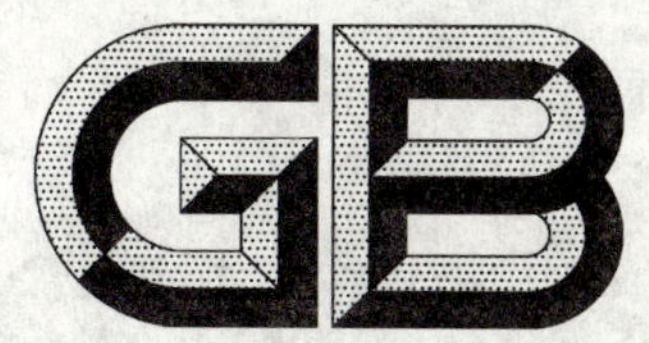

中华人民共和国国家标准

GB/T 7407—2008
代替 GB/T 7407—1997

中国及世界主要海运贸易港口代码

Codes for China and world main shipping trade ports

2008-06-18 发布　　　　2008-11-01 实施

中华人民共和国国家质量监督检验检疫总局
中国国家标准化管理委员会　发布

前　言

本标准代替 GB/T 7407—1997。

本标准与 GB/T 7407—1997 相比主要变化为：

——对前言部分进行了更新；

——增加了引言部分；

——取消了上一版本中的数字代码；

——标准中国内港口代码部分与 GB/T 15514《中华人民共和国口岸及相关地点代码》港口部分代码保持一致；

——标准中国外港口代码部分与 UNLOCODE 港口代码部分保持一致；

——由于对上一版本中的部分港口代码（如上海、青岛、宁波、厦门等）进行了改变，考虑到用户的使用习惯，在本标准的备注栏中已将这些港口代码标识出来，并允许这部分改变前的代码与新代码并行使用；

——取消了许多国外非贸易港口，以及贸易量非常小的港口。

本标准由中国标准化研究院提出。

本标准由全国电子业务标准化技术委员会归口。

本标准起草单位：中国标准化研究院、青岛港（集团）有限公司。

本标准主要起草人：李小林、胡涵景、邢立强、史立武、刘颖、岳高峰、徐俊荣、张蕾、任玲利。

本标准所代替标准的历次版本发布情况为：

——GB 7407—1987、GB/T 7407—1997。

引　言

GB 7407—1987《中国及世界主要海运贸易港口代码》自1987年发布以来，已被广泛用于国际贸易、远洋及沿海运输管理、信息交换等方面。

20世纪80年代末至90年代我国的国际贸易有了长足的进步，为了满足发展的需求，交通部于1997年对GB 7407—1987进行了第一次修订。修订后的GB/T 7407—1997收录了中国及世界主要海运贸易港口共3 206个，代码结构采用5位拉丁字符与6位阿拉伯数字两种形式。5位字符代码的前两位字符和6位数字代码的前3位数字，为国家或地区名称代码，等同采用了GB/T 2659—1994《世界各国和地区名称代码》。中国港口字符代码之后3位——港口名称代码与GB/T 15514—1995《中华人民共和国口岸及有关地点代码》中的港口名称代码一致。

本次对GB/T 7407—1997进行修订的主要依据为新颁布的《中华人民共和国港口法》和GB/T 15514—2008《中华人民共和国口岸及相关地点代码》，以及UN/CEFACT建议书16号"联合国口岸及相关地点代码"，并结合我国海运业务管理惯例。本次修订后的标准收录了国内和国际主要海运贸易港口(包括一些重要的河港、湖港、大型港口的港区)1 409个，基本能满足我国国际贸易运输的需要。

中国及世界主要海运贸易港口代码

1 范围

本标准规定了中国及世界主要海运贸易港口代码的编码原则、代码结构和代码。

本标准适用于国际贸易活动中涉及的数据交换和信息处理。

2 规范性引用文件

下列文件中的条款通过本标准的引用而成为本标准的条款。凡是注日期的引用文件，其随后所有的修改单(不包括勘误的内容)或修订版均不适用于本标准，然而，鼓励根据本标准达成协议的各方研究是否可使用这些文件的最新版本。凡是不注日期的引用文件，其最新版本适用于本标准。

GB/T 2659—2000 世界各国和地区名称代码(eqv ISO 3166-1:1999)

GB/T 15514—2008 中华人民共和国口岸及相关地点代码

UN/CEFACT 第 16 号建议书(第三版) 联合国口岸及相关地点代码(UN/LOCODE—2006.2)

3 编制原则

3.1 港口收录原则

本标准依据下列基本原则对全世界范围内的主要港口进行收录：

——开展国际贸易活动的我国港口以及与我国有贸易往来的外国港口全面收录；

——国外以商业贸易活动为主要功能的港口尽可能收录，其中：海运较发达、港口较多的国家依据港口的吞吐量及泊靠能力适量收录其主要港口，海运欠发达或岛屿小国则保证每个国家至少收录一个港口；

——大、中型海轮能够直接通达，且吞吐量达到一定规模的重要河港、湖港作适量收录；

——中国的大型港口的重要港区，也在本标准中有所收录。

3.2 港口排列原则

港口按下列原则进行排列：

——港口列表以国家或地区为单元，按亚洲、欧洲、非洲、美洲、大洋洲的地理分布进行排列；

——中国港口按自北向南顺序排列，港区排列在其所归属的港口之后；台湾、香港和澳门的港口另行排列；

——其他国家或地区的港口按英文名称字母顺序排列。

3.3 代码编制原则

港口代码编制原则如下：

——与现行国家标准保持一致，直接引用 GB/T 2659—2000 中表示世界各国和地区名称的两位字母代码，直接引用 GB/T 15514—2008 的已有代码；

——与《联合国口岸及相关地点代码》(UN/LOCODE—2006.2)保持一致，从 UN/LOCODE 中选取代码。

4 代码和代码表结构

4.1 代码结构

中国及世界主要海运贸易港口代码采用 5 位字母码，前 2 位字母采用 GB/T 2659—2000 的 2 位字母代码，表示港口所在的国家或地区，后 3 位字母对应于港口名称的英文拼写。代码的结构见图 1。

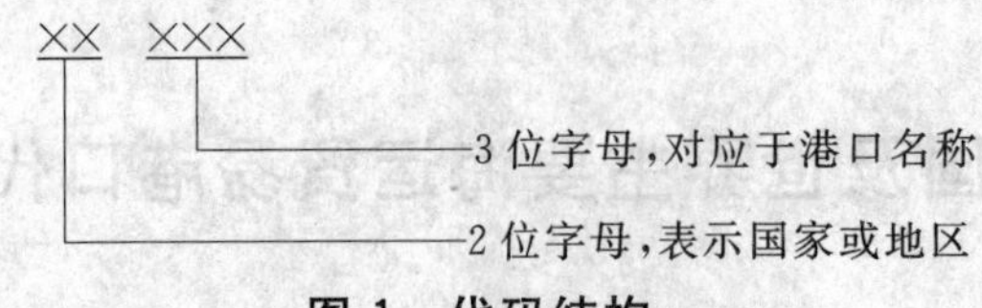

图1 代码结构

4.2 代码表结构

中国及世界主要海运贸易港口代码表由中文名称、英文名称、代码、备注等四栏组成。

——中文名称栏列出中国港口的正式名称或国外港口的规范译名；

——英文名称栏列出各港口的英文名称拼写形式，同一个港口具有不同名称时用括号加以表示；

——代码栏列出的代码与GB/T 2659—2000和UN/LOCODE保持一致；

——备注栏用于补充备注性信息。

5 代码表

中国及世界主要海运贸易港口代码表见表1。

表1 中国及世界主要海运贸易港口代码表

中文名称	英文名称	代码	备注
亚洲			
中国	**CHINA**	**CN**	
丹东	Dandong	CNDDG	
大连	Dalian	CNDAG	代码也可使用CNDLC
大连新港	Dalianxingang	CNDXG	大连港港区之一
营口	Yingkou	CNYIK	
锦州	Jinzhou	CNJNZ	
葫芦岛	Huludao	CNHUD	
秦皇岛	Qinhuangdao	CNSHP	
唐山	Tangshan	CNTGS	
京唐港	Jingtanggang	CNJTG	唐山港港区之一
曹妃甸	Caofeidian	CNCFD	唐山港港区之一
天津	Tianjin	CNTNJ	
天津新港	Tianjinxingang	CNTXG	天津港港区之一
黄骅	Huanghua	CNHUH	
东营	Dongying	CNDYG	
莱州	Laizhou	CNLZO	
龙口	Longkou	CNLKU	
蓬莱	Penglai	CNPLI	
烟台	Yantai	CNYTG	代码也可使用CNYNT
威海	Weihai	CNWEI	
石岛	Shidao	CNSHD	
青岛	Qingdao	CNQDG	代码也可使用CNTAO

表 1（续）

中文名称	英文名称	代码	备　注
黄岛	Huangdao	CNHDO	青岛港港区之一
日照	Rizhao	CNRZH	
岚山	Lanshan	CNLSN	日照港港区之一
连云港	Lianyungang	CNLYG	
南通	Nantong	CNNTG	河港
泰州	Taizhou	CNTZU	河港
高港	Gaogang	CNGAO	泰州港港区之一
扬州	Yangzhou	CNYZH	河港
南京	Nanjing	CNNJG	河港
镇江	Zhenjiang	CNZHE	河港
常州	Changzhou	CNCZX	河港
江阴	Jiangyin	CNJIA	河港
苏州	Suzhou	CNSZH	河港
张家港	Zhangjiagang	CNZJG	苏州港港区之一
常熟	Changshu	CNCGS	苏州港港区之一
太仓	Taicang	CNTAC	苏州港港区之一
上海	Shanghai	CNSHG	代码也可使用 CNSHA
外高桥	Waigaoqiao	CNWGQ	上海港港区之一
吴淞	Wusong	CNWUG	上海港港区之一
宝山码头	Baoshanmatou	CNBSD	上海港港区之一
洋山港	Yangshangang	CNYSA	上海港港区之一
嘉兴	Jiaxing	CNJAX	
乍浦	Zhapu	CNZPU	嘉兴港港区之一
宁波	Ningbo	CNNBG	代码也可使用 CNNGB
北仑港	Beilungang	CNBLG	宁波港港区之一
镇海港	Zhenhaigang	CNZHI	宁波港港区之一
梅山港	Meishangang	CNMSG	宁波港港区之一
大榭港	Daxiegang	CNDAX	宁波港港区之一
穿山港	Chuanshangang	CNCSG	宁波港港区之一
宁海港	Ninghaigang	CNNIH	宁波港港区之一
象山港	Xiangshangang	CNXIS	宁波港港区之一
舟山	Zhoushan	CNZOS	
普陀港	Putuogang	CNPTG	舟山港港区之一
台州	Taizhou	CNTAZ	
海门港	Haimengang	CNHME	台州港港区之一

表 1（续）

中文名称	英文名称	代码	备　注
温岭港	Wenlinggang	CNWLG	台州港港区之一
温州	Wenzhou	CNWZO	代码也可使用 CNWNZ
宁德	Ningde	CNNDS	
城澳	Cheng'ao	CNCHE	宁德港港区之一
福州	Fuzhou	CNFZG	代码也可使用 CNFOC
马尾	Mawei	CNMAW	福州港港区之一
松下	Songxia	CNSON	福州港港区之一
莆田	Putian	CNPUT	又名湄州湾港
秀屿	Xiuyu	CNXYG	莆田港港区之一
泉州	Quanzhou	CNQZJ	
厦门	Xiamen	CNXAM	
漳州	Zhangzhou	CNZZU	
东山	Dongshan	CNDSN	漳州港港区之一
潮州	Chaozhou	CNCOZ	
汕头	Shantou	CNSTG	代码也可使用 CNSWA
广澳	Guang'ao	CNGNA	汕头港港区之一
潮阳	Chaoyang	CNCHY	
汕尾	Shanwei	CNSWE	
惠州	Huizhou	CNHUI	
深圳	Shenzhen	CNSZG	
盐田	Yantian	CNYTN	深圳港港区之一
蛇口	Shekou	CNSHK	深圳港港区之一
赤湾	Chiwan	CNCWN	深圳港港区之一
妈湾	Mawan	CNMWN	深圳港港区之一
东角头	Dongjiaotou	CNDJT	深圳港港区之一
东莞	Dongguan	CNDGG	
虎门	Humen	CNHMN	东莞港港区之一
广州	Guangzhou	CNGZG	代码也可使用 CNCAN
黄埔	Huangpu	CNHUA	广州港港区之一
南沙	Nansha	CNNSA	广州港港区之一
中山	Zhongshan	CNZSN	
珠海	Zhuhai	CNZUH	
九洲	Jiuzhou	CNJZU	珠海港港区之一
斗门	Doumen	CNDOU	珠海港港区之一
江门	Jiangmen	CNJMN	

表 1（续）

中文名称	英文名称	代码	备　注
广海	Guanghai	CNGHI	位于广东省台山市
阳江	Yangjiang	CNYJI	
北津	Beijin	CNBJN	阳江港港区之一
茂名	Maoming	CNMMI	前身为水东港
湛江	Zhanjiang	CNZNG	代码也可使用 CNZHA
石头埠	Shitoubu	CNSTB	位于广西北海市铁山港区
北海	Beihai	CNBIH	
钦州	Qinzhou	CNQZH	
防城港	Fangchenggang	CNFAN	
企沙	Qisha	CNQSA	位于广西防城港市企沙镇
江山	Jiangshan	CNJIS	位于广西防城港市江山乡
海口	Haikou	CNHIG	代码也可使用 CNHAK
海口新港	Haikouxingang	CNHXG	海口港港区之一
洋浦	Yangpu	CNYPG	位于海南省儋州市
八所	Basuo	CNBSP	位于海南省东方市
三亚	Sanya	CNSYA	
榆林	Yulin	CNYUL	三亚港港区之一
清澜	Qinglan	CNQLN	位于海南省文昌市
中国香港	**HONG KONG**	**HK**	
香港	Hong Kong	HKHKG	
中国澳门	**MACAO**	**MO**	
澳门	Macao	MOMFM	
中国台湾省	**TAIWAN, PROVINCE OF CHINA**	**TW**	
台北	Taipei	TWTPE	
基隆	Keelung(Chilung)	TWKEL	
花莲	Hualien	TWHUN	
台中	Taichung	TWTXG	
台南	Tainan	TWTNN	
高雄	Kaohsiung	TWKHH	
苏澳	Suao	TWSUO	
朝鲜	**KOREA**	**KP**	
清津	Chongjin	KPCHO	
海州	Haeju	KPHAE	
兴南	Hungnam	KPHGM	

表 1（续）

中文名称	英文名称	代码	备　注
南浦	Nampo	KPNAM	
新浦	Sinpo	KPSIN	
元山	Wonsan	KPWON	
韩国	**REPUBLIC OF KOREA**	**KR**	
釜山	Busan	KRPUS	
光阳	Gwangyang(Kwangyang)	KRKAN	
仁川	Incheon(Inchon)	KRICH	
群山	Gunsan(Kunsan)	KRKUV	
马山	Masan	KRMAS	
木浦	Mokpo	KRMOK	
墨湖	Mukho	KRMUK	
浦项	Pohang	KRKPO	
平泽	Pyeongtaek	KRPTK	
蔚山	Ulsan	KRUSN	
丽水	Yeosu(Yosu)	KRYOS	
日本	**JAPAN**	**JP**	
秋田	Akita	JPAXT	
千叶	Chiba	JPCHB	
福冈	Fukuoka	JPFUK	即博多港
福山	Fukuyama	JPFKY	
八户	Hachinohe	JPHHE	
函馆	Hakodate	JPHKD	
滨田	Hamada	JPHMD	
姬路	Himeji	JPHIM	
广岛	Hiroshima	JPHIJ	
日立	Hitachi	JPHTC	
细岛	Hososhima	JPHSM	
岩国	Iwakuni	JPIWK	
鹿儿岛	Kagoshima	JPKOJ	
金泽	Kanazawa	JPKNZ	
木更津	Kisarazu	JPKZU	
北九州	Kitakyushu	JPKKJ	
神户	Kobe	JPUKB	

表 1（续）

中文名称	英文名称	代码	备注
钏路	Kushiro	JPKUH	
室兰	Muroran	JPMUR	
长崎	Nagasaki	JPNGS	
名古屋	Nagoya	JPNGO	
那霸	Naha	JPNAH	
新泻	Niigata	JPKIJ	
大分	Oita	JPOIT	
小名滨	Onahama	JPONA	
大阪	Osaka	JPOSA	
小樽	Otaru	JPOTR	
佐世保	Sasebo	JPSSB	
清水	Shimizu	JPSMZ	
下关	Shimonoseki	JPSHS	
高松	Takamatsu	JPTAK	
德山	Tokuyama	JPTKY	
东京	Tokyo	JPTYO	
苫小牧	Tomakomai	JPTMK	
敦贺	Tsuruga	JPTRG	
宇部	Ube	JPUBJ	
和歌山	Wakayama	JPWAK	
四日市	Yokkaichi	JPYKK	
横滨	Yokohama	JPYOK	
横须贺	Yokosuka	JPYOS	
菲律宾	**PHILIPPINES**	**PH**	
阿帕里	Aparri	PHAPR	
八打雁	Batangas	PHBTG	
卡加延德奥罗	Cagayan de Oro	PHCGY	
宿务	Cebu	PHCEB	
达沃	Davao	PHDVO	
伊洛伊洛	Iloilo	PHILO	又译“怡朗”
黎牙实比	Legaspi	PHLGP	
林加延	Lingayen	PHLIN	
马尼拉	Manila	PHMNL	
马里韦莱斯	Mariveles	PHMVS	

表 1（续）

中文名称	英文名称	代码	备　注
圣弗尔南多	San Fernando	PHSFE	
三宝颜	Zamboanga	PHZAM	
东帝汶	**EAST TIMOR**	**TL**	
帝力	Dili	TLDIL	
印度尼西亚	**INDONESIA**	**ID**	
安汶	Ambon	IDAMQ	
巴厘巴板	Balikpapan	IDBPN	
巴纽旺宜	Banjuwangi	IDBJU	又译"外男梦"
勿拉湾	Belawan	IDBLW	
比通	Bitung	IDBIT	
芝拉扎	Cilacap	IDCXP	
杜迈	Dumai	IDDUM	
雅加达	Jakarta	IDJKT	
查亚普拉	Jayapura	IDDJJ	
古邦	Kupang	IDKOE	
万鸦老	Menado	IDMDC	
巴东	Padang	IDPDG	
巨港	Palembang	IDPLM	
庞卡兰苏苏	Pangkalan Susu	IDPKS	
潘姜	Panjang	IDPNJ	
北加浪岸	Pekalongan	IDPEX	
坤甸	Pontianak	IDPNK	
普罗博林戈	Probolinggo	IDPRO	
沙璜	Sabang	IDSBG	
桑坦港	Santan Terminal	IDSAT	曾译"圣坦油码头"
三宝垄	Semarang	IDSRG	
泗水	Surabaya	IDSUB	又译"苏腊巴亚"
丹戎潘丹	Tanjung Pandan	IDTJQ	
丹戎乌班	Tanjunguban	IDTAN	
打拉根	Tarahan	IDTRH	
直落巴由	Telukbayur	IDTBR	
德那第	Ternate	IDTTE	
乌戎潘当	Ujung Pandang	IDUPG	又译"望加锡"

表 1（续）

中文名称	英文名称	代码	备　注
新加坡	**SINGAPORE**	**SG**	
新加坡	Singapore	SGSIN	
马来西亚	**MALAYSIA**	**MY**	
民都鲁	Bintulu	MYBTU	
新山	Johore Bahru	MYJHB	又译"柔佛巴鲁"
哥打基纳巴卢	Kota Kinabalu	MYBKI	
古晋	Kuching	MYKCH	
古达	Kudat	MYKUD	
纳闽	Labuan	MYLBU	
马六甲	Malacca	MYMKZ	
米里	Miri	MYMYY	
帕西古当	Pasir Gudang	MYPGU	
槟城	Penang(Georgetown)	MYPEN	
巴生港	Port Kelang	MYPKG	
山打根	Sandakan	MYSDK	
诗巫	Sibu	MYSBW	又译"泗务"
斗湖	Tawau	MYTWU	
文莱	**BRUNEI**	**BN**	
斯里巴加湾港	Bandar Seri Begawan	BNBWN	
麻拉	Muara	BNMUA	
诗里亚	Seria	BNSER	
越南	**VIET NAM**	**VN**	
金兰	Camranh	VNCRB	
岘港	Da Nang	VNDAD	
海防	Haiphong	VNHPH	
胡志明市	Ho Chi Minh City	VNSGN	
鸿基	Hongai	VNHON	
顺化	Hue	VNHUI	
芽庄	Nha Trang	VNNHA	
归仁	Qui Nhon	VNUIH	
头顿	Vung Tau	VNVUT	

表 1（续）

中文名称	英文名称	代码	备　注
柬埔寨	**CAMBODIA**	**KH**	
磅逊	Kompong Som(Kampong Saom)	KHKOS	
金边	Phnom Penh	KHPNH	
泰国	**THAILAND**	**TH**	
曼谷	Bangkok	THBKK	
林查班	Laem Chabang	THLCH	
那拉提瓦	Narathiwat	THNAW	
北大年	Pattani	THPAN	
普吉	Phuket	THHKT	
梭桃邑	Sattahip	THSAT	
是拉差	Si Racha	THSIR	
宋卡	Songkhla	THSGZ	
斯瑞拉察	Sriracha	THSRI	
缅甸	**MYANMAR**	**MM**	
实兑	Akyab(Sittwe)	MMAKY	
勃生	Bassein	MMBSX	
皎漂	Kyaukpyu	MMKYP	
毛淡棉	Mawlamyine(Moulmein)	MMMNU	
墨吉	Mergui	MMMER	
土瓦	Tavoy	MMTAV	
丹兑(山多威)	Thandwe(Sandoway)	MMSAN	
仰光	Yangon(Rangoon)	MMRGN	
耶城	Ye	MMXYE	
孟加拉国	**BANGLADESH**	**BD**	
贾尔纳	Chalna	BDCHL	
吉大港	Chittagong	BDCGP	
库尔纳	Khulna	BDKHL	
蒙拉	Mongla(Mungla)	BDMGL	
印度	**INDIA**	**IN**	
包纳加尔	Bhavnagar	INBHU	

表 1（续）

中文名称	英文名称	代码	备　注
金奈	Chennai(Madras)	INMAA	原名“马德拉斯”
科钦	Cochin	INCOK	
根德拉	Kandla	INIXY	
加里加尔	Karaikal(Karikal)	INKRK	
加尔各答	Kolkata(Calcutta)	INCCU	
莫尔穆冈	Marmagao (Marmugao)	INMRM	
孟买	Mumbai(Bombay)	INBOM	
蒙德拉	Mundra	INMUN	
纳格伯蒂讷姆	Nagappattinam	INNPT	
新芒格洛尔	New Mangalore	INNML	
哈瓦舍瓦(尼赫鲁)	Nhava Sheva (Jawaharlal Nehru)	INNSA	即“孟买新港”
巴拉迪布	Paradip Garh	INPRT	
博尔本德尔	Porbandar	INPBD	
布莱尔港	Port Blair	INIXZ	
雷迪	Redi	INRED	
杜蒂戈林	Tuticorin	INTUT	
维沙卡帕特南	Visakhapatnam	INVTZ	
斯里兰卡	**SRI LANKA**	**LK**	
科伦坡	Colombo	LKCMB	
加勒	Galle	LKGAL	
坎凯桑图赖	Kankesanturai	LKKNK	
马纳尔	Mannar	LKMAN	
塔莱曼纳尔	Talaimannar	LKTAL	
亭可马里	Trincomalee	LKTRR	
马尔代夫	**MALDIVES**	**MV**	
马累岛	Male Island	MVMLE	
巴基斯坦	**PAKISTAN**	**PK**	
瓜德尔	Gwadar	PKGWD	
卡拉奇	Karachi	PKKHI	
穆罕默德宾加西姆	Muhammad Bin Qasim	PKBQM	
奥尔马拉	Ormara	PKORW	
伯斯尼	Pasni	PKPSI	

表 1（续）

中文名称	英文名称	代码	备　注
伊朗	**IRAN**	**IR**	
阿巴丹	Abadan	IRABD	
阿巴斯港	Bandar Abbas	IRBND	
霍梅尼港	Bandar Khomeini	IRBKM	
马赫沙赫尔港	Bandar-e Mah Shahr	IRMRX	
布什尔	Bushehr(Bushire)	IRBUZ	
恰赫巴哈尔	Chah Bahar	IRZBR	
哈尔克岛	Khark Island(Kharg Island)	IRKHK	
胡宁沙赫尔	Khorramshahr	IRKHO	又名"霍拉姆沙赫尔"
格鲁吉亚	**GEORGIA**	**GE**	
巴统	Batumi	GEBUS	
波季	Poti	GEPTI	
土耳其	**TURKEY**	**TR**	
安塔利亚	Antalya	TRAYT	
班德尔马	Bandirma	TRBDM	
恰纳卡莱	Canakkale	TRCKZ	
代林杰	Derince	TRDRC	
埃雷利	Eregli	TRERE	
盖利博卢	Gelibolu	TRGEL	
盖姆利克	Gemlik	TRGEM	
吉雷松	Giresun	TRGIR	
伊斯肯德伦	Iskenderun	TRISK	
伊斯坦布尔	Istanbul	TRIST	
伊兹密尔	Izmir	TRIZM	
伊兹米特	Izmit	TRIZT	
库沙达瑟	Kusadasi	TRKUS	
梅尔辛	Mersin	TRMER	
萨姆松	Samsun	TRSSX	
锡诺普	Sinop	TRSIC	
泰基尔达	Tekirdag	TRTEK	
特拉布宗	Trabzon	TRTZX	
宗古尔达克	Zonguldak	TRZON	

表 1（续）

中文名称	英文名称	代码	备注
塞浦路斯	**CYPRUS**	**CY**	
法马古斯塔	Famagusta	CYFMG	
拉纳卡	Larnaca	CYLCA	
利马索尔	Limassol	CYLMS	
帕福斯	Paphos	CYPFO	
叙利亚	**SYRIA**	**SY**	
巴尼亚斯	Baniyas	SYBAN	
拉塔基亚	Latakia	SYLTK	
塔尔图斯	Tartus	SYTTS	
黎巴嫩	**LEBANON**	**LB**	
贝鲁特	Beirut	LBBEY	
赛达	Sayda	LBSAY	曾名“西顿(Sidon)”
苏尔	Sur(Tyre)	LBSUR	
的黎波里	Tripoli	LBKYE	
以色列	**ISRAEL**	**IL**	
阿什杜德	Ashdod	ILASH	
阿什克伦	Ashkelon	ILAKL	
埃拉特	Eilat(Eilath)	ILETH	
海法	Haifa	ILHFA	
特拉维夫-雅法	Tel Aviv-Yafo	ILTLV	
约旦	**JORDAN**	**JO**	
亚喀巴	Aqaba(Al'Aqabah)	JOAQJ	
伊拉克	**IRAQ**	**IQ**	
巴士拉	Basra	IQBSR	
法奥	Fao	IQFAO	
乌姆盖斯尔	Umm Qasr	IQUQR	
科威特	**KUWAIT**	**KW**	
科威特	Kuwait	KWKWI	

表 1（续）

中文名称	英文名称	代码	备　注
艾哈迈迪港	Mina'al Ahmadi	KWMEA	
舒艾拜	Shuaiba	KWSAA	
沙特阿拉伯	**SAUDI ARABIA**	**SA**	
达曼	Ad Dammam	SADMM	
吉达	Jeddah	SAJED	
吉赞	Jizan	SAGIZ	
朱阿马港	Juaymah Terminal	SAJUT	
朱拜勒	Jubail	SAJUB	
拉斯坦努拉	Ras Tanura	SARTA	
延布	Yanbu al-Bahr	SAYNB	
巴林	**BAHRAIN**	**BH**	
巴林	Bahrain	BHBAH	
麦纳麦	Manama(Al Manamah)	BHMAN	
米纳苏尔曼	Mina Sulman	BHMIN	
锡特拉	Sitra	BHSIT	
卡塔尔	**QATAR**	**QA**	
多哈	Doha	QADOH	
乌姆赛义德	Umm Said	QAUMS	
阿拉伯联合酋长国	**UNITED ARAB EMIRATES**	**AE**	
阿布扎比	Abu Dhabi	AEAUH	
富查伊拉	Al Fujayrah	AEFJR	
迪拜	Dubai	AEDXB	
阿里山	Jebel Ali	AEJEA	
豪尔费坎	Khor al Fakkan(Khawr Fakkan)	AEKLF	
拉希德港	Port Rashid	AEPRA	
沙迦	Sharjah	AESHJ	
阿曼	**OMAN**	**OM**	
费赫勒港	Mina al Fahal	OMMFH	
马斯喀特	Muscat	OMMCT	
马特拉	Muthra	OMMUT	

表 1（续）

中文名称	英文名称	代码	备　注
卡布斯港	Port Qaboos(Mina Qaboos)	OMOPQ	
赖苏特	Raysut	OMRAY	
塞拉莱	Salalah	OMSLL	
也门	**YEMEN**	**YE**	
亚丁	Aden	YEADE	
荷台达	Hodeidah	YEHOD	
穆哈	Mokha	YEMOK	
穆卡拉	Mukalla	YEMKX	
萨利夫港	Saleef Port	YESAL	
欧洲			
俄罗斯	**RUSSIA**	**RU**	
亚历山德罗夫斯克	Aleksandrovsk-Sakhalinskiy	RUSAK	位于萨哈林岛
阿纳德尔	Anadyr	RUDYR	
阿尔汉格尔斯克	Arkhangelsk	RUARH	
加里宁格勒	Kaliningrad	RUKGD	
霍尔姆斯克	Kholmsk	RUKHO	
科尔萨科夫	Korsakov	RUKOR	
马加丹	Magadan(Magadansky，Port)	RUMAG	
摩尔曼斯克	Murmansk	RUMMK	
纳霍德卡	Nakhodka	RUNJK	
涅韦尔斯克	Nevelsk	RUNEV	
新罗西斯克	Novorossiysk	RUNVS	
鄂霍次克	Okhotsk	RUOHO	
彼得罗巴甫洛夫斯克	Petropavlovsk	RUPKC	
波罗奈斯克	Poronaisk	RUPRN	
罗斯托夫	Rostov	RUROV	
索契	Sochi	RUSOC	
圣彼得堡	ST. Petersburg	RULED	曾名“列宁格勒”
塔甘罗格	Taganrog	RUTAG	
图阿普谢	Tuapse	RUTUA	
乌格里哥斯克	Uglegorsk	RUUGL	
乌斯季堪察茨克	Ust-Kamchatsk	RUUKK	
瓦尼诺	Vanino	RUVNN	

表 1（续）

中文名称	英文名称	代码	备　注
符拉迪沃斯托克/海参崴	Vladivostok	RUVVO	
东方港	Vostochnyy(Vostochniy, Port)	RUVYP	
扎鲁比诺	Zarubino	RUZAR	
乌克兰	**UKRAINE**	**UA**	
别尔江斯克	Berdyansk	UAERD	
伊利乔夫斯克	Illichivs'k(Ilichevsk)	UAILK	
伊兹梅尔	Izmail	UAIZM	
刻赤	Kertch	UAKEH	
赫尔松	Kherson	UAKHE	
马里乌波尔	Mariupol(Zhdanov)	UAMPW	曾名“日丹诺夫”
尼古拉耶夫	Nikolayev	UANIK	
敖德萨	Odessa	UAODS	
塞瓦斯托波尔	Sevastopol	UASVP	
雅尔塔	Yalta	UAYAL	
罗马尼亚	**ROMANIA**	**RO**	
布勒伊拉	Braila	ROBRA	
康斯坦察	Constanta	ROCND	
曼加利亚	Mangalia	ROMAG	
苏利纳	Sulina	ROSUL	
保加利亚	**BULGARIA**	**BG**	
布尔加斯	Burgas	BGBOJ	
纳塞巴尔	Nessebar	BGNES	
索佐波尔	Sozopol	BGSOZ	
瓦尔纳	Varna	BGVAR	
希腊	**GREECE**	**GR**	
希俄斯	Chios	GRJKH	
伊拉克利翁	Iraklion(Heraklion)	GRHER	
伊泰阿	Itea	GRITA	
卡拉迈	Kalamata	GRKLX	曾译“卡拉马塔”
卡瓦拉	Kavala	GRKVA	
迈加拉	Megara	GRMGR	

表 1（续）

中文名称	英文名称	代码	备　注
米提林尼	Mitylene	GRMJT	
帕特雷	Patras	GRGPA	
比雷埃夫斯	Piraeus	GRPIR	
罗得	Rhodes	GRRHO	
锡罗斯	Syros(Syra)	GRJSY	
塞萨洛尼基	Thessaloniki	GRSKG	
沃洛斯	Volos	GRVOL	
阿尔巴尼亚	**ALBANIA**	**AL**	
都拉斯	Durres	ALDRZ	
萨兰达	Sarande	ALSAR	
圣吉尼	Shengjin	ALSHG	
发罗拉	Vlora(Vlone)	ALVOA	
黑山	**MONTENEGRO**	**ME**	
巴尔	Bar	MEBAR	
科托尔	Kotor	MEKOT	
克罗地亚	**CROATIA**	**HR**	
杜布罗夫尼克	Dubrovnik	HRDBV	
普洛切	Ploce	HRPLE	曾名“卡德尔耶沃”
普拉	Pula	HRPUY	
里耶卡	Rijeka	HRRJK	
斯普利特	Split	HRSPU	
扎达尔	Zadar	HRZAD	
斯洛文尼亚	**SLOVENIA**	**SI**	
科佩尔	Koper	SIKOP	
马耳他	**MALTA**	**MT**	
瓦莱塔	Valetta	MTMLA	
马尔萨什洛克	Marsaxlokk	MTMAR	
意大利	**ITALY**	**IT**	
安科纳	Ancona	ITAOI	

表 1（续）

中文名称	英文名称	代码	备　　注
奥古斯塔	Augusta	ITAUG	
巴里	Bari	ITBRI	
巴列塔	Barletta	ITBLT	
布林迪西	Brindisi	ITBDS	
卡利亚里	Cagliari	ITCAG	
卡塔尼亚	Catania	ITCTA	
奇维塔韦基亚	Civitavecchia	ITCVV	
法尔科纳拉	Falconara	ITFAL	
菲乌米奇诺	Fiumicino	ITFCO	
加埃塔	Gaeta	ITGAE	
杰拉	Gela	ITGEA	
热那亚	Genoa	ITGOA	
斯佩齐亚	La Spezia	ITSPE	
里窝那	Livorno	ITLIV	
墨西拿	Messina	ITMSN	
米拉佐	Milazzo	ITMLZ	
那波利	Napoli	ITNAP	又名“那不勒斯(Naples)”
巴勒莫	Palermo	ITPMO	
托雷斯港	Porto Torres	ITPTO	
腊万纳	Ravenna	ITRAN	
萨莱诺	Salerno	ITSAL	
萨罗克(福克西港)	Sarroch (Porto Foxi)	ITPFX	
萨沃纳	Savona/ Funivie	ITSVN	
塔兰托	Taranto	ITTAR	
的里雅斯特	Trieste	ITTRS	
威尼斯	Venezia(Venice)	ITVCE	
摩纳哥	**MONACO**	**MC**	
摩纳哥	Monaco	MCMON	客运港,无商业活动
蒙特卡洛	Monte Carlo	MCMCM	
直布罗陀	**GIBRALTAR**	**GI**	
直布罗陀	Gibraltar	GIGIB	

表 1（续）

中文名称	英文名称	代码	备　注
葡萄牙	**PORTUGAL**	**PT**	
英雄港	Angra do Heroismo	PTADH	位于亚速尔群岛
丰沙尔	Funchal	PTFNC	位于马德拉群岛
奥尔塔	Horta	PTHOR	位于亚速尔群岛
雷克索斯	Leixoes	PTLEI	
里斯本	Lisboa	PTLIS	
蓬塔德尔加达港	Ponta Delgada	PTPDL	位于亚速尔群岛
波尔蒂芒	Portimao	PTPRM	
波尔图	Porto	PTOPO	
塞图巴尔	Setubal	PTSET	
西班牙	**SPAIN**	**ES**	
阿尔赫西拉斯	Algeciras	ESALG	
阿利坎特	Alicante	ESALC	
阿尔梅里亚	Almeria	ESLEI	
阿雷西费	Arrecife de Lanzarote	ESACE	位于加那利群岛
阿维莱斯	Aviles	ESAVS	
巴塞罗那	Barcelona	ESBCN	
毕尔巴鄂	Bilbao	ESBIO	
加的斯	Cadiz	ESCAD	
卡塔赫纳	Cartagena	ESCAR	
休达	Ceuta	ESCEU	位于非洲北部
费罗尔	Ferrol	ESFRO	
希洪	Gijon	ESGIJ	
拉科鲁尼亚	La Coruna	ESLCG	
拉斯帕尔马斯	Las Palmas	ESLPA	位于加那利群岛
马拉加	Malaga	ESAGP	
梅利利亚	Melilla	ESMLN	位于非洲北部
帕尔马	Palma de Mallorca	ESPMI	
帕萨赫斯	Pasajes	ESPAS	
罗萨里奥港	Puerto del Rosario-Fuerteventura	ESFUE	位于加那利群岛
罗塔	Rota	ESROT	
萨贡托	Sagunto	ESSAG	
圣克鲁斯	Santa Cruz de Tenerife	ESSCT	位于加那利群岛
桑坦德	Santander	ESSDR	

表 1（续）

中文名称	英文名称	代码	备 注
塞维利亚	Sevilla	ESSVQ	
塔拉戈纳	Tarragona	ESTAR	
巴伦西亚	Valencia	ESVLC	
维哥	Vigo	ESVGO	
法国	**FRANCE**	**FR**	
阿雅克肖	Ajaccio	FRAJA	
巴斯蒂亚	Bastia	FRBIA	
巴约讷	Bayonne	FRBAY	
波尔多	Bordeaux	FRBOD	
布洛涅	Boulogne-sur-Mer	FRBOL	
布雷斯特	Brest	FRBES	
卡昂	Caen	FRCFR	
加来	Calais	FRCQF	
瑟堡	Cherbourg	FRCER	
迪耶普	Dieppe	FRDPE	
敦刻尔克	Dunkerque	FRDKK	
福斯	Fos-sur-Mer	FRFOS	
拉西约塔	La Ciotat	FRLCT	
拉罗谢尔	La Rochelle	FRLRH	
拉瓦拉	Lavera	FRLAV	
勒阿弗尔	Le Havre	FRLEH	
洛里昂	Lorient	FRLRT	
马赛	Marseille	FRMRS	
南特	Nantes	FRNTE	
尼斯	Nice	FRNCE	
鲁昂	Rouen	FRURO	
塞特	Sete	FRSET	
圣马洛	St Malo	FRSML	
圣纳泽尔	St Nazaire	FRSNR	
土伦	Toulon	FRTLN	
比利时	**BELGIUM**	**BE**	
安特卫普	Antwerpen	BEANR	
根特	Gent (Ghent)	BEGNE	

表 1（续）

中文名称	英文名称	代码	备　注
奥斯坦德	Ostend（Oostende）	BEOST	
泽布吕赫/泽布腊赫	Zeebrugge	BEZEE	
荷兰	**NETHERLANDS**	**NL**	
阿姆斯特丹	Amsterdam	NLAMS	
代尔夫宰尔	Delfzijl	NLDZL	
艾默伊登	IJmuiden	NLIJM	
鹿特丹	Rotterdam	NLRTM	
泰尔讷曾	Terneuzen	NLTNZ	
弗拉尔丁恩	Vlaardingen	NLVLA	
弗利辛恩	Vlissingen	NLVLI	
赞丹	Zaandam	NLZAA	
德国	**GERMANY**	**DE**	
不来梅	Bremen	DEBRE	
不来梅港	Bremerhaven	DEBRV	
布伦斯比特尔	Brunsbuttel	DEBRB	
库克斯港	Cuxhaven	DECUX	
埃姆登	Emden	DEEME	
汉堡	Hamburg	DEHAM	
基尔	Kiel	DEKEL	
科隆	Koln(Cologne)	DECGN	
吕贝克	Lubeck	DELBC	
罗斯托克	Rostock	DERSK	
威廉港	Wilhelmshaven	DEWVN	
维斯马	Wismar	DEWIS	
丹麦	**DENMARK**	**DK**	
奥尔堡	Aalborg	DKAAL	
奥胡斯	Arhus	DKAAR	
埃斯比约	Esbjerg	DKEBJ	
腓特烈西亚	Fredericia	DKFRC	
腓特烈港	Frederikshavn	DKFDH	
赫尔辛格	Helsingor	DKHLS	
凯隆堡	Kalundborg	DKKAL	

表 1（续）

中文名称	英文名称	代码	备　注
哥本哈根	Kobenhavn(Copenhagen)	DKCPH	
欧登塞	Odense	DKODE	
波兰	**POLAND**	**PL**	
格但斯克	Gdansk	PLGDN	
格丁尼亚	Gdynia	PLGDY	
希维诺乌伊希切	Swinoujscie	PLSWI	
什切青	Szczecin	PLSZZ	
立陶宛	**LITHUANIA**	**LT**	
克莱佩达	Klaipeda	LTKLJ	
拉脱维亚	**LATVIA**	**LV**	
利耶帕亚	Liepaja	LVLPX	
里加	Riga	LVRIX	
文茨皮尔斯	Ventspils	LVVNT	
爱沙尼亚	**ESTONIA**	**EE**	
派尔努/皮亚尔努	Parnu	EEPRN	
塔林	Tallinn	EETLL	
芬兰	**FINLAND**	**FI**	
哈米纳	Hamina (Fredrikshamn)	FIHMN	
汉科	Hango (Hanko)	FIHKO	
赫尔辛基	Helsinki (Helsingfors)	FIHEL	
凯米	Kemi	FIKEM	
科科拉	Kokkola (Karleby)	FIKOK	
科特卡	Kotka	FIKTK	
克里斯蒂娜城	Kristiinankaupunki (Kristinestad)	FIKRS	
奥卢	Oulu	FIOLU	
波里	Pori (Bjorneborg)	FIPOR	
劳马	Rauma (Raumo)	FIRAU	
托尔尼奥	Tornio (Tornea)	FITOR	
图尔库	Turku (Abo)	FITKU	
瓦萨	Vaasa (Vasa)	FIVAA	

表 1（续）

中文名称	英文名称	代码	备　注
瑞典	**SWEDEN**	**SE**	
法尔肯贝里	Falkenberg	SEFAG	
耶夫勒	Gavle	SEGVX	
哥德堡	Goteborg	SEGOT	
哈尔姆斯塔德	Halmstad	SEHAD	
赫尔辛堡	Helsingborg	SEHEL	
海讷桑德	Harnosand	SEHND	
卡尔马	Kalmar	SEKLR	
卡尔斯港	Karlshamn	SEKAN	
卡尔斯克鲁纳	Karlskrona	SEKAA	
兰斯克鲁纳	Landskrona	SELAA	
吕勒奥	Lulea	SELLA	
马尔默	Malmo	SEMMA	
诺尔雪平	Norrkoping	SENRK	
恩舍尔兹维克	Ornskoldsvik	SEOER	
乌克瑟勒松德	Oxelosund	SEOXE	
皮特奥	Pitea	SEPIT	
斯德哥尔摩	Stockholm	SESTO	
松兹瓦尔	Sundsvall	SESDL	
乌德瓦拉	Uddevalla	SEUDD	
于默奥	Umea	SEUME	
挪威	**NORWAY**	**NO**	
奥勒松	Alesund	NOAES	
阿伦达尔	Arendal	NOARE	
卑尔根	Bergen	NOBGO	
博多	Bodo	NOBOO	
德拉门	Drammen	NODRM	
腓特烈斯塔	Fredrikstad	NOFRK	
格里姆斯塔	Grimstad	NOGTD	
哈默弗斯特	Hammerfest	NOHFT	
哈尔斯塔	Harstad	NOHRD	
海于格松	Haugesund	NOHAU	
希尔克内斯	Kirkenes	NOKKN	

表 1（续）

中文名称	英文名称	代码	备　注
克里斯蒂安桑	Kristiansand	NOKRS	
克里斯蒂安松	Kristiansund	NOKSU	
拉尔维克	Larvik	NOLAR	
莫尔德	Molde	NOMOL	
莫舍恩	Mosjoen	NOMJF	
莫斯	Moss	NOMSS	
纳尔维克	Narvik	NONVK	
奥斯陆	Oslo	NOOSL	
斯塔万格	Stavanger	NOSVG	
滕斯贝格	Tonsberg	NOTON	
特罗姆瑟	Tromso	NOTOS	
特隆赫姆	Trondheim	NOTRD	
冰岛	**ICELAND**	**IS**	
阿克雷里	Akureyri	ISAKU	
伊萨菲厄泽	Isafjordur - hofn	ISISA	
凯夫拉维克	Keflavikurkaupstadur	ISKEV	
雷克雅未克	Reykjavik	ISREY	
韦斯特曼纳岛	Vestmannaeyjar - hofn	ISVES	
法罗群岛	**FAROE ISLANDS**	**FO**	
托尔斯港	Thorshavn	FOTHO	
韦斯特门港	Vestmanhavn	FOVES	
爱尔兰	**IRELAND**	**IE**	
班特里	Bantry	IEBYT	
科克	Cork	IEORK	
都柏林	Dublin	IEDUB	
邓莱里	Dun Laoghaire	IEDLG	
福因斯	Foynes	IEFOV	
戈尔韦	Galway	IEGWY	
利默里克	Limerick	IELMK	
沃特福德	Waterford	IEWAT	
马恩岛	**ISLE OF MAN**	**IM**	
道格拉斯	Douglas	IMDGS	

表 1（续）

中文名称	英文名称	代码	备　注
泽西岛	**JERSEY**	**JE**	
圣赫利尔	St Helier	JESTH	
根西岛	**GUERNSEY**	**GG**	
圣彼得港	St Peter Port	GGSPT	
英国	**UNITED KINGDOM**	**GB**	
阿伯丁	Aberdeen	GBABD	
贝尔法斯特	Belfast	GBBEL	
比迪福德	Bideford	GBBID	
波士顿	Boston	GBBOS	
布里斯托尔	Bristol	GBBRS	
加的夫	Cardiff	GBCDF	
克莱德港	Clydeport	GBCYP	
多佛尔	Dover	GBDVR	
邓迪	Dundee	GBDUN	
法尔茅斯	Falmouth	GBFAL	
弗利克斯托	Felixstowe	GBFXT	
格拉斯哥	Glasgow	GBGLW	
格兰奇茅斯	Grangemouth	GBGRG	
哈特尔浦	Hartlepool	GBHTP	
哈里奇	Harwich	GBHRW	
赫尔	Hull	GBHUL	
伊明赫姆	Immingham	GBIMM	
伊普斯威奇	Ipswich	GBIPS	
利斯	Leith	GBLEI	
利物浦	Liverpool	GBLIV	
伦敦	London	GBLON	
伦敦德里	Londonderry	GBLDY	
曼彻斯特	Manchester	GBMNC	
梅西尔	Methil	GBMTH	
米德尔斯伯勒	Middlesbrough	GBMID	
米尔福德港	Milford Haven	GBMLF	
纽卡斯尔	Newcastle upon Tyne	GBNCL	

表 1（续）

中文名称	英文名称	代码	备　注
纽波特	Newport	GBNPT	
普利茅斯	Plymouth	GBPLY	
塔尔伯特港	Port Talbot	GBPTB	
朴次茅斯	Portsmouth	GBPME	
肖勒姆	Shoreham	GBSHO	
南安普顿	Southampton	GBSOU	
森德兰	Sunderland	GBSUN	
斯旺西	Swansea	GBSWA	
提斯港	Teesport	GBTEE	
蒂尔伯里	Tilbury	GBTIL	
非洲			
埃及	**EGYPT**	**EG**	
阿布宰尼迈	Abu Zenimah	EGAZA	
阿代比耶	Adabiya	EGADA	
达米埃塔	Damietta	EGDAM	
亚历山大	El Iskandariya	EGALY	曾拼写作 Alexandria
苏伊士	El Suweis	EGSUZ	曾拼写作 Suez
塞得港	Port Said	EGPSD	
拉斯加里卜	Ras Gharib	EGRAG	
塞法杰	Safaga	EGSGA	
利比亚	**LIBYAN ARAB JAMAHIRIYA**	**LY**	
班加西	Bingazi (Benghazi)	LYBEN	
德尔纳	Darnah	LYDRX	
锡德尔	As Sidr	LYESI	
卜雷加港	Marsa Brega	LYLMQ	
哈里盖港	Marsa el Hariga	LYMHR	
米苏拉塔	Misurata	LYMRA	
拉斯拉努夫	Ras Lanuf	LYRLA	
图卜鲁格	Tobruk	LYTOB	
的黎波里	Tripoli	LYTIP	
祖埃提纳	Zueitina	LYZUE	
突尼斯	**TUNISIA**	**TN**	
比塞大	Bizerte	TNBIZ	

表 1（续）

中文名称	英文名称	代码	备　注
加贝斯	Gabes	TNGAE	
拉斯基拉	La Skhirra	TNLSK	
斯法克斯	Sfax	TNSFA	
苏塞	Sousse	TNSUS	
突尼斯	Tunis	TNTUN	
阿尔及利亚	**ALGERIA**	**DZ**	
阿尔及尔	Alger (Algiers)	DZALG	
安纳巴	Annaba	DZAAE	
阿尔泽	Arzew	DZAZW	
贝贾亚	Bejaia	DZBJA	
吉杰勒	Djidjelli(Jijel)	DZDJI	
奥兰	Oran	DZORN	
斯基克达	Skikda	DZSKI	曾名“菲利普维尔”
提奈斯	Tenes	DZTEN	
摩洛哥	**MOROCCO**	**MA**	
阿加迪尔	Agadir	MAAGA	
卡萨布兰卡	Casablanca	MACAS	
盖尼特拉	Kenitra	MANNA	
穆罕默迪耶	Mohammedia	MAMOH	
拉巴特	Rabat	MARBA	
萨菲	Safi	MASFI	
丹吉尔	Tangier	MATNG	
得土安	Tetouan	MATTU	
西撒哈拉	**WESTERN SAHARA**	**EH**	
达赫拉	Ad Dakhla	EHVIC	
欧云(阿尤恩)	Laayoune(El Aaiun)	MAEUN	位于摩洛哥占领区
毛里塔尼亚	**MAURITANIA**	**MR**	
努瓦迪布	Nouadhibou	MRNDB	
努瓦克肖特	Nouakchott	MRNKC	

表 1（续）

中文名称	英文名称	代码	备　注
塞内加尔	**SENEGAL**	**SN**	
达喀尔	Dakar	SNDKR	
考拉克	Kaolack	SNKLC	
圣路易	St Louis	SNXLS	
济金绍尔	Ziguinchor	SNZIG	
冈比亚	**GAMBIA**	**GM**	
班珠尔	Banjul	GMBJL	
佛得角	**CAPE VERDE**	**CV**	
明德卢	Mindelo	CVMIN	
普拉亚	Praia	CVRAI	
几内亚比绍	**GUINEE-BISSAU**	**GW**	
比绍	Bissau	GWOXB	
博拉多	Bolama	GWBOL	
卡谢马	Cacheu	GWCAC	
几内亚	**GUINEA**	**GN**	
科纳克里	Conakry	GNCKY	
卡姆萨尔	Port-Kamsar	GNKMR	
塞拉利昂	**SIERRA LEONE**	**SL**	
邦特	Bonthe	SLBTE	
弗里敦	Freetown	SLFNA	
佩佩尔	Pepel	SLPEP	
利比里亚	**LIBERIA**	**LR**	
布坎南	Buchanan	LRUCN	
帕尔马斯角	Cape Palmas	LRCPA	
蒙罗维亚	Monrovia	LRMLW	
科特迪瓦	**COTE D'IVOIRE**	**CI**	
阿比让	Abidjan	CIABJ	
达布	Dabou	CIDAB	

表1（续）

中文名称	英文名称	代码	备　注
圣佩德罗	San-Pedro	CISPY	
萨桑德拉	Sassandra	CIZSS	
加纳	**GHANA**	**GH**	
海岸角	Cape Coast	GHCCT	
塔科拉迪	Takoradi	GHTKD	
特马	Tema	GHTEM	
温尼巴	Winneba	GHWEA	
多哥	**TOGO**	**TG**	
佩梅	Kpeme	TGKPE	
洛美	Lome	TGLFW	
贝宁	**BENIN**	**BJ**	
科托努	Cotonou	BJCOO	
波多诺伏	Porto-Novo	BJPTN	
尼日利亚	**NIGERIA**	**NG**	
阿帕帕	Apapa	NGAPP	
邦尼	Bonny	NGBON	
卡拉巴尔	Calabar	NGCBQ	
福卡多斯	Forcados	NGFOR	
拉各斯	Lagos	NGLOS	
哈科特港	Port Harcourt	NGPHC	
奥尼	Oron	NGORO	
廷坎岛	Tincan	NGTIN	在拉各斯市
瓦里	Warri	NGWAR	
喀麦隆	**CAMEROON**	**CM**	
杜阿拉	Douala	CMDLA	
克里比	Kribi	CMKBI	
蒂科	Tiko	CMTKC	
维多利亚	Victoria	CMVCC	

表 1（续）

中文名称	英文名称	代码	备　注
赤道几内亚	**EQUATORIAL GUINEA**	**GQ**	
巴塔	Bata	GQBSG	
马拉博	Malabo	GQSSG	
圣多美和普林西比	**SAO TOME AND PRINCIPE**	**ST**	
圣多美	Sao Tome Island	STTMS	
加蓬	**GABON**	**GA**	
洛佩斯角	Cap Lopez	GACLZ	
利伯维尔	Libreville	GALBV	
奥文多	Owendo	GAOWE	
让蒂尔港	Port Gentil	GAPOG	
刚果	**CONGO**	**CG**	
杰诺港	Djeno Terminal	CGDJE	
黑角	Pointe Noire	CGPNR	
民主刚果	**THE DEMOCRATIC REPUBLIC OF THE CONGO**	**CD**	
巴纳纳	Banana	CDBNW	
博马	Boma	CDBOA	
马塔迪	Matadi	CDMAT	
圣赫勒拿	**SAINT HELENA**	**SH**	
乔治敦	Georgetown	SHASI	
詹姆斯敦	Jamestown	SHSHN	
安哥拉	**ANGOLA**	**AO**	
本格拉	Benguela	AOBUG	
卡宾达	Cabinda	AOCAB	
洛比托	Lobito	AOLOB	
罗安达	Luanda	AOLAD	
纳米贝	Namibe	AOMSZ	
亚历山大港	Porto Alexandre (Tombua)	AOPLE	
安博因港	Porto Amboim	AOPBN	

表 1（续）

中文名称	英文名称	代码	备　　注
松贝	Sumbe(Novo Redondo)	AONDD	曾名“新里东杜”
纳米比亚	**NAMIBIA**	**NA**	
吕德里茨	Luderitz	NALUD	
鲸湾港	Walvis Bay	NAWVB	曾译“沃尔维斯港”
南非	**SOUTH AFRICA**	**ZA**	
开普敦	Cape Town	ZACPT	
德班	Durban	ZADUR	
东伦敦	East London	ZAELS	
莫塞尔贝	Mossel Bay	ZAMZY	
伊丽莎白港	Port Elizabeth	ZAPLZ	
理查兹贝	Richards Bay	ZARCB	
萨尔达尼亚湾	Saldanha Bay	ZASDB	
莫桑比克	**MOZAMBIQUE**	**MZ**	
贝拉	Beira	MZBEW	
伊尼扬巴内	Inhambane	MZINH	
马普托	Maputo	MZMPM	
莫桑比克	Mozambique	MZMZQ	
纳卡拉	Nacala	MZMNC	
彭巴	Pemba	MZPOL	
马达加斯加	**MADAGASCAR**	**MG**	
安齐拉纳纳	Antsiranana(Diego-Suarez)	MGDIE	曾名“迭戈苏亚雷斯”
法拉凡加纳	Farafangana	MGRVA	
多凡堡	Fort Dauphin (Toalagnaro)	MGFTU	
马任加	Majunga (Mahajanga)	MGMJN	
马纳卡拉	Manakara	MGWVK	
马南扎里	Mananjary	MGMNJ	
穆龙贝	Morombe	MGMXM	
穆龙达瓦	Morondava	MGMOQ	
塔马塔夫	Tamatave (Toamasina)	MGTMM	又名“图阿马西纳斯”
图莱亚尔	Tulear (Toliara)	MGTLE	

表 1（续）

中文名称	英文名称	代码	备　注
毛里求斯	**MAURITIUS**	**MU**	
路易港	Port Louis	MUPLU	
留尼汪	**REUNION**	**RE**	
勒波尔	Le Port	RELPT	
加勒茨角港	Port de Pointe des Galets	REPDG	
马约特	**MAYOTTE**	**YT**	
藻德济	Dzaoudzi	YTDZA	
科摩罗	**COMOROS**	**KM**	
莫罗尼	Moroni	KMYVA	
塞舌尔	**SEYCHELLES**	**SC**	
维多利亚港	Port Victoria	SCPOV	
坦桑尼亚	**TANZANIA**	**TZ**	
达累斯萨拉姆	Dar es Salaam	TZDAR	
林迪	Lindi	TZLDI	
姆特瓦拉	Mtwara	TZMYW	
坦噶	Tanga	TZTGT	
桑给巴尔岛	Zanzibar	TZZNZ	
肯尼亚	**KENYA**	**KE**	
拉穆	Lamu	KELAU	
马林迪	Malindi	KEMYD	
蒙巴萨	Mombasa	KEMBA	
索马里	**SOMALIA**	**SO**	
柏培拉	Berbera	SOBBO	
基斯马尤	Kismayu	SOKMU	
摩加迪沙	Mogadishu	SOMGQ	
吉布提	**DJIBOUTI**	**DJ**	
吉布提	Djibouti	DJJIB	

表 1（续）

中文名称	英文名称	代码	备　　注
厄立特里亚	**ERITREA**	**ER**	
阿萨布	Assab	ERASA	
马萨瓦	Massawa (Mitsiwa)	ERMSW	
苏丹	**SUDAN**	**SD**	
苏丹港	Port Sudan	SDPZU	
美洲			
格陵兰	**GREENLAND**	**GL**	
奥希奥特	Aasiaat (Egedesminde)	GLJEG	又名“埃格瑟斯明讷”
马尼措克	Maniitsoq (Sukkertoppen)	GLJSU	又名“苏克托彭”
纳萨尔苏瓦克	Narsarsuaq	GLUAK	
努克	Nuuk (Godthaab)	GLGOH	又名“戈特霍布”
加拿大	**CANADA**	**CA**	
夏洛特敦	Charlottetown	CACHA	
丘吉尔	Churchill	CACHV	
戈尔德里弗	Gold River	CAGOR	
哈利法克斯	Halifax	CAHAL	
哈密尔顿	Hamilton	CAHAM	
蒙特利尔	Montreal	CAMTR	
纳奈莫	Nanaimo	CANNO	
艾伯尼港	Port Alberni	CAPAB	
科尔本港	Port Colborne	CAPCO	
艾尔弗雷德港	Port-Alfred	CAPAF	
卡捷港	Port-Cartier	CAPCA	
鲍威尔	Powell River	CAPOW	
鲁珀特港	Prince Rupert	CAPRR	
魁北克	Quebec	CAQUE	
萨尔尼亚	Sarnia	CASNI	
苏圣马丽	Sault Ste Marie	CASSM	
七岛	Sept-Iles	CASEI	
圣约翰	St John	CASJB	
圣约翰斯	St John's	CASJF	

表 1（续）

中文名称	英文名称	代码	备　注
悉尼	Sydney	CASYD	
塔西斯	Tahsis	CAPTA	
桑德贝	Thunder Bay	CATHU	
多伦多	Toronto	CATOR	
三河城	Three Rivers(Trois-Rivieres)	CATRR	
温哥华	Vancouver	CAVAN	
维多利亚	Victoria	CAVIC	
雅茅思	Yarmouth	CAYRH	
圣皮埃尔和密克隆	**SAINT PIERRE AND MIQUELON**	**PM**	
圣皮埃尔	St Pierre	PMFSP	
百慕大	**BERMUDA**	**BM**	
哈密尔顿	Hamilton	BMBDA	
圣乔治	Saint George	BMSGE	
美国	**UNITED STATES**	**US**	
亚当斯顿	Adamston	USDST	
奥尔巴尼	Albany	USALB	
安科雷奇	Anchorage	USANC	
巴尔的摩	Baltimore	USBAL	
波士顿	Boston	USBOS	
不伦瑞克	Brunswick	USSSI	
卡姆登	Camden	USCDE	
查尔斯顿	Charleston	USCHS	
芝加哥	Chicago	USCHI	
克利夫兰	Cleveland	USCLE	
底特律	Detroit	USDET	
荷兰港	Dutch Harbor	USDUT	
火奴鲁鲁	Honolulu	USHNL	位于太平洋中部夏威夷群岛
休斯敦	Houston	USHOU	
杰克逊维尔	Jacksonville	USJAX	
简斯维尔	Janesville	USJVL	
莱克查尔斯	Lake Charles	USLCH	
长滩	Long Beach	USLGB	

表 1（续）

中文名称	英文名称	代码	备　注
洛杉矶	Los Angeles	USLAX	
孟菲斯	Memphis	USMEM	
迈阿密	Miami	USMIA	
莫比尔	Mobile	USMOB	
新贝德福德	New Bedford	USNBD	
纽黑文	New Haven	USHVN	
新奥尔良	New Orleans	USMSY	
纽约	New York	USNYC	
诺福克	Norfolk	USORF	
奥克兰	Oakland	USOAK	
费城	Philadelphia	USPHL	
波特兰	Portland	USPWM	
波特兰	Portland	USPDX	
朴次茅斯	Portsmouth	USPSM	
圣迭戈	San Diego	USSAN	
圣弗朗西斯科	San Francisco	USSFO	又名“旧金山”
萨凡纳	Savannah	USSAV	
西雅图	Seattle	USSEA	
苏厄德	Seward	USSEW	
塔科马	Tacoma	USTIW	
坦帕	Tampa	USTPA	
得克萨斯城	Texas City	USTXT	
托莱多	Toledo	USTOL	
威尔明顿	Wilmington	USWTN	
墨西哥	**MEXICO**	**MX**	
阿卡普尔科	Acapulco	MXACA	
阿尔瓦拉多	Alvarado	MXAVD	
坎佩切	Campeche	MXCPE	
夸察夸尔科斯	Coatzacoalcos	MXCOA	
恩塞纳达	Ensenada	MXESE	
瓜伊马斯	Guaymas	MXGYM	
拉萨罗卡德纳斯	Lazaro Cardenas	MXLZC	
曼萨尼略	Manzanillo	MXZLO	
马萨特兰	Mazatlan	MXMZT	

表 1（续）

中文名称	英文名称	代码	备　注
米纳蒂特兰	Minatitlan	MXMTT	
马德罗港	Puerto Madero	MXPMD	
萨利纳克鲁斯	Salina Cruz	MXSCX	
圣罗萨利亚	Santa Rosalia	MXSRL	
坦皮科	Tampico	MXTAM	
韦拉克鲁斯	Veracruz	MXVER	
伯利兹	**BELIZE**	**BZ**	
伯利兹城	Belize City	BZBZE	
危地马拉	**GUATEMALA**	**GT**	
巴里奥斯港	Puerto Barrios	GTPBR	
夸特扎尔港	Puerto Quetzal	GTPRQ	
圣托马斯德卡斯蒂利亚	Puerto Santo Tomas de Castilla	GTSTC	
圣何塞	San Jose	GTSNJ	
萨尔瓦多	**EL SALVADOR**	**SV**	
阿卡胡特拉	Acajutla	SVAQJ	
拉利贝塔德	La Libertad	SVLLD	
洪都拉斯	**HONDURAS**	**HN**	
卡斯蒂利亚港	Puerto Castilla	HNPCA	
科尔特斯港	Puerto Cortes	HNPCR	
圣洛伦索	San Lorenzo	HNSLO	
特拉	Tela	HNTEA	
尼加拉瓜	**NICARAGUA**	**NI**	
布卢菲尔兹	Bluefields	NIBEF	
科林托	Corinto	NICIO	
卡贝萨斯港	Puerto Cabezas	NIPUZ	
南圣胡安	San Juan del Sur	NISJS	
哥斯达黎加	**COSTA RICA**	**CR**	
卡尔德拉	Caldera	CRCAL	
戈尔菲托	Golfito	CRGLF	

表 1（续）

中文名称	英文名称	代码	备　注
利蒙港	Puerto Limon	CRLIO	
彭塔雷纳斯	Puntarenas	CRPAS	
巴拿马	**PANAMA**	**PA**	
阿尔米兰特	Almirante	PAPAM	
巴尔博亚	Balboa	PABLB	
科隆	Colon	PAONX	
克里斯托瓦尔	Cristobal	PACTB	
曼萨尼约	Manzanillo	PAMIT	
巴拿马城	Panama，Ciudad de	PAPTY	
巴哈马	**BAHAMAS**	**BS**	
弗里波特	Freeport	BSFPO	
拿骚	Nassau	BSNAS	
古巴	**CUBA**	**CU**	
安蒂亚	Antilla	CUANT	
凯巴连	Caibarien	CUCAI	
卡德纳斯	Cardenas	CUCAR	
西恩富戈斯	Cienfuegos	CUCFG	
哈瓦那	La Habana	CUHAV	
曼萨尼略	Manzanillo	CUMZO	
马坦萨斯	Matanzas	CUQMA	
尼卡罗	Nicaro	CUICR	
南圣克鲁斯	Santa Cruz del Sur	CUSCS	
圣地亚哥	Santiago de Cuba	CUSCU	
开曼群岛	**CAYMAN ISLANDS**	**KY**	
乔治敦	Georgetown	KYGEC	
牙买加	**JAMAICA**	**JM**	
金斯敦	Kingston	JMKIN	
蒙特哥贝	Montego Bay	JMMBJ	
奥乔里奥斯	Ocho Rios	JMOCJ	
安东尼奥港	Port Antonio	JMPOT	

表 1（续）

中文名称	英文名称	代码	备　注
海地	**HAITI**	**HT**	
海地角	Cap-Haitien	HTCAP	
戈纳伊夫	Gonaives	HTGVS	
莱凯	Les Cayes	HTACA	
太子港	Port-au-Prince	HTPAP	
多米尼加共和国	**DOMINICAN REPUBLIC**	**DO**	
巴拉奥纳	Barahona	DOBRX	
拉罗马纳	La Romana	DOLRM	
海纳	Rio Haina	DOHAI	
普拉塔港	Puerto Plata	DOPOP	
圣佩得罗德马科里斯	San Pedro de Macoris	DOSPM	
圣多明各	Santo Domingo	DOSDQ	
特克斯和凯科斯群岛	**TURKS AND CAICOS ISLANDS**	**TC**	
大特克	Grand Turk Island	TCGDT	
波多黎各	**PUERTO RICO**	**PR**	
拉斯马雷亚斯	Las Mareas (Guayama)	PRLAM	又名“瓜亚马”
马亚圭斯	Mayaguez	PRMAZ	
蓬塞	Ponce	PRPSE	
圣胡安	San Juan	PRSJU	
美属维尔京群岛	**UNITED STATES VIRGIN ISLANDS**	**VI**	
夏洛特阿马利亚	Charlotte Amalie	VICHA	位于圣托马斯岛
英属维尔京群岛	**BRITISH VIRGIN ISLANDS**	**VG**	
罗德城	Road Town	VGRAD	位于托尔托拉岛
安圭拉	**ANGUILLA**	**AI**	
路德湾	The Road	AIROA	
圣基茨和尼维斯	**SAINT KITTS AND NEVIS**	**KN**	
巴斯特尔	Basseterre	KNBAS	

表 1（续）

中文名称	英文名称	代码	备　注
安提瓜和巴布达	**ANTIGUA AND BARBUDA**	**AG**	
圣约翰斯	St John's	AGSJO	
蒙特塞拉特	**MONTSERRAT**	**MS**	
普利茅斯	Plymouth	MSPLY	
瓜德罗普	**GUADELOUPE**	**GP**	
巴斯特尔	Basse-Terre	GPBBR	
皮特尔角城	Pointe-a-Pitre	GPPTP	
多米尼克	**DOMINICA**	**DM**	
罗索	Roseau	DMRSU	
马提尼克	**MARTINIQUE**	**MQ**	
法兰西堡	Fort-de-France	MQFDF	
圣卢西亚	**SAINT LUCIA**	**LC**	
卡斯特里	Castries	LCCAS	
巴巴多斯	**BARBADOS**	**BB**	
布里奇敦	Bridgetown	BBBGI	
圣文森特和格林纳丁斯	**SAINT VINCENT AND THE GRENADINES**	**VC**	
金斯敦	Kingstown	VCKTN	
格林纳达	**GRENADA**	**GD**	
圣乔治	Saint George's	GDSTG	
特立尼达和多巴哥	**TRINIDAD AND TOBAGO**	**TT**	
查瓜拉马斯	Chaguaramas	TTCHA	
利萨斯角	Point Lisas	TTPTS	
西班牙港	Port-of-Spain	TTPOS	

表 1（续）

中文名称	英文名称	代码	备　注
荷属安的列斯	**NETHERLANDS ANTILLES**	**AN**	
克拉伦代克	Kralendijk	ANKRA	
威廉斯塔德	Willemstad	ANWIL	
菲利普斯堡	Philipsburg	ANPHI	
阿鲁巴	**ARUBA**	**AW**	
奥拉涅斯塔德	Oranjestad	AWORJ	
圣尼古拉斯湾	Sint Nicolaas	AWSNL	
法属圭亚那	**FRENCH GUIANA**	**GF**	
卡宴	Cayenne	GFCAY	
库鲁	Kourou	GFQKR	
苏里南	**SURINAME**	**SR**	
蒙戈	Moengo	SRMOJ	
帕拉马里博	Paramaribo	SRPBM	
帕拉南	Paranam	SRPRM	
圭亚那	**GUYANA**	**GY**	
乔治敦	Georgetown	GYGEO	
新阿姆斯特丹	New Amsterdam	GYNAM	
委内瑞拉	**VENEZUELA**	**VE**	
阿穆艾	Amuay	VEAMY	
库马纳	Cumana	VECUM	
圭里亚	Guiria	VEGUI	
拉瓜伊拉	La Guaira	VELAG	
马拉开波	Maracaibo	VEMAR	
卡贝略港	Puerto Cabello	VEPBL	
拉克鲁斯港	Puerto La Cruz	VEPCZ	
奥尔达斯港	Puerto Ordaz	VEPZO	
篷塔卡尔东	Punta Cardon	VEPCN	
蓬塔-德彼德拉斯	Punta de Piedra	VEPPD	
哥伦比亚	**COLOMBIA**	**CO**	
巴兰基利亚	Barranquilla	COBAQ	

表 1（续）

中文名称	英文名称	代码	备　注
布韦那文图拉	Buenaventura	COBUN	
卡塔赫纳	Cartagena	COCTG	
卡雷尼奥港	Puerto Carreno	COPCR	
圣玛尔塔	Santa Marta	COSMR	
图马科	Tumaco	COTCO	
图尔博	Turbo	COTRB	
厄瓜多尔	**ECUADOR**	**EC**	
卡拉克斯港	Bahia de Caraquez	ECBHA	
埃斯梅拉达斯	Esmeraldas	ECESM	
瓜亚基尔	Guayaquil	ECGYE	
曼塔	Manta	ECMEC	
萨利纳斯	Salinas	ECSNC	
秘鲁	**PERU**	**PE**	
巴约瓦尔港	Bayovar	PEPUB	
卡亚俄	Callao	PECLL	
钦博塔	Chimbote	PECHM	
埃腾	Eten	PEEEN	
瓦乔	Huacho	PEHCO	
伊洛	Ilo	PEILQ	
马塔拉尼	Matarani	PEMRI	
莫延多	Mollendo	PEMLQ	
派塔	Paita	PEPAI	
皮斯科	Pisco	PEPIO	
苏佩	Supe	PESUP	
塔拉拉	Talara	PETYL	
特鲁希略	Trujillo	PETRU	
智利	**CHILE**	**CL**	
安托法加斯塔	Antofagasta	CLANF	
阿里卡	Arica	CLARI	
卡尔德拉	Caldera	CLCLD	
卡斯特罗	Castro	CLWCA	
查尼亚拉尔	Chanaral	CLCNR	

表 1（续）

中文名称	英文名称	代码	备　注
科金博	Coquimbo	CLCQQ	
瓦斯科	Huasco	CLHSO	
伊基克	Iquique	CLIQQ	
利尔奎	Lirquen	CLLQN	
梅希约内斯	Mejillones	CLMJS	
蒙特港	Puerto Montt	CLPMC	
蓬塔阿雷纳斯	Punta Arenas	CLPUQ	
奎姆什	Quemchi	CLQMC	
金特罗	Quintero	CLQTV	
圣安东尼奥	San Antonio	CLSAI	
圣维森特	San Vicente	CLSVE	
塔尔卡瓦诺	Talcahuano	CLTAL	
托科皮亚	Tocopilla	CLTOQ	
瓦尔迪维亚	Valdivia	CLZAL	
瓦尔帕莱索	Valparaiso	CLVAP	
阿根廷	**ARGENTINA**	**AR**	
布兰卡港	Bahia Blanca	ARBHI	
布宜诺斯艾利斯	Buenos Aires	ARBUE	
奥利维亚	Caleta Olivia	ARCVI	
坎帕纳	Campana	ARCMP	
里瓦达维亚海军准将城	Comodoro Rivadavia	ARCRD	
迪亚曼泰	Diamante	ARDME	
拉普拉塔	La Plata	ARLPG	
马德普拉塔	Mar del Plata	ARMDQ	
德塞阿多港	Puerto Deseado	ARPUD	
马德林港	Puerto Madryn	ARPMY	
内科切阿	Necochea	ARNEC	
克肯	Quequen	ARQQN	
里奥加耶戈斯	Rio Gallegos	ARRGL	
罗萨里奥	Rosario	ARROS	
圣胡利安	San Julian	ARULA	
圣尼古拉斯	San Nicolas de los Arroyos	ARSNS	
圣塞瓦斯蒂安	San Sebastian	ARSSN	
圣克鲁斯	Santa Cruz	ARRZA	

表 1（续）

中文名称	英文名称	代码	备　注
乌斯怀亚	Ushuaia	ARUSH	
马尔维纳斯(福克兰群岛)	**MALVINAS(FALKLAND ISLANDS)**	**FK**	
斯坦利港	Port Stanley	FKPSY	
乌拉圭	**URUGUAY**	**UY**	
蒙得维的亚	Montevideo	UYMVD	
新帕尔米拉	Nueva Palmira	UYNVP	
埃斯特角	Punta del Este	UYPDP	
巴西	**BRAZIL**	**BR**	
安格拉-杜斯雷斯	Angra dos Reis	BRADR	
阿拉卡茹	Aracaju	BRAJU	
贝伦	Belem	BRBEL	
福塔莱萨	Fortaleza	BRFOR	
伊列乌斯	Ilheus	BRIOS	
因比图巴	Imbituba	BRIBB	
伊塔雅伊	Itajai	BRITJ	
伊塔基	Itaqui	BRIQI	
马卡帕	Macapa	BRMCP	
马塞约	Maceio	BRMCZ	
马瑙斯	Manaus	BRMAO	
纳塔尔	Natal	BRNAT	
尼泰罗伊	Niteroi	BRNTR	
巴拉那瓜	Paranagua	BRPNG	
佩洛塔斯	Pelotas	BRPET	
阿雷格里港	Porto Alegre	BRPOA	
累西腓	Recife	BRREC	
里约热内卢	Rio de Janeiro	BRRIO	
里奥格兰德	Rio Grande	BRRIG	
萨尔瓦多	Salvador	BRSSA	
桑托斯	Santos	BRSSZ	
南圣弗朗西斯科	Sao Francisco do Sul	BRSFS	
圣路易斯	Sao Luis	BRSLZ	
圣塞巴斯蒂昂	Sao Sebastiao	BRSSO	

表 1（续）

中文名称	英文名称	代码	备　注
特拉曼达伊	Tramandai	BRTRM	
图巴朗	Tubarao	BRTUB	
维多利亚	Vitoria	BRVIX	
大洋洲			
澳大利亚	**AUSTRALIA**	**AU**	
阿德莱德	Adelaide	AUADL	
奥尔巴尼	Albany	AUALH	
布里斯班	Brisbane	AUBNE	
班伯里	Bunbury	AUBUY	
凯恩斯	Cairns	AUCNS	
丹皮尔	Dampier	AUDAM	
达尔文	Darwin	AUDRW	
弗里曼特尔	Fremantle	AUFRE	
吉朗	Geelong	AUGEX	
杰拉尔顿	Geraldton	AUGET	
格拉德斯通	Gladstone	AUGLT	
霍巴特	Hobart	AUHBA	
麦凯	Mackay	AUMKY	
墨尔本	Melbourne	AUMEL	
纽卡斯尔	Newcastle	AUNTL	
奥古斯塔港	Port Augusta	AUPUG	
黑德兰港	Port Hedland	AUPHE	
林肯港	Port Lincoln	AUPLO	
皮里港	Port Pirie	AUPPI	
波特兰	Portland	AUPTJ	
悉尼	Sydney	AUSYD	
汤斯维尔	Townsville	AUTSV	
韦帕	Weipa	AUWEI	
怀阿拉	Whyalla	AUWYA	
扬皮桑德	Yampi Sound	AUYAM	
北马里亚纳群岛	**NORTHERN MARIANA ISLANDS**	**MP**	
塞班岛	Saipan	MPSPN	
提尼安岛	Tinian	MPTIQ	

表 1（续）

中文名称	英文名称	代码	备注
关岛	**GUAM**	**GU**	
阿加尼亚	Agana	GUAGA	
阿普拉	Apra	GUAPR	
关岛	Guam	GUGUM	
密克罗尼西亚联邦	**FEDERATED STATES OF MICRONESIA**	**FM**	
丘克群岛	Chuuk (Truk)	FMTKK	又名“特鲁克群岛”
波纳佩	Pohnpei	FMPNI	又拼写作 Ponape
雅浦	Yap	FMYAP	
帕劳	**PALAU**	**PW**	
科罗尔	Koror	PWROR	
巴布亚新几内亚	**PAPUA NEW GUINEA**	**PG**	
阿内瓦湾	Anewa Bay	PGANB	
基埃塔	Kieta	PGKIE	
金贝	Kimbe	PGKIM	
莱城	Lae	PGLAE	
马当	Madang	PGMAG	
莫尔兹比港	Port Moresby	PGPOM	
拉包尔	Rabaul	PGRAB	
威瓦克	Wewak	PGWWK	
所罗门群岛	**SOLOMON ISLAND**	**SB**	
霍尼亚拉	Honiara	SBHIR	
林吉科弗	Ringgi Cove	SBRIN	
肖特兰岛	Shortland Harbour	SBSHH	
瓦努阿图	**VANUATU**	**VU**	
维拉港	Port Vila/Vila	VUVLI	
桑托	Santo	VUSAN	
新喀里多尼亚	**NEW CALEDONIA**	**NC**	
努美阿	Noumea	NCNOU	

表 1（续）

中文名称	英文名称	代码	备　注
诺福克岛	**NORFOLK ISLAND**	**NF**	
诺福克岛	Norfolk Island	NFNLK	
新西兰	**NEW ZEALAND**	**NZ**	
奥克兰	Auckland	NZAKL	
布拉夫	Bluff	NZBLU	
克赖斯特彻奇	Christchurch	NZCHC	
达尼丁	Dunedin	NZDUD	
吉斯珀恩	Gisborne	NZGIS	
利特尔顿	Lyttelton	NZLYT	
内皮尔	Napier	NZNPE	
纳尔逊	Nelson	NZNSN	
新普利茅斯	New Plymouth	NZNPL	
奥普阿	Opua	NZOPX	
奥塔戈	Otago Harbour	NZORR	
皮克顿	Picton	NZPCN	
查默斯港	Port Chalmers	NZPOE	
塔哈罗阿	Taharoa	NZTHH	
陶朗阿	Tauranga	NZTRG	
蒂马鲁	Timaru	NZTIU	
韦弗利港	Waverley Harbour	NZWAV	
惠灵顿	Wellington	NZWLG	
韦斯特波特	Westport	NZWSZ	
旺阿雷	Whangarei	NZWRE	
纽埃岛	**NIUE**	**NU**	
阿洛菲	Alofi	NUALO	
纽埃岛	Niue Island	NUIUE	
库克群岛	**COOK ISLANDS**	**CK**	
阿鲁通加	Arutunga	CKARU	
阿瓦鲁阿	Avarua	CKAVA	
拉罗通加岛	Rarotonga	CKRAR	

表 1（续）

中文名称	英文名称	代码	备　注
托克劳群岛	**TOKELAU**	**TK**	
阿塔富	Atafu	TKAFU	
美属萨摩亚	**AMERICAN SAMOA**	**AS**	
帕果帕果	Pago Pago	ASPPG	
萨摩亚	**SAMNA**	**WS**	
阿皮亚	Apia	WSAPW	
汤加	**TONGA**	**TO**	
内亚富	Neiafu	TONEI	
努库阿洛法	Nuku'alofa	TOTBU	
斐济	**FIJI**	**FJ**	
兰巴萨	Labasa(Lambasa)	FJLBS	
劳托卡	Lautoka	FJLTK	
苏瓦	Suva	FJSUV	
瓦利斯和富图纳	**WALLIS AND FUTUNA**	**WF**	
马塔乌图	Mata'utu	WFMAU	
图瓦卢	**TUVALU**	**TV**	
富纳富提	Funafuti	TVFUN	
瑙鲁	**NAURU**	**NR**	
瑙鲁岛	Nauru Island	NRINU	
基里巴斯	**KIRIBATI**	**KI**	
塔拉瓦	Tarawa	KITRW	
马绍尔群岛	**MARSHALL ISLANDS**	**MH**	
塔罗阿	Taroa	MHTAR	
马朱罗	Majuro	MHMAJ	

表 1（续）

中文名称	英文名称	代码	备　注
法属波利尼西亚	**FRENCH POLYNESIA**	**PF**	
波拉波拉	Bora-Bora	PFBOB	
帕皮提	Papeete	PFPPT	
皮特凯恩岛	**PITCAIRN ISLANDS GROUP**	**PN**	
皮特凯恩岛	Pitcairn Island	PNPCN	

ICS 29.160.20
K 21

中华人民共和国国家标准

GB/T 7409.1—2008
代替 GB/T 7409.1—1997

同步电机励磁系统 定义

Excitation systems for synchronous electrical machines—Definitions

(IEC 60034-16-1:1991, Rotating electrical machines—
Part 16: Excitation systems for synchronous machines—
Chapter 1: Definition, MOD)

2008-06-18 发布 2009-03-01 实施

中华人民共和国国家质量监督检验检疫总局
中国国家标准化管理委员会 发布

前　言

GB/T 7409《同步电机励磁系统》标准分为三个部分：

第一部分：GB/T 7409.1《同步电机励磁系统　定义》；

第二部分：GB/T 7409.2《同步电机励磁系统　电力系统研究用模型》；

第三部分：GB/T 7409.3《同步电机励磁系统　大、中型同步发电机励磁系统技术条件》。

本部分是 GB/T 7409《同步电机励磁系统》的第一部分。

本部分修改采用 IEC 60034-16-1:1991《旋转电机　第 16 部分　同步电机励磁系统　第 1 章　定义》(英文版)，有修改的部分在页右边以竖线标示。

附录 A 中给出了与 IEC 60034-16-1　1991-02 章条编号对照一览表，附录 B 中给出了与 IEC 60034-16-1 1991-02 的技术性差异及其原因的一览表以供参考。

本部分代替 GB/T 7409.1—1997《同步电机励磁系统　定义》。

本部分与 GB/T 7409.1—1997 比较，主要变化如下：

——GB/T 7409.1—1997　等同采用 IEC 60034-16-1:1991，GB/T 7409.1—2008 修改采用 IEC 60034-16-1:1991；

——将 GB/T 7409.3—1997 的定义部分补充到 GB/T 7409.1—2008；

——按照 GB/T 7409.2—2008 和 GB/T 7409.3—2007 应用的需要，修改了 GB/T 7409.1—1997 的定义。

本部分的附录 A、附录 B 为资料性附录。

本部分由全国旋转电机标准化技术委员会(SAC/TC 26)负责归口和解释。

本部分负责起草单位：哈尔滨电机厂有限责任公司。

本部分参加起草单位：浙江省电力试验研究院、中国电力科学研究院、华北电力科学研究院有限责任公司、上海汽轮发电机有限公司、东方电机股份有限公司、国网南京自动化研究院、广州电器科学研究院、山东济南发电设备厂、北京北重汽轮电机有限责任公司、水电水利规划设计总院。

本部分主要起草人：李国良、竺士章、刘增煌、苏为民、刘明行、汪大卫、胡瑜、赵红光、吕宏水、熊巍、尹国吉、张玉华、刘国阳、李宇俊。

本部分所代替标准历次版本发布情况为：

——GB/T 7409—1987；

——GB/T 7409.1—1997。

同步电机励磁系统　定义

1　范围

GB/T 7409 的本部分适用于同步电机的励磁系统。

2　总则

2.1　励磁控制系统　excitation control system

包括同步电机及其励磁系统的反馈控制系统。

2.2　励磁系统　excitation system

提供同步电机磁场电流的装置，包括所有调节与控制元件、励磁功率单元、磁场过电压抑制和灭磁装置以及其他保护装置。

2.3　励磁功率单元　exciter

提供同步电机磁场电流的功率电源

注：电源的举例，如：

——一台旋转电机，它既可以是直流电机或是交流电机以及与之联接的整流器。

——一台或几台变压器以及与之联接的整流器。

2.4　励磁控制　excitation control

根据包括同步电机、励磁功率单元以及与之联接的电网在内的系统状态的信号特性，改变励磁功率的控制。

注：同步电机端电压是优先考虑的被控制量。

2.5　磁场绕组端部　field winding terminal

同步电机磁场绕组的输入部位。

注 1：假如有电刷与滑环，它们都是磁场绕组的一部分。

注 2：对于无刷电机，旋转整流器与电机磁场绕组的引线之间的连接点是磁场绕组的端部。

2.6　励磁系统的输出端　excitation system output terminals

励磁系统装置的输出的部位，这些端部可以与磁场绕组端部部位不同。

2.7　额定磁场电流　rated field current

I_{fN}

同步电机运行在额定电压、电流、功率因数与转速下，其磁场绕组中的直流电流。

2.8　额定磁场电压　rated field voltage

U_{fN}

在磁场绕组上产生额定磁场电流所需要的电机磁场绕组端部的直流电压。这时磁场绕组的温度应是在额定负载、额定工况以及初级冷却介质在最高温度条件下的温度。

注：假如同步电机有一个周期负载，使磁场绕组温度不能达到稳定，那么 U_{fN} 应是在周期负载中磁场绕组达到的最高温度条件下的电压。

2.9　空载磁场电流　no-load field current

I_{f0}

同步电机在空载、额定转速下产生额定电压所需的电机磁场绕组的直流电流（见图 1）。

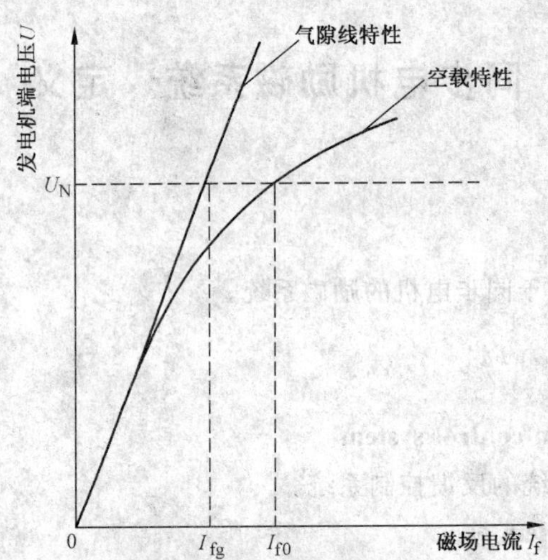

图 1　空载磁场电流 I_{f0} 和气隙磁场电流 I_{fg} 的确定

2.10　空载磁场电压　no-load field voltage

U_{f0}

在磁场绕组温度为 25℃时，产生空载磁场电流所需的电机磁场绕组端部的直流电压。

2.11　气隙磁场电流　air gap field current

I_{fg}

在空载气隙线上产生同步电机额定电压理论上所需的磁场绕组中的直流电流。

注：当用计算机表述励磁系统模型时，气隙磁场电流是一个基准量。

2.12　气隙磁场电压　air gap field voltage

U_{fg}

当磁场绕组电阻等于 U_{fN}/I_{fN} 时，产生气隙磁场电流所需的同步电机磁场绕组端部的直流电压。

注：当用计算机表述励磁系统模型时，气隙磁场电压是一个基准量。

2.13　励磁系统额定电流　excitation system rated current

I_{EN}

在规定的运行条件下，并考虑通常由于电机电压和频率变化引起电机对励磁的最大要求时，励磁系统能够长期连续输出的最大直流电流。

2.14　励磁系统额定电压　excitation system rated voltage

U_{EN}

在规定的运行条件下，励磁系统输出额定电流，并考虑大多数通常由于电机电压和频率变化引起电机对励磁的最大要求时，励磁系统能够提供的在其输出端的直流电压。

2.15　励磁系统顶值电流　excitation system ceiling current

I_P

在规定的时间内，励磁系统从它的输出端能够连续提供的最大直流电流。

2.16　励磁系统顶值电压　excitation system ceiling voltage

U_P

在规定的条件下，励磁系统从它的输出端能够提供的最大直流电压。

注 1：对于从同步电机的电压和电流(假如有)取得电源的励磁系统，电力系统扰动的性质与励磁系统和同步电机的特定设计参数将影响励磁系统的输出。对这样的系统，顶值电压的确定要考虑电压降及电流(假如有)的增长。

注 2：对于使用旋转励磁机的系统，顶值电压在额定转速下确定。

2.17 **励磁系统顶值电流倍数 excitation system ceiling current ratio**

K_{IP}

励磁系统顶值电流与额定磁场电流的比值。

2.18 **励磁系统顶值电压倍数 excitation system ceiling voltage ratio**

K_{UP}

励磁系统顶值电压与额定磁场电压的比值。

2.19 **励磁系统的标称响应 excitation system nominal response**

V_E

由励磁系统的电压响应曲线确定的励磁系统输出电压的增量与额定磁场电压的比值(见图 2)。这个比率,假定保持恒定,所扩展的电压—时间面积,与在第一个半秒钟时间间隔内得到的实际面积相等。

$$V_E=\frac{\Delta U_E}{0.5U_{fN}}(s^{-1})$$

注 1:在励磁系统带有电阻等于 U_{fN}/I_{fN} 及足够的电感负载下,确定励磁系统标称响应,要考虑电压变化的影响及电流与电压的波形。

注 2:励磁系统标称响应是这样确定的,开始的励磁系统电压等于同步电机的额定磁场电压。然后,输入一个特定的电压偏差阶跃,使得很快获得励磁系统顶值电压。

注 3:对于从同步电机电压和电流(假如有)取得电源的励磁系统,电力系统扰动性质与同步电机及励磁系统的特定设计参数影响励磁系统输出。对这种系统,确定励磁系统标称响应要考虑电压降落与电流(假如有)的增长。

注 4:对于使用旋转励磁机的励磁系统,在额定转速下确定励磁系统的标称响应。

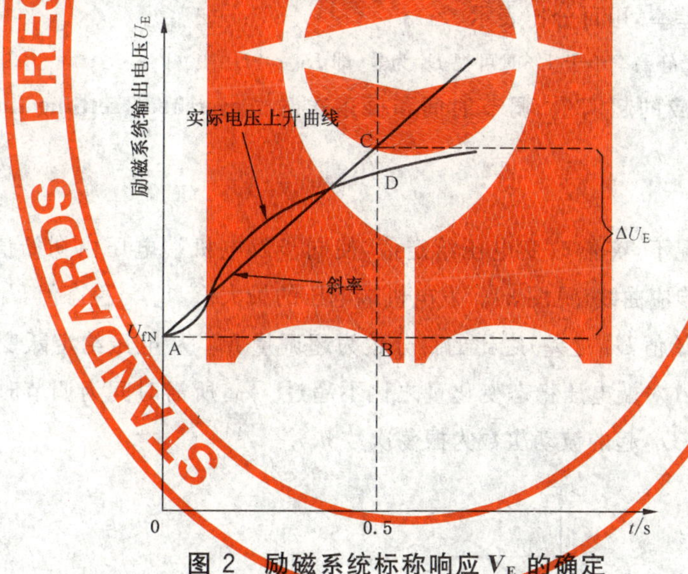

图 2 励磁系统标称响应 V_E 的确定

2.20 **电压静差率 static-voltage error ratio**

ε

负载电流补偿单元切除、原动机转速及功率因数在规定范围内变化,发电机负载从额定变化到零时端电压变化率,即:

$$\varepsilon=\frac{U_0-U_N}{U_N}\times 100\%$$

式中:

ε——电压静差率,用百分比表示;

U_N——额定负载下的发电机端电压,单位为伏特(V);

U_0——空载时发电机端电压,单位为伏特(V)。

2.21 **电压调差率 voltage compensative ratio**

D

发电机在功率因数等于零的情况下，无功电流从零变化到额定定子电流值时，发电机端电压的变化率。负载电流补偿器退出后的电压调差率称自然电压调差率 D_0。

$$D=\frac{U_0-U}{U_N}\times 100\%$$

式中：

D——电压调差率，用百分比表示；

U_0——空载时发电机端电压，单位为伏特(V)；

U——功率因数等于零、无功电流等于额定定子电流值时的发电机端电压，单位为伏特(V)。

2.22 **无功电流补偿率 reactive current compensative ratio**

K_{RCC}

（按照效果描述）因无功电流补偿器投入而产生的电压调差率的增量。

$$K_{RCC}=D-D_0$$

式中：

K_{RCC}——无功电流补偿率，用百分比表示(%)；

D——电压调差率，用百分比表示(%)；

D_0——自然电压调差率，用百分比表示(%)。

注：在工程应用中，当电压静差率小于1%时可视 D_0 为零，即 $K_{RCC}=D$。

2.23 **发电机空载阶跃响应的超调量、调节时间和振荡次数 overshoot, settling time and oscillation times on no load step test**

M_P、T_S 和 n

发电机在空载额定工况下，突然改变电压给定值，使同步发电机端电压由初始值 U_{01} 变为稳态值 U_{02}，获得发电机空载阶跃响应曲线（见图3）。发电机端电压的最大值 U_m 与稳态值 U_{02} 之差与端电压稳态变化量（稳态值 U_{02} 与初始值 U_{01} 之差）之比的百分数为超调量 M_P，从电压给定跃变开始到发电机端电压与新的稳态值的差值 Δ 对端电压稳态变化量之比不超过5%，所需时间为调节时间 t_S。在调节时间内，由第一次越过稳态值 U_{02} 起的波动次数为振荡次数 n。

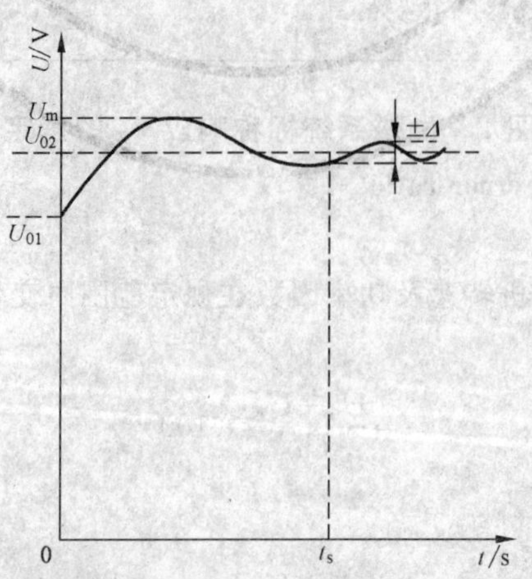

图3 发电机空载阶跃响应曲线

$$M_P=\frac{U_m-U_{02}}{U_{02}-U_{01}}\times 100\%$$

式中：

M_P——超调量，用百分比表示；

U_m——发电机端电压最大值，单位为伏特(V)；

U_{01}、U_{02}——发电机端电压前稳态值和后稳态值，单位为伏特(V)；

t_S——调节时间，单位为秒(s)。

2.24 100%电压起励时的超调量、调节时间和振荡次数 overshoot, settling time and oscillation times of 100% generator terminal voltage filed flashing

发电机在额定转速下，突然投入励磁系统，使同步发电机端电压从零上升到额定值时，发电机端电压的最大值与最终稳态值之差对最终稳态值之比的百分数为零起升压的超调量，从起励开始到发电机端电压与最终稳态值之差不超过最终稳态值的2%所需时间为调节时间。在调节时间内，由第一次越过最终稳态值起的波动次数为振荡次数。

2.25 励磁系统电压响应时间 voltage response time of excitation system

发电机带额定负荷运行于额定转速下，突然改变电压测量值，励磁系统的输出端电压达到顶值电压与额定磁场电压之差的95%所需要的时间。

2.26 高起始响应励磁系统 high initial response excitation system

电压响应时间小于或等于0.1 s的交流励磁机励磁系统。

2.27 励磁系统强迫切除 excitation system forced cut-off

是指由于励磁系统故障导致同步电机跳闸。

2.28 励磁系统年强迫切除率 F. O. R excitation system forced off ratio for a year F. O. R

在一年内，用百分数来表示的励磁系统强迫切除小时数对投运小时数与强迫切除小时数之和的比值。

2.29 励磁系统误强励 excitation system abnormal forcing

因励磁系统失控导致励磁系统输出异常升高。

2.30 励磁系统(数学)模型 excitation system Models

在电力系统稳定性研究中为了模拟励磁系统行为而建立的励磁系统的数学表达。

3 励磁功率单元种类

3.1 励磁机励磁功率单元 rotating exciter

使用由本同步电机或其他电机轴上取得机械功率的旋转电机的励磁功率单元。

3.1.1 直流励磁机励磁功率单元 DC exciter

使用换向器与电刷提供直流的励磁机励磁功率单元。

3.1.2 交流励磁机励磁功率单元 AC exciter

使用整流器提供成直流的励磁机励磁功率单元。整流器可以是可控的或不可控的。

3.1.2.1 静止整流器交流励磁机励磁功率单元 AC exciter with stationary rectifiers

使用静止整流器的交流励磁机励磁功率单元，其输出与同步电机励磁绕组滑环的电刷相联接。

3.1.2.2 旋转整流器交流励磁机励磁功率单元 AC exciter with rotating rectifiers(brushless exciter)

使用与同步电机同轴的旋转整流器的交流励磁机功率单元，其输出不经过滑环或电刷，而直接与同步电机的磁场绕组相联接。

3.2 静止励磁功率单元 static exciter

从一个或多个静止电源取得功率，使用静止整流器提供磁场电流的励磁功率单元。

3.2.1 电势源静止励磁功率单元 potential source static exciter

仅从电势源取得功率并使用可控整流器的励磁功率单元。

3.2.2 复合源静止励磁功率单元 compound source static exciter

从与同步电机机端量相关的电流源和电压源取得功率的静止励磁功率单元。两个电源可以在整流器交流侧或者直流侧迭加,可以以串联或者并联方式迭加。整流器可以设计成可控的或不可控的。

4 励磁系统种类

4.1 励磁机励磁系统 exciter excitation system

使用励磁机励磁功率单元的励磁系统。

4.1.1 直流励磁机励磁系统 DC exciter excitation system

使用直流励磁机励磁功率单元的励磁系统。

4.1.2 交流励磁机励磁系统 AC exciter excitation system

使用交流励磁机励磁功率单元的励磁系统。

4.1.3 无刷励磁系统 brushless excitation system

使用旋转整流器交流励磁机励磁功率单元的励磁系统。

4.2 静止励磁系统 static excitation system

使用静止励磁功率单元的励磁系统。

5 控制功能

5.1 自动电压调节器 automatic voltage regulator

将同步发电机的实际电压与给定值进行比较,并按其偏差以适当的控制规律调节励磁输出的装置。

5.2 手动励磁调节器 manual controller(field current regulator or field voltage regulator)

将同步发电机的实际磁场电流(或电压)与给定值进行比较,并按其偏差以适当的控制规律调节励磁输出的装置。

5.3 负载电流补偿器 load current compensator

一种装置或功能,能影响电压调节器使其控制某点的电压,而不是测得的同步发电机电压。可应用于部分补偿由外部阻抗引起的电压降,也可用于机组间的无阻抗并联运行,以实现对各机组的无功功率的分配。

5.4 过励限制器 over excitation limiter

一种电压调节器的附加单元或功能,目的是将励磁系统输出电流限制在允许值之内,限制作用可能是瞬时的或延时的。

5.5 过励保护器 over excitation protector

一种电压调节器附加单元或功能,目的是在过励限制器无法将励磁系统输出电流限制在允许值之内时发出保护信号。

5.6 定子电流限制器 stator current limiter

一种电压调节器的附加单元或功能,目的是将同步电机定子电流限制在允许值之内,限制作用是延时的。

5.7 欠励限制器 under excitation limiter

一种电压调节器的附加单元或功能,目的是在减少励磁时限制同步电机不超越静态稳定极限,或不超越由定子端部铁芯发热而要求的圆柱转子型电机的热容量。通常的输入量是:同步电机的有功功率、无功电流和端电压,或者是功角,或者是磁场电流(也许还综合其他变量)。

5.8 V/Hz 限制器 volts per hertz limiter

一种电压调节器的附加单元或功能,目的是防止同步电机或与其相连变压器过磁通。

5.9 电力系统稳定器 power system stabilizer

一种附加励磁控制装置或功能,它借助于电压调节器控制励磁功率单元的输出,来阻尼同步电机的功率振荡。输入量可以是转速、频率、或功率(或多个变量的综合)。

附 录 A
（资料性附录）
本部分章条编号与 IEC 60034-16-1：1991-02 章条编号对照

表 A.1 给出了本部分章条编号与 IEC 60034-16-1：1991-02 章条编号对照一览表。

表 A.1 本部分章条编号与 IEC 60034-16-1：1991-02 章条编号对照

本部分章条编号	对应的国际标准章条编号
1	1
2	2
2.1	—
2.2	2.1
2.3	2.2
2.4	2.3
2.5	2.4
2.6	2.5
2.7	2.6
2.8	2.7
2.9	2.8
2.10	2.9
2.11	2.10
2.12	2.11
2.13	2.12
2.14	2.13
2.15	2.14
2.16	2.15
2.17	—
2.18	—
2.19	2.18
2.20～2.30	—
3	3
3.1	3.1
3.1.1	3.1.1
3.1.2	3.1.2
3.1.2.1	3.1.2.1
3.1.2.2	3.1.2.2
3.2	3.2
3.2.1	3.2.1
3.2.2	3.2.2

表 A.1(续)

本部分章条编号	对应的国际标准章条编号
4	—
5	4
5.1	4.1
5.2	—
5.3	4.2
5.4	4.3
5.5	—
5.6	—
5.7	4.4
5.8	4.5
5.9	4.6
附录 A	—
附录 B	—

附　录　B
（资料性附录）
本部分与 IEC 60034-16-1：1991-02 技术性差异及其原因

表 B.1 给出了本部分与 IEC 60034-16-1：1991-02 的技术性差异及其原因。

表 B.1　本部分与 IEC 60034-16-1 1991-02 技术性差异及其原因

本部分章条编号	技术性差异	原　因
2.1	新增“励磁控制系统　excitation control system”	GB/T 7409.2 和 GB/T 7409.3 有应用
2.2,2.3,2.4	代替“励磁机”为“励磁功率单元”	使“励磁机”概念更明确
	删除原 2.16“励磁系统空载顶值电压”	GB/T 7409.2 和 GB/T 7409.3 没有应用
	删除原 2.17“励磁系统负载顶值电压”	GB/T 7409.2 和 GB/T 7409.3 没有应用
2.17	增加代号“K_{IP}”	GB/T 7409.2 有应用
2.18	增加代号“K_{UP}”	GB/T 7409.2 有应用
2.22	增加代号“K_{RCC}”	GB/T 7409.2 有应用
2.23	增加代号“M_P、T_s and n”	GB/T 7409.2 有应用
2.25	增加“励磁系统电压响应时间”	GB/T 7409.3 有应用
2.26	增加“高起始响应励磁系统”	GB/T 7409.3 有应用
2.27	增加“励磁系统强迫切除”	GB/T 7409.3 有应用
2.28	增加“励磁系统年强迫切除率”	GB/T 7409.3 有应用
2.29	增加“励磁系统误强励”	GB/T 7409.3 有应用
2.30	增加“励磁系统(数学)模型”	GB/T 7409.3 有应用
3	代替“励磁机”为“励磁功率单元”	使“励磁机”概念更明确
4	增加“励磁系统种类”	国内广泛应用
5.2	增加“手动励磁调节器”	GB/T 7409.3 有应用
5.4	不包括定子电流限制	5.6 新增“定子电流限制”
5.5	增加“过励保护器”	GB/T 7409.3 有应用
5.6	增加“定子电流限制器”	GB/T 7409.3 有应用
5.8	删除原文“仅在频率下降段起作用”	在发电机定子电压升高的情况下限制器也动作
附录 A	增加“本部分章条编号与 IEC 60034-16-1：1991-02 章条编号对照”	GB/T 20000.2—2001 要求
附录 B	增加“本部分与 IEC 60034-16-1：1991-02 技术性差异及其原因”	GB/T 20000.2—2001 要求

ICS 29.160.20
K 21

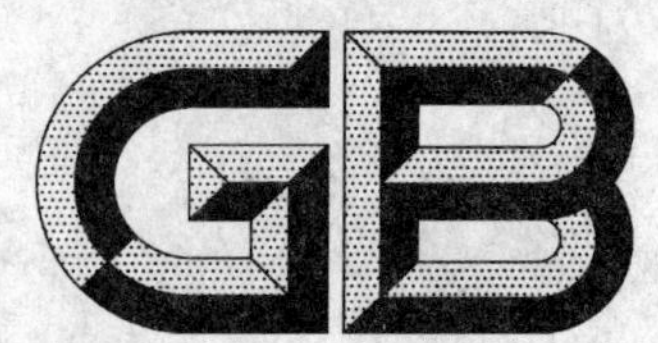

中华人民共和国国家标准

GB/T 7409.2—2008
代替 GB/T 7409.2—1997

同步电机励磁系统 电力系统研究用模型

Excitation systems for synchronous machines—Models for power system studies

(IEC 60034-16-2:1991, Rotating electrical machines—Part 16: Excitation systems for synchronous machines—Chapter 2: Models for power system studies, MOD)

2008-06-18 发布　　　　2009-03-01 实施

中华人民共和国国家质量监督检验检疫总局
中国国家标准化管理委员会　发布

前　言

GB/T 7409《同步电机励磁系统》分为三个部分：

——第一部分：GB/T 7409.1《同步电机励磁系统　定义》；

——第二部分：GB/T 7409.2《同步电机励磁系统　电力系统研究用模型》；

——第三部分：GB/T 7409.3《同步电机励磁系统　大、中型同步发电机励磁系统技术条件》。

本部分是 GB/T 7409《同步电机励磁系统》的第二部分，于 1987 年第一次制定，1997 年第一次修订，本次版本为第二次修订。

GB/T 7409.2—1997 等同采用 IEC 60034-16-2：1991《旋转电机　第 16 部分：同步电机励磁系统　第 2 章：电力系统研究用模型(Rotating electrical machines—Part 16：Excitation systems for synchronous machines—Chapter 2：Models for power system studies)》。

本部分修改采用 IEC 60034-16-2：1991。本部分参考了国内现有发电机励磁系统实际模型，参考了国内现使用于电力系统稳定分析的发电机励磁系统计算模型，参考了 IEEE Std. 421.5：2005 标准，提出概括的、符合实际的、可以满足电力系统稳定分析要求的发电机励磁系统计算模型。

与 GB/T 7409.2—1997 比较，本部分主要变化如下：

——对励磁系统模型作了具体描述，所建立的发电机励磁系统模型能够满足国内主要的发电机励磁系统进行电力系统稳定分析之用；

——补充了校正环节、电力系统稳定器模型；

——描述了限制器和电力系统稳定器作用于电压调节器的方式。

在附录 E 中给出了与 IEC 60034-16-2：1991-02 章条编号对照一览表，在附录 F 中给出了与 IEC 60034-16-2：1991-02 的技术性差异及其原因的一览表以供参考。

本部分的附录 A、附录 B、附录 C、附录 D 为规范性附录，附录 E 和附录 F 为资料性附录。

本部分由中国电器工业协会提出。

本部分由全国旋转电机标准化技术委员会归口。

本部分由浙江省电力试验研究院负责起草，中国电力科学研究院、哈尔滨电机厂有限责任公司、华北电力科学研究院有限责任公司、上海汽轮发电机有限公司、东方电机股份有限公司、国网南京自动化研究院、广州电器科学研究院、山东济南发电设备厂、北京北重汽轮电机有限责任公司、水电水利规划设计总院等单位参加起草。

本部分主要起草人：竺士章、刘增煌、李国良、苏为民、徐福安、吴涛、刘明行、汪大卫、吕宏水、许敬涛、尹国吉、张玉华、刘国阳、濮钧、陈新琪。

本部分所代替标准的历次版本发布情况为：

——GB 7409—1987；

——GB/T 7409.2—1997。

引　言

在电力系统稳定性研究中，当同步电机的运行状态已被准确地模拟，则电机的励磁系统也应建立适当的模型。由于受数据取得、编程和计算的限制，在允许情况下采用具有适当精度的简化模型是必要的。这些模型应适用于表现下述时间的励磁系统性能：

——故障发生前的稳态条件期间；

——从故障发生到故障清除期间；

——故障清除后振荡期间。

假定在稳态研究中频率偏差在±5%额定值内，励磁模型可以忽略频率偏差的影响。

励磁系统模型对于稳态条件和同步电机固有振荡频率应当是有效的。这个振荡频率的典型值不大于 3 Hz。

保护功能和灭磁及过电压抑制设备的动作不包括在模型使用范围内。

励磁系统建模方法和标准模型也可能用于与同步电机有关的其他动态问题，例如：失步运行、次同步共振或扭矩影响的研究，应当检查一下模型，以确定它是否适用。

在电力系统研究中，所涉及的各种励磁系统的部件在图 1 功能框图中给出。这些部件包括：

——电压控制部件；

——限制器；

——电力系统稳定器(如果使用)；

——励磁功率单元。

励磁功率单元的主要区分特征是励磁功率提供与变换的方式。

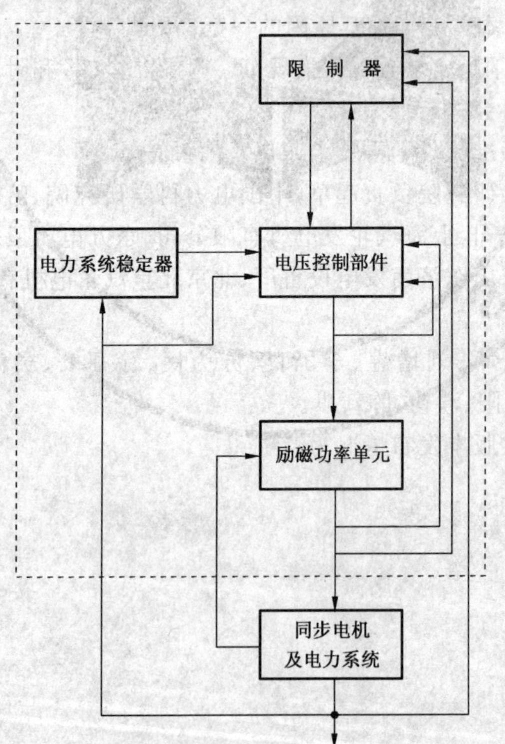

图 1　同步电机励磁系统(虚线框内部分)通用功能框图

同步电机励磁系统
电力系统研究用模型

1 范围

GB/T 7409 的本部分规定的励磁系统模拟简图及相应的数学模型,以及其中包括的参数和变量的术语定义适用于电力系统稳定性研究。

2 规范性引用文件

下列文件中的条款通过 GB/T 7409 的本部分的引用而成为本部分的条款。凡是注日期的引用文件,其随后所有的修改单(不包括勘误的内容)或修订版均不适用于本部分,然而,鼓励根据本部分达成协议的各方研究是否可使用这些文件的最新版本。凡是不注日期的引用文件,其最新版本适用于本部分。

GB/T 7409.1—2008 同步电机励磁系统 定义[IEC 60034-16-1:1991,MOD)

3 励磁功率单元分类——图示法及稳定性研究的数学模型

3.1 直流励磁机励磁功率单元

近年来,虽然新机组已很少采用直流励磁机,但还有许多运行中的同步电机装有这类励磁机。图 2 就是一种采用它励绕组的直流励磁机励磁功率单元简图,图 3 表示该励磁功率单元的模型。模型中用术语 K_E 来描述有自励分量励磁机的特性。注意:采用它励励磁机时 $K_E=1$。

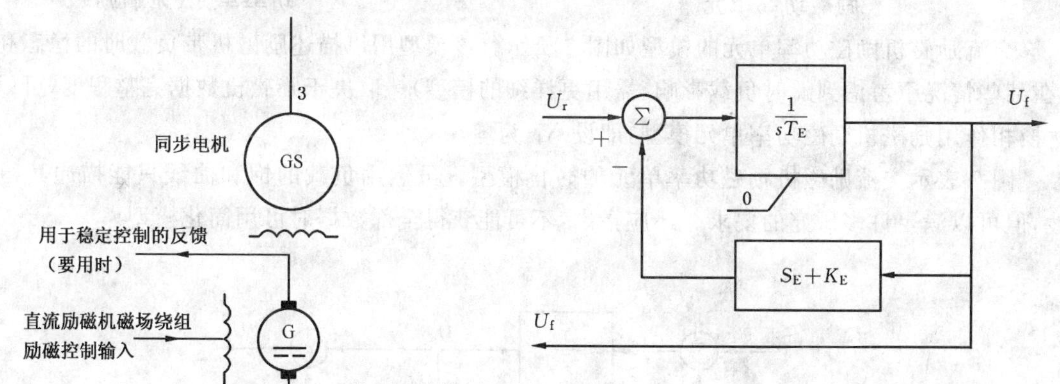

图 2 采用一个它励绕组的直流励磁机励磁功率单元

图 3 与图 2 相对应的模型

励磁控制采用机械式、电磁式和电子式控制装置。

考虑到采用直流励磁机的机组数量和重要程度的减小,对上述励磁控制形式,统一用图 3 的简图描述即可满足要求。

3.2 交流励磁机励磁功率单元

交流励磁机励磁功率单元利用交流励磁机带静止或旋转整流器,给同步电机提供磁场电流。整流器可以是可控的或者是不可控的。采用不可控整流器时,可通过一个或多个交流励磁机磁场绕组产生控制作用。

分清提供交流励磁机磁场电流的电源，是模拟该励磁功率单元的基础。该电源可为副励磁机，也可为电压或复合静止电源。

图 4 表示交流励磁机带不可控静止整流器的励磁功率单元简图。由交流励磁机供给静止整流器电源，整流器的输出经电刷和滑环给同步发电机的磁场绕组。励磁机的旋转磁场绕组到励磁控制设备也是通过滑环和电刷进行电联接的。

图 5 表示交流励磁机（无刷励磁机）带不可控旋转整流器和永磁式副励磁机的简图，励磁控制设备的电源由永磁式副励磁机提供。整流器和交流励磁机的电枢与同步电机同轴旋转，旋转整流器的输出不需用滑环或电刷，而直接与同步电机的磁场绕组联接。

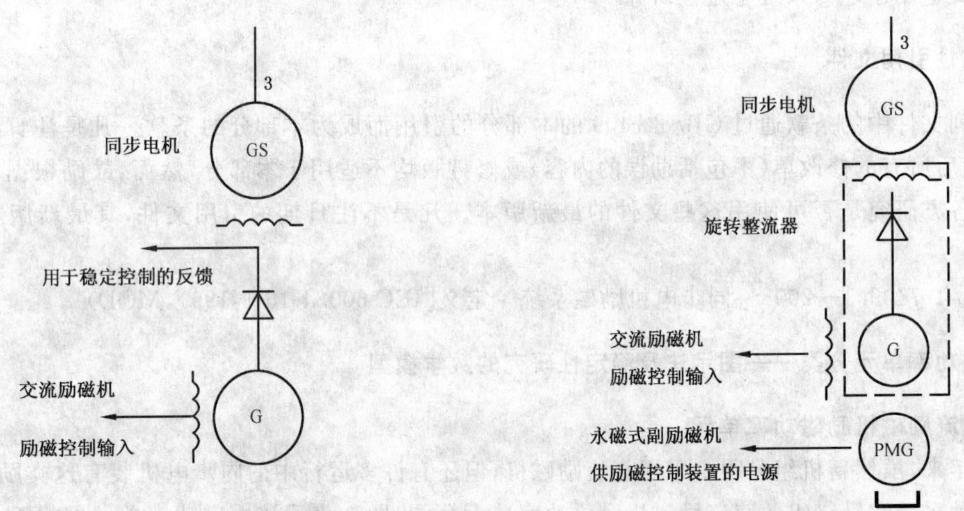

图 4　带不可控静止整流器的交流励磁机励磁功率单元

图 5　带不可控旋转整流器的旋转励磁功率单元（无刷励磁）

交流励磁机励磁功率单元的模型如图 6 所示。该模型用以描述励磁机带负载时的稳态和瞬态特性（在某些情况下考虑到瞬时负载影响，需用更详细的模型）。取决于励磁机数据完整程度，可以构成不表达换相作用励磁机励磁功率单元模型，即设 X_E 为零。

图 7 表示交流励磁机励磁功率单元的简化模型。虽然用负载的饱和曲线只能描述其稳态负载特性，但可以满足许多研究的要求。还应指出，不可能获得全部数据时可用简化模型。

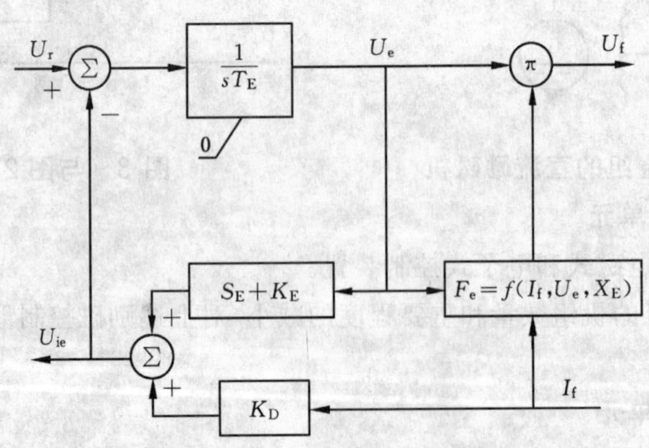

图 6　交流励磁机励磁功率单元详细模型

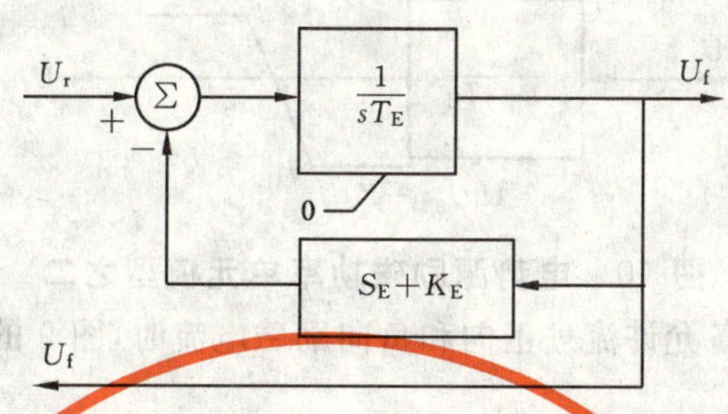

图 7 交流励磁机励磁功率单元简化模型图

3.3 电势源静止励磁功率单元

电势源静止励磁功率单元采用整流变压器，电源取自装在与同步电机同轴的辅助发电机、或取自与主发电机电压无关的辅助母线、或取自同步电机的输出端。后者称作自并励静止励磁功率单元，自并励静止励磁系统的性能和模型应考虑受电压变化的影响。电势源静止励磁功率单元如图 8 所示。电势源静止励磁功率单元数学模型可以表示为图 9 或者图 10。

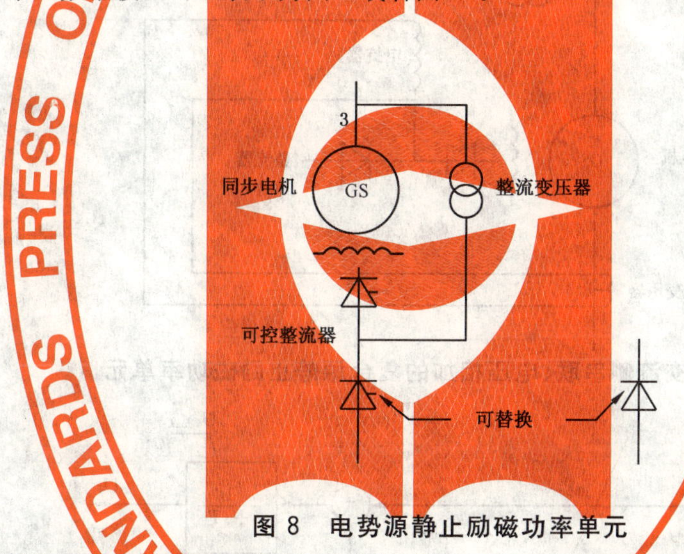

图 8 电势源静止励磁功率单元

可控整流装置采用全控桥，也可采用一半晶闸管、一半二极管的半控桥。常常通过控制触发角限制输出电压，用 U_{P+} 和 U_{P-} 来表示。半控桥线路不能逆变，U_{P-} 的值等于零。

最常用的可控整流桥只允许正向励磁电流通过。若同步电机端部扰动引起负的磁场电流，图 9 的数学模型对此就不再是有效的了，在这种情况下，同步电机磁场绕组的电压不再受调节器的控制，而决定于其他因素，这不在本部分范围内论述。

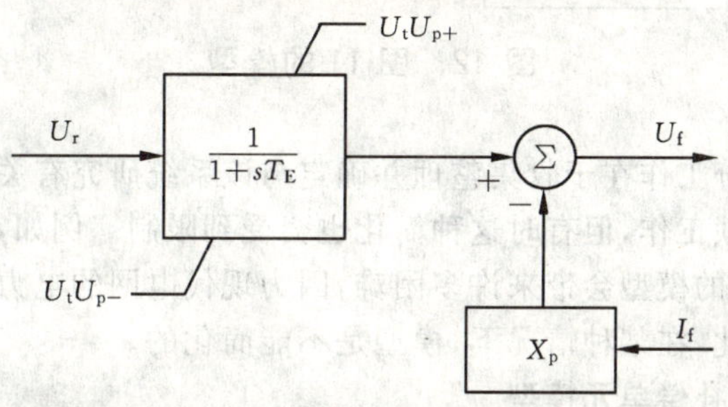

图 9 电势源励磁功率单元模型之一

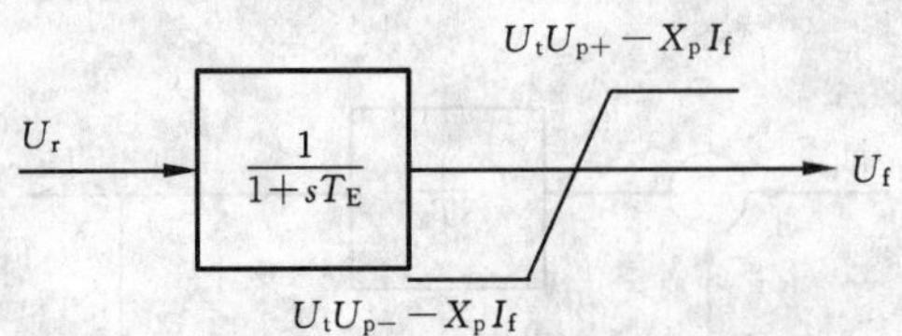

图 10　电势源励磁功率单元模型之二

只有在特殊情况下要求设备允许流过正向和负向励磁电流时，图 9 的数学模型才适用。

3.4　复合源静止励磁功率单元

复合源静止励磁功率单元采用电流源和电压源（取自同步电机）供电的两种整流变压器。设计的形式有电流源和电压源在直流侧并联、直流侧串联、交流侧并联和交流侧串联等多种形式。复合源静止励磁功率单元使用甚少，这里仅说明交流侧串联的复合源静止励磁功率单元。

图 11 给出了两个电源在整流器交流侧串联、电压相加的原理图。带有气隙的电抗器将电流源转换为电压源，也有采用带气隙的电流源变压器直接将电流源转换为电压源。图 12 给出相应的模型。

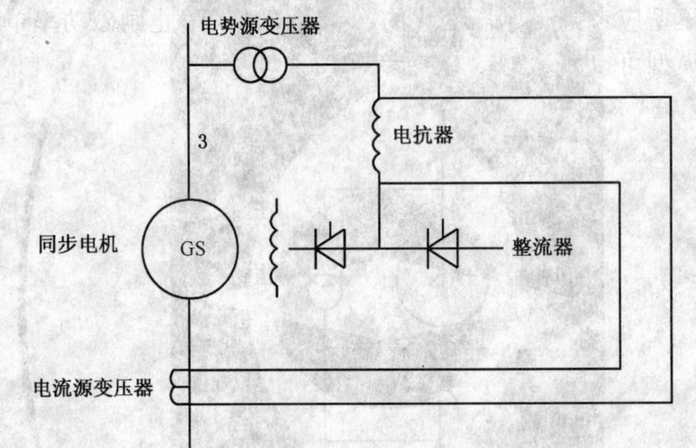

图 11　交流侧串联、电压相加的复合源静止励磁功率单元

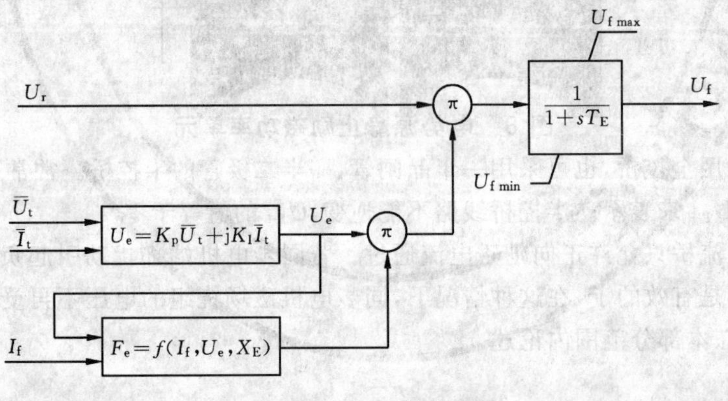

图 12　图 11 的模型

3.5　控制功能的数学模型

系统稳定性研究的大部分工作在于收集整理并确定与该系统研究有关的数学模型数据。对系统进行适当地简化会减少许多繁琐工作，但有时这种简化也会受到限制。例如，当要计算超过转子角第一次摆动以外的特性时，使用简化的模型会带来许多困难，因为现代电网的电力系统稳定性通常要经过数秒或数次振荡后方能确定。因此，在某种情况下，模型是不能简化的。

3.5.1　电压测量和负载电流补偿单元模型

通常，模拟发电机端电压信号是所有电压调节器共用的。图 13 表示交流侧电压信号与负载电流补偿的合成。在此情况下，将输入变量（发电机电压和电流）进行相量相加，然后将合成信号整流。通常，负载电流的补偿采用下面的某一种形式：

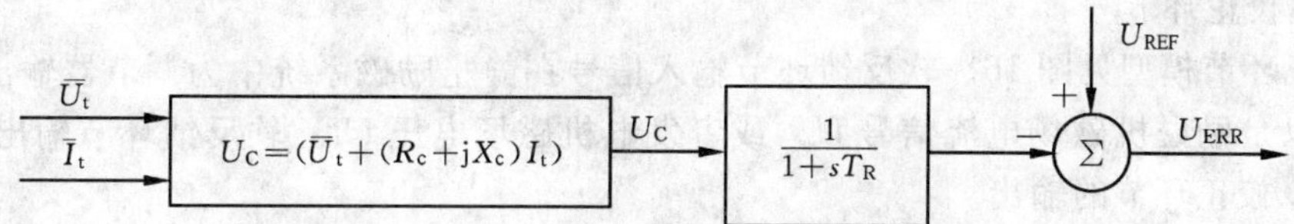

图 13　端电压信号及负载电流补偿

——当机组间未经阻抗直接并联时，采用电流补偿，造成一个人为的阻抗匹配，以使机组能合理地分担无功功率。这种情况下，X_c 应为正值。

——当单一机组通过大的阻抗联到系统，或两台及多台机组通过各自变压器联到系统时可能要求调节发电机端外某点的电压。比如，可以补偿变压器的部分阻抗，在这些情况下，R_c 和 X_c 取负值。

多数负载电流的补偿忽略 R_c 分量，而只要求 X_c 值，在此条件下，负载电流的影响可视为无功分量的影响，起该作用的部件称作无功电流补偿器。

不使用补偿器，而仅仅用于端电压整流后的滤波时，仍适用于图 13。另一方面，滤波环节可能是复杂的，为了模拟，可以简化为一阶惯性环节，在许多情况下此时间常数很小，可忽略不计。

加入负载补偿器影响滤波后的端电压信号与参考信号比较，参考信号表示端电压的理想整定值，选择等效电压调节器的参考信号 U_{REF}，以满足初始运行条件。

当使用补偿器时，应注意可能会在功率振荡的情况下附加上正的或负的阻尼。

3.5.2　校正环节模型

励磁控制的校正环节实现励磁调节和稳定控制功能。校正环节一般有以下几种类型：串联型 PID 校正环节、并联型 PID 校正环节、软反馈校正环节和励磁机时间常数补偿环节。也有几种校正环节组合的情况。

a)　串联型 PID 校正环节

串联型 PID 校正环节模型见图 14。K_V 设置为 1 时校正环节由两级超前滞后环节组成。K_V 设置为零时校正环节带纯积分环节，实现无差调节。

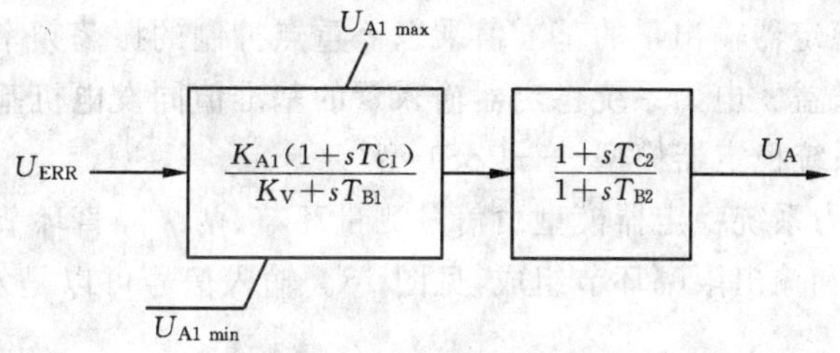

图 14　串联型 PID 校正环节

b)　并联型 PID 校正环节

并联型 PID 校正环节模型见图 15。

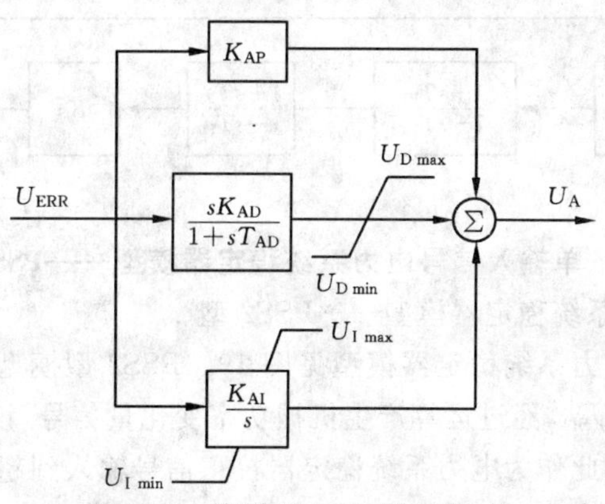

图 15　并联型 PID 校正环节

c) 软反馈校正环节

软反馈校正环节模型见图16。软反馈环节输入信号在静止励磁系统中为调节器输出U_r,在励磁机励磁系统中可以是励磁机磁场电流信号U_{ie},或者发电机磁场电压U_f。软反馈环节输出信号加到电压相加点或者PID校正环节的输出。

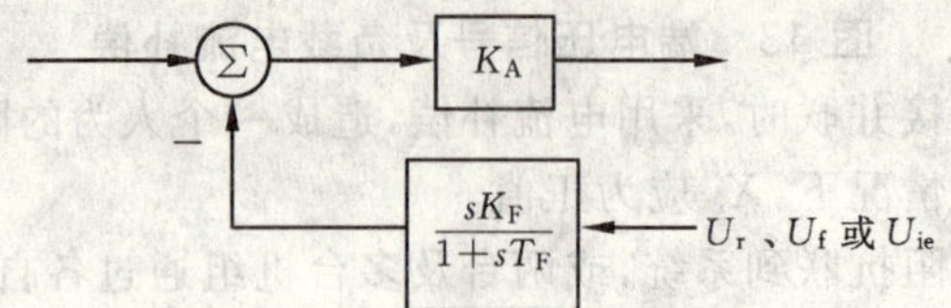

图16 软反馈校正环节

d) 励磁机时间常数补偿环节

励磁机时间常数补偿环节用以减少励磁机等效时间常数。励磁机时间常数补偿环节的输入信号为发电机磁场电压或励磁机磁场电流信号,反馈到PID校正环节的输出,见图17。

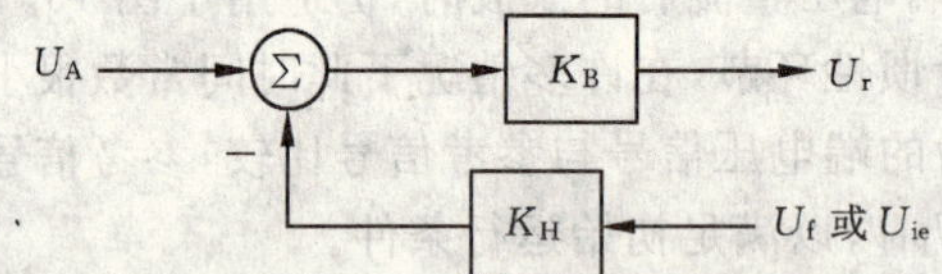

图17 励磁机时间常数补偿环节

3.5.3 限幅环节

要注意区分内限幅和外限幅两种限幅环节。内限幅和外限幅的表达见附录D。

3.5.4 电力系统稳定器模型

电力系统稳定器输入信号一般有发电机有功功率、机端电压的频率、发电机转速或它们的组合。电力系统稳定器可以用于发电机和电动机工况,但是参数需要分别整定。

电力系统稳定器输出信号一般叠加到电压调节器电压相加点上。叠加到电压相加点的电力系统稳定器输出量的基准值同发电机电压的基准值。叠加到其他点的电力系统稳定器输出量的基准值为叠加到电压相加点的电力系统稳定器输出量的基准值乘以需重点抑制的振荡频率下电压相加点到电力系统稳定器输出相加点的动态增益。电力系统稳定器输入量的基准值同发电机基准值。

a) 单输入信号电力系统稳定器模型——PSS1型

PSS1型单输入信号电力系统稳定器模型由信号测量环节、两级隔直环节、轴系扭振滤波器、三级超前滞后环节、增益调整环节和输出限幅环节组成,见图18。输入信号可以是发电机有功功率、机端电压的频率或发电机转速。

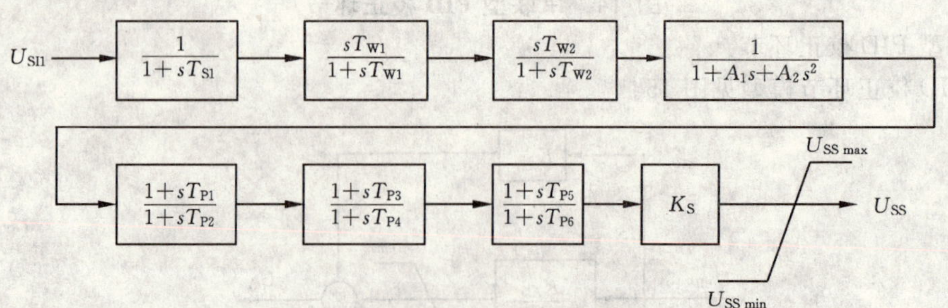

图18 单输入信号电力系统稳定器模型——PSS1型

b) 合成加速功率型电力系统稳定器模型——PSS2型

PSS2型合成加速功率型电力系统稳定器模型见图19。PSS2型模型采用发电机转速(或频率)和有功功率作为输入信号U_{SI1}和U_{SI2},经过运算产生机械功率变化量信号,该信号减去有功功率变化量信号即为加速功率变化量信号,以此作为电力系统稳定器校正信号输入到超前滞后环节、增益调整环节和限幅环节。

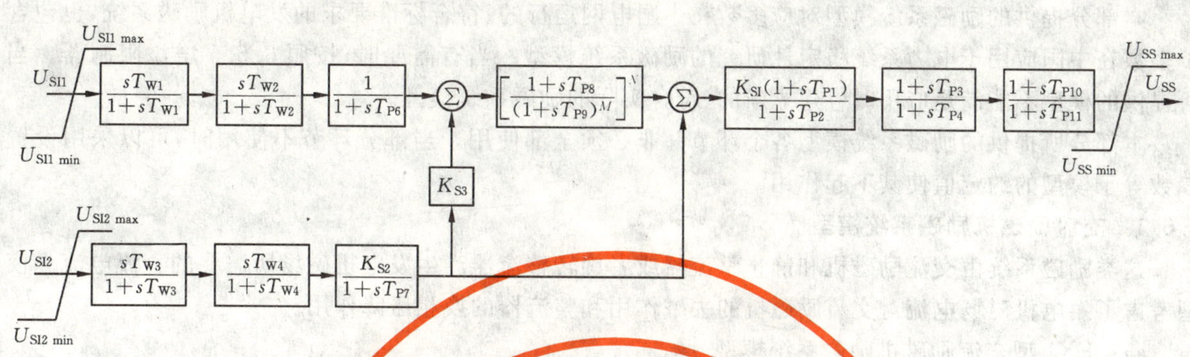

图 19 加速功率型电力系统稳定器模型——PSS2 型

c) 双输入信号电力系统稳定器模型——PSS3 型

PSS3 型双输入信号电力系统稳定器模型由两路信号测量环节带增益调整、两级隔直环节、三级超前滞后环节和输出限幅环节组成，见图 20。通常采用发电机有功功率和频率作为输入信号，在这种情况下可以不考虑扭振抑制环节。

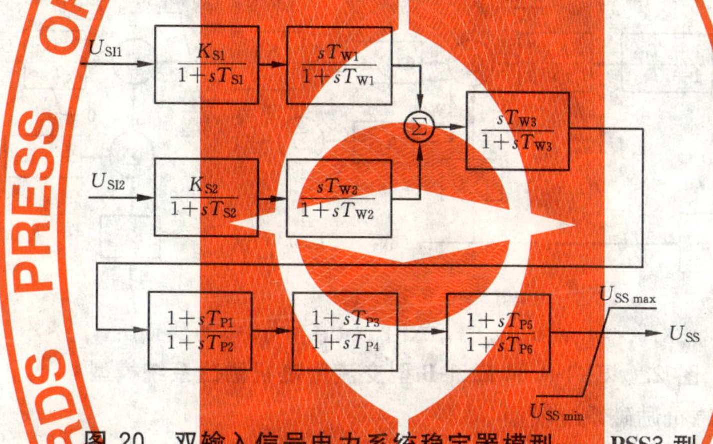

图 20 双输入信号电力系统稳定器模型——PSS3 型

3.5.5 限制器和电力系统稳定器作用于电压调节器的方式

限制器包括欠励限制器、过励限制器、过励瞬时限制器、定子电流限制器和 V/Hz 限制器等。

限制作用于电压调节器的方式可采用迭加方式或者比较门方式。迭加方式，限制动作后电压调节仍起作用。比较门方式，限制动作后电压调节被阻断，实现被限制量的闭环控制。

限制器和电力系统稳定器作用于电压调节器的方式有两种，限制后电力系统稳定器离线和在线。结合具体的电网，不同的作用方式对小扰动稳定性的影响不同，有时需要调整有关参数。

图 21 为欠励限制、过励瞬时限制和电力系统稳定器作用于电压调节器的一般方式。

励磁系统稳定计算模型可按照实际模型或者按照等效方式选择作用点和作用方式。

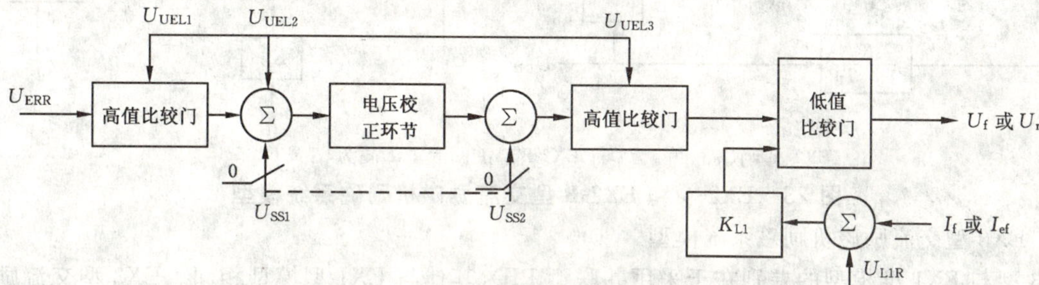

图 21 限制器和电力系统稳定器作用于电压调节器的一般方式

3.6 励磁系统模型

本部分提供的励磁系统模型对应多数在中国电网运行的、符合标准要求的发电机励磁系统，也包含了多数在中国应用于电力系统稳定性研究的励磁系统模型。当有需要时，按照 3.5.5 增添限制器。当所提供的模型不能满足应用时应建立新的、符合实际的励磁系统模型。

本部分所提供的励磁系统模型各个环节并非必须全部使用。当部分环节不使用时，可以采用设置参数等于模型的约定值使其不起作用。

3.6.1 交流励磁机励磁系统模型

这类励磁系统由交流励磁机和静止整流器或者旋转整流器产生发电机磁场所需要的直流电流。模型考虑了发电机磁场电流对交流励磁机的去磁作用和整流器的换相压降作用。

a) EX1 型交流励磁机励磁系统模型

图 22 所示 EX1 型模型用来表示副励磁机向励磁调节器供电的不可控整流器交流励磁机励磁系统。

EX1 型模型有串联型 PID 校正和软反馈校正；有过励瞬时限制；有励磁系统输出电压最大值限制。按照反馈信号的来源分为 A、B 两型，A 型适用于无刷励磁系统，B 型适用于有刷或无刷励磁系统。COMP 为比较门环节。

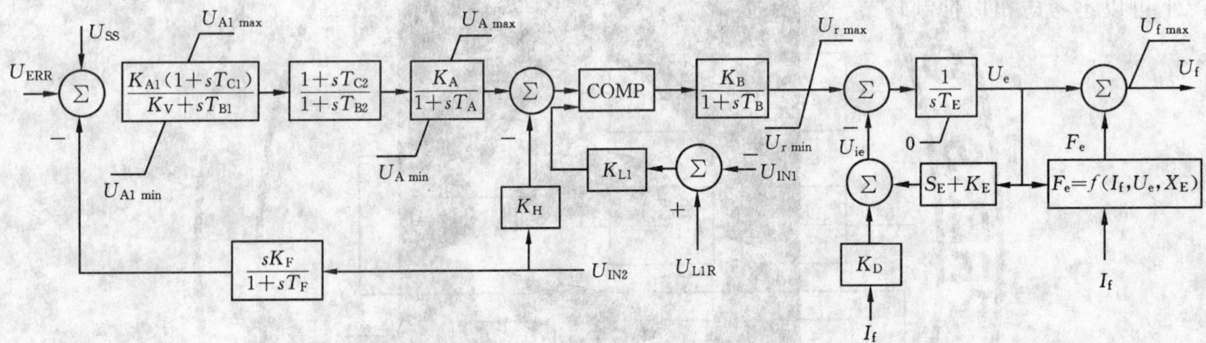

EX1-A 型：U_{IN1}、U_{IN2} 为 U_{ie}。EX1-B 型：U_{IN1} 为 I_f，U_{IN2} 为 U_f 或 U_{ie}。

图 22 EX1-A 和 EX1-B 型交流励磁机励磁系统模型

b) EX2 型交流励磁机励磁系统模型

图 23 所示的 EX2 型模型用来表示发电机机端变压器向励磁调节器供电的不可控整流器交流励磁机励磁系统。按照反馈信号的来源分为 A、B 两型，A 型适用于无刷励磁系统，B 型适用于有刷或无刷励磁系统。与 EX1 模型的差别仅仅在于调节器输出受发电机电压影响。励磁调节器的输出电压限幅值与发电机端电压成正比，为 $U_t \cdot U_{r\,max}$ 和 $U_t \cdot U_{r\,min}$。EX2 型模型其他部分同 EX1 型。

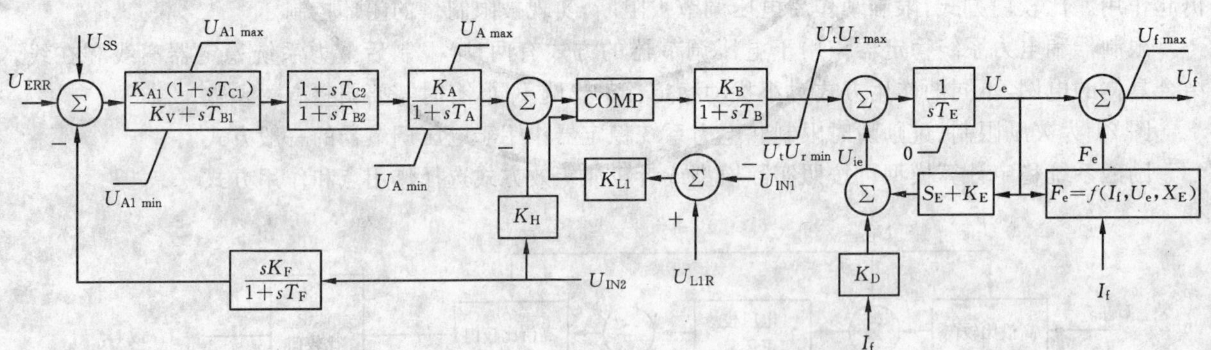

EX2-A 型：U_{IN1}、U_{IN2} 为 U_{ie}。EX2-B 型：U_{IN1} 为 I_f，U_{IN2} 为 U_f 或 U_{ie}。

图 23 EX2-A 和 EX2-B 型交流励磁机励磁系统模型

c) EX3 型交流励磁机励磁系统模型

EX3 型与 EX1 型模型的差别在于采用并联型 PID，其他与 EX1 型模型相同。EX3 型交流励磁机励磁系统模型见图 24。

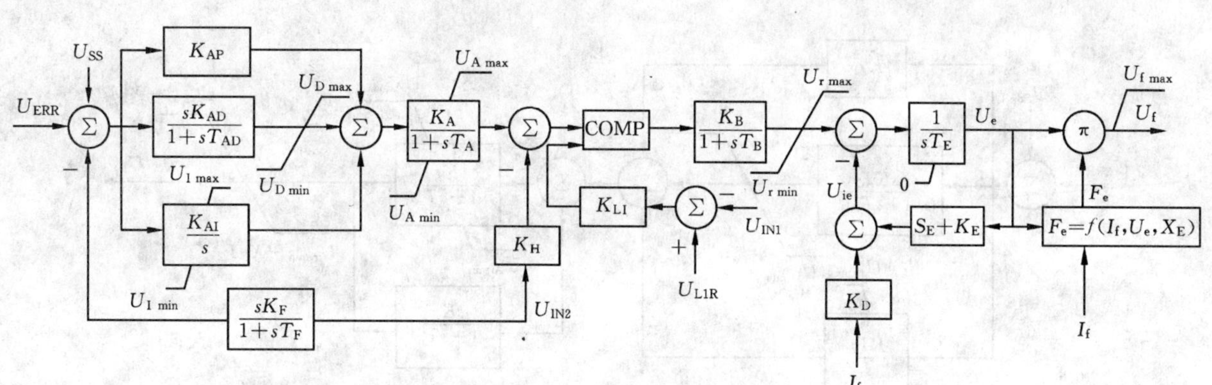

EX3-A 型：U_{IN1}、U_{IN2}为U_{ie}。EX3-B 型：U_{IN1}为I_f，U_{IN2}为U_f或U_{ie}。

图 24　EX3-A 和 EX3-B 型交流励磁机励磁系统模型

d)　EX4 型交流励磁机励磁系统模型

EX4 型与 EX3 型模型的差别在于励磁电源与发电机电压有关。EX4 型交流励磁机励磁系统模型见图 25。

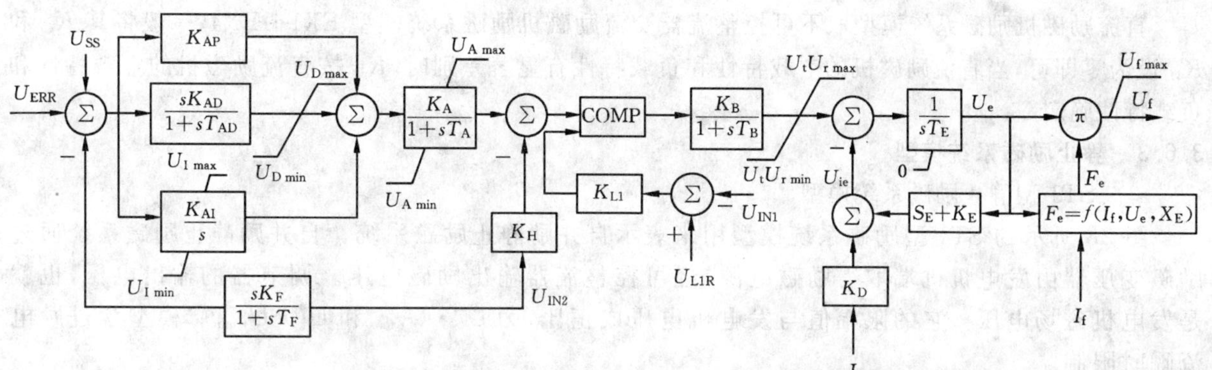

EX4-A 型：U_{IN1}、U_{IN2}为U_{ie}。EX4-B 型：U_{IN1}为I_f，U_{IN2}为U_f或U_{ie}。

图 25　EX4-A 和 EX4-B 型交流励磁机励磁系统模型

e)　EX5 型交流励磁机励磁系统模型

图 26 所示的 EX5 型模型用来表示可控整流器交流励磁机励磁系统，也可以用来表示其他稳定的电源向可控整流器供电的可控整流器励磁系统。这个系统没有副励磁机，一般采用交流励磁机自励恒压系统。

EX5 型模型有串联型 PID 校正和软负反馈校正，软负反馈校正的输入来自调节器输出。

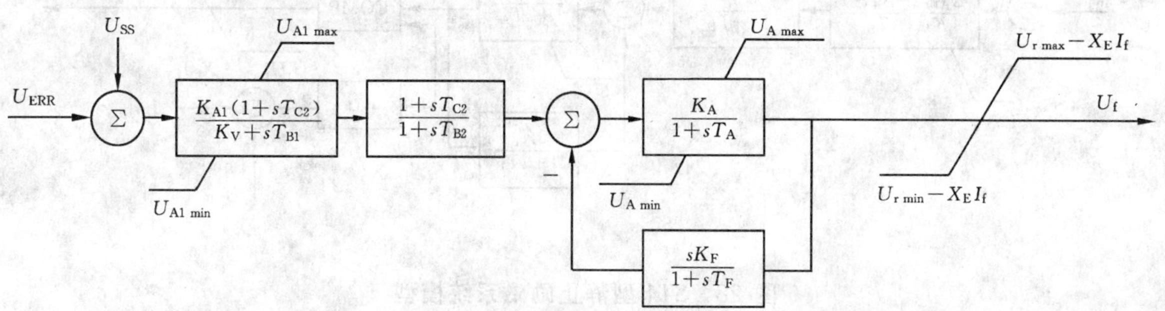

图 26　EX5 型励磁系统模型

f)　EX6 型交流励磁机励磁系统模型

EX6 型与 EX5 型模型的差别在于采用并联型 PID，其他与 EX5 型模型相同。EX6 型交流励磁机励磁系统模型见图 27。

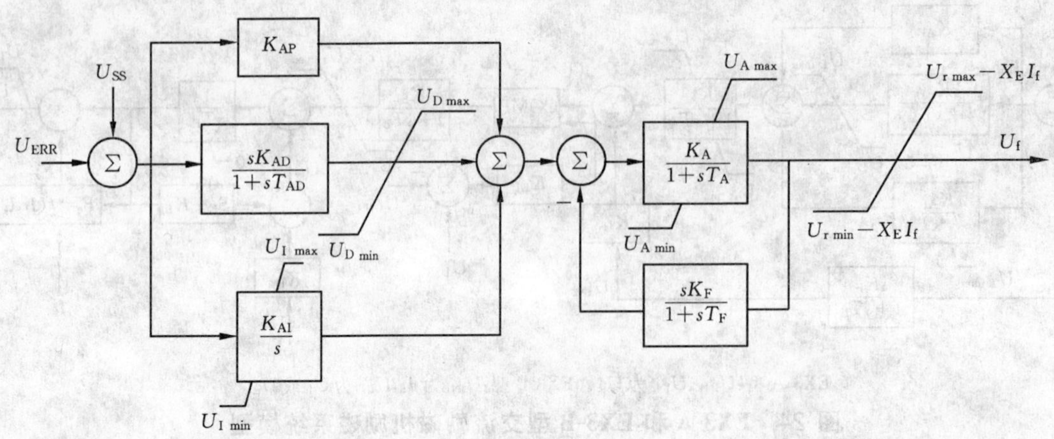

图 27 EX6 型励磁系统模型

3.6.2 直流励磁机励磁系统模型

直流励磁机励磁系统模型取不可控整流器交流励磁机励磁系统模型 EX1～EX4，一般将其 K_C 和 K_D 设为零即可，当直流励磁机的空载特性和负载特性有显著差别时，K_D 按直流励磁机的空载特性和负载特性确定。

3.6.3 静止励磁系统模型

a) ST1 型静止励磁系统模型

图 28 所示的 ST1 型励磁系统模型用来表示自并励静止励磁系统。自并励静止励磁系统通过励磁变压器由发电机机端取得励磁电源，经可控整流器输出励磁电压。调节器的输出电压，也就是发电机磁场电压。它的限幅值与发电机电压成正比，为 $U_t \cdot U_{r\ max}$ 和 $U_t \cdot U_{r\ min}$。模型含过励电流瞬时限制。

ST1 模型有串联型 PID 校正、软负反馈校正和过励瞬时限制，软负反馈校正的输入来自调节器输出。

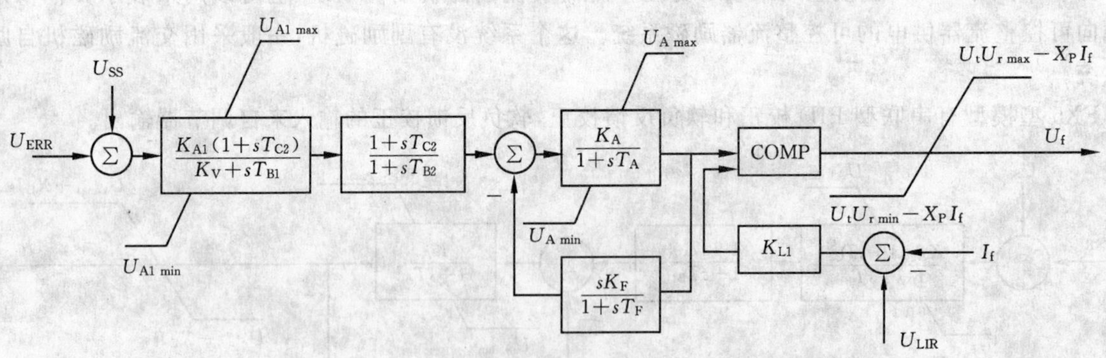

图 28 ST1 型静止励磁系统模型

b) ST2 型静止励磁系统模型

图 29 为 ST2 型静止励磁系统模型。ST2 型与 ST1 型模型的差别在于采用恒定励磁电源，其他与 ST1 型模型相同。

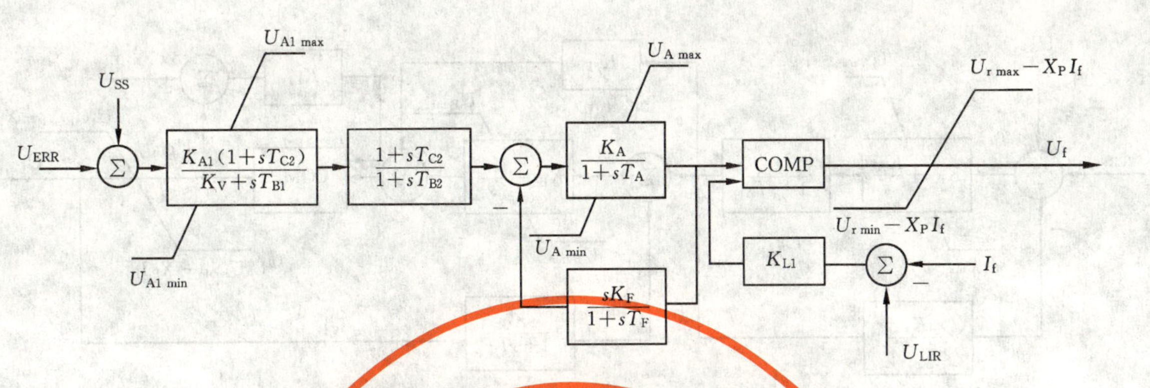

图 29 ST2 型静止励磁系统模型

c) ST3 型静止励磁系统模型

图 30 为 ST3 型静止励磁系统模型。ST3 型与 ST1 型模型的差别在于采用并联型 PID 校正，其他与 ST1 型模型相同。

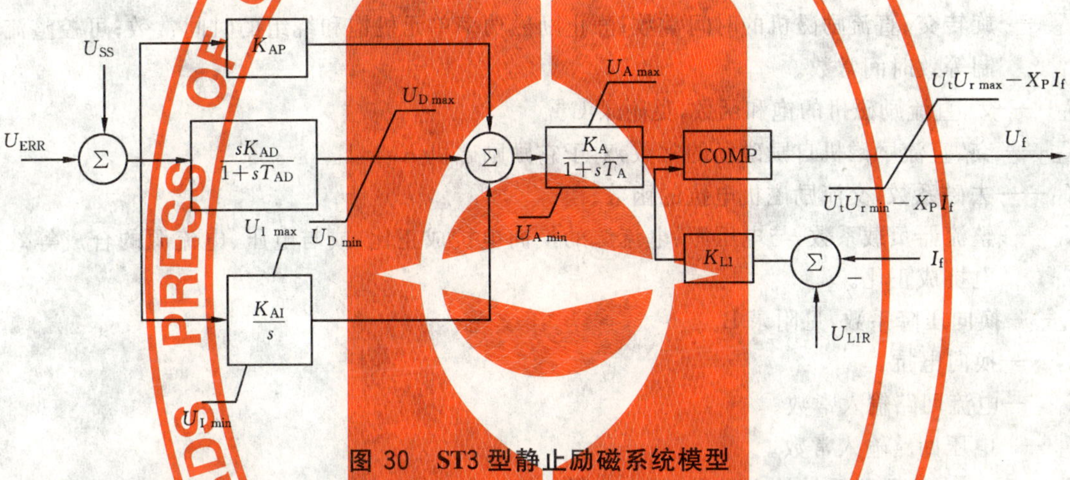

图 30 ST3 型静止励磁系统模型

d) ST4 型静止励磁系统模型

图 31 为 ST4 型静止励磁系统模型。ST4 型与 ST3 型模型的差别在于采用恒定励磁电源，其他与 ST3 型模型相同。

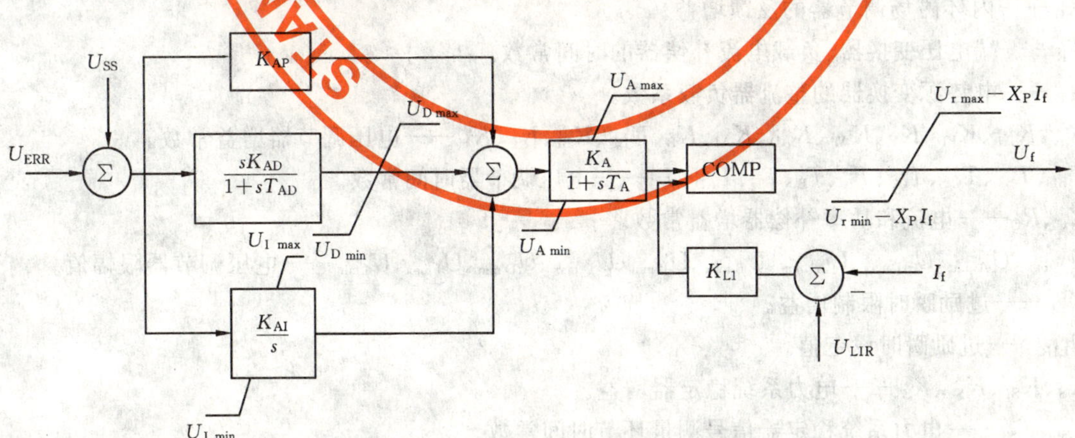

图 31 ST4 型静止励磁系统模型

e) ST5 型静止励磁系统模型

图 32 为 ST5 型静止励磁系统模型。ST5 型模型有励磁电压反馈和过励瞬时限制。

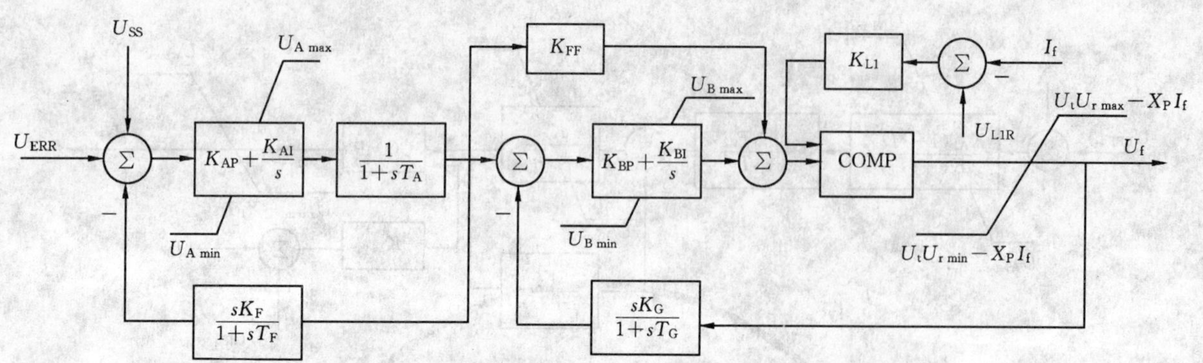

图 32　ST5 型带励磁电压反馈的静止励磁系统模型

4　专用语

4.1　参数

T_E——旋转交、直流励磁机的时间常数；静止励磁功率单元机饱和绕组的时间常数；可控整流桥控制等效时间常数。

S_E——交、直流励磁机的饱和函数，见附录 C。

K_E——交、直流励磁机自励磁场的常数，对于它励励磁机 $K_E=1$。

K_D——去磁系数，交流励磁机电抗的函数。

X_E——整流器负载系数，与电压源、电流源的换向电抗成正比，或与电压、电流源的合成等效换向电抗成正比。

F_e——换向压降系数，见附录 B。

X_γ——换向电抗。

K_I——电流回路输入常数。

K_P——电压回路输入常数。

$U_{f\max}$、$U_{f\min}$——励磁系统输出最大、最小电压。

$U_{r\max}$、$U_{r\min}$——调节器最大、最小输出。

U_{P+}、U_{P-}——发电机额定电压时，电势源励磁功率单元的最大、最小空载输出电压。

K_G——内环磁场调节器的反馈增益。

T_R——端电压变换器、负载电流补偿器的时间常数。

X_P——电势源变换器的整流器负载系数。

K_A、K_{A1}、K_{FF}、K_V、K_{AP}、K_{AD}、K_{AI}、K_B、K_{BP}、K_{BI}、K_F、K_H——电压调节器增益常数。

T_{B1}、T_{B2}、T_{C1}、T_{C2}、T_A、T_B、T_F、T_{AD}、T_G——电压调节器时间常数。

X_C、R_C——电流和功率补偿器增益常数。

$U_{A\max}$、$U_{A\min}$、$U_{A1\max}$、$U_{A1\min}$、$U_{B\max}$、$U_{B\min}$、$U_{D\max}$、$U_{D\min}$、$U_{I\max}$、$U_{I\min}$——电压调节器限幅值。

K_{L1}——过励瞬时限制增益。

U_{L1R}——过励瞬时设定值。

K_S、K_{S1}、K_{S2}、K_{S3}——电力系统稳定器增益。

T_{S1}、T_{S2}——电力系统稳定器信号测量环节时间常数。

T_{W1}、T_{W2}、T_{W3}、T_{W4}——电力系统稳定器隔直环节时间常数。

T_{P1}、T_{P2}、T_{P3}、T_{P4}、T_{P5}、T_{P6}、T_{P7}、T_{P10}、T_{P11}——电力系统稳定器时间常数。

A_1、A_2、M、N、T_{P8}、T_{P9}——电力系统稳定器滤波器参数。

$U_{SS\max}$、$U_{SS\min}$——电力系统稳定器输出限幅值。

$U_{SI1\,max}$、$U_{SI1\,min}$、$U_{SI2\,max}$、$U_{SI2\,min}$——电力系统稳定器输入限幅值。

U_{fB}、I_{fB}、R_{fB}、U_{efB}、I_{efB}、R_{efB}——分别为发电机磁场电压、磁场电流和磁场绕组电阻基准值，励磁机磁场电压、磁场电流和磁场绕组电阻基准值。

4.2 变量

U_r——调节器输出。

U_f——发电机磁场电压、励磁系统输出(用发电机气隙磁场电压的标么值表示)。

I_f——发电机磁场电流(用发电机气隙磁场电流的标么值表示)。

$\bar{U}_t$、U_t——发电机端电压的矢量及标量(用额定值的标么值表示)。

$\bar{I}_t$、I_t——发电机定子电流的矢量及标量(用额定值的标么值表示)。

I_{ef}——励磁机磁场电流。

U_e——换向电抗后的励磁机电压(用发电机气隙磁场电压的标么值表示)。

U_{REF}——电压调节器设定值(按照满足初始条件确定)。

U_{SS}——电力系统稳定器输出。

U_{ERR}——电压控制通道的偏差信号。

U_{ie}——与励磁机磁场电流成比例的信号。

U_C——电压测量和补偿器输出。

U_A——电压校正环节的输出。

U_{SI1}、U_{SI2}——电力系统稳定器输入信号。

U_{UEL}——欠励限制输出。

附 录 A
（规范性附录）
标 么 系 统

在电力系统研究中发电机和励磁机的电压和电流，以及调节器输入和输出量用标么值表示。

a） 标么值等于实际值除以基准值。

b） 发电机电压的基准值为发电机额定电压，发电机电流的基准值为发电机额定电流，发电机功率的基准值为发电机额定视在功率，发电机频率的基准值为发电机额定频率。

c） 发电机磁场电流的基准值 I_{fB} 为发电机空载特性气隙线上产生额定电压所需的磁场电流，发电机磁场绕组电阻的基准值 R_{fB} 为发电机额定磁场电压除以发电机额定磁场电流，某些情况下需要考虑回路电阻的影响，发电机磁场电压的基准值 U_{fB} 为磁场电流的基准值乘以磁场绕组电阻的基准值。

d） 励磁功率单元输出电流和电压的基准值分别取发电机磁场电流和电压的基准值。

e） 励磁机磁场电流的基准值 I_{efB} 为在励磁机空载特性曲线气隙线上产生一个标么值发电机磁场电压所要求的励磁机磁场电流值，励磁机磁场绕组电阻的基准值 R_{efB} 为发电机额定工况下的励磁机励磁回路的电阻，励磁机磁场电压的基准值 U_{efB} 为励磁机磁场电流基准值乘以励磁机磁场绕组电阻基准值。

f） 调节器的输入电压、电流和功率的基准值等于发电机电压、电流和功率的基准值。当控制发电机磁场电压时调节器输出电压基准值等于发电机磁场电压的基准值，当控制励磁机磁场电压时调节器输出电压基准值等于励磁机磁场电压的基准值。

附 录 B
（规范性附录）
整流器调节特性

供给整流器电路的所有交流电源都有内部阻抗，主要是感性的，这个阻抗的作用改变了换向过程，当整流器负载电流增大时引起非线性地减小整流器平均输出电压。常采用的三相全波桥式电路有三个运行区段。根据整流器负载电流，用方程式表示这三个运行区段特性。

图 B.1 给出负载电压和负载电流的特性曲线及相应的方程。交流励磁机励磁功率单元整流器负载系数为 X_E。

$$X_E = \frac{3\sqrt{3}X_\gamma I_{fB}}{\pi U_{fB}}$$

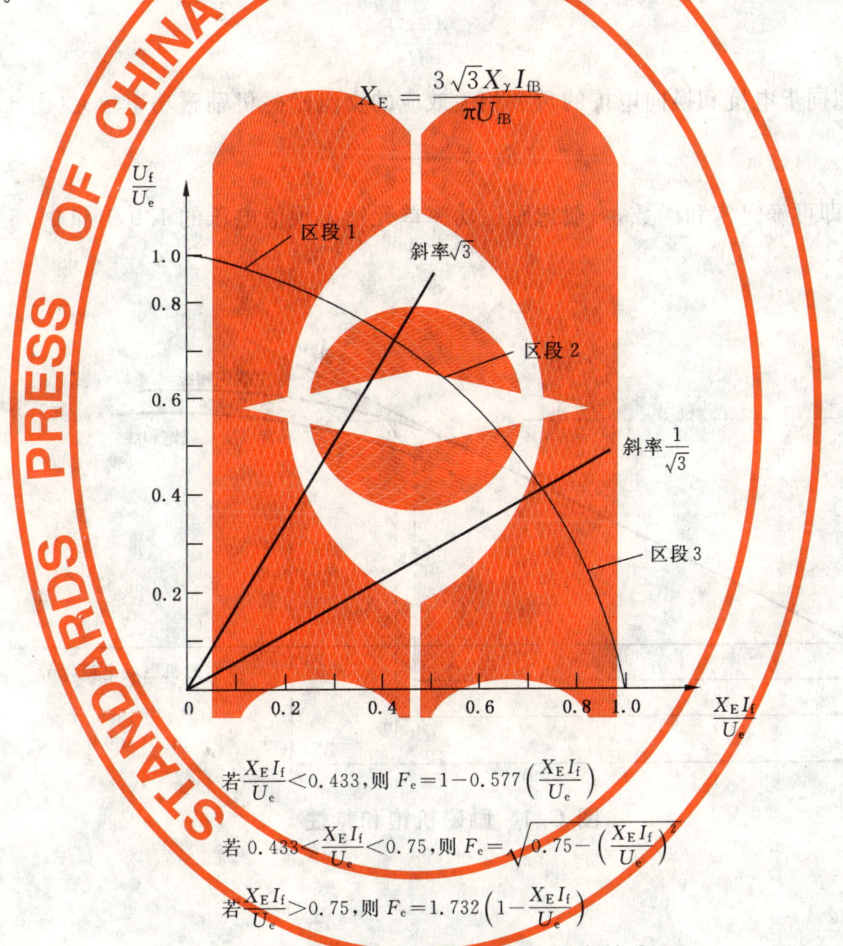

若 $\frac{X_E I_f}{U_e} < 0.433$，则 $F_e = 1 - 0.577\left(\frac{X_E I_f}{U_e}\right)$

若 $0.433 < \frac{X_E I_f}{U_e} < 0.75$，则 $F_e = \sqrt{0.75 - \left(\frac{X_E I_f}{U_e}\right)^2}$

若 $\frac{X_E I_f}{U_e} > 0.75$，则 $F_e = 1.732\left(1 - \frac{X_E I_f}{U_e}\right)$

图 B.1 整流器调节特性及相应的方程

当 X_E 值很小时，只需模拟区段 1 即可，采用图 9 的模型。采用三相全控桥整流器的静止励磁功率单元在图 9 和图 10 的模型中的整流器负载系数为 X_P。

$$X_p = \frac{3X_\gamma I_{fB}}{\pi U_{fB}}$$

附 录 C
（规范性附录）
饱 和 函 数

励磁机饱和函数 S_E 反映因励磁机饱和引起的励磁增加。在给定的励磁输出电压下，可在常电阻负载饱和曲线、气隙线、空载饱和曲线上分别得到产生此电压所需的励磁机磁场电流，从而确定 A，B，C 的量值(图 C.1)。

对于不单独模拟负载相关效应的交流励磁机励磁功率单元(图 7 模型)，以及直流励磁机励磁功率单元(图 3 模型)应有

$$S_E = \frac{A-B}{B}$$

对于单独模拟同步电抗和换向电抗的负载相关效应的交流励磁机励磁功率单元(图 6 模型)应有

$$S_E = \frac{C-B}{B}$$

通常，有两点即可确定饱和函数，一般选励磁功率单元输出顶值电压的 1.0 倍和 0.75 倍两点。

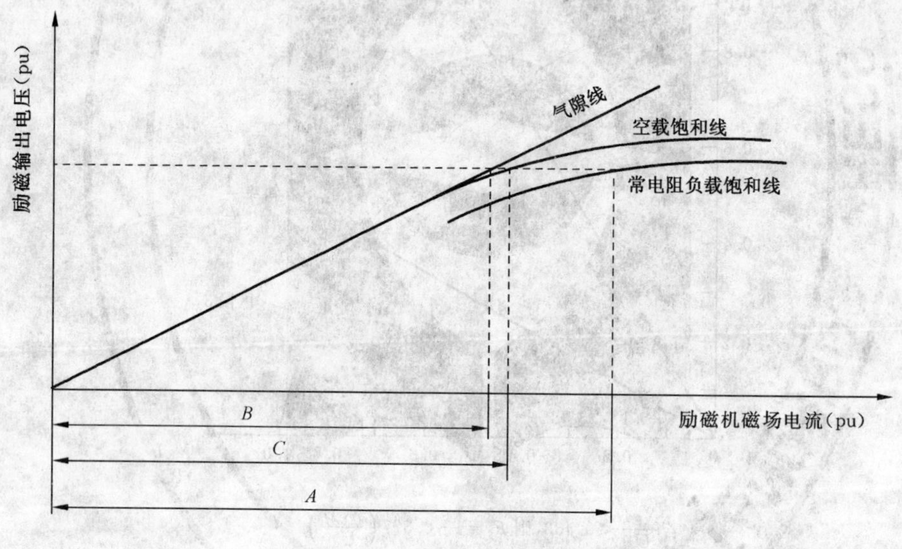

图 C.1 励磁机饱和特性

附　录　D
（规范性附录）
限幅表示法

在控制电路和励磁功率单元模拟中有两种限幅必须考虑。外限幅允许输出 Y 超出此限制，但只允许参量 X 在限制值内变化（图 D.1）。内限幅（图 D.2）不允许量 Y 超出此限值，在硬件中，内限幅要求在其装置中有某种形式的反馈，内限幅的数学描述如图 D.2，图 D.2 不适于延时函数。

在较复杂的函数应用了内限幅，是否能简化还取决于函数本身。

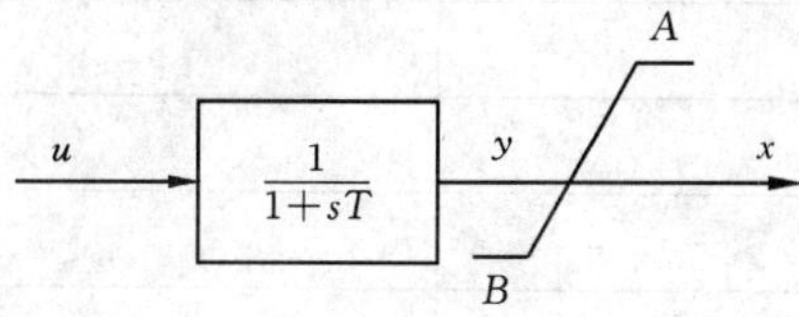

系统方程：$dy/dt=(u-y)/T$

若 $B\leqslant y\leqslant A$，则 $x=y$

若 $y>A$，则 $x=A$

若 $y>B$，则 $x=B$

图 D.1　外限幅

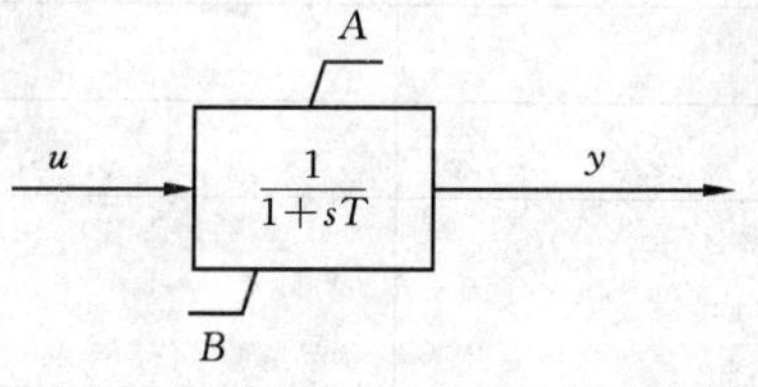

系统方程：$f=(u-y)T$

若 $y=A$，$f>0$，则 dy/dt 置 0

若 $y=B$，$f<0$，则 dy/dt 置 0

另外　$dy/dt=1$

$B\leqslant y\leqslant A$

图 D.2　内限幅

附　录　E
（资料性附录）
本部分章条编号与 IEC 60034-16-2：1991-02 章条编号对照

表 E.1 给出了本部分章条编号与 IEC 60034-16-2：1991-02 章条编号对照一览表。

表 E.1　本部分章条编号与 IEC 60034-16-2：1991-02 章条编号对照

本部分章条编号	对应的国际标准章条编号
1	1
2	—
3	2
3.1	2.1
3.2	2.2
3.3	2.3
3.4	2.4
3.5	2.5
3.5.1	2.5 第 7 段到第 11 段、第 13 段到第 14 段
3.5.2	—
3.5.3	—
3.5.4	—
3.5.5	—
3.6	—
3.6.1	—
3.6.2	—
3.6.3	—
4	3
4.1	3.1
4.2	3.2
附录 A	附录 A
附录 B	附录 B
附录 C	附录 C
附录 D	附录 D
附录 E	—
附录 F	—

附 录 F
（资料性附录）
本部分与 IEC 60034-16-2:1991-02 技术性差异及其原因

表 F.1 给出了本部分与 IEC 60034-16-2:1991-02 的技术性差异及其原因的一览表。

表 F.1 本部分与 IEC 60034-16-2:1991-02 技术性差异及其原因

本部分章条编号	技术性差异	原 因
引言	代替"失步运行、次同步共振或扭矩影响的分析不包括在模型使用范围内"为"例如:失步运行、次同步共振或扭矩影响的研究,应当检查一下模型,以确定它是否适用。"	采用 IEEE Std.421.5 标准
图 1	代替"励磁电源和励磁功率变换器"为"励磁功率单元"	与 GB/T 7409.1 一致
1	代替"术语定义在 IEC 60034-16-1 中给出"移至第 2 章规范性引用文件"GB/T 7409.1—2008"	转为中国国家标准格式
3.1	代替"励磁控制采用下列几种形式……"为"励磁控制采用机械式、电磁式和电子式控制装置"	直流励磁机数量减少,控制方式改进
3.2,第 5 段	增加"取决于励磁机数据完整程度,可以构成不表达换相作用励磁机模型,即设 X_E 为零。"	实际应用需要
3.3 静止励磁功率单元	代替励磁系统为励磁功率单元	原文混淆了励磁系统和励磁功率单元的定义
图 9	删除电势源励磁系统简化模型	简化模型无使用性
图 9	代替 U_t/U_{tN} 为 U_t	与第 3 条的定义一致
图 10	增加图 10,IEEE 的静止励磁功率单元模型	电力系统分析程序中常用模型
3.4	代替原文对直流侧并联、直流侧串联、交流侧并联复合源的叙述,修改为对交流侧串联复合源的叙述	采用我国实际运行的交流侧串联复合源模型
图 11、图 12	代替原图 11~15	采用我国实际运行的交流侧串联复合源模型
3.5 的原第 2、3、4、5、6 段	删除。相应删除原图 16、图 17、图 18	改用具体模型表达
3.5.1	增加。	陈述电压测量和电流补偿单元模型
3.5.1	删除原图 20、图 21 及相关内容。	结合我国实际电压测量和电流补偿单元用图 13 一种模型表示
图 14	即原图 21。代替 U_t 为 $\bar{U}_t$	由电压和电流矢量求出功率
3.5.2	增加。	陈述校正环节
3.5.3	增加。	陈述限幅环节,与附录 D 对应
3.5.4	增加。	陈述电力系统稳定器

表 F.1(续)

本部分章条编号	技术性差异	原　因
3.5.5	增加	陈述限制器和电力系统稳定器作用于电压调节器的方式
3.6	增加。删除原附录 E“典型励磁系统工业计算机模型范例”	陈述具体的励磁系统模型
3.6.1	增加	陈述交流励磁机励磁系统模型
3.6.2	增加	陈述直流励磁机励磁系统模型
3.6.3	增加	陈述电势源静止励磁系统模型
4.1	删除“K_M、T_M、X_L、$U_{B\max}$、$U_{G\max}$、$U_{G\min}$、K_R、K_1、K_2、K_3、K_4、T_2、T_{F1}、T_{F2}、T_{R1}、T_{R2}、T_{R3}、α、α'、β、β'”。 增加“X_γ、$U_{f\min}$、K_{A1}、K_{FF}、K_V、K_{AP}、K_{AD}、K_{AI}、K_B、K_{BP}、K_{BI}、K_H、T_F、T_B、T_{AD}、T_G、X_C、R_C、$U_{A\max}$、$U_{A\min}$、$U_{A1\max}$、$U_{A1\min}$、$U_{B\max}$、$U_{B\min}$、$U_{D\max}$、$U_{D\min}$、$U_{I\max}$、$U_{I\min}$、K_{L1}、U_{L1R}、K_S、K_{S1}、K_{S2}、K_{S3}、T_{S1}、T_{S2}、T_{W1}、T_{W2}、T_{W3}、T_{W4}、T_{P1}、T_{P2}、T_{P3}、T_{P4}、T_{P6}、T_{P7}、T_{P10}、T_{P11}、A_1、A_2、M、N、T_{P8}、T_{P9}、$U_{SS\max}$、$U_{SS\min}$、$U_{SI1\max}$、$U_{SI1\min}$、$U_{SI2\max}$、$U_{SI2\min}$、U_{fB}、I_{fB}、R_{fB}、U_{efB}、I_{efB}、R_{efB}”	因内容删除需要删除所及代号。 因内容增加需要增加所及代号
4.2	删除“U_B”。 增加“I_{ef}、U_C、U_A、U_{SI1}、U_{SI2}、U_{UEL}”。	因内容删除需要删除所及代号。 因内容增加需要增加所及代号
4.2 U_{ie}	代替 U_{ie} 的解释为“与励磁机磁场绕组电流成比例的信号”	采用 IEEE 定义
附录 A	代替原附录 A	定义发电机、励磁机和调节器输入和输出各变量的标么化基准值
附录 B	增加 X_E 和 X_P 的计算式	描述完整
附录 D,第 2 段	删除“如图 16 的 PI 一调节器,具有内限幅作用,并亦绘出调节器简图。由前部通道的比例部分,增益 K_R 和这部分反馈的外限幅可得出详细的模拟内限幅。”	因不采用原图 16 表示
附录 E	增加“本部分章条编号与 IEC 60034-16-2:1991-02 章条编号对照”	GB/T 20000.2—2001 要求
附录 F	增加“本部分与 IEC 60034-16-2:1991-02 技术性差异及其原因”	GB/T 20000.2—2001 要求

ICS 65.020.01
B 08

中华人民共和国国家标准

GB/T 7415—2008
代替 GB/T 7415—1987

农作物种子贮藏

Seed storage of agricultural crops

2008-06-18 发布 2008-12-01 实施

中华人民共和国国家质量监督检验检疫总局
中国国家标准化管理委员会 发布

前言

本标准代替 GB/T 7415—1987。本次修订主要依据《中华人民共和国种子法》的有关规定以及大量的试验数据，与 GB/T 7415—1987 相比，主要变化如下：

——扩大了贮藏种子的范围；

——增加了低温库的贮藏内容；

——修改了种子存放的技术指标和标志；

——增加了种子发芽率的参考贮藏条件和期限。

本标准的附录 A 为资料性附录。

本标准由中华人民共和国农业部提出。

本标准由全国农作物种子标准化技术委员会归口。

本标准负责起草单位：全国农业技术推广服务中心、中国农业科学院蔬菜花卉研究所、中国农业科学院品资所、广西壮族自治区种子总站、合肥丰乐种业股份有限公司。

本标准主要起草人：谷铁城、何艳琴、黄祖纹、卢新雄、胡鸿、胡小荣、王兆贤、宁明宇、马继光。

本标准所代替标准的历次版本发布情况为：

——GB/T 7415—1987。

农作物种子贮藏

1 范围

本标准规定了农作物种子贮藏的技术要求。

本标准适用于农作物种子的贮藏,不适用于以块根(块茎)、芽苗等为繁殖材料的贮藏。

2 规范性引用文件

下列文件中的条款通过本标准的引用而成为本标准的条款。凡是注日期的引用文件,其随后所有的修改单(不包括勘误的内容)或修订版均不适用于本标准,然而,鼓励根据本标准达成协议的各方研究是否可使用这些文件的最新版本。凡是不注日期的引用文件,其最新版本适用于本标准。

GB 4404.1 粮食作物种子 禾谷类
GB 4404.2 粮食作物种子 豆类
GB 4407.1 经济作物种子 纤维类
GB 4407.2 经济作物种子 油料类
GB 15671 主要农作物包衣种子技术条件
GB/T 16715.1 瓜菜作物种子 瓜类
GB 16715.2 瓜菜作物种子 白菜类
GB 16715.3 瓜菜作物种子 茄果类
GB 16715.4 瓜菜作物种子 甘蓝类
GB 16715.5 瓜菜作物种子 叶菜类

3 术语和定义

下列术语和定义适用于本标准。

3.1

常温种子仓库 seed warehouse of natural condition

在自然条件下贮藏种子的库房及其设施。

3.2

低温种子仓库 seed warehouse of low temperature

在人为控制条件下贮藏种子的库房及其设施。库内温度≤15 ℃,相对湿度≤65%。

3.3

贮藏 storage

利用种子仓库对种子进行三个月以上的存放和保管,使种子保持尽可能高的发芽率。

4 仓库条件

库内要有温度和湿度显示仪器。仓库要牢固,门窗齐全,具有密闭与通风的性能。能防湿、防混杂、防鼠雀、防虫、防火。低温种子仓库要符合国家、行业的设计标准,具有控制温度和湿度的设施。

5 贮藏管理

5.1 种子入库要求

应先进行干燥和精选去杂,质量按 GB 4404.1～4404.2、GB 4407.1～4407.2、GB/T 16715.1、

GB 16715.2～16715.5 执行。薄膜包衣种子按 GB 15671 执行。未列入国家标准的蔬菜种子种类，应符合入库的要求。

5.2 种子存放

5.2.1 按作物种类、品种区分存放。包衣种子应执行 GB 15671 标准，设立专库，与其他种子分开存放，仓库要有通风设施，保持干燥。

5.2.2 种子距地面高度，最低≥200 mm，距库顶≥500 mm。袋装堆放呈“非”字型、“半非”字型或垛。种子离墙壁距离≥500 mm。

5.2.3 种子存放后，应留有通道，通道宽度≥1 000 mm。

5.2.4 放入低温种子仓库的种子温度与仓库内的温差≤5 ℃，种子接触地面，墙壁处作隔热铺垫、架空、保证通气。

5.3 堆垛标志

种子入库后标明堆号（囤号）、品种、种子批号、种子数量、产地、生产日期、入库时间、种子水分、净度、发芽率、纯度。

5.4 检查

5.4.1 种子入库后应定期进行检查，检查时应避免外界高温高湿的影响。低温种子仓库应每天记录库内的温度和湿度，常温种子仓库应定期记录库内的温度和湿度。进入包衣种子库应有安全防护措施。

5.4.2 种子温度检查

种子入库后半月内，每三天检查一次（北方可减少检查次数，南方对含油量高的种子增加检查次数）。半月后，检查周期可延长。

5.4.3 种子质量检验

贮藏期间对种子水分和发芽率进行定期抽样检测，检验次数可根据当地的气候条件确定，北方地区应至少检验两次，南方地区适当增加检验次数。在高温季节低温库种子应每半月抽样检测一次。

5.4.4 种子虫害检查

采用分上、中、下三层随机抽样，按 1 kg 种样中的活虫头数计算虫害密度，库温高于 20 ℃，15 d 检查一次，库温低于 20 ℃，2 个月检查一次。

5.5 种子虫害的防治

仓内外应保持清洁卫生，清仓消毒，采用风选、筛选和化学药剂防治仓虫。

5.6 种子贮藏水分的控制

种子贮藏期间的水分应符合国家标准（GB 4404.1～4404.2、GB 4407.1～4407.2、GB/T 16715.1、GB 16715.2～16715.5），水分超过国家标准和安全贮藏要求的种子应进行翻晒或机械除湿。标准外的蔬菜种子水分一般保持在 7%～12% 为宜。

5.7 种子贮藏期

根据农作物种子贮藏期间南、北方发芽率变化规律，提出参考贮藏条件和期限（参见附录 A）。

附 录 A
(资料性附录)
种子贮藏期限

表 A.1 部分主要农作物种子常温库贮藏发芽率高于国家标准的期限

作物种类	初始发芽率/%	初始含水量/%	包装物种类	期限/月		
				北京	合肥	南宁
杂交玉米	98	12.8	编织	16(96)	11	1
			塑料	16(94)	6	3
			纸塑	16(96)	12	3
			铝箔	16(96)	11	3
杂交水稻	89	12.8	编织	16(86)	6	0
			塑料	16(86)	3	1
			纸塑	16(84)	3	1
			铝箔	16(86)	3	1
杂交油菜	93	8.2	编织	16(89)	13	1
			塑料	16(88)	13	3
			纸塑	16(86)	13	3
			铝箔	16(83)	12	3

注 1:本贮藏试验时间为 2001 年 6 月至 2002 年 9 月,共 16 个月(两个夏季贮藏)。

注 2:括号内为贮藏期达到 16 个月但仍高于国家标准的实际发芽率(%)。

表 A.2 部分蔬菜种子常温库贮藏发芽率高于国家标准的期限

作物种类	初始发芽率/%	初始水分/%	包装物种类	期限/月		
				北京	合肥	南宁
芹菜	74	6.2	塑料	12	0	4
			纸塑	15	4	3
			铝箔	12	10	0
			铁罐	8	7	7
菠菜	97	7.8	塑料	16(87)	10	16(78)
			纸塑	16(86)	10	16(78)
			铝箔	16(87)	10	16(80)
			铁罐	16(85)	12	16(80)
番茄	91	6.6	塑料	16(87)	12	13
			纸塑	16(87)	15	14
			铝箔	16(88)	15	14
			铁罐	16(87)	4	12

表 A.2（续）

作物种类	初始发芽率/%	初始水分/%	包装物种类	期限/月		
				北京	合肥	南宁
西瓜	97	6.4	塑料	16(95)	7	13
			纸塑	16(94)	4	13
			铝箔	16(95)	7	7
			铁罐	16(93)	7	13
辣椒	98	6.3	塑料	16(95)	12	16(86)
			纸塑	16(95)	12	16(87)
			铝箔	16(95)	16(96)	16(95)
			铁罐	16(92)	14	15
茄子	95	4.5	塑料	16(90)	3	13
			纸塑	16(90)	7	12
			铝箔	16(90)	16(88)	15
			铁罐	16(88)	10	13

注 1：本贮藏试验时间为 2001 年 6 月至 2002 年 9 月，共 16 个月（两个夏季贮藏）。

注 2：括号内为贮藏期达到 16 个月发芽率但仍然超过国家标准的实际发芽率(%)。

表 A.3　部分主要农作物种子低温库贮藏发芽率高于国家标准的期限

作物种类	初始发芽率/%	初始含水量/%	包装物种类	期限/月		
				北京	合肥	南宁
杂交玉米	96	12.8	编织	—	16(98)	4
			塑料	16(88)	16(96)	16(97)
			纸塑	16(93)	16 (96)	4
			铝箔	16(92)	16 (98)	16(96)
杂交水稻	96	12.8	编织	3	16(88)	16(83)
			塑料	16(83)	16(83)	16(81)
			纸塑	16(84)	16(86)	16(82)
			铝箔	16(85)	16 (90)	16(85)
杂交油菜	94	8.2	编织	—	16(96)	16 (90)
			塑料	16(92)	16(92)	16 (90)
			纸塑	16(89)	16(96)	16 (89)
			铝箔	16(90)	16(94)	16 (92)

注 1：本贮藏试验时间为 2001 年 6 月至 2002 年 9 月，共 16 个月（两个夏季贮藏）。

注 2：括号内为贮藏期达到 16 个月但仍高于国家标准的实际发芽率(%)。

表 A.4 部分蔬菜种子低温库贮藏发芽率高于国家标准的期限

作物种类	初始发芽率/%	初始水分/%	包装物种类	期限/月		
				北京	合肥	南宁
芹菜	74	6.2	塑料	16(67)	5	—
			纸塑	16(70)	5	—
			铝箔	16(69)	16(70)	—
			铁罐	16(66)	16(71)	—
菠菜	97	7.8	塑料	16(93)	16(82)	16(86)
			纸塑	16(91)	16(84)	16(83)
			铝箔	16(93)	16(87)	16(82)
			铁罐	16(93)	16(83)	16(82)
番茄	91	6.6	塑料	16(90)	16(89)	16(86)
			纸塑	16(89)	16(90)	5
			铝箔	16(90)	5	16(85)
			铁罐	16(88)	16(87)	5
西瓜	97	6.4	塑料	16(94)	16(95)	16(94)
			纸塑	16(95)	16(94)	16(95)
			铝箔	16(97)	16(96)	16(92)
			铁罐	16(92)	16(95)	16(92)
辣椒	98	6.3	塑料	16(96)	16(98)	16(94)
			纸塑	16(96)	16(95)	16(94)
			铝箔	16(97)	16(94)	16(92)
			铁罐	16(95)	16(97)	16(96)
茄子	95	4.5	塑料	16(91)	16(87)	16(87)
			纸塑	16(91)	5	16(90)
			铝箔	16(90)	16(94)	16(89)
			铁罐	16(91)	16(87)	16(88)

注 1：本贮藏试验时间为 2001 年 6 月至 2002 年 9 月，共 16 个月(两个夏季贮藏)。

注 2：括号内为贮藏期达到 16 个月发芽率但仍然超过国家标准的实际发芽率(%)。

ICS 67.060
B 22

中华人民共和国国家标准

GB/T 7416—2008
代替 GB/T 7416—2000

啤 酒 大 麦

Malting barley

2008-06-25 发布　　2009-06-01 实施

中华人民共和国国家质量监督检验检疫总局
中国国家标准化管理委员会　发布

前言

本标准代替 GB/T 7416—2000《啤酒大麦》。

本标准与 GB/T 7416—2000 相比主要变化如下：

——术语和定义中，增加了啤酒大麦的定义，去掉了水敏感性的描述，对二棱、多棱大麦等其他定义描述作了适当修改；

——将表 1 中项目"感官"改为"外观"，其描述未作修改；

——将原表 2 拆分为两个表格，二棱、多棱大麦理化指标分别列入两个表中；

——二棱、多棱大麦优级和一级的千粒重指标各提高了 1 个百分点，二级不变；

——对二棱、多棱大麦的蛋白质指标分别作了调整；

——将选粒试验改为饱满粒和瘦小粒，二棱、多棱大麦优级和一级的饱满粒指标各提高了 3 个～4 个百分点，二级不变，增加了瘦小粒的要求；

——取消了"水敏感性"指标，但将其测定方法放入附录 A 中；

——测定三天、五天发芽率的两个方法，将平皿法作为第一法，漏斗法改为第二法；

——判定规则中，主要指标除五天发芽率外，另增加了水分指标；

——将生产企业需要自行控制的一些指标的分析方法，作为附录 A 列出，供企业参考；

——将原附录 A、附录 B 合并。

本标准的附录 A 为资料性附录。

本标准由全国食品工业标准化技术委员会酿酒分技术委员会提出并归口。

本标准起草单位：中国食品发酵工业研究院、永顺泰麦芽集团有限公司、广州珠江啤酒股份有限公司、广州麦芽有限公司、北京燕京啤酒股份有限公司、宁波麦芽有限公司。

本标准主要起草人：张五九、康永璞、熊晓帆、方贵权、莫力、贾凤超、张海波、李惠萍、林艳、黄春燕、韩永红、古方红、柴凤萍。

本标准所代替标准的历次版本发布情况为：

——GB 7416—1987、GB/T 7416—2000。

啤　酒　大　麦

1　范围

本标准规定了啤酒大麦的术语和定义、产品分类、要求、分析方法、检验规则、标志、包装、运输和贮存。

本标准适用于啤酒酿造专用大麦的收购、检验与销售。

2　规范性引用文件

下列文件中的条款通过本标准的引用而成为本标准的条款。凡是注日期的引用文件，其随后所有的修改单(不包括勘误的内容)或修订版均不适用于本标准，然而，鼓励根据本标准达成协议的各方研究是否可使用这些文件的最新版本。凡是不注日期的引用文件，其最新版本适用于本标准。

GB/T 191　包装储运图示标志

GB/T 601　化学试剂　标准滴定溶液的制备

GB/T 603　化学试剂　试验方法中所用制剂及制品的制备(GB/T 603—2002,ISO 6353-1:1982,NEQ)

GB 2715　粮食卫生标准

GB/T 5491　粮食、油料检验　扦样、分样法

GB/T 6682　分析实验室用水规格和试验方法(GB/T 6682—1992,neq ISO 3696:1987)

3　术语和定义

下列术语和定义适用于本标准。

3.1

啤酒大麦　malting barley

经过一定程序认定的，适用于制麦和啤酒酿造的二棱大麦及多棱大麦。

3.2

二棱大麦　2-row barley

二棱大麦的麦穗呈扁形，沿穗轴只有对称的两行籽粒。

3.3

多棱大麦　multi-row barley

四棱和六棱大麦统称为多棱大麦。

3.3.1

四棱大麦　4-row barley

四棱大麦有两对籽粒互为交错，麦穗断面呈四角形。

3.3.2

六棱大麦　6-row barley

六棱大麦有六行麦粒围绕一根穗轴而生，麦穗断面呈六角形。

3.4

千粒重　thousand kernels weight

1 000 颗麦粒的绝干质量。

3.5

三天发芽率　3-day germination rate

三天后大麦发芽粒占总麦粒的百分数,主要表示大麦发芽的整齐程度。

3.6

五天发芽率　5-day germination rate

五天后大麦发芽粒占总麦粒的百分数,主要表示可发芽的大麦百分数。

4　产品分类

按麦穗形态分为:二棱大麦和多棱大麦(指四棱大麦和六棱大麦)。

按播种季节分为:春大麦和冬大麦。

5　要求

5.1　感官要求

感官要求应符合表1的规定。

表1　感官要求

项　目	优　　级	一　　级	二　　级
外观	淡黄色具有光泽,无病斑粒[a]	淡黄色或黄色,稍有光泽,无病斑粒[a]	黄色,无病斑粒[a]
气味	有原大麦固有的香气,无霉味和其他异味	无霉味和其他异味	无霉味和其他异味
[a] 此处指检疫对象所规定的病斑粒。			

5.2　理化要求

5.2.1　二棱大麦

二棱大麦应符合表2的规定。

表2　二棱大麦理化要求

项　　目		二　棱　大　麦		
		优　　级	一　　级	二　　级
夹杂物/%	≤	1.0	1.5	2.0
破损率/%	≤	0.5	1.0	1.5
水分/%	≤	12.0		13.0
千粒重(以干基计)/g	≥	38.0	35.0	32.0
三天发芽率/%	≥	95	92	85
五天发芽率/%	≥	97	95	90
蛋白质(以干基计)/%		10.0～12.5		9.0～13.5
饱满粒(腹径≥2.5 mm)/%	≥	85.0	80.0	70.0
瘦小粒(腹径<2.2 mm)/%	≤	4.0	5.0	6.0

5.2.2　多棱大麦

多棱大麦应符合表3的规定。

表 3 多棱大麦理化要求

项目		多棱大麦	
	优级	一级	二级
夹杂物/% ≤	1.0	1.5	2.0
破损率/% ≤	0.5	1.0	1.5
水分/% ≤	12.0		13.0
千粒重(以干基计)/g ≥	37.0	33.0	28.0
三天发芽率/% ≥	95	92	85
五天发芽率/% ≥	97	95	90
蛋白质(以干基计)/%	10.0～12.5		9.0～13.5
饱满粒(腹径≥2.5 mm)/% ≥	80.0	75.0	60.0
瘦小粒(腹径<2.2 mm)/% ≤	4.0	6.0	8.0

5.3 卫生要求

参照 GB 2715 和相关标准执行。

6 分析方法

本方法中所用的水,在没有注明其他要求时,应符合 GB/T 6682 的要求。所用试剂,在未注明其他规格时,均指分析纯(AR)。配制的"溶液",除另有说明外,均指水溶液。

同一检测项目,有两个或两个以上分析方法时,实验室可根据各自条件选用,但以第一法为仲裁法。

理化分析(除夹杂物、破损率外)所用的大麦样品一律采用除杂均匀的试样。

6.1 外观

在自然光线明亮的场所观察大麦的颜色,将大麦样品在手中握 5 min,并嗅其气味;观看颜色;记录有无光泽、病斑粒(检疫对象所规定的)、霉变粒、霉味或其他异味等情况。

6.2 夹杂物

称取样品 200 g(精确至 0.1 g),拣出其他植物种子、秸秆、土石等非大麦物质及麸皮、病斑粒(非检疫对象所规定的),在天平(感量 0.1 g)上称其质量,计算其所占的百分数。

所得结果表示至一位小数。

6.3 破损率

称取样品 200 g(精确至 0.1 g),拣出破粒、半粒,在天平(感量 0.1 g)上称其质量,计算其所占的百分数。

所得结果表示至一位小数。

6.4 水分

6.4.1 原理

样品于 105 ℃～107 ℃直接干燥,所失质量的百分数即为该样品的水分。

6.4.2 仪器

6.4.2.1 分析天平:感量 0.1 mg。

6.4.2.2 电热干燥箱:控温精度±1 ℃。

6.4.2.3 称量皿:30 mm×50 mm。

6.4.2.4 Miag DLFU 盘式粉碎机或旋风磨。

6.4.2.5 干燥器:用变色硅胶作干燥剂。

6.4.3 分析步骤

6.4.3.1 细粉试样的制备

取一定量大麦试样，使用 Miag DLFU 盘式粉碎机，盘间距为 0.2 mm，进行粉碎后，即得到细粉试样。

6.4.3.2 测定

称取细粉试样 3 g～5 g（精确至 0.000 1 g），置于已烘至恒重的称量皿中，连同盖一并放入 106 ℃±1 ℃ 电热干燥箱内，取下盖子，烘 3 h。趁热盖上盖子移入干燥器内冷却，30 min 后称量，然后再放入电热干燥箱内烘 1 h，称量，直至恒重。

6.4.4 结果计算

试样的水分按式(1)计算，数值以%表示。

$$X_1 = \frac{m_1 - m_2}{m_1 - m} \times 100 \qquad \cdots\cdots(1)$$

式中：

X_1——试样水分的质量分数，%；

m_1——干燥前称量皿加试样的质量，单位为克(g)；

m_2——干燥后称量皿加试样的质量，单位为克(g)；

m——称量皿的质量，单位为克(g)。

所得结果表示至一位小数。

6.4.5 精密度

在重复性条件下获得的两次独立测定结果的绝对差值不得超过算术平均值的 2%。

6.5 千粒重

6.5.1 仪器

6.5.1.1 计数器。

6.5.1.2 天平：感量 0.1 g。

6.5.2 分析步骤

从拣出异物的大麦样品中直接随机数出 1 000 粒大麦颗粒，在天平上称其质量。至少做两次平行试验。

6.5.3 结果计算

试样的千粒重按式(2)计算，数值以克表示。

$$X_2 = X_{2'}(1 - X_1) \qquad \cdots\cdots(2)$$

式中：

X_2——试样的千粒重(以干基计)，单位为克(g)；

$X_{2'}$——直接称量得到的试样风干千粒重，单位为克(g)；

X_1——试样水分的质量分数，%。

所得结果表示至一位小数。

6.5.4 精密度

在重复性条件下获得的两次独立测定结果的绝对差值不得超过算术平均值的 2%。

6.6 三天、五天发芽率

6.6.1 培养皿法

6.6.1.1 仪器

6.6.1.1.1 培养皿：直径 10 cm。

6.6.1.1.2 恒温恒湿培养箱。

6.6.1.1.3 滤纸：中速滤纸。

6.6.1.2 分析步骤

将两张直径 9 cm 的中速滤纸放入培养皿底部，加 4 mL 水均匀润湿滤纸。取 100 粒试样放在滤纸上，使每一麦粒的腹部很好地与滤纸接触，盖上培养皿盖，用薄膜封口以防止水蒸发，或将培养皿放入恒温恒湿培养箱中。在温度 18 ℃～20 ℃下，于暗处静置发芽。

6.6.1.3 结果计算

放置 72 h 后大麦发芽粒数为三天发芽率按式(3)计算，数值以%表示。

$$X_3 = 100 - n \qquad \cdots\cdots(3)$$

放置 120 h 后大麦发芽粒数为五天发芽率按式(4)计算，数值以%表示。

$$X_4 = 100 - n \qquad \cdots\cdots(4)$$

式中：

X_3——试样三天发芽率，%；

n——不发芽麦粒数；

X_4——试样五天发芽率，%。

所得结果表示至整数。

6.6.1.4 精密度

在重复性条件下获得的两次独立测定结果的绝对差值不得超过算术平均值的 3%。

6.6.2 漏斗法

6.6.2.1 仪器

6.6.2.1.1 漏斗：直径 100 mm，在颈中有一扁平的小玻棒。

6.6.2.1.2 培养皿盖。

6.6.2.1.3 大烧杯。

6.6.2.1.4 喷雾器。

6.6.2.2 分析步骤

取 1 000 粒试样放在大烧杯内，用 18 ℃～20 ℃水浸渍 1 h。弃水，用自来水洗 5 次，再用 18 ℃～20 ℃ 水浸渍 6 h。弃水，转移麦粒到漏斗中，盖上培养皿盖，在 18 ℃～20 ℃下静置过夜。次日将麦粒倒出，混匀，用喷雾器喷水，使麦粒潮湿，再装回漏斗中。此操作于上下午各进行一次(两次操作间隔时间为 10 h～12 h)。

6.6.2.3 结果计算

浸渍开始后 72 h 大麦发芽粒数为三天发芽率按式(5)计算，数值以%表示。

$$X_3 = \frac{1\,000 - n}{10} \qquad \cdots\cdots(5)$$

浸渍开始后 120 h 大麦发芽粒数为五天发芽率按式(6)计算，数值以%表示。

$$X_4 = \frac{1\,000 - n}{10} \qquad \cdots\cdots(6)$$

式中：

X_3——试样三天发芽率，%；

n——不发芽麦粒数；

X_4——试样五天发芽率，%。

所得结果表示至整数。

6.6.2.4 精密度

在重复性条件下获得的两次独立测定结果的绝对差值不得超过算术平均值的 2%。

6.7 蛋白质

6.7.1 原理

在催化剂作用下，用硫酸分解样品，使有机化合物中的氮转变成氨，以硼酸溶液吸收蒸馏出的氨，用酸碱滴定法测定氮含量。

6.7.2 **试剂和溶液**

6.7.2.1 不含氨的水：按 GB/T 603 配制。

6.7.2.2 浓硫酸：95%～98%。

6.7.2.3 氢氧化钠溶液(400 g/L)：称取 400 g 氢氧化钠溶于 1 L 不含氨的水中，静置。吸取上层清液于带橡皮塞的瓶中。

6.7.2.4 硼酸溶液(20 g/L)：称取 20 g 硼酸，用水溶解，并定容至 1 L。

6.7.2.5 盐酸标准滴定溶液[$c(HCl)=0.1$ mol/L]：按 GB/T 601 配制与标定。

6.7.2.6 混合催化剂：将硫酸钾(K_2SO_4)、硫酸铜($CuSO_4 \cdot 5H_2O$)按 10+1 的比例混合，并研细。

6.7.2.7 溴甲酚绿指示液(1 g/L)：按 GB/T 603 配制。

6.7.2.8 甲基红指示液(1 g/L)：按 GB/T 603 配制。

6.7.2.9 溴甲酚绿混合指示液：按 10+4 的比例分别吸取溴甲酚绿乙醇溶液和甲基红乙醇溶液，并混匀。

6.7.3 **仪器**

6.7.3.1 凯氏定氮仪：自行组装的仪器或成套仪器。

6.7.3.2 天平：感量 0.1 mg。

6.7.3.3 酸式滴定管：50 mL。

6.7.4 **分析步骤**

成套仪器按使用说明书进行试样测定。自行组装的仪器按下述方法进行操作。

6.7.4.1 **细粉试样的制备**

同 6.4.3.1。

6.7.4.2 **试样消化**

称取细粉试样 1.5 g(精确至 0.000 2 g)，小心转移到已干燥的凯氏烧瓶中，加入混合催化剂 10 g，缓缓加入浓硫酸 20 mL，摇匀，在通风橱内文火加热至泡沫停止发生后，大火使之沸腾。待溶液清亮后，再继续加热 20 min～30 min。

6.7.4.3 **试样蒸馏**

待消化液冷却后，缓缓加入不含氨的水 250 mL，摇匀，冷却，并加入几块小瓷片。连接凯氏烧瓶与蒸馏装置，将馏出管的尖端插入已盛有 25 mL 硼酸溶液和 0.5 mL 溴甲酚绿混合指示液的锥形瓶中，馏出管尖端应在液面之下。通过加液漏斗加入 70 mL 氢氧化钠溶液于凯氏烧瓶中，轻轻摇匀，使内容物混匀，然后加热蒸馏。待馏出液达到 180 mL 时，停止蒸馏。

6.7.4.4 **试样滴定**

用盐酸标准滴定溶液滴定馏出液，颜色由绿色消失转变为灰色即为终点。记录消耗盐酸标准滴定溶液的毫升数。

按上述操作同时进行空白试验。

6.7.5 **结果计算**

试样的蛋白质按式(7)计算，数值以%表示。

$$X_5 = \frac{(V_2 - V_1) \times c \times 14}{m(1 - X_1) \times 1\,000} \times 6.25 \times 100 \qquad \cdots\cdots(7)$$

式中：

X_5——试样蛋白质含量的质量分数(以干基计)，%；

V_2——试样滴定时消耗盐酸标准滴定溶液的体积，单位为毫升(mL)；

V_1——空白滴定时消耗盐酸标准滴定溶液的体积，单位为毫升(mL)；

c——盐酸标准滴定溶液的浓度，单位为摩尔每升(mol/L)；

14——氮的摩尔质量的数值，单位为克每摩尔(g/mol)[M(N)＝14]；

m——称取试样的质量，单位为克(g)；

X_1——试样水分的质量分数，%；

6.25——氮与蛋白质的换算系数。

所得结果表示至一位小数。

6.7.6 精密度

在重复性条件下获得的两次独立测定结果的绝对差值不得超过算术平均值的4%。

6.8 饱满粒、瘦小粒

6.8.1 原理

大麦样品在一个具有不同孔径的三层筛板的振动中，按谷粒大小加以筛分。

6.8.2 仪器

6.8.2.1 天平：感量0.1 g。

6.8.2.2 选粒机：由电动机通过曲轴带动，装有3层筛板，上下间距为12 mm～25 mm，并有盖子和底盘。全机总高度80 mm～100 mm。

选粒机应符合以下要求：

筛板材料：由厚度为1.3 mm±0.1 mm的硬黄铜制成，上有条状孔，加工公差为0.03 mm。

筛板尺寸：长为43 cm，宽为15 cm。

筛孔尺寸：上面为长度25 mm，下面为长度22 mm。宽度，筛Ⅰ为2.8 mm，筛Ⅱ为2.5 mm，筛Ⅲ为2.2 mm。

筛孔数目：筛Ⅰ为28×13，筛Ⅱ为30×13，筛Ⅲ为32×13。

振荡速度：300 r/min～320 r/min。

平台移动的总长度：18 mm～22 mm。

筛面应在两个方向严格保持水平，孔径应经常用双脚规核对。

6.8.3 分析步骤

称取试样100 g(精确至0.1 g)，放入选粒机上层，加盖，开启电动机，准确振荡5 min。将2.5 mm以上的麦粒进行称量，以百分数表示。

所得结果表示至一位小数。

7 检验规则

7.1 组批

同一产地、同一品种、同一收获期、同等级、同货位、同车船(舱)的产品为一批。

7.2 抽样量

7.2.1 按表4抽取样本数。

表4 抽样表

批量/袋	抽取样本数/袋	合格判定数(Ac)	不合格判定数(Re)
26～150	5	1	2
151～500	8	1	2
501～3 200	13	2	3
3 201～35 000	20	3	4
注1："样本"系指产品的最大包装。 注2：散装大麦按GB/T 5491抽样，每次抽取的样品数不得少于5 kg。			

7.2.2 按表4抽取样本后，再从每个样本中抽取500 g样品，将所有抽取的样品混匀，用对角四分法分为两份，一份封存备查，另一份做感官和理化分析。

7.3 交收检验

7.3.1 交收时由相应质检部门负责按本标准规定逐批进行检验。

7.3.2 交收检验项目包括：净含量、感官要求、夹杂物、破损率、水分、千粒重、三天发芽率、五天发芽率、蛋白质、饱满粒、瘦小粒。

7.4 判定规则

7.4.1 按表4抽取样本，先进行包装和净含量的检查。若检验结果达到不合格判定数者，则判整批产品为不合格。

7.4.2 理化指标中的水分和五天发芽率为质量等级的主要指标，当其他指标都在同一级别时，而水分或五天发芽率指标有一项不在这一级别，则以该项指标所在级别为准。

7.4.3 理化指标中，所有其他指标都在同一级别，只有一项指标（除水分和五天发芽率外）低于该级别时，不作降级处理。但该项指标低于下一级别时，则降至下一级别。

7.4.4 理化指标中，所有其他指标都在同一级别，但有两项指标（除水分和五天发芽率外）低于该级别时，降至下一级别。

8 标志、包装、运输和贮存

8.1 标志

8.1.1 啤酒大麦运到粮库或规定地点，应标明产地、品种名称、收获时间、收购日期、类别、等级。

8.1.2 销售的产品应具有质量合格证，并标明生产厂名、厂址、产品名称及品种、批号、净重、执行标准代号。

8.1.3 储运图示的标志应符合GB/T 191的有关规定。

8.2 包装

8.2.1 无论采用何种包装形式，不同品种、不同产地不得混杂入库。

8.2.2 啤酒大麦可以散装，放入筒仓或粮垛。

8.2.3 啤酒大麦也可以用麻袋或编织袋包装入库。

8.3 运输

啤酒大麦运输时，车厢或其他运输工具应保持清洁、干燥，无外来气味和污染物。

8.4 贮存

8.4.1 保管大麦要做到先进先出，避免保管不妥，造成损失。

8.4.2 仓库要保持清洁、干燥、通风。要定期进行检查，要防潮湿、霉变、鼠虫害等。如发现问题，应及时处理。

8.4.3 每批大麦要标明产地、品种、数量、等级、收购日期。

附 录 A
（资料性附录）
企业自控技术指标的分析方法

A.1 大麦中霉菌数的测定

A.1.1 原理

通过无菌水的冲洗，将大麦表层的微生物冲于水中，然后在培养基上培养，根据菌落数判断大麦表面的霉菌污染程度。

A.1.2 试剂和溶液

孟加拉红培养基(31.6 g/L)：称取 31.6 g 孟加拉红培养基，加入 1 000 mL 水溶化，分装，于 121 ℃ 20 min 高压灭菌备用。

A.1.3 仪器

A.1.3.1 摇床：转速 180 r/min～200 r/min。

A.1.3.2 三角瓶：300 mL。

A.1.3.3 培养皿：直径 10 cm。

A.1.3.4 移液管：0.2 mL。

A.1.4 分析步骤

A.1.4.1 称取麦粒试样 10 g(精确至 0.02 g)倒入盛有 90 mL 无菌水的三角瓶中，塞紧棉塞，置于摇床上，在 30 ℃，转速 180 r/min～200 r/min 下，振荡 30 min。

A.1.4.2 将孟加拉红培养基融化，在无菌条件下倒平皿，冷却为固体后备用。

A.1.4.3 在无菌条件下，用已灭菌的移液管吸取 A.1.4.1 液 0.2 mL 涂于平皿上(每个试样平行做 3 个平皿)，将平皿倒置，于 25 ℃培养 7 天。

A.1.4.4 数平皿的菌落数。

A.2 大麦品种的鉴定

A.2.1 凝胶电泳法

A.2.1.1 原理

通过聚丙烯酰胺凝胶电泳(PAGE)鉴定大麦品种，用板式凝胶电泳分离大麦的醇溶蛋白部分。

A.2.1.2 试剂和溶液

A.2.1.2.1 萃取液：称取 18 g 尿素和 0.01 g 甲基绿，用水溶解，然后加入 2-硫氢基乙醇 1 mL 和 2-氯乙醇 20 mL，再用水定容至 100 mL。

A.2.1.2.2 硫酸亚铁溶液(5 g/L)：按 GB/T 603 配制。

A.2.1.2.3 凝胶贮备液：称取 115.3 g 丙烯酰胺、4.6 g 亚甲叉双丙烯酰胺、69.2 g 尿素、1.2 g 甘氨酸、1.2 g 抗坏血酸，用水溶解，加入 3 mL 硫酸亚铁溶液(新配制的)、23 mL 冰乙酸，混匀，并定容至 1 L。抽滤后装入棕色瓶中，于 4 ℃下贮存，当月使用。

A.2.1.2.4 过氧化氢溶液：吸取 30%过氧化氢 2 mL，用水定容至 100 mL。

A.2.1.2.5 电极缓冲溶液：称取 2 g 甘氨酸，用水溶解，加入 20 mL 冰乙酸，再加水至 5 L。

A.2.1.2.6 三氯乙酸溶液(10 g/L)：称取 10 g 三氯乙酸，用水溶解，并定容至 100 mL。

A.2.1.2.7 考马斯亮蓝溶液(10 g/L)：称取 1 g 考马斯亮蓝，用 95%乙醇溶解，并定容至 100 mL。

A.2.1.2.8 染色溶液：吸取 20 mL 三氯乙酸溶液，加入 1 mL 考马斯蓝溶液，混合备用。

A.2.1.3 **仪器**

A.2.1.3.1 垂直板式凝胶电泳仪。

A.2.1.3.2 分析天平:感量 0.1 mg。

A.2.1.3.3 离心机:转速 5 000 r/min,离心管 Φ9 mm×35 mm;

A.2.1.4 **分析步骤**

A.2.1.4.1 样品数:取 100 粒大麦用于本测定。

A.2.1.4.2 萃取大麦醇溶蛋白:单独碾碎每粒大麦并放入离心管中,吸取 0.4 mL 萃取液混合,浸泡最少 16 h,使用前将离心管置于离心机中,在转速 5 000 r /min 下,离心 30 min。

A.2.1.4.3 凝胶的形成:于 100 mL 凝胶贮备液中加入 0.15 mL 过氧化氢溶液,混匀。将已充分混匀的溶液灌入灌胶模具中(要保证凝胶有 1.5 mm 厚度,10 cm~15 cm 长度),在几分钟内聚合即会发生。用一把梳子在凝胶内开槽,以便放置样品(梳子一定要在刚刚灌胶时放入)。

A.2.1.4.4 凝胶展层:撤掉梳子,吸取适量的萃取液 10 μL~20 μL 加入凝胶顶部的槽内(若条带分离不清,则取量可减少),将每一槽装上样品,把凝胶玻板垂直地放入缓冲溶液中,使槽在板的上侧,让自来水循环流过电泳仪的冷却装置,使溶液冷却并保持在 10 ℃~20 ℃。在 200 V 下凝胶展层 20 min,然后在 500 V 下继续展层,时间为色带(甲基绿)通过凝胶所需要时间的两倍。

A.2.1.4.5 凝胶展层后,将凝胶从玻璃板上取下,立即在染色液中染色,凝胶可持续染色一夜。

A.2.1.4.6 照相:凝胶染色后在蒸馏水中浸泡 1 h 脱色,然后取出放在灯箱上照相,胶板与镜头约 400 mm。

A.2.1.4.7 结果的显示:根据与用纯品种所得结果进行比较后,可对大麦样品中的各种品种做定性的阐明,为定出各种品种的量,要用存在于样品中的每一品种已确认的谷粒数除以谷粒的总数(100)。若做平行试验,则需用平均值表示(用百分数),并四舍五入至整数。

A.2.2 **聚合酶链式反应法**

A.2.2.1 **原理**

通过聚合酶链式反应(PCR)扩增技术,对大麦 DNA 进行体外酶促扩增。经聚丙烯酰胺凝胶电泳分离扩增产物后,与原大麦纯品种基因图谱进行对照鉴定待测大麦样品。

A.2.2.2 **试剂和溶液**

A.2.2.2.1 Tris-盐酸溶液(1 mol/L,pH=8.0):称取 121.1 g 三羟甲基氨基甲烷(Tris),用 800 mL 去离子水溶解,冷却至室温后用浓盐酸调节溶液的 pH 值至 8.0(约需 42 mL 浓盐酸),加水定容至 1 L,分装后高压灭菌。

A.2.2.2.2 EDTA 溶液(0.5 mol/L,pH=8.0):称取 186.1 g 乙二胺四乙酸二钠(EDTA,$C_{10}H_{14}N_2O_8Na_2 \cdot 2H_2O$),加入 800 mL 水中,在磁力搅拌器上搅拌,用氢氧化钠调节溶液的 pH 值至 8.0(约需 20 g NaOH 颗粒)然后定容至 1 L,分装后高压灭菌。

A.2.2.2.3 DNA 提取液:称取 46.75 g 氯化钠和 20 g 溴代十六烷基三甲胺(CTAB),加入 800 mL 去离子水,摇动容器使溶质完全溶解。然后加入 50 mL Tris-盐酸溶液(A.2.2.2.2)和 20 mL EDTA 溶液(A.2.2.2.2),用水定容至 1 L,分装后高压灭菌。

A.2.2.2.4 三氯甲烷-异戊醇溶液(24+1):量取 240 mL 三氯甲烷和 10 mL 异戊醇混匀。

A.2.2.2.5 核糖核酸酶 A(RNaseA,10 mg/mL):生化试剂公司购买。

A.2.2.2.6 PCR 扩增试剂:生化试剂公司购买[PCR 扩增试剂包括:*Taq* DNA 聚合酶、dNTP、氯化镁($MgCl_2$)、PCR 缓冲液(含 $MgCl_2$)、引物(Primer)]。

A.2.2.2.7 电泳缓冲液Ⅰ(10×TBE):称取 108 g Tris 碱、55 g 硼酸和 7.44 g EDTA 混合,用重蒸水溶解后,在定容至 1 L。

A.2.2.2.8 电泳缓冲液Ⅱ(50×TAE):称取 242 g Tris 碱和 37.2 g EDTA 混合,加入 57.1 mL 冰醋酸,用重蒸水溶解后,定容至 1 L。

A.2.2.2.9 TE缓冲液：在800 mL水中依次加入10 mL Tris-盐酸溶液(A.2.2.2.1)、2 mL EDTA溶液(A.2.2.2.2)，加水定容至1 L，分装后高压灭菌。

A.2.2.2.10 无菌水：取重蒸水100 mL～200 mL，在121 ℃灭菌20 min。

A.2.2.2.11 变性上样缓冲液：称取10 g蔗糖、20 mg溴酚兰、20 mg二甲苯青，溶于90 mL去离子甲酰胺中，用重蒸水定容至100 mL。

A.2.2.2.12 固定液(10%)：量取100 mL冰醋酸，加入900 mL重蒸水，混匀。

A.2.2.2.13 硫代硫酸钠溶液(10%)：称取10 g硫代硫酸钠，加入100 mL重蒸水溶解。

A.2.2.2.14 凝胶液(6%)：称取60 g丙烯酰胺、3.1 g亚甲叉双丙烯酰胺、420 g尿素和吸取50 mL电泳缓冲液Ⅰ(A.2.2.2.7)混合，用重蒸水溶解后，在定容至1 L。

A.2.2.2.15 凝胶染色液：称取1 g硝酸银，加入1 000 mL重蒸水，再加入1.5 mL甲醛，混匀。

A.2.2.2.16 凝胶显影液：称取30 g无水碳酸钠，加入1 000 mL重蒸水溶解后，再加入0.2 mL硫代硫酸钠(A.2.2.2.13)和1.5 mL甲醛，混匀。

A.2.2.2.17 琼脂糖凝胶(0.8%)：称取0.8 g琼脂糖加入100 mL 1×TAE电泳缓冲液Ⅱ后，加热溶解。

A.2.2.2.18 乙醇(70%)：吸取700 mL无水乙醇，加水定容至1 L。

A.2.2.3 仪器

A.2.2.3.1 PCR仪：温度梯度变化反应灵敏准确。

A.2.2.3.2 恒压电泳仪：电压10 V～3 000 V、电流2 mA～200 mA、功率5 W～200 W。

A.2.2.3.3 离心机：低温可达4 ℃以下、转速10 000 r/min。

A.2.2.3.4 恒温水浴：控温精度±0.1 ℃。

A.2.2.3.5 微量移液器：精确到0.1 mL。

A.2.2.3.6 凝胶成像仪：可连接电脑拍照。

A.2.2.3.7 电泳槽：垂直电泳槽和水平电泳槽。

A.2.2.3.8 回旋水平脱色摇床：转速1 000 r/min～10 000 r/min。

A.2.2.3.9 X光灯。

A.2.2.3.10 玻璃板。

A.2.2.3.11 离心管：1 mL～2 mL。

A.2.2.3.12 PCR薄壁管。

A.2.2.3.13 分析天平：感量0.1 mg。

A.2.2.4 分析步骤

A.2.2.4.1 DNA的提取(CTAB法)

a) 取适量大麦新鲜叶片在研钵中放入液氮后研磨，使其成细粉状。操作过程中小心冻伤。

b) 取0.5 g左右的大麦叶片组织放入一支2 mL灭菌离心管中，加入800 μL～900 μL DNA提取液(A.2.2.2.3)，轻轻颠倒混匀后，在65 ℃恒温水浴中保温40 min～1 h，中间每隔10 min颠倒一次。

c) 从水浴中取出在冰上放置5 min，加入等体积的三氯甲烷-异戊醇溶液(A.2.2.2.4)，颠倒混匀(先慢后快)10 min，在低温(4 ℃)下，8 000 r/min～10 000 r/min离心10 min。

d) 取上清液移入另一支2 mL灭菌离心管中，加入3 μL RNaseA，置于37 ℃恒温水浴30 min(去除DNA中的RNA)。

e) 在37 ℃保温后加等体积的三氯甲烷-异戊醇溶液(A.2.2.2.4)，颠倒混匀(先慢后快)10 min，在低温(4 ℃)下，8 000 r/min～10 000 r/min离心10 min。

f) 取上清液移入另一支2 mL离心管中，加入2倍体积的无水乙醇(置于－20 ℃冷冻)，颠倒混匀，室温下静止约3 min。

g) 用灭菌枪头挑出 DNA.,并用 70%乙醇漂洗 2～3 次,室温下放置干燥,乙醇挥发后加入 100 μL 1×TE 或者无菌水溶解。

h) 用琼脂糖凝胶(A.2.2.2.17)检测(约需 2 μL～3 μL),电泳后放凝胶于凝胶成像仪拍照。样品于－20 ℃保存备用。

A.2.2.4.2 PCR 扩增

在 PCR 薄壁管中用微量移液器依次加入 12.8 μL 无菌水、2 μL PCR 缓冲液、2 μL 200 μmol/L dNTP 、2 μL 500 μmol/L 引物、0.2 μL 1 U/μL *Taq* DNA 聚合酶,最后加入 1 μL 大麦 DNA(浓度 30 ng/μL～50 ng/μL)使终体积达 20 μL,加 5 μL 矿物油离心 10 s,混匀放入 PCR 仪扩增。

大麦模板先在 94 ℃预变性 5 min 后,按下列条件进行扩增循环 35 个轮次:

(1) 94 ℃变性 30 s;(2) 55 ℃退火 40 s;(3) 72 ℃延伸 40 s。最后在 72 ℃下保温 10 min 结束扩增程序,取出扩增产物放置于 4 ℃冰箱备用。

A.2.2.4.3 聚丙烯酰胺凝胶板的制作

a) 首先用自来水将玻璃平板和耳朵板冲洗干净。

b) 区分好两块玻璃板正反面后用乙醇分别擦拭一遍。

c) 待乙醇挥发后在平板一面用亲和硅烷均匀涂抹两次,耳朵板用剥离硅烷均匀涂抹两次(此操作在通风橱下操作,小心被腐蚀)。

d) 上述步骤完成后,将两片压条分别放于平板(涂亲和硅烷一面)两侧,并将耳朵板(涂剥离硅烷一面)盖于平板上面,用夹子加紧。

e) 将凝胶贮存液(A.2.2.2.14)沿两板之间的缝隙(耳朵板一侧)缓慢灌入,灌胶过程中勿使气泡产生,避免对实验产生影响(60 mL 凝胶贮存液＋200 μL 10%过硫酸胺＋100 μL TEMED)。

f) 胶灌好以后,将梳子(不带齿子一端)插入胶面,插入深度要适宜。

g) 室温放置 1 h～2 h 静止凝胶(依据温度确定凝胶时间)。

A.2.2.4.4 预电泳

a) 胶凝固定好以后将梳子拔出,平板一面向外,耳朵板一面向内放于垂直电泳槽内,两端用铁夹子加紧。

b) 将电泳缓冲液Ⅰ(A.2.2.2.7)稀释为 0.5×TBE,灌于垂直电泳槽上下槽内,吹净胶板上样端的碎胶。

c) 将电泳槽的电源线连接电泳仪后,通电。70 W 恒功率电泳 30 min。

A.2.2.4.5 上样跑电泳

a) 30 min 预电泳后断电,将梳子(有齿一端)插入胶板内,适宜深度。

b) 将 PCR 扩增产物加入变性上样缓冲液后,在 PCR 仪内 94 ℃变性 5 min,并迅速转移至冰水内冷却。

c) 取 3 μL～5 μL 变性扩增产物顺梳子孔加入,启动电源,70 W 恒功率电泳 45 min。

A.2.2.4.6 银染显影

a) 电泳后将玻璃板分开,把平板(粘有凝胶的玻璃板)放入装有固定液(A.2.2.2.12)的洗脱盒内,在回旋水平摇床上振荡 20 min～30 min,固定脱色。

b) 脱色后用重蒸水水洗 2 次～3 次,3 min/次～5 min/次。

c) 用凝胶染色液(A.2.2.2.15)染色 20 min～30 min。

d) 迅速用重蒸水水洗 8 s～10 s。

e) 用凝胶显影液(A.2.2.2.16)显影,直到可见清晰带为止。

f) 用 10%冰醋酸固定 3 min～5 min。

g) 用重蒸水水洗 3 min～5 min,室温下风干。

A.2.2.4.7 结果的显示

将风干后的玻璃板放在X光灯箱上，与已知大麦品种的原纯品种基因图谱进行观测比较，详细记录。

A.3 水敏感性测定

A.3.1 原理

取两组试样，分别加入4 mL和8 mL水，保温发芽，两组发芽麦粒的百分数之差，即为水敏感性。

A.3.2 仪器

A.3.2.1 培养皿：直径10 cm。

A.3.2.2 刻度吸管：分度值0.1 mL。

A.3.3 分析步骤

取两组培养皿，分别将两张9 cm的滤纸放入培养皿底部，再分别加入4.0 mL和8.0 mL水均匀润湿滤纸。各取100粒大麦试样放在滤纸上，使每一麦粒的腹部很好地与滤纸接触，盖上皿盖。将培养皿放入塑料袋密闭，以防止水蒸发。在温度18 ℃～20 ℃，于暗处培养。在浸渍开始后24 h、48 h和72 h各拣除一次发芽的麦粒。

A.3.4 结果计算

加4 mL水，120 h大麦发芽的百分数(W_1)按式(A.1)计算，数值以%表示。

$$W_1 = 100 - n \qquad \cdots\cdots(A.1)$$

加8 mL水，120 h大麦发芽粒的百分数(W_2)按式(A.2)计算，数值以%表示。

$$W_2 = 100 - n \qquad \cdots\cdots(A.2)$$

试样的水敏感性(W_3)按式(A.3)计算，数值以%表示。

$$W_3 = W_1 - W_2 \qquad \cdots\cdots(A.3)$$

式中：

n——不发芽粒数；

W_3——试样的水敏感性，%。

所得结果表示至整数。

A.3.5 精密度

在重复性条件下获得的两次独立测定结果的绝对差值不得超过算术平均值的3%。

ICS 35.100.20
L 78

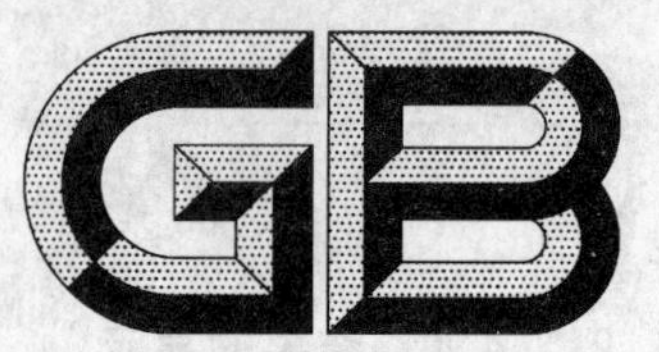

中华人民共和国国家标准

GB/T 7421—2008/ISO/IEC 13239:2002
代替 GB/T 7421—1987,GB/T 7496—1987,GB/T 7575—1987 ,GB/T 14400—1993,GB/T 15698—1995

信息技术　系统间远程通信和信息交换 高级数据链路控制(HDLC)规程

Information technology—Telecommunications and information exchange between systems—High-level data link control (HDLC) procedures

(ISO/IEC 13239:2002,IDT)

2008-08-19 发布　　2009-01-01 实施

中华人民共和国国家质量监督检验检疫总局
中国国家标准化管理委员会　发布

前 言

本标准等同采用ISO/IEC 13239:2002《信息技术 系统间远程通信和信息交换 高级数据链路控制(HDLC)规程》(英文版)。

本标准代替GB/T 7421—1987《信息处理系统 数据通信 高级数据链路控制规程》、GB/T 7496—1987《信息处理系统 数据通信 高级数据链路控制规程 帧结构》、GB/T 7575—1987《数据通信 高级数据链路控制规程 规程要素汇编》、GB/T 14400—1993《信息处理系统 数据通信 高级数据链路控制平衡类规程 交换环境中数据链路层地址的决定/协商》和GB/T 15698—1995《信息技术 系统间远程通信和信息交换 高级数据链路控制规程 通用XID帧信息字段内容和格式》。

本标准与GB/T 7421—1987、GB/T 7496—1987、GB/T 7575—1987、GB/T 14400—1993和GB/T 15698—1995的不同之处在于:

——本标准是GB/T 7421—1987、GB/T 7496—1987、GB/T 7575—1987、GB/T 14400—1993和GB/T 15698—1995的整合;

——本标准的名称为《信息技术 系统间远程通信和信息交换 高级数据链路控制(HDLC)规程》;

——增加了HDLC帧的非基本格式;

——增加了无连接类别(不平衡无连接类别和平衡无连接类别)的相关内容;

——增加了起/止传输的相关内容;

——增加了模32 768和模2 147 483 648的控制字段格式;

——增加了可选功能的一些选项以及可选功能的使用;

——增加了帧检验序列协商规则。

本标准的附录A～附录H均为资料性附录。

本标准由全国信息技术标准化技术委员会提出并归口。

本标准起草单位:中国电子技术标准化研究所。

本标准主要起草人:张翠、黄家英、张晖、徐冬梅、郭楠、卓兰。

本标准所代替标准的历次版本发布情况为:

——GB/T 7421—1987,GB/T 7496—1987,GB/T 7575—1987,GB/T 14400—1993,GB/T 15698—1995。

引 言

高级数据链路控制(HDLC)规程是为进行同步或起/止、码透明的数据传输而设计的。两个数据站间进行码透明数据通信的正常周期由数据源到数据宿信息帧的传送和反向确认帧的传送组成。通常在包含数据源的数据站接收到确认之前,应把原来的信息保存在存储器中,以便需要重传时使用。

在要求它的这些情况下,数据源和数据宿间的数据顺序完整性用编号方法实现。该编号在本标准规定的模数内循环,编号单位以帧计。数据链路上每个数据源/数据宿的组合采用独立的编号方法。

数据宿采用把所期望的下一个顺序编号通知数据源的办法来实现确认功能。这种确认功能可用一个单独的无信息的帧或在有信息的帧的控制字段内来实现。

HDLC 规程适用于不平衡和平衡数据链路。

不平衡数据链路

一条不平衡数据链路包含两个或多个数据站。为了达到控制目的,数据链路上有一个数据站负责组织数据流并负责处理不可恢复的数据链路层差错情况。负有这种责任的站,在不平衡连接方式数据链路中称为主站,在不平衡无连接方式数据链路中称为控制站。主站/控制站发送的帧为命令帧。数据链路上其他的数据站在不平衡连接方式数据链路中称为次站,在不平衡无连接方式数据链路中称为辅助站。次站/辅助站发送的帧为响应帧。

为了在主站/控制站和次站/辅助站间进行数据传送,考虑两种数据链路控制情况(见图 A 和图 B):

第一种情况:包含数据源的数据站执行主站/控制站数据链路控制功能并通过选择型命令来控制包含数据宿的具有次站/辅助站数据链路控制功能的数据站。

第二种情况:包含数据宿的数据站执行主站/控制站数据链路控制功能并通过探询型命令来控制包含数据源的具有次站/辅助站数据链路控制功能的数据站。

信息从数据源流向数据宿,而确认总是以相反方向发送。

这两种控制情况可以组合,因此在数据链路上能进行双向交替或双向同时的通信。

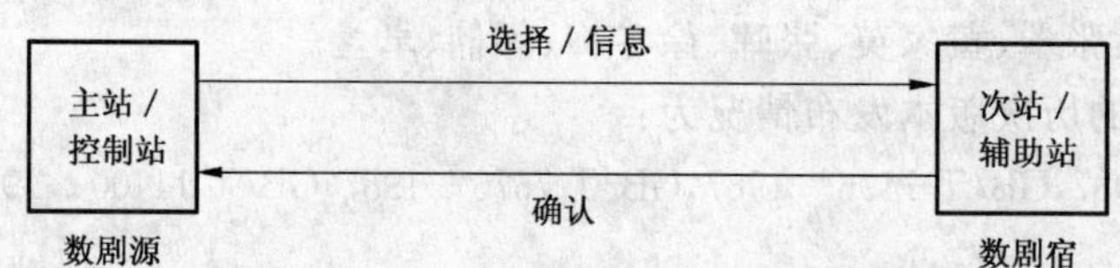

图 A 不平衡数据链路功能(情况 1)

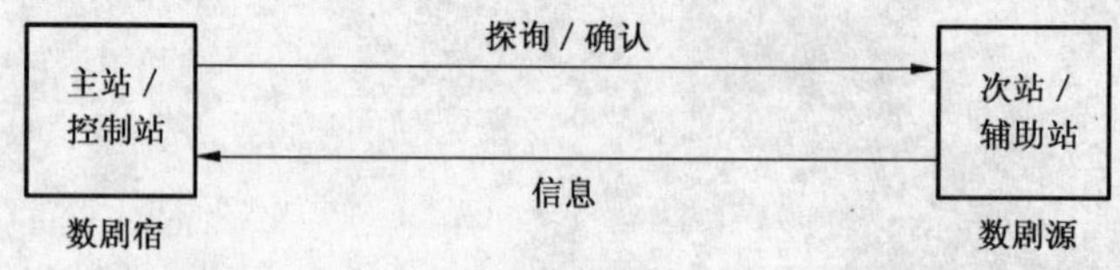

图 B 不平衡数据链路功能(情况 2)

平衡数据链路

一条平衡数据链路只包含两个数据站。为了达到控制目的,每一个数据站都负责组织数据流并负责处理各自发起的传输中所产生的不可恢复的数据链路层差错状态。每一个数据站在平衡连接方式数据链路中都称为组合站，在平衡无连接方式数据链路中都称为对等站。它们都能发送和接收命令帧与响应帧。

为了在组合站/对等站之间进行数据传送，可利用图C所示的数据链路控制功能。每一个组合站/对等站中的数据源通过选择型命令控制另一个组合站/对等站中的数据宿。信息从数据源流向数据宿，而确认总是以相反方向发送。每一个组合站/对等站都可利用探询型命令请求来自另一个组合站/对等站的确认和状态响应。

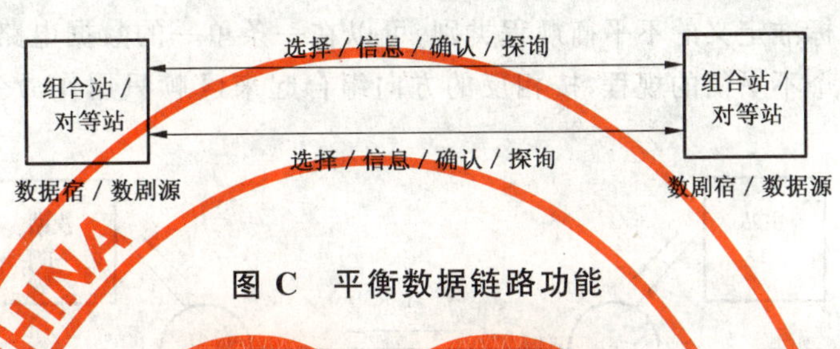

图C　平衡数据链路功能

数据链路配置

高级数据链路控制(HDLC)规程的类别是描述数据链路操作的一些方法。这些方法允许在各种逻辑配置和物理配置的数据站间进行同步的或起/止的、码透明的数据传输。这些规程类别在整个HDLC体系结构中，以一致的方式定义。本标准目的之一是在不平衡规程、平衡规程和无连接规程的基本类别间保持最大限度的兼容性，这对具有可配置能力的数据站特别需要，这些数据站按特定通信实例的要求，可具有主站、次站、组合站、控制站、辅助站或对等站的特征。

本标准定义了五种基本的规程类别(两种不平衡的、一种平衡的和两种无连接的)，不平衡类别适用于专用或交换的数据传输设施上，点对点和多点两种配置(见图D，使用主站/次站术语)。不平衡类别的特征是数据链路的一端只有一个主站，而另一端有一个或多个次站，数据链路的管理由主站单独负责，因此，称为“不平衡”规程类别。

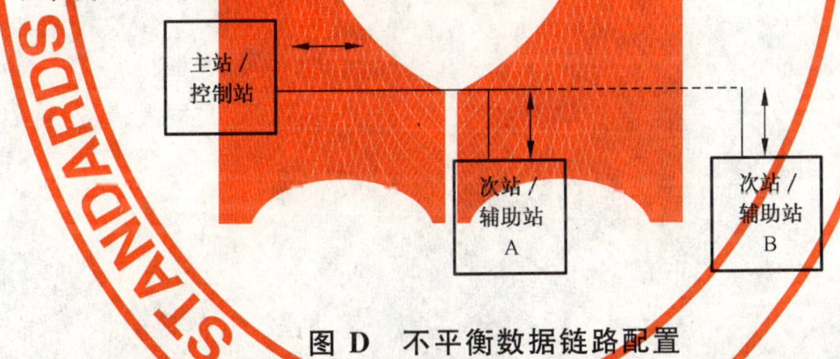

图D　不平衡数据链路配置

不平衡无连接类别适用于专用或交换的数据传输设施上的点对点配置，或专用数据传输设施上的点对多点配置(见图D，使用控制站/辅助站术语)。不平衡无连接类别的特征是数据链路的一端只有一个控制站，而另一端有一个或多个辅助站。控制站负责决定辅助站何时被允许发送。控制站和辅助站都不支持任何形式的连接建立/断开规程、流量控制规程、数据传输确认规程或差错恢复规程，因此指定“无连接”规程类别。

平衡类别适用于专用或交换的数据传输设施上的点对点配置(见图E，使用组合站术语)。平衡类别的特征是在一条逻辑数据链路上，有两个称为组合的数据站，它们对数据链路的管理负有同等责任。因此称为“平衡”规程类别。

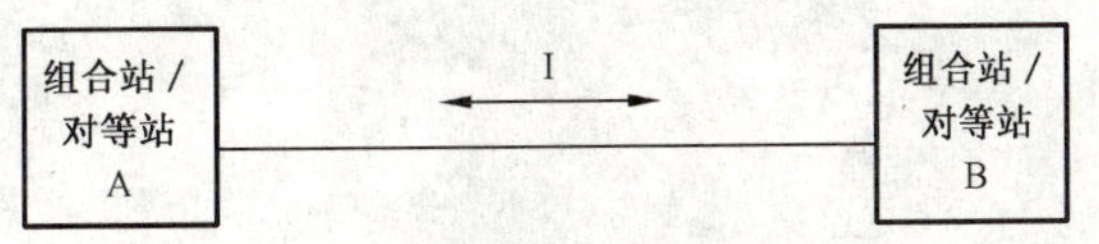

图E　平衡数据链路配置

平衡无连接类别适用于专用或交换的数据传输设施上的点对点配置(见图 E,使用对等站术语)。平衡无连接类别的特征是在一条数据链路上,有两个称为对等站的数据站,它们分别独立控制其何时发送。每个对等站都不支持任何形式的连接建立/断开规程、流量控制规程、数据传输确认规程或差错恢复规程,因此指定“无连接”规程类别。

对于每种规程类别,可按照该类别基本表上具备的命令和响应能力,规定一种操作方法。同时,还列出了各种不同的可选功能。并定义了使用这些可选功能的规程上的描述。

应该认识到,用本标准定义的不平衡规程类别,可以在一条单一的数据电路上,构成对称的配置来进行工作。例如,将两个不平衡的规程,按相反的方向组合起来(I 帧只用作命令),就能形成对称的点对点配置(见图 F)。

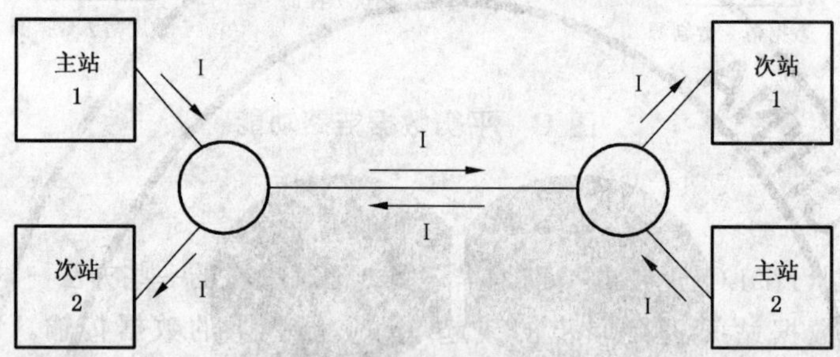

图 F 对称数据链路配置

这些 HDLC 规程把交换标识符(XID)命令/响应帧定义为交换数据链路信息的一种可选功能(标识、参数、功能能力,等等)。定义了通用 XID 帧信息字段的内容和格式。

这些 HDLC 规程还规定了被两个数据站用来在逻辑数据链路建立之前相互确定数据链路层地址的参数和规程。

信息技术　系统间远程通信和信息交换 高级数据链路控制(HDLC)规程

1　范围

本标准为采用面向比特的高级数据链路控制(HDLC)规程的数据通信系统规定了帧结构、规程要素、规程类别、通用交换标识符(XID)帧的内容和格式以及交换环境中数据链路层地址决定/协商的手段。

注：涉及到 HDLC 控制规程的短语“面向比特”的使用与用于 HDLC 控制目的的各种子字段的非整数个比特的指派有关。然而，作为整体的帧可能为了传输目的由面向八位位组的单元构成(例如，起/止方式)。

帧结构部分定义了基本帧格式和非基本帧格式的各种组成部分的相对位置。还定义了用来获得在帧内比特模式在任何地方任何时间均具有独立性(透明性)的机制。此外，还规定了三种帧检验序列(FCS)，定义了地址字段的扩充规则，并描述了编址可用约定。

规程要素部分为在两个方向上使用独立帧编号的同步或起/止代码透明数据传输规定了数据链路控制规程要素。

根据次站、辅助站、对等站或组合站收到命令时所发生的动作特定地定义了这些 HDLC 规程要素。

本标准应用范围比较广泛，例如，用在通常具有缓冲能力的数据站之间进行的单向、双向交替或双向同时的，包括在不同类型(如多点/点对点、全双工/半双工、交换/非交换、同步/起/止等)的数据电路上工作的数据通信。

所定义的 HDLC 规程要素可作为建立不同类型的控制规程的共同基础。本标准不定义任何单个系统，也不应将它看作为某个数据通信系统的规范。对特定的系统实施，并非所有的命令或响应都需要。

规程类别部分描述了用于同步或起/止数据传输的 HDLC 不平衡规程类别、HDLC 平衡规程类别和 HDLC 无连接规程类别。

对于不平衡类别，数据链路由一个主站加上一个或多个次站组成，并在点对点或多点配置中以正常响应方式或异步响应方式操作。对于平衡类别，数据链路由两个组合站组成，并在点对点配置中以异步平衡方式操作。对于不平衡无连接类别，数据链路由一个控制站加上一个或多个辅助站组成，并在点对点或多点配置中以不平衡无连接方式操作。对于平衡无连接类别，数据链路由两个对等站组成，并在点对点配置中以平衡无连接方式操作。在每种情况下都定义了命令和响应的基本表。但是，数据链路的能力，可用可选功能加以修改。

平衡操作预期用于数据链路任何一端都要求有相等控制的环境。按照整个 HDLC 的体系结构来包括这些操作要求。

通用交换标识符(XID)帧部分的内容和格式建立在 XID 帧的主要用途是在两个或多个 HDLC 站之间交换数据链路信息的事实上。对于本标准，数据链路信息应包括任何一个或全部基本操作特征，例如有关的每个站的可选功能和设施的标识、鉴别和/或选择。当一个或多个站能够提供多种选择时，本标准为建立操作特征定义了单次交换协商规程。

本标准为在需要通信的双方之间建立至少一个数据链路连接提供交换所需信息的手段。本标准为此目的描述了通用 XID 帧信息字段内容和格式。

本标准只定义了与基本 HDLC 标准有关的信息编码。提供了在已定义基本参数的协商的同时允许把通用 XID 帧信息字段用来协商单个 XID 交换中的私有参数的机制。

本标准不限制或约束把定义了其他标准格式的 XID 帧信息的用法供特定应用使用。

下列是可能使用 XID 命令/响应帧交换的一些例子：

a) 当使用电路交换网络(包括电路交换网络备份应用)时，主叫和被叫站的标识。

b) 在启动时需要标识的非交换网络上进行操作的站的标识。

c) 在数据链路建立之前或以后，带有单个站、组站或全站地址的 XID 命令帧可用来向数据链路上其他站请求 XID 响应帧。

d) 由支持 16 比特 FCS 和 32 比特 FCS 能力的站进行帧检验序列(FCS)协商，以便用于后续信息互换。

e) 在数据链路建立之前，运送可能需要的较高层信息。

f) 在数据链路建立以后，在任何响应机会上发送 XID 响应帧，请求 XID 交换，以修改某些操作参数(例如，窗口尺寸)。

g) 当使用带有头部检验的无编号信息(UIH)帧时，帧内保护比特数的协商。

在交换环境下数据链路层地址决定/协商的手段部分适用于采用 HDLC 平衡类规程的数据站，这类规程对 XID 命令/响应能力提供了下面标识的两个特定的参数字段。当预先指派链路地址时，则先验基础上不知道系统指明的地址，就使用它来选择一对操作的链路地址；例如，交换电路数据链路。附加 XID 帧功能(包括操作参数的交换、命令/响应支持、较高层信息等等)可以同数据链路层地址确定一起完成，或者在地址确定后，同附加 XID 帧交换一起完成。

注：在远程 DTE 不支持 XID 帧、“全站”地址或完整地址支持下面第 8 章定义的能力的情况下的地址解析规程不在本标准范围内。

2 规范性引用文件

下列文件中的条款通过本标准的引用而成为本标准的条款。凡是注日期的引用文件，其随后所有的修改单(不包括勘误的内容)或修订版均不适用于本标准。然而，鼓励根据本标准达成协议的各方研究是否可使用这些文件的最新版本。凡是不注日期的引用文件，其最新版本适用于本标准。

GB/T 1988—1998 信息技术 信息交换用七位编码字符集(eqv ISO/IEC 646:1991)

GB/T 5271.9—2001 信息技术 词汇 第 9 部分：数据通信(eqv ISO/IEC 2382-9:1995)

GB/T 9387.1—1998 信息技术 开放系统互连 基本参考模型 第 1 部分：基本模型(idt ISO/IEC 7498-1:1994)

GB/T 14399—2008 信息技术 系统间远程通信和信息交换 高级数据链路控制规程 与 X.25 LAPB 兼容的 DTE 数据链路规程的描述(ISO/IEC 7776:1995,IDT)

GB/T 15124—1994 信息处理系统 数据通信 多链路规程(idt ISO 7478:1987)

ISO/IEC TR 10171:2000 信息技术 系统间远程通信和信息交换 利用高级数据链路控制类规程的列表以及标准化 XID 格式标识符和标识值的专用参数集的列表

3 术语、定义和缩略语

3.1 术语和定义

下列术语和定义适用于本标准。

3.1.1

放弃 abort

由发送的主站、次站、组合站、控制站、辅助站或对等站所行使的一种功能。它使接收站丢弃(或不理睬)发送站所发送的开始标志序列以后的所有比特序列。

3.1.2

接受　accept

对正确接收到的帧予以接受以作处理时，数据站(主站、次站、组合站、控制站、辅助站或对等站)所呈现的状态。

3.1.3

地址字段　address field

A

紧处在帧的开始标志序列之后，用来标识发送(或指明接收)该帧的次站/组合站的一个8比特序列(或扩充时为多个8比特)。

3.1.4

地址字段扩充　address field extension

扩大地址字段范围，以包括更多的编址信息。

3.1.5

地址决定/协商　address resolution/negotiation

交换/决定每一数据链路层实体的数据链路层标识的规程。

3.1.6

基本状态　basic status

次站/组合站或辅助站/对等站发送或接收包含信息字段的帧的能力。

3.1.7

集中控制　centralized control

所有的主站数据链路功能集中在一个数据站来实施的一种控制。

3.1.8

组合站　combined station

支持组合站数据链路控制功能的数据站的那部分。

注：组合站产生要传输的命令和响应，并解释收到的命令和响应，为组合站规定的具体职责包括：

a) 控制信号互换的初始化；

b) 数据流的组织；

c) 对接收到的命令进行解释并产生合适的响应；和

d) 在数据链路层执行控制和差错恢复功能。

3.1.9

命令　command

在数据通信时，主站/组合站/控制站/对等站发送的由帧的控制字段所表示的一条指令。它使被寻址的次站/组合站/控制站/对等站执行特定的数据链路控制功能。

3.1.10

命令帧　command frame

a) 主站/控制站发送的所有帧。

b) 由组合站/对等站发送的并包含另一个组合站/对等站地址的那些帧。

3.1.11

竞争方式　contention mode

发送器自行主动发送的一种传输方式。

3.1.12

控制逃避　control escape

CE

使用8比特的唯一序列(10111110)来指出已经按照针对起/止传输环境的透明算法修改的后随的八位位组。

3.1.13

控制字段 control field

C

直接紧跟在帧地址字段之后的一个 8 比特序列(如果扩充,为 16/32/64 比特序列)。

注:控制字段内容由下列各站进行解释:

a) 利用地址字段指明的接收次站/组合站/辅助站/对等站将它解释为指令执行某一特定功能的一条命令;和

b) 接收主站/组合站/控制站/对等站将它解释为来自利用地址字段指明的次站/组合站/辅助站/对等站的并对一条或多条命令的影响。

3.1.14

控制字段扩充 control field extension

扩大控制字段范围,以包括附加的控制信息。

3.1.15

控制站 control station

支持数据链路的控制站控制功能的数据站。

注:控制站产生传输的命令和解释收到的响应。指派给控制站的特定责任包括:

a) 控制信号互换的初始化;和

b) 数据流的组织。

3.1.16

数据通信 data communication

[见 GB/T 5271.9—2001,09.01.03]

3.1.17

数据链路 data link

[见 GB/T 5271.9—2001,09.04.08]

3.1.18

数据链路连接 data link connection

[见 GB/T 9387.1—1998]

3.1.19

数据链路层 data link layer

存在于数据站(主站、次站、组合站、控制站、辅助站或对等站)层次结构中的控制或处理逻辑的概念上的层次。它负责维持数据链路的控制。

注:数据链路层功能提供了一个在数据站高层逻辑与数据链路之间的接口。这些功能包括:

a) 透明性;

b) 地址/控制字段的解释;

c) 命令/响应的产生、传输和解释;和

d) 帧检验序列的计算和解释。

3.1.20

数据传输 data transmission

[见 GB/T 5271.9—2001,09.01.02]

3.1.21

双工传输 duplex transmission

[见 GB/T 5271.9—2001,09.03.01]

3.1.22

异常状态 exception condition

次站/组合站收到了不能执行的帧时所呈现的状态,这是由于传输差错或内部处理故障造成的。

3.1.23

标志序列　flag sequence

F

用作帧开始和结束定界的唯一的8比特序列(01111110)。

3.1.24

格式标识符　format identifier

交换标识(XID)帧信息字段的128种不同标准化格式之一或128种用户定义格式之一的指明符。

3.1.25

帧　frame

由开始和结束标志序列括起来的地址、控制、信息和FCS字段的序列。

注：一个有效帧长度至少为32比特并包含一个地址字段、一个控制字段和一个帧检验序列。一个帧可以包括也可以不包括信息字段。

3.1.26

帧检验序列　frame check sequence

FCS

紧靠在帧结束标志序列之前的字段。它包含供接收器检测传输差错用的比特序列。

3.1.27

帧格式标识符　frame format identifier

以标识出帧格式的非基本帧格式方式表示的可选字段。

3.1.28

组标识符　group identifier

数据链路层特征或参数在功能方面的分类符(例如,地址决定、参数协商、用户数据)。

3.1.29

半双工传输　half-duplex transmission

[见GB/T 5271.9—2001,09.03.02]

3.1.30

头部检验序列　header check sequence(HCS)

使用标准8、16或32比特多项式之一的检验序列,是由开始标志序列和HCS字段间的字段计算出来的。

3.1.31

基于HDLC的协议　HDLC-based protocol

一种协议,它是HDLC标准所定义的规程要素及类别和可选选项的字集,并且由ISO或公认的国际标准组织(例如,ITU-T)采纳作为标准。

3.1.32

较高层　higher layer

存在于数据站(主站、次站、组合站、控制站、辅助站或对等站)层次结构中的控制或处理逻辑的概念上的层次。它处在数据链路层的上面,数据链路层功能的执行与较高层有关,例如:设备控制、缓冲器指派、站管理等。

3.1.33

信息字段　Information field

INFO

控制字段最后一个比特到帧检验序列第1个比特之间出现的比特序列。

注:对I和UI帧的信息字段内容在数据链路层不作解释。

3.1.34

初始组合站　initiating combined station

发送初始 XID 命令帧的站，该发送是地址决定过程的一部分。

3.1.35

帧间时间填充　interframe time fill

帧与帧之间发送的系列或状态。

3.1.36

帧内时间填充　intraframe time fill

在起/止传输中，当下一个八位位组不能紧跟在前面八位位组之后立即连续传输时，在帧内所发送的序列或状态（对于同步传输，不提供帧内时间填充）。

3.1.37

无效帧　invalid frame

在接收到一个明显的开始标志序列之后出现下列两种情况之一的比特序列：

a) 被一个放弃序列所终止；或

b) 在检测到一个明显的结束标志序列时前面含的比特数少于 32。

3.1.38

层参数　layer parameter

数据链路层特征和参数规范以及它们可用的或可选择的值。

3.1.39

非初始组合站　non-initiating combined station

等待其他组合站发送初始 XID 命令帧的站，该发送是地址决定过程的一部分。

3.1.40

对等站　peer station

支持数据链路的对等站控制功能的数据站。

注：对等站产生传输的命令并解释收到的命令或响应。

3.1.41

主站　primary station

支持数据链路的主站控制功能的数据站。

注：主站产生传输的命令并解释收到响应，为主站规定的特定职责包括：

a) 控制信号互换的初始化；

b) 数据流的组织；和

c) 在数据链路层上执行有关差错控制和差错恢复的功能。

3.1.42

主站/次站　primary/secondary station

这是指一个站可以是主站或次站的一般情况。

3.1.43

私有参数　private parameter

在基本 HDLC 标准中未定义的某个实现特定的数据链路层参数。

3.1.44

响应　response

在数据通信中用响应帧的控制字段所表示的回答。它将次站/组合站/控制站/对等站对一个或多个命令的执行情况通知主站/组合站/控制站/对等站。

3.1.45

响应帧　response frame

a） 次站发送的所有的帧；

b） 组合站/对等站发送的那些包含发送组合站/对等站地址的帧。

3.1.46

次站　secondary station

执行由主站指示的数据链路控制功能的数据站。

注：次站解释接收到的命令并产生传输的响应。

3.1.47

次站状态　secondary station status

次站接收到来自主站的一系列命令进行处理时所呈现的现行状态。

3.1.48

单次交换协商规程　single-exchange negotiation procedure

启动站在它的命令帧中指出其能力的"选项"，而响应站在它的响应帧中指出对该选项的选择。

3.1.49

辅助站　tributary station

执行控制站指示的数据链路控制功能的数据站。

注：辅助站解释收到的命令并产生传输的响应。

3.1.50

双向交替数据通信　two-way alternate data communication

[见 GB/T 5271.9—2001，09.05.03]

3.1.51

双向同时数据通信　two-way simultaneous communication

[见 GB/T 5271.9—2001，09.05.02]

3.1.52

唯一标识符　unique identifier

与每一站有关的唯一比特/字符序列（例如，全球电话号码，站标识或其等效物）。

3.1.53

无编号命令　unnumbered commands

在控制字段中不包含顺序编号的命令。

3.1.54

无编号响应　unnumbered responses

在控制字段中不包含顺序编号的响应。

3.1.55

用户数据　user data

从数据链路层用户获得的信息，或交付给数据链路层用户的信息。

3.2　缩略语

下列缩略语通常用于本标准。

A	地址字段	(Address field)
ABM	异步平衡方式	(Asynchronous Balanced Mode)
ADM	异步断开方式	(Asynchronous Disconnected Mode)
ARM	异步响应方式	(Asynchronous Response Mode)

B	二进制编码	(Binary encoded)
BAC	平衡操作异步平衡方式类别	(Balanced operation Asynchronous balanced Class)
BCC	平衡操作无连接方式类别	(Balanced operation Connectionless Class)
BCM	平衡无连接方式	(Balanced Connectionless Class)
C	控制字段	(Control field)
CE	控制逃避	(Control Escape)
C/R	命令/响应	(Command/Response)
DLSDU	数据链路服务数据单元	(Data Link Service Data Unit)
F	标志序列	(Flag sequence)
F	最终比特	(Final bit)
FI	格式标识符	(Format Identifier)
DC1	控制装置 1	(Device Control One)
DC3	控制装置 3	(Device Control Three)
DCE	数据电路终接设备	(Data Circuit-terminating Equipment)
DISC	断开	(Disconnect)
DM	断开方式	(Disconnected Mode)
DTE	数据终端设备	(Data Terminal Equipment)
E	比特编码	(bit Encoded)
FCS	帧检验序列	(Frame Check Sequence)
FRMR	帧拒绝	(FRaMe Reject)
GI	组标识符	(Group Identifier)
GL	组长度	(Group Length)
HCS	头部检验序列	(Header Check Sequence)
HDLC	高级数据链路控制	(High-level Data Link Control)
I	信息帧	(Information frame)
IEC	国际电工委员会	(International Electrotechnical Commission)
IM	初始化方式	(Initialization frame)
INFO	信息字段	(INFOrmation field)
ISO	国际标准化组织	(International Organization for Standardization)
ITU-T	国际电信联盟——电信标准化部门	(International Telecommunications Union—Telecommunication Standardization Sector)
LAPB	平衡链路访问规程	(Link Access Procedure Banlanced)
LSB	最低有效比特	(Least Significant Bit)
M	修改功能比特	(Modifier function bit)
MSB	最高有效比特	(Most Significant Bit)
MT1	多链路丢失帧定时器 1	(Multilink lost frame Timer 1)
MT2	多链路组忙定时器 2	(Multilink group busy Timer 2)
MT3	多链路复位证实定时器 3	(Multilink reset confirmation Timer 3)
MW	多链路窗口尺寸	(Multilink Window size)
MX	多链路保护区窗口尺寸	(Multilink guard region window size)
N	八位位组数	(Number of octets)
N(S)	发送顺序编号	(Send sequence Number)
N(R)	接收顺序编号	(Receive sequence Number)

NA	不适用	(Not Applicable)
NDM	正常断开方式	(Normal Dosconnected Mode)
NRM	正常响应方式	(Normal Response Mode)
P	探询比特	(Poll bit)
P/F	探询/决定比特	(Poll/Final bit)
PI	参数标识符	(Parameter Identifier)
PL	参数长度	(Parameter Length)
Pri	主	(Primary)
PV	参数值	(Parameter Value)
RD	请求断开	(Request Disconnect)
REJ	拒绝	(REJect)
RIM	请求初始化方式	(Request Initialization Mode)
RNR	接收未准备好	(Receive Not Ready)
RR	接收准备好	(Receive Ready)
RSET	复位	(ReSET)
S	监控帧	(Supervisory frame)
S	监控功能比特	(Supervisory function bit)
SABM	置异步平衡方式	(Set Asynchronous Balanced Mode)
SABME	置扩充异步平衡方式	(Set Asynchronous Balanced Mode Extended)
SARM	置异步响应方式	(Set Asynchronous Response Mode)
SARME	置扩充异步响应方式	(Set Asynchronous Response Mode Extended)
SBDPT	7 比特数据通路透明性	(Seven-Bit Data Path Transparency)
SD	定义的系统	(System Defined)
Sec	次	(Secondary)
SIM	置初始化方式	(Set Initialization Mode)
SM	置方式	(Set Mode)
SNRM	置正常响应方式	(Set Normal Response Mode)
SNRME	置正常响应方式扩充	(Set Normal Response Mode Extended)
SREJ	选择拒绝	(Selective REJect)
TBD	待决定	(To Be Determined)
TEST	测试	(TEST)
TR	技术报告	(Technical Report)
TWA	双向交替	(Two-Way Alternate)
TWS	双向同步	(Two-way Simultaneous)
U	无编号帧	(Unnumbered frame)
UA	无编号确认	(Unnumbered Acknowledgement)
UAC	不平衡操作异步响应方式类别	(Unbalanced operation Asynchronous response mode Class)
UCC	不平衡操作无连接方式类别	(Unbalanced operation Connectionless-mode Class)
UCM	不平衡无连接方式	(Unbalanced Connectionless Mode)
UI	无编号信息	(Unnumbered Information)

UIH	带头部检验的无编号信息	(Unnumbered Information with Header check)
UNC	无编号操作正常响应方式类别	(Unbalanced operation Normal response mode Class)
UP	无编号探询	(Unnumbered Poll)
V(S)	发送状态变量	(Send state Variable)
V(R)	接收状态变量	(Receive state Variable)
XID	交换标识符	(eXchange Identification)
XOFF	传输断开	(Transmitter OFF)
XON	传输接通	(Transmitter ON)

4 HDLC 帧结构

在 HDLC 中,都按帧传输。帧可以是基本帧格式也可以是非基本帧格式。基本帧格式和非基本帧格式结构都不包括为了比特同步而插入的比特(即,起始码元和停止码元,见 4.3.2)或为透明性而插入的比特或八位位组(见 4.3)。

在同一媒体上不能同时使用基本和非基本帧格式。关于从基本帧格式到非基本帧格式的协商规则见 7.5。然而,不同格式类型的非基本帧格式有可能同时存在于同一媒体上。

4.1 帧格式

4.1.1 基本帧格式

使用基本帧格式的每个帧由下列字段组成(传输顺序自左至右)。

标 志	地 址	控 制	信 息	FCS	标 志
01111110	8 比特	8 比特	*	16 比特	01111110

* 比特数不作规定,在某些情况下可以是某一特定字符长度(例如八位位组)的整数倍。

其中:

标志=标志序列

地址=数据站地址字段

控制=控制字段

信息=信息字段

FCS=帧检验序列字段

只包含各种控制序列的帧,形成了一种没有信息字段的特种帧。这种帧的格式应是:

标 志	地 址	控 制	FCS	标 志
01111110	8 比特	8 比特	16 比特	01111110

4.1.2 非基本帧格式

使用非基本帧格式的帧不遵循一种或多种方法表示的 4.1.1 结构。例如,使用非基本帧格式的帧:

——不是只具有一个地址字段,而是具有一个以上的地址字段(见 4.2.2);或

——不是具有由单个八位位组组成的地址字段,而是具有由一个或多个八位位组组成的扩充地址字段(见 4.7.1 和 6.15.7);或

——不是具有由单个八位位组组成的基本控制字段,而是具有一个以上的八位位组组成的扩充控制字段(见 4.7.2 和 6.15.10);或

——不是具有 16 比特 FCS,而是具有 8 比特 FCS(见 4.2.5.4 和 6.15.14.2)或 32 比特 FCS(见 4.2.5.3和 6.15.14.1);或

——不是以同步方式发送,而是以起/止方式发送(见第 4 章和 6.15.15);或

——不是具有紧跟在开始标志序列后面的地址字段,而是具有紧跟在开始标志序列之后的帧格式

字段;或

——不是具有紧跟在控制字段后面的信息字段,而是可以具有紧跟在控制字段后面的头部检验序列。

4.2 帧的组成部分

4.2.1 标志序列

所有的帧都必须以标志序列开始和结束。凡是连接到数据链路上的数据站,都要不断搜索这个序列。因而,标志用作帧同步。单个标志可兼作一个帧的结束标志和下一个帧的开始标志。

4.2.2 地址字段

使用基本帧格式的帧应具有直接紧跟在开始标志后面的一个地址字段。使用非基本帧格式的帧可以具有一个以上的地址字段。当使用多个地址字段时,它们应以连续的方式在帧中出现。

在命令帧中,地址总是标识该命令所要发往的数据站。在响应帧中,地址总是标识发出该响应帧的数据站。

4.2.3 控制字段

控制字段指出命令或响应的类型,在适当的场合亦包含序号。控制字段应该用于:

a) 把命令运送到所寻址的数据站,以执行特定的操作;或

b) 从所寻址的数据站传送出对上述命令的响应。

4.2.4 信息字段

信息可以是任意的比特序列,在大多数情况下,它具有某一种合适的字符结构,例如八位位组;需要时,其比特数不作规定,且与字符结构无关。

对于起/止传输,在起始码元和停止码元之间应有8比特信息。如果信息字段不是8比特的倍数,最后剩余的少于一个八位位组的部分将要求填充若干比特以完整该八位位组。提供和无歧义地标识出填充比特的方法不是本标准的课题。

4.2.5 帧检验序列(FCS)字段

4.2.5.1 概述

规定了三种帧检验序列:8比特帧检验序列、16比特帧检验序列和32比特帧检验序列。通常使用16比特帧检验序列。8比特帧检验序列用在那些经事先商定提供足够的保护和/或关心开销较长帧检验序列而使用少量帧的场合。32比特帧检验序列用在那些经事先商定需要比16比特检验序列更高保护度的场合。

除非另有说明,对于帧的整个长度计算帧检验序列,包括开始标志、FCS、为透明性而插入的任何起始和停止码元(起/止传输)和任意比特(同步传输)或八位位组(起/止传输)。在通过意见一致对指明的整个帧部分来计算FCS所指出上述那些实例中,计算应在开始标志之后立即开始,并且通过指明的整个帧部分继续进行,但不包括为透明性而插入的任何起始码元和停止码元(起/止传输)和任何比特(同步传输)或八位位组(起/止传输)。受FCS检验机制所保护的帧的指明部分的长度通过协商来确定或者先验知识所知。

注1:若未来应用需要别的保护度,则对FCS可规定另外的比特数,但它应是八位位组的整数倍。

注2:关于实现帧检验序列的注释,在附录A中给出。

注3:被保护的比特宜至少包括地址和控制字段以及使用到的帧格式字段的所有比特。

4.2.5.2 16比特帧检验序列

16比特FCS应是下列两项之和(模2)的反码:

a) $x^k(x^{15}+x^{14}+x^{13}+x^{12}+x^{11}+x^{10}+x^9+x^8+x^7+x^6+x^5+x^4+x^3+x^2+x+1)$除以(模2)生成多项式$x^{16}+x^{12}+x^5+1$所得的余数。

其中k是被FCS保护的比特的个数。

b) 被保护的k比特内容乘以x^{16}后,再除以(模2)生成多项式$x^{16}+x^{12}+x^5+1$后所得的余数。

一个典型的实现过程是:在发送器处,把计算除法余数装置内寄存器的初始内容预置成全“1”,然后在地址、控制字段和被保护的指明 k 比特的任何剩余比特的内容除以上述生成多项式的过程中得到修改,把所得余数求反就作为 16 比特 FCS 序列发送出去。

在接收器处,把计算余数装置内寄存器的初始内容预置成全“1”,在传输无差错的情况下,串行进入的受保护比特和 FCS 乘以 x^{16} 再除以(模 2)生成多项式 $x^{16}+x^{12}+x^5+1$ 后所产生的余数应是 0001 1101 0000 1111(与 $x^{16}\sim x^0$ 相应)。

4.2.5.3 32 比特帧检验序列

32 比特 FCS 应是下列两项之和(模 2)的反码:

a) $x^k(x^{31}+x^{30}+x^{29}+x^{28}+x^{27}+x^{26}+x^{25}+x^{24}+x^{23}+x^{22}+x^{21}+x^{20}+x^{19}+x^{18}+x^{17}+x^{16}+x^{15}+x^{14}+x^{13}+x^{12}+x^{11}+x^{10}+x^9+x^8+x^7+x^6+x^5+x^4+x^3+x^2+x+1)$除以(模 2)生成多项式 $x^{32}+x^{26}+x^{23}+x^{22}+x^{16}+x^{12}+x^{11}+x^{10}+x^8+x^7+x^5+x^4+x^2+x+1$ 所得的余数。

   其中 k 是被 FCS 保护的比特的个数。

b) 被保护的 k 比特内容乘以 x^{32} 后,再除以(模 2)生成多项式 $x^{32}+x^{26}+x^{23}+x^{22}+x^{16}+x^{12}+x^{11}+x^{10}+x^8+x^7+x^5+x^4+x^2+x+1$ 后所得的余数。

一个典型的实现过程是:在发送器处,把计算除法余数装置内寄存器的初始内容预置成全“1”,然后在地址、控制字段和被保护的指明 k 比特的剩余比特的内容除以上述生成多项式的过程中得到修改,把所得余数求反就作为 32 比特 FCS 序列发送出去。

在接收器处,把计算余数装置内寄存器的初始内容预置成全“1”,在传输无差错的情况下,串行进入的受保护比特和 FCS 乘以 x^{32} 再除以(模 2)生成多项式 $x^{32}+x^{26}+x^{23}+x^{22}+x^{16}+x^{12}+x^{11}+x^{10}+x^8+x^7+x^5+x^4+x^2+x+1$ 后所产生的余数应是 1100 0111 0000 0100 1101 1101 0111 1011(与 $x^{32}\sim x^0$ 相应)。

4.2.5.4 8 比特帧检验序列

8 比特 FCS 应是下列两项之和(模 2)的反码:

a) $x^k(x^7+x^6+x^5+x^4+x^3+x^2+x+1$ 除以(模 2)生成多项式 x^8+x^2+x+1 所得的余数。

   其中 k 是帧从开始标志的最后一个比特到 FCS 的第 1 个比特(不包括这两个比特)之间的比特数,不包括为透明性而插入的起始码元和停止码元(起/止传输)、比特(同步传输)和八位位组(起/止传输)。

b) 帧从开始标志的最后一个比特到 FCS 的第 1 个比特(不包括这两个比特)之间的比特数,不包括为透明性而插入的起始码元和停止码元(起/止传输)、比特(同步传输)和八位位组(起/止传输)的 k 比特内容乘以 x^8 后,再除以(模 2)生成多项式 x^8+x^2+x+1 后所得的余数。

一个典型的实现过程是:在发送器处,把计算除法余数装置内寄存器的初始内容预置成全“1”,然后在地址、控制和信息字段内容除以上述生成多项式的过程中得到修改,把所得余数求反就作为 16 比特 FCS 序列发送出去。

在接收器处,把计算余数装置内寄存器的初始内容预置成全“1”,在传输无差错的情况下,串行进入的受保护比特和 FCS 乘以 x^8 再除以(模 2)生成多项式 x^8+x^2+x+1 后所产生的余数应是 1111 0011(与 $x^7\sim x^0$ 相应)。

4.2.6 头部检验序列(HCS)字段

如果 HCS 字段存在,它将在控制字段之后,其长度为 8、16 或 32 比特。此检验序列只适用于头部,即,开始标志序列和头部检验序列之间的比特。HCS 可以是为 4.2.5 中 HDLC 帧检验序列定义的 8、16 或 32 比特检验序列中的任一个。HCS 的选择依据帧格式定义部分来确定,及由帧格式字段中的格式类型子字段来区分。HCS 将使用与 FCS 相同的多项式,并因此具有相同的长度。

没有信息字段或有空的信息字段的帧(例如,一些监控帧)不包含 HCS 和 FCS,只有 FCS。

4.3 透明性

4.3.1 同步传输

发送器应检查两个标志序列间的帧内容，包括地址、控制和FCS字段以及帧格式和HCS字段(当提供时)，凡是5个连续的“1”(包括FCS的最后5个比特)后面就要插入一个“0”，以保证不出现虚假的标志序列。接收器应检查帧内容，并要把任何紧跟在5个连续的“1”后面的那一个“0”删除。

4.3.2 起/止传输——基本透明性

为使用起/止方式传输规定了两个级别的透明性处理，它们是4.3.2.1中规定的7比特数据通路透明性(SBDPT)，以及4.3.2.2中规定的控制八位位组透明性。控制八位位组透明性应总是被执行。SBDPT是一个选项，对于给定的数据链路而言使用或不使用它是通过本标准范围之外的手段来选择的(例如，先验知识、双向协定、启发式实现技术)。

4.3.2.1 7比特数据通路透明性

当选择SBDPT的时候，从地址字段或帧格式字段(当提供时)到FCS帧(包括地址字段或帧格式字段和FCS字段)的每个帧的内容应作为如下从原始帧派生的帧图像在发送器和接收器之间进行传送，如图1所示。

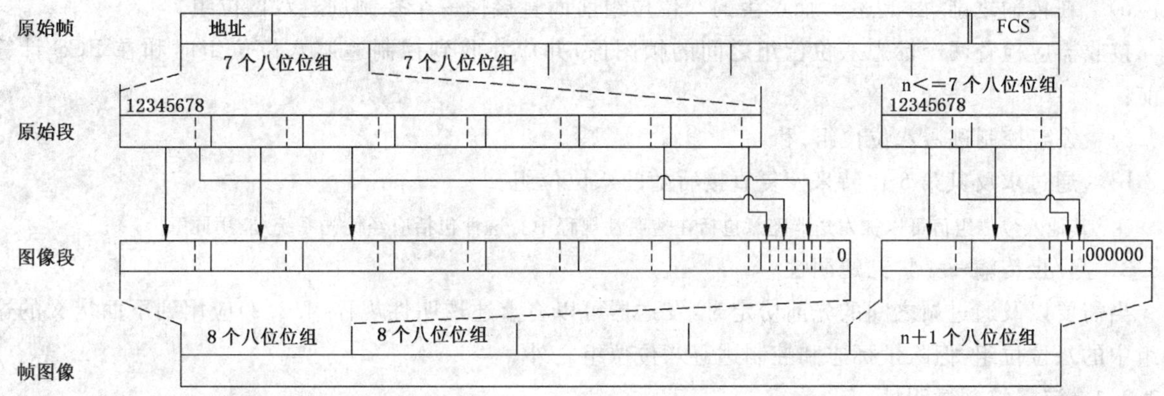

图1 起始帧到帧图像传输

八位位组序列组成的帧内容被认为分成一系列连续的八位位组段，它可能具有在1～6个八位位组(包括1和6)之间长度的最终段。这些段被称作“原始段”。

帧图像由所定义的并与原始段一一对应的一系列图像段组成，如下：

a) 图像段以和对应的原始段相同的次序出现；

b) 每个图像段是比其原始段更长的一个八位位组；

c) 每个图像段的第1部分是其原始段的副本，但是每个八位位组的最高有效比特(MSB)置为“0”；

d) 每个图像段的其余的最后的八位位组使其最低有效比特(LSB)置为原始段的最后一个八位位组的MSB的值，使其相邻的八位位组的最低有效比特置为原始段最后一个八位位组相邻的八位位组(如果有)的MSB的值，等等以此类推；

e) 在每个图像段的最后一个八位位组中，在原始段中不存在相对应的八位位组的所有高阶比特都置为“0”。

注1：在发送器处，每个图像段的最后八位位组可以通过将原始段中的每个八位位组的MSB按顺序左移入初始零的八位位组来产生，这样做获得了在帧结束处的完整7个八位位组段和任何短段的正确比特定位。

注2：仅对于映射的唯一性才将每个图像段的MSB定义为“0”；因为MSB的值是已知的并且在接收器处在重新构建原始段中不起作用，在实际上，该MSB不必通过数据通路来传送，例如，对每个八位位组MSB的迫使奇偶校验设置。

4.3.2.2 控制八位位组透明性

应将下列透明性机制应用到每个帧图像：当选择了 SBDPT 时，帧图像是按 4.3.2.1 中定义的，否则，帧图像与从地址字段到 FCS 字段(包括地址字段和 FCS 字段)的帧内容完全相同，或者与从帧格式字段(当提供时)到 FCS 字段(包括帧格式字段和 FCS 字段)的帧内容完全相同。

控制逃避八位位组是一个透明性标识符，它标识了在已应用下列透明性规程的帧内出现的八位位组。控制逃避八位位组的编码是：

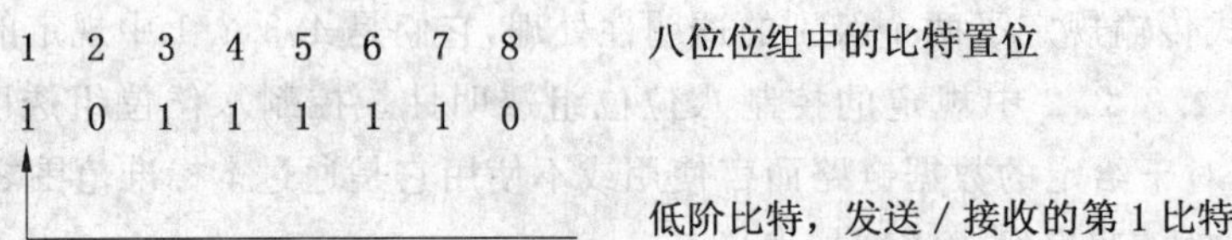

发送器应检查开始和结束标志序列之间的帧图像，该序列包括地址、控制和 FCS 字段以及帧格式和 HCS 字段(当提供时)，并紧跟 FCS 计算的完成之后，应：

a) 在标志或控制逃避八位位组出现时，对八位位组的第 6 个比特求反；和

b) 在传输之前，由上述 a)而产生的八位位组前面直接插一个控制逃避八位位组。

接收器应检查两个标志八位位组之间的帧图像，并应在收到控制逃避八位位组时和在 FCS 计算之前：

a) 丢弃控制逃避八位位组；和

b) 通过求反其第 6 比特来恢复直接后随的八位位组。

注：其他八位位组值可以被发送器随意包括在透明性规程中。这种包括应经优先系统/应用同意。

4.3.3 起/止传输——扩充透明性

当需要以及通过站之间的先前协定时，发送器可以将上述透明性规程(4.3.2)应用到下面定义的这些组中的八位位组，但除了标志和控制逃避八位位组之外。

4.3.3.1 流量控制透明性

流量控制透明性选项为 GB/T 1988—1998 中定义的 DC1/XON 和 DC3/XOFF 控制字符(即，1000100x 和 1100100x，其中，“x”可以分别为“0”或“1”)提供了透明性处理。这样做对确保八位位组流不包含可能被中间设备将这些值解释为流量控制字符(不考虑奇偶校验)有作用。

4.3.3.2 控制字符八位位组透明性

控制字符八位位组透明性选项为第 6 和 7 个比特均为“0”的所有八位位组(即，xxxxx00x，其中，“x”可以是“0”或“1”)以及为 DELETE 字符八位位组(即，1111111x，其中，“x”可以是“0”或“1”)提供了透明性处理。这样做对确保八位位组流不包含可能被中间设备将这些值解释为 GB/T 1988—1998 所定义的控制字符或 DELETE 字符(不考虑奇偶校验)有作用。

4.3.4 非基本帧格式透明性

当使用非基本帧格式和帧格式字段时，长度子字段避免了为达到透明性而需要的比特或八位位组的插入方法。通过使用 6.15.24 中描述的选项 24 来选择这种能力。帧格式字段的使用可以通过先验协定来建立或者以利用第 7 章中规定的协商规程的 XID 或置方式来选择。

4.4 传输考虑

4.4.1 比特的传输顺序

信息字段中的地址、命令、响应、顺序编号、帧格式和数据链路层信息应首先发送低阶比特(例如：被发送的顺序编号的第 1 个比特应具有权值 2^0)。

发送信息字段中的用户数据比特的次序在本标准中不作规定。

FCS 和 HCS(如果存在)应从最高项系数开始发送到线路上。

4.4.2 起/止传输

对于起/止传输，每个八位位组(不论是帧结构的部分还是透明性规程所插入的部分)都被起始码元和停止码元所定界。如果要求，将传号保持(连续逻辑"1"状态)用于八位位组间时间填充。典型的八位位组传输如图2所示。

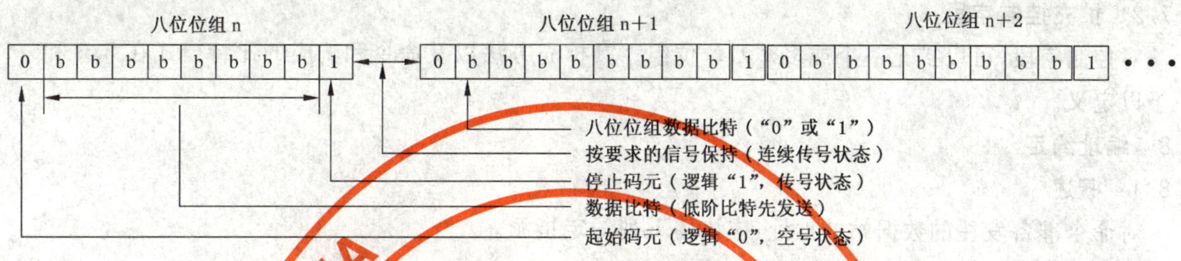

图2 起/止传输的典型八位位组传输

4.5 帧间时间填充

4.5.1 同步传输

帧间时间填充应通过发送连续的标志或7到14个连续的"1"，或两者的组合来完成。

帧间时间填充方法的选择，取决于系统的要求。

4.5.2 起/止传输

帧间时间填充应通过发送连续的传号保持状态(逻辑"1"状态)或连续的标志，或两者的组合来完成。

4.6 无效帧

4.6.1 同步传输

无效帧定义为两个标志不正确限定的一种帧或长度太短的一种帧(即，当采用8比特FCS时，标志之间少于24个比特；或者当采用16比特FCS时，标志之间少于32个比特；或者当采用32比特FCS时，标志之间少于48个比特)。无效帧应不予理睬。这样，以长度等于或多于7个比特的全"1"序列结尾的帧应不予理睬。

例如，放弃某帧的一种方法可以是发送8个连续的"1"。

4.6.2 起/止传输

无效帧定义为两个标志不正确限定的一种帧或长度太短的一种帧(即，当采用8比特FCS时，标志之间少于3个八位位组；或者当采用16比特FCS时，标志之间少于4个八位位组；或者当采用32比特FCS时，标志之间少于6个八位位组，不包括为透明性插入的八位位组)、八位位组成帧违规的一种帧(即，期望停止码元的地方出现了"0"比特)或以控制逃避结束标志序列结尾的一种帧。无效帧应不予理睬。

4.6.3 起/止传输的帧内超时恢复

起/止传输的帧内超时是一个可选超时，它用于在所发送的帧内八位位组之间超量的时间周期的消耗的情况下进行恢复。该超时功能(或等价功能)仅适用于正在接收的帧。在收到下一个八位位组的起始比特时，或当超时功能(或等价功能)用光时，一旦检测到并停止了八位位组的停止比特，就起动该超时功能(或等价功能)。该超时功能(或等价功能)的持续期正常地在1秒之内。

如果该超时功能(或等价功能)用光了，则对于下一个开始标志序列，扫描数据流。

4.7 扩充

4.7.1 扩充地址字段

通常，地址字段应使用单个八位位组，这样就能利用所有的256种组合。

然而，经事先商定，可以扩充地址字段的范围。其方法是将每个地址八位位组的首发比特(低阶)留作扩充指示，该比特置成二进制"0"就表示后面的八位位组是本地址字段的扩充。扩充的八位位组的格式应与第1个八位位组的格式相同。从而,地址字段可依次扩充。扩充地址字段的最后一个八位位组,由它的低阶比特置为二进制"1"指示。

在采用扩充的情况下,若第1个地址八位位组的首发比特为二进制"1",则表明所使用的地址八位位组只有一个。因而,使用地址扩充将限制单个八位位组的地址范围为128。

4.7.2 扩充控制字段

对控制字段,可以扩充一个或多个八位位组。其扩充方法以及命令和响应的比特模式在5.3和5.5中予以定义。

4.8 编址约定

4.8.1 概述

对命令准备发往的数据站的地址,应该用下列约定指派。

4.8.2 全站地址

地址字段的比特模式11111111定义为全站地址。

全站地址只能用于命令帧,它应指明所有接收数据站接受有关的命令帧并按其动作。对于具有全站地址命令的任一响应,应包含指派给发送该响应的数据站的个别地址。

全站地址可用作对全体站的探询。当具有全站地址的命令所要发往的接收数据站多于一个时,来自这些数据站的任何响应都不应相互干扰。

注:使用全站地址探询时,对于避免重叠响应的机制本标准不作规定。

在某些情况下,例如在变换的或重新指派的场合,数据站的已指派地址并不知道,此时可用全站地址来确定数据站的数据链路层标识(所指派的地址)。

4.8.3 无站地址

在扩充地址字段或非扩充地址字段的第1个八位位组的比特模式00000000定义为无站地址。

无站地址决不应指派给某一数据站。

当使包含无站地址的帧对所有的数据站都不引起重新动作或响应时,无站地址就可用于测试。

4.8.4 组地址

一个或多个数据站,除被指派的个别地址外,还可以指派一个或多个组地址。组地址可用于:

a) 将一帧同时发给指定的一组数据站;或

b) 对指定的一组数据站进行探询。

除全站地址、无站地址和任何已指派的个别地址的比特模式外,地址字段的任何比特模式都可被指派为组地址。

组地址可用作组探询。当具有组地址的命令所要发往的数据站多于一个时,来自这些数据站的任何响应都不应相互干扰。

注:使用组地址探询时,对于避免重叠响应的机制本标准不作规定。

4.9 帧格式字段

此可选字段只在使用非基本帧格式时才提供。当提供时,它紧跟在开始标志序列之后。

帧格式字段长度为1、2或3个八位位组(可以扩充到更多),并且由称作格式类型子字段、分段子字段和帧长度子字段的3个子字段组成。帧格式字段的格式表1和表2:

表1 帧格式字段结构

类型0

MSB　　　　　　　　　　　　　　　　　　LSB

格式类型	帧长度
1比特	7比特

表 1（续）

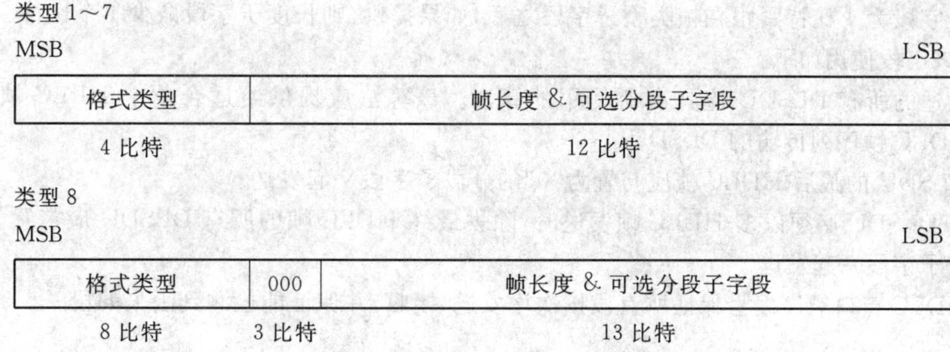
类型 1～7

MSB	LSB
格式类型	帧长度 & 可选分段子字段
4 比特	12 比特

类型 8

MSB		LSB
格式类型	000	帧长度 & 可选分段子字段
8 比特	3 比特	13 比特

表 2　帧格式字段编码

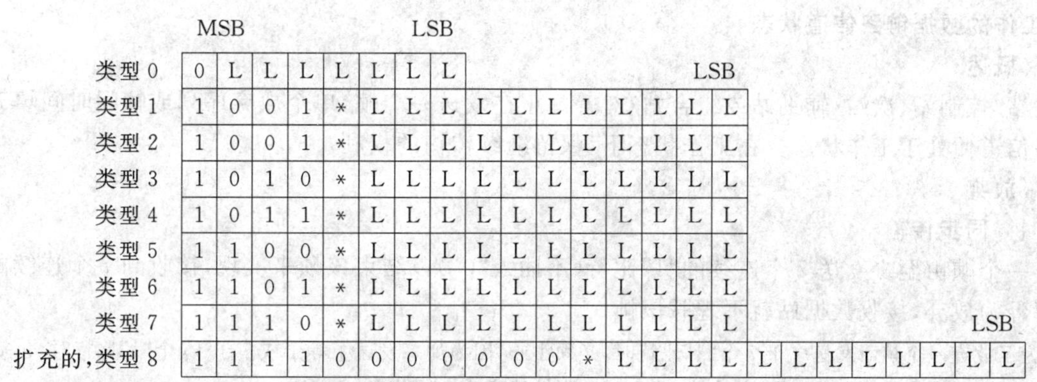

	MSB							LSB								LSB								LSB
类型 0	0	L	L	L	L	L	L	L																
类型 1	1	0	0	1	*	L	L	L	L	L	L	L	L	L	L	L								
类型 2	1	0	0	1	*	L	L	L	L	L	L	L	L	L	L	L								
类型 3	1	0	1	0	*	L	L	L	L	L	L	L	L	L	L	L								
类型 4	1	0	1	1	*	L	L	L	L	L	L	L	L	L	L	L								
类型 5	1	1	0	0	*	L	L	L	L	L	L	L	L	L	L	L								
类型 6	1	1	0	1	*	L	L	L	L	L	L	L	L	L	L	L								
类型 7	1	1	1	0	*	L	L	L	L	L	L	L	L	L	L	L								
扩充的，类型 8	1	1	1	1	0	0	0	0	0	0	0	*	L	L	L	L	L	L	L	L	L	L	L	L

L——长度子字段；*——选择分段子字段。

注 1：附录 H 中规定了特定帧格式。当有新的帧格式的要求时，附录 H 宜进行修正来包含它们。否则，保留格式类型子字段的所有值供将来标准化用。

注 2：某些帧格式类型可能使用了分段子字段。该子字段的使用必须按其定义的一部分加以规定。如果使用了它，则帧长度子字段的长度减少 1 个比特。

万一需要第 9 类帧格式类型(即，帧格式类型 8)，则帧格式字段扩充到 3 个八位位组字段，其中，以该字段的 MSB 开始的第 1 个八位位组的 4 个最高有效比特均为全“1”。格式类型子字段被扩充到 8 比特。第 2 个八位位组的 3 个最高有效比特均置为“000”。

4.9.1　格式类型子字段

帧格式字段中值为“0”的 MSB 指明它作为 1 比特格式类型子字段，进一步隐含了帧格式字段是 1 个八位位组字段。带有前 4 个比特不等于“1111”的帧格式字段中值为“1”的 MSB 指明帧字段作为 2 个八位位组字段，其 4 个最高有效比特是格式类型子字段。带有前 4 个比特为“1111”的帧格式字段中值为“1”的 MSB 指明帧字段作为 3 个八位位组字段，其最高有效八位位组是格式类型字段。如果需要出现，帧格式字段可以以这种方式扩充。类型的编码如上所述。

4.9.2　帧长度子字段

如果帧格式字段的 MSB 为“0”，则帧长度子字段便为紧接在其后面的 7 比特。如果帧格式字段的 MSB 为“1”，并且 4 个最高有效比特不为“1111”，则帧长度子字段为最后的 12 比特(如果使用可选分段子字段则为 11)。如果帧格式字段的 MSB 为“1”，并且 4 个最高有效比特为“1111”，则帧长度子字段为最后的 13 比特(如果使用可选分段子字段则为 12)。(帧格式字段的解释应规定它们是否使用分段子字段，因此，决定帧长度子字段有 11 比特、12 比特还是 13 比特。)

帧长度子字段的值是该帧内的八位位组的计数，不包括开始标志和结束标志序列。帧长度子字段的值不包括任何为透明性而插入的任何比特。帧长度子字段值为“0”是指示帧放弃的手段。帧长度子字段值为“1”、“2”、“3”或“4”应解释为无效帧。

4.9.3 分段子字段

分段子字段为1比特紧跟在帧类型子字段之后，如果提供，则长度子字段减少1个比特。当提供分段字段时，该字段使用如下：

a) 发送的所有DLSDU应具有所使用的算法。该算法应提供给适合单个HDLC帧或必须以HDLC帧序列传输的DLSDU。

b) DLSDU的最后HDLC帧应与置为“0”的分段子字段一起发送。

c) 当DLSDU必须以多HDLC帧发送时，除去最终HDLC帧的所有DLSDU应与置为“1”的分段子字段一起发送。

d) HDLC窗口顺序编号保证所有段按次序发送/接收，并保证能检测到丢失的段。

5 HDLC规程要素

5.1 数据链路信道状态

5.1.1 工作的数据链路信道状态

5.1.1.1 概述

当主站/控制站、次站/辅助站或组合站/对等站正在发送一个帧，单个放弃序列或帧间时间填充时，数据链路信道便处于工作状态。在工作状态下，保留继续传输的权利。

5.1.1.2 放弃

5.1.1.2.1 同步传输

放弃一个帧由至少发送7个连续的“1”比特(不插入“0”)以结束该帧来实现，接收到7个连续的“1”比特就解释为放弃，接收数据站就不理睬该帧。

注：为了放弃一个帧而发送多于7个“1”比特时，必须小心，因为如果发送了等于或多于15个“1”比特时，包括在决定放弃时已发送的那些“1”比特在内，将会使数据链路变成空闲状态。

5.1.1.2.2 起/止传输

放弃一个帧由发送2个八位位组序列“控制避免结束标志”来实现，接收到此序列就解释为放弃，接收数据站就不理睬该帧。

5.1.1.3 帧间时间填充

5.1.1.3.1 同步传输

帧间时间填充应通过在帧和帧之间传送连续的标志来实现。

5.1.1.3.2 起/止传输

帧间时间填充应通过在帧和帧之间传输连续的标志或传号状态(逻辑“1”状态)来实现。帧间时间填充方法的选择依赖于系统的要求。

5.1.1.4 帧内时间填充

5.1.1.4.1 同步传输

不提供帧内时间填充。

5.1.1.4.2 起/止传输

帧内八位位组间时间填充应通过发送连续的传号保持状态(逻辑“1”状态)来实现。不提供八位位组内时间填充(即，起始码元和停止码元之间)。

注：为了决定过量的帧内八位位组间时间填充，接收站可以选择操作一个系统定义的超时功能。如果使用了此超时功能，当首先检测到八位位组间时间填充时，则启动超时功能，当传号保持状态停止时，则停止(复位)超时功能。在超时功能期满(即，丢弃至今收到的帧的八位位组)时要遵循的动作超出了本标准的范围。

5.1.2 空闲的数据链路信道状态

5.1.2.1 同步传输

在检测出至少15个比特为连续的“1”状态时，数据链路信道便处于空闲状态。数据链路层检测出空闲状态，表示远程数据站已停止其继续传输的权利。

5.1.2.2 起/止传输

当连续的传号保持状态持续在由系统规定的超时功能所决定的时间周期时，数据链路信道便处于空闲状态。该定时器的持续期不是本标准的课题。

5.2 方式

定义了三种操作方式和三种非操作方式。

5.2.1 操作方式

三种操作方式是：

a) 正常响应方式(NRM)；

b) 异步响应方式(ARM)；和

c) 异步平衡方式(ABM)。

5.2.1.1 正常响应方式(NRM)

NRM是一种不平衡数据链路操作方式，处于NRM时，次站只有收到来自主站的明确的允许后，才应启动传输。在收到允许后，次站启动一次响应传输。在保持工作的数据链路信道状态同时，该响应传输应该由一帧，也可以由多帧组成。次站应明确地指明响应传输的最后一帧。次站在指明最后一帧以后，应停止发送，直到再次收到来自主站的明确允许时为止。

5.2.1.2 异步响应方式(ARM)

ARM是一种不平衡数据链路操作方式，处于ARM时，次站不必收到来自主站的明确允许就可开始传输，这样的异步传输可以包含一帧或多帧，可用于传送信息字段和/或表明次站状态的变化(例如，所期望的下一个信息帧的编号，状态由准备好变成忙或由忙变成准备好，以及异常状态的出现)。

5.2.1.3 异步平衡方式(ABM)

ABM是一种平衡数据链路操作方式，处于ABM时，任何一个组合站在任何时刻都可以发送命令，并无须收到来自其他组合站的明确允许，就可以开始传输响应帧。这样的异步传输可以包含一帧或多帧，可用于传送信息字段和/或表明组合站状态的变化(例如，所期望的下一个信息帧的编号，状态由准备好变成忙或由忙变成准备好，以及异常状态的出现)。

5.2.2 非操作方式

三种非操作方式是：

a) 正常断开方式(NDM)；

b) 异步断开方式(ADM)；和

c) 初始化方式(IM)。

断开方式(NDM和ADM)与操作方式不同之处在于断开方式时，次站/组合站逻辑上与数据链路断开，即不再进行信息(I)或监控帧的发送或接收。初始化方式(IM)与操作方式不同之处在于初始化方式时，次站/组合站的数据链路控制程序需要重新生成，或者需要更换在操作方式中所用的参数。

提供这两种断开方式(NDM和ADM)是为了防止次站/组合站在意外情况或异常状态期间，在数据链路上出现混乱的操作方式，因为这样一种操作将会引起：

a) 处于ARM时的不想出现的竞争；

b) 主站和次站间，或组合站与组合站间顺序编号的失配；或

c) 主站/组合站对于次站/另一组合站的状态含糊不清。

次站由系统预先规定使其处于呈现为断开方式的状态。该断开方式(NDM或ADM)也是由系统预先规定的。组合站也由系统预先规定使其处于呈现为断开方式(ADM)的状态。

处于断开方式的次站，其能力限制在：

a) 接收几种合适的置方式命令(SNRM、SARM、SNRME、SARME、SM或SIM和DISC)中的一种并作出响应；

b) 接收XID命令并作出响应；

c) 接收 TEST 命令并作出响应；

d) 接收 UP 命令并作出响应；

e) 在响应机会发送 DM、RIM、XID 或 RD 响应帧以请求在主站进行特定的操作；

f) 接收无编号信息(UI)命令；和

g) 在响应机会发送 UI 响应。

处于异步断开方式时，作为命令接收器的组合站，其能力与上述次站的相同(组合站合适的置方式命令包括 SABM、SABME、SM 或 SIM 和 DISC)。此外，因为组合站有能力在任何时刻发送命令，因此组合站可以发送合适的置方式、XID、UI 或 TEST 命令。

处于断开方式(NDM 或 ADM)的次站/组合站最低限度要能对接收到的 P 位为“1”的命令帧产生 F 位为“1”的 DM 响应。

处于断开方式(NDM 或 ADM)的次站/组合站收到 DISC 命令后，应用 DM 响应进行应答。

处于初始方式的次站/组合站接收到 DISC 命令后，如果它能执行命令，应用无编号确认(UA)响应进行应答。处于操作方式的次站/组合站接收到 DISC 命令后，应用 UA 响应进行应答。

除接收到 DISC 命令外，可能使次站/组合站进入断开方式的例子为：

a) 次站/组合站接通电源或暂时断电后的恢复；

b) 次站/组合站的数据链路层逻辑人工复位；和

c) 次站/组合站终端人为地从本地(家庭)状态变换为连上数据链路(在线)状态。

处于非操作方式的次站/组合站不建立帧拒绝异常状态。

5.2.2.1 正常断开方式(NDM)

NDM 是不平衡数据链路的非操作方式，处于此方式时，次站逻辑上与数据链路断开，因此不允许接收 I 命令帧的信息或发送 I 响应帧的信息。然而，次站允许接收 UI 命令帧的信息和发送 UI 响应帧的信息。由于接收到 P 位为“1”的命令帧，次站有正常方式的响应机会，并应启动单个帧的响应传输以指示它的状态，由于接收到 P 位为“0”的 UP 命令，次站也可以启动这样的响应。

处于这种方式时，次站应只执行置方式、交换标识符(XID)、UI 和测试(TEST)命令。对除 DISC 命令之外的能够执行的置方式命令，在最早的响应机会上用 UA 响应来应答。对能够执行的 XID 或 TEST 命令，在最早的响应机会分别用 XID 或 TEST 响应来应答。收到可实现的置方式、XID 或 TEST 命令而不能执行时，或收到 P 位为“1”的任何其他命令(UI 命令除外)时，将使处于 NDM 的次站在最早的响应机会上用 DM 响应来应答，或若次站判定无能力工作时，就要用请求初始化方式(RIM)响应来应答。收到 P 位为“1”的 UI 命令帧，将引起处于 NDM 的次站在最早的响应机会上用 UI 响应、DM 响应或 RIM 响应来应答。若次站处于已收到可实现的置方式，XID 或 TEST 命令而不能执行或者要报告各种状态的情况下，此时，一条 P 位为“0”的 UP 命令将使处于 NDM 的次站用合适的 DM 或 RIM 响应来应答。处于 NDM 方式的次站不理睬可实现的置方式、XID、UI、TEST 或 UP 命令之外的任何 P 位为“0”的命令。

5.2.2.2 异步断开方式(ADM)

ADM 是不平衡或平衡数据链路的非操作方式，处在这种方式时，次站/组合站逻辑上与数据链路断开，因此不允许接收 I 命令帧/I 命令或响应帧信息或发送 I 响应帧/I 命令或响应帧信息。然而，次站/组合站允许接收 UI 命令帧/UI 命令或响应帧的信息和发送 UI 响应帧/UI 命令或响应帧的信息。次站或作为命令接收器的组合站具有异步方式响应的机会，故在双向交替的交换中一旦检测到数据链路信道的空闲状态，以及在双向同时的交换中任何时刻，都可启动响应传输。这种响应传输应仅由 UI 响应帧、请求置方式命令(DM)、请求交换标识符(XID)，或者当次站或接收命令的组合站判定无能力工作时由请求初始化(RIM)构成。作为命令帧发送者的组合站，允许以任何异步方式响应机会发送 UI 命令帧。

处于这种方式时，次站或接收命令的组合站如果有能力，则应只执行置方式、XID、UI 和 TEST 命令。对除 DISC 命令之外的能够执行的置方式命令，在最早的响应机会上用 UA 响应来应答。对能够执行的 XID 或 TEST 命令，在最早的响应机会分别用 XID 或 TEST 响应来应答。收到可实现置方式、XID 或 TEST 命令而不能执行，或收到 P 位为“1”的任何其他命令(UI 命令除外)时，应用 DM 响应来应答，或者，如果次站或作为命令接收器的组合站判定无能力工作时，应用请求初始化方式(RIM)响应来应答。收到 P 位为“1”的 UI 命令帧，将引起处于 ADM 的次站/组合站在最早的响应机会上用 UI 响应、DM 响应或 RIM 响应来应答。处在 ADM 方式的次站/组合站除了上述可实现的 XID、UI、TEST 或 UP 命令之外可不理睬任何 P 位为“0”命令。

因为组合站也是命令的发生器，所以组合站在任何时刻可以通过发送合适的置方式命令(SABM、SABME、SM 或 SIM)使断开方式终止，这种动作能自发地产生或由于收到来自另一组合站的传输(例如 DM 或 RIM 响应)而引起。

5.2.2.3 初始化方式(IM)

IM 是不平衡和平衡数据链路的非操作方式，处于此方式时，次站/一个组合站的数据链路控制程序可以通过主站/另一组合站的作用进行初始化或重新生成，或者更换在操作方式中所用的其他参数。当主站/一个组合站断定次站/另一组合站操作异常要校正它的数据链路控制程序，以及为了对次站/另一个组合站的数据链路控制程序进行改进时，便可求助于 IM。类似地，次站/一个组合站由于程序检查而判定不能工作时便可请求 IM，以便从主站/另一组合站得到正常的程序。

次站/组合站收到置初始化方式命令(SIM)并在系统预先规定的响应机会上发送了 UA 响应，便即进入 IM。次站/组合站通过发送 RIM 响应可请求 SIM 命令。处于 IM 时，主站/一个组合站和次站/另一组合站可按预先为那个次站/每一组合站所确定的方法来交换信息(例如采用 UI 或 I 帧)。

当次站/组合站接收到其他的置方式命令中的一种并通过 UA 响应进行了确认，或由于内部制约，诸如断电，使其进入断开方式时，IM 即告结束。

5.3 控制字段格式

5.3.1 概述

规定了三种基本(模 8)控制字段格式(见表 3)，用于执行编号信息传送，编号监控功能，无编号控制功能，以及无编号信息传送。

表 3 模 8 控制字段格式

控制字段格式	控制字段比特[a]							
	1	2	3	4	5	6	7	8
信息传送命令/响应(I 格式)	0	N(S)			P/F	N(R)		
监控命令/响应(S 格式)	1	0	S	S	P/F	N(R)		
无编号命令/响应(U 格式)	1	1	M	M	P/F	M	M	M

[a] N(S)＝传送发送顺序编号(比特 2 为低阶比特)

N(R)＝传送接收顺序编号(比特 6 为低阶比特)

S＝监控功能位

M＝修改功能位

P/F＝探询位 P——主站或组合站命令帧传输

终结位 F——次站或组合站响应帧传输(1＝探询/终结)

控制字段可以通过在紧随 I 帧和监控帧的基本控制字段后立即附加两个连续的八位位组来扩充。这种能力为 N(S)和 N(R)提供模 128。信息传送命令/响应格式(I 帧)、监控命令/响应格式(S 格式)和无编号命令/响应格式(U 格式)的控制字段扩充如表 4 所示。

表 4 模 128 控制字段格式

控制字段格式	控制字段比特															
	第 1 个八位位组								第 2 个八位位组							
	1	2	3	4	5	6	7	8	9	10	11	12	13	14	15	16
I 格式	0	N(S)							P/F	N(R)						
S 格式	1	0	S	S	x	x	x	x	P/F	N(R)						
U 格式	1	1	M	M	P/F	M	M	M								

在表 4 中，x 比特是保留的并置为“0”。比特 2 和比特 10 应是顺序编号的低阶比特。

控制字段可以通过在紧随 I 帧和监控帧的基本控制字段后立即附加三个连续的八位位组来扩充。这种能力为 N(S)和 N(R)提供模 32 768。信息传送命令/响应格式(I 帧)、监控命令/响应格式(S 格式)和无编号命令/响应格式(U 格式)的控制字段扩充如表 5 所示。

表 5 模 32 768 控制字段格式

控制字段格式	控制字段比特										
	前 2 个八位位组									后 2 个八位位组	
	1	2	3	4	5	6	7	8	9……16	17	18…………32
I 格式	0	N(S)								P/F	N(R)
S 格式	1	0	S	S	x	x	x	x	x……x	P/F	N(R)
U 格式	1	1	M	M	P/F	M	M	M			

在表 5 中，x 比特是保留的并置为“0”。比特 2 和比特 18 应是顺序编号的低阶比特。

控制字段可以通过在紧随 I 帧和监控帧的基本控制字段后立即附加 7 个连续的八位位组来扩充。这种能力为 N(S)和 N(R)提供模 2 147 483 648。信息传送命令/响应格式(I 帧)、监控命令/响应格式(S 格式)和无编号命令/响应格式(U 格式)的控制字段扩充如表 6 所示。

表 6 模 2 147 483 648 控制字段格式

控制字段格式	控制字段比特										
	前 4 个八位位组									后 4 个八位位组	
	1	2	3	4	5	6	7	8	9……32	33	34…………64
I 格式	0	N(S)								P/F	N(R)
S 格式	1	0	S	S	x	x	x	x	x……x	P/F	N(R)
U 格式	1	1	M	M	P/F	M	M	M			

在表 6 中，x 比特是保留的并置为“0”。比特 2 和比特 34 应是顺序编号的低阶比特。

5.3.2 信息传送(I)格式

I 格式用来实现信息传送。N(S)、N(R)和 P/F 的功能是彼此独立的，即每个 I 帧都有 N(S)顺序编号、N(R)顺序编号和 P/F 位。在接收数据站，N(R)可确认或不确认另外的 I 帧。P/F 位可置成“1”或“0”。

5.3.3 监控(S)格式

S 格式用来实现数据链路监控功能，比如确认 I 帧，请求重传 I 帧以及请求暂停 I 帧的传输。N(R)和 P/F 的功能是彼此独立的，即每个 S 格式帧都有 N(R)顺序编号和 P/F 位。接收数据站可用 N(R)来确认或不确认另外的 I 帧。P/F 位可置成“1”或“0”。

5.3.4 无编号(U)格式

U格式用来提供附加的数据链路控制功能和无编号信息传送，这种格式不包含顺序编号，但应包含可置为“1”或“0”的P/F位。5个“修改”比特可用来定义最多32种附加命令功能和32种附加响应功能。

5.4 控制字段参数

5.4.1 模数

每个I帧都应进行顺序编号，编号值可以是0～(模数－1)，其中，模数为顺序编号的模数。非扩充控制字段格式的模数等于8、128、32 768或2 147 483 648。扩充控制字段格式的模数为128。顺序编号就在该范围内循环。模8控制字段格式见表3。模128控制字段格式见表4。模32 768控制字段格式见表5。模2 147 483 648控制字段格式见表6。

主站、次站或组合站在任何给定时刻(有时称作“窗户”大小)允许未确认的顺序编号I帧的最大数不得超过(模数－1)。这种限制是为了防止在正常操作和/或执行差错恢复期间，所传输的I帧顺序编号出现含混。

注：未认可的I帧的数目还可能受到数据站的帧存储能力限制，例如，为了传输和/或当传输有错时需进行重传而所能存储的I帧数的限制。然而，只有当数据站最小的帧存储容量对于预料中的最大往返传输时延是足够时，才能得到最佳的数据链路效率。

5.4.2 帧的状态变量和顺序编号

5.4.2.1 概述

在HDLC操作中，每个数据站对发往或接收另一数据站的I帧都应保持一个各自独立的发送状态变量V(S)和接收状态变量V(R)。每个次站对发送到主站的I帧应保持V(S)并对正确地接收了来自主站的I帧应保持V(R)。以同样的方法主站对发往和接收数据链路上每个次站的I帧应分别保持独立的V(S)和V(R)。每一个组合站对发送到另一个组合站的I帧应保持V(S)并对正确地接收了来自另一组合站的I帧应保持V(R)。

5.4.2.2 发送状态变量V(S)

发送状态变量是指下一个按顺序要发送的I帧的顺序编号。发送状态变量能在0～(模数－1)范围内取值，其中，模数为顺序编号的模数。编号在整个模数范围内循环。随着每个相继的I帧传输，状态变量的值应增加1。但发送状态变量超过最后接收到的I帧的N(R)值不得大于(模数－1)。

5.4.2.3 发送顺序编号N(S)

只有I帧包含发送顺序编号N(S)。在传输一个按序的I帧之前应置N(S)等于发送状态变量值。

5.4.2.4 接收状态变量V(R)

接收状态变量是指一个按序期望要接收的I帧的顺序编号。接收状态变量能在0～(模数－1)范围内取值。其中，模数为顺序编号的模数。编号在整个模数范围内循环。在接收到无差错的、按序的I帧，其发送顺序编号N(S)等于接收状态变量时，接收状态变量值应增加1。

5.4.2.5 接收顺序编号N(R)

所有的I帧和S格式帧都应包含N(R)，P/F位为“0”的选择拒绝(SREJ)监控帧除外，而N(R)应指出下一个期望的I帧的N(S)顺序编号。

在这种例外下，在传输I帧或S格式帧之前，应置N(R)等于接收状态变量的现行值。N(R)表示发送N(R)的站已经正确地接收到了编号直到包括〔N(R)－1〕在内的所有I帧。

在SREJ帧的P/F位为“0”的情况下，N(R)只表示还没有收到N(S)等于N(R)的I帧。

在任一时刻，P/F位为“0”的多个SREJ帧可以是未确认的，有必要保证所有未接收到的I帧最终能正确接收到。这可以通过多变量计数器或其他手段来达到。

5.4.3 探询/终结(P/F)位

P位为“1”用于主站/组合站向次站/组合站请求(探询)响应或响应序列。

F位为“1”用于：

a） 在NRM时表示次站由于前面的请求(探询)命令而发送的最后一帧；和

b） 在ARM时表示次站以及在ABM时表示组合站由于请求(探询)命令而发送的响应帧。

探询/终结(P/F)位在命令帧和响应帧中均作为一种功能使用。(在命令帧中P/F位称为P位。在响应帧中P/F位称为F位。)

5.4.3.1 **探询位的功能**

5.4.3.1.1 **概述**

P位为“1”用来向次站/组合站请求F位为“1”的响应帧。

在数据链路的一个给定的方向上，在某一给定时刻只应有一个P位为“1”的帧尚未认可，主站/组合站只有收到了次站/组合站发来的F位为“1”的响应帧之后，才能发送另一个P位为“1”的帧。如果在系统规定的超时期间内，没有收到有效的响应帧，则允许重传P位为“1”的命令帧以便进行差错恢复。

5.4.3.1.2 **NRM下探询位的功能**

处于NRM时，P位为“1”用于向次站请求响应帧。次站在收到P位为“1”的命令帧或UP命令后，才能发送响应帧。

次站收到P位为“1”的I帧、某些P位为“1”的S帧(RR，REJ或者SREJ)、P位为“1”的UI命令或者P位为“1”或“0”的UP命令时都可发送I帧。

5.4.3.1.3 **ARM和ABM下探询位的功能**

处于ARM和ABM时，P位为“1”用来请求在最早响应机会上F位为“1”的响应。

注：例如，如果主站/组合站要求确认一个特定的命令已被收到，它就把此命令中的P位置成“1”，这就迫使次站/组合站按5.4.3.1.2中所述的那样发来响应。

5.4.3.2 **终结位的功能**

5.4.3.2.1 **概述**

次站/组合站用F位为“1”的响应帧确认收到了P位为“1”的命令帧。

5.4.3.2.2 **NRM下终结位的功能**

处于NRM时，如果次站收到P位为“1”的命令而获得发送权，则应将其响应传输的最后帧中的F位置成“1”。如果次站收到P位为“0”的UP命令而获得发送权，则应将其发送的每个响应帧(包括最后一帧)中的F位置成“0”。

在发出最后的响应帧之后，次站应停止发送，直到收到其后的P位为“1”的命令帧或UP命令时才能发送。

5.4.3.2.3 **ARM和ABM下终结位的功能**

处于ARM和ABM时，次站和组合站在任何响应机会，可在异步基础上发送F位为“0”的响应帧。次站/组合站收到P位为“1”的命令帧后，在最早应答机会上开始发送F位为“1”的响应帧。

在双向同时通信情况下，次站/组合站收到了P位为“1”的命令帧又正在发送时，应将最早可能要发送的后续响应帧中的F位置为“1”。

处于ARM和ABM时，发送F位为“1”的响应帧，并不要求次站或组合站分别停止传输响应帧。在发出F位为“1”的帧之后，它们还可以发送别的响应帧，因此处于ARM和ABM时，F位不应解释为次站或组合站的传输结束，而只应解释为所发送的响应帧是次站/组合站对以前收到的P位为“1”的命令帧作出回答的指示。

处于ABM时，如果组合站收到P位为“1”的命令，则发送F位为“1”的响应应优先于发送除置方式命令(SABM或SABME或SM、SJM、DISC)和复位命令(RSET)以外的其他命令。

5.4.3.3　用 **P/F** 位帮助差错恢复(见 5.6.2.1)

5.4.3.3.1　**概述**

由于 P 和 F 位为“1”总是成对交换的(对每一个 P 位,应有一个 F 位,且在前一个 P 位已与一个 F 位配对之后才能发出另一个 P 位。同样,在收到另一个 P 位之后才能发出另一个 F 位),因而在所收到的 P 位为“1”(见 5.6.2.1h))或 F 位为“1”的帧内所包含的 N(R)可用来检测是否需要重传 I 帧。这种能力可用来较早地检测到远方数据站未收到 I 帧,并能指出应该开始重传的帧顺序号。这种能力称为检验指示。在所有情况下,正确收到的 I 帧或 S 格式帧中的 N(R)都应确认以前发送的直到包括〔N(R)－1〕在内的所有 I 帧。

5.4.3.3.2　**NRM 下的检验指示**

处于 NRM 时,次站/主站在收到 P/F 位为“1”的 I 帧,接收准备好(RR)或接收未准备好(RNR)的命令/响应帧时,如果其中的 N(R)对次站/主站在 F/P 位为“1”的最后帧以及它之前已发送了的所有 I 帧无论如何不确认,则将使次站/主站启动适当的差错恢复。

5.4.3.3.3　**ARM 下的检验指示**

处于 ARM 时,次站/主站在收到 P/F 位为“1”的 I、RR 或 RNR 响应帧时,如果其中的 N(R)对次站/主站在 F/P 位为“1”的最后帧以及它之前已发送了的所有的 I 帧无论如何不确认,则将使次站/主站启动适当的差错恢复。

5.4.3.3.4　**ABM 下的检验指示**

处于 ABM 时,正在接收的组合站在收到 F 位为“1”的 I、RR 或 RNR 响应帧时,如果其中的 N(R)对此接收组合站在 P 位为“1”的最后帧以及它之前已发送了的所有的 I 帧无论如何不确认,则将使接收组合站启动适当的差错恢复。

5.4.3.4　**P/F 位功能一览表**

处于三种操作方式(NRM、ARM 和 ABM)时,以及在进行双向交替和双向同时数据通信的数据链路上,P/F 位功能的可用性概括于表 7。

表 7　P/F 位功能

操作方式	NRM		ARM		ABM	
数据通信	TWA	TWS	TWA	TWS	TWA	TWS
命令/响应中的 P/F 位	P/F	P/F	P/F	P/F	P/F	P/F
请求信息	x/	x/				
最后帧指示	x/x	/x				
请求监控或无编号响应	x/	x/	x/	x/	x/	x/
检验指示	x/x	x/x	x/x	x/x	x/x	x/x

标号:x 表示此功能可用;
TWA——双向交替;
TWS——双向同时。

5.5　命令和响应

表 8 综述了命令和响应的集合。

表 8　命令和响应

信息传送格式命令	信息传送格式响应
I——信息	I——信息
监控格式命令	监控格式响应
RR——接收准备好 RNR——接收未准备好 REJ——拒绝 SREJ——选择拒绝 SNRM——置正常响应方式 SARM——置异步响应方式 SABM——置异步平衡方式 DISC——断开 SNRME——置扩充的正常响应方式 SARME——置扩充的异步响应方式 SABME——置扩充的异步平衡方式 SIM——置初始化方式 UP——无编号探询 UI——无编号信息 XID——交换标识 RSET——复位 TEST——测试 SM——置方式 UIH——带有头部检验的无编号信息	RR——接收准备好 RNR——接收未准备好 REJ——拒绝 SREJ——选择拒绝 UA——无编号确认 DM——断开方式 RIM——请求初始化方式 RD——请求断开 UI——无编号信息 XID——交换标识 FRMR——帧拒绝 TEST——测试 UIH——带有头部检验的无编号信息

5.5.1　信息传送格式命令和响应

信息(I)命令和响应的功能是通过数据链路顺序地传送含有信息字段的编号帧。

I 命令/响应的控制字段的编码，对模 8 编号方式如图 3a)所示，对模 128 编号方式如图 3b)所示，对模 32 768 编号方式如图 3c)所示，对模 2 147 483 648 编号方式如图 3d)所示。

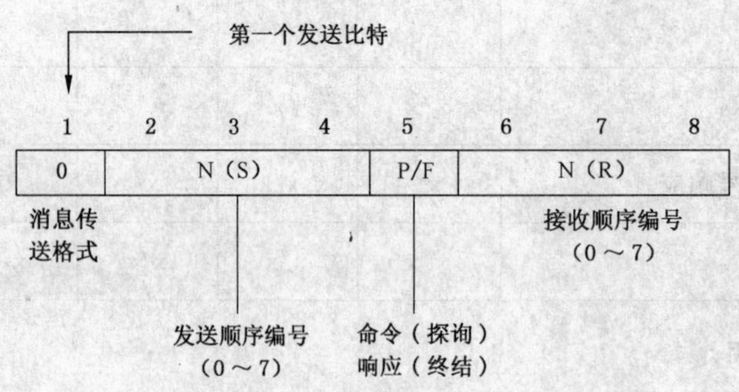

图 3a)　模 8 编号的控制字段比特的信息传送格式

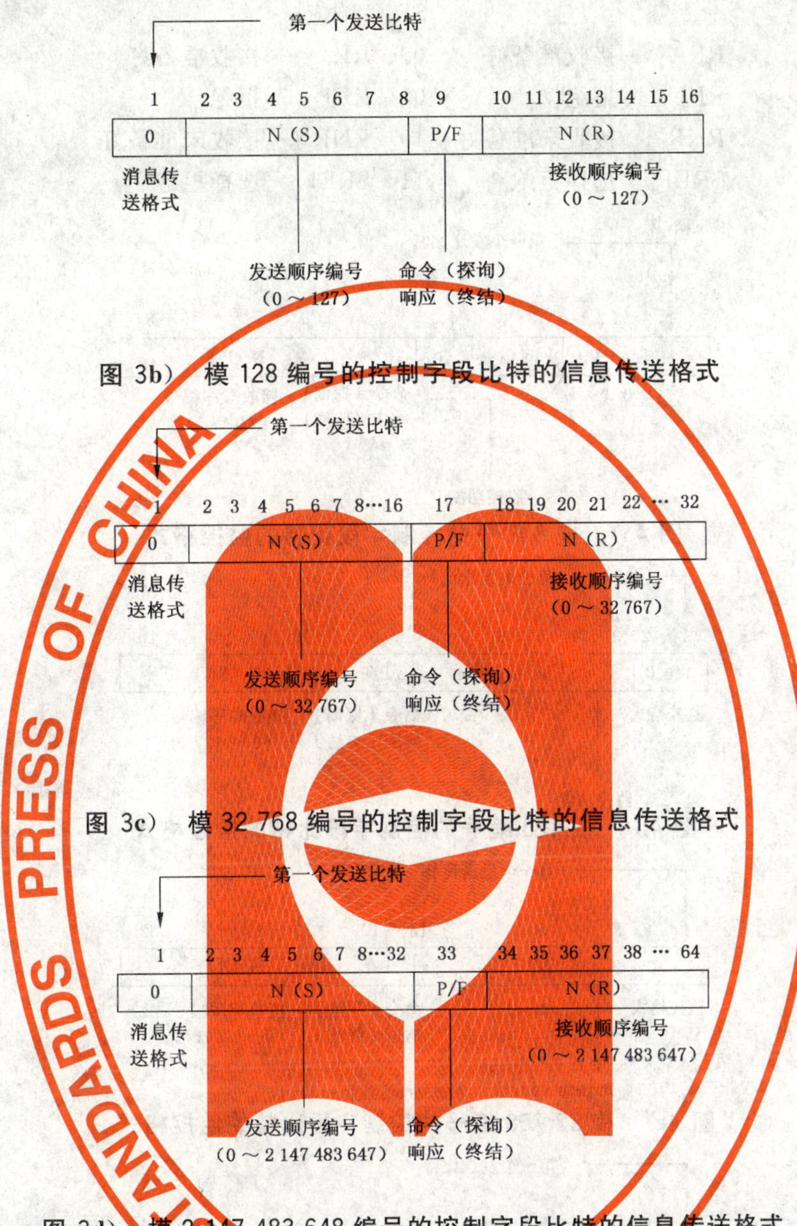

图 3b) 模 128 编号的控制字段比特的信息传送格式

图 3c) 模 32 768 编号的控制字段比特的信息传送格式

图 3d) 模 2 147 483 648 编号的控制字段比特的信息传送格式

I 帧的控制字段应包含两个顺序编号:

a) 发送顺序编号 N(S),它表示 I 帧的顺序编号;和

b) 接收顺序编号 N(R),它表示下次期望要接收的 I 帧的顺序编号(在传输时),因而表明已正确地收到了编号直到〔N(R)－1〕在内的全部 I 帧。

(关于 P/F 位的功能的描述见 5.4.3)。

5.5.2 监控格式命令和响应

监控(S)命令和响应用于执行编号的监控功能,诸如确认、探询、暂停信息传送或差错恢复等。

具有 S 格式控制字段的帧不包含信息字段,因此在发送器里不增大发送状态变量,也不在接收器里增大接收状态变量。RR、RNR 和 REJ 帧应不包含信息字段。当选择了多选择拒绝过程时,为了标识重传需要的另外的 I 帧,SREJ 帧可能包含信息字段。

S 格式命令/响应的控制字段的编码,对模 8 编号方式如图 4a)所示,对模 128 编号方式如图 4b)所示,对模 32 768 编号方式如图 4c)所示,对模 2 147 483 648 编号方式如图 4d)所示。

命令		SS	响应	
RR	接收准备好	00	RR	接收准备好
REJ	拒绝	01	REJ	拒绝
RNR	接收未准备好	10	RNR	接收未准备好
SREJ	选择拒绝	11	SREJ	选择拒绝

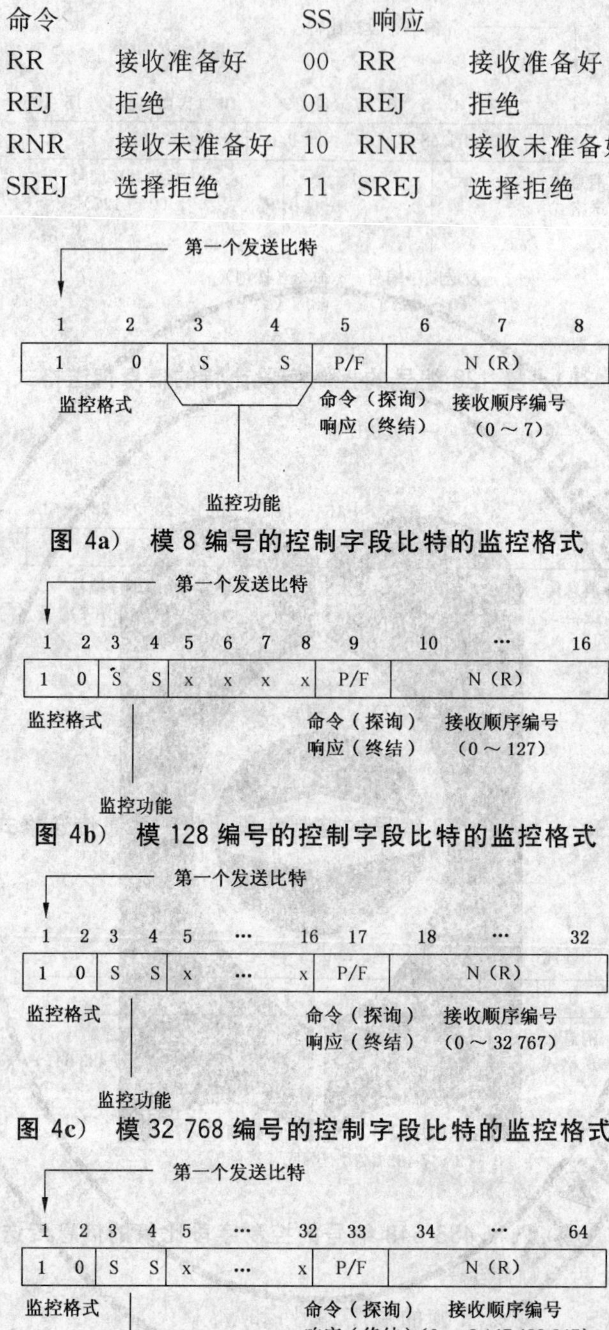

图 4a） 模 8 编号的控制字段比特的监控格式

图 4b） 模 128 编号的控制字段比特的监控格式

图 4c） 模 32 768 编号的控制字段比特的监控格式

图 4d） 模 2 147 483 648 编号的控制字段比特的监控格式

S 格式帧包含接收顺序编号 N(R)。除了 P/F 位为“0”的 SREJ 帧，在传输时 N(R)表示下次期望要接收的 I 帧的顺序编号，因而表示已正确地接收了编号直至〔N(R)－1〕在内的所有 I 帧。

主站/组合站可用 P 位为“1”的 S 格式命令帧去请求次站/组合站发送指示其状态的响应(探询)。(关于 P/F 位的功能的描述见 5.4.3)。

5.5.2.1 接收准备好(RR)命令和响应(S 位为 00)

数据站用接收准备好(RR)帧来：

a) 表示它已准备好接收 I 帧；和

b) 确认前面收到的，编号至〔N(R)－1〕为止的所有 I 帧。

当数据站发送 RR 帧时，表明该数据站早先由发送 RNR 帧而起始的任何忙状态已经清除(见 5.6.1)。

5.5.2.2 拒绝(REJ)命令和响应(S 位为 01)

数据站用拒绝帧(REJ)请求重传编号从 N(R)开始的 I 帧，编号为 N(R)−1 以及在此之前的所有帧均认为已被确认。在这些重传的 I 帧之后，可以发送等待初始传输的另外的 I 帧。

对于数据链路上每一个传输方向，从一个给定的数据站到另一个数据站在任何给定时刻只能建立一个 REJ 异常状态。除非检测到 5.6.2.2、5.6.2.3 和 5.6.2.4 中所指出的其他状态，否则在第 1 个 REJ 异常状态清除之前，不应发送另一个 REJ 帧或 SREJ 帧。

当收到一个 N(S)等于 REJ 帧的 N(R)的 I 帧时，该 REJ 异常状态应被清除(复位)。

5.5.2.3 接收未准备好(RNR)命令和响应(S 位为 10)

数据站用接收未准备好(RNR)帧表示它处于忙状态，即暂时不能接受后续的 I 帧，对编号直至〔N(R)−1〕为止的 I 帧均认为已被确认。对收到的编号为 N(R)及其任何后续的 I 帧，即使有也均不认为被确认，对这些帧的接受情况将在后续的交换中加以表示。

5.5.2.4 选择拒绝(SREJ)命令和响应(S 位为 11)

数据站用选择拒绝(SREJ)帧去请求重传一个或多个(不必是连续的)I 帧。SREJ 帧的控制字段应包含初始的 I 帧编号次序来重传(仍然未被 SREJ 帧报告)，并且如果调用了多选择拒绝规程，控制字段后紧随的信息字段应包含附加 I 帧的标识，如果有，需要重传。需要传输的附加 I 帧的身份应由下列任一项指出：

a) 每个需要重传的 I 帧的一个项目；或

b) 每个需要传输的独立 I 帧的一个项目加上两个或多个连续的需要重传的编号 I 帧的每个序列的范围列表。

范围列表标识了需要重传的连续编号 I 帧序列的开始和结束。

在无范围列表的情况下，当使用多选择拒绝规程时，信息字段应像每个需要重传的 I 帧都有一个或多个八位位组一样编码。

对于模 8 顺序编号，每个指明的 I 帧的 N(R)值应按照模 8 顺序编号的控制字段的 N(R)字段的编号来占用一个八位位组字段的比特位置 6～8，其比特 1～5 置为“0”，如图 5a)所示。

对于模 128 顺序编号，每个指明的 I 帧的 N(R)值应按照模 128 顺序编号的控制字段的第 2 个八位位组中 N(R)字段的编号来占用一个八位位组字段的比特位置 2～8，其比特 1 置为“0”，如图 5b)所示。

对模 32 768 编号方式，每个指明的 I 帧的 N(R)值应按照模 32 768 顺序编号的控制字段的第 3～4 个八位位组中 N(R)字段的编号来占用两个八位位组字段的比特位置 2～16，其两个八位位组字段的第 1 个八位位组的比特 1 置为“0”，如图 5c)所示。

对模 2 147 483 648 编号方式，每个指明的 I 帧的 N(R)值应按照模 2 147 483 648 顺序编号的控制字段的第 5～8 个八位位组中 N(R)字段的编号来占用四个八位位组字段的比特位置 2～32，其四个八位位组字段的第 1 个八位位组的比特 1 置为“0”，如图 5d)所示。

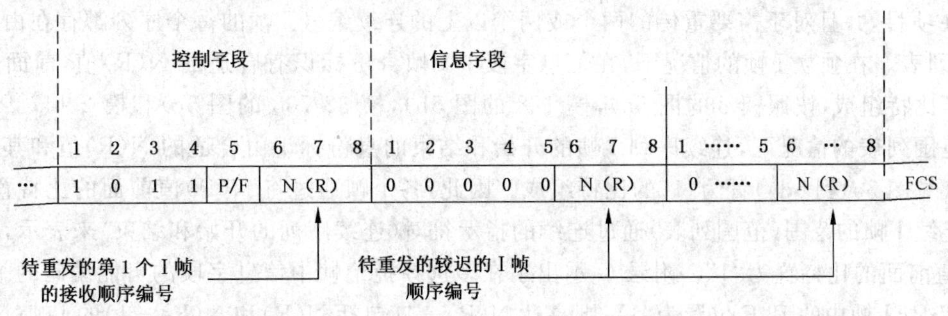

图 5a) 模 8 编号的 SREJ 帧的控制字段和信息字段编码

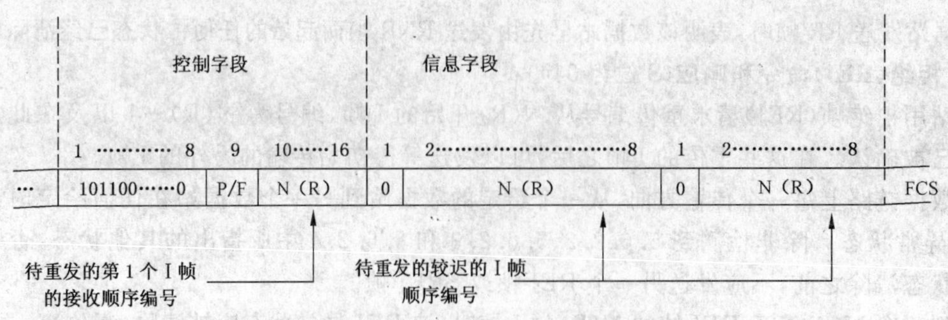

图 5b) 模 128 编号的 SREJ 帧的控制字段和信息字段编码

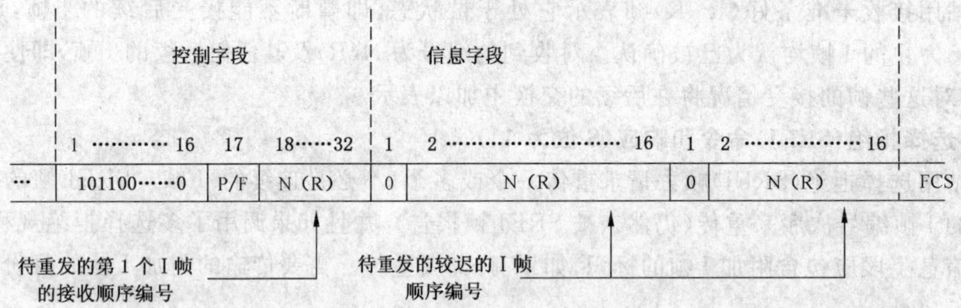

图 5c) 模 32 768 编号的 SREJ 帧的控制字段和信息字段编码

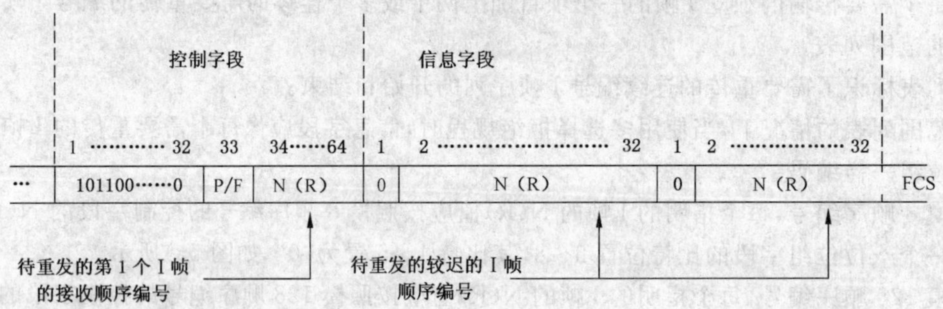

图 5d) 模 2 147 483 648 编号的 SREJ 帧的控制字段和信息字段编码

可以包括八位位组字段的任何编号，高达最大帧长度。应只包含需要重传的 I 帧编号。例如，如果在模 128 顺序编号的情况下，对于重传而言，在单个 SREJ 帧中标识出 I 帧 3、5、7 和 8，在 SREJ 控制字段中应标识出 I 帧编号 3 以及应标识出的 I 帧 5、7 和 8，每个都在其拥有的八位位组内，并以 SREJ 帧信息字段的次序递增。

当多选择拒绝选项与范围列表一起使用时，信息字段应编码成这样，即对于需要重传的每个独立 I 帧都存在项目，并且对于需要重传的两个或两个以上的连续编号 I 帧的每个序列都存在由两个项目组成的范围列表。在独立 I 帧的情况下，在信息字段中 I 帧身份标识有合适的 N(R)值，前面是所使用项目中的“0”比特组成，按照模 8 的图 5a)，模 128 的图 5b)，模 32 768 的图 5c) 和模 2 147 483 768 的图 5d)。在范围列表的情况下，连续序列 I 帧的开始和结束的身份标识由合适的 N(R)值和其前面的并在每个情况(见图 5a)到 5d))置为“1”的比特组成。因此，各个帧通过将 N(R)值前面的比特置为“0”来表示，并且连续 I 帧的范围(范围列表)通过连续的指示符对(连续序列的开始和结束)来表示，每对指示符的 N(R)值前面的比特置为“1”。附录 G 示出了在多选择拒绝帧中信息字段的可能编码的举例。

如果 SREJ 帧中的 P/F 位置为“1”，则高达 N(R)－1(包括 N(R)和 N(R)－1)的 I 帧(N(R)是控制字段中的值)应被认为是确认的。然而，如果 SREJ 帧中的 P/F 位置为“0”，则 SREJ 帧的控制字段中的 N(R)值不表示对 I 帧的确认，而是表示对需要重传的 I 帧的不确认。

当收到的每个I帧都带有N(S)等于在SREJ帧控制字段或信息字段中标识出的N(R)时，则每个SREJ异常状态应被清除(复位)。

在一个或多个较早的SREJ异常状态已被清除之前，数据站可以发送一个或多个P位置为"0"的SREJ帧，每个SREJ帧包含一个或多个不同的N(R)值。然而，如果一个较早的REJ异常状态没有被清除，则不应发送SREJ帧，如5.6.2.3和5.6.2.4中所示。(这样做可能请求重传I帧，重传I帧可能是由REJ操作重发的。)同样，如果一个或多个较早的SREJ异常状态没有被清除，则不应发送REJ帧，如5.6.2.3和5.6.2.4中所示。已经发送的I帧可能紧跟着由SREJ帧指示的I帧，它们不应当作为接收SREJ帧而被重发。等待最初传输的附加I帧可以跟随着所有收到的SREJ帧请求重传的特定I帧之后进行发送。

(关于N(S)序列差错恢复规程见5.6.2。)

5.5.3 无编号格式命令和响应

无编号(U)命令和响应可用来扩大数据链路控制功能的数目。无论是发送的还是接收的数据站，发送无编号格式帧都不增大状态变量。共提供了5个修改位，容许最多定义32种附加命令功能和32种附加响应功能，下面定义了15种命令功能和9种响应功能，其余尚待定义。

U格式命令/响应的控制字段的编码如图6所示。

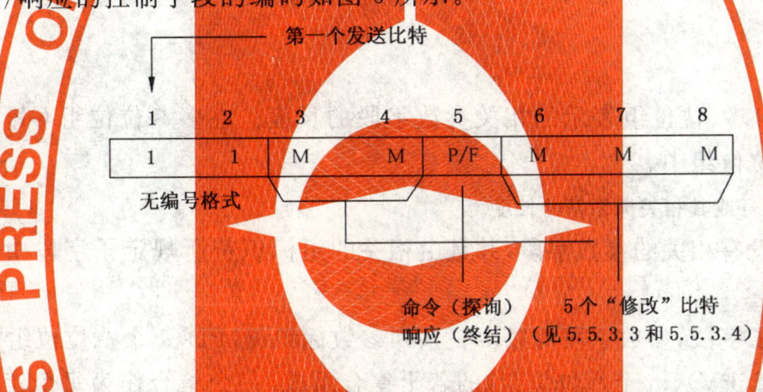

图6 控制字段比特的无编号格式

(关于P/F位功能的描述见5.4.3。)

若干无编号命令和响应(即，SNRM、SARM、SABM、SNRME、SARME、SABME、SM、UA、DISC、DM、XID)可以具有5.5.3.1中定义的可选择的信息字段。FRMR的信息字段在5.5.3.4.2中定义。

5.5.3.1 信息字段结构

可选信息字段的通用结构在图7中表出。信息字段的第1个八位位组(当提供时)应是格式标识符子字段。一个或多个数据链路层子字段可以紧跟在格式标识符子字段后面。数据链路层子字段后面可以是用户数据子字段。

5.5.3.1.1 格式标识符子字段

格式标识符子字段是一个固定长度的八位位组，并且如图7所示。

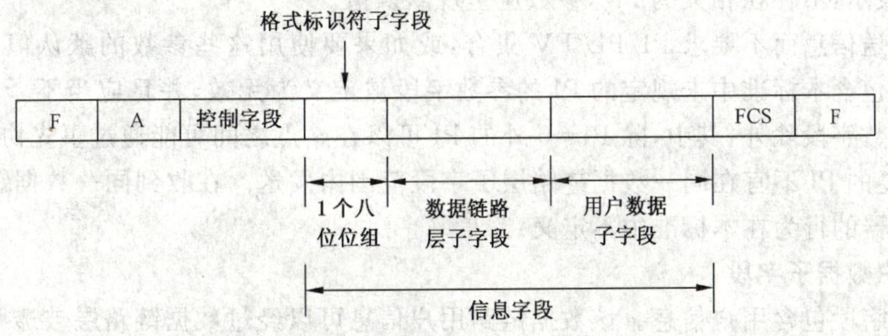

图7 在规定的无编号命令和响应中可选信息字段的格式

5.5.3.1.2 数据链路层子字段

数据链路层子字段规定了不同的数据链路层特性和参数。这些子字段的内容通过数据链路层逻辑来产生和使用。为了考虑到格式标识符子字段和用户数据子字段的长度，这些子字段的长度受对HDLC帧信息字段的最大长度约束所限制。

数据链路层子字段由组标识符(一个八位位组)，组长度(1或2个八位位组，依赖于用法)和参数字段(n个八位位组)组成。数据链路层子字段的通用结构如图8所示。

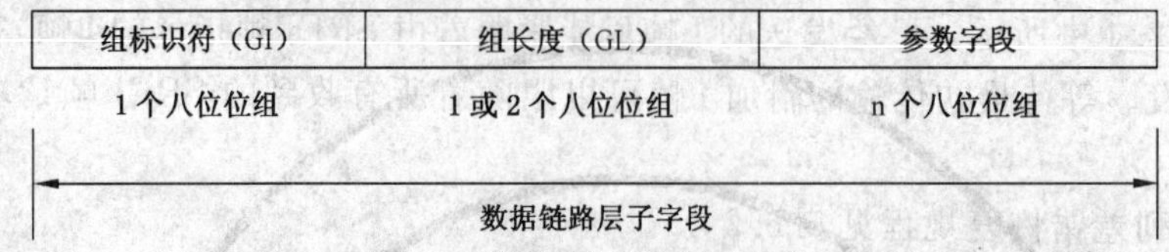

图8 数据链路层子字段

组标识符(GI)标识数据链路层子字段的功能。本标准定义了5种数据链路层子字段：

地址解析；

HDLC参数；

方式和模数；

多链路参数；和

用户定义的参数。

组长度(GL)表示了以八位位组表示的相关参数字段的长度。在多八位位组GL中的最高阶比特是处于第1个发送的八位位组中。

注：组长度值不包括自身或其相关标识符的长度。

组长度值为0表示没有相关的参数字段，并且由相关的组标识符所规定子字段中的所有参数宜呈现其默认值。

依赖于数据链路层子字段，参数字段可以由一系列参数标识符(PI)(1个八位位组)、参数长度(PL)(1个八位位组)和参数值(PV)(m个八位位组)的若干集合组成，一个集合作为每个定义的数据链路层子字段元素。对于二进制的多八位位组PV，更高阶比特是处于第1个发送的八位位组中。当使用该结构时，数据链路层子字段的组织结构如图9所示。

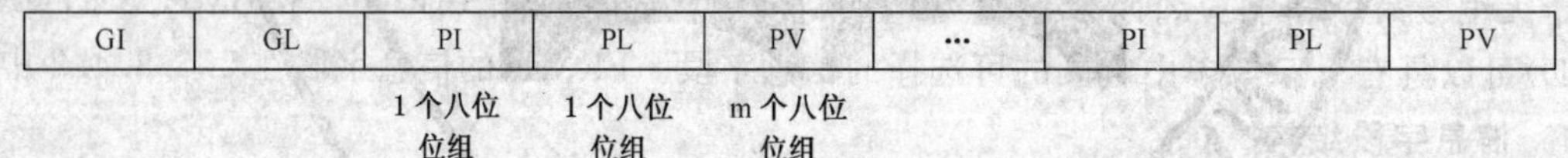

其中

PI：参数标识符，表达为十进制值

PL：参数长度，表达为十进制值

图9 使用PI/PL/PV结构的数据链路层子字段的通用组织结构

注：PL的值不包括其自身或相关PI的长度。

PL值为0表示，不存在相关的PV，参数应呈现默认值。

如果为了运送信息而不要求PI/PL/PV集合，或如果要使用这些参数的默认值，则PI/PL/PV集合可以被忽略。包含本标准中未规定的PI的参数字段被定义为无效，并且应当不予理睬(用户定义参数子字段内的参数字段除外，其中，除PI=0外的PI可以在站点之间可能通过事先协定来定义)。除指出的场合外，重复的PI不宜在同一数据链路层子字段范围内发送。在收到同一数据链路层子字段内重复的PI时，接收器的行为在本标准中不定义。

5.5.3.1.3 用户数据子字段

用户数据子字段包含用户信息。该数据链路用户信息可以经过数据链路层被透明传输到数据链路的用户。为了考虑到格式标识符子字段和数据链路层子字段的长度，可以容纳的信息数量(比特数)仅受对HDLC帧信息字段的最大长度约束所限制。

用户数据子字段由用户数据标识符(1 个八位位组)和用户数据字段(n 个比特)组成。

因此,用户数据子字段具有图 10 所示的组织结构。

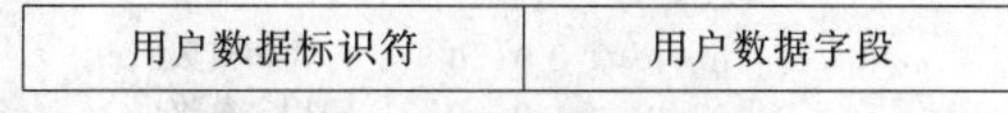

图 10 用户数据子字段

5.5.3.1.4 无编号格式命令/响应帧中可允许的子字段

表 9 给出了可能存在于某个无编号格式命令和响应帧的信息字段中的不同子字段。

标识为与置方式命令/响应帧相关联的那些子字段的子字段编码在 5.5.3.2 中给出。标识为与通用 XID 命令/响应帧相关联的那些子字段的子字段编码在 7.2 中给出。

5.5.3.2 置方式命令/响应帧的信息字段编码

格式标识符子字段总是可选项信息字段的第 1 个八位位组。数据链路层子字段(如果提供)按照它们的 GI 值以升序跟随在后。除指出的场合外,特定的数据链路层子字段仅可以出现一次。特定数据链路层子字段的不存在宜解释为平均默认值。用户数据子字段(如果提供)总是最后一个子字段。

表 9 无编号格式命令和响应可选信息字段中可允许的子字段/组

命令/响应	子字段						
	格式标识符	数据链路层					用户数据
		地址决定	HDLC 参数	方式 & 模数	多链路	用户定义的参数	
DISC	X						X
DM	X		X	X		X	X
SABM	X		X			X	X
SABME	X		X			X	X
SARM	X		X			X	X
SARME	X		X			X	X
SM	X		X	X		X	X
SNRM	X		X			X	X
SNRME	X		X			X	X
UA	X		X	X		X	X
XID	X	X	X		X	X	X

5.5.3.2.1 格式标识符子字段编码

格式标识符子字段可以编码为具有设计 256 个不同格式的能力。

用于 HDLC 标准、本标准中定义的通用置方式命令/响应帧的格式标识符子字段应按图 11 所示进行编码。

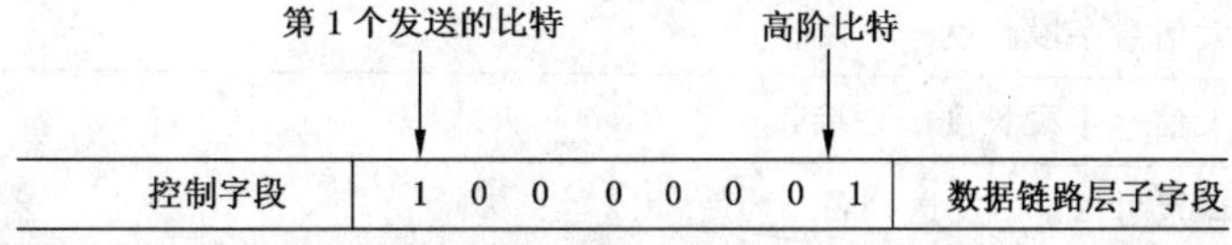

图 11 置方式帧的通用格式标识符子字段编码

置方式命令/响应帧格式标识符的所有其值供未来的指派而保留。

5.5.3.2.2 数据链路层子字段编码

图 12 表示了本标准中定义的与置方式命令/响应相关的帧的数据链路层子字段的 GI 编码。

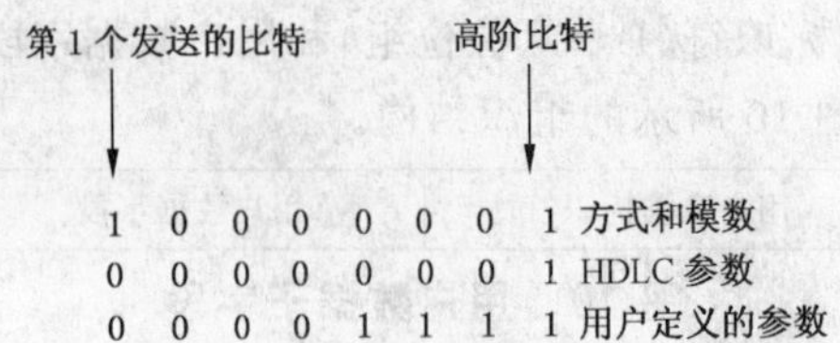

图 12 数据链路层子字段的组标识符编码

全“1”(1111 1111)的 GI 编码不被用作数据链路层子字段标识符编码。它用作用户数据子字段的标识符编码。

本标准中不指派的全部 GI 编码被保留供未来使用。

注：HDLC 参数的数据链路层子字段和用户定义参数的数据链路层子字段在信息字段中每个都可以出现一次以上。这样允许站运送信息字段中的多个选单。

注：当使用在 HDLC 参数标识符下被明确标识的那些参数时，用户定义的参数标识符是用来标识超出 HDLC 参数标识符范围的参数的。

5.5.3.2.2.1 方式和模数

与方式和模数组相关的数据链路层子字段可以用图 13 来表示。

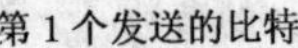

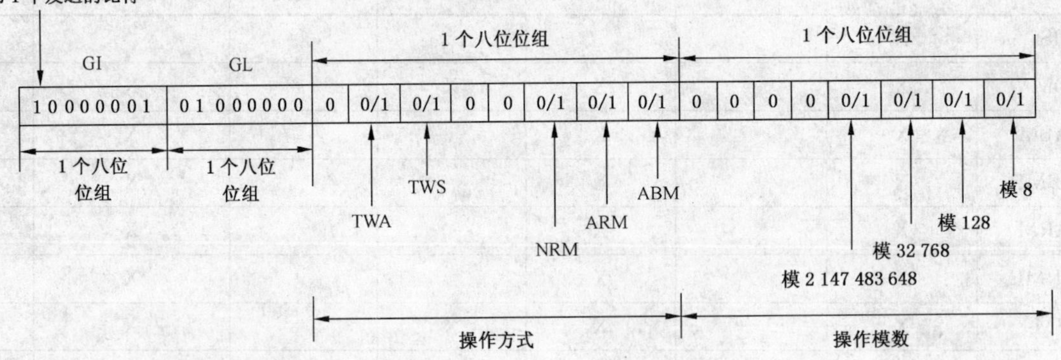

图 13 方式和模数组的各元素

操作方式通过将相应比特置为“1”来表示。操作模数通过将相应比特置为“1”来表示。

5.5.3.2.2.2 参数字段元素

表 10 标识出在此定义的参数字段元素。

表 10 置方式数据链路层子字段参数字段元素

HDLC 参数(GI＝00000001)

PI	参数字段元素
5	最大信息字段长度——发送
6	最大信息字段长度——接收
7	窗口尺寸 k——发送
8	窗口尺寸 k——接收

用户定义的参数(GI＝00001111)

PI	参数字段元素
0	参数集标识

下列图示符号说明了表 11 和表 12 中使用的符号。

B——表示该字段是二进制编码的；

N——八位位组数；

NA——不适用。

表 11　HDLC 参数元素

名　　称	PI	PL	参数字段元素	代码类型	比特号	值
最大信息字段长度(发送)	5	N	最大信息字段长度发送(比特)	B	NA	B
最大信息字段长度(接收)	6	N	最大信息字段长度接收(比特)	B	NA	B
窗口尺寸 k(发送)	7	4	窗口尺寸 k 发送(帧)	B	NA	B
窗口尺寸 k(接收)	8	4	窗口尺寸 k 接收(帧)	B	NA	B

表 12　用户定义的参数元素

名　　称	PI	PL	参数字段元素	代码类型	比特号	值
参数集标识	0	N	参数集标识	NA	NA	(见注 1)
(实现定义的)(见注 2)	1 到 255	N	(实现定义的)	NA	NA	NA

注 1：参数集标识的长度可以为从 1 到 255 个八位位组。ISO/IEC TR 10171:2000 中列出了某些值。

注 2：不要求把该字段中的 PI/PL/PV 编码用于 PI 值(PI=0 除外)。这样的用法凭与 PI=0 所标识的参数集合有关的组织结构自行自处。

5.5.3.2.3　**用户数据子字段编码**

5.5.3.2.3.1　**用户数据标识符编码**

用户数据标识符将子字段标识为用户数据子字段。图 14 提供了它的编码。

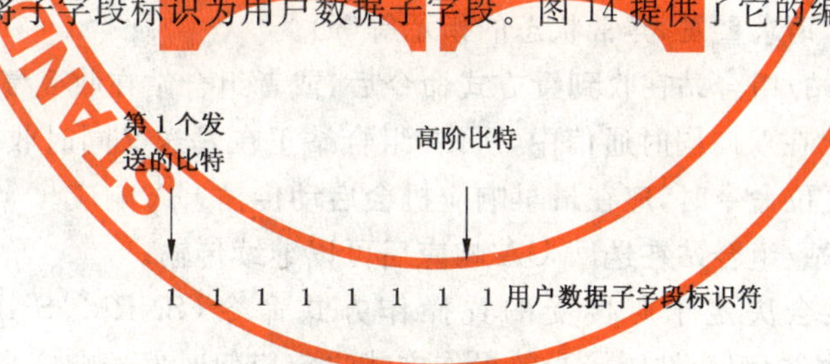

图 14　用户数据子字段标识符编码

5.5.3.2.3.2　**用户数据字段**

用户数据字段通过数据链路透明地运输，并被传递给数据链路的用户。用户数据字段的编码是数据链路用户的责任，并且可以是所涉及到的数据链路用户相互协调一致的任何格式。

5.5.3.3　**无编号命令**

无编号命令的编码如图 15 所示。

第1个发送比特

1	2	3	4	5	6	7	8	
1	1	0	0	P	0	0	1	SNRM 命令
1	1	1	1	P	0	0	0	SARM 命令
1	1	1	1	P	1	0	0	SABM 命令
1	1	0	0	P	0	1	0	DISC 命令
1	1	1	1	P	0	1	1	SNRME 命令
1	1	1	1	P	0	1	0	SARME 命令
1	1	1	1	P	1	1	0	SABME 命令
1	1	1	0	P	0	0	0	DISC 命令
1	1	1	1	P	0	1	1	SIM 命令
1	1	0	0	P	1	0	0	UP 命令
1	1	0	0	P	0	0	0	UI 命令
1	1	1	1	P	0	0	0	SARM 命令
1	1	1	1	P	1	0	1	XID 命令
1	1	1	1	P	0	0	1	RSET 命令（只用于组合站）
1	1	0	0	P	1	1	1	TEST 命令
1	1	0	0	P	0	1	1	SM 命令
1	1	1	1	P	1	1	1	UIH 命令

图 15　无编号命令控制字段比特的指派

SNRM、SARM、SABM、DISC、SNRME、SARME、SABME、SM 和 SIM 等无编号置方式命令以及 RSET 无编号复位命令，XID 无编号命令和 TEST 无编号命令都要求次站/组合站用合适的无编号响应帧(分别为 UA 响应帧、XID 响应帧和 TEST 响应帧)进行应答以确认其被接受。如果次站/组合站，在应答机会出现之前收到几个上述命令，那么在第 1 个响应机会应发送与接收到的第 1 个命令相对应的响应。次站/组合站在收到上述各项命令中的一个命令后适当的响应的传输应优先于该次站/组合站对先前任何其他命令的响应(此命令可能正处于等待响应机会中)的传输。次站/组合站在收到上述各项命令中的一个命令后到它发出与此命令相对应的响应之前，除了检测下一个响应机会外，对所收到的所有帧可以不予理睬。组合站在收到 RSET 命令以后，直到它发出确认此命令的 UA 响应为止，可丢弃所收到的任何 I 帧或 UI 帧中的信息字段，但应继续利用所收到的任何帧中包含的控制信息(例如：N(R)，忙/不忙状态的改变，请求重发，异常状态的指示等等)。

在双向交替通信中，次站/组合站在收到置方式命令后，或者组合站在收到复位命令后，应在下一个响应机会发送 UA 响应帧。在双向同时通信中，次站/组合站正在发送又同时收到置方式，或者一个组合站正在发送又同时收到复位命令时，应在最早响应机会启动传输 UA 响应。

如果操作方式合适，次站/组合站在送回 UA 响应后可以继续传输。

次站/组合站的响应机会决定于所接受的置操作方式命令(SNRM、SARM、SABM、SNRME、SARME 或 SABME)。即次站/组合站所接受的操作方式决定应何时发送响应，如下所述：

a)　在收到 P 位为“1”的 SNRM 或 SNRME 命令时，次站应用单个 F 位为“1”的 UA 帧应答。如果 SNRM 或 SNRME 帧的 P 位为“0”，那么次站应等到收到一个 P 位为“1”的命令帧后才用单个 F 位为“1”的 UA 帧应答；或应等到收到 P 位为“0”的 UP 命令后才用单个 F 位为“0”的 UA 帧应答。

b)　在收到 P 位为“1”或为“0”的 SARM 或 SARME 命令时，次站在下列条件下应发送 UA 帧：

　1)　在 TWA 数据通信中检测到空闲的数据链路信道状态；或

　2)　在 TWS 数据通信中的最早应答机会里。

　如果命令帧的 P 位为“1”，则 UA 帧的 F 位也应置成“1”。如果次站另有等待传输的帧，则可接在 UA 帧后进行。

c)　在收到 P 位为“1”或为“0”的 SABM 或 SABME 命令，或在 ABM 下收到 RSET 命令时，组合站在下列条件下应发送 UA 帧：

1) 在 TWA 数据通信中检测到空闲的数据链路信道状态；或

2) 在 TWS 数据通信中的最早应答机会里。

如果命令帧的 P 位为“1”，则 UA 帧的 F 位也应置成“1”。如果组合站另有等待传输的帧，则可接在 UA 帧后进行。

d) 在收到 SM 命令，数据站应与以上 a)、b)、c)的行为一致，依赖于信息字段或预先知道的指示的操作方式。

在置非操作方式命令(SIM 和 DISC)的情况下，次站/组合站的响应机会应由系统进行定义，即对给定的次站/组合站在 SIM 或 DISC 命令后的响应是使用正常方式响应机会还是异步方式响应机会应由系统来进行定义，如下所述：

a) 在收到 SIM 命令时，次站/组合站应用 UA 响应应答。如果 SIM 命令的 P 位为“1”，则 UA 帧的 F 位也应为“1”。

b) 在收到 DISC 命令时，次站/组合站根据此时它们是处于操作方式还是断开方式决定用 UA 响应还是 DM 响应来应答。如果 DISC 命令的 P 位为“1”，则 UA 或 DM 帧的 F 位也应为“1”。

如果次站/组合站不能接受置方式命令，或组合站不能接受复位命令，那么应在最早的响应机会发送合适的 DM，FRMR，RD 或 RIM 响应，以指明它不接受置方式命令或复位命令。

5.5.3.3.1 置正常响应方式(SNRM)命令

SNRM 命令用于将被寻址的次站置成正常响应方式(NRM)，其中所有控制字段的长度均为一个八位位组。在 SNRM 命令中不允许有信息字段。次站在第 1 个响应机会应发送一个非扩充控制字段格式的 UA 响应来证实它已接受 SNRM 命令。在接受此命令时，次站的发送和接收状态变量均应置成“0”。

在执行此命令时，对指派给数据链路控制的所有未确认 I 帧的处理职责交高层负责。这种未确认 I 帧的信息字段的内容是否重新指派给数据链路控制去传输由高层决定。

信息字段可能出现在 SNRM 命令中。信息字段(当出现时)的格式在 5.5.3.2 的表 9 中给出。

5.5.3.3.2 置异步响应方式(SARM)命令

SARM 命令用于将被寻址的次站置成异步响应方式(ARM)，其中所有控制字段的长度均为一个八位位组。SARM 命令中不允许有信息字段，次站在第 1 个响应机会应发送一个非扩充控制字段格式的 UA 响应来证实它已接受 SARM 命令，在接受此命令时，次站的发送和接收状态变量均应置成“0”。

在执行此命令时，对指派给数据链路控制的所有未确认 I 帧的处理职责交高层负责，这种未确认 I 帧的信息字段的内容是否重新指派给数据链路控制去传输由高层决定。

信息字段可能出现在 SARM 命令中。信息字段(当出现时)的格式可按 5.5.3.2 和表 9 中指出的。

5.5.3.3.3 置异步平衡方式(SABM)命令

SABM 命令用于将被寻址的组合站置成异步平衡方式(ABM)，其中所有控制字段的长度为一个八位位组。SABM 命令中不允许有信息字段，组合站在第 1 个响应机会应发送一个非扩充控制字段格式的 UA 响应来证实它已接受 SABM 命令。在接受此命令时，组合站的发送和接收状态变量均应置成“0”。

在执行此命令时，对指派给数据链路控制的所有未确认 I 帧的处理职责交高层负责。这种未确认 I 帧的信息字段的内容是否重新指派给数据链路控制去传输由高层决定。

信息字段可能出现在 SABM 命令中。信息字段(当出现时)的格式可按 5.5.3.2 和表 9 中指出的。

5.5.3.3.4 断开(DISC)命令

DISC 命令用于结束先前由某一命令所设置的操作方式或初始化方式。在交换或非交换网络中，DISC 命令用于通知被寻址的次站/组合站，主站/组合站要暂停工作，次站/组合站应处于逻辑上的断开方式。在交换网络中，数据链路层的逻辑断开功能也可用在物理层接口上启动物理层的实际断开操作，即使被寻址的次站/组合站进入“挂机”状态。DISC 命令中不允许有信息字段。在执行此命令以前，次站/组合站应发送一个 UA 响应以证实它已接受 DISC 命令。

当执行此命令时，对指派给数据链路控制的所有未确认 I 帧的处理职责交高层负责。这种未确认 I 帧的信息字段的内容是否重新指派给数据链路控制去传输由高层决定。

信息字段可能出现在 DISC 命令中。信息字段(当出现时)的格式可按 5.5.3.2 和表 9 中指出的。

5.5.3.3.5 置扩充的正常响应方式(SNRME)命令

SNRME 命令用于将被寻址的次站置成扩充的正常响应方式。在这种方式中，所有控制字段的长度均为两个八位位组(见 7.4)。SNRME 命令中不允许有信息字段。次站在第 1 个响应机会应发送一个扩充控制字段格式的 UA 响应来证实它已接受 SNRME 命令。在接受此命令时，次站的发送和接收状态变量应置成“0”。

在执行此命令时，对指派给数据链路控制的所有未确认 I 帧的处理职责交高层负责。这种未确认 I 帧的信息字段的内容是否重新指派给数据链路控制去传输由高层决定。

信息字段可能出现在 SNRME 命令中。信息字段(当出现时)的格式可按 5.5.3.2 和表 9 中指出的。

5.5.3.3.6 置扩充的异步响应方式(SARME)命令

SARME 命令用于将被寻址的次站置成扩充的异步响应方式，其中所有控制字段的长度均为两个八位位组(见 7.4)。SARME 命令中不允许有信息字段。次站在第 1 个响应机会应发送一个扩充的控制字段格式的 UA 响应来证实它已接受 SARME 命令。在接受此命令时，次站的发送和接收状态变量均应置成“0”。

在执行此命令时，对指派给数据链路控制的所有未确认 I 帧的处理职责交高层负责。这种未确认 I 帧的信息字段的内容是否重新指派给数据链路控制去传输由高层决定。

信息字段可能出现在 SARME 命令中。信息字段(当出现时)的格式可按 5.5.3.2 和表 9 中指出的。

5.5.3.3.7 置扩充的异步平衡方式(SABME)命令

SABME 命令用于将被寻址的组合站置成扩充的异步平衡方式，其中所有控制字段的长度均为两个八位位组(见 7.4)。SABME 命令中不允许有信息字段。组合站在第 1 个响应机会应发送一个扩充的控制字段格式的 UA 响应来证实它已接受 SABME 命令。在接受此命令时，组合站的发送和接收状态变量均应置成“0”。

在执行此命令时，对指派给数据链路控制的所有未确认 I 帧的处理职责交高层负责。这种未确认 I 帧的信息字段的内容是否重新指派给数据链路控制去传输由高层决定。

信息字段可能出现在 SABME 命令中。信息字段(当出现时)的格式可按 5.5.3.2 和表 9 中指出的。

5.5.3.3.8 置初始化方式(SIM)命令

SIM 命令用于使被寻址的次站/组合站去启动一个为该站规定的规程以便使它的数据链路层的控制功能实现初始化。SIM 命令中不允许有信息字段。次站/组合站在第 1 个响应机会应发送一个 UA 响应以证实它已接受此命令。在接受此命令时，次站/组合站的发送和接收状态变量均应置成“0”。

在执行此命令时，指派给数据链路控制层的对所有未确认 I 帧的处理职责交高层负责。这种未确认 I 帧的信息字段的内容是否重新指派给数据链路控制层去传输由高层决定。

5.5.3.3.9 无编号探询(UP)命令

UP 命令通过建立逻辑操作状态，向一组次站(组探询)，所有次站(全站探询)或单个次站/组合站(单个探询)请求响应帧，这种逻辑操作状态使每一个被寻址的数据站存在一次响应机会。在组探询或全站探询的情况下，用来控制响应传输的机制(为了避免同时传输)本标准不予规定。UP 命令对次站/组合站先前可能已发送的任何响应帧的接收不予确认。UP 命令中不允许有信息字段。

收到具有组地址或全站地址的 UP 命令的次站/组合站，其响应方法与使用单个地址探询时相同。响应帧应包含发送的次站/组合站的单个地址，加上特定的响应帧所需的 N(S)和 N(R)编号。每个次站/组合站都保持 N(S)编号的连贯性。如果 UP 命令的 P 位为“1”，每个被寻址的次站/组合站至少要用一帧响应，并使最后一帧的 F 位置成“1”。如果 UP 命令的 P 位为“0”，每个被寻址的次站/组合站是否响应取决于次站/组合站的状态。对 P 位为“0”的 UP 命令进行响应所发送的响应帧中的 F 位均应为“0”。次站/组合站在收到 P 位为“0”的 UP 命令后在下述情况下给出响应：

a) 有要发送的 I/UI 帧；

b) 因为没有收到确认，有要重传的 I 帧；

c) 已收到了 I 帧，但尚未加以确认；

d) 已收到了 XID 和 TEST 命令，但尚未响应；

e) 已发现了异常状态或状态变化，但尚未报告；或

f) 有必须再次报告的状态，例如，FRMR、RIM 或 RD 响应，或报告无信息状态用的合适的帧(可选的)，或请求置方式命令的 DM 响应。

在收到帧后，如果出现空闲的数据链路信道状态(15 个“1”)或在一给定期间内未收到响应，则认为次站/组合站已完成了传输或不再启动传输。

5.5.3.3.10 无编号信息(UI)命令

UI 命令用来将信息(例如，状态、应用数据、操作、中断、暂时性数据、链路层的程序或参数)发给次站/组合站，而不影响任何站的 V(S)或 V(R)变量。数据链路规程对收到的 UI 命令不检验顺序编号，因而如果在命令传输期间出现数据链路异常状态，UI 帧可能丢失；如果在回答此命令期间出现异常状态，UI 帧可能重复。对于 UI 命令，不规定次站/组合站的响应。

5.5.3.3.11 交换标识(XID)命令

XID 命令用来使被寻址的次站/组合站标识它自己，并把主站/组合站的标识和/或各种特性提供给被寻址的次站/组合站(可选的)。XID 命令的信息字段是可选的。收到 XID 命令的次站/组合站，如果可能，在任何方式下都应执行 XID 命令，除非有对置方式命令进行应答的 UA 响应正等待发送或存在 FRMR 状态。

如果 XID 命令包含信息字段，信息字段的第 1 个八位位组应是该信息字段其余部分的格式标识符。

格式标识符字段的编码如图 16 所示。

注：格式标识符能指定 128 种不同的标准化格式和 128 种用户定义的不同格式。

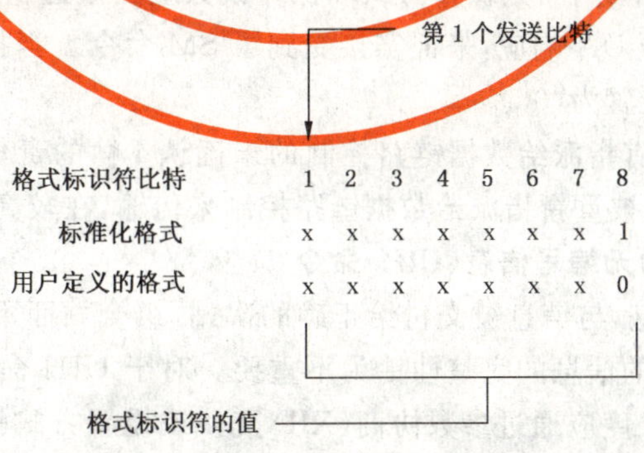

图 16 XID 格式标识符

次站/组合站处于操作方式(NRM、ARM 或 ABM)时，如果收到 XID 命令的信息字段超过了规定的最大存储能力，则可建立 FRMR 状态。

5.5.3.3.12 复位(RSET)命令

RSET 命令由处于操作方式的组合站用来复位被寻址组合站的接收状态变量。RSET 命令中不允许有信息字段。被寻址的组合站在第 1 个响应机会应发送一个 UA 响应来证实它已接受 RSET 命令。在接受此命令时,被寻址组合站的接收状态变量应置成“0”。如果正确地收到了 UA 响应,原发的组合站应将其发送变量复位到“0”。

除了被寻址的组合站用 FRMR 帧报告无效的 N(R)状态外,RSET 命令将使被寻址组合站中的所有帧拒绝状态复位。组合站在检测到无效 N(R)时,可以发送 RSET 命令来代替发送 FRMR 帧以清除这种帧拒绝状态。为了用 RSET 命令去清除无效 N(R)帧拒绝状态,应由检测到无效 N(R)的组合站发送 RSET 命令。

在执行此命令时,指派给数据链路控制层的对所有未确认 I 帧的处理职责交高层负责。这种未确认 I 帧的信息字段的内容是否重新指派给数据链路控制层去传输由高层决定。

5.5.3.3.13 测试(TEST)命令

TEST 命令用来使被寻址的次站/组合站在第 1 个响应机会用 TEST 响应进行应答,以实现数据链路控制的基本测试。TEST 命令中的信息字段是可选的。然而,当存在信息字段时,被寻址的次站/组合站,如果可能,要用 TEST 响应将接收的信息字段送回。TEST 命令对次站/组合站所处的方式或其顺序变量均无影响。

主站/组合站收到 TEST 响应或超时期满都应认为数据链路层测试结束。TEST 命令/响应交换的结果可供高层查询。

5.5.3.3.14 置方式(SM)命令

SM 命令应用来将被寻址站(组合站/次站)放置在操作方式之一中,其中编号命令/响应控制字段的长度大于两个八位位组。SM 命令可以用来将被寻址站(组合站/次站)放置在操作方式之一中,其中编号命令/响应控制字段的长度为一个或两个八位位组。

使用 SM 命令放置被寻址站的特定操作方式可以由其他手段来决定(见下面)。另外,SM 帧的使用可以要求由那些其他手段来设置 I 格式和 S 格式命令/响应控制字段中所使用的八位位组数。

操作方式和模数能被选择的不同方法是:

a) 先验知识;

b) 通过 XID 交换;或

c) 通过使用 SM 命令中的信息字段。

信息字段可以在 SM 命令中出现。如果出现,信息字段的结构可按 5.5.3.2 和表 9 中指出的。

如果方式和模数元素或 HDLC 可选功能元素存在,则应通过在相应的元素中设置适当的比特来协商操作方式和操作模数;如果不存在,则操作方式和操作模数应当按选项 a)或 b)来规定。组合站/次站应当在首次响应时机发送一个 UA 响应,来证实接受到了 SM 命令。当接收到该命令时,组合站/次站的发送和接收状态变量应当被置为“0”。

当该命令被执行时,将所有指派给数据链路控制的未确认 I 帧的责任回复到较高层。无论这种未确认 I 帧的信息字段内容是否被重新指派给数据链路控制来传输,在较高层处作出决定。

5.5.3.3.15 带有头部检验的无编号信息(UIH)命令

UIH 命令应用来发送信息,与信息被交付给正确的次站/组合站而不对任一站的 V(S)或 V(R)变量造成影响相比,正在被传送的信息的完整性更为不重要。对于 UIH 命令帧,应仅对帧开始的规定长度计算 FCS。被保护部分的长度应通过参数协商(XID 交换或设置方式帧交换)、先验知识或按系统定义来决定。

收到的 UIH 命令不是被数据链路规程所验证的顺序编号;因此,如果在命令的被保护部分传输期间出现数据链路异常,则 UIH 帧可能丢失;或者如果在对命令的任何回复期间出现异常状态,则 UIH 帧可能重复。对于 UIH 命令没有特定的次站/组合站响应。无规定的次站/组合站对该命令进行响应。

UIH 命令可以不依赖于数据链路站的方式加以发送。

注：与信息被交付给正确的站点相比被传送的信息完整性更为不重要的情况包括对包化话音、视频/图形数据，或周期性更新信息的及时传输。

5.5.3.4 无编号响应

无编号响应的编码如图 17 所示。

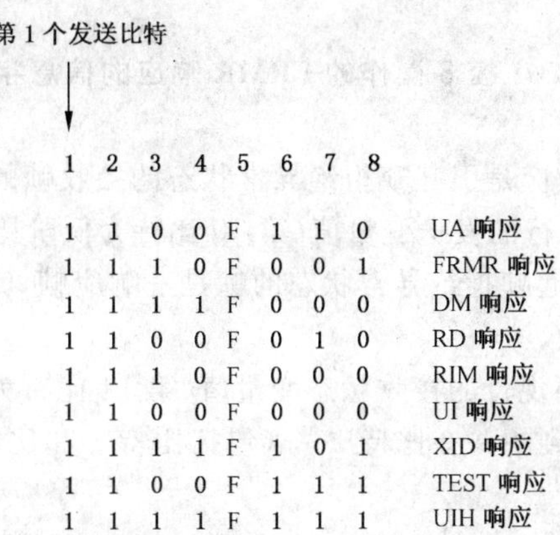

图 17 无编号响应控制字段比特的指派

5.5.3.4.1 无编号确认(UA)响应

UA 响应由次站/组合站用来确认它已收到并接受了 SABM、SNRM、SARM、SNRME、SABME、SARME、SM、RSET、SIM 及 DISC 命令。UA 响应中可以有信息字段。当有信息字段时其结构按 5.5.3.2和表 9 定义的。

当 UA 响应具有包含方式和模数元素的信息字段时，最多 1 个方式位和 1 个模数位能置为“1”。

5.5.3.4.2 帧拒绝(FRMR)响应

FRMR 响应由处于操作方式的次站/组合站用来报告由于收到主站/组合站 FCS 无差错的帧引起，且通过重传相同的帧所不能纠正的下列情况之一：

a) 收到没有定义的或不能实现的命令或响应；

b) 收到 I/UI/UIH 命令或响应，或可选的 TEST 命令，或可选的 XID 命令或响应，但这些帧内的信息字段超过了次站/组合站所能容纳的最大信息字段长度；

c) 收到主站/组合站的无效的 N(R)。无效的 N(R)乃指先前已发送并已被确认的 I 帧的标识，或尚未发送而又不是下一个按序等待传输的 I 帧的标识；或

d) 当相应的控制字段不允许含有信息字段时，收到了含有信息字段的帧。

次站/组合站应在第 1 个响应机会发送 FRMR 响应。

次站/组合站在发送 FRMR 响应后，处理如下：

a) 如果帧拒绝异常状态是由无效 N(R)所引起，则应停止发送 I 帧，因为它的传输方向已受到了影响；或

b) 如果帧拒绝异常状态是由下列情况所引起：

   1) 命令或响应没有定义或不能实现；或

   2) I 帧的信息字段超过了次站/组合站所能容纳的最大信息字段长度，则可选择继续发送 I 帧，因为是相反的传输方向受到了影响(关于命令响应的拒绝规程的描述见 5.6.4)。

收到 FRMR 响应的主站/组合站有责任通过使用 RSET、SNRM、SARM、SABM、SNRME、SARME、SABME、SM 或 DISC 等可用的命令使一个或两个传输方向初始化，从而去启动适当的置方式动作或复位纠正动作。

与此响应一起应送回一个信息字段以提供帧拒绝的理由。使用模 8 时，信息字段包含如图 18a)所示的字段。

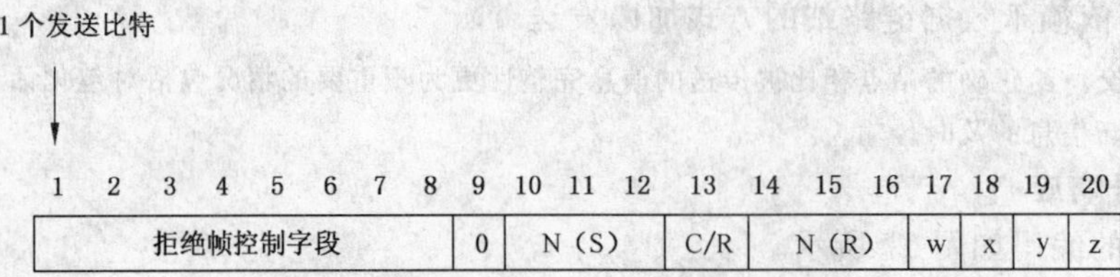

图 18a) 模 8 操作的 FRMR 响应的信息字段格式

这些字段的功能应如下：

a) 被拒绝的帧的控制字段应是引起帧拒绝异常状态的接收帧的控制字段。

b) N(S)是次站/组合站现行的发送变量值(第 10 比特为低阶比特)。

c) C/R 置成"1"应表示引起帧拒绝异常状态的帧是一响应帧，C/R 置成"0"应表示引起帧拒绝异常状态的帧是一命令帧。

d) N(R)应是次站/组合站现行的接收状态变量值(第 14 比特为低阶比特)。

e) w 置成"1"应表示所收到的并在比特 1～8(包括比特 1 和比特 8)内送回的控制字段没有定义或无法实现。

f) x 置成"1"应表示所收到的并在比特 1～8(包括比特 1 和比特 8)内送回的控制字段被认为是无效的，因为该帧包括了这种命令或响应所不允许的信息字段。比特 w 应与该比特一起都置成"1"。

g) y 置成"1"应表示收到的信息字段超过了次站/组合站所能容纳的最大信息字段长度。

h) z 置成"1"应表示所收到的，并在比特 1～8(包括比特 1 和比特 8)内送回的控制字段包含了无效的 N(R)。

FRMR 响应的信息字段中 w、x、y 和 z 比特可都置成"0"，以表示上面未列出的一种或多种状态所引起的帧拒绝。如果需要，FRMR 响应内所包含的信息字段可用"0"比特来添加，以便在任何方便的和相互协定一致的字符、字节、字或与机器相关的界限上结束(见 5.6.4)。

当使用模 128 的控制扩充字段时(见 5.3.1)，与 FRMR 一起送回的信息字段格式如图 18b)所示。

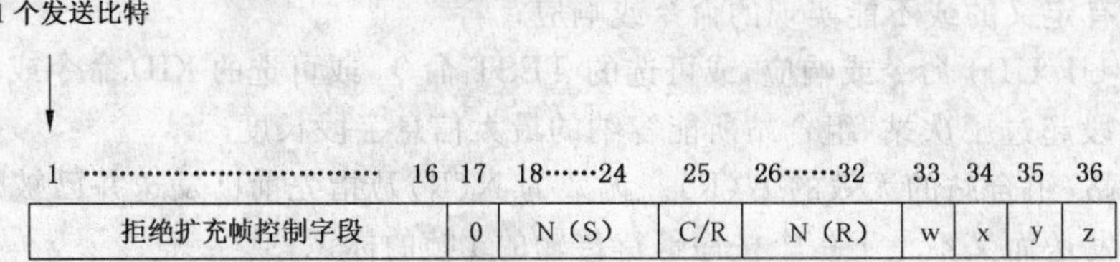

图 18b) 模 128 操作的 FRMR 响应的信息字段格式

比特 18 和比特 26 分别是次站/组合站处发送状态和接收状态变量当前值的低阶比特。

在模数 128 操作的扩充 FRMR 响应格式中，拒绝帧控制字段是引起帧拒绝异常状态的接收帧的控制字段。当拒绝帧是无编号帧时，拒绝帧控制字段被定位在比特位置为 1～8，比特 9～16 置为"0"。

当使用模 32 768 的控制字段扩充(见 5.3.1)时，与 FRMR 响应一起返回的信息字段格式应当如图 18c)所示。

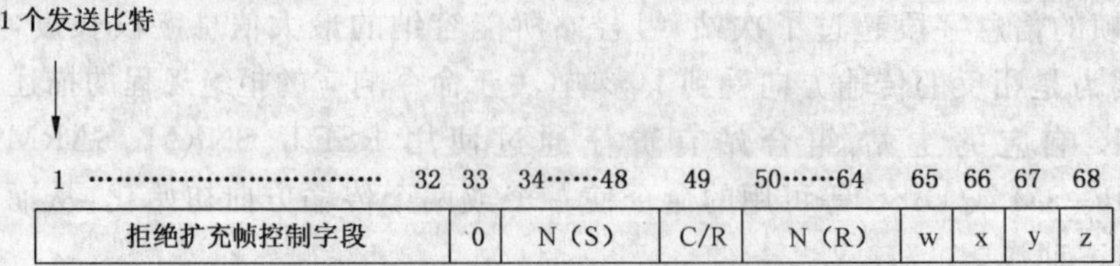

图 18c) 模 32 768 操作的 FRMR 响应的信息字段格式

比特 34 和比特 50 分别是次站/组合站处发送状态和接收状态变量当前值的低阶比特。

在模 32 768 操作的扩充 FRMR 响应格式中，拒绝帧控制字段是引起帧拒绝异常状态的接收帧的控制字段。当拒绝帧是无编号帧时，拒绝帧控制字段被定位在比特位置为“1”到 8，比特 9 到 32 置为“0”。

当使用模 2 147 483 648 控制字段扩充(见 5.3.1)时，与 FRMR 响应一起返回的信息字段格式应当如图 18d)所示。

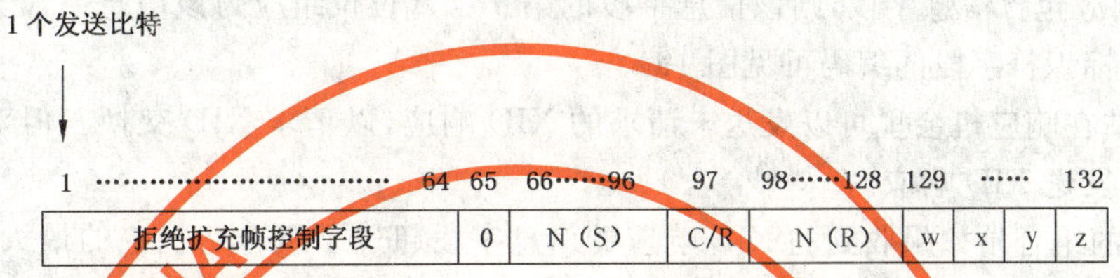

图 18d) 模 2 147 483 648 操作的 FRMR 响应的信息字段格式

比特 66 和比特 98 分别是次站/组合站处发送状态和接收状态变量当前值的低阶比特。

在模 2 147 483 648 操作的扩充 FRMR 响应格式中，拒绝帧控制字段是引发帧拒绝异常状态的接收帧的控制字段。当拒绝帧是无编号帧时，拒绝帧控制字段被定位在比特位置为 1～8，比特 9～64 置为“0”。

5.5.3.4.3 **断开方式(DM)响应**

DM 响应用来报告次站/组合站处在逻辑上与数据链路断开的状态，这种状态是 NDM 还是 ADM 由系统规定。

处在 NDM 或 ADM 下的次站/组合站发出 DM 响应用以请求主站/另一组合站发送置方式命令，或者用以响应收到的置方式命令，通知主站/另一组合站它仍处在 NDM/ADM，并且不能执行置方式命令。在 DM 响应中可以有信息字段。当存在信息字段时其结构按 5.5.3.2 和表 9 指出的。

处在 NDM 或 ADM 下的次站/组合站，为了发送或重新发送 DM 响应(或 RIM、XID、UI、TEST 或 RD 响应中的一种合适的响应)，它应该监视收到的命令以便发现响应机会，也就是说，直到收到一个置方式命令(SNRM、SARM、SABM、SNRME、SARME、SABME、SM 或 SIM 命令中的一种合适的命令)使断开方式结束前，不接受其他命令(XID、UI 和 TEST 命令除外)。

5.5.3.4.4 **请求断开(RD)响应**

RD 响应用来向主站/组合站表示，次站/组合站希望被置于断开方式(NDM 或 ADM)。在 RD 响应中不允许有信息字段。

一个次站/组合站发送了 RD 响应而又收到了非 DISC 命令的命令帧时，如果它能执行则就应接受该命令帧。如果该次站/组合站接受了非 DISC 命令帧，则它应遵循正常的规程对主站/组合站应答。次站/组合站发送 RD 响应后，如果接受了 DISC 命令以外的帧，就取消了 RD 响应。如果次站/组合站仍希望被置于断开方式(NDM 或 ADM)，则它应重发 RD 响应。如果次站/组合站由于内部问题而不能接受非 DISC 命令帧时，它可以再次用 RD 响应对非 DISC 命令帧作出应答。

5.5.3.4.5 **请求初始化方式(RIM)响应**

RIM 响应由处在任何方式的次站/组合站用来报告需要初始化。在 RIM 响应中不允许有信息字段。

次站/组合站一旦发送了 RIM 响应后，它应监视随后收到的附加命令(SIM 或 DISC 命令除外，若可能，XID 或 TEST 命令也除外)以便检测到响应机会，重发 RIM 响应表示仍然需要初始化。

5.5.3.4.6 **无编号信息(UI)响应**

UI 响应用来发送信息(例如：状态、应用数据、操作、中断或暂时性数据)到主站/组合站而不影响任何站的 V(S)或 V(R)变量。因为接收 UI 响应，不用数据链路规程核对其顺序编号，因而如果在 UI 响应传输期间出现数据链路异常状态,则它可能丢失。或者在对 UI 响应进行应答期间出现异常状态,则它可能重复。

5.5.3.4.7 交换标识(XID)响应

XID 响应应用作对 XID 命令的回答或对 XID 命令/响应交换的请求。XID 响应可以带有一个包含次站/组合站的标识和/或特征的信息字段,这属于可选性质。除非有等待发送的 UA 响应或存在 FRMR 状态,次站/组合站在任何方式下接收到 XID 命令时,如可能就应发送 XID 响应。

如果 XID 响应包含信息字段,则该信息字段的第 1 个八位位组应为该信息字段其余部分的格式标识符。关于格式标识符字段的编码可见图 19。

次站/组合站在响应机会里可以发送未请求的 XID 响应,以请求 XID 交换。但对接收到的任何非 XID 命令都不应发送 XID 响应。

处于 ABM 的组合站如果收到的 XID 响应的信息字段超过了组合站规定的最大存储能力,该组合站可建立 FRMR 异常状态。

5.5.3.4.8 测试(TEST)响应

TEST 响应在任何方式下都应该用作对 TEST 命令的回答。除非有等待发送的 UA 响应或存在 FRMR 状态,接收 TEST 命令的次站/组合站,如可能就应根据规定的方式发送 TEST 响应。

在 TEST 命令中,如有信息字段,应将其置于相应的 TEST 响应中送回。如果次站/组合站忙而不能接信息字段,则应送回无信息字段的 TEST 响应。处在操作方式(NRM、ARM、ABM)下的次站/组合站如果接收到的 TEST 命令,其信息字段超过了该次站/组合站的最大帧存储能力,则应建立 FRMR 状态。如果对此情况未送回 FRMR 响应,则应将没有信息字段的 TEST 响应送回。

5.5.3.4.9 带有头部检验(UIH)响应的无编号信息

UIH 响应应该用来发送以下信息,即与信息被交付给正确的主站/组合站而不对任一站的 V(S)或 V(R)变量造成影响相比,被传送的信息完整性更为不重要。对于 UIH 响应帧,FCS 应当仅对帧开始的规定长度进行计算。被保护部分的长度应该由参数协商(XID 交互或设置方式帧交互)、先验知识或按系统定义来决定。

收到的 UIH 响应不是被数据链路规程所验证的顺序编号;因此,如果在命令的被保护部分传输期间出现数据链路异常,UIH 帧可能丢失;或者如果在任何对响应的任何回答期出现异常状态,UIH 帧可能重复。在规定的主站/组合站对 UIH 响应进行响应。UIH 响应可以不依赖于数据链路站的方式加以发送。

注:即与信息被交付给正确的站相比被传送的信息完整性更为不重要的情况,包括对包化话音、视频/图像数据,或周期性更新信息的及时传输。

5.6 异常状态的报告和恢复

在数据链路层检测到/产生了异常状态后,可用下列规程进行恢复。所述异常状态是由于传输差错、数据站故障或某些操作情况而产生的。

5.6.1 忙

当数据站由于内部限制,例如,由于接收缓冲限制,而暂时不能接收或不能继续接收 I 帧时就会产生忙状态。在这种情况下,应该发送 RNR 帧,其中 N(R)为下一个期望的接收 I 帧顺序编号。出现忙的数据站在发送 RNR 前或后,可以发送待发的信息。忙状态的继续存在应由在每次交换 P/F 帧时重发 RNR 帧来报告。

收到 RNR 帧的数据站,正当处于发送过程中时(即双向同时)应尽早停止发送 I 帧。建议处在 NRM 方式下的次站,在暂停发送前,先回送一个 F 位置为“1”的帧。处于 ARM/ABM 方式下的次站/组合站在重新开始传输前应分别执行响应/命令超时功能。

通过发送 RR、REJ、SREJ、SNRM、SARM、SABM、SNRME、SARME、SABME、SM 或 UA 帧来报告忙状态已清除并可接受 I 帧。这些帧的 P/F 位可为“1”,也可为“0”。主站忙状态的清除也可由发送

P 位为“1”的 I 帧来指示。次站/组合站忙状态的清除也可由发送 F 位为“1”的 I 帧来指示。

5.6.2 N(S)顺序差错

当接收器收到无 FCS 差错的 I 帧，但其 N(S)不等于接收器的接收状态变量时，便发生 N(S)顺序差错的异常状态。接收器在接收到具有正确的 N(S)值的 I 帧之前，不确认具有顺序差错的帧，也不确认可能跟在它后面的任何 I 帧。除非使用 SREJ 帧对给定的顺序差错加以恢复，否则接收到的 N(S)不等于接收状态变量的所有 I 帧的信息字段都应被丢弃(关于 SREJ 帧恢复见 5.6.2.3)。

主站、次站、组合站接收一个或多个具有顺序差错但无其他差错的 I 帧时，这些站应接受包含在 N(R)和 P/F 位中的控制信息以便执行数据链路控制功能，例如，接收对先前已发送的 I 帧的确认，引起次站/组合站应答(对 P 位置为“1”的应答)，以及在 NRM 方式下检查次站是否已结束传输(对 F 位置为“1”的传输)。因此，重传的 I 帧可以包含经过修正的、与原来发送的 I 帧有不同内容的 N(R)字段和/或 P/F 位信息。

顺序差错发生后，可用下列手段来启动重传丢失的 I 帧或有差错的 I 帧。

5.6.2.1 探询/终结(P/F)位(检验指示)恢复(也见 5.4.3.2)

当数据站收到 P/F 为“1”的帧时，它应该启动重传先前已发送但未被确认的那些 I 帧，这些帧的顺序编号小于在发送 F/P 位分别为“1”的最后一帧时所具有的发送状态变量 V(S)值。重传应从编号最早的未被确认的 I 帧开始。I 帧应顺序地重传。如果有新的 I 帧，也可以发送。这种由于置成“1”的 P/F 位的交换而引起的 I 帧的重传叫做检验指示重传。

当使用多选择拒绝规程时，原本在最近的 P/F 位分别置为“1”的帧传送后将要被重传的任何 I 帧不应当再重传。对于组合站，如果有帧被重传，则应当或者通过发送 P 位置为“1”的 RR 命令(或 RNR 命令，如果站点在忙状态下)，或者通过在最近重发的 I 帧中将 P 位置为“1”的方式来发送一个探询帧。

但是在下列情况下，不应启动检验指示重传：

a) 在次站/主站的情况下，如果已经收到并执行了一个 P/F 位为“0”的 REJ 帧，则在收到下一个 P/F 帧时，若会引起同一 I 帧，即在同一编号周期中具有相同 N(R)的 I 帧的重传，就应禁止检验指示重传。

b) 在组合站的情况下，如果已经收到并执行了一个 P 位为“0”或“1”的 REJ 命令，或者一个 F 位为“0”的 REJ 响应，但有 P 位为“1”的命令尚未被应答，则在收到下一个 F 位为“1”的帧时，若会引起同一 I 帧，即在同一编号周期中具有相同 N(R)的 I 帧的重传，就应禁止检验指示重传。

c) 在次站/主站的情况下，如果已经收到并执行了一个 P/F 位为“0”的 SREJ 帧，则在收到下一个 P/F 位为“1”的 SREJ 帧并具有与第 1 个 SREJ 帧相同的 N(R)值时，若会引起同一 I 帧，即在同一编号周期中具有相同 N(R)的 I 帧的重传，就应禁止检验指示重传。

d) 在组合站的情况下，如果已经收到并执行了一个 P 位为“0”或“1”的 SREJ 命令或一个 F 位为“0”的 SREJ 响应，则在收到下一个 F 位为“1”的 SREJ 帧并具有与第 1 个 SREJ 帧相同的 N(R)值时，若会引起同一 I 帧，即在同一编号周期中具有相同 N(R)的 I 帧的重传，就应禁止检验指示重传。

e) 如果收到一个 P/F 位为“1”的无编号信息帧，则应禁止检验指示重传。

f) 数据站在发送一个 P/F 位为“1”的帧后，在收到 F/P 位为“1”的相应帧前，先收到了对该 P/F 位为“1”的帧的确认，则应禁止检验指示重传。

g) 如果收到了一个 P/F 位为“1”的 SREJ 帧，则 SREJ 恢复重传应优先于检验指示重传。

h) 在组合站的情况下，如果收到 P 位为“1”的任何帧，则应禁止检验指示重传。

i) 在主站/次站情况下，当使用多选择拒绝规程时，如果在最近的 P/F 位置为“1”的帧后有任何新的 I 帧被发送，接收到 P/F 位置为“1”的 RR 帧后的检查点重传应该被禁止。在组合站点情况下，当使用多选择性拒绝规程时，如果在最近的 P 位置为“1”的帧后有任何新的 I 帧被发送，接收到 F 位置为“1”的 RR 帧后的检查点重传应该被禁止。

5.6.2.2 **REJ 恢复**

REJ 命令/响应主要用来在发现顺序差错后，启动异常恢复（重传）。这种方法可早于检验指示（P/F 位）恢复。例如：在双向同时信息传送时，如果发现顺序差错，可立即发送 REJ 帧，而无须等待P/F 位置为“1”的帧。

对于数据链路的每个传输方向，从一个给定的数据站到另一个给定的数据站一次只应建立一个“发送 REJ”异常状态。当收到所要求的 I 帧，或响应/命令超时功能结束，或与发送 REJ 帧同时（或在它之后）启动的 P/F 检验指示完成时，“发送 REJ”异常状态应予清除。因为所要求的 I 帧，或者 REJ 帧发生差错或丢失，因此当数据站通过超时或检验指示机制发现所要求的 I 帧没有收到时，可以重传 REJ 帧。

接收 REJ 帧的数据站应由包含在该 REJ 帧中的 N(R) 所指示的 I 帧开始顺序发送（或重传），如果有新的 I 帧也可随后发送。

如果：

a) 从特定帧开始的重传是由于检验指示所引起的（见 5.4.3.2.1、5.4.3.2.2、5.4.3.2.3、5.4.3.2.4和 5.6.2.1），和

b) 收到的 REJ 帧也要求从同一特定的 I 帧〔由 REJ 帧中的 N(R) 所标识〕开始重传，那么由 REJ 帧引起的重传应予禁止。

5.6.2.3 **SREJ 恢复**

SREJ 命令/响应主要用来在发现顺序差错后，通过请求重传单个 I 帧而不是重传所请求的 I 帧及其随后可能已发送过的所有 I 帧的办法来更有效地进行差错恢复。

5.6.2.3.1 **单 SREJ 恢复**

单 SREJ 恢复应该被用于在顺序差错检测后，请求单个 I 帧的重传。

当发现 I 帧出现顺序差错并决定使用 SREJ 恢复时，应尽快地发送 SREJ 帧。当主站/次站发送了一个 P/F 位为“0”的 SREJ 帧，又准备发送 P/F 位为“1”的下一个帧且“发送 SREJ”的异常状态尚未清除，那么，该主站/次站就应发送一个 P/F 位为“1”的 SREJ 帧，其 N(R) 与原来的 SREJ 帧中的 N(R) 相同。当组合站发送了 P 位为“0”或“1”的 SREJ 命令，或 F 位为“0”的 SREJ 响应，又准备发送 P/F 位为“1”的下一个帧且“发送 SREJ”的条件尚未清除，那么该组合站就应发送一个 F 位为“1”的 SREJ 响应，其 N(R) 与原来的 SREJ 帧中的 N(R) 相同。

因为主站/次站发送 P/F 位为“1”的 I 格式或 S 格式帧有可能引起检验指示重传，所以它不应发送一个 N(R) 与前面发送过的 P/F 位为“1”的帧中的 N(R) 相同〔指同一编号周期中具有相同的 N(R) 值〕的 SREJ 帧。因为组合站发送 F 位为“1”的 I 格式或 S 格式帧有可能引起检验指示重传，所以它不应发送一个 N(R) 与前面发送过的 F 位为“1”的帧中的 N(R) 相同〔指同一编号周期中具有相同的 N(R) 值〕的 SREJ 帧。

对于数据链路的每个传输方向，从一个给定的数据站到另一个给定的数据站一次只应建立一个“发送 SREJ”异常状态。当收到所要求的 I 帧，或响应/命令超时功能结束，或与发送 SREJ 帧同时（或在它之后）启动的 P/F 检验指示完成时，“发送 SREJ”异常状态应予清除。

因为所要求的 I 帧，或者 SREJ 帧发生差错或丢失，因此当数据站通过超时或检验指示机制发现所要求的 I 帧没有收到时，可以重传 SREJ 帧。

接收 SREJ 帧的数据站，应开始重传由 SREJ 帧中的 N(R) 所指示的单个 I 帧，如果有新的 I 帧也可随后发送。

当主站/次站收到并执行了一个 P/F 位为“0”的 SREJ 帧时，如果下一个 SREJ 帧的 P/F 位为“1”并且其 N(R) 与原来的 SREJ 帧的 N(R) 相同〔同一编号周期的同一 N(R)〕，那么该主站/次站就不应执行下一个 SREJ 帧。当组合站收到并执行了一个 P 位为“0”或“1”的 SREJ 命令或 F 位为“0”的 SREJ 响应时，如果下一个 SREJ 帧的 F 位为“1”并且其 N(R) 与原来的 SREJ 帧的 N(R) 相同〔同一编号周期的同一 N(R)〕，那么该组合站就不应执行下一个 SREJ 帧。

当使用SREJ机制时,接收站应当保留正确接收的I帧并将其按顺序编号的次序交付给更高的层。

5.6.2.3.2 多SREJ恢复

当在顺序差错检测之后,使用多选择拒绝规程来请求重传一个或多个(不必是连续的)I帧时,应当使用多SREJ拒绝恢复。

当主站/次站或组合站接收到失序I帧时,此I帧应当被保存以便以后交付。仅当编号在N(S)以下的所有帧被正确接收时,才将此I帧交付给高层。如果先前未接收到编号N(S)−1的帧,则应当在最早可能的时间发送P/F位置为"0"的SREJ帧,它包含在N(S)−1结尾时连续丢失I帧列表的顺序编号;控制字段中的N(R)字段应置为列表中的第1个顺序编号;该信息字段应包含顺序编号的其余部分。如果顺序编号的列表太大以至于不能装进SREJ帧的信息字段,则该列表应当利用仅包含最早的顺序编号的方法进行截短。在收到P/F位置为"0"的SREJ帧时,主站/次站或组合站应当重发所有已请求的I帧。在这些帧被重发之后,主站/次站或组合站可以发送新的I帧,如果它们已经可用的话。

当主站/次站准备好发送P/F位置为"1"的下一个帧时,并且如果在接收缓存中保存有失序I帧,则主站/次站应发送P/F位置为"1"的SREJ帧,其N(R)等于原来的未确认I帧和信息字段包含的丢失I帧中其余顺序编号。当组合站准备好发送F位置为"1"的下一个响应帧时,并且如果在接收缓存中保存有失序I帧,该组合站应发送F位置为"1"的SREJ帧,其N(R)等于原来的未确认I帧和信息字段包含的丢失I帧中的其余顺序编号。如果顺序编号的列表太大以至于不能装入SREJ帧的信息字段,则该列表应利用仅包含原来顺序编号的方法进行截短。当主站/次站接收到P/F位置为"1"的SREJ帧时,则主站/次站应重发所有已请求的帧,除了在P/F位置为"1"的最后一个帧之后被发送的那些帧以外。当组合站接收到F位置为"1"的SREJ帧时,该组合站应当重发所有已请求的I帧,除了在P位置为"1"的最后一个帧之后发送的那些帧以外。在已重传这些I帧之后,主站/次站或组合站可以传送新的I帧,如果它们已经可用的话。

附录B包含了多选择拒绝规程和实现指南可能用法举例。

5.6.2.4 超时恢复

由于传输差错,远端数据站有可能没有收到(或收到了而加以丢弃)由单个I帧或一系列I帧中的最后的I帧所构成的一次传输,不能检测到失序这种异常状态,因而也不会发送SREJ/REJ帧。这时发送了尚未被确认的I帧的数据站,在系统规定的超时期结束后,要采取适当的恢复动作,以决定重传从什么地方开始。

主站/组合站应用监控帧来询问状态。当

a) 次站有响应机会,和

b) 对未被确认的I帧,一个可选的超时或等效功能已结束,和

c) 没有可利用的新的I帧时,次站只应发送最后的I帧,直到收到主站的状态为止。

如果使用多选择拒绝规程,则状态查询宜使用监控帧来完成。对于主站/次站,I帧重传应只有在收到P/F位置为"1"的帧或P/F位置为"0"的SREJ帧之后才能完成。对于组合站,I帧重传应只有在收到F位置为"1"的帧或F位置为"0"的SREJ帧之后才能完成。

注1:如果数据站在超时后重传了未确认的I帧中的一个(非最后一个I帧),则它应保存已经发送过的V(S)的最大值,以便能够标识出接收到的N(R)是否对前面已发送了的某些或全部I帧予以确认。

注2:数据站在超时后重传了全部未被确认的I帧,它应准备接收随后的,其N(R)大于该重传数据站的发送状态变量的REJ帧或SREJ帧。

注3:当由于超时而次站/组合站决定重发一个响应帧时,重发响应帧的F位置为"0",除非从较早传输响应帧以来已收到了未作回答的P位为"1"的帧。

注4:如果高层企图改变作为超时恢复的一部分而正在重发的信息字段,则必须十分小心,因为如果接收数据站已经正确地收到了具有同一N(S)值的I帧,则新的信息字段将被丢弃。

注5:为超时后可能的重传计数,接收数据站在收到其N(S)比它的接收状态变量小1的I帧时,该站不应建立SREJ异常状态。

5.6.3 FCS差错或HCS差错

接收器应不接受具有FCS差错或HCS差错的任何帧,并应将其丢弃。在次站/组合站处,这样的帧不产生任何动作。在主站/组合站处,如果具有FCS差错或HCS差错的帧是F位为"1"的响应帧,则在启动恢复操作前将出现超时功能。

5.6.4 命令/响应帧拒绝

当接收站收到的帧无差错,但控制字段包含了未定义或不能实现的命令/响应,或帧格式无效,或N(R)无效,或信息字段长度超过了接收数据站所能适应的最大长度时,接收站应建立命令/响应拒绝异常状态。

在主站,这一异常状态应交给高层去恢复/解决,在N(R)无效的情况下,恢复动作至少应包括发送置方式命令。

在次站,这一异常状态应用一FRMR响应向主站报告,以便主站采取适当动作。次站一旦建立了FRMR异常状态,它除了检查P位和N(R)的值以外,不再接受I帧,直到主站发送置方式命令将此状态清除为止。该次站在每个响应机会上都要重传FRMR响应,直到由主站实现了恢复为止。

在组合站,这一异常状态应用下述两种方法之一来处理:

a) 组合站可以遵循类似于主站的执行过程,将异常状态交由高层解决,这时组合站应发送一条适当的置方式命令或RSET命令,作为这种恢复动作的一部分。

b) 组合站可以遵循类似于次站的执行过程,要求另一组合站来解决异常状态并实现所需的恢复。

如果异常状态与报告此状态的数据站所进行的I帧传输无关,则可以继续进行传输,并仅对接收的I帧检查P/F位和N(R)值。直到由另一组合站发送适当的置方式命令或RSET命令将此异常状态清除为止。如果在规定的超时间隔内,另一组合站未对此实现恢复,则报告异常状态的组合站可以重传FRMR帧,或按a)中所述的方法承担控制恢复功能。如果另一组合站接收了FRMR帧,而不能实现适当的恢复动作,它就应用一个自己生产的FRMR帧来进行回答,表示对收到的FRMR帧的拒绝。这时,原发FRMR帧的组合站应启动如a)中所述的合适的恢复功能。

5.6.5 竞争状态

在ARM(ABM)下以TWA或TWS方式通信时,在置方式动作期间,或在TWA配置下接着一段延长了的不工作周期(空闲的数据链路信道状态)之后,可能发生竞争。在TWA情况下,为了置方式或数据交换,主站/一个组合站和次站/另一组合站会争用逻辑通道。在TWS情况下,主站/一个组合站和次站/另一组合站为了启动置方式功能也会发生竞争。

在所有上述情况下,竞争状态都应通过每个数据站使用不同值的超时功能来解决。次站/一个组合站所用的超时值应大于主站/另一组合站所用的超时值,以便使竞争在有利于主站/指定的组合站的情况下得到解决。

6 HDLC规程类别

HDLC定义了五种基本的规程类别:两种不平衡的、一种平衡的和两种无连接的规程类别(见6.6)。

6.1 数据站类型

本标准定义的数据站类型利用图19图示出了其构造框图。

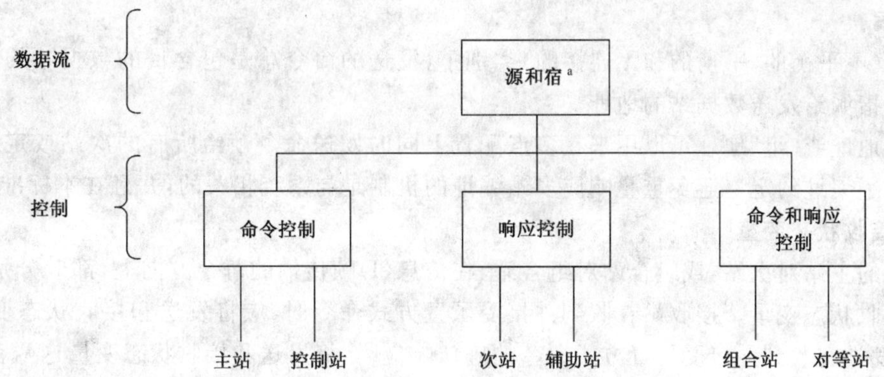

[a] 对只发送 I 帧的站或只接收 I 帧的站，相应地移去源或宿的能力。

图 19 HDLC 站——构造框图

对不平衡规程类别定义了两种类型的数据站(见图 19)：

a) 主站：发送命令，接收响应，并最终负责数据链路层的差错恢复；

b) 次站：接收命令，发送响应，并可以启动数据链路层的差错恢复。

对平衡规程类别定义了一种类别的数据站(见图 19)，即，组合站：发送命令和响应，接收命令和响应，并且负责数据链路层的差错恢复。

对无连接规程类别定义了三种类型的数据站(见图 19)：

a) 不平衡无连接规程类别控制站：发送命令，接收响应，但不支持任何形式的数据链路层连接建立/终止、流量控制、确认或差错恢复；

b) 不平衡无连接规程类别辅助站：发送命令，接收响应，但不支持任何形式的数据链路层连接建立/终止、流量控制、确认或差错恢复；

c) 平衡无连接规程类别同等站：发送命令帧和响应帧，接收命令帧和响应帧，但不负责任何形式的数据链路层连接建立/终止、流量控制、确认或差错恢复。

注：引入上述术语是为了避免使用复合术语，诸如“无连接次站”等等，通篇各条都涉及无连接规程类别。

6.2 配置

对两种不平衡规程类别，应该在各种类型的传输设施上，将一个主站和一个或多个次站连接起来，构成点对点或多点、半双工或全双工、交换或非交换的配置。

对平衡规程类别，应该在各种类型的传输设施上，将两个组合站连接起来，构成点对点、半双工或全双工、交换或非交换的配置。

对不平衡无连接规程类别，应该在各种类型的传输设施上，将一个控制站和一个或多个辅助站连接起来，构成点对点或多点、半双工或全双工、交换或非交换的配置。

对平衡无连接规程类别，应该在各种类型的传输设施上，将两个对等站连接起来，构成点对点、半双工或全双工、交换或非交换的配置。

6.3 操作方式

在不平衡类别中，任何一个主站与次站(或多个次站)的联结都应该按照所使用配置的能力，以正常响应方式(NRM)或异步响应方式(ARM)、双向交替或双向同时方式操作。在平衡类别中，两个组合站应按照所使用配置的能力以双向交替或双向同时的异步平衡方式(ABM)操作。

在不平衡无连接类别中，任何一个控制站与辅助站(或多个辅助站)的联结都应该按照所使用配置的能力，以不平衡无连接方式(UCM)、双向交替或双向同时方式操作。

在平衡无连接类别中，两个对等站应按照所使用配置的能力以双向交替或双向同时的平衡无连接方式(BCM)操作。

6.4 编址方案

在所有的(不平衡的、平衡的和无连接的)类别中,发送的命令总是包含目的数据站的地址,发送的响应总是包含指派给发送数据站的地址。

“所有站”地址或“组”地址可以用来在多点配置上同时发送命令帧给所有的次站或定义的次站组。在4.7中定义了编址约定。避免重叠响应多站编址的机制是与系统相关的,并且在本标准中不作规定。

6.5 发送和接收状态变量

每个配对的主站对次站,或组合站对组合站,在信息(I)帧传输的每个方向上,都应分别使用一对独立的发送和接收状态变量。接收站在收到并接受了置方式命令时,应将发送和接收状态变量这两者都置成“0”。原发站在收到并接受了置方式命令的确认响应时,将发送和接收状态变量这两者都置成“0”。

对每个控制对辅助或对等对对等的配对,在数据传输的每个方向上都不使用发送和接收状态变量。

6.6 基本的规程类别

6.6.1 命名

定义了五种基本的规程类别,并命名为:

UNC——不平衡操作的正常响应方式类别;

UAC——不平衡操作的异步响应方式类别;

BAC——平衡操作的异步平衡方式类别;

UCC——不平衡操作的无连接方式类别;和

BCC——平衡操作的无连接方式类别。

在这些命名中:

——第1个字母U或B,表示不平衡或平衡的操作;

——第二个字母A、N或C,表示异步响应方式或正常响应方式;和

——第三个字母C,代表类别。

6.6.2 基本命令、响应表

下列的基本命令、响应表采用单个八位位组编址,非扩充控制字段格式与一个16比特帧检验序列(FCS)和同步传输。

6.6.2.1 UNC

UNC的基本命令与响应表,如下所示:

命　令	响　应
I RR RNR SNRM DISC	I RR RNR UA DM FRMR

6.6.2.2 UAC

UAC的基本命令与响应表,如下所示:

命　令	响　应
I RR RNR SARM DISC	I RR RNR UA DM FRMR

6.6.2.3 BAC

BAC 的基本命令与响应表,如下所示:

命　令	响　应
I RR RNR SABM DISC	I RR RNR UA DM FRMR

6.6.2.4 UCC

UCC 的基本命令与响应表,如下所示:

命　令	响　应
UI	UI

6.6.2.5 BCC

BCC 的基本命令与响应表,如下所示:

命　令	响　应
UI	

6.7 可选功能

表 13 列出了可用于修改 6.6 中定义的基本的规程类别的可选功能。这些可选功能包括对基本命令、响应表增加或删除命令和响应,或者使用另一种地址或控制字段的格式,或另一种帧检验序列,或另一种传输形式(见表 13)。

6.8 规程类别的一致性

在 6.6.2 中示出五种类别的一致性。这种一致性是通过使用多种操作方式,基本命令响应表和层次结构的概念而获得的。基本命令、响应表的一致性便于在一个可配置的数据站中具有规程类别的多种方案。

6.9 与 HDLC 规程类别一致

如果某个数据站实现了按选定的可选功能所修改的规程类别基本命令、响应表中所有命令和响应,则这个数据站就应视为与具有给定可选功能的规程类别一致。即:

a) 主站应有能力接收按选定的可选功能所修改的不平衡规程类别基本命令、响应表中所有的响应;

b) 次站应有能力接收按选定的可选功能所修改的不平衡规程类别基本命令、响应表中所有的命令;

c) 组合站应有能力接收按选定的可选功能所修改的平衡规程类别基本命令、响应表中所有的命令和响应;

d) 控制站应有能力接收按选定的可选功能所修改的不平衡无连接规程类别基本命令、响应表中所有的响应;

e) 辅助站应有能力接收按选定的可选功能所修改的不平衡无连接规程类别基本命令、响应表中所有的命令;

f) 对等站应有能力接收按选定的可选功能所修改的平衡无连接规程类别基本命令、响应表中所有的命令和响应。

6.10 表示类别和可选功能的方法

规程的类别和可选功能应利用规程类别的命名(见 6.6.1)加上伴随可选功能编号来表示(见 6.7)。

例 1:类别 UNC,1、2、6、9 表示不平衡操作的正常响应方式规程类别。它具有的可选功能是:从次站到主站的标识(XID)、REJ 恢复(REJ)、无编号探询(UP)和单向数据流。

例 2:类别 UAC,1、5、10.1、13 表示不平衡操作的异步响应方式规程类别。它具有的可选功能是:标识(XID)、初始化(SIM RIM)、扩充顺序编号(模 128)和请求断开(RD)。

例 3:类别 BAC,2、8 表示平衡操作的异步平衡方式规程类别。它具有的可选功能是:REJ 恢复(REJ)和 I 帧仅作命令发送的能力。

例 4:类别 UCC,1、12 表示不平衡无连接操作的无连接方式规程类别。它具有的可选功能是:标识(XID)和数据链路测试(TEST)。

例 5:类别 BCC,1、14 表示平衡无连接操作的无连接方式规程类别。它具有的可选功能是:标识(XID)和 32 比特 FCS。

表 13　可选功能

选项	功能说明	要求改变	UNC	UAC	BAC	UCC	BCC
1	提供交换标识和(或)数据站特征的能力	增加命令:XID 增加响应:XID	X	X	X	X	X
2	提供更及时的报告 I 帧顺序差错的能力	增加命令:REJ 增加响应:REJ	X	X	X		
3.1	通过请求重发单个帧来提供更有效的从 I 帧顺序差错中恢复的能力	增加命令:SREJ 增加响应:SREJ	X	X	X		
3.2	通过请求重传带有只由单 I 帧指示器组成的单个请求的一个或多个单 I 帧来提供更有效的从 I 帧顺序差错中恢复的能力	增加命令:SREJ 增加响应:SREJ 支持只使用单独 I 帧指示器的多选择拒绝规程	X	X	X		
3.3	通过请求重传(当合适时)带有由单 I 帧指示器和范围列表指示器组成的单个请求的一个或多个单 I 帧来提供更有效地从 I 帧顺序差错中恢复的能力	增加命令:SREJ 增加响应:SREJ 支持使用单独 I 帧指示器和范围列表指示器的多选择拒绝规程	X	X	X		
4	提供独立于操作或非操作方式的交换信息字段而不影响 I 帧顺序编号的能力	增加命令:UI 增加响应:UI	X	X	X		
5	提供初始化远程数据站的能力和请求初始化的能力	增加命令:SIM 增加响应:SIM	X	X	X	X	X
6	提供执行无编号组探询、全站探询与无编号单个探询的能力	增加命令:UP	X	X	X	X	X
7	规定使用大于单个八位位组的编址	采用扩充编址的格式代替基本编址的格式	X	X	X	X	X
8	将规程局限于只允许 I 帧作为命令	删除响应:I	X	X	X		
9	将规程局限于只允许 I 帧作为响应	删除命令:I	X	X	X		

表 13(续)

选项	功能说明	要求改变	UNC	UAC	BAC	UCC	BCC
10.1	提供使用扩充序列编号(模 128)的能力	采用扩充控制字段的格式代替基本控制字段的格式;采用 SXXME 命令代替 SXXM 命令	X	X	X		
10.2	提供使用扩充序列编号(模 32 768)的能力	采用扩充控制字段的格式代替基本控制字段的格式;采用 SM 命令代替 SXXME 命令	X	X	X		
10.3	提供使用扩充序列编号(模 2 147 483 648)的能力	采用扩充控制字段的格式代替基本控制字段的格式;采用 SM 命令代替 SXXME 命令	X	X	X		
11	提供使状态变量复位的能力,状态变量只涉及一个方向信息流	增加命令:RSET			X		
12	提供执行数据链基本测试的能力	增加命令:TEST 增加响应:TEST	X	X	X	X	X
13	提供请求逻辑断开的能力	增加响应:RD	X	X	X	X	X
14.1	规定使用 32 比特帧检验序列	采用 32 比特 FCS 代替 16 比特 FCS	X	X	X	X	X
14.2	规定使用 8 比特帧检验序列	采用 8 比特 FCS 代替 16 比特 FCS	X	X	X	X	X
15.1	为起/止传输提供基本透明性	采用基本透明性起/止传输代替同步传输	X	X	X	X	X
15.2	为起/止传输提供基本透明性和流量控制透明性	采用基本透明性和流量控制透明性起/止传输代替同步传输	X	X	X	X	X
15.3	为起/止传输提供基本透明性和控制字符八位位组透明性	采用基本透明性和控制字符八位位组透明性起/止传输代替同步传输	X	X	X	X	X
16	为起/止传输环境的操作提供只允许每字符 7 个数据比特的传输	采用 7 比特数据通路透明性功能,连同 15 种功能选项中的一种	X	X	X		
17	提供建立链路的能力	采用置方式命令代替来自基本命令、响应表中的相应帧(SXXM)或相关的扩充帧(SXXME)来建立该链路	X	X	X		
18	提供在 UA 和 DM 响应帧和 DISC 命令帧中具有可选信息字段的能力	采用带有可选信息字段的 UA 和 DM 响应和 DISC 命令	X	X	X		

表 13(续)

选项	功能说明	要求改变	UNC	UAC	BAC	UCC	BCC
19	提供在来自基本命令表(即,SABM、SARM、SNRM)的或来自另一个帧每可选功能 10.1(即,SABME、SARME 和 SNRME)的不同置方式命令中具有可选信息字段的能力	采用带有可选信息字段的相应置方式命令	X	X	X		
20	提供交换信息字段的能力,该信息字段不全部被检验序列所保护,并独立于不影响 I 帧顺序编号的(操作或非操作)的方式	增加命令:UIH 增加响应:UIH	X	X	X	X	X
21	提供在开始标志后包具有以连续方式表示的一个以上的地址字段的能力	在开始标志后并在控制字段前采用一个以上的地址字段	X	X	X	X	X
22	提供直接紧跟在开始标志序列之后并在任何地址字段之前的帧格式字段	包括开放帧序列后的帧格式字段	X	X	X	X	X
23	使用分段	分段子字段出现在帧格式字段	X	X	X	X	X
24	禁止比特或八位位组插入作为透明性机制	不执行比特或八位位组插入	X	X	X	X	X
25	起/止方式帧内超时	在收到停止比特且不能收到起始比特或定时器期满时设置定时器	X	X	X	X	X
26	提供头部的检验序列	控制字段之后插入 HCS	X	X	X	X	X

6.11 不平衡操作(点对点和多点)

6.11.1 概述

下列要求适用于点对点或多点的数据链路上,以双向交替或双向同时进行数据传送的同步或起/止数据传输不平衡操作规程。规程使用第 4 章定义的 HDLC 帧结构和第 5 章描述的 HDLC 规程要素。规程使用命名为 UNC 或 UAC 的基本命令/响应表(分别见 6.6.2.1 和 6.6.2.2)。虽然这里只描述了基本的命令和响应,但为了提高操作性能,还有几种可选功能供选用。这些可选功能在 6.7 中列出,如表 13 所示。

注:HDLC 不平衡规程类别的操作,在附录 B 的诸例中作了图示说明。

6.11.2 数据链路描述

6.11.2.1 配置(见引言的图 D)

不平衡操作数据链路配置应是一个主站和一个或多个次站,以物理层的传输设施互连而成。

6.11.2.2 物理层传输设施

在交换或非交换的数据电路上,物理层的传输设施可以提供半双工或全双工的传输。

注:在交换的数据电路情况下,所描述的规程假定交换数据电路业已建立。

在物理层提供电路可用的指示前，数据链路层不应启动数据传输（有些系统，在物理层上采用半双工传输的数据电路来提供双向交替的数据交换。这时，用空闲的数据链路信道状态作为物理层电路可用的指示）。

6.11.3　**规程描述**

6.11.3.1　**概述**

不平衡控制规程，应在有一个主站和一个或多个次站的数据链路上以正常或异步响应方式操作。在某一时刻，只有一个次站能进入异步响应方式。主站应最终负责整个数据链路的差错恢复。

每个数据站，应通过检验所收到的每个I帧或监控帧的N(R)来检查它已发往远程数据的诸I帧是否都已被正确接收。

6.11.3.2　**数据站特征**

主站应负责：

a)　建立数据链路和断开数据链路；

b)　发送信息传送命令、监控命令和无编号命令；和

c)　检验收到的响应。

每个次站应负责：

a)　检验收到的命令；和

b)　根据收到命令的要求，发送信息传送响应、监控响应和无编号响应。

6.11.4　**规程的详细定义**

在6.11.4.1～6.11.4.6中，对永久连接的或已建立交换连接的数据链路的规程作了定义。

关于建立和断开交换数据电路的协议，不属于本标准的范围，然而，在交换连接建立后的交换标识和(或)交换特征的能力，则作为可选功能来提供。

6.11.4.1　**建立与断开数据链路**

6.11.4.1.1　**建立数据链路**

主站应通过发送一个SNRM(或SARM)命令来启动它至某一个次站的数据链路，同时，应起动一个响应超时功能(或等效功能)。被寻址的次站，一旦正确地接收到这SNRM(或SARM)命令时，一有机会就应发送一个UA响应，并将它的发送和接收两个状态变量置为“0”。如果主站正确地收到这UA响应，则主站至被寻址次站的数据链路就已建成。这时，主站应将其对应于该次站的发送和接收状态变量置为“0”，并停止其响应超时功能(或等效功能)。如果接收SNRM(或SARM)命令的次站，决定它不能进入指定的方式时，它应发送DM响应。如果主站正确地收到DM响应，则应停止其响应超时功能(或等效功能)。

如果未正确收到SNRM(或SARM)命令、UA响应或DM响应，则应不理睬这些命令或响应，其结果将是主站的响应超时功能(或等效功能)期满，主站可以重发SNRM(或SARM)命令并重新起动响应超时功能(或等效功能)(见6.11.4.3)。

这个动作可以继续到正确地收到一个UA响应为止，或在更高层次采取恢复动作。

6.11.4.1.2　**断开数据链路**

主站可发送一个DISC命令来断开与一个次站的数据链路，并应启动一个响应超时功能(或等效功能)。被寻址的次站，一旦正确地接收到DISC命令时，一有机会就应发送UA响应，并应进入该次站预先规定的正常断开方式(NDM)，或异步断开方式(ADM)。如果被寻址的次站在接收到DISC命令时，已处在断开方式，则应发送DM响应。主站在收到对所发送的DISC命令的UA或DM响应时，应停止其响应超时功能(或等效功能)。

当数据链路是一个多点配置时，来自次站的UA响应不应相互干扰。用来避免使用组地址或全站地址来重叠响应断开(DISC)命令的机制是系统定义的。

如果未正确收到DISC命令、UA响应或DM响应，则应不理睬这些命令或响应，其结果将是主站

的响应超时功能(或等效功能)期满,而主站可重发 DISC 命令,并重新起动响应超时功能(或等效功能)(见 6.11.4.3)。

这个动作可以继续到正确地收到一个 UA 响应或 DM 响应为止,或在更高层次采取恢复动作。

6.11.4.1.3 断开方式的规程

处于 NDM(或 ADM)方式的次站应监视各种命令,对 6.11.4.1.1 中提到的 SNRM(或 SARM)命令,应在最早的响应机会作出反应,并应对收到的 DISC 命令以 DM 来响应。该次站应对收到的其他 P 位置为"1"的命令,用 F 位置为"1"的断开方式(DM)来响应。对收到的其他 P 位置为"0"的命令,则不予理睬。处于 ADM 下的次站,以异步方式用 DM 响应来报告它的状态。

6.11.4.2 交换信息(I)帧

6.11.4.2.1 发送 I 帧

作为一个 I 帧,其控制字段的格式应按 5.5.1 的定义,将 N(S)置成发送状态变量 V(S)的值,N(R)置成接收状态变量 V(R)的值。在数据链路建立之后,应将 V(S)和 V(R)置成"0"。I 帧的最大长度是一个系统定义的参数。

如果数据站已准备好发送一个编号为 N(S)的 I 帧,而这 N(S)等于最后收到的确认编号加上模数减 1(Modulo-1),这时,数据站应停止发送这 I 帧,而执行 6.11.4.3 中的规程。

6.11.4.2.2 接收 I 帧

数据站在正确收到一个按顺序的[即,N(S)等于接收状态变量 V(R)的值]并是它能接受的 I 帧时,它应将其状态变量 V(R)加 1,并在下一次发送机会,采取下列动作之一:

a) 如果有信息传输,且远程数据站已准备好接收,它应按 3.4.2.1 描述的动作,并在一个要发送的 I 帧中,将其控制字段的 N(R)置为 V(R)值,确认所收到的 I 帧。

b) 如果没有信息传输,而该数据站已准备好接收 I 帧时,则应发送一个 RR 帧,并将 N(R)置为 V(R)的值,确认已收到的 I 帧。

c) 如果数据站没有准备好再接收 I 帧,则这些数据站可以发送一个 RNR 帧,并将其 N(R)置为(R)值,确认已收到的 I 帧。

如果数据站无能力接受已正确收到的 I 帧,则不应增加 V(R)的值。该数据站可发送一个将 N(R)置成 V(R)值的 RNR 帧。

6.11.4.2.3 接收到错误的帧

如果接收到一个 FCS 错误的帧,则应将它丢弃。

如果接收到一个 FCS 正确而 N(S)错误的 I 帧,这时,接收的数据站应不理睬这 N(S)字段并丢弃该帧中的信息字段。这将继续到正确地收到所期望的 I 帧为止。但这个数据站应使用丢弃的 I 帧中的 P/F 和 N(R)指示。当正确地收到所期望的 I 帧时,这数据站应按 6.11.4.2.2 的描述予以确认。

注:不理睬 I 帧的 N(S)字段和丢弃 I 帧的信息字段适用于基本的命令、响应表。当对于单个帧的重传使用了可选功能 3 的任何变体时,N(S)字段不能不予理睬并且保留信息字段。

P/F 恢复(检验指示)将能使接收有错误的 I 帧重传,如 5.4.3.2 中的描述。

6.11.4.2.4 数据站接收确认

当数据站接收的 I、RR 或 RNR 帧的 N(R)=X 有效,该数据站应认为所有以前已发送的包括 N(S)等于 X-1 在内的诸 I 帧都已被确认。

6.11.4.3 超时考虑

为了检测无应答或丢失应答的情况,每个主站应提供一个响应超时功能(或等效功能)。在 ARM 方式中,每个次站也应提供一个命令超时功能(或等效功能)。在每种情况中,超时功能(或等效功能)期满可用于启动适当的差错恢复规程。在 NRM 方式中,次站将依靠主站来启动超时的恢复。

超时功能(或等效功能)的持续时间应与系统有关。为了解决 ARM 方式中可能出现的竞争状况,次站超时功能的持续时间应与主站不同。

6.11.4.4 **P/F 位的用途**

在不平衡的规程类别 UNC 和 UAC 中,P/F 位的用途应按照 5.4.3 的描述。

6.11.4.5 **双向交替的考虑**

处于正常响应机会,双向交替的数据链路操作情况下:

a) 不允许自主站传输,除非
   1) 接收到一个 F 位置为"1"的帧;或
   2) 无响应的超时功能期满时
   才能允许传输。
b) 不允许自次站传输,除非接收到 P 位置为"1"的一个帧时,才能允许传输。

注 1:在全双工物理设施上,处于正常响应机会,双向交替的多点配置数据链路操作下,在上述时间内,主站可以发送 P 位置为"0"的帧给非探询的诸次站。

处于正常响应机会,双向交替的数据链路操作情况下,一个数据站在接受一个 P/F 位置为"1"的帧后,并在发送一个 F/P 位置为"1"的帧之前,不应再接受其他的帧。

处于异步响应机会,双向交替的数据链路操作情况下,不允许从一个数据站传输,除非下列两种情况之一:

a) 在接收到一个帧或一个帧标志以后,检测到空闲的数据链路信道状态;或
b) 延长了的非工作期(数据链路信道状态空闲)结束时,才允许传输。

注 2:在半双工数据电路设施的情况下,必须作出适当的安排以控制数据传输的方向。由数据链路层控制传输的方向,并可由物理层发出信令。

任何一个处于 ARM 方式的数据站,如果没有发送过帧而又有信息正等待着传输,这时,建议这个数据站最好先只发送一个监控帧,以避免长时间的恢复动作,这种情况在 I 帧竞争时有可能会发生。

如果数据站已发送了一些帧,而又没有后续的帧等待着传输,它应将其发送权交给远程的数据站。

6.11.4.6 **双向同时的考虑**

每一种不平衡规程的类别都可以用双向同时的通信协议,而不依赖于物理数据电路的能力(即半双工传输)。但是,在半双工数据电路设施的情况下,必须作出适当的安排以控制数据传输方向。数据链路层控制传输的方向。另外,在正常响应机会的情况下,不允许从次站传输数据,除非接收到 P 位置为"1"的帧,才允许传输。

6.12 平衡操作(点对点)

6.12.1 概述

下列要求适用于点对点的数据链路上,以双向交替或双向同时进行同步数据传送同步或起/止数据传输的平衡操作规程。规程使用第 4 章定义的 HDLC 帧结构和第 5 章描述的 HDLC 规程要素。规程使用命名为 BAC 的基本命令、响应表(见 6.6.2.3)。虽然这里只描述了基本命令和响应,但为了提高操作性能,还有几种可选功能供选用。这些可选功能在 6.7 中列出,如表 13 所示。

注:HDLC 平衡规程类别的操作,在附录 B 的诸例中作了图示说明。

6.12.2 数据链路描述

6.12.2.1 配置(见引言的图 E)

平衡操作的数据链路结构应是两个组合站,以物理层的传输设施互连而成。

6.12.2.2 物理层传输设施

在交换或非交换的数据电路上,物理层的传输设施可以提供半双工或全双工的传输。

注:在交换的数据电路情况下,所描述的规程假定交换数据电路业已建立。

在物理层提供电路可用的指示前,数据链路层不应启动数据传输(有些系统,在物理层上采用半双工传输的数据电路来提供双向交替的数据交换。这时,用空闲的数据链路信道状态作为物理层电路可用的指示)。

6.12.3 规程描述

6.12.3.1 概述

平衡控制规程,应在数据链路每端的数据站均为一个组合站的数据链路操作。本规程应使用异步平衡方式。每个组合站应同等地负责数据链路层的差错恢复。

每个组合站,通过检验所收到的每个I帧或监控帧中的N(R)来检查它已发往远程组合站的诸I帧是否都已被正确接收。

6.12.3.2 组合站特征

每个站都应是组合站,即它应能建立数据链路,断开数据链路,并都能发送、接收命令与响应。

6.12.4 规程的详细定义

在6.12.4.1～6.12.4.6对使用永久连接或已建立交换连接的点对点数据链路的规程作了定义。

关于建立和断开交换数据电路的协议,不属本标准的范围,然而,在交换连接建立后的交换标识和(或)交换特征的能力,则作为可选功能来提供。

6.12.4.1 建立与断开数据链路

6.12.4.1.1 建立数据链路

任何一个组合站都能启动数据链路的初始化。它应发送SABM命令,并起动一个响应超时功能(或等效功能)。另一端的组合站,在正确地收到这SABM命令时,应发送一个UA响应,并将它的发送和接收两个状态变量置为“0”。如果原发的组合站正确地收到UA响应,则该数据链路就已建立。原发的组合站应将它的两个状态变量置为“0”并停止响应超时功能(或等效功能),进入指定的方式。如果,在接收到SABM命令时,组合站决定它不能进入指定的方式,它应发送DM响应。如果原发的组合站正确地收到这DM响应,则应停止响应超时功能(或等效功能)。

如果未正确收到SABM命令、UA响应或DM响应,则应不理睬这些命令或响应,其结果将是原发SABM命令组合站的响应超时功能(或等效功能)期满。这时,该组合站可以重发SABM命令,并重新起动响应超时功能(或等效功能)(见6.12.4.3)。

这个动作可以继续到正确地收到一个UA响应为止,或在更高层次采取恢复动作。

6.12.4.1.2 断开数据链路

任一组合站都可主动对数据链路进行断开。它应发送DISC命令,并起动一个响应超时功能(或等效功能)。处于某种操作方式的另一组合站,在正确地收到DISC命令时,应发送一个UA响应,并进入异步断开方式(ADM)。如果,另一组合站在收到这DISC命令时,已处在断开方式,则它应发送DM响应。原发的组合站,在接收到对所发送的DISC命令的UA或DM响应时,应停止其响应超时功能(或等效功能)。

如果未正确收到DISC命令、UA响应或DM响应,则应不理睬这些命令或响应。其结果将是原发DISC命令的组合站的响应超时功能(或等效功能)期满。该组合站可重发DISC命令,并重新起动它的响应超时功能(或等效功能)。

这个动作可以继续到正确地收到一个UA或DM响应,或正确地收到一个DISC命令为止,或在更高层次采取恢复动作。

6.12.4.1.3 断开方式的规程

处于ADM方式的组合站应监视收到的各种命令,对6.12.4.1.1中提出的SABM命令应作出反应,并应对收到的DISC命令以DM来响应。它应对接收的其他P位置为“1”的命令以F位置为“1”的断开方式(DM)来响应。对收到的其他P位置为“0”的命令则不予理睬。处于ADM下的组合站,以异步方式用DM响应来报告它的状态。

6.12.4.1.4 同时企图置方式(竞争)

当一个组合站发出一个置方式的命令,并且在收到适当的响应以前,接收到来自远程组合站的置方式命令。这时,就出现了竞争情况。竞争情况应用下列方式来解决。

当发送的和收到的置方式命令相同时，每个组合站都应在最早的响应机会发送一个UA响应，每个组合站要么立即都进入指定的方式，要么推迟进入指定的方式，直到接收到UA响应为止。在后一情况中，如果组合站未收到UA响应，它可以在响应超时功能（或等效功能）期满时，进入指定的方式，或重发置方式的命令。

当双方置方式命令不同时，每个组合站都应进入ADM，并在最早的响应机会送出一个DM响应。如果一个DISC命令与一个不同的置方式命令竞争时，则不要求作任何动作。如果是SABM和SABME命令之间的竞争，在重新试图建立数据链路时，发送SABME命令的组合站，要比发送SABM命令的组合站有更高的优先级。

6.12.4.2　交换信息(I)帧

6.12.4.2.1　发送I帧

作为一个I帧，其控制字段的格式应按5.5.1中的定义，将N(S)置成发送状态变量V(S)的值，N(R)置成接收状态变量V(R)的值。在数据链路建立之后，V(S)和V(R)应置成“0”。I帧的最大长度是一个系统定义的参数。

如果组合站已准备好发送一个编号为N(S)的I帧，而这N(S)等于最后收到的确认编号加上模数减1。这时，该组合站应停止发送这I帧，而按照6.12.4.3中的规程执行。

决定以命令还是以响应来发送I帧，即，用远程地址还是用本地地址来分别指明是P位还是F位，将取决是否需要用发送F位置为“1”的响应帧来确认接收到的P位置为“1”帧。

6.12.4.2.2　接收I帧

组合站在正确收到一个按顺序的[即，N(S)等于接收状态变量V(R)的值]并是它能接受的I帧时，它应将其接收状态变量V(R)加1，并在下一次发送机会，采取下列动作之一：

a)　如果有信息传输，并且远程组合站已准备好接收，它应按6.12.4.2.1描述的动作，并在下一个要发送的I帧中，将其控制字段的N(R)置成V(R)的值，确认所收到的I帧；

b)　如果没有信息传输，而组合站已准备好接收I帧时，该组合站则应发送一个RR帧，并将N(R)置为V(R)的值，确认已收到的I帧；或

c)　如果组合站没有准备好再接收I帧，该组合站可发送一个RNR帧，并将其N(R)置为V(R)的值，确认已收到的I帧。

如果组合站无能力接受已正确收到的I帧，则不应将V(R)加1。该组合站可发一个将N(R)置成V(R)值的RNR帧。

发送的I帧或监控帧，是一个命令还是一个响应，分别取决于要求一次P位置为“1”，还是要求一次F位置为“1”的传输。如果不要求是P位或F位置“1”的传输，则确认帧可以是命令也可是响应。

6.12.4.2.3　接收到错误的帧

如果接收到一个FCS错误的帧，则应将它丢弃。

如果接收到一个FCS正确而N(S)错误的I帧，这时，接收组合站应不理睬这N(S)字段并丢弃该帧中的信息字段。这将继续到正确地收到所期望的I帧为止。但该组合站应使用丢弃的I帧中的P/F和N(R)指示。当正确地收到所期望的I帧时，该组合站应按6.12.4.2.2的描述予以确认。

注：不理睬I帧的N(S)字段和丢弃I帧的信息字段适用于基本的命令、响应表。当对于单个帧重传使用了可选功能3的任何变体时，N(S)字段不能不予理睬并且保留信息字段。

P/F恢复(检验指示)将能使接收有错的I帧重传，如5.4.3.2中的描述。

6.12.4.2.4　组合站接收确认

当组合站接收的I、RR或RNR帧的N(R)＝X有效，该组合站应认为所有以前已发送的包括N(S)等于X－1在内的诸I帧都已被确认。

6.12.4.3　超时考虑

为了检测无应答或丢失应答的情况，每个组合站应提供一个响应超时功能（或等效功能）。应用超

时功能(或等效功能)的期满来启动适当的差错恢复规程。

超时功能(或等效功能)的持续时间与系统有关。为了解决竞争的情况,特别是在双向交替操作中,两个组合站的超时功能(或等效功能)的持续时间应该不相等。

每当组合站发送一个需要应答的帧时,就应起动超时功能(或等效功能)。当接收到期望的应答时,应停止这超时功能(或等效功能)。如果,超时功能(或等效功能)正在工作的时间间隔内,发送了其他要求有确认的帧时,则可以重新启动超时功能(或等效功能)。

如果响应超时功能(或等效功能)期满,则可发送(或重发)一个 P 位置为"1"的命令,并重新启动这响应超时功能(或等效功能)。

6.12.4.4 P/F 位的用途

在平衡规程类别 BAC 中,P/F 位的用途应按照 5.4.3 中的描述。

6.12.4.5 双向交替的考虑

数据链路在双向交替操作中,不允许自组合站传输,除非

a) 在收到一个帧或一个帧标志后,检测到空闲的数据链路信道状态,或

b) 扩充的不活动周期(空闲数据链路信道状态)结束时,才能允许传输。

注:在半双工数据电路设施的情况中,必须做出适当的安排以控制数据传输的方向。由数据链路层控制传输的方向,并可由物理层发出信令。

任何一个处于 ABM 的组合站,如果没有发送过帧而又有信息正等待着传输,这时,建议该组合站最好先只发送一个监控帧,以避免长时间的恢复动作,这种情况在 I 帧竞争时有可能会发生。

如果一个组合站已发送了一些帧,而又没有后续的帧等待着传输,它应将其发送权交给远程的组合站。

6.12.4.6 双向同时的考虑

平衡规程类别可以使用双向同时的通信协议,而不依赖于物理数据电路的能力(即半双工或全双工传输)。但是,在半双工数据电路设施的情况下,必须作出适当的安排以控制数据传输方向。数据链路层控制传输的方向。

6.13 不平衡无连接操作(点对点或多点)

6.13.1 概述

下列要求适用于在点对点或多点的数据链路上,以双向交替或双向同时进行数据传送的同步或起/止数据传输不平衡无连接操作规程。规程使用第 4 章定义的 HDLC 帧结构和第 5 章描述的 HDLC 规程要素。规程使用命名为 UCC 的基本命令、响应表(见 6.6.2.4)。虽然这里只描述了基本的命令和响应,但为了提高操作性能,还有几种可选功能供选用。这些可选功能在 6.7 中列出,如表 13 所示。

6.13.2 数据链路描述

6.13.2.1 配置

不平衡无连接操作的数据链路配置应是一个控制站和一个或多个辅助站,以物理层的传输设施互连而成。

6.13.2.2 物理层传输设置

在交换或非交换的数据电路上,物理层的传输设施可以提供半双工或全双工的传输。

注:在交换的数据电路情况下,本规程假定交换数据电路业已建立。

在物理层提供电路可用的指示前,数据链路层不应启动数据传输(有些系统,在物理层上采用半双工传输的数据电路来提供双向交替的数据交换。这时,用空闲的数据链路信道状态作为物理层电路可用的指示)。

6.13.3 规程描述

6.13.3.1 概述

不平衡无连接控制规程,应在有一个控制站和一个或多个辅助站的数据链路上操作。本规程应使

用无连接方式操作。控制站应负责发送无编号的命令帧和接收无编号的响应帧。辅助站应负责接收无编号的命令帧和发送无编号的响应帧。控制站和辅助站都不应负责连接建立/断开、流量控制、确认或差错恢复。

控制站和辅助站都应检验正确帧检验序列和正确帧格式的入帧是否正确。应丢弃错误的帧,无需通知其他站。

6.13.3.2 不平衡无连接站特征

控制站应负责:

a) 发送无编号命令帧;

b) 接收无编号响应帧;和

c) 确定每个辅助站何时发送。

辅助站应负责:

a) 接收无编号的命令帧;和

b) 当给予了发送权时,发送无编号响应帧。

6.13.4 规程的详细定义

在6.13.4.1～6.13.4.6中,对永久连接的或已建立交换连接的数据链路的规程作了定义。关于建立和断开交换数据电路的协议,不属于本标准的范围,然而,在交换连接建立后的交换标识和(或)交换特征的能力,则按可选功能来提供。

6.13.4.1 建立与断开数据链路

不平衡无连接规程类别没有数据链路建立规程和数据链路断开规程。

6.13.4.2 交换无编号信息(UI)帧

6.13.4.2.1 发送 UI 帧

作为一个UI帧,其控制字段的格式应按5.5.3的定义。UI帧信息字段的最大长度是一个系统定义的参数。

在无连接类别服务中,由于没有流量控制,当控制站准备好发送一个UI命令帧时应立即发送。当被允许时,辅助站应只发送UI响应帧。

6.13.4.2.2 接收 UI 帧

当控制或辅助站在正确接收到一个UI帧并是它能够接受的UI帧时,信息字段内容被传递到较高层。如果控制或辅助无连接站不能接受正确接收到的UI帧,则丢弃信息字段内容。

如果一个辅助站正确接收到一个P位置为"1"的UI命令帧,该辅助站应发送它必须发送的任何UI响应帧,则它将发送一个F位置为"1"的UI响应帧。F位全部置为"1"的这个UI响应帧应包含一个0长度的信息字段(为了使它暴露在传输差错中减至最小值)。

6.13.4.2.3 接收到错误的帧

如果接收到一个FCS错误的帧,则应将它丢弃。如果接收到一个错误格式的帧,则应将它丢弃。

6.13.4.2.4 不平衡无连接站接收确认

不平衡无连接站自身不能与确认一起操作。辅助站通过发送F位置为"1"的UI响应帧来对收到P位置为"1"的UI命令帧作出反应,作为探询过程一部分。因为先前发送的P位置为"1"的UI命令帧,所以控制站对收到F位置为"0"的UI响应帧作出反应,作为通过发送UI帧的必要指示。

6.13.4.3 超时考虑

为了检测与P/F位交换(即,探询)有关的无应答或丢失应答的情况,每个控制站应提供一个响应超时功能(或等效功能)。应该应用超时功能(或等效功能)期满来启动另一个P位置为"1"UI命令帧传输到相同的或不同的辅助站。

超时功能(或等效功能)的持续期应与系统有关。

每当控制站已发送了一个P位置为"1"的UI命令帧时,则应起动超时功能(或等效功能)。当从辅助站收到一个F位置为"1"的UI响应帧时,则应停止超时功能(或等效功能)。

如果响应超时功能(或等效功能)期满,则可以发送一个P位置"l"的UI命令帧,并重新起动该响应超时功能(或等效功能)。

6.13.4.4 P/F位的用途

在不平衡无连接规程类别UCC中,F/P位的用途用来指示哪个辅助站是被允许传输的。一个F位置为"1"的UI响应帧的发布指示该辅助站没有更多消息要发送。

6.13.4.5 双向交替的考虑

在双向交替数据链路操作中

a) 不允许自控制站传输,除非

——接收到一个F位置为"1"的UI响应帧,或

——无响应的超时功能(或等效功能)期满时;

才能允许传输。

b) 不允许自辅助站传输,除非接收到P位置"1"的一个UI命令帧时,才能允许传输。

注1:在全双工物理设施上,处于双向交替的多点配置数据链路操作下,在上述时间内,控制站可以发送P位置为"0"的UI命令帧给非探询的诸辅助站。

注2:在半双工数据电路设施的情况下,必须作出适当的安排以控制数据传输的方向。由数据链路层控制传输的方向,并可由物理层发出信令。

6.13.4.6 双向同时的考虑

不平衡无连接规程类别可以使用双向同时操作,而不依赖于物理数据电路的能力(即半双工或全双工传输)。但是,在半双工数据电路设施的情况下,必须作出适当的安排以控制数据传输方向。数据链路层控制传输的方向。另外,应不允许从辅助站传输数据,除非接收到P位置为"1"的帧,才允许传输。

6.14 平衡无连接操作(点对点)

6.14.1 概述

下列要求适用于点对点的数据链路上,以双向交替或双向同时进行同步数据传送的平衡无连接操作规程。规程使用第4章定义的HDLC帧结构和第5章描述的HDLC规程要素。规程使用命名为BCC的基本命令、响应表(见6.6.2.5)。虽然这里只描述了基本命令定义,但为了提高操作性能,还有几种可选功能供选用。这些可选功能在6.7中列出,如表13所示。

6.14.2 数据链路描述

6.14.2.1 配置

平衡无连接操作的数据链路配置应是两个对等站,以物理层的传输设施互连而成。

6.14.2.2 物理层传输设施

在交换或非交换的数据电路上,物理层的传输设施可以提供半双工或全双工的传输。

注:在交换的数据电路情况下,所描述的规程假定交换数据电路业已建立。

在物理层提供电路可用的指示前,数据链路层不应启动数据传输(有些系统,在物理层上采用半双工传输的数据电路来提供双向交替的数据交换。这时,用空闲的数据链路信道状态作为物理层电路可用的指示)。

6.14.3 规程描述

6.14.3.1 概述

平衡无连接控制规程,应在数据链路每端的数据站均为对等站的数据链路上操作。这些规程应使用无连接方式操作。每个对等站应同等地负责数据链路层的差错恢复。

每个对等站应检验正确帧检验序列和正确帧格式的入帧是否正确。错误的帧应当被丢弃,而不必通知其他对等站。

6.14.3.2 平衡无连接站特征

每个站都应是对等站。在不需要建立数据链路连接的情况下，它应能发送和接收 UI 命令帧。

6.14.4 规程的详细定义

在 6.14.4.1～6.14.4.6 中对使用永久连接或已建立交换连接的点对点数据链路的规程作了定义。关于建立和断开交换数据电路的协议，不属本标准的范围，然而，在交换连接建立后的交换标识和(或)交换特征的能力，则按可选功能来提供。

6.14.4.1 建立与断开数据链路

平衡无连接规程类别没有数据链路建立规程和数据链路断开规程。

6.14.4.2 交换无编号的信息(UI)帧

6.14.4.2.1 发送 UI 帧

作为一个 UI 帧，其控制字段的格式应按 5.5.3 的定义。UI 帧信息字段的最大长度是一个系统定义的参数。

在无连接类别服务中，由于没有流量控制，当对等站准备好发送一个 UI 命令帧时应立即发送。

6.14.4.2.2 接收 UI 帧

当对等站在正确接收到一个 UI 帧并是它能够接受的 UI 帧时，信息字段内容被传递到较高层。如果对等无连接站不能接受正确接收到的 UI 帧，则丢弃信息字段内容。

6.14.4.2.3 接收到错误的帧

如果接收到一个 FCS 错误的帧，则应将它丢弃。如果接收到一个错误格式的帧，则应将它丢弃。

6.14.4.2.4 平衡无连接站接收确认

对等站不与确认一起操作。

6.14.4.3 超时考虑

为了检测双向交替配置中的不活动状态，每个对等站应提供不活动超时功能(或等效功能)——空闲数据链路信道状态检测器。应该应用超时功能(或等效功能)期满来启动 UI 命令帧的传输。

超时功能(或等效功能)的持续期应与系统有关。为了解决争用情形，两个对等站的超时功能(或等效功能)应不同于双向交替操作。每当对等站观察到一个稳定空闲状态情况时，则起动该超时功能(或等效功能)。当收到一个 UI 命令帧时，应停止超时功能(或等效功能)。如果不活动超时功能(或等效功能)期满，则可以发送一个 UI 命令帧。

6.14.4.4 P/F 位的用途

平衡无连接规程类别 BCC 没有 P/F 位的用途。

6.14.4.5 双向交替的考虑

在数据链路以双向交替操作中，不允许自对等站传输，除非

a) 在收到一个帧或一个帧标志后，检测到空闲的数据链路信道状态；或

b) 扩充的不活动周期(数据链路信道状态空闲)结束时，才能允许传输。

注：在半双工数据电路设施的情况中，必须做出适当的安排以控制数据传输的方向。由数据链路层控制传输的方向，并可由物理层发出信令。

任何一个对等站，如果在相当一段时间内没有发送过帧而又有信息变得可用于传输，这时，建议该对等站最好先只发送一个 0 长度信息字段的 UI 命令帧，以避免长时间的恢复动作，这种情况在 UI 帧信息竞争时有可能会发生。

如果一个对等站已发送了一些帧，而又没有后续的帧等待着传输，它应将其发送权交给远程的对等站。

6.14.4.6 双向同时的考虑

平衡无连接规程类别可以使用双向同时操作，而不依赖于物理数据电路的能力(即：半双工或全双工传输)。但是，在半双工数据电路设施的情况下，必须作出适当的安排以控制数据传输方向。数据链路层控制传输的方向。

6.15 可选功能的用法

在6.7中定义的可选功能的某些用法在本条中描述。这些可选功能提供的附加能力超出了在6.11、6.12、6.13和6.14中描述的基本操作。一般而言,所标识的命令和响应在5.5中定义。

6.15.1 选项1——标识

标识可选功能为数据链路层实体提供了一种手段,以便在正常操作之前或期间交换操作的数据链路层参数和特性。该功能利用了交换标识(XID)命令和响应帧。

选项1的主要应用是与交换网络连接连在一起的。紧跟在工作的物理层的物理通路指示之后,并且在建立可以交换较高层信息的逻辑数据链路层连接之前,数据链路层实体能交换涉及下列内容的各细节,这些细节涉及数据链路层实体响应的数据链路层地址(单地址和组地址)、该实体支持(例如,选项、规程类别,等等)的能力和所适合用的参数值(例如,应答定时器的值、接收窗口尺寸、最大信息字段长度,等等)。在所交换的XID帧的信息字段中编码那些细节的方式是第7章的课题。

在标识功能中包括了为了在XID信息字段中适应受限较高层信息总量的一个选项。这在一些应用中是很有用的,即在较高层实体之间的逻辑数据链连接建立之前必须调用安全和/或鉴别检验例行程序的这些应用中。这种信息通过数据链路层实体透明地进行运输。

在数据链路连接建立之前,除了标识功能的适用性外,它还为指出在信息传送阶段时数据链路层参数值的变化提供了一种机制。这种参数的例子是指接收窗口尺寸和最大帧长度。在数据链路连接一端的本地状态(例如,长期拥塞或缓冲能力非暂时降低)可能规定远程站操作的变化,以便维持物理设施的有效利用。标识功能允许在任何时刻本地参数值的本地至远程传送,回过来远程至本地证实。

6.15.2 选项2——REJ恢复

REJ恢复可选功能为报告观察到的收到I帧的失序异常状态提供了一种机制,并借此请求以第1个丢失I帧开始的I帧重传。该机制是拒绝(REJ)命令/响应帧。

该功能在支持双向同时操作的系统中有其最大的实用性,因此,在入信息传送期间,能直接报告观察到的收到顺序编号中的一个空隙。在双向交替操作中,REJ功能提供了更少的实用性。但是,它将顺序差错报告与P/F位交换检验指示功能分开了,而在某些操作方式中要求该检验指示功能与在每个发送机会上所发送的最后一个帧相关联。

在双向同时操作中,使用REJ功能所获得的性能改进是通过在报告空隙的时间点之后发送的I帧编号来测得的,依何时发送器发送窗口耗尽或确认定时器超时和状态查询过程被执行为转移。在大型发送窗口或长确认定时器的情况下,这可能是一个显著的时间总量。

6.15.3 选项3——SREJ恢复

该可选功能同等地可适用于双向同时操作和双向交换操作两者。在双向同时操作中,重发I帧分散在正在进行顺序传输的新I帧中。在双向交替操作中,请求的I帧独立地进行发送,合适时,后面紧跟着新I帧。虽然该可选功能为了保存失序的帧在接收器数据链路层中使用了较大的缓冲要求,直到收到了要求的较低编号的帧才能收到较高编号的良好帧,但是该功能仍然提供了数据链路的信息传送能力较好实用性。

6.15.3.1 选项3.1——单个单I帧重传请求

单个单I帧重传可选功能为接收器请求重传从一序列I帧中出来的单I帧提供了一种机制。请求不同I帧的任何编号在某一时刻可能是未解决的。该机制是选择拒绝(SREJ)命令/响应帧。

当P/F位置为“0”时,SREJ帧不包括对收到I帧的确认功能;当P/F位置为“1”时,它包括该确认功能。例如,当适合于操作方式时,为了报告编号为X,X+3和X+5丢失的帧,可以发送P/F位置为“1”的SREJ(X)帧,用来确认收到编号直到X-1的I帧。可以直接发送P/F位置为“0”的SREJ(X+3)帧和SREJ(X+5)帧,但不确认收到的任何I帧。确认收到的重发I帧通常利用带有N(R)值的I、RR或RNR帧传输来完成,而该N(R)值标识了正确收到请求的I帧。

当感觉到所期望的动作没有发生时,则可以进行重传的另一请求。这种感觉出现不是因为SREJ

定时器超时就是因为在请求I帧X−n之前收到请求的I帧X(请求I帧X−n在请求I帧X之前)。

6.15.3.2 选项3.2——多个单I帧重传请求只包括单I帧指示符

仅使用单I帧指示符的多个单I帧重传可选功能为接收器使用将信息字段入SREJ帧的单个请求来请求重传从一序列I帧中出来的一个或多个单I帧提供了一种机制。请求不同I帧的任何编号在某一时刻可以是未解决的。在仅使用单I帧指示符的多选择拒绝规程的情况下,该机制是选择拒绝(SREJ)命令/响应帧。

仅使用单I帧指示符的多选择拒绝规程的SREJ帧当P/F位置为"0"时不包括收到I帧的确认功能;当P/F位置为"1"时,像上述6.15.3.1的情况那样,该SREJ帧包括该确认功能。在这个多选择拒绝规程的情况下,为了报告编号为X、X+3和X+5丢失的帧,可以发送带有X被编码在控制字段N(R)子字段以及X+3和X+5被编码为在SREJ帧的信息字段中的单I帧指示符的单个SREJ帧。确认收到重传I帧是利用带有N(R)值的I、RR或RNR帧传输的正常方式来完成的,而N(R)值标识了收到请求I帧的正确顺序。

当感觉到所期望的动作已不能完成时,可以进行重传的另一请求。这种感觉出现不是因为SREJ定时器超时就是因为在请求I帧X−n之前收到请求的I帧X(请求I帧X−n在请求I帧X之前,不是在初期SREJ帧中,就是在相同的只使用单I帧指示符的多选择拒绝规程SREJ帧中)。

6.15.3.3 选项3.3——多个单I帧重传请求包括单I帧指示符和范围列表指示符(当合适时)

使用单I帧指示符和范围列表(当合适时)的多个单I帧重传可选功能为接收器使用将信息字段并入SREJ帧的单个请求来请求重传从一序列I帧中出来的一个或多个单I帧提供了一种机制。请求不同I帧的任何编号在任一时刻可以是未解决的。在使用单I帧指示器和范围列表指示符(当合适时)的多选择拒绝规程的情况下,该机制是选择拒绝(SREJ)命令/响应。

使用单I帧指示符和范围列表指示符(当合适时)的多选择拒绝SREJ帧当P/F位置为"0"时不包括收到I帧的确认功能;当P/F位置为"1"时,像上述6.15.3.1的情况那样,该SREJ帧包括该确认功能。在多选择拒绝规程的情况下,为了报告编号为X,X+3,X+5,X+7和X+8丢失的I帧,可以发送带有"X"被编码在控制字段N(R)子字段中和"X+3"被编码为单I帧指示符以及"X+5,X+6和X+8"被编码在SREJ帧的信息字段中的范围列表指示符中的单个SREJ帧。确认收到重发I帧是利用带有N(R)值的I、RR或RNR传输的正常方式来完成的,而N(R)值标识了正确按顺序接收到请求的I帧。

当感觉到所期望的动作已未完成时,可以进行重传的另一请求。这种感觉出现不是因为SREJ定时器超时就是因为在请求I帧X−n之前收到请求的I帧X(请求I帧X−n在请求I帧X之前,不是在初期SREJ帧中,就是在相同的只使用适当的单I帧指示符和范围列表指示器的多选择拒绝规程SREJ帧中)。

6.15.4 选项4——无编号信息

无编号信息可选功能为在任何时刻发送较高层信息而对正在使用的任何操作方式无任何影响提供一种机制。该机制是无编号信息(UI)命令/响应帧。

不存在与UI帧操作相关的流量控制规程和确认规程。在UI帧操作时不要求存在数据链路建立和差错恢复规程。差错控制规程仅包括与帧结构和帧检验序列相关的事项,导致帧被丢弃并且不采取动作。所涉及的唯一数据链路参数是在接收器处的最大建立信息字段长度。最大信息字段长度违规可以在操作方式(见5.2.1)期间收到该信息字段时导致帧拒绝(FRMR)异常状态。

UI帧以发送到一个或多个站或所有多站,而不关注在所涉及站处的顺序编号对齐。根据应用,可以重复地发送带有相同内容的UI帧,以改善在所有预期站处正确收到所传输良好副本的可能性。

唯一UI帧操作可以是在高可靠、无差错数据链路层环境下的一种逻辑选择操作。较高层提供差错恢复规程和流量控制规程可以导致这种配置的用户可接受的信息运输机制。

6.15.5 选项5——初始化

初始化可选功能为请求和启动利用了系统定义初始化规程的初始化操作方式提供了一种机制。该机制是设置初始化方式(SIM)命令帧和请求初始化方式(RIM)响应帧。

在任何时刻,只要所涉及的站认为该功能是必要的,就可以利用该功能。RIM 响应导致 SIM 命令被发送。应使用 UA 响应帧来响应 SIM 命令。为了表现成功的初始化,所涉及的交换的性质和构成都是系统定义的。初始方式的结束是通过交换合适的置方式命令帧和 UA 响应帧而标识出来的。当主站/组合站启动初始化规程时,发送一个 SIM 命令帧,无需存在请求 RIM 响应帧。

6.15.6 选项 6——无编号探询

无编号探询可选功能为主站/组合站使用单个帧传输来探询一个或多个或所有相关次站/组合站提供了一种机制。该机制是无编号探询(UP)命令帧。

UP 命令帧不包含顺序编号,不确认收到的帧,并且对数据链路上的一个或多个或所有站都是可寻址的。响应的次序和确保非重叠响应不是本标准的课题。响应是可选的还是必备的依赖于 UP 命令是否分别是其 P/F 位置为“0”还是置为“1”。除非低层响应排序机制提供了“最后响应器”的指示符,否则建议一个规定的“最后”站以 F 位置为在 UP 命令帧中的 P 位的值来响应收到的每个 UP 命令帧,同时,发送 UP 命令的站不依赖于超时。

6.15.7 选项 7——多八位位组编址

多八位位组编址可选功能为在长度上具有 N 八位位组的地址字段而定义了一种手段。该机制利用每个八位位组的一个比特来担任地址字段结束的指示符。这个比特置为“0”意味着另一个地址字段八位位组紧跟在后面。这个比特置为“1”意味着这个八位位组就是地址字段中的最终八位位组。在所标识的 N 八位位组地址中 7N 比特之和构成一个单地址。该地址可以是单地址或组地址。全站地址总是八位位组的比特全为“1”的地址。N 八位位组地址字段可以认为是具有表达为 7N 比特的比特流或表达为 N 字符序列的地址,例如,使用 GB/T 1988—1998 字符集的字符序列。

这个可选功能可以用于以下环境,其中,认为所希望的是,在系统(甚至是跨越独立数据链路的系统)内的每个数据链路位置上都具有一个唯一数据链路层标识符。系统管理和站管理可以因此而得益。在系统内从数据链路到数据链路的站可移植性可以得到增强。该可选功能还可以用于一个八位位组的编址(即,总计 256 个地址,包括空地址和全站地址)不足够的场合。

6.15.8 选项 8——只有命令 I 帧

只有命令 I 帧可选功能将 I 帧局限为只有 I 命令帧。在平衡操作中,仅妨碍每个组合站的发送 I 帧的能力达到这样的程度以致当必须发送置为“1”的 P 位时,不能利用 I 响应帧来返回置为“1”的 P 位。必须利用非 I 帧响应帧。当必须发送置为“1”的 P 位时,如果一序列 I 命令帧处于传输过程中,为了将置为“0”的 F 为运送给远程站,必须将非 I 响应帧插入 I 帧之间的 I 帧流中。

在不平衡操作中,应用可选功能导致一种相当不同的总体服务,该服务在主站处提供了仅发送信息的服务,而在次站处提供了仅接收信息的服务。

6.15.9 选项 9——只有响应 I 帧

只有响应 I 帧可选功能将 I 帧局限为只有 I 响应帧。该功能定义为在规程上对只有命令 I 帧可选功能(见 6.15.8)的补充物。

在平衡操作中,仅妨碍每个组合站的发送 I 帧的能力达到 I 帧不能携带 P 位的程度。从而,如果要求 P 位置为“1”,则必须发送非 I 帧命令帧。当必须发送置为“1”的 P 位时,如果一序列 I 响应帧处于传输过程中,为了将置为“1”的 P 位运送给远程站,则必须将非 I 命令帧插入 I 帧之间的 I 帧流中。

在不平衡操作中,应用可选功能导致一种相当不同的总体服务,该服务在主站处提供了仅发送信息的服务。

6.15.10 选项 10——扩充顺序编号

模数值大于 8 的典型应用是:卫星操作、长传播延迟环境和甚高速度/重通信量负载情况。较大的模数值为定义较大发送和接收窗口作准备,因此,在这样的应用中可以改进信息传送性能。选择较高模数值依赖于特定环境的实际延迟和其他参数。

6.15.10.1 选项 10.1——扩充顺序编号——模 128

扩充顺序编号模 128 可选功能为定义 I 帧传送的顺序编号模 128 提供一种机制。对于正常响应方式(NRM)操作、异步响应方式(ARM)操作和异步平衡方式(ABM)操作来说，该机制是以独立置方式命令和不同帧格式的形式表示扩充顺序编号。

在 I 帧中发送和接收顺序编号是模 128。在监控字段中的接收顺序编号是模 128。在 I 帧和监控帧中的控制字段被扩充到 2 个八位位组长。在无编号帧中的控制字段仍然保持 1 个八位位组长。

6.15.10.2 选项 10.2——扩充顺序编号——模 32 768

扩充顺序编号模 32 768 可选功能为定义 I 帧传送的顺序编号模 32 768 提供一种机制。该机制是以带有可选信息字段的 SM 命令的形式来表示模数和操作方式(即，正常响应方式(NRM)操作、异步响应方式(ARM)操作和异步平衡方式(ABM)操作)。

在 I 帧中的发送和接收顺序编号是模 32 768。在监控帧中的接收顺序编号是模 32 768。在 I 帧和监控帧中的控制字段被扩充到 4 个八位位组长。在无编号帧中的控制字段仍然保持 1 个八位位组长。

6.15.10.3 选项 10.3——扩充顺序编号——模 2 147 483 648

扩充顺序编号模 2 147 483 648 可选功能为定义 I 帧传送的顺序编号模 2 147 483 648 提供一种机制。该机制是以带有可选信息字段的 SM 命令的形式来表示模数和操作方式(即，正常响应方式(NRM)操作、异步响应方式(ARM)操作和异步平衡方式(ABM)操作)。

在 I 帧中的发送和接收顺序编号是模 2 147 483 648。在监控帧中的接收顺序编号是模 2 147 483 648。在 I 帧和监控帧中的控制字段被扩充到 8 个八位位组长。在无编号帧中的控制字段仍然保持 1 个八位位组长。

6.15.11 单向复位

单向复位可选功能为在平衡方式操作中在信息传送的一个方向上启动逻辑数据链路的复位，而不影响信息传送的另一方向，提供了一种机制。该机制是复位(RSET)命令帧。

组合站通过发送 RSET 命令帧来启动与其 I 帧传输相关的逻辑数据链路的复位。远程站通过返回 UA 响应帧来确认 RSET 命令帧。

复位一个方向的逻辑数据链路导致在 RSET 发送器和 UA 发送器处发生下列事件。在 RSET 发送器处复位了发送状态变量，在 UA 发送器处复位了接收状态变量。在 RSET 发送器处复位了重传计数器。UA 响应指示在已经被清除的 UA 发送器处存在任何帧拒绝(FRMR)状态。

6.15.12 选项 12——数据链路测试

数据链路测试可选功能为测试在远程站处、在任何时刻、独于操作方式或规程阶段的基本数据链路层功能提供一种机制。该机制是测试(TEST)命令和响应帧。它不预期作为远程站操作的最后测试。

测试功能检查下列远程站的能力：

a) 检测开始标志；
b) 从开始标志之后收到的比特流中移去为透明已插入的若干“0”比特；
c) 检测结束标志；
d) 计算收到的比特流中的 FCS；
e) 检验所获得的唯一 FCS 余数；
f) 将远程站的地址解码为该地址字段的内容；
g) 将控制字段解码为 TEST 命令；
h) 接纳信息字段的长度；
i) 产生由在地址字段中它自身地址组成的比特流、在控制字段(P 位置为与收到的 TEST 命令控制字段中 P 为相同的值)中的 TEST 响应编码和在信息字段中收到的信息；
j) 发送开始标志；
k) 将若干“0”比特插入开始标志之后发送的比特流中，使得在发送结束标志之前标志序列不被伪装；

l) 对发送的比特流(包括地址、控制和信息字段)计算出 FCS,并在发送的比特流上添加该 FCS,以便"0"比特插入;和

m) 用结束标志终止传输。

6.15.13 选项 13——请求断开

请求断开可选功能为次站/组合站请求由主站/组合站所启动的数据链路断开提供了一种机制。该机制是请求断开(RD)响应帧。

在有合适的响应机会时,次站/组合站可以发送 RD 响应帧,以便向主站/组合站表示次站/组合站希望置入断开方式(NDM 或 ADM)。当收到 RD 响应帧时,主站/组合站可以

a) 不理睬 RD 响应帧,并使用正常规程继续;或

b) 接收 RD 响应,并发送 DISC 命令帧。

6.15.14 选项 14——交替帧检验序列

使用交替帧检验序列通过预先协定或使用 FCS 协商机制来确定(例如,何时两个站都能支持 16 比特 FCS 和 32 比特 FCS 两者见附录 E)。

6.15.14.1 选项 14.1——交替帧检验序列——32 比特 FCS

32 比特可选功能提供了与正常 16 比特 FCS 能力相比可得到更高程度的传输差错检测能力。生成多项式和 FCS 生成及检验过程在 4.2.5.3 中描述。

6.15.14.2 选项 14.2——交替帧检验序列——8 比特 FCS

8 比特 FCS 可选功能可以被这些应用加以使用,而这些应用使用了关心开销和/或提供的保护足够的少量帧(例如,诸如约为 10 个八位位组作为数字化话音等)。生成多项和 FCS 生成及检验过程在 4.2.5.4 中描述。

6.15.15 选项 15——起/止传输

起/止传输可选功能允许 HDLC 帧和规程用于起/止传输环境。起/止传输的机制在 4.3.2 中描述。可用透明性的三个级别按下面指出的。使用该可选功能通过预先协商来确定。

6.15.15.1 选项 15.1——带有基本透明性的起/止传输

基本透明性选项为标志和控制逃避八位位组提供了透明性处理。

6.15.15.2 选项 15.2——带有透明性和流量控制透明性的起/止传输

除基本透明性外,流量控制透明性选项正为在 GB/T 1988—1998 中定义的 DC1/XON 和 DC3/XOFF 控制字段提供了透明性处理。这样做对确保八位位组流不包含可能被中间设备解释为流量控制字符的值有作用。

6.15.15.3 选项 15.3——带有基本透明性和控制字符八位位组透明性的起/止传输

除基本透明性外,控制字符八位位组透明性选项还为第 6 个比特和第 7 个比特都为"0"的所有八位位组以及 DELETE 字符八位位组提供了透明性处理。这样做对确保八位位组流不包含可能被中间设备解释为控制字符的值或 GB/T 1988—1998 所定的 DELETE 字符的值有作用。

6.15.16 选项 16——7 比特数据通路透明性

与选项 15 的任一功能一起使用的 7 比特数据通路透明性允许 HDLC 帧和规程用于起/止传输环境中,在该环境中,只能发送每个起/止字符的 7 个数据比特(例如,其中,第 8 个比特用于奇偶校验)。7 比特数据通路透明性的机制在 4.3.2.1 中描述。使用该可选功能总是与选项 15 的透明性功能之一连在一起;选择特定的选项 15 透明性功能独立于选项 16 的使用。使用选项 16 通过预先协定来确定。

6.15.17 选项 17——带有可选信息字段的置方式命令(SM)用来代替 SXXM 或 SXXME 命令

该可选功能为使用 SXXM(模 8)或 SXXME(模 128)命令代替而建立的数据链路提供了一种可替换机制。该机制是置方式(SM)的置方式命令。

SM 帧可以包含一个信息字段,在该信息字段中可以标识出使用的操作方式和模数。在信息字段中还可以包括若干项,诸如操作参数(标准的和用户定义的)和较高层用户数据。因此,该功能允许使用

SM 的单个置方式命令来代替在那些环境中高达 6 个置方式命令(SABM、SARM、SNRM、SABME、SARME 和 SNRME),而在这些环境中,一个或多个操作方式或者一个或多个模数是被单个数据链路层实体所支持的。

6.15.18 **选项 18——在 UA 和 DM 响应中和在 DISC 命令中存在信息字段**

该可选功能为在置方式响应帧(UA 和 DM)中和在置方式断开命令帧(DISC)中运送信息作准备。该机制是将信息字段并入这些帧中。

在 UA 和 DM 响应帧中所运送的信息类型里可以包括操作方式和模数数据、参数选择事项和用户数据信息。在 DISC 命令帧中可运送的信息类型仅局限于用户数据。该可选功能的存在补充了对可选功能 10.2、10.3、17 或 19 的选择。

6.15.19 **选项 19——在 SABM、SARM、SNRM、SABME、SARME、SNRME 中存在信息字段**

该可选功能为运送在 SABM、SARM、SNRM、SABME、SARME 或 SNRME 置方式命令帧的传输中的控制和/或用户数据信息提供了一种能力。该机制是将信息字段并入这些命令中。

信息字段可以运送与所支持的操作参数(标准的和用户定义的)相关的信息和传递到较高层的用户数据。

6.15.20 **选项 20——带有头部检验的无编号信息**

带有头部检验的无编号信息可选功能提供了交换信息字段的能力,而该信息字段在整体上不受帧检验序列所保护,独立于(操作或非操作)方式,不影响 I 帧顺序编号。当与将信息交付给正确的站相比,所传送该信息的完整性更为次要时,可以使用该选项。与将信息交付给正确的站相比,所传送信息的完整性更为次要的情况包括及时传输包化的话音、视频/图像数据或周期性更新的信息。

6.15.21 **选项 21——多地址字段**

多地址字段可选功能允许帧拥有一个以上的地址字段。当使用一个以上的地址字段时,它们应在直接紧跟在开始之后的帧中以连续方式出现或者当帧格式字段存在时,它们出现在帧格式字段(见 4.7.1)中。每个地址字段可以独立地选择使用单个八位位组格式或扩充格式(见 4.7.1)。

6.15.22 **选项 22——帧格式字段**

帧格式字段可选功能允许帧拥有在直接紧跟在开始标志之后并且在任何地址字段之后的帧格式字段。帧格式字段包括格式类型、帧长度和可选分段子字段。帧格式字段在 4.9 中定义,帧格式在附录 H 中定义。支持帧格式类型的 XID 参数包含由该站所支持的帧格式类型的比特掩码。

6.15.23 **选项 23——分段**

分段可选功能指示在帧格式字段中存在分段子字段。当同样使用选项 22 时,才使用该选项。

6.15.24 **选项 24——无比特或八位位组插入**

该可选功能指示禁止正常透明性机制。该选项仅能与选项 22 一起使用,因为被选项 22 所定义的长度子字段使得有可能禁止比特或八位位组插入作为透明性机制。

6.15.25 **选项 25——起/止方式帧内超时**

该可选功能指示在起/止方式中使用的帧内超时。关于帧内超时的描述见 4.6.3。

6.15.26 **选项 26——头部检验序列**

头部检验序列(HCS)可选功能指示在控制字段之后并且在信息字段之前存在一个 HCS。HCS 仅能与选项 22 一起使用。如果 HCS 出现,HCS 和 FCS 的长度相同,同时它使用相同的多项式。

7 通用交换标识 XID 帧

通用 XID 帧的定义供通信双方希望在 HDLC 环境下用来进行彼此通信。

7.1 通用 XID 帧信息字段结构

通用 XID 帧信息字段结构与 5.5.3.1 描述的置方式命令和响应的结构一样。

7.1.1 格式标识符子字段

格式标识符子字段在5.5.3.3.11中定义。注册的标准XID格式标识符列表在ISO/IEC 10711中给出。

7.2 通用XID帧信息字段编码

通用格式标识符子字段总是通用XID信息字段的第1个八位位组。如果存在数据链路层子字段，则按照它们的GI值以递升次序紧随其后。除了特别注明以外，特定的数据链路层子字段在标准化的XID信息字段中只能出现一次。如果某个特定的数据链路层子字段不存在，则应理解成在该子字段内的参数应保持它们目前的值。如果存在用户数据子字段，它总是XID信息字段的最后一个子字段。

7.2.1 格式标识符子字段编码

格式标识符(FI)子字段编码如图20所示。

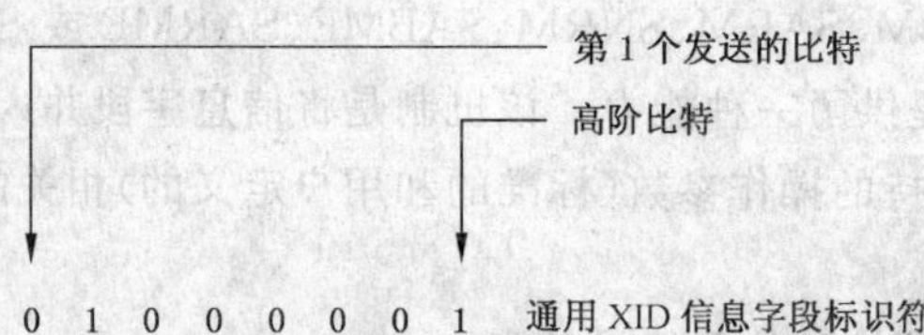

图20 格式标识符子字段编码

7.2.2 数据链路层子字段编码

图21表示了通用XID帧引用的数据链路层子字段的GI编码。

全1(11111111)的GI编码不用作数据链路层子字段的编码。

在本标准(这里和5.5.3.2.2)中未指派全部GI编码保留供将来使用。

注1：HDLC参数数据链路层子字段和用户定义参数数据链路层子字段可以在XID信息字段中出现一次以上。这就允许一个站经过单次XID帧的交换运送多个可支持的参数的选单。

注2：用户定义参数标识用来标识超出HDLC参数标识范围的参数，而使用的这些参数是由HDLC参数标识符进行显式标识的——因此，允许参数与单个XID交换进行协商。

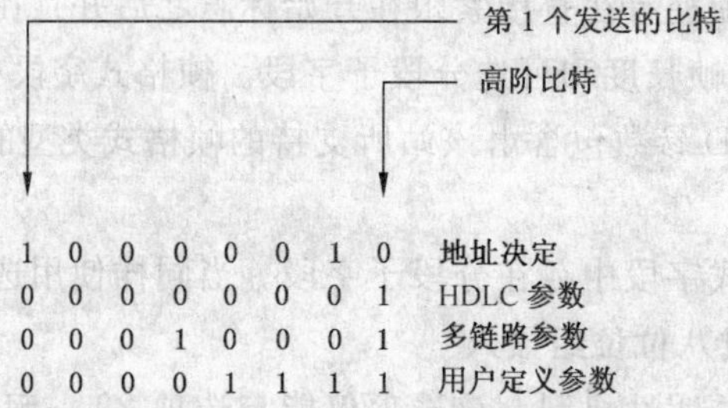

图21 数据链路层子字段编码

组长度表示为两个八位位组二进制数，该数表示了在八位位组中相关参数字段的长度。

对地址决定、HDLC参数、多链路参数和用户定义参数数据链路层子字段定义的参数字段元素列于表14～表18。

表14 数据链路层子字段参数字段元素

地址决定(GI＝10000010)

PI	参数字段元素
1	唯一标识符
2	本地数据链路层地址

表 14（续）

HDLC 参数（GI＝00000001）

PI	参数字段元素
1	唯一标识符
2	规程类别
3	HDLC 可选功能
4	组地址
5	信息字段最大长度——发送
6	信息字段最大长度——接收
7	窗口尺寸(k)——发送
8	窗口尺寸(k)——接收
9	确认定时器
10	重发尝试
11	应答延迟定时器
12	端口号
13	UIH 帧内被保护比特编号

多链路参数（GI＝00010001）

PI	参数字段元素
1	丢失帧定时(MT1)
2	组忙定时器(MT2)
3	复位证实定时器(MT3)
4	多链路窗口尺寸(MW)——发送
5	多链路窗口尺寸(MW)——接收
6	保护区窗口尺寸(MK)
7	多链路组长度
8	多链路组成员

用户定义参数（GI＝00001111）

PI	参数字段元素
0	参数设置标识符

表 15　地址决定数据链路层子字段参数字段元素

名　称	PI	PL	参数字段元素	编码类型	Bit No.	值
标识符	1	TBD	唯一标识符	B	TBD	B(见注)
地 址	2	N	本地数据链路层地址	NA	NA	SD
注：该 PV 的值是进一步研究的课题。						

表 16 HDLC 参数元素

名 称	PI	PL	参数字段元素	编码类型	Bit No.	值
标识符	1	TBD	唯一标识符	B	TBD	B[a]
规程类别[b]	2	2	平衡 ABM	E	1	0/1
			不平衡 NRM——主站	E	2	0/1
			不平衡 NRM——次站	E	3	0/1
			不平衡 ARM——主站	E	4	0/1
			不平衡 ARM——次站	E	5	0/1
			平衡 BCC	E	8	0/1
			不平衡 UCC——控制	E	9	0/1
			不平衡 UCC——辅助	E	10	0/1
			双向交替	E	6	0/1
			双向同时	E	7	0/1
			保留		11～16	0
HDLC 可选功能[b]	3	5	1 保留		1	0
			2 REJ 命令/响应	E	2	0/1
			3.1 SREJ 命令/响应单个帧	E	3	0/1
			3.2 SREJ 命令/响应帧——仅单个 I 帧指示	E	22	0/1
			3.3 SREJ 命令/响应多帧——单个 I 帧指示和范围列表指示	E	24	0/1
			4 UI 命令/响应	E	4	0/1
			5 SIM 命令/RIM 响应	E	5	0/1
			6 UP 命令	E	6	0/1
			7 基本地址(基本能力)	E	7	0/1
			7.1 扩充地址	E	8	0/1
			8 删除响应 I	E	9	0/1
			9 删除命令 I	E	10	0/1
			10 模 8(基本能力)	E	11	0/1
			10.1 模 128	E	12	0/1
			10.2 模 32 768	E	25	0/1
			10.3 模 2 147 483 648	E	26	0/1
			11 RSET 命令	E	13	0/1
			12 TEST 命令/响应	E	14	0/1
			13 RD 响应	E	15	0/1
			14 16 比特 FCS(基本能力)	E	16	0/1
			14.1 32 比特 FCS	E	17	0/1

表 16（续）

名　称	PI	PL	参数字段元素	编码类型	Bit No.	值
HDLC 可选功能[b]	3	5	14.2　8 比特 FCS	E	32	0/1
			15　同步传输(基本能力)	E	18	0/1
			15.1　带有基本透明性的起/止式传输	E	19	0/1
			15.2　带有基本和流量控制透明性的起/止传输	E	20	0/1
			15.3　带有基本和控制特性八位位组透明性的起/止传输	E	21	0/1
			16　在起/止传输环境下 7 个数据比特/字符的传送	E	30	0/1
			17　使用带有可选信息字段的置方式命令代替 SXXM 或 SXXME	E	27	0/1
			18　UA 和 DM 响应，和带有可选信息字段的 DISC 命令	E	28	0/1
			19　带有可选信息字段的 SABM、SNRM、SARM、SABME、SNRME、SARME 命令	E	29	0/1
			20　UIH 命令/响应	E	23	0/1
			21　支持多地址字段	E	31	0/1
			22　支持帧格式字段	E	33	0/1
			23　支持分段	E	34	0/1
			24　禁止比特或八位位组插入	E	35	0/1
			25　起/止方式帧内超时	E	36	0/1
			26　头部检验序列	E	37	0/1
			保留		38～40	0
组地址[c]	4	N	数据链路组地址	NA	NA	SD
信息字段长度(发送)	5	N	最大信息字段长度发送(比特)	B	NA	B
信息字段长度(接收)	6	N	最大信息字段长度接收(比特)	B	NA	B
窗口尺寸(发送)	7	N	窗口尺寸 k——发送(帧)	B	NA	0～模−1
窗口尺寸(接收)	8	N	窗口尺寸 k——接收(帧)	B	NA	0～模−1

表 16（续）

名　称	PI	PL	参数字段元素	编码类型	Bit No.	值
确认定时器	9	N	等待确认定时器(ms)	B	NA	B
重传尝试	10	N	重传尝试最大次数	B	NA	B
应答延迟定时器	11	N	产生应答时的最大时延(ms)	B	NA	B
端口号	12	2	本地端口标识符(用于多链路)	B	NA	B
被保护比特编号	13	N	UIH 帧内被保护比特编号	B	NA	B
地址字段计数	14	N	地址字段计数	B	NA	B[d]
支持的帧格式类型	15	N	所支持的帧格式类型	B	NA	B[e]
帧内超时	16	2	八位位组间的最大时间(ms)	B	NA	B

[a] 该 PV 的值超出本标准的范围。

[b] 该参数字段元素可以重复，以规定多种操作配置。

[c] 该参数字段元素可以重复，以用于多个组地址。

[d] 该计数不意味着将协议局限于该字段的特定解释。例如，该字段可以作地址字段的实际编号计数或允许在帧内存在的地址字段的最大编号的计数。

[e] 比特掩码第 1 个八位位组的 MSB 表示类型 0，第 2 个 MSB 表示类型 1，等等。启动站可使用比特掩码来指示它想要的类型，接受可以使用它来指示它能支持的类型。

表 17　多链路参数元素

名　称	PI	PL	参数字段元素	编码类型	Bit No.	值
丢失帧定时器	1	N	MT1——丢失帧定时器(ms)	B	NA	B
组忙定时器	2	N	MT2——组忙定时器(ms)	B	NA	B
复位证实定时器	3	N	MT3——复位证实定时器(ms)	B	NA	B
多链路窗口尺寸(发送)	4	2	多链路窗口尺寸(MW)——发送(帧)	B	1～12	0～4 095－MX
			保留	B	13～16	0
多链路窗口尺寸(接收)	5	2	多链路窗口尺寸(MW)——接收(帧)	B	1～12	0～4 095－MX
			保留	B	13～16	0
保护区窗口尺寸	6	2	保护区窗口尺寸(MX)(帧)	B	1～12	B
			保留	B	13～16	0
多链路组长度	7	1	多链路组中数据链路的编号	B	NA	B
多链路组成员[1)]	8	4	本地端口号——远程端口号用于数据链路连接	B	NA	B

注 1)：该参数字段元素可以重复，以用多链路组的每个成员。

表 18 用户定义参数元素

名　　称	PI	PL	参数字段元素	编码类型	Bit No.	值
标识符	0	N	参数设置标识符	NA	NA	(见注 1)
实现者定义的(见注 2)	1～255	N	实现者定义的	NA	NA	NA
注 1：参数设置标识的长度可为 1 到 255 个八位位组。ISO/IEC TR 10171:2000 中列出了某些值。 注 2：此子字段中 PI/PL/PV 编码的使用 PI＝0 以外的 PI 值不是必需的。这种用法凭与 PI＝0 所标识的参数相关的组织结构自行处理的。						

下面解释表 14、表 15、表 16、表 17 和表 18 所用的符号：

PI：参数标识符，以十进制表示。

PL：用八位位组计算的参数长度，以十进制表示。

E：表示该字段按比特编码。当该比特置为"1"时，这种特性存在或受发送器支持。

当该比特置为"0"时，这种特性不存在，或不受发送器支持。

B：指示该字段为二进制编码。

N：八位位组数。

NA：不适用。

SD：系统定义。

Bit No：发送比特的序号。

TBD：待决定。

7.2.3　用户数据子字段编码

7.2.3.1　用户数据标识符编码

用户数据标识符将子字段标识为用户数据子字段。图 22 提供了它的编码。

图 22　用户数据子字段编码

7.2.3.2　用户数据子字段编码

用户数据子字段经数据链路透明地运输，并传递给数据链路用户。用户数据子字段的编码是数据链路用户的责任，而且可以是所涉及的数据链路用户相互协商一致的任何格式。

7.3　单次帧交换协商过程

本条定义使用 XID 命令/响应帧互换的单次帧交换协商过程，其用一通用 XID 信息字段来标识，并希望在转换的或专用的数据链路上通信的双方来描述通信的轮廓。

希望或已被请求启动 XID 帧交换的主站/组合站发送 P 位置为"1"的 XID 命令帧，其信息字段包括可支持的参数的轮廓。

响应站启动 XID 响应帧，其信息字段表示根据上述轮廓选定的参数。

7.3.1 地址决定

见第 8 章。

7.3.2 参数协商

7.3.2.1 规定可支持的参数

XID 命令帧应规定本地站支持的方式。这些方式的编码如下：

——在参数协商期间可能产生 XID 帧碰撞的情况下，本地唯一标识符应置于参数字段。

——通过成套使用规程类别和 HDLC 可选功能参数值，来指定多种操作方式。每一套都应这样进行编码，使得 HDLC 可选功能参数值中规定的全部 HDLC 可选功能都得到支持，并与规程类别值中规定的全部规程类别相联系。

——所有其他参数值按需要编码。

7.3.2.2 规定所选的参数值

XID 响应帧指定本地站操作方式。响应站的接受准则或参数值的选择方法如下：

——对“E”比特编码的参数，只能选择两个站都支持的选项。

——对窗口尺寸参数和信息字段最大长度参数，应选择最小值。

——不理睬接收器不支持的参数字段，并从 XID 响应帧中删除。

——对于 HDLC 可选功能参数 3、7、10 和 15(见表 16)必须选择其中的一种。从方式 A 改变到方式 B 的方法，或相反的情况，都不是本标准的课题。

——对于 HDLC 可选功能参数 14(见表 3)，可以标识支持的一种或两种方式。选择的方法与单个帧交换协商过程一致。7.4 描述了支持 16 比特 FCS 和 32 比特 FCS 两种方式的系统操作。

7.3.2.3 XID 命令帧的碰撞

在碰撞期间，用下述方法解决由哪个站控制参数选择。本地唯一标识符与在 XID 命令帧中收到的远程唯一标识符进行比较，如果本地唯一标识符大于远程唯一标识符，那么，本地站应从由远程站提供的 XID 命令帧内可支持参数轮廓中选择操作参数。这些操作参数的选择和 XID 响应帧的传输在 7.3.2.2中描述。如果本地唯一标识符小于远程站唯一标识符，则本地站将操作参数选择控制让给远程站。如果 XID 响应帧不包含参数协商层子字段，可将它解释为在该子字段内的参数应维持它们目前的值(见 7.2)。

7.3.2.4 用户定义参数协商

每个用户定义参数子字段必须包含一个且仅有一个参数设置标识符参数，并且它必须是子字段内的第一个参数。

经数据链路层实体之间预先协定的参数设置标识符值(PI=0 的 PV)，并且不是本标准的课题(关于特定值见 ISO/IEC TR 10171:2000 表 4)。选择参数设置标识符值来确保在预期应用的范围内唯一的值是站的职责。

站对包含未经公认的参数设置标识符值的用户定义参数子字段解码时应不理睬整个子字段。同样地，如果一个站完全不支持用户定义参数，应不理睬带有值为 00001111 的组标识符的子字段。

带有不同参数设置标识符值的多用户定义参数子字段是通过站允许的，并且可以彼此间独立处理。处理带有相同参数设置标识符值的多用户定义参数子字段是通过商定使用给定的参数设置标识符值的站来确定的。例如，指定在 XID 响应中这些带有相同参数设置标识符值的用户定义参数子字段中只有一个可以返回(从选单中选择)。

除 PI=0 之外的参数设置标识符值的解释通过站间预先协定来确定。然而，用户定义参数不能用来运送高层实体使用的参数或信息(为此目的宜使用用户数据子字段)。用户定义参数协商都不能用来协商基本 HDLC 标准中定义的参数(为此目的宜使用本标准中在别处定义的标准机制)。

7.4 帧检验序列协商规则

对于16比特FCS和32比特FCS间的协商,包括两种情况:一般情况和受限的情况。受限的情况允许在操作规程(借助于起始和响应站的已知角色)和必须支持所涉及站的能力(因为不存在碰撞情况)中进行一些简化。在FCS协商过程中所使用的基本原则(规则)的差别在下面附带解释和在附录E中给出的第2个例子中予以说明。

下列基本原则(规则)适用于支持16比特FCS和32比特FCS两者的站,直到所涉及的帧检验序列协商。

——在逻辑数据链路断开阶段仅执行FCS协商或重新协商。

——起始站将从16比特FCS方式开始协商过程,直到所涉及的发送XID帧。

——在FCS协商过程期间,直到已经交换置方式命令和响应后,站才接收和处理同时处于16比特FCS方式和32比特FCS方式表示的帧。(在受限的情况下,起始站处理收到的同时处于16比特FCS和32比特FCS方式的帧是不必要的,因为响应站不发送带有32比特FCS的帧,直到它已指示选择32比特FCS方式并且已收到来自起始站的带有32比特FCS的置方式命令之后为止。)

——响应站从两个站指出它们都支持的FCS值中选择所使用的FCS值,并指示在XID响应HDLC参数数据链路层子字段中选择值。

——在发送或收到证实其他站出现的置方式命令时站将使不可用的FCS方式失去能力,直到FCS值用于所涉及的信息传送。

——在发送或收到置方式断开方式命令时站将重新激活已失去能力的FCS方式,因此,返回到接收和处理的同时处于16比特FCS方式和32比特FCS方式的所有帧的状态。

附录E中给出了应用这些FCS协商规则的说明性的例子。

7.5 使用非基本帧格式方式的帧格式字段的协商规则

包括两种情况:一般情况和受限的情况。受限的情况允许在操作规程(借助于起始和响应站的已知角色)和必须支持所涉及站的能力(因为不存在碰撞情况)中进行一些简化。在协商过程中所使用的基本原则(规则)的差别在下面附带解释中给予说明。

下列基本原则(规则)适用于支持基本方式和选项22(帧格式字段)的站,直到所涉及的帧格式字段的协商。(在下列段落中,为了简便,将假设"非基本方式"意指"带有帧格式字段选项22的非基本方式"。)

——在逻辑数据链路断开阶段仅执行协商或重新协商。

——起始站将从基本方式开始协商过程,直到所涉及的发送XID帧。

——在协商过程期间,直到已经交换置方式命令和响应后,站才接收和处理同时处于基本方式和非基本方式的帧。(在受限的情况下,起始站处理收到的同时处于基本方式和非基本方式的帧是不必要的,因为响应站不发送带有非基本方式的帧,直到它已经指示选择非基本方式和已经收到来自起始站的带有非基本方式的置方式命令之后为止。)

——响应站从两个站都指出它们支持的选项中选择非基本方式选项,并指示在基本方式XID响应HDLC参数数据链路层子字段中选择的选项。

——在发送或收到证实其他站出现的置方式命令时站将使基本方式失去能力,直到所涉及的用于信息传送的选项。

——在发送或收到置方式断开方式命令时站将重新激活基本方式,因此,返回到接收和处理的同时处于基本方式和非基本方式的所有帧的状态。

8 交换环境中数据链路层地址的决定/协商

8.1 操作要求

a) XID 命令/响应帧的支持:所有站都应支持 XID 帧的可选功能,它在 6.15.1 中定义为可选功能 1。

b) 全站地址的支持:所有站都应遵循支持“全站”地址能力的要求。

c) 站地址的支持:所有站都应能支持在 HDLC 规程制约下可指派地址的整个范围。

8.2 地址的决定

当不能再推测的基础上知道操作的数据链路层地址时(例如在交换电路数据链路上),最初假定处于初始组合站状态的那些有关站,应启动地址决定过程,以建立数据链路层地质供随后的帧交换使用。

当收到来自物理层的物理连接存在指示时,初始组合站应尽可能快地发送一个 XID 命令帧,如下面 8.2.1 所述。非初始组合站,当收到来自物理层的物理连接存在指示时,应等待接收一个 XID 命令帧,以便发送一个 XID 响应帧,如下面 8.2.2 所述。

为了不让“全站”或“无站”数据链路层地址成为地址决定的结果,发送 XID 命令帧的站应从 2 到 253 的范围中选择数据链路层地址。

8.2.1 产生 XID 命令帧

按照第 7 章,应该发出一个在信息字段中含有数据链路层地址和唯一标识符两个参数的地址决定 XID 命令帧,其地址字段为“全站”地址,且 P 位置为“1”。

如果在预先规定的时间内没有收到有效的 XID 响应帧,那么应发送另一个 XID 命令帧,其中的数据链路层地址参数以及“唯一标识符”参数都为那个时候的当前值。这个过程可能要重复 n 次(n 的值依赖于具体实现)。

对于非初始组合站来说,如果在预先规定的时间内没有收到有效的 XID 命令帧,则该非初始组合站应起到初始组合站的作用。

任何时候,只要一个站开始了地址决定过程(即,发出了一个带有“全站”地址的 XID 命令帧),一直到成功地完成一个 XID 帧交换,它都必须停留在断开阶段。

8.2.2 产生 XID 响应帧

一旦收到一个 XID 命令帧时,就将收到的数据链路层地址参数字段值与本地数据链路层地址进行比较。

——如果两个地址不同,则不需要作任何地址修改就发送一个 XID 响应帧,其地址字段以及数据链路层地址参数字段都为本地数据链路层地址。

——如果两个地址相同,那么就必须对本地数据链路层地址作修改,然后再发送 XID 响应帧,如果本地“唯一标识符”参数值比收到的 XID 命令帧中信息字段的“唯一标识符”参数值大,则本地站应该把它的数据链路层地址加 1。

如果本地“唯一标识符”参数值小于收到的 XID 命令帧中的“唯一标识符”参数值,则本地站应该把它的数据链路层地址减 1。

一旦地址作了修改,就发送一个 XID 响应帧,其地址字段以及数据链路层地址参数字段均为新的本地数据链路层地址。

注 1:在进行比较时,“唯一标识符”参数值被当作纯二进制数。

注 2:在多个八位位组寻址的情况下,进行增量和减量操作时,应使留作地址扩充的位,即低阶位“b1”不作改变。

附　录　A
（资料性附录）
关于实现帧检验序列的注释

为了允许利用现存的把寄存器预置成“0”的设备，可使用以下的实施方法（本例按照 16 比特帧检验序列给出，并假定帧的所有比特都被检验）。

在发送器处，把帧的组成部分不加改变地发送到线路上时，按下述方式生成 FCS 序列：

a）　将 FCS 寄存器预置成“0”；

b）　将紧跟在开始标志后面的 16 个比特求反后移入 FCS 寄存器；

c）　将帧的剩余字段移入 FCS 寄存器，但不求反；

d）　将 FCS 寄存器的内容（余式）求反，并作为 FCS 序列移到线路上去。

在接收器处，对从线路上收到的帧的组成部分不加改变地进行接收和存储时，按下述方式对 FCS 检验寄存器进行操作：

a）　将 FCS 寄存器预置成“0”；

b）　将紧跟在开始标志后面的 16 个比特求反后移入 FCS 检验寄存器；

c）　将 FCS 序列之前的帧的剩余部分移入该检验寄存器，但不求反；

d）　将 FCS 序列求反后移入检验寄存器。

在无差错的情况下，FCS 寄存器的内容在 FCS 移入后将等于全“0”。

上述，对前 16 个比特的求反等效于预置全“1”，而在接收器处对 FCS 的求反使寄存器成为全“0”。

发送器或接收器可独立地采用预置全“1”或对最初 16 个比特求反。接收器也能选用不对 FCS 求反，在这种情况下它必须检验 4.2.5 中指明的唯一非零余数。

应当了解，由接收器对 FCS 求反需要 16 个比特的存储延迟才能把收到的比特移入寄存器。接收器不能预测 FCS 何时开始。然而，因为 FCS 检验功能需要把 FCS 和数据区别开，这样的存储通常是必需的，因而它完全防止了让 16 个比特参与下一个动作。

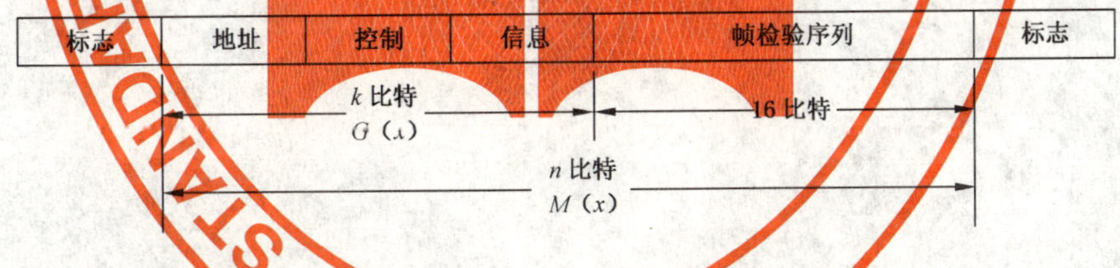

使用 FCS 的过程基于下述假设：

a）　FCS 检验的 k 比特数据可用一多项式 $G(x)$ 表示。
　　例如：$G(x)=x^5+x^3+1$ 表示 101001。

b）　地址字段、控制字段和信息字段（若帧里有时）用多项式 $G(x)$ 表示。

c）　为了生成 FCS，在开始标志后面的第 1 个比特是 $G(x)$ 的最高有效比特，而与实际表示的地址、控制和信息字段无关。

d）　有一个 16 次生成多项式 $P(x)=x^{16}+x^{12}+x^5+1$。

FCS 定义为 $x^{16}G(x)+x^k(x^{15}+x^{14}+x^{13}+x^{12}+x^{11}+x^{10}+x^9+x^8+x^7+x^6+x^5+x^4+x^3+x^2+x+1)$ 被生成多项式 $P(x)$ 模 2 除所得余数 $R(x)$ 的反码。

$$\frac{x^{16}G(x)+x^k(x^{15}+x^{14}+\cdots+x+1)}{P(x)}=Q(x)+\frac{R(x)^{\overline{FCS}}}{P(x)}$$

$G(x)$ 乘以 x^{16} 相当于把 $G(x)$ 移位 16 次，从而给 FCS 空出了 16 个比特。

$x^k(x^{15}+x^{14}+\cdots+x+1)$ 与 $x^{16}G(x)$ 相加［等效于 $x^{16}G(x)$ 的前 16 比特求反］相当于将余数的初始

值置为全“1”。该加法用以防止检测不到前导标志的丢失，若初始余数为“0”这种丢失也许是不可检测的。由发送器在除法完成时对 $R(x)$ 求反，确保了收到的无差错报文会在接收器处产生一个唯一的非零余数。非零余数提供了防止丢失尾随标志的潜在的不可检测性。

在发送器处，将 FCS 加上 $x^{16}G(x)$，产生一个长度为 n 的 $M(x)$，其中 $M(x)=x^{16}G(x)+\text{FCS}$。

在接收器处，将进来的 $M(x)$ 乘以 x^{16}，加上 $x^{n}(x^{15}+x^{14}+\cdots+x+1)$，然后除以 $P(x)$

$$\frac{x^{16}[x^{16}G(x)+\text{FCS}]+x^{n}(x^{15}+x^{14}+\cdots+x+1)}{P(x)}=Q_{\text{r}}(x)+\frac{R_{\text{r}}(x)}{P(x)}$$

若传输无差错，则余数 $R_{\text{r}}(x)$ 应是“0001 1101 0000 1111”(与 $x^{15}\sim x^{0}$ 相应)。

$R_{\text{r}}(x)$ 是除式 $\dfrac{x^{16}L(x)}{P(x)}$ 的余数。

其中 $L(x)=x^{15}+x^{14}+\cdots+x+1$。这能用上列除式(接收器处)分子的所有其它各项可被 $P(x)$ 除尽来证明。

注意 $\text{FCS}=\overline{R(x)}=L(x)+R(x)$[把 $L(x)$ 同一个与其等长的多项式进行按位加，等效于把该多项式逐位求反]。

现用上述接收器处的 FCS 余数方程来证明，在接收器处对 FCS 求反将使检验寄存器恢复到“0”。该方程是：

$$\frac{x^{16}L(x)}{P(x)}=Q(x)+\frac{R_{\text{r}}(x)}{P(x)}$$

式中 $L(x)$ 已在前面定义过，而 $R_{\text{r}}(x)$ 是 FCS 寄存器的剩余内容。若另以 $x^{16}L(x)$ 加到上述分子上，其结果是

$$\frac{x^{16}L(x)+x^{16}L(x)}{P(x)}=0$$

实际上，$x^{16}L(x)$ 是用对 FCS 求反的方法实现的。

附 录 B
（资料性附录）
使用命令和响应的例子

B.1 引言

B.1.1 通用符号

本附录各图所用符号解释如下。

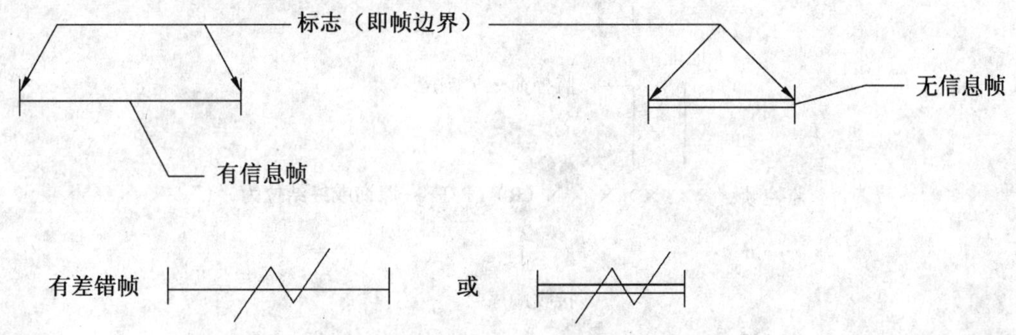

B.1.2 主站和次站的符号

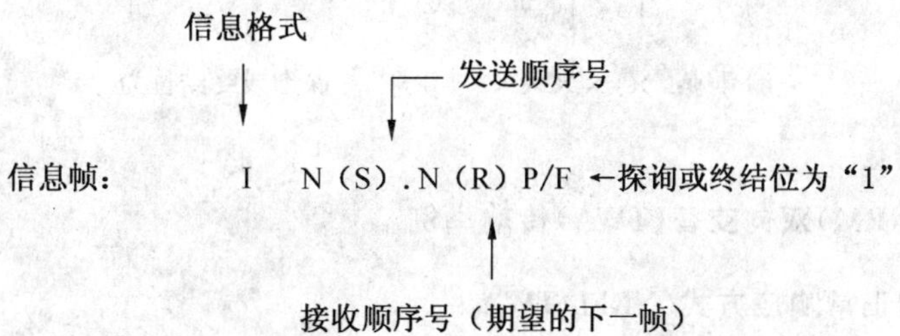

例：主站发送：I2.6P。表示主站的信息帧，其发送顺序号为2，期望来自次站的下一个I帧是接收顺序号6（编号5及其之前的帧均被确认），探询位为“1”（如果次站有I帧，它可启动次站I帧的传输）。

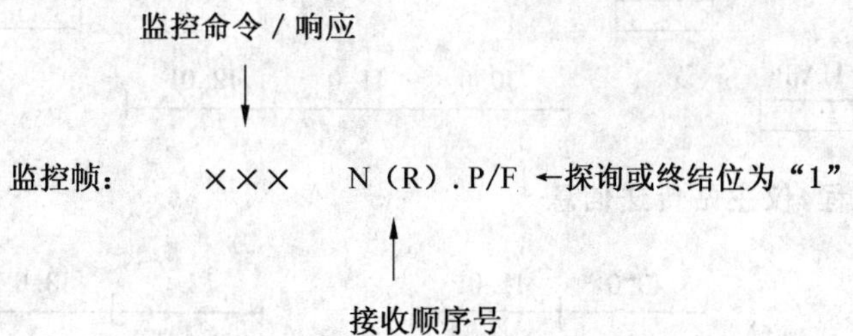

例：主站发送：RR2.P。表示接收准备好（RR）命令，N(R)＝2（即期望来自次站的下一个I帧是接收顺序号2），探询位为“1”。

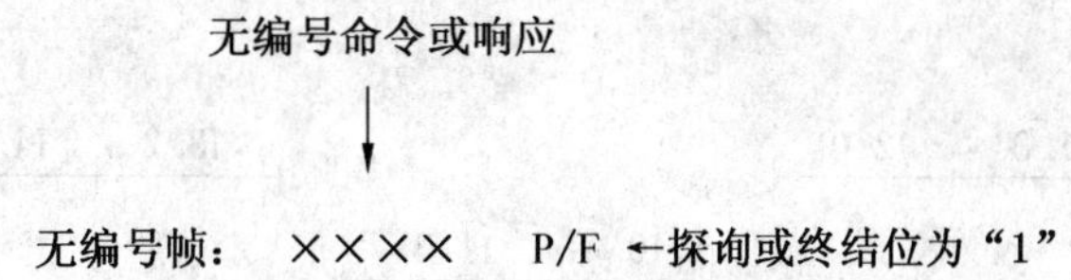

例:主站发送:SNRM.P。表示正常响应方式(NRM)的P位为"1"的置方式命令。

B.1.3　组合站符号

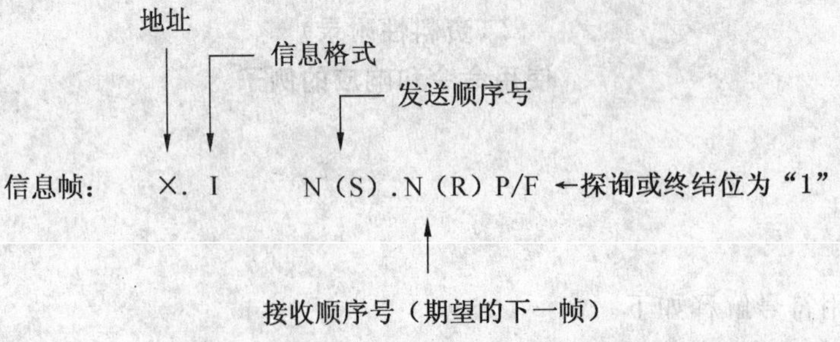

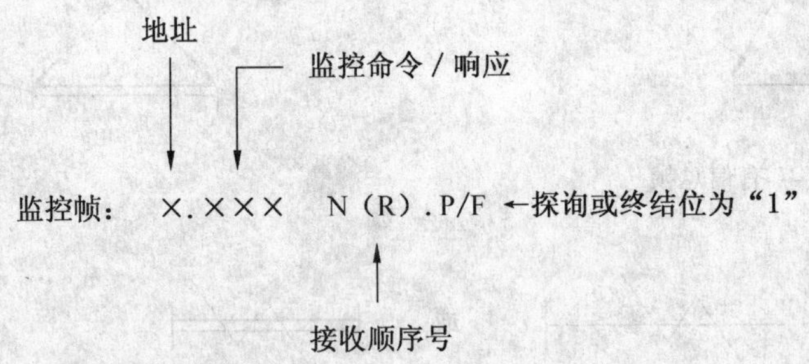

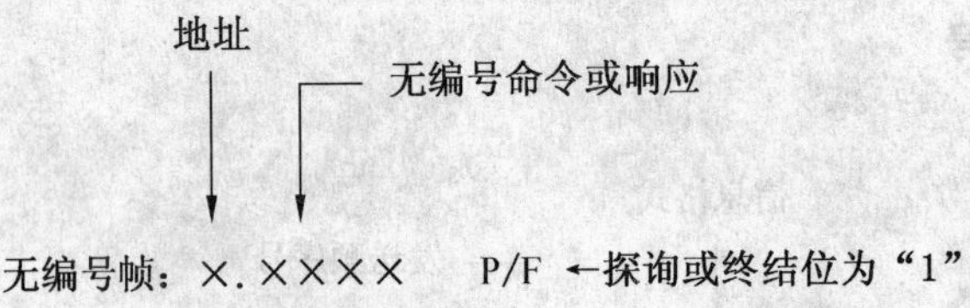

B.2　正常响应方式(NRM)双向交替(TWA)传输举例

B.2.1　无传输差错的正常响应方式(NRM)TWA

B.2.1.1　NRM起动规程,仅次站传送信息

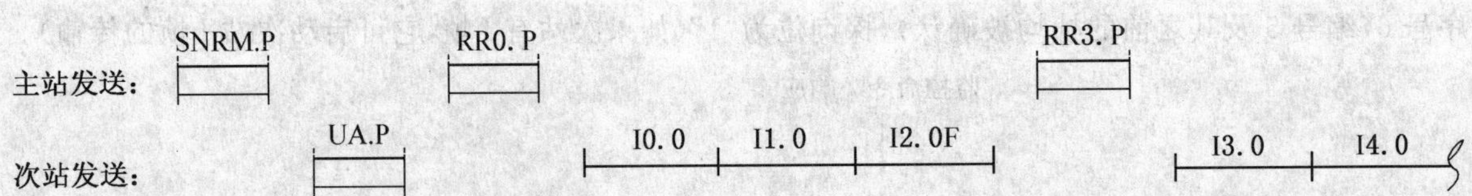

B.2.1.2　NRM起动规程,仅主站传送信息

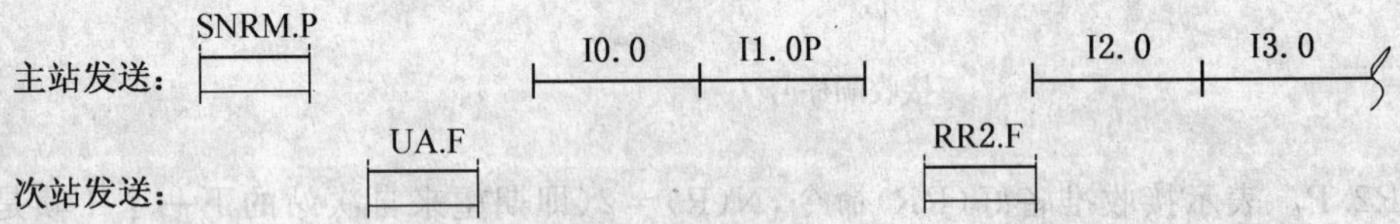

B.2.1.3　NRM中主站和次站传送信息

主站发送：　I0. 0　I1. 0　I2. 0P　　I3. 2　I4. 2P　　I5. 3

次站发送：　I0. 3　I1. 3F　　I2. 5F

B.2.2 正常响应方式(NRM)TWA,命令帧传输错

B.2.2.1 NRM起动命令错

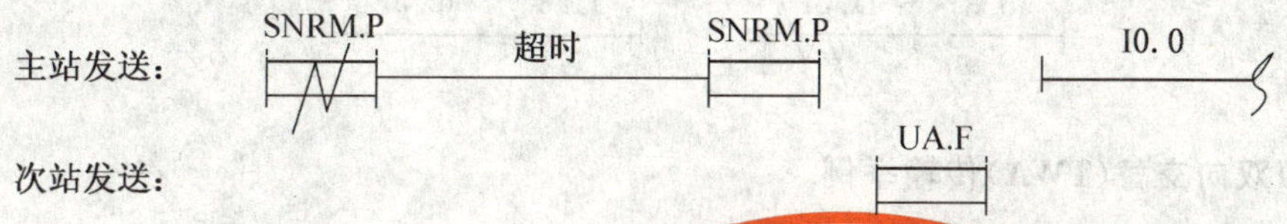

主站发送: SNRM.P 超时 SNRM.P I0.0
次站发送: UA.F

B.2.2.2 NRM中主站信息帧错

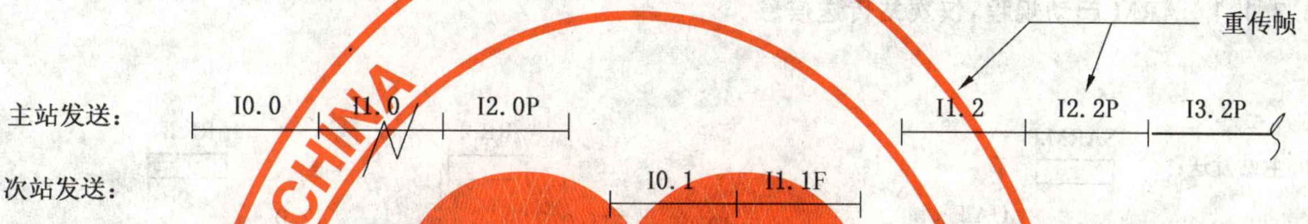

重传帧
主站发送: I0.0 I1.0 I2.0P I1.2 I2.2P I3.2P
次站发送: I0.1 I1.1F

B.2.2.3 NRM中主站探询帧错

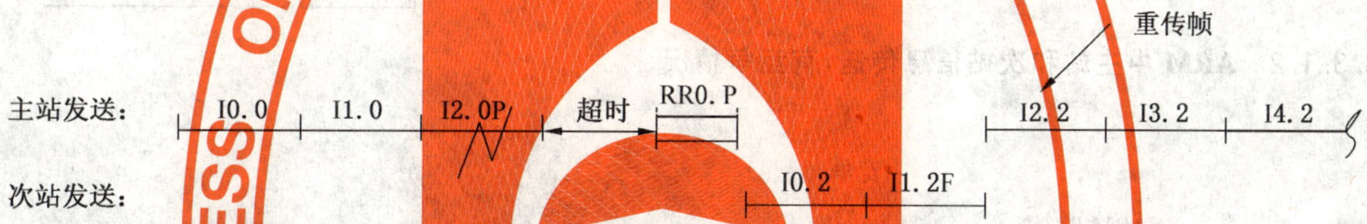

重传帧
主站发送: I0.0 I1.0 I2.0P 超时 RR0.P I2.2 I3.2 I4.2
次站发送: I0.2 I1.2F

B.2.3 正常响应方式(TWA)HDX,响应帧传输错

B.2.3.1 NRM起动响应错

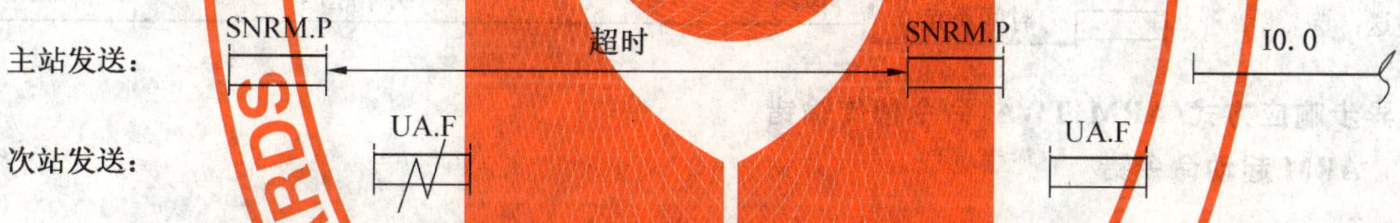

主站发送: SNRM.P 超时 SNRM.P I0.0
次站发送: UA.F UA.F

B.2.3.2 NRM次站信息帧错

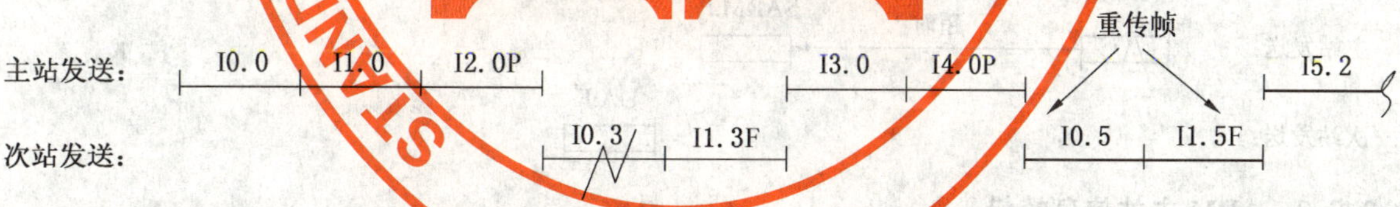

重传帧
主站发送: I0.0 I1.0 I2.0P I3.0 I4.0P I5.2
次站发送: I0.3 I1.3F I0.5 I1.5F

或

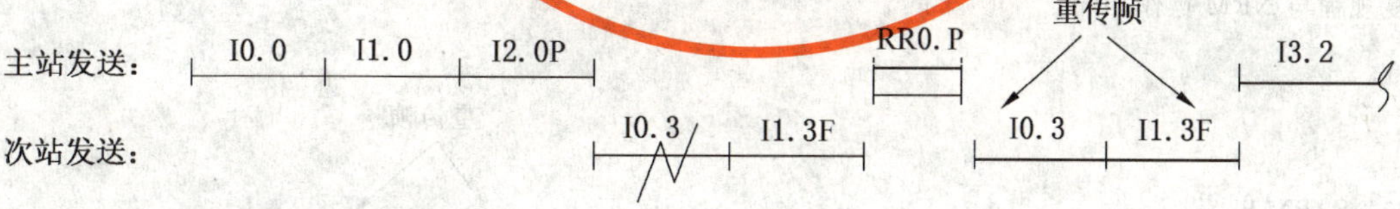

重传帧
主站发送: I0.0 I1.0 I2.0P RR0.P I3.2
次站发送: I0.3 I1.3F I0.3 I1.3F

B.2.3.3 NRM次站"终结"帧错

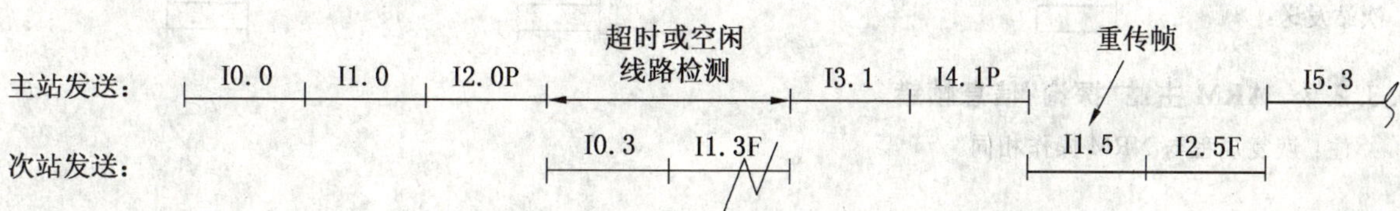

或

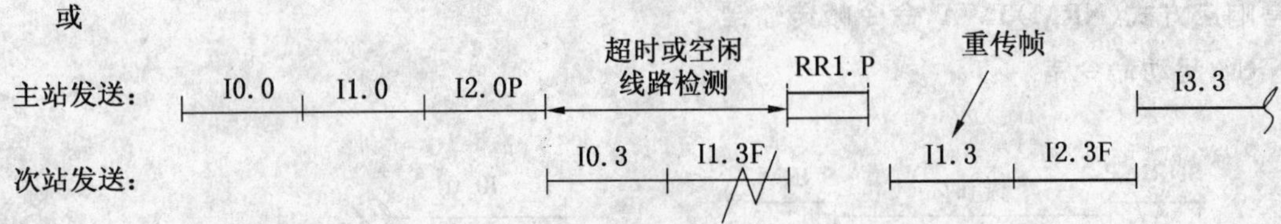

B.3 异步响应方式(ARM)双向交替(TWA)传输举例

B.3.1 异步响应方式(ARM)TWA,传输无错

B.3.1.1 ARM 起动规程,仅次站传送信息

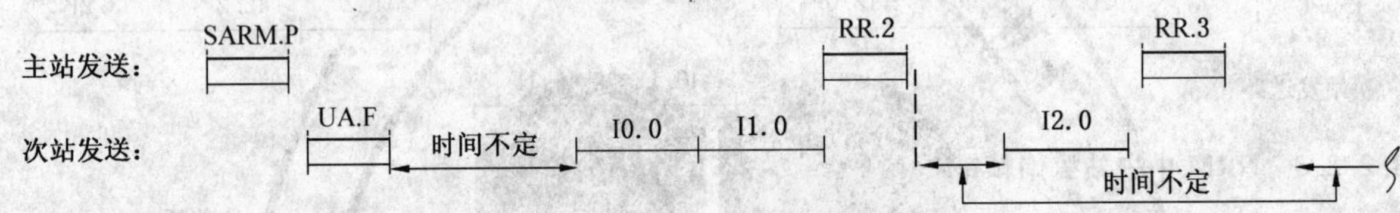

B.3.1.2 ARM 中主站和次站信息传送,有竞争情况

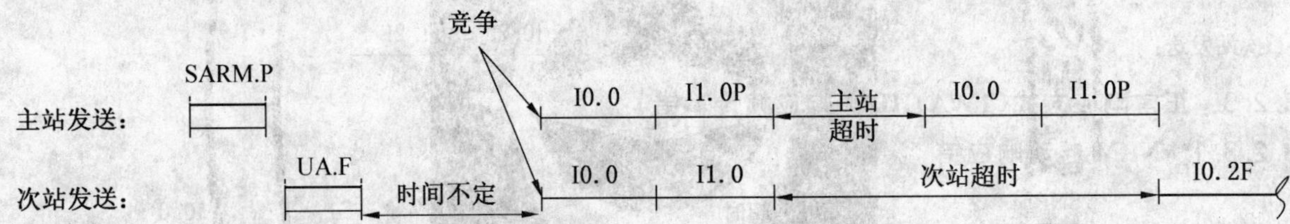

B.3.2 异步响应方式(ARM)TWA,命令帧传输错

B.3.2.1 ARM 起动命令错

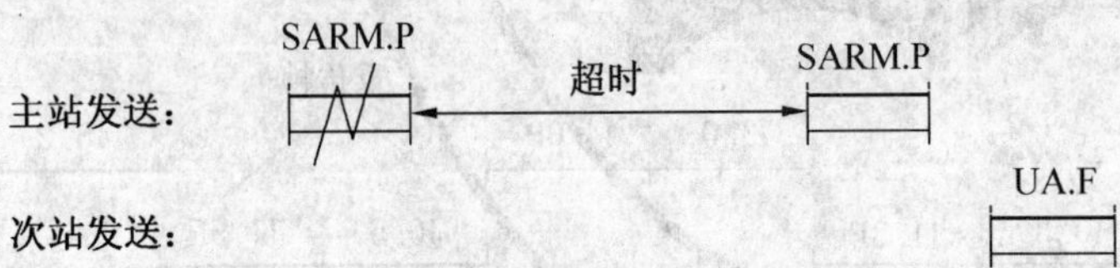

B.3.2.2 ARM 主站信息帧错

注:恢复规程与 NRM 操作相同。

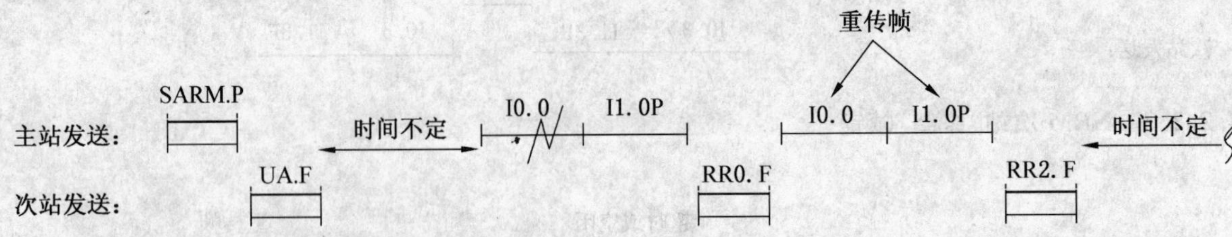

B.3.2.3 ARM 主站“探询”信息帧错

注:恢复规程与 NRM 操作相同。

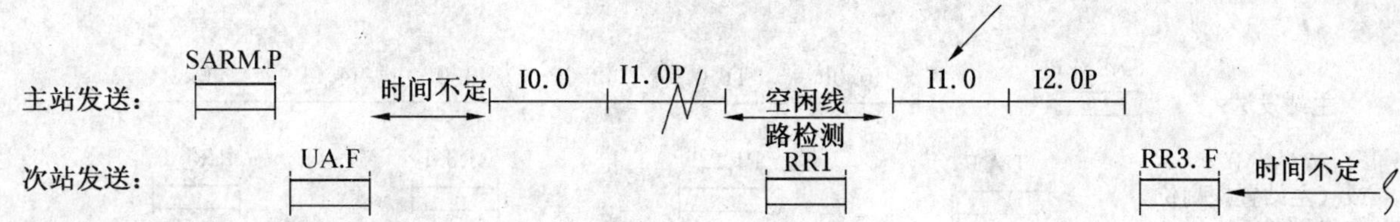

B.3.3 异步响应方式(ARM)TWA,响应帧传输错

B.3.3.1 ARM 起动

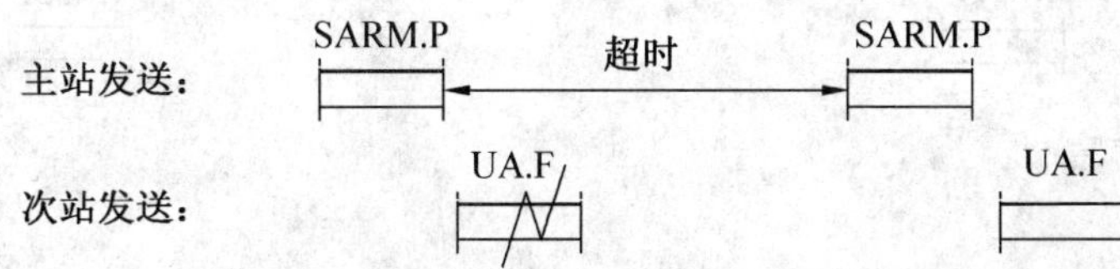

B.3.3.2 ARM 次站信息帧错

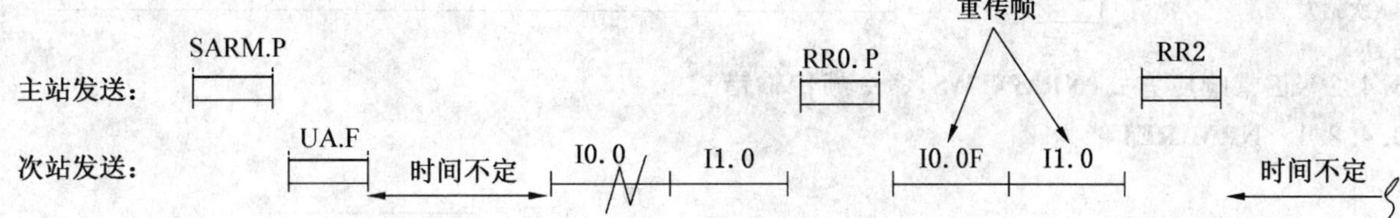

B.3.3.3 ARM 次站"终结"信息帧错

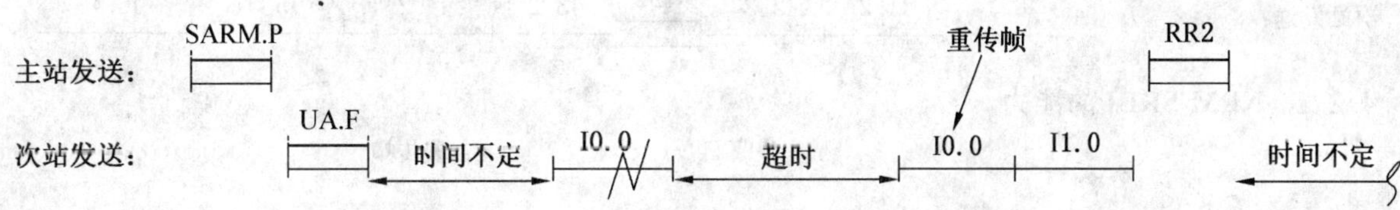

B.4 正常响应方式(NRM)双向同时(TWS)传输举例

B.4.1 正常响应方式(NRM)TWS,传输无错

B.4.1.1 NRM 起动规程,仅次站传送信息

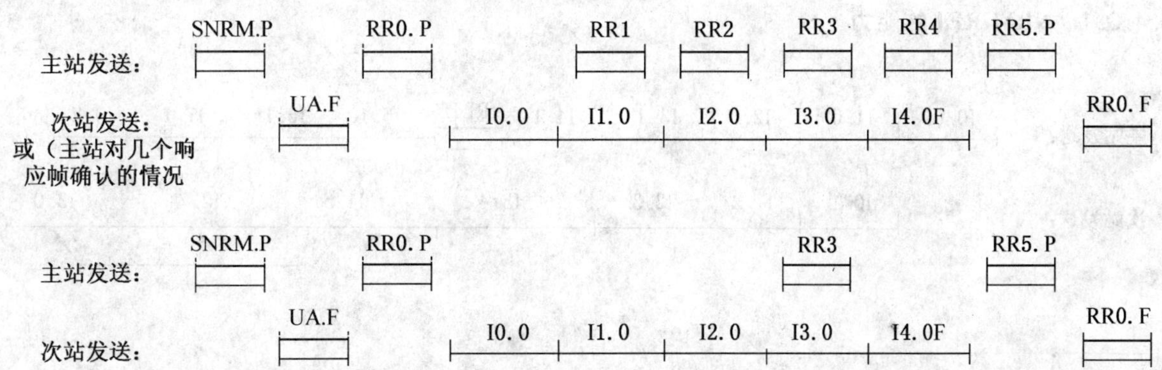

B.4.1.2 NRM 起动规程,仅主站传送信息

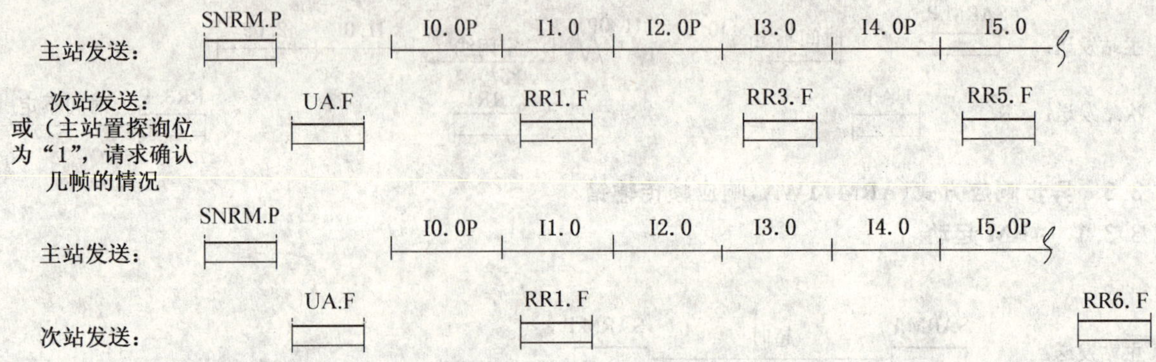

B.4.1.3 NRM 起动规程,主站/次站传送信息

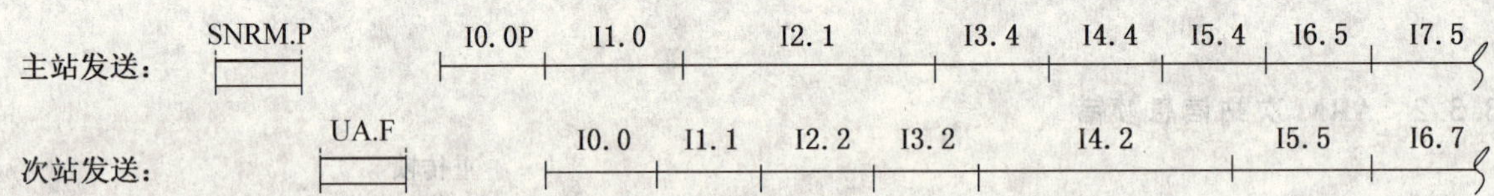

B.4.2 正常响应方式(NRM)TWS,命令帧传输错

B.4.2.1 NRM REJ 能力

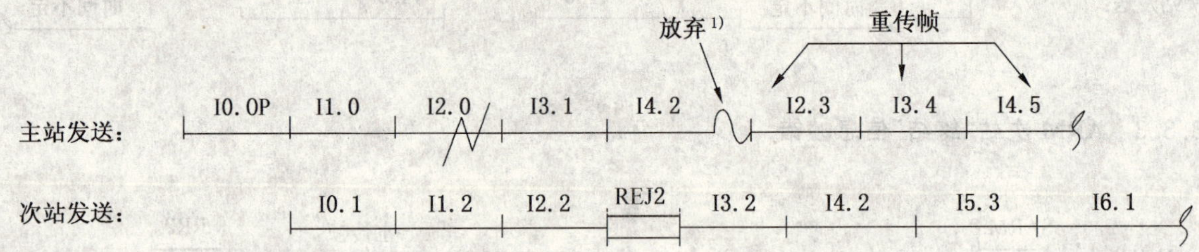

B.4.2.2 NRM SREJ 的能力

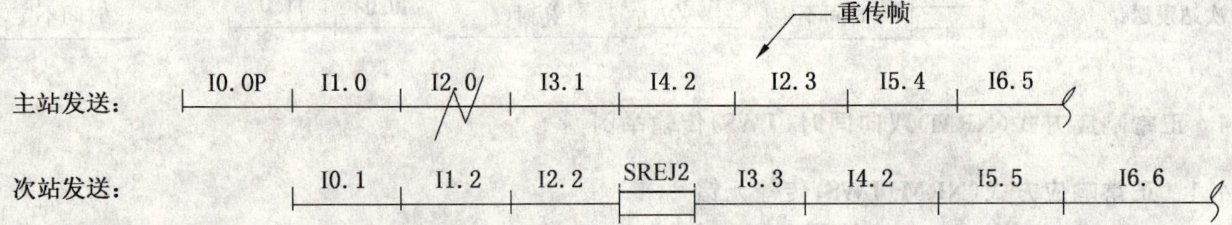

B.4.3 正常响应方式(NRM)TWS,响应帧传输错

B.4.3.1 NRM REJ 的能力

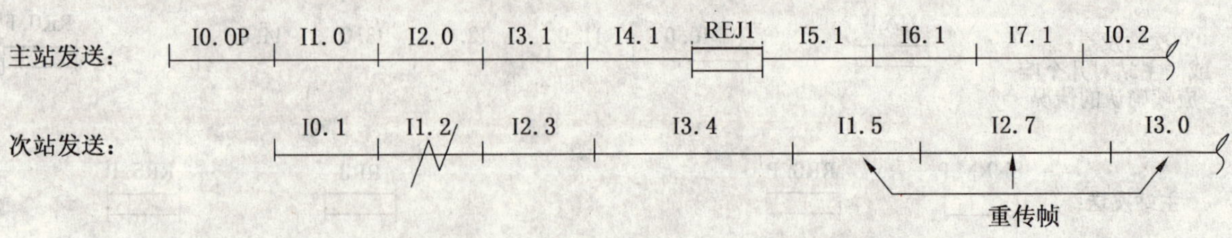

1) 可选:帧可以传完或提前放弃,下同。

B.4.3.2 NRM SREJ 的能力

B.5 异步响应方式(ARM),双向同时(TWS)传输举例

B.5.1 异步响应方式(ARM),TWS,传输无差错

B.5.1.1 ARM 起动规程,次站或主站间歇传送

B.5.1.2 ARM 起动规程,主站/次站连续信息传送

B.5.2 异步响应方式(ARM),TWS,命令帧传输错

B.5.2.1 ARM 起动命令错

B.5.2.2 ARM REJ 的能力

B.5.2.3 ARM SREJ 的能力

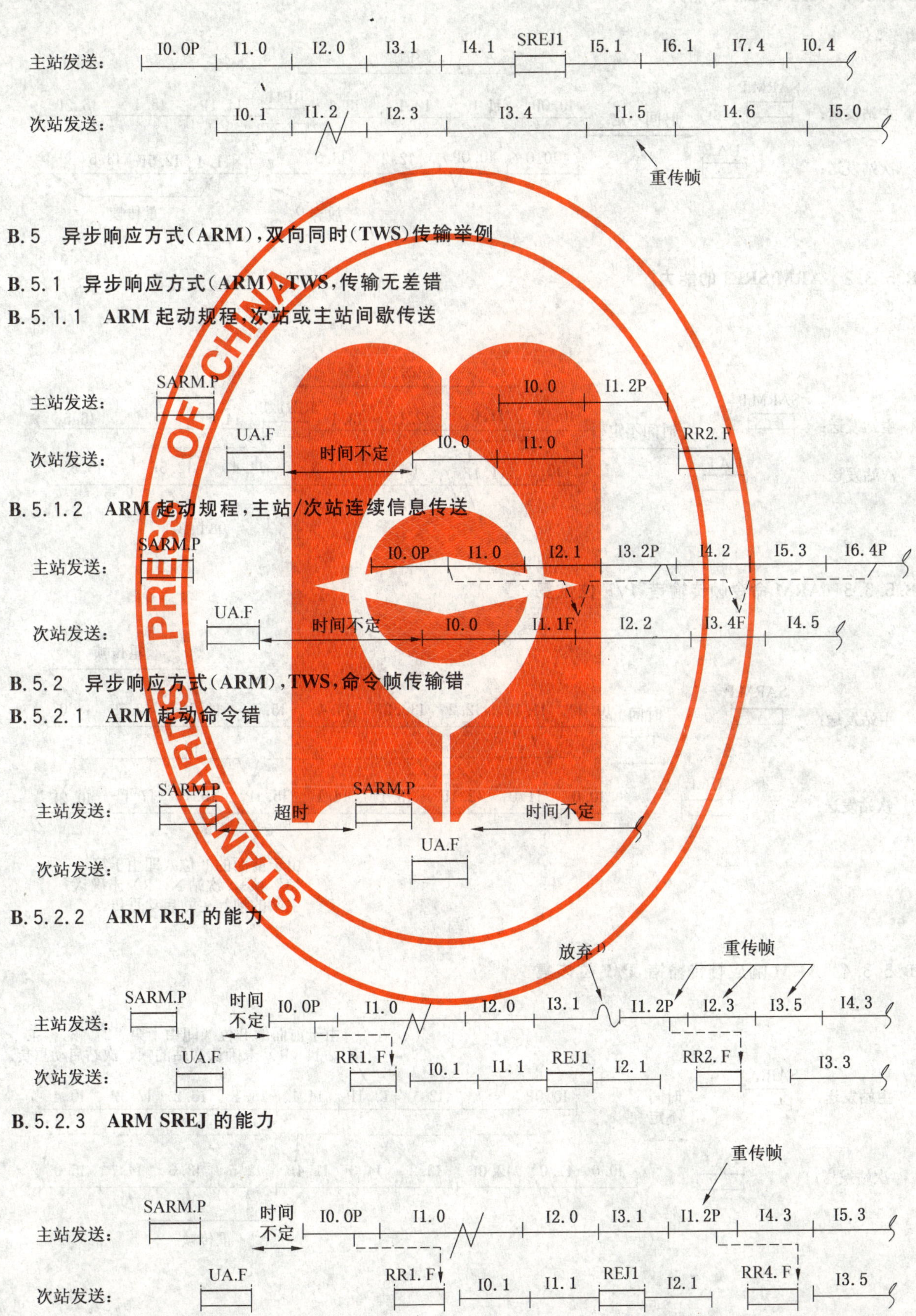

B.5.3 异步响应方式(ARM),TWS,响应帧传输错

B.5.3.1 ARM REJ 的能力

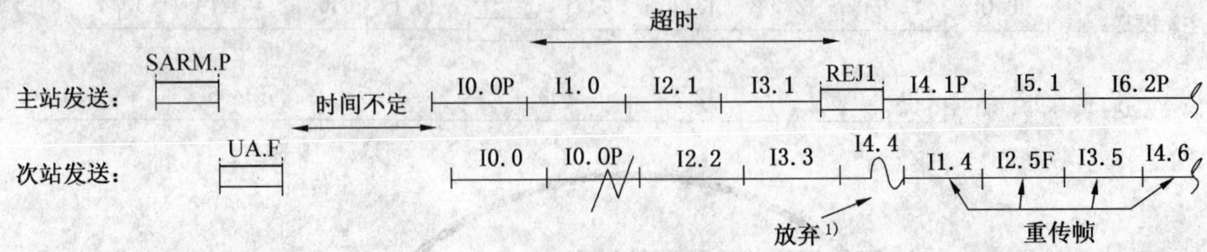

B.5.3.2 ARM SREJ 的能力

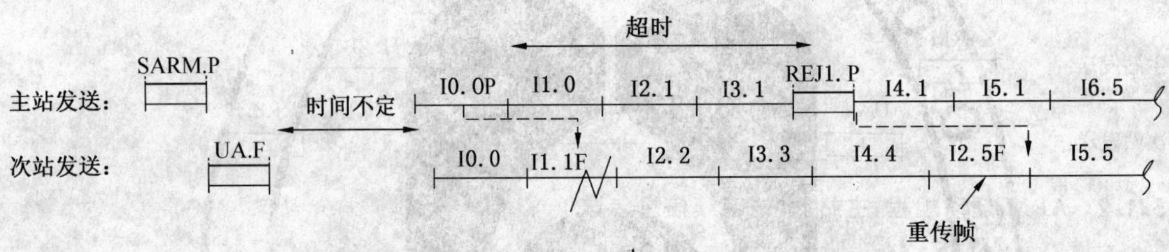

B.5.3.3 ARM 命令帧传输错,P/F 位恢复

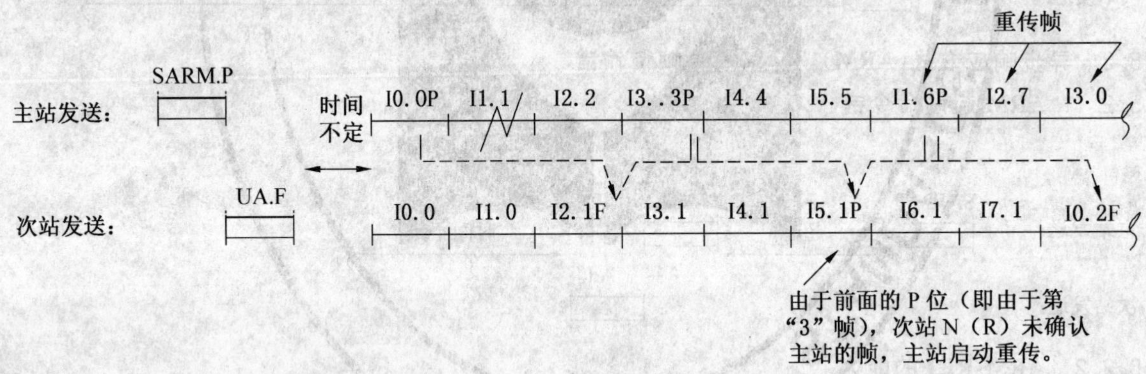

B.5.3.4 ARM 响应帧传输错,P/F 位恢复

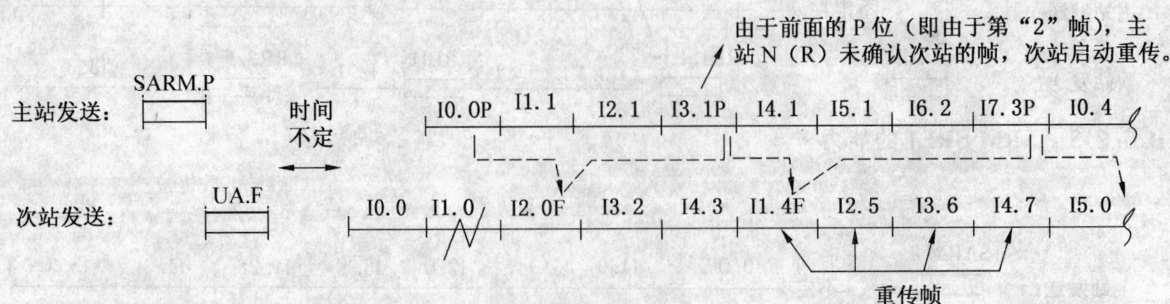

B.6 改变控制方式的例子

B.6.1 正常响应方式(NRM)改变到异步响应方式(ARM)

B.6.1.1 双向交替(TWA)传输,NRM 改变到 ARM 方式

例 A

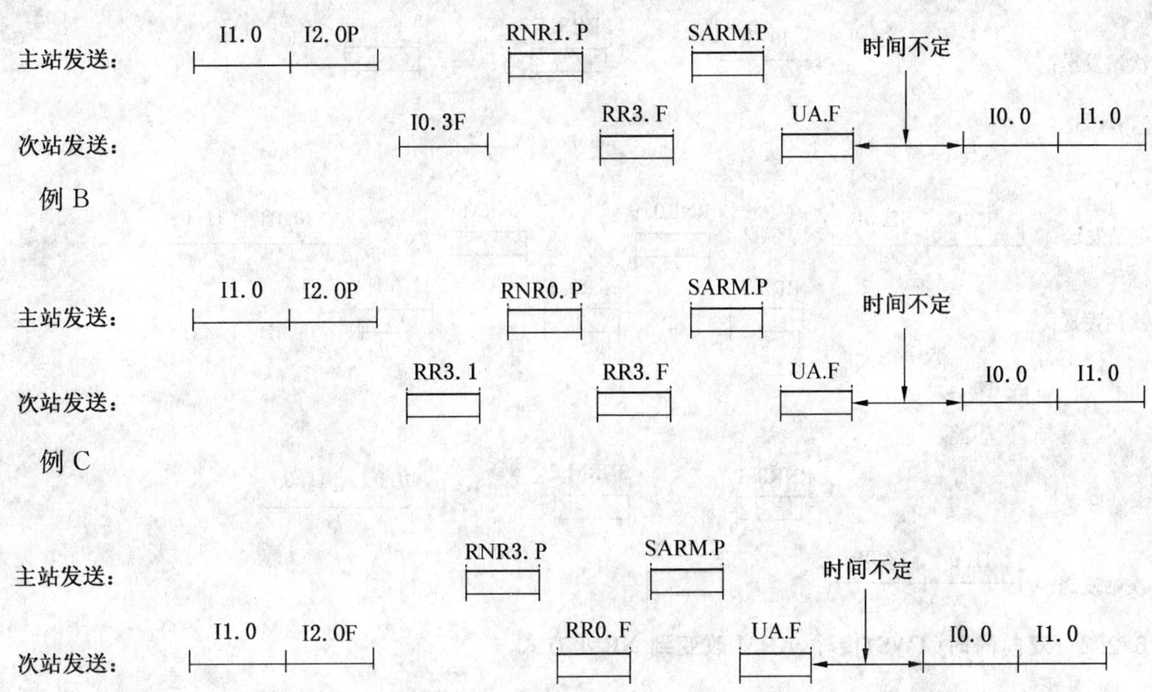

B.6.1.2 双向同时(TWS)传输,NRM 改变到 ARM 方式

例 A

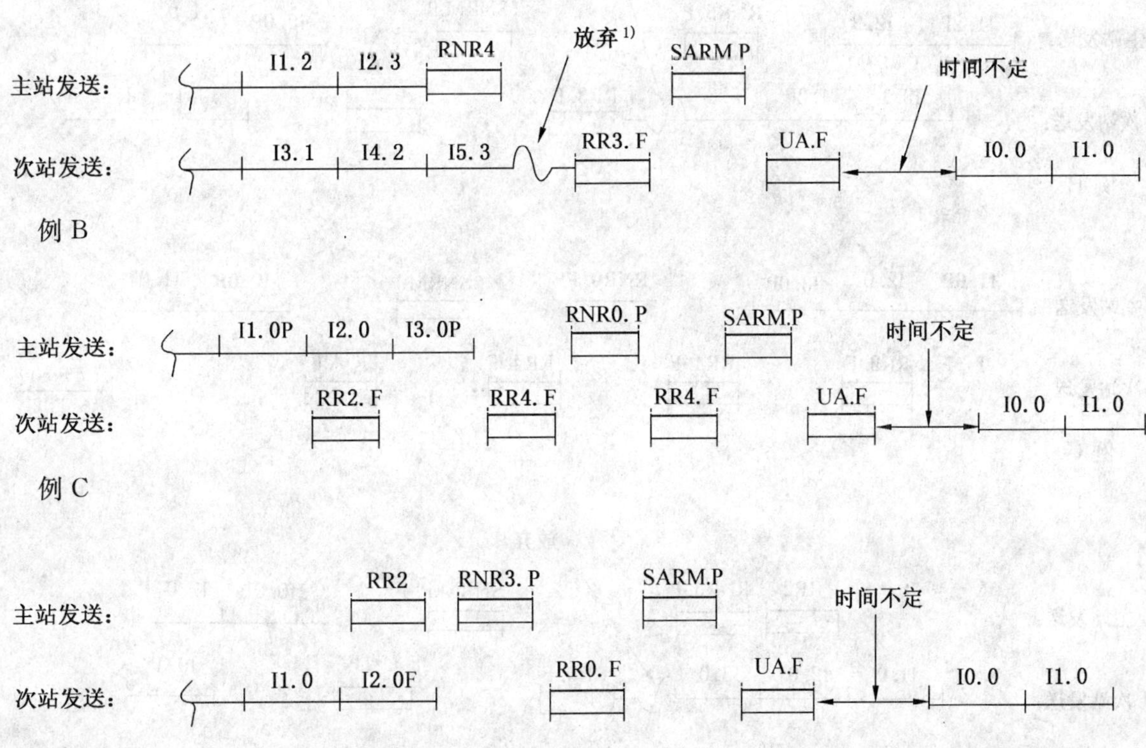

B.6.2　异步响应方式(ARM)改变到正常响应方式(NRM)

B.6.2.1　双向交替(TWA)传输,ARM 改变到 NRM 方式

例 A

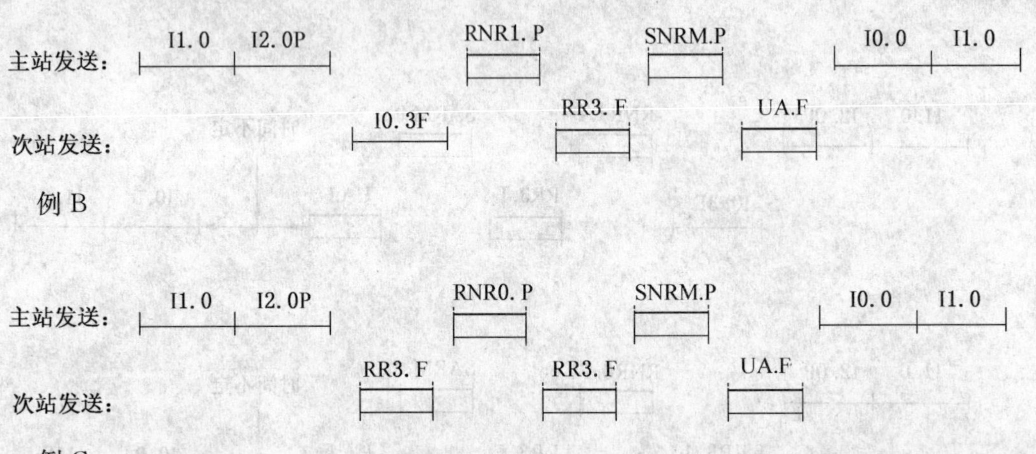

例 C

主站发送:　RNR3.P　SNRM.P　I0.0　I1.0

次站发送:　I1.0　I2.0P　RR0.F　UA.F

B.6.2.2　双向同时(TWS)传输,ARM 改变到 NRM 方式

例 A

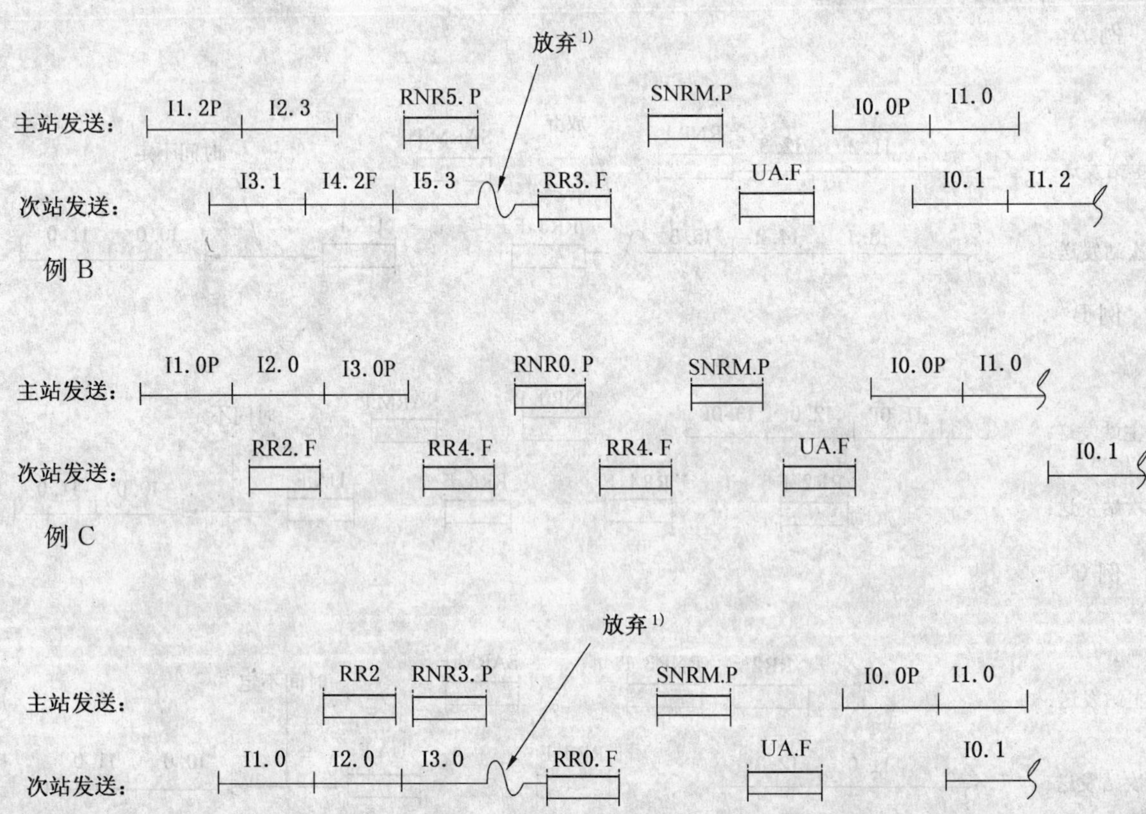

B.7 操作结束的例子(通用结束规程)

B.7.1 正常响应方式(NRM),双向交替(TWA)传输

主站发送: I0.0 I1.0P RNR2.P

次站发送: I0.2 I1.2F RR2.F

B.7.2 正常响应方式(NRM),双向同时(TWS)传输

主站发送: I0.0P I1.0 I2.1 I3.2 RNR3.P

次站发送: I0.1 I1.1 I2.2F RR4.F

B.7.3 异步响应方式(ARM),双向交替(TWA)传输

主站发送: RNR2.P

次站发送: I0.0F I1.0 RR0.F

超时或计算值≥15个"1"比特[2)]

B.7.4 异步响应方式(ARM),双向同时(TWS)传输

主站发送: I0.0P I1.0 I2.0 I3.1P RNR4.P

次站发送: I0.1F I1.2 I2.3 I3.4F I4.4 RR4.F

未被接收的帧

B.8 异常恢复规程的例子

B.8.1 TWS时,REJ和探询/终结位异常恢复

B.8.1.1 NRM-T WS,信息帧异常

B.8.1.1.1 REJ接收正确

主站发送: I0.0P I1.0 I2.0 I3.1 I4.1 REJ1 I5.1 I6.1 I7.2 I0′.3 I1′.4

次站发送: I0.1 I1.2 I2.3 I3.4 I4.5 I1.5 I2.6 I3.7 I4.0′

重传

2) 15个二进制"1"比特计数的方法,对GB/T 7496—1987可能的影响仍是进一步研究的课题。

B.8.1.1.2 REJ 接收不正确

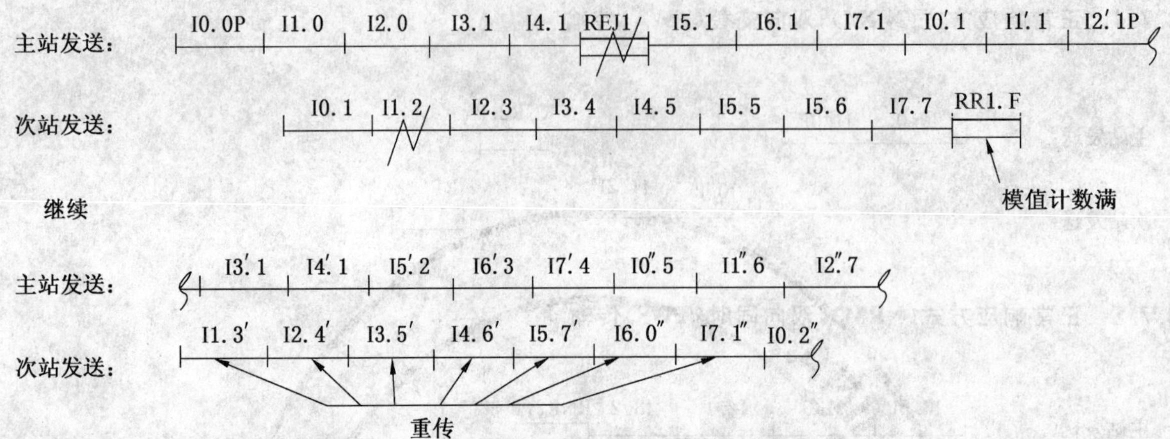

B.8.1.2 ARM-TWS，信息帧异常

B.8.1.2.1 REJ 接收正确

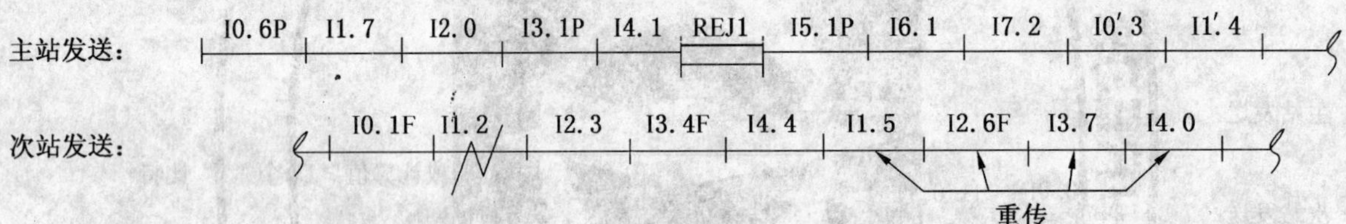

B.8.1.2.2 REJ 接收不正确

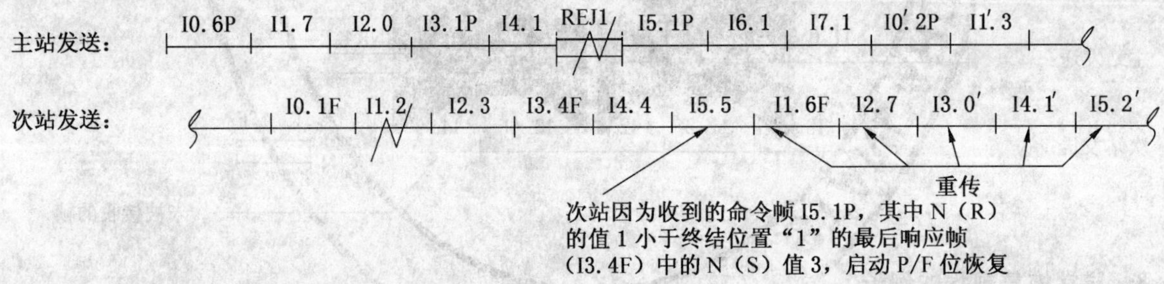

B.8.2 TWS 时，SREJ/REJ 异常恢复

B.8.2.1 NRM-TWS，信息帧异常

B.8.2.1.1 SREJ 接收正确

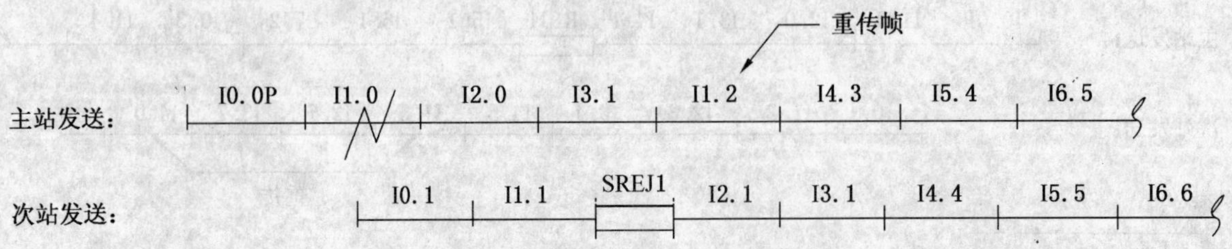

B.8.2.1.2 SREJ 接收不正确

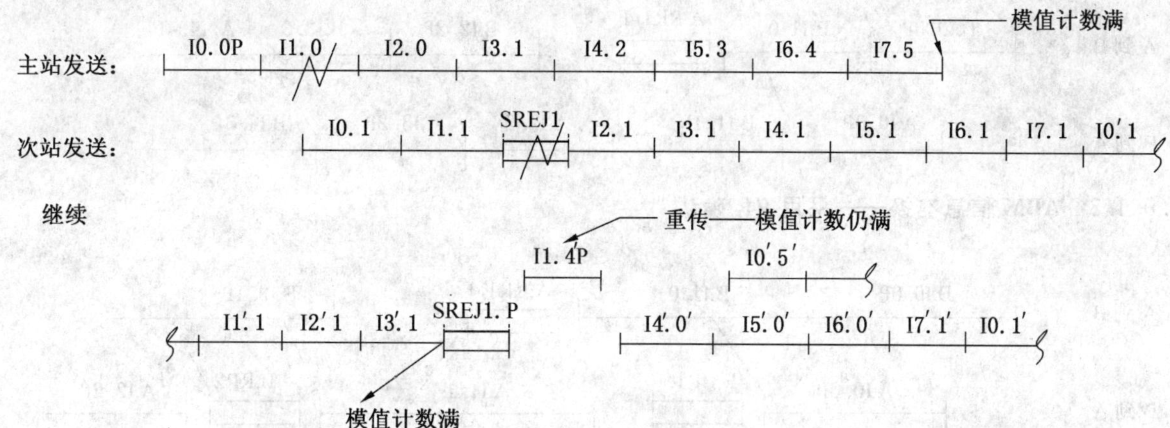

B.8.2.2 ARM-TWS,I 帧异常状态

B.8.2.2.1 SREJ 接收正确

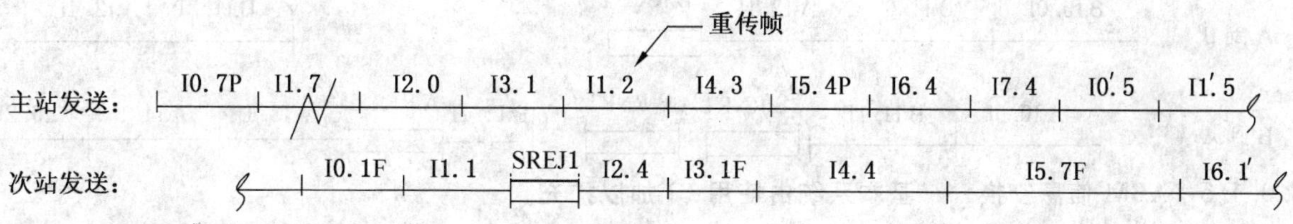

B.8.2.2.2 SREJ 接收不正确

B.8.2.2.3 第二个 SREJ 接收仍不正确

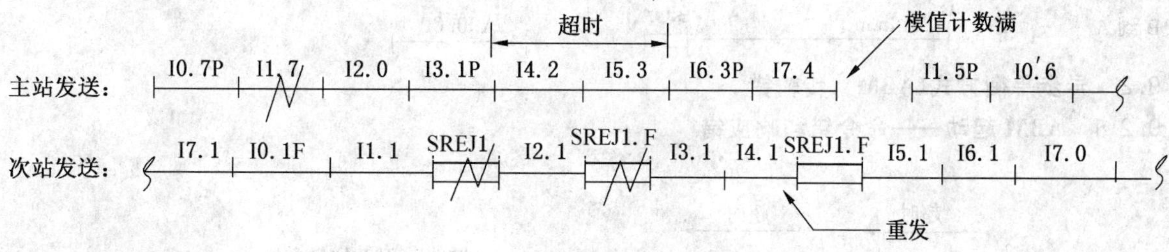

B.9 异步平衡方式(ABM)的例子

B.9.1 异步平衡方式(ABM),传输无错

B.9.1.1 ABM 起动规程

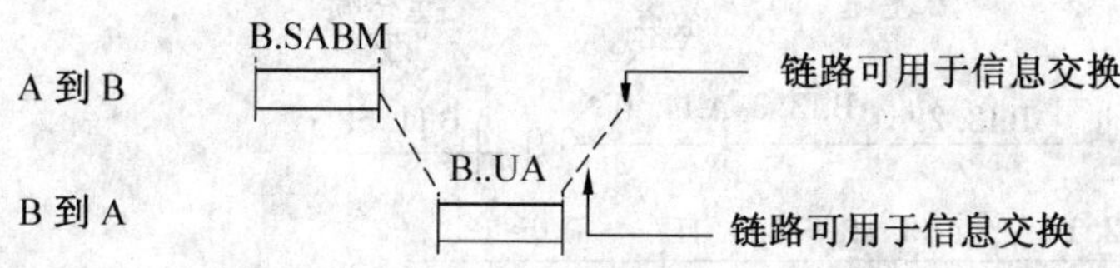

B.9.1.2　ABM 信息交换——由 I 帧正常确认

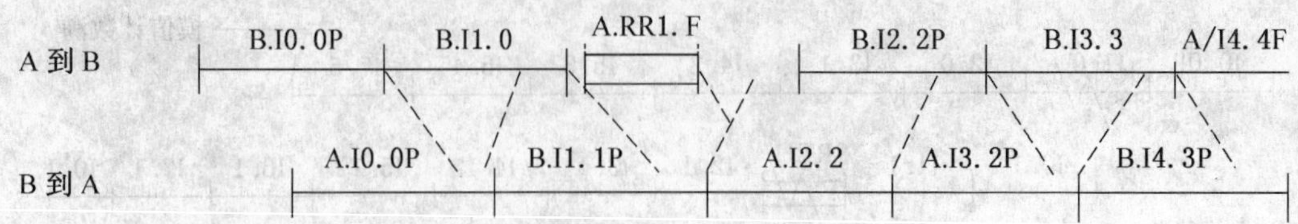

B.9.1.3　ABM 信息交换——采用 RR 确认

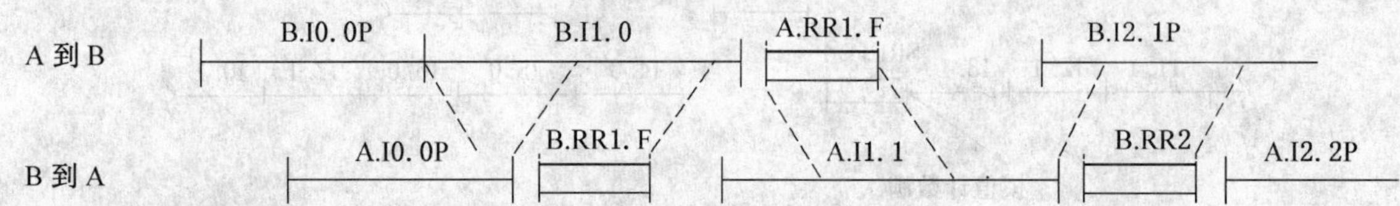

B.9.1.4　ABM 信息交换——使用 RNR

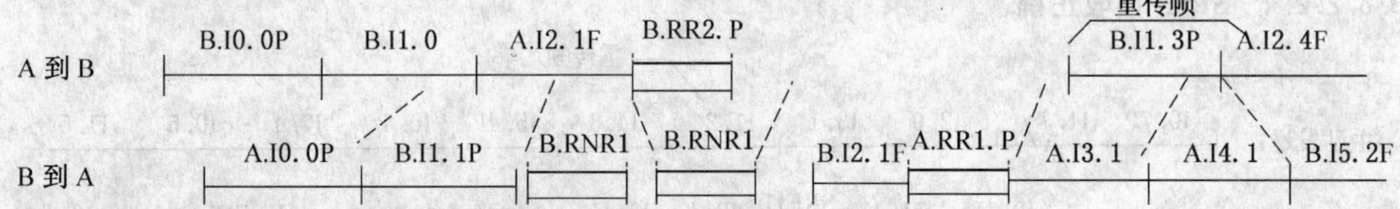

B.9.1.5　ABM 信息交换——基本系统由使用 UI 加以扩充

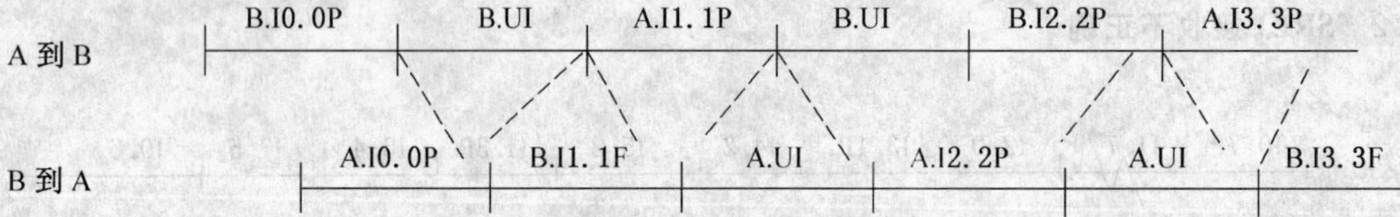

B.9.1.6　ABM，将编号复位

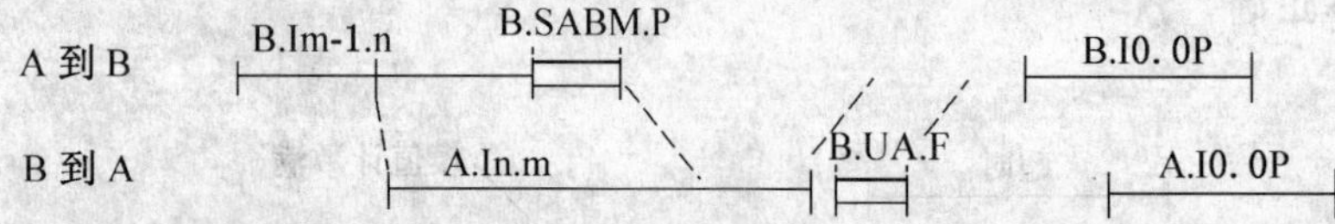

B.9.2　异步平衡方式(ABM)，传输错

B.9.2.1　ABM 起动——命令错和响应错

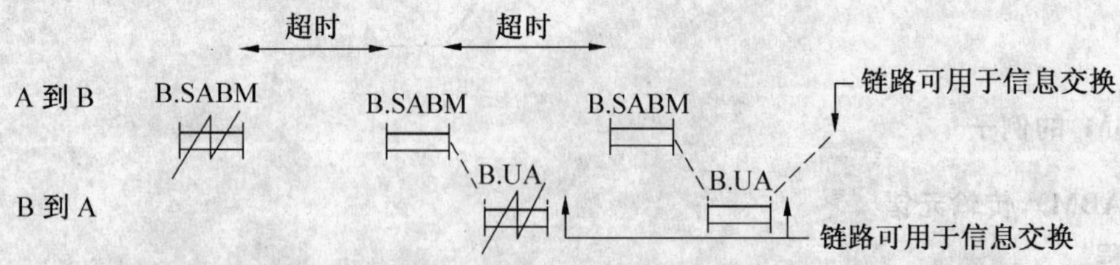

B.9.2.2　ABM 信息交换——检验指示恢复，由 I 帧正常确认[1)]

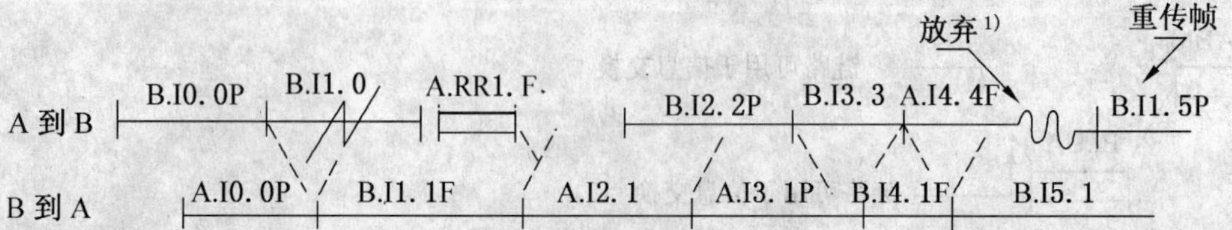

B.9.2.3 ABM 信息交换——检验指示恢复,采用 RR 确认

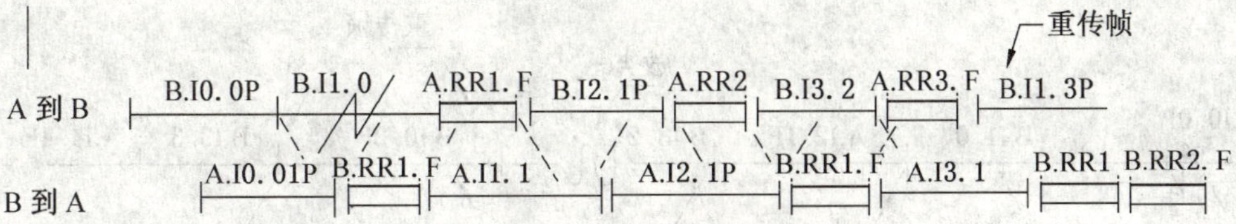

重传帧
A 到 B
B.I0. 0P
B.I1. 0
A.RR1. F
B.I2. 1P
A.RR2
B.I3. 2
A.RR3. F
B.I1. 3P
B 到 A
A.I0. 01P
B.RR1. F
A.I1. 1
A.I2. 1P
B.RR1. F
A.I3. 1
B.RR1
B.RR2. F

B.9.2.4 ABM 信息交换——超时恢复,由 I 帧正常确认

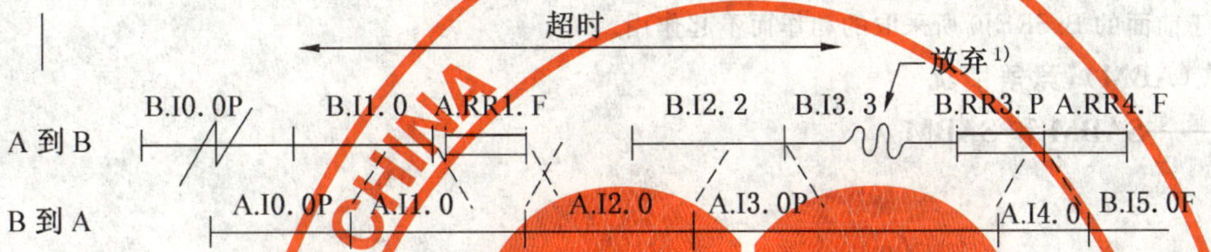

超时
放弃 1)
A 到 B
B.I0. 0P
B.I1. 0
A.RR1. F
B.I2. 2
B.I3. 3
B.RR3. P
A.RR4. F
B 到 A
A.I0. 0P
A.I1. 0
A.I2. 0
A.I3. 0P
A.I4. 0
B.I5. 0F

B.9.2.5 ABM 信息交换——超时,采用 RR 确认

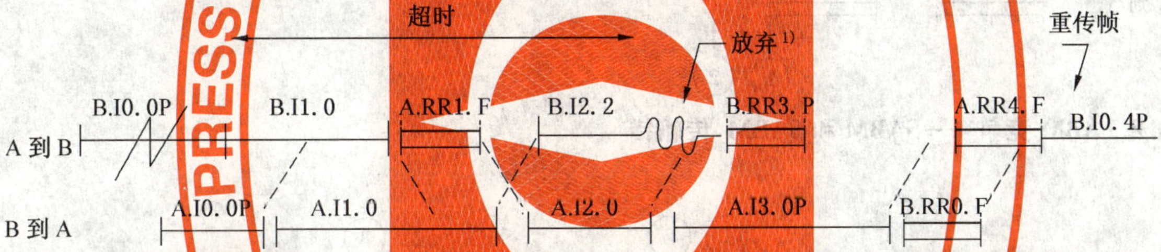

超时
放弃 1)
重传帧
A 到 B
B.I0. 0P
B.I1. 0
A.RR1. F
B.I2. 2
B.RR3. P
A.RR4. F
B.I0. 4P
B 到 A
A.I0. 0P
A.I1. 0
A.I2. 0
A.I3. 0P
B.RR0. F

B.9.2.6 ABM 信息交换——基本系统由使用 REJ 加以扩充(见 B.9.2.4 以资比较)

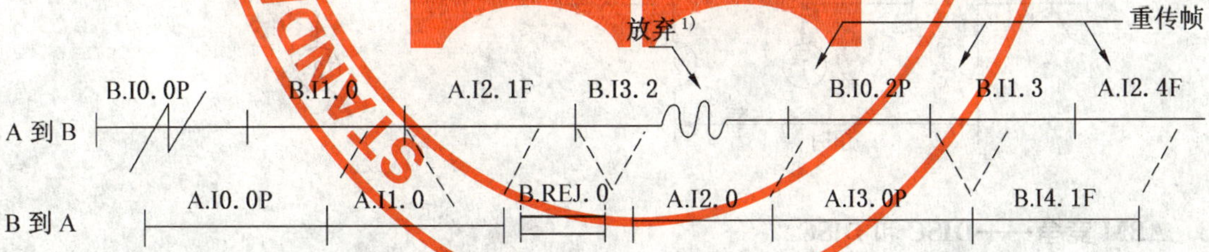

放弃 1)
重传帧
A 到 B
B.I0. 0P
B.I1. 0
A.I2. 1F
B.I3. 2
B.I0. 2P
B.I1. 3
A.I2. 4F
B 到 A
A.I0. 0P
A.I1. 0
B.REJ. 0
A.I2. 0
A.I3. 0P
B.I4. 1F

B.9.2.7 ABM 信息交换——系统由使用 REJ 加以扩充,P/F 检验指示禁止

放弃 1)
重传帧
注
A 到 B
B.I2. 4
B.I3. 4
B.I4. 5P
B.I5. 5
A.I2. 6F
B.I3. 7P
B.I4. 7
B 到 A
B.I4. 1F
A.I5. 2P
B.REJ2
B.I6. 2F
A.I7. 2
A.I0. 3P

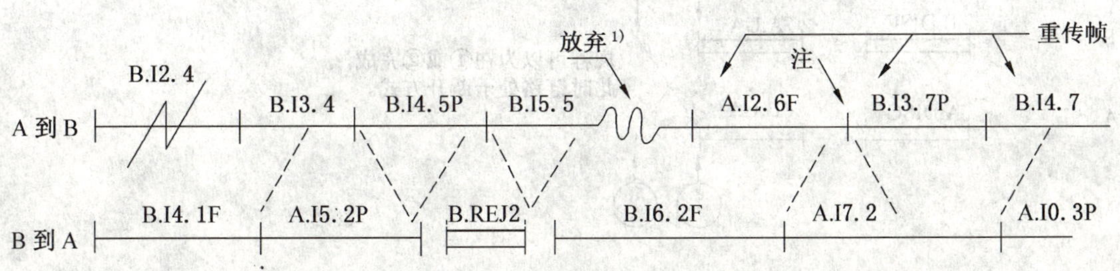

注：收到 B.I6.2F 通常会导致重传 I2,但由于它接在 B.REJ 2 以后,因此被禁止作用。

B.9.2.8 ABM 信息交换——系统由使用 SREJ 加以扩充(见 B.9.2.4 以资比较)[1)]

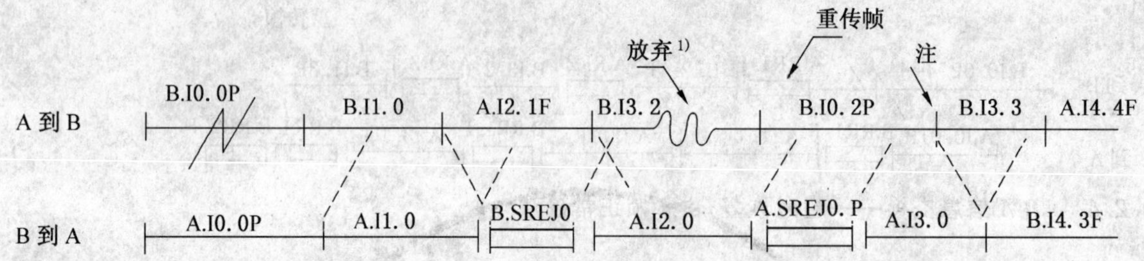

注：A. SREJ0. P 由于前面的 B. SREJ0 所采取的动作而不起作用。

B.9.3 异步平衡方式(ABM),竞争情况

B.9.3.1 ABM 竞争——SABM 和 SABM

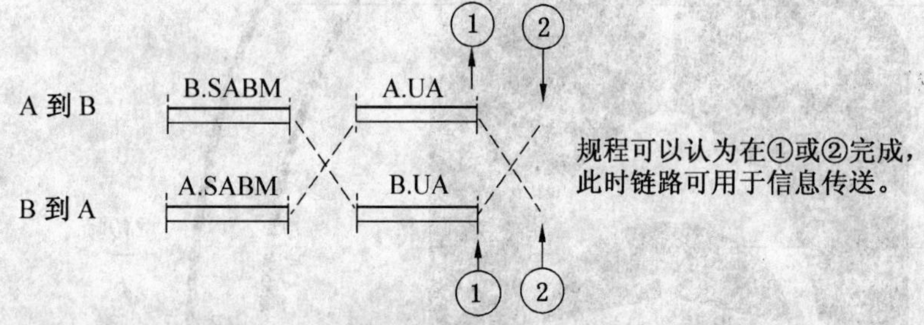

B.9.3.2 ABM 竞争——SABM 和 SABM,传输错

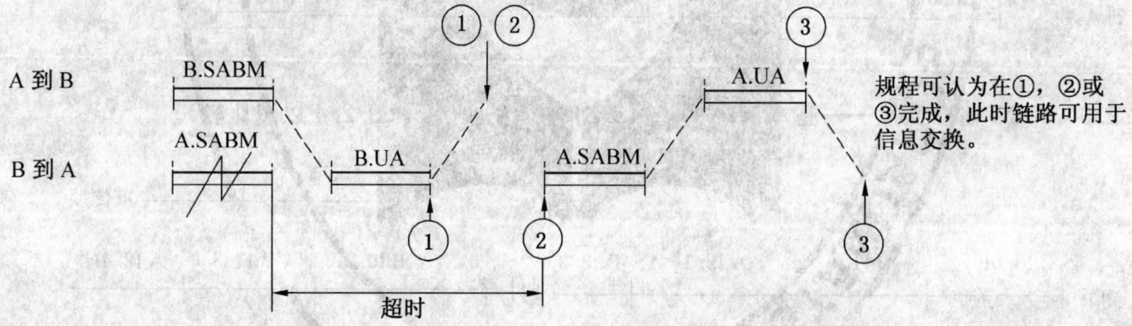

B.9.3.3 ABM 竞争——DISC 和 DISC

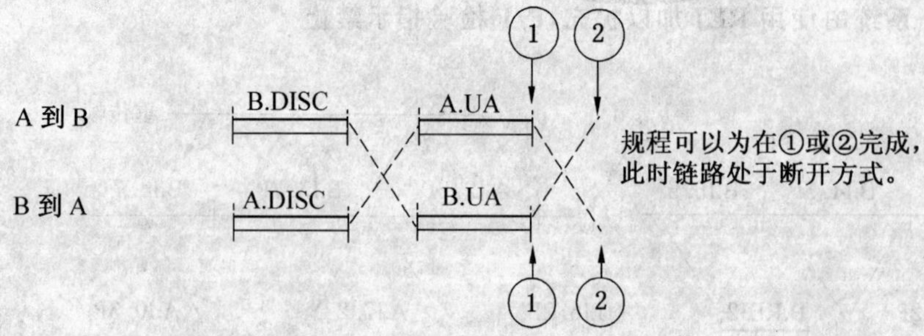

B.9.3.4 ABM 竞争——DISC 和 DISC,传输错

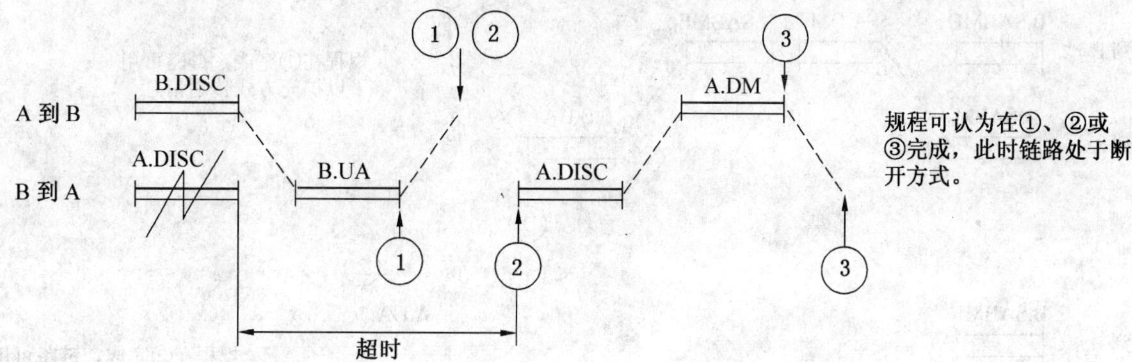

B.9.3.5 ABM 竞争——DISC 和 SABM

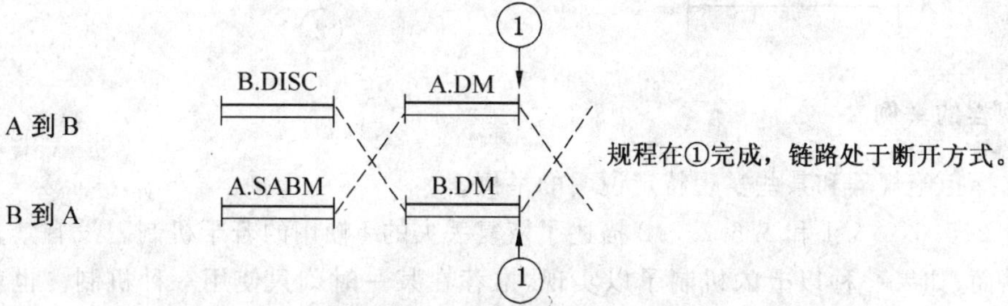

B.9.3.6 ABM 竞争——DISC 和 SABM,传输错

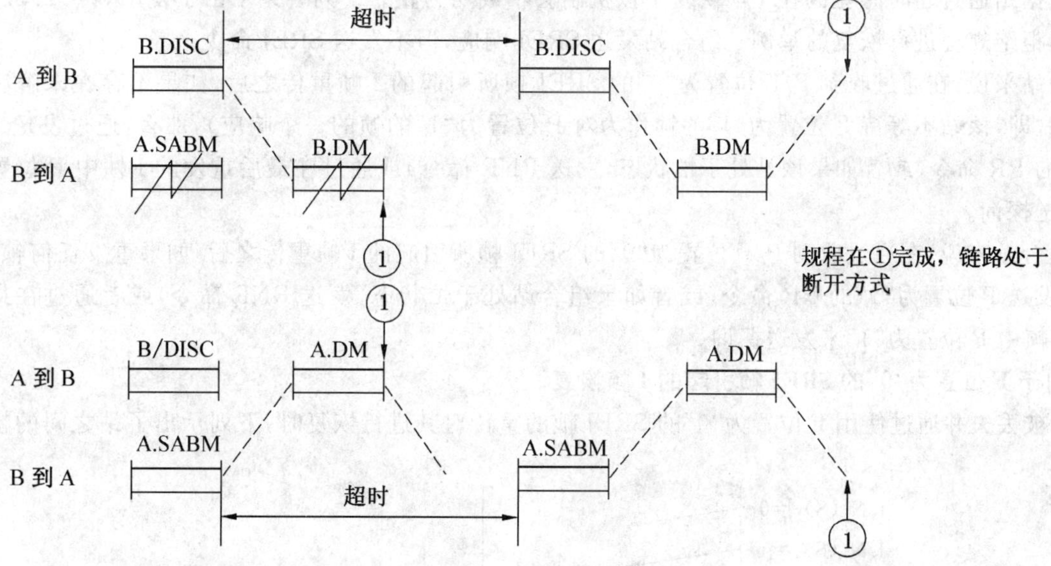

B.9.3.7 ABM 竞争——SABME 和 SABM

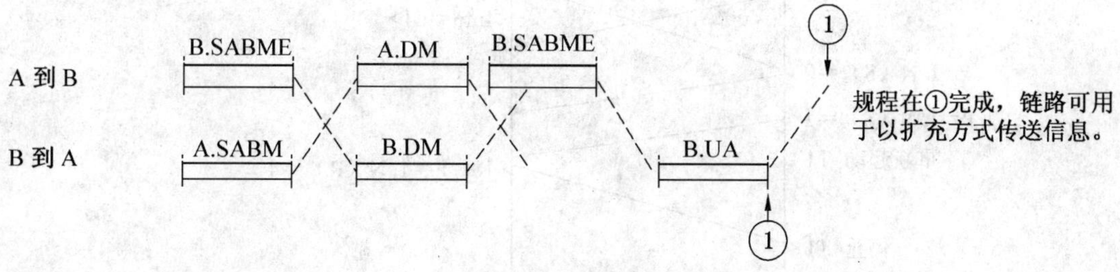

B.9.3.8 ABM竞争——SABME和SABM,传输错

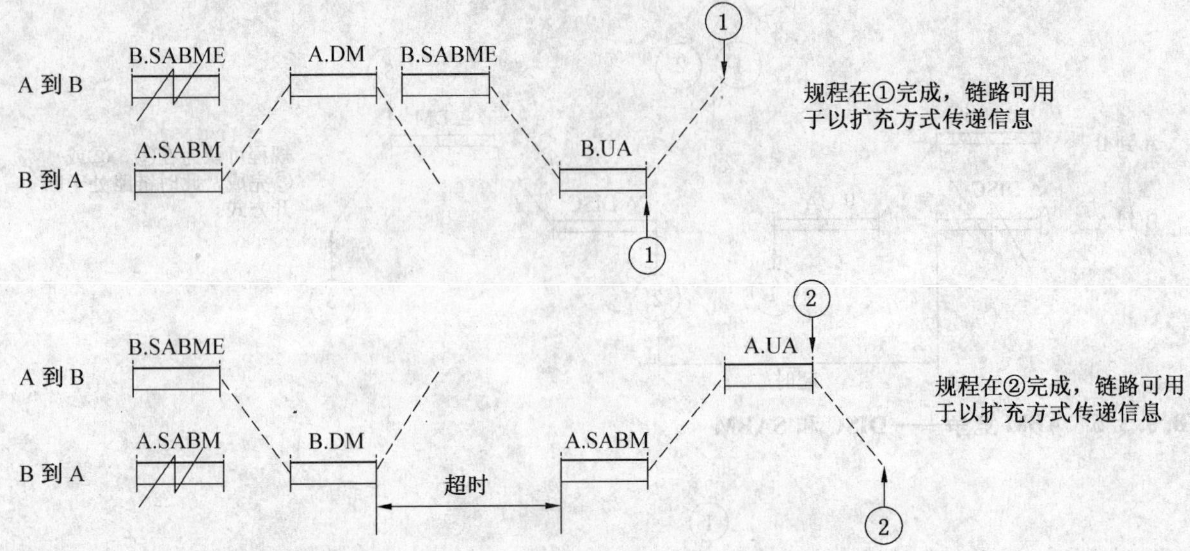

B.10 使用多选择拒绝规程的举例

本章示出了使用多选择拒绝规程和某些实现特定说明的举例。

条款5.6.2.1、5.6.2.2、5.6.2.3.1和5.6.2.3.2描述了恢复丢失的I帧用的若干机制。没有禁止实现一种以上的机制。然而,如果一种以上的机制予以实现,推荐在某一时刻只使用一种机制。也就是,一种不同的机制不宜用来恢复丢失的I帧,直到按照其定义(按在上述条款中给出的)已实行先前的机制或者数据站通过超时感觉到在I帧恢复中该机制会不成功为止。下列各条示出了使用5.6.2.3.2中的多选择拒绝规程进行恢复的举例。组合站发送SREJ响应,但不发送SREJ命令。

对组合站来说,在通过收到P/F位置为“0”的SREJ帧所引起的I帧重传之后,如果不存在未解决的探询状态(即,该站不等待F位置为“1”的帧作为对P位置为“1”的帧的一个响应),那么,通过发送P位置为“1”的RR命令(或者如果该站处于忙状态,发送RNR命令)或通过在最后重发的I帧中P位置为“1”来发送探询。

对于组合站来说,在通过收到P/F位置为“0”的SREJ帧所引起的I帧重传之后,如果重发任何帧,那么,通过发送P位置为“1”的RR命令(或者如果组合站处于忙状态,发送RNR命令)或者通过在最后重发的I帧中P位置为“1”来发送探询。

B.10.1 由于F位置为“0”的SREJ帧引起的I帧恢复

当I帧被丢失并通过使用F位置为“0”的SREJ帧的重传对其进行恢复时,下列示出了站之间的帧交换。

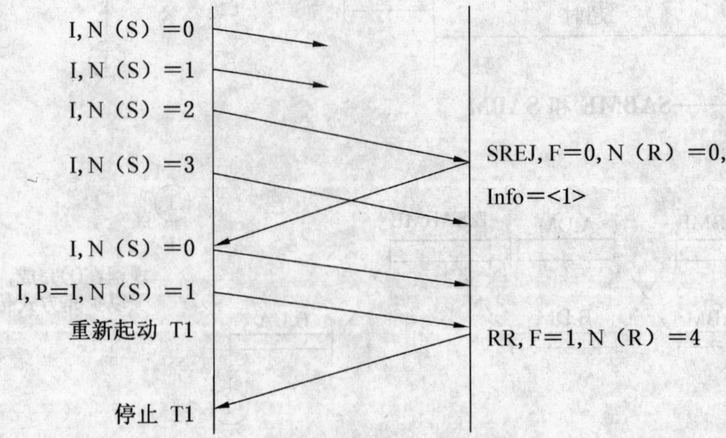

B.10.2 当F位置为“0”的SREJ帧被丢失时，I帧恢复

当I帧被丢失并且所产生的F位置为“0”的SREJ帧也被丢失时，下列示出了站之间的帧交换。

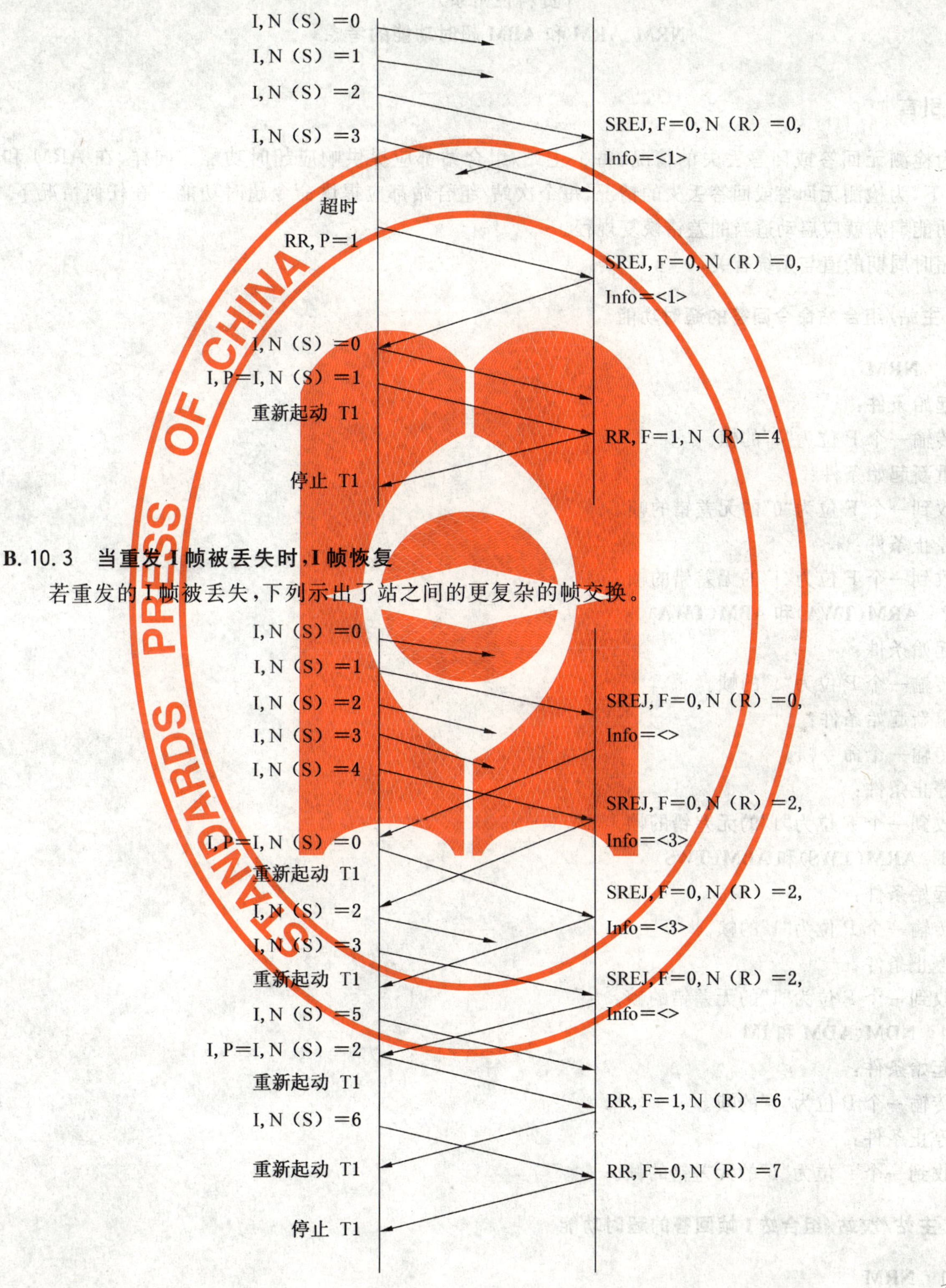

B.10.3 当重发I帧被丢失时，I帧恢复

若重发的I帧被丢失，下列示出了站之间的更复杂的帧交换。

附 录 C
（资料性附录）
NRM、ARM 和 ABM 超时功能的考虑

C.1 引言

为检测无回答或回答丢失的情况，每个主站/组合站都应提供响应超时功能。同样，在 ARM 和 ABM 下，为检测无回答或回答丢失的情况，每个次站/组合站都应提供命令超时功能。在任何情况下，超时功能期满就应启动适当的差错恢复规程。

超时周期的值与系统有关。

C.2 主站/组合站命令回答的超时功能

C.2.1 NRM

起始条件：

传输一个 P 位为“1”的帧。

重新起始条件：

收到一个 F 位为“0”的无差错的帧。

停止条件：

收到一个 F 位为“1”的无差错的帧。

C.2.2 ARM(TWA)和 ABM(TWA)

起始条件：

传输一个 P 位为“1”的帧。

重新起始条件：

传输一个命令帧。

停止条件：

收到一个 F 位为“1”的无差错的帧。

C.2.3 ARM(TWS)和 ABM(TWS)

起始条件：

传输一个 P 位为“1”的帧。

停止条件：

收到一个 F 位为“1”的无差错的帧。

C.2.4 NDM、ADM 和 IM

起始条件：

传输一个 P 位为“1”的帧。

停止条件：

收到一个 F 位为“1”的无差错的帧。

C.3 主站/次站/组合站 I 帧回答的超时功能

C.3.1 NRM

不用。

C.3.2 ARM(TWA)和 ABM(TWA)

起始条件：

传输一个I帧。

重新起始条件：

传输一个帧。

停止条件：

收到一个具有所期望的N(R)值的无差错的帧。

C.3.3 ARM(TWS)和ABM(TWS)

起始条件：

传输一个I帧。

停止条件：

收到一个具有所期望的N(R)值的无差错的帧。

C.3.4 NDM、ADM和IM

不用。

C.4 次站/组合站命令请求超时功能

C.4.1 NRM、NDM和IM

不用。

C.4.2 ARM、ADM和ABM

起始条件：

传输一个请求命令的无编号响应帧。

停止条件：

收到一个无差错的命令帧。

C.5 不工作超时功能(交换电路应用时采用)

起始条件：

建立了物理连接。

重新起始条件：

收到无差错的帧。

停止条件：

在接口上启动断开规程。

附 录 D
（资料性附录）
HDLC 规程子集的典型例子

D.1 引言

HDLC 规程是为了能适用于广大范围的应用〔如计算机、集线器和终端之间的双向交替(TWA)，双向同时(TWS〕的数据数据通信)和各种不同的结构〔如多点或点对点，交换的或非交换的，半双工或全双工〕而设计的。

HDLC 标准定义了一些必要的特性，其中包括帧的格式、操作方式、命令、响应和异常状态恢复技术。在各种不同的组合中使用这些功能，就能提供 HDLC 所包括的全部能力。

大多数的 HDLC 实施方案，并不需要使用本标准提供的全部能力。因此，本附录描述了几种典型的 HDLC 规程子集提供统一的 HDLC 实施方案，以满足不久的将来大多数应用的要求。利用这些被推荐的典型子集，将有助于在为满足相似操作要求而设计的各种独立的 HDLC 实施间，提高协同工作的能力。

其他的规程子集，只要它们符合于本标准定义的类别，都可以选择来满足新的或额外的要求。

D.2 选择参数

为了定义这些典型的 HDLC 规程子集，考虑了下列一些应用参数：

——数据通信(TWA，TWS)

——结构(点对点，多点)

从这些参数中，选择了三个典型的规程子集作为例子并综合如表 D.1。可选功能 2、8 和 10.1 摘列于表 D.2 中(见本标准表 13)。

表 D.1 典型的 HDLC 规程子集

参 数		典型的 HDLC 规程子集	
数据通信	结 构	编 号	定 义
TWA	多点或点对点[a]	1	UNC
TWS	多点或点对点[a]	2	UNC,2
	点对点	3	BAC,2,8[b]

[a] 可以将点对点看成是多点结构的特例。

[b] 在某种情况中建议用 BAC,2、8、10.1。

表 D.2 可选功能 2、8 和 10.1

选项	功能描述	命 令	响应	注 释
2	提供更及时地报告 I 帧顺序差错的能力	增加 REJ	增加 REJ	
8	将规程局限于只允许 I 帧作为命令		删除 I	
10.1	提供使用扩大顺序编号(模 128)的能力	SABME 删除 SABM		用扩充控制字段的格式代替基本控制字段格式

D.3 共同特性

在D.4中描述的所有规程子集，都有下列的共同特性：

——用P/F检验指示来保证数据的完整性和恢复；

——超时功能与P/F机制一同使用；

——每个子集都可以用半双工或全双工传输。

D.4 典型的规程子集

D.4.1 子集1:TWA,多点或点对点,UNC(无选项)

命　令	响　应
I RR RNR SNRM DISC	I RR RNR UA DM FRMR

这个规程子集将P/F位用作信息和状态的探询、最后帧的指示和检验和检验指示。这个子集适用于点对点或多点结构上的双向交替操作。在实际的全双工设施上，处于双向交替的多点结构操作的主站可以在任何进程间向非探询的各次站以送P位置“0”的帧。主站和次站必须能接收从远程数据站送来的所有上面开列的响应和命令。

D.4.2 子集2:TWA,多点或点对点,UNC 2

命　令	响　应
I RR RNR REJ SNRM DISC	I RR RNR REJ UA DM FRMR

这个规程子集将P/F位用作信息和状态的探询、最后帧的指示和检验指示。数据站使用REJ帧来要求重传I帧。这个子集适用于主站和次站都能进行双向同时通信的多点或点对点配置。某些点对点数据链路，可以作为特定的多点数据链路来考虑。主站和次站必能接收从远程数据站送来的所有上面开列的响应和命令。

D.4.3 子集3

D.4.3.1 非扩充顺序编号:TWS,点对点,BAC 2、8

这个规程子集将P/F位用于状态探询和检验指示。数据站使用REJ帧来要求重传I帧。当需要数据链路有对称的控制时，这个子集适用于点对点数据链路上的双向同时通信。两个组合站都应能接收所有下面开列的命令和响应。

命　令	响　应
I RR RNR REJ SABM DISC	RR RNR REJ UA DM FRMR
注：X.25 的 LAPB 与此规程兼容。	

D.4.3.2　扩充顺序编号：TWS，点对点，BAC 2、8、10.1

命　令	响　应
I RR RNR REJ SABME DISC	RR RNR REJ UA DM FRMR

当具有特定特性，诸如长的往返时延和短的信息字段长度的数据链路要求有更好的性能时，这个规程子集能适用于与非扩充子集同样的情况。

D.4.3.3　扩充序列编号：模 2 147 483 648：TWS，点对点，BAC 3.3、8、10.3

命　令	响　应
I RR RNR SREJ SM DISC	RR RNR SREJ UA DM FRMR

当具有特定特性，诸如高的带宽和长的时延的数据链路要求有更好的性能时，这个规程子集能适用于与非扩充子集同样的情况。

附 录 E
（资料性附录）
16/32 比特 FCS 协商的举例说明

E.1 一般情况

设站 X 和 Y，开始认为二者都是发起者角色。并在本例中假设 X 和 Y 都自愿使用 32 比特 FCS 进行操作。如果不存在传输差错，则交换的顺序如下：

- X 和 Y 各自发送一个使用 16 比特 FCS 的 XID 命令参数协商帧，同时在信息字段中指示它支持 32 比特 FCS，并准备处理同时处于 16 比特 FCS 和 32 比特 FCS 方式的入帧。
- 自各自正在处理同时处于 16 比特 FCS 和 32 比特 FCS 方式的入帧以来，各自接收另一方的 16 比特FCS 的 XID 命令帧。它们各自分析信息字段的内容并发现另一方也支持 32 比特 FCS。因此，决定用于数据互换的 FCS 过程将是 32 比特 FCS。因为各自在发送一个 XID 命令帧后收到一个 XID 命令帧，所以存在碰撞情况。7.4.2.3 中给出的规则用来决定从这点以后的发起者和响应者的角色。基于唯一标识符值的对比，本例假设 X 是发起者，Y 是响应者。因此，Y 以使用 16 比特 FCS 的 XID 响应参数协商帧进行响应，其信息字段指示 Y 选择 32 比特 FCS。在 Y 正在响应 X 的 XID 命令帧时，使用 XID 响应帧来响应 XID 命令帧，而 XID 响应帧不包含 HDLC 参数数据链路层子字段，因此，指示它的参数值仍未确定。这是 X 把将 X 假设为始发者、Y 假设为响应者及希望 Y 从 X 发送的参数"选单"中选择所使用的参数值通知 Y 的途径。X 和 Y 都继续处理处于 16 比特 FCS 和 32 比特 FCS 方式的入帧。
- X 从 Y 接收带有 16 比特 FCS 的 XID 响应协商帧并观察到在信息字段中 Y 选择 32 比特 FCS。然后 X 就发送 32 比特 FCS 方式的适当置方式命令并使对不可用的 16 比特 FCS 机制失去能力。
- Y 从 X 接收 XID 响应帧，此响应帧带有 16 比特 FCS 但不带有 HDLC 参数数据链路层子字段。Y 将该帧处为已经假设 X 为发起者角色的指示，因此 Y 等待发送来自 X 的置方式命令，而该置方式命令是由 Y 以前返回的指出 Y 选择 32 比特 FCS 的 XID 响应参数协商帧而产生的。当 Y 接收 32 比特 FCS 方式的置方式命令时，它返回合适的 32 比特 FCS 方式的置方式响应帧，并使不可用的 16 比特 FCS 机制失去能力。现在 Y 就以 32 比特 FCS 方式发送和接收。
- 当 X 接收 32 比特 FCS 方式的置方式响应时，现在 X 就以 32 比特 FCS 方式发送和接收。
- 在数据链路连接结束时，X 或 Y 二者之一通过发送合适的 32 比特 FCS 方式的断开类型帧来启动逻辑断开数据链路。然后该站将重新激活 16 比特 FCS 方式和继续接收和处理收到的同时处于 16 比特 FCS 方式和 32 比特 FCS 方式的所有帧。
- 当另外一个站接收合适的断开命令时，它允许 16 比特 FCS 机制并返回 16 比特 FCS 方式的合适置方式响应帧。然后次站进入断开段，在断开阶段中它继续接收和处理收到的同时处于 16 比特 FCS 方式和 32 比特 FCS 方式的帧。

E.2 受限的情况

假设发起者和响应者的角色已经分别通过主叫站和被叫站来确定。更进一步假设碰撞情况不会出现并且所涉及的唯一站类型是只支持 16 比特 FCS 的那些站类型和支持 16 比特和 32 比特 FCS 的那些站类型。

在下列例子中，假设站 A 和 B，A 为发起者（主叫站），B 为响应站（被叫站）。同样，假设 A 和 B 都支持 16 比特和 32 比特 FCS，并且两者都自愿以 32 比特 FCS 进行操作。如果不存在传输差错，交换顺序如下：

- A发送使用16比特FCS的XID命令参数协商帧，当指出在信息字段中它也支持32比特FCS时，它就准备处理16比特FCS的入帧。B正在处理同时处于16比特FCS方式和32比特FCS方式的入帧，因此它接收A的16比特FCS的XID帧。B分析信息字段的内容并发现A支持32比特FCS。B以使用16比特FCS的XID响应参数协商帧进行响应，其信息字段指示B选择32比特FCS。B继续处理处于16比特和32比特FCS方式的入帧。
- A接收来自B的16比特FCS的XID响应参数协商帧并观察到在信息字段中B选择32比特FCS。然后A发送32比特FCS方式的合适置方式命令并准备处理以32比特FCS代替16比特FCS的入帧。
- 当B接收32比特FCS的置方式命令时，它返回32比特FCS方式的合适置方式响应，并使不可用的16比特FCS机制失去能力。现在B以32比特FCS方式发送和接收。
- 当A接收以32比特FCS方式的置方式响应时，A同样以32比特FCS方式发送和接收。

附 录 F
（资料性附录）
与 LAPB X.25 DTE 通信的指南

如果按照本标准设计的 DTE 与不支持本标准 8.1 所规定要求的远程 X.25 LAPB 站建立了电路交换连接，那么，在发送了 XID 命令帧后，本地 DTE 可以接收来自远程 DTE 的：

a) 带有数据链路层地址为“A”的 DM 响应帧[按 GB/T 14399—2008 中定义的]；或

b) 带有地址“B”的未经请求的 SABM/SABME 命令帧(按 GB/T 14399—2008 中定义的)；或

c) 在 N2 次尝试后，没有任何东西。

在上述 a)和 b)的情况下，本地 DTE(符合本标准)可以希望呈现 X.25 DCE 的角色，并且按照 GB/T 14399—2008起作用。

在 c)的情况下，本地 DTE 将试探地发送带有地址“A”的 SABM/SABME 命令帧，如果随后本地 DTE 接收地址为“A”的 UA 响应帧，则本地 DTE 将承担 X.25 DCE 的角色。否则，它将终止其动作，并放弃呼叫。

附 录 G
（资料性附录）
多选择拒绝帧中的信息字段编码举例

G.1 概述

本附录通过举例指示可以如何利用范围列表以及单个帧标识与多选择拒绝帧中的信息字段进行编码。范围列表标识出一序列连续编号的需要重传的I帧。尽管此方法同等地适用于模8、模32 768和模2 147 483 768，但这些例子示出用于模128。在每种情况下，在控制字段指出了需要重传的第1个I帧，在信息字段中指出了需要重传的其余I帧。

G.2 举例

例1是I帧4、6、9、10、11、12和15需要重传的情况。

A	C			信息字段								FCS
		x	4	0	6	1	9	1	12	0	15	
				指示		范围				指示		

例2是I帧4、6、9、10、11、12、15、16、17和19需要重传的情况。

A	C			信息字段												FCS
		x	4	0	6	1	9	1	12	1	15	1	17	0	19	
				指示		范围				范围				指示		

例3是I帧4、5、6、9、11、12、13、15、16、17和19需要重传的情况。

A	C			信息字段																FCS
		x	4	1	5	1	6	0	9	1	11	1	13	0	15	1	17	1	19	
				范围				指示		范围				指示		范围				

在前述的所有例子中，因为在控制字段中N(R)值之前的比特是P/F位，它表示为有一个值x，x可以为“0”或“1”。

附　录　H
（资料性附录）
帧格式类型

已经定义了下列帧格式类型，根据约定，长度子字段中的值“0”意味着接收器宜扫描下一个标志序列来终止帧。

H.1　帧格式类型 0

标志	帧格式	地址字段	控制	信息	FCS	标志
1	1	$n_a \geqslant 1$	$n_c \geqslant 1$	$n \geqslant 0$	2	1

总帧长 5～127 个八位位组

该帧格式预期用于需要小的帧长度的带宽受限环境。该格式试图将头部开销在最大可能程度上减到最小。

H.2　帧格式类型 1

标志	帧格式	地址字段	控制	信息	FCS	标志
1	2	$n_a \geqslant 1$	$n_c \geqslant 1$	$n \geqslant 0$	p=1,2,4	1

总帧长 5～4 095 个八位位组

定义的该帧格式与带有长度字段的基本方式 HDLC 相似。不使用分段子字段。该帧格式与所要求的那些媒体一起用于通过具有长度字段获得利益的场合，例如，避免为透明性插入比特或八位位组。

H.3　帧格式类型 2

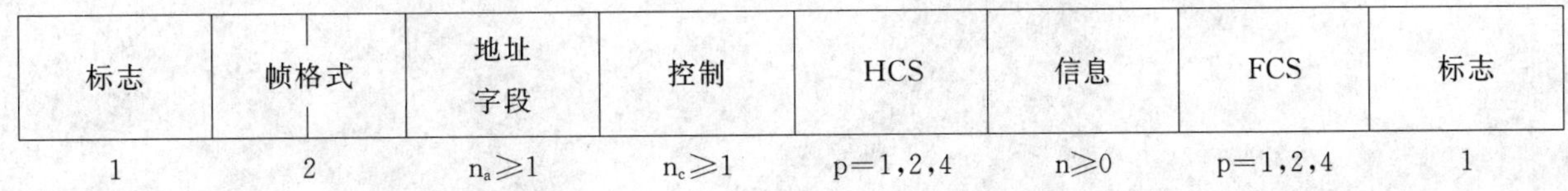

标志	帧格式	地址字段	控制	HCS	信息	FCS	标志
1	2	$n_a \geqslant 1$	$n_c \geqslant 1$	p=1,2,4	$n \geqslant 0$	p=1,2,4	1

总帧长 5～2 047 个八位位组

该帧格式用于需要附加差错保护和（或）较长帧长度的那些环境。类型 2 要求使用分段子字段，因此，将长度字段减少到 11 个比特。没有信息字段的帧，例如某些监控帧，或 0 长度信息字段的帧，不包含 HCS 和 FCS，只包含 FCS。HCS 和 FCS 多项式相同。HCS 的长度可以是 1、2 或 4 个八位位组。

H.4　帧格式类型 3

标志	帧格式	目的地址	源地址	控制	HCS	信息	FCS	标志
1	2	$n_a \geqslant 1$	$n_a \geqslant 1$	$n_c \geqslant 1$	p=1,2,4	$n \geqslant 0$	p=1,2,4	1

总帧长 7～2 047 个八位位组

此帧格式用于需要附加差错保护、源和目的地标识、和(或)较长帧长度的那些环境。类型 3 要求使用分段子字段,因此,将长度字段减少到 11 个比特。没有信息字段的帧,例如某些监控帧,或 0 长度信息字段的帧,不包含 HCS 和 FCS,只包含 FCS。HCS 和 FCS 多项式相同。HCS 的长度可以是 1、2 或 4 个八位位组。

ICS 33.180.10
M 33

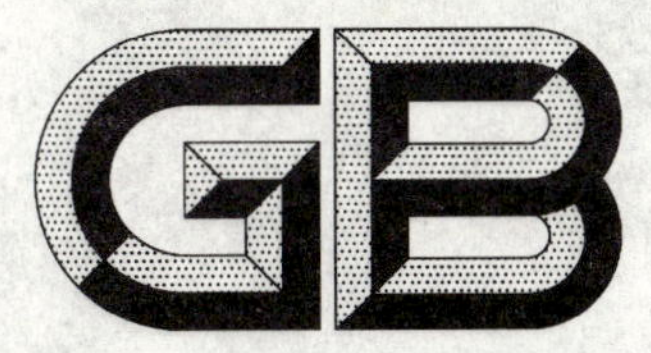

中华人民共和国国家标准

GB/T 7424.2—2008
代替 GB/T 7424.2—2002

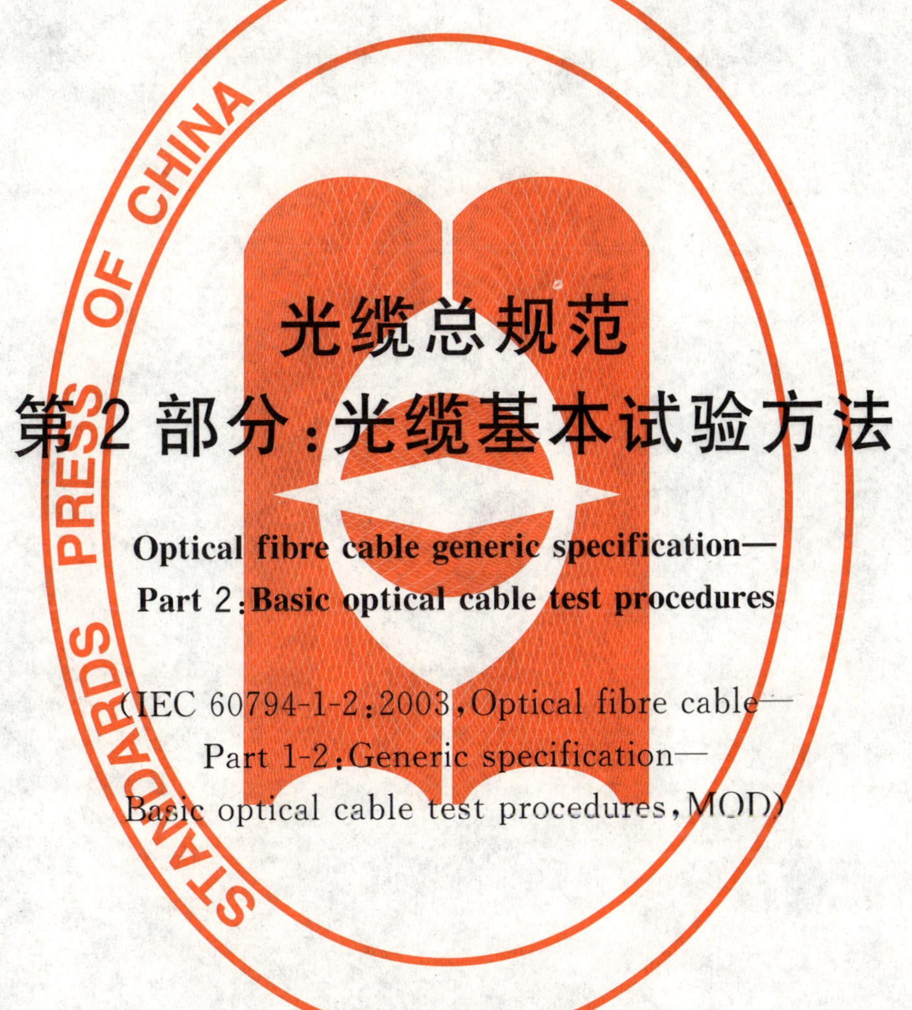

光缆总规范
第2部分:光缆基本试验方法

Optical fibre cable generic specification—
Part 2: Basic optical cable test procedures

(IEC 60794-1-2:2003, Optical fibre cable—
Part 1-2: Generic specification—
Basic optical cable test procedures, MOD)

2008-03-31 发布　　2008-11-01 实施

中华人民共和国国家质量监督检验检疫总局
中国国家标准化管理委员会　发布

前　言

GB/T 7424《光缆总规范》分为以下部分：

——第1部分：总则；

——第2部分：光缆基本试验方法。

……

本部分为GB/T 7424《光缆总规范》的第2部分。

本部分修改采用IEC 60794-1-2：2003《光缆　第1-2部分：光缆基本性能试验方法》，其主要差异如下：

——第3章“总则”中，量的数值按GB/T 8170规定修约；监测和检查的方法和抽样，按国内现行情况规定；

——将IEC中的“3.3　定义”与“3.6　图形符号和术语”合并为本条“3.3　术语和定义”，并将IEC文本列于第29章中的光纤带定义移至本条中；“3.4　标准大气条件”的标题改为“试验环境条件和预处理条件”，增加的具体规定摘录于“GB/T 2421—1999　电工电子产品环境试验　第1部分：总则”规定的标准试验大气条件；

——IEC中方法E14“复合物滴流”应是环境性能试验，本部分中改为方法F6。IEC中方法E15“析油和蒸发”是材料试验，本部分不列入；

——方法E1和方法E3中，补充了部分细节和具体数据；

——方法E4中，建议落高为1 m；

——方法E7中，扭转角度增加了按有关规范规定的角度；

——方法E10中，将光缆是否弯折的判定改为“使圆环的直径减小到有关规范规定的最小值”后再观察；

——方法E11中，方法E11A加上名称“卷绕”，为方法E11B加上名称“U型弯曲”；

——方法F1中，增加了“试样应在20℃±5℃下处理24 h”的一般性规定。

本部分代替GB/T 7424.2—2002《光缆总规范　第2部分：光缆基本试验方法》。

本部分与GB/T 7424.2—2002的主要差异如下：

——3.4标题由“标准大气条件”改为“试验环境条件和预处理条件”，并直接引用GB/T 2421—1999的具体规定；

——取消“3.6 图形符号与术语”，以下条目编号顺减；

——3.8改为3.7，增加了具体内容；

——增加了第4章“光缆试验”，以便与IEC 60794-1-2：2003相同。本章说明本部分中的方法编号情况。以后的各章的编号顺延；

——方法E7中的扭转角增加了建议值“±180°”；

——方法E13又分为两个方法E13A和E13B。E13A与原来内容基本相同，但去掉了对弹着点数量的限制。E13B为新增加的方法；

——方法E18分成了E18A和E18B两个方法，程序由2个增加为4个。增加了单一局部弯曲和多个局部弯曲的程序；

——方法E19“风振”制定了详细的内容，它等同采用IEC 60794-1-2：2003中的方法E19；

——增加并制定了方法E20“成圈性能”的详细内容，它等同采用IEC 60794-1-2：2003中的方法E20；

——方法 F6 的预处理限值由“光缆试样总质量的 0.5%或 0.5 g”改为两者的较小者；

——增加并制定了方法 F10“耐静水压”及其具体内容，它等同采用 IEC 60794-1-2:2003 中的方法 F10；

——增加并制定了方法 H1“短路电流试验”及其具体内容，它等同采用 IEC 60794-1-2:2003 中的方法 H1；

——增加并制定了方法 H2“沿电力线路的架空光缆的雷电试验”及其具体内容，它等同采用 IEC 60794-1-2:2003 中的方法 H2。

本部分由中华人民共和信息产业部提出。

本部分由中国通信标准化协会归口。

本部分由四川汇源光通信股份有限公司、成都大唐线缆有限公司、信息产业部有线通信产品质量监督检验中心、电信科学技术第五研究所起草。

本部分主要起草人：王则民、赵秋香、陈方春、薛梦驰、虞春、宋志佗、时彬。

本部分所代替标准的历次版本发布情况：

a) GB/T 7425(所有部分)—1987、GB/T 8405(所有部分)—1987；

b) GB/T 7424.1—1998 的第 3 章和第 6 章；

c) GB/T 7424.2—2002。

光缆总规范
第2部分:光缆基本试验方法

1 范围

GB/T 7424的本部分规定了光缆的机械性能、环境性能和元件的各试验方法的目的、试样、设备、程序和要求等。

本部分适用于GB/T 7424.1规定的光缆。

2 规范性引用文件

下列文件中的条款通过GB/T 7424的本部分的引用而成为本部分的条款。凡是注日期的引用文件,其随后所有的修改单(不包括勘误的内容)或修订版均不适用于本部分,然而,鼓励根据本部分达成协议的各方研究是否可使用这些文件的最新版本。凡是不注日期的引用文件,其最新版本适用于本部分。

GB/T 2423.22—2002 电工电子产品环境试验 第2部分:试验方法 试验N:温度变化(IEC 60068-2-14:1984,IDT)

GB 5023.2—1997 额定电压450/750 V及以下聚氯乙烯绝缘电缆 第2部分:试验方法(idt IEC 60227-2:1979)

GB/T 7424.1—2003 光缆总规范 第1部分:总则(IEC 60794-1-1:2001,MOD)

GB/T 8170 数值修约规则

GB/T 15972.22—2008 光纤试验方法规范 第22部分:尺寸参数的测量方法和试验程序——长度(IEC 60793-1-22:2001,MOD)

GB/T 15972.32 光纤试验方法规范 第32部分:机械性能的测量方法和试验程序——涂覆层可剥性(GB/T 15972.32—2008,IEC 60793-1-32:2001,MOD)

GB/T 15972.46—2008 光纤试验方法规范 第46部分:传输特性和光学特性的测量方法和试验程序——透光率变化(IEC 60793-1-46:2001,MOD)

GB/T 15972.54 光纤试验方法规范 第54部分:环境性能的测量方法和试验程序——伽玛辐照(GB/T 15972.54—2008,IEC 60793-1-54:2003,MOD)

YD/T 629(所有部分) 光纤传输衰减变化的监测方法

IEC 60544(所有部分) 电气绝缘材料 离子辐照影响的确定

3 总则

3.1 引言

除非详细规范中另有规定,本章的各条规定应适用于本部分规定的各试验方法。

3.2 试验方法格式

各试验方法格式应按如下标准顺序编制。在保持这个总体顺序的同时,可插入附加条款。

目的

试样

设备

程序

要求

待规定细节

3.3 术语和定义

下列术语和定义适用于图1所示的光纤带横截面。

3.3.1

宽度和厚度 width and thickness

光纤带的宽度 w 和厚度 t 是包围光纤带横截面的最小矩形的长边和短边的尺寸。

3.3.2

基线 basis line

基线是在光纤带横截面中通过第一根光纤(光纤 1)中心和最后一根光纤(光纤 n)中心的直线。

3.3.3 光纤排列

3.3.3.1

光纤水平间距 horizontal fibre separation

光纤水平间距是在纤带横截面中两光纤中心在基线上的垂直投影距离。

可区别为两个水平间距参数:

a) 相邻光纤中心间的距离 d;

b) 两侧光纤中心间的距离 b。

3.3.3.2

平整度 planarity

光纤带的平整度 p 是这些光纤中心到基线的垂直间距最大正值和最大负值的绝对值之和。光纤中心在基线"之上"时,垂直间距为正,光纤中心在基线"之下"时,垂直间距为负。

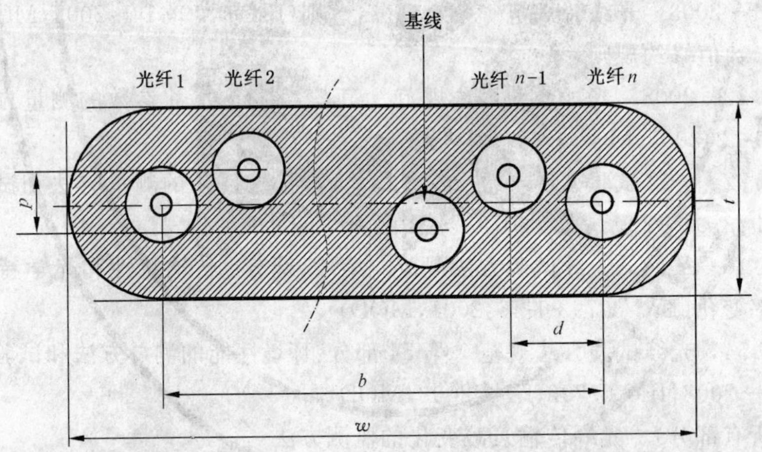

w——光纤带宽度;

t——光纤带厚度;

d——光纤带中相邻光纤中心间的距离;

b——光纤带中两侧光纤中心间的距离;

p——光纤带平整度。

图 1 光纤带横截面几何结构示意图

3.4 试验环境条件和预处理条件

3.4.1 除非另有规定,本部分规定的试验环境条件应是标准试验大气条件,即应符合如下规定:

——温度为(15～35)℃;

——相对湿度为 25%～75%;

——气压为(86～106) kPa。

3.4.2 除非另有规定,本部分规定的试验样品应在上述试验环境条件下预处理 24 h。

3.5 量的数值

本部分规定的量的数值应有明确的有效位数,测量值应按 GB/T 8170 规定修约到与规定值同样的有效位数后,再与规定值比较。

3.6 安全

待定。

3.7 定标

3.7.1 定标

定标程序可规定为这一套操作:在指定的条件下,建立测量系统指出的值和基准材料的已知值之间的相互关系。一旦建立起来,这个关系可用于调节测量系统,以纠正统计显著偏差。只要知道确定性的关系存在,系统调节可以采取例如硬件或软件调节的形式。

保证设备在使用前按制造商的说明书定标和调节,以便使测量不确定性最小。

记录定标过程的有关资料,例如基准材料或所用试验设备的定标值和不确定性。

3.7.2 评估不确定度[1)]

测量不确定度可被定义为估计被测量(被测物理量)的真值落在处于给定可信度(或置信水平)以内的范围。测量不确定度通常包含几个成分,其中有些可用统计技术估算(所谓的 A 型不确定度),而另一些可在实验或其他资料的基础上估算(所谓的 B 型不确定度)。不确定度的成分或变化是加成的,置信间隔可针对基于变化成分的总和的测量来计算。

不确定度的典型构成可包括如下来源的不确定度:

- 基准材料或所用设备的定标不确定度——通常在标准的定标证书上陈述;
- 转换不确定度——基准材料或设备的认证值因其被定标而产生的估算变化;
- 操作不确定度——环境条件(例如温度和湿度)的估算影响;
- 试样和定标标准的测量的统计(随机)不确定度——起因于诸如电气噪音、振动、数据量化等。

3.8 监测和检查

3.8.1 光纤传输衰减变化(即透光度变化)的监测

在本部分方法 F1 中应按 GB/T 15972.46—2008 中方法 B 或 YD/T 629.2 规定进行,在本部分其他方法中应按 GB/T 15972.46—2008 中方法 A 或 YD/T 629.1 规定进行。在受试光缆芯数不多于 12 芯时应监测全部光纤,在多于 12 芯时应监测至少 12 根光纤,抽样时应考虑到光纤结构位置和色谱等方面的代表性。

3.8.2 光纤的光学连续性和断裂的检测

可采用通可见光目视检测方法或按 GB/T 15972.46—2008 中方法 B 或 YD/T 629.2 规定方法进行检测,应检测受试光缆中的全部光纤。

3.8.3 光缆护层检查

护套开裂检查,应以正常视力进行目视检查。

3.8.4 适时检测

应按有关规定,在试验之前、之中和(或)之后进行适时监测和检查。

4 光缆试验

下面的测量程序叙述光缆的机械性能试验(编号 E 系列)和环境性能试验(编号 F 系列)、光缆元件的几何尺寸和机械性能试验(编号 G 系列)以及沿电力线路的架空光缆的电性能试验(编号 H 系列)。其中某些试验还在考虑中。

注:由于本部分中的试验编号尽可能与 IEC 60794-1-2 中相同,较早 IEC 版本中的某些试验已被其他试验取代或已确定是不适用的,因此,在试验编号顺序中缺少 E9、E16、F2 和 F4 等号码。

1) 见 ISO/IEC 关于表达测量不确定度的导则。

5 方法 E1:拉伸性能

5.1 目的

本方法适用于测量光缆在规定拉伸负载(通常是安装期间允许的负载)范围内的拉伸性能,即测定光缆中光纤的衰减变化、光纤应变和(或)光缆的应变与拉伸负载的函数关系。本方法的意图是非破坏性的,即施加的拉伸负载应在允许的最大拉力以内。

本方法依所监测的项目不同,分为:

a) 方法 E1A,是确定光纤衰减变化的方法;

b) 方法 E1B,是确定光纤伸长应变和光缆伸长应变的方法。它能提供光缆安装时的最大允许拉力和光缆应变限量的资料。

应按照详细规范或用户和制造厂间的协议,可单独使用方法 E1A 或方法 E1B,或者联合使用这两个方法来分别测量光缆的不同拉伸性能。

5.2 试样

从盘装或成圈的光缆上取出一段受试光缆,其长度足以取得希望的精度。

当采用图 2 设备时,除非另有规定,光缆受试段长度近似为两卡盘入口切点间的光缆长度与一个卡盘周长之和,它应不小于 50 m。

当采用图 3 设备时,除非另有规定,光缆受试段长度为两夹头间的光缆长度,它应不小于 25 m。

受监测的光纤两端应制备成平整、清洁并垂直于光纤轴的端面。

5.3 设备

试验设备示例见图 2 和图 3。试验设备的拉力量程不得超过被试光缆最大允许拉力的 5~10 倍。

试验设备应包括:

a) 机械装置

1) 一套夹持装置,用于抓住光缆各元构件,使它们相互间无实质性滑移,且不会影响试验结果。例如图 2 中的卡盘和图 3 中的夹头,其卡盘直径应不小于试样外径 30 倍。

注:对于自承式架空光缆,当详细规范有要求时,应借助与其光缆吊挂型式相关的装置来进行光缆固定。对于某些重型铠装光缆,其夹持装置可以采用网套夹或类似锚桩装置。

2) 一套可选用的传递装置,可用于图 2 设备中使较短的设备长度能容许较长的受试段长度,其滑轮直径应不小于试样外径 30 倍。

3) 一台拉力装置,用于以规定拉伸速率在规定的拉力范围内提供平稳的拉伸负载。

b) 监测设备

1) 一套测力装置(含拉力传感器),用于测量试样所受拉伸负载,其传感器最大误差应是它的最大测量范围的±3%。

2) 一台光纤衰减变化测量设备,用于方法 E1A,它应符合 GB/T 15972.46—2008 中方法 A 或 YD/T 629.1 规定。

3) 一台光纤应变测量设备,用于方法 E1B,它应符合 GB/T 15972.22—2008 中方法 C 规定。

4) 一套可选用的光缆伸长测量装置,用于方法 E1B,它可基于机械方法,也可基于电气方法,其精度应确保光缆应变测量结果的误差不大于±0.01%。

5) 一只可选用的多路光开关,用于多路光纤监测的转换。

5.4 程序

a) 试验环境条件应符合 3.4 规定。

b) 把光缆装在拉伸设备上,在两端用夹持装置把光缆均匀地固紧,防止光缆的各元构件相互滑移。对于大多数光缆结构,例如层绞式光缆,实际是夹持住除光纤以外的各元构件,这足以用于测量拉伸性能,例如衰减变化、光纤应变、光缆应变和最大允许拉力。但是,对于某些光缆结构，例如中心管式光缆，可能需要注意防止光纤纵向滑移，以便得到正确的光纤应变。

c) 把受试光缆中的受监测光纤连接到监测设备。在拉伸试样时，应注意受监测的基准长度不得变化。

d) 拉伸力应连续地增加到详细规范中规定的(各)要求值，例如长期允许拉伸力和最大拉伸力(通常为短暂允许拉伸力)，除非另有规定，保持时间至少为 1 min，拉伸速率应为 5 mm/min～10 mm/min。然后，逐渐卸去负载。这样一个加载和卸载的过程，构成一个循环。

e) 在加载过程中，应作为光缆拉伸负载的函数来记录规定波长下的衰减变化、光纤应变和(或)光缆应变。除非另有规定，对于 12 芯以下光缆，应监测全部光纤，对于 12 芯及以上光缆，应监测至少 12 根光纤。

f) 除非另有规定，试验循环次数应为 1 次。

g) 当有要求时，在最终卸载 5 min 后，测量衰减变化、光纤应变和(或)光缆应变的残余值。

5.5 要求

试样的衰减变化、光纤应变和(或)光缆应变，以及去除拉力后它们的残余值，应符合详细规范中规定。

当详细规范有要求时，应提供和评价光纤应变和(或)光缆应变与拉伸负载的函数关系，如图 4 所示。当有要求时，应确定光纤应变始发点的拉伸负载数值，即光纤应变与拉伸负载的函数曲线图上，曲线的线性部分与拉伸负载轴的交点处的拉伸负载。

5.6 待规定细节

详细规范应包括如下内容：

a) 光缆长度和受拉伸长度；

b) 负载传感器；

c) 注入条件和衰减测量装置(当必要时)；

d) 光纤应变测量装置(当必要时)；

e) 是否要求在规定波长下衰减变化、光纤应变和(或)光缆应变与拉伸负载的函数关系；

f) 拉伸增加的速率(当另有规定时)；

g) 光缆长度测量的最小精确度(当另有规定时)；

h) 环境温度(当不同于 3.4 规定时)。

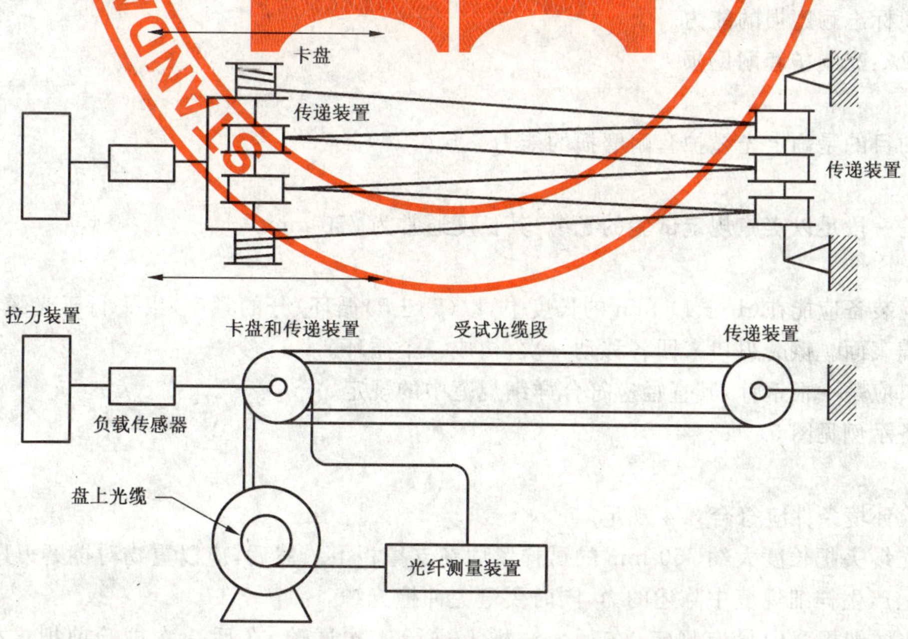

图 2 使用传递装置和卡盘的拉伸性能测量设备示例

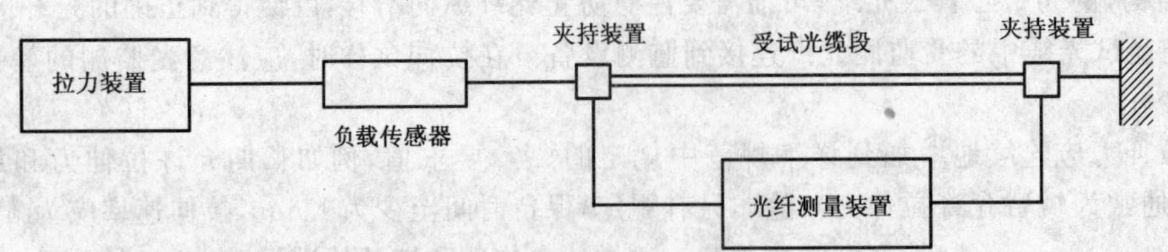

图 3　拉伸性能测量设备

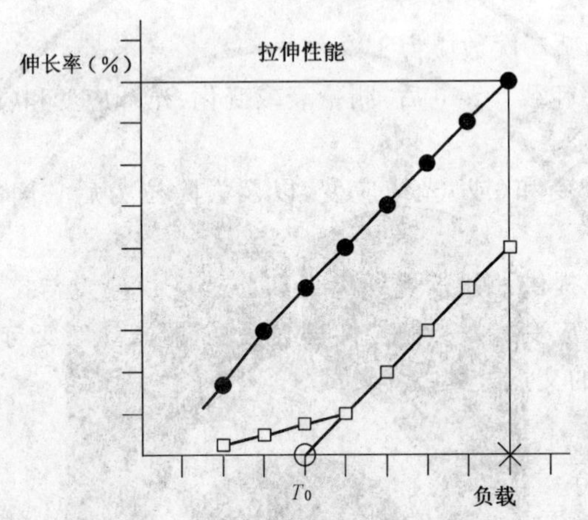

● 光缆伸长率；　□ 光纤伸长率；　○ T_0；　× T_{max}

注：T_0 相应于光纤开始受应变的负载；T_{max} 相应于规定的最大拉力负载。

图 4　光纤和光缆的伸长与负载的函数关系实例

6　方法 E2:磨损

光缆耐磨损性包括两个方面：

a)　护套耐磨损的能力；

b)　光缆标志耐磨损的能力。

6.1　方法 E2A:光缆护套耐磨损

6.1.1　目的

本试验的目的是确定光缆护套耐磨损的能力。

6.1.2　试样

试样应是一段足以实施规定试验的光缆,其长度通常为 750 mm。

6.1.3　设备

磨损试验装备应能在(10±1) mm 的长度上,以(55±5)循环/分的频率,沿平行于光缆纵轴的方向来回擦磨光缆表面。擦磨刃口来回各移动一次,构成一个循环。

擦磨刃口应是一根钢针,其直径应符合详细规范中的规定。

典型设备示例见图 5。

6.1.4　程序

a)　试验环境条件应符合 3.4 规定。

b)　用光缆夹把长度大约 750 mm 的试样紧固在支撑板上。然后,应以重物对擦磨刃口加载,在光缆上产生详细规范中陈述的力,同时要避免冲撞光缆。

c)　除非详细规范中另有规定,在每个试样上进行 4 次试验,在后一次试验前把试样向前移动 100 mm 并总是沿相同方向旋转 90°角。

6.1.5 要求

在完成规定的循环次数之后，护套应无穿孔，光纤应保持光学连续性。

6.1.6 待规定细节

详细规范应包括如下内容：

a) 循环次数；

b) 针棒直径；

c) 施加的力。

6.2 方法 E2B：光缆标志耐磨损

6.2.1 目的

本试验的目的是确定光缆标志耐磨损的能力。

依据标志的种类和详细规范中的规定，应使用如下两种方法之一：

- 方法 1，适用于坚硬的标志类型，例如压凸纹、压凹纹和熔结的标志；
- 方法 2，适用于上述类型之外的标志。

6.2.2 试样

试样应是足以实施规定试验的一段光缆，其长度通常为 750 mm。

6.2.3 设备

6.2.3.1 方法 1

典型设备示例见图 5。

该装置应能在 40 mm 的长度上，以(55±5)循环/分的频率，擦磨平行于光缆纵轴的光缆标志。擦磨刃口来回各移动一次，构成一个循环。

擦磨刃口应是一根钢针，其直径为 1 mm 或按详细规范中的规定。

6.2.3.2 方法 2

该设备包括：

a) 一台试验装置，用于把力通过羊毛毡施加到受试光缆上。典型示例见图 6；

b) 两块白色羊毛毡；

c) 对试样施加力的重物。

6.2.4 程序

试验环境条件应符合 3.4 规定。

6.2.4.1 方法 1

用光缆夹把长度约 750 mm 的试样紧固在支撑板上，使试样标志直接处于擦磨刃口下施行试验。然后，应以重物对擦磨刃口加载，在光缆上产生详细规范中规定的力，同时要避免冲撞光缆。然后，施行详细规范中规定的循环次数的擦磨。

6.2.4.2 方法 2

应把带标志的光缆试样放在用水浸透的两块羊毛毡之间。然后，应把详细规范中规定的标称力(F)施加到在 100 mm 上前后移动的试样标志上，施行详细规范中规定的擦磨循环次数。

6.2.5 要求

在完成详细规范中规定的循环次数之后，标志应字迹清晰可辨。

6.2.6 待规定细节

详细规范应包括如下内容：

a) 循环次数；

b) 所用方法；

c) 针棒直径(方法 1)；

d) 施加的力。

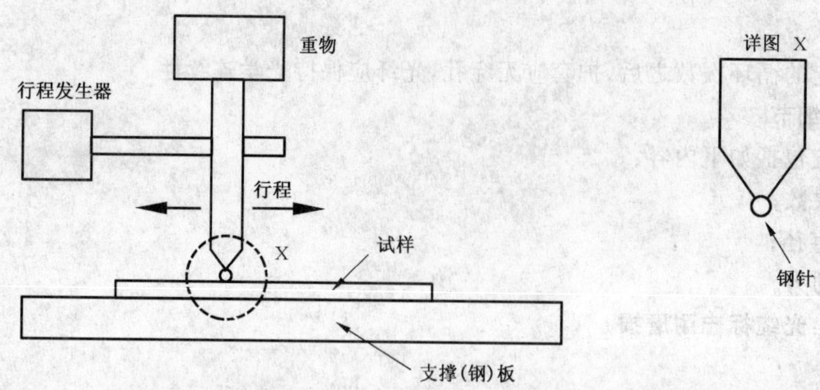

图 5　用于试验 E2A 和 E2B 方法 1 的典型试验装置

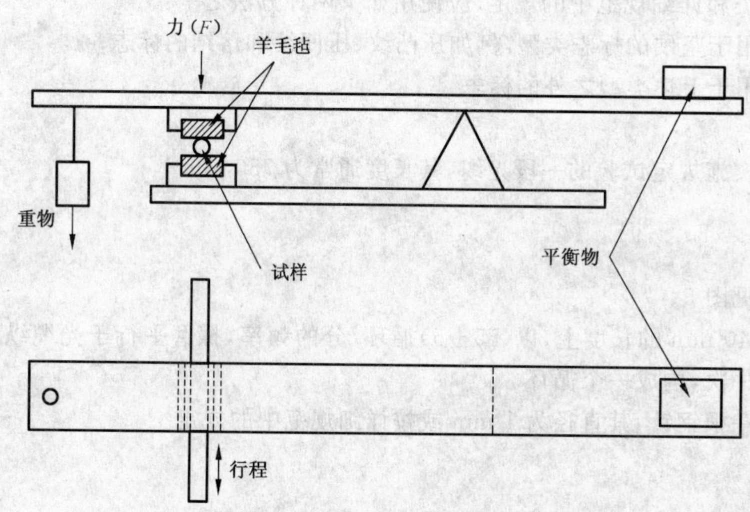

图 6　用于试验 E2B 方法 2 的典型试验装置

7　方法 E3:压扁

7.1　目的

本试验的目的是确定光缆承受压扁的能力。

7.2　试样

试样应是一段足以实施规定试验的光缆。

7.3　设备

该设备的可移动钢板应能在光缆试样的 100 mm 长度上均匀地施加压扁力,使试样在平的钢板基座和可移动钢板之间受到压扁。

可移动钢板的边缘应以约 5 mm 半径倒角,倒角边缘不包括在钢板的 100 mm 平整部分之内。设备示意图见图 7。

7.4　程序

试验环境条件应符合 3.4 规定。

应把试样安放在两块钢板之间,防止横向移动,然后,逐渐地而无任何突然变化地施加力。如果以步级方式增加力,其增长比率应不超过 1.5∶1。

除非详细规范中另有规定,施加的压扁力应增加到详细规范中规定的(各)值,例如长期允许压扁力和最大压扁力(通常为短暂允许压扁力),并在保持时间至少 1 min 后进行监测,然后逐渐卸去压扁力,过 5 min 后再进行最终监测和检查。

除非另有规定，试验应施行三次，把力加在试样上间距不小于 500 mm 且不转动光缆的 3 个不同地方。

当详细规范中有要求模拟特殊的工作条件时，可垂直于试样插入一根或多根钢棒来实施一个附加试验或替代试验(除非详细规范中另有规定，钢棒直径为 25 mm)。

7.5 要求

试验的合格判据应在详细规范中规定。通常的合格判据是光纤不断裂、衰减变化不超过详细规范中规定的值和光缆护套不开裂。

7.6 待规定细节

详细规范应包括如下内容：

a) 施加的(各)压扁力；

b) 施加力的持续时间(当另有规定时)；

c) 试验次数；

d) 试验点之间的间距；

e) 钢棒排列方式(当采用时)。

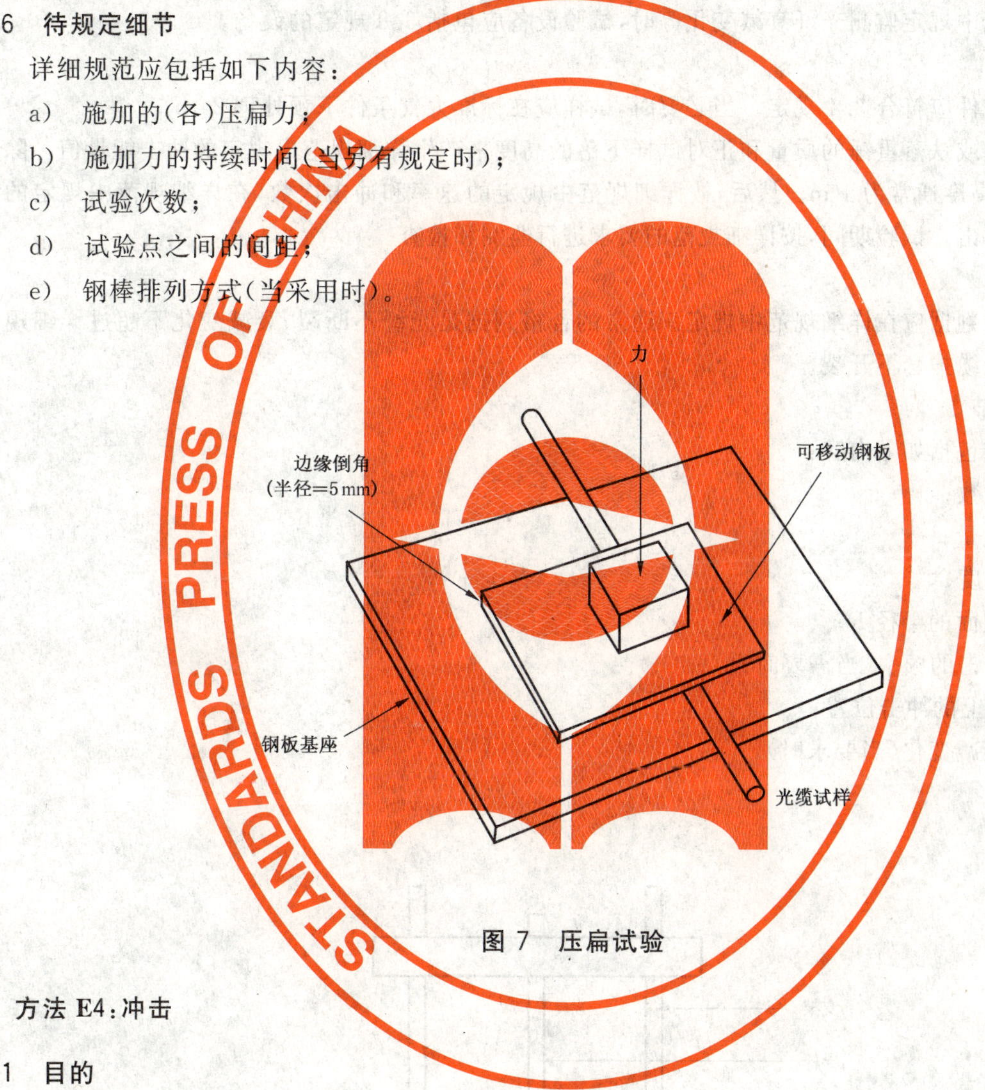

图 7 压扁试验

8 方法 E4:冲击

8.1 目的

本试验的目的是确定光缆承受冲击的能力。

8.2 试样

8.2.1 试样长度

试样长度应足以施行规定的试验。当只是评定物理损伤时，长度范围可从 1 m(例如小直径的软跳线或双芯光缆)到 5 m(例如较大直径光缆)。当要求监测衰减变化时，则试样应是足够长度的光缆端部的一段。

8.2.2 终端

试样可在两端以连接器或者以把所有的光纤、护套和张力构件夹持在一起的适当方式进行终端。冲击设备上的夹子可能适用，或者试样足够长而不再需要作终端约束。

8.3 设备

该设备应能把冲击施加到固定在坚实的平钢座上的光缆试样上。当要求一次或仅仅几次冲击时，可采用图8a)所示的设备，它使一个重物垂直跌落在一个钢块上，钢块再把冲击传递到光缆试样。当要求反复冲击时(例如大于5次)，可采用图8b)所示的设备，它用一个跌落的重锤进行多次冲击。

在这两种情况中，也可采用其他等效的设备。

接触试样的撞击表面应是详细规范中规定的表面半径为 R 的圆弧形，或者象一个半球(图8c)的A)，或者是一个圆柱面(图8c)的B)。

当详细规范中规定监测光纤衰减变化等时，试验设备应包括3.8规定的设备。

8.4 程序

试验环境条件应符合3.4规定。当必要时，试样应在标准大气条件下预处理24 h。

应调整重物或跌落重锤的质量和正对试样下落的高度来产生详细规范中规定的冲击能量值。除非另有规定，下落高度通常为1 m。然后，按详细规范中规定的速率和冲击次数，在详细规范中规定的试样位置上进行冲击。试验期间，按详细规范的要求进行监测和检查。

8.5 要求

试验的合格判据应在详细规范中规定。通常的合格判据是光纤不断裂、衰减变化不超过详细规范中规定的值和光缆护套不开裂。

8.6 待规定细节

详细规范应包括如下内容：

a) 冲击次数；

b) 冲击能量；

c) 试验温度；

d) 撞击表面的半径 R；

e) 多次冲击的频率(当需要时)；

f) 在试样上的冲击位置；

g) 光纤衰减变化(当要求时)。

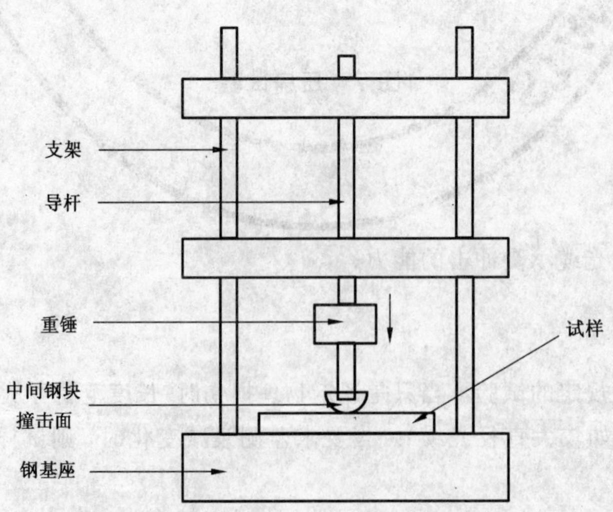

a) 用于几次冲击的设备

图8 冲击试验

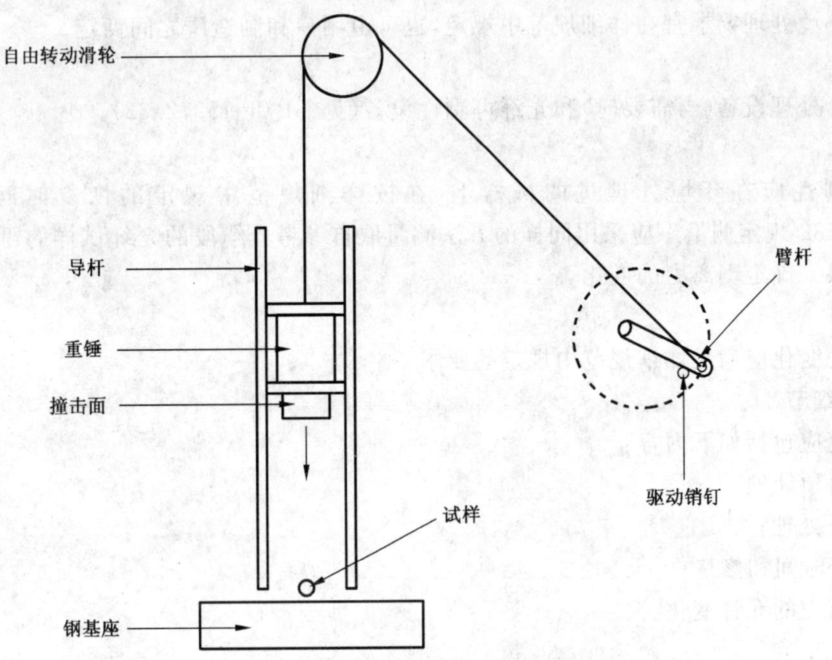

b) 用于多次冲击的设备

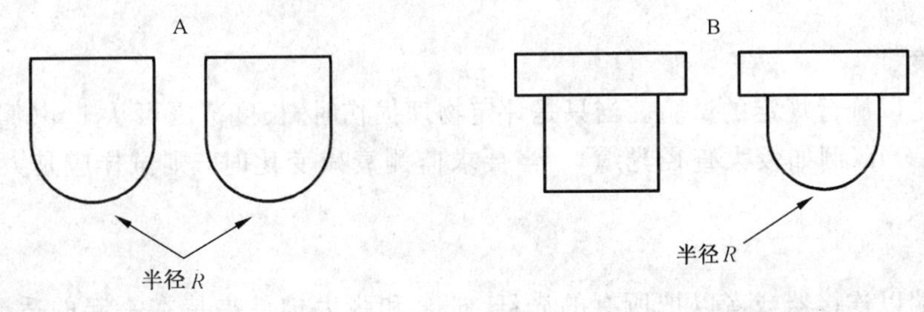

c) 撞击面详图

图 8（续）

9 方法 E5:已成缆光纤的剥离力稳定性

9.1 目的

本试验通过测量已成缆光纤暴露到各种环境条件后可剥性的变化来确定已成缆光纤剥离力的稳定性。

9.2 试样

9.2.1 试样长度

光缆或光纤试样的长度应足以施行规定的试验。

9.2.2 试样制备

抽取光纤的光缆，在抽出光纤之前应按详细规范中的规定作预处理。

试验应在取自分成两段(最小 2 m)的光缆试样中的光纤上执行。一段用于试验，另一段用于参考测量。

应提供足够的光纤试样，可用于测量的试验用试样和参考测量用试样各 10 个。

光纤抽出之后，应小心地去掉粘在光纤上的所有填充复合物，例如用柔软的薄纸擦净。

光缆的环境处理要求宜在详细规范中规定，也可由用户和制造厂之间商定。

9.3 设备

设备包括处理设备（当需要时）和光纤可剥性设备（见 GB/T 15972.32）。

9.4 程序

光纤可剥性应在环境处理过的试样上，在按详细规范中规定的恢复时间和修整之后，按 GB/T 15972.32 规定测量。应采用同样的方法测量取自参考光缆段的光纤试样的可剥性，并且应通过比较试验结果来确定剥离力的变化。

9.5 要求

剥离力的变化应满足详细规范中规定的要求。

9.6 待规定细节

详细规范应包括如下内容：

a） 光缆预处理；

b） 光纤处理；

c） 恢复时间和修整；

d） 剥离力的允许变化。

10 方法 E6：反复弯曲

10.1 目的

本试验的目的是测定光缆承受反复弯曲的能力。

10.2 试样

10.2.1 试样长度

试样长度应足以施行规定的试验。当只是评定物理损伤时，长度范围可从 1 m（例如小直径的软跳线或双芯光缆）到 5 m（例如较大直径光缆）。当要求监测衰减变化时，则试样应是大长度光缆端部的一段。

10.2.2 终端

试样可在两端以连接器或者以把所有的光纤、护套和张力构件夹持在一起的适当方式进行终端。弯曲设备上的夹子可能适用，或者试样足够长而不再需要终端约束。

10.3 设备

该设备应能使试样承受拉伸负载的同时，允许向铅垂线左右两边各弯曲 90°角。

适用光缆试验的设备示例见图 9，适用于光缆/连接器组件试验的设备示例见图 10。可使用其他等效的设备。

弯曲臂应有一个可调节的夹具或定位器，用于在整个试验期间有效地固定光缆，同时还不会挤压光纤和增加光纤损耗。对于带连接器的光缆，可通过连接器在弯曲臂上固定住光缆。

该设备应能循环运转。试样从铅垂位置摆动到右极限位置，然后摆动到左极限位置，再返回到起始的铅垂位置，构成 1 个循环。除非详细规范中另有规定，弯曲的速率应约为 2 s 1 个循环。

当详细规范中规定监测光纤衰减变化等时，试验设备应包括 3.8 规定的设备。

10.4 程序

a） 试验环境条件应符合 3.4 规定。

b） 本程序可规定为 6 步：

——第 1 步：在标准大气条件下预处理试样 24 h；

——第 2 步：应把试样固定到如图 9 或图 10 所示的设备上；

——第 3 步：按详细规范中规定，加上重物；

——第 4 步：测量合格判据参数，建立原始值；

——第 5 步:按详细规范中规定的循环次数施行反复弯曲;

——第 6 步:进行合格判据参数测量。当要求时,可把试样从设备取出来作目视检查。

10.5 要求

试验的合格判据应在详细规范中规定。通常的合格判据是光纤不断裂、衰减变化不超过详细规范中规定的值和光缆护套不开裂。

10.6 待规定细节

详细规范应包括如下内容:

a) 循环次数;

b) 重物质量;

c) 弯曲半径 R。

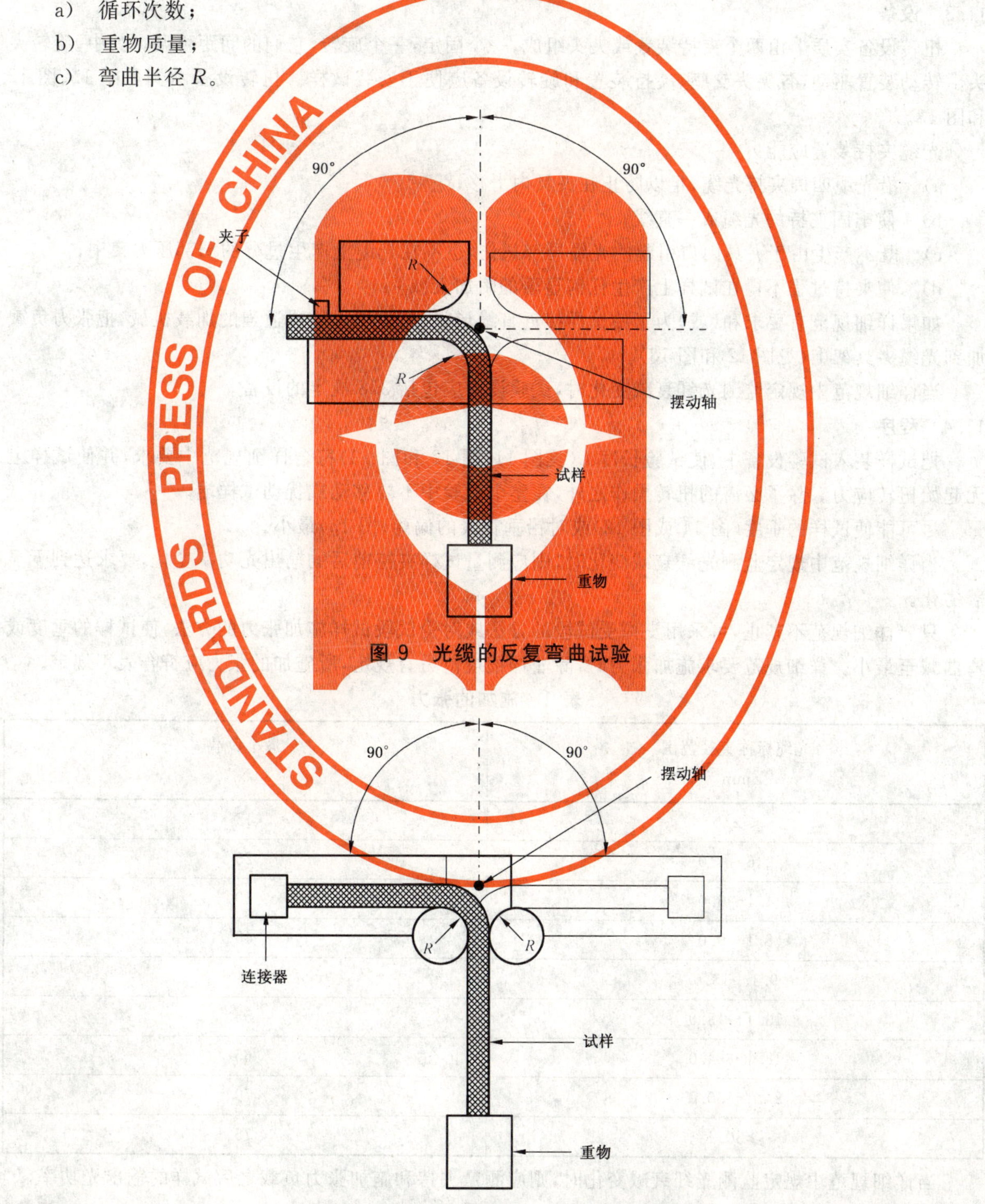

图 9 光缆的反复弯曲试验

图 10 光缆/连接器组件的反复弯曲试验

11 方法 E7:扭转

11.1 目的

本试验的目的是测定光缆承受机械扭转的能力,首先是测量光缆外护套经受到外部扭转力时光纤的传输衰减变化,第二是评价由于扭应力产生物理损伤的可能性。

11.2 试样

试样长度应足以施行规定的试验,并能足以进行详细规范中要求的衰减变化监测。

11.3 设备

扭转设备实质上由两个夹持装置或夹头组成,一个固定,一个旋转,它们的间距可调。其中,旋转夹头由转动装置驱动,各夹头支座、夹持装置和旋转设备应便于安装试样。扭转设备示例见图 11、图 12 和图 13。

光缆夹持装置应能:

a) 沿光缆四周夹持光缆,足以防止在夹具内滑移;

b) 使牢固夹持的光缆成一直线;

c) 既不产生由于夹具内口引起的光缆局部扭伤,也不在光缆上产生过分的局部压力集中;

d) 使夹持过程不得在试样上产生任何显著的附加衰减。

如果详细规范有要求和(或)为了使试样接近直线形状,应使用重物或适当的加载机械,把张力负载加到光缆夹具架上(见图 12 和图 13)。

当详细规范中规定监测光纤衰减变化时,试验设备应包括 3.8 规定的设备。

11.4 程序

把试样装入试验设备中,使试验长度 L(见图 11、图 12 和图 13)符合详细规范中要求,并使试样上无起始扭转应力。除了必需的扭转操作之外,在整个试验中不要移动或扰动试样端。

尽可能使试样的垂度(图 11 或图 12)或对铅垂直线的偏离(图 13)最小。

当详细规范中规定监测光纤衰减变化时,则应测量试样夹持前后的输出光功率变化,要求达到无显著劣化。

只要详细规范不禁止,可采用支撑受试段的方法或对受试段试样施加张力的方法,使试样的垂度或弯曲减至最小。详细规范要求施加张力时,除非详细规范另有规定,所施加的张力应符合表 1 规定。

表 1 施加的张力

光缆标称直径范围 mm	最小负载 N
≤2.5	15
2.6～4.0	25
4.1～6.0	40
6.1～9.0	45
9.1～13.0	50
13.1～18.0	55
18.1～24.0	65
24.1～30.0	70
≥30.1	75

当详细规范中规定监测光纤衰减变化时,则应测量夹持和施加张力负载之后试样的输出光功率。

按如下旋转可转动夹头:

a) 顺时针旋转180°或有关规范规定的角度；

b) 返回起始位置；

c) 逆时针旋转180°或有关规范规定的角度；

d) 返回起始位置。

这四步转动构成1个循环。除非详细规范中另有规定，每个循环在1 min内完成，总计10个循环。

第10个循环完成后，在最后的第10个循环期间的顺时针旋转的极限位置上和反时针旋转的极限位置上，以及在第10个循环完成后，确定通光光纤数。

让试样静置5 min后，进行合格判据参数的测量。当有要求时，试样可从设备中移出来，用正常视力作目视检查。

11.5 要求

试验的合格判据应在详细规范中规定。通常的合格判据是光纤不断裂、衰减变化不超过详细规范中规定的值和光缆护套与(或)缆芯元构件不损坏。

11.6 待规定细节

详细规范应包括如下内容：

a) 受试长度 L；

b) 施加的张力；

c) 监测衰减变化的光纤数；

d) 允许的最大衰减变化。

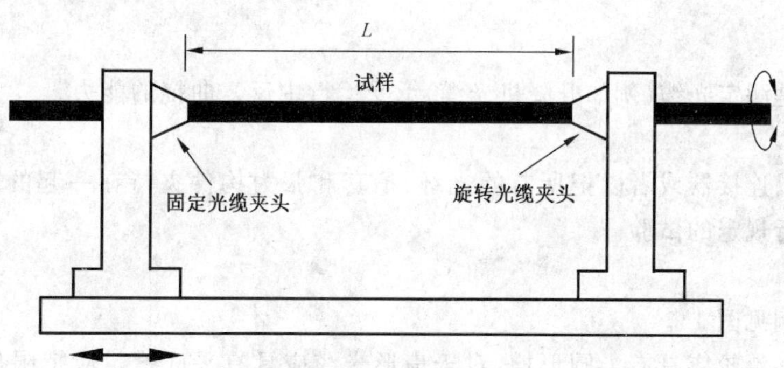

图11 光缆扭转设备

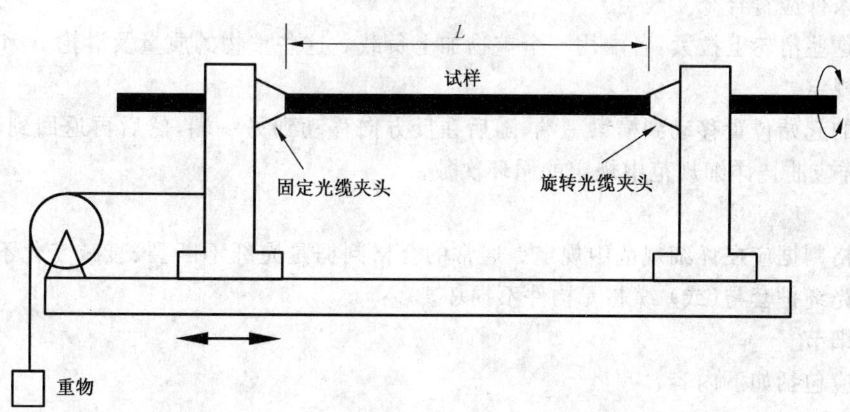

图12 施加张力的光缆扭转设备

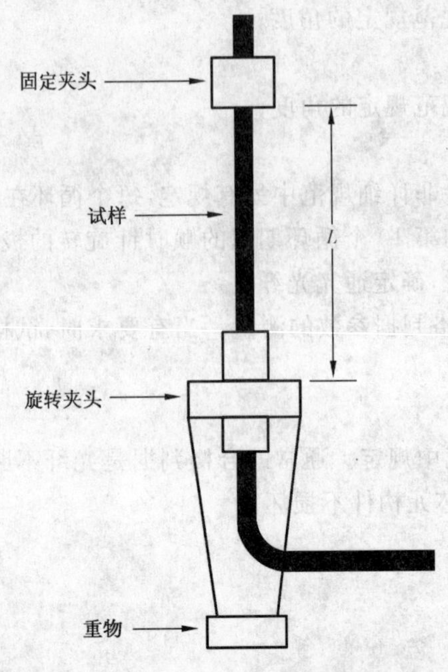

图 13 施加张力的代用光缆扭转设备

12 方法 E8：曲挠

12.1 目的

本试验的目的是测定光缆(例如升降机光缆)承受运行中反复曲挠的能力。

12.2 试样

试样可在两端以连接器或者以把所有的光纤、护套和张力构件夹持在一起的适当方式进行终端。试样长度应足以施行规定的试验。

12.3 设备

本试验设备示例见图 14。

对于圆形光缆各滑轮应具有半圆形槽，对于扁形光缆应具有平底槽。应把限位夹头 D 固定，使拉力总是由小车正在移离的那个重物施加。可使用其他等效的设备，例如 GB 5023.2 中指出的设备。

12.4 程序

试验环境条件应符合 3.4 规定。

试样应在这些滑轮上拉紧，各端用一个重物加上负载。这些重物的质量及滑轮 A 和 B 的直径应符合详细规范中规定。

小车从它的起始位置移动到横梁一端，随后在反方向移动到另一端，然后再返回到起始位置，构成 1 个循环。试样应曲挠详细规范中规定的循环次数。

12.5 要求

试验的合格判据应在详细规范中规定。通常的合格判据是光纤不断裂、衰减变化不超过详细规范中规定的值和光缆护套与(或) 缆芯元构件不损坏。

12.6 待规定细节

详细规范应包括如下内容：

a) 滑轮 A 和 B 的直径；

b) 重物的质量；

c) 循环次数。

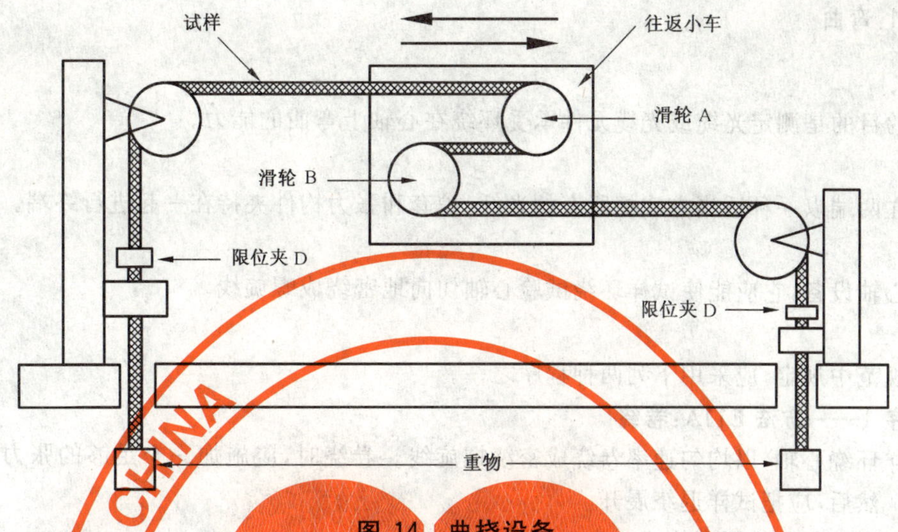

图 14　曲挠设备

13　方法 E10:弯折

13.1　目的

本试验的目的是确定光缆成环直径缩小到规定值时是否引起光缆弯折。

13.2　试样

试样长度应足以施行规定的试验。

13.3　设备

不需要特殊的设备。

13.4　程序

试验环境条件应符合 3.4 规定。

应构成一个环(见图 15 中(1)),在圆环的底部的两端(见图 15 中(2))用处于一个平面内的两个力慢慢地拉,使圆环的直径减小到有关规范规定的最小值。观察光缆是否发生弯折。

13.5　要求

在详细规范中规定的最小环直径下,应不发生图 15 中(3)所示的弯折。

13.6　待规定细节

详细规范应包括如下内容:

a)　不发生弯折的最小环直径;

b)　温度。

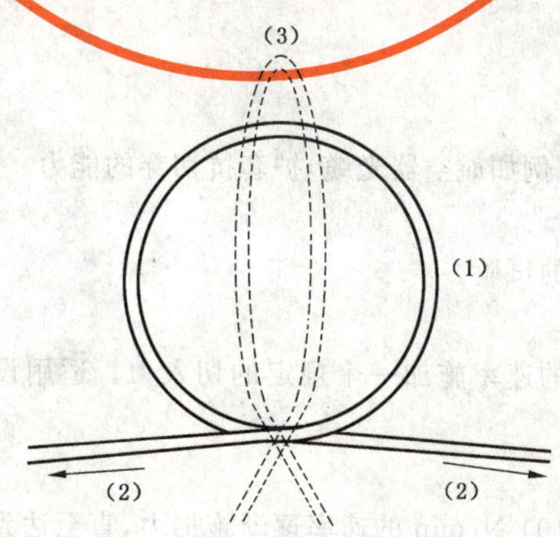

图 15　弯折试验

14 方法 E11:弯曲

14.1 目的

本试验的目的是测定光缆或光缆元件承受环绕在心轴上弯曲的能力。

14.2 试样

试样应在两端以一种适当方式把所有的光纤、护套和张力构件夹持在一起进行终端。

14.3 设备

一个单心轴设备,它应能使试样环绕试验心轴切向地密绕成螺旋线。

14.4 程序

按详细规范中规定,应采用下列两种程序之一。

14.4.1 程序1——方法 E11A:卷绕

应把试样环绕心轴,以均匀速率卷绕成密绕螺旋线。卷绕时,应施加一个足够的张力,以保证试样紧靠着心轴。然后,应把试样退绕展开。

一次卷绕和一次退绕展开构成1个循环。

应在详细规范中规定心轴直径、每个螺旋线的圈数和循环次数。

14.4.2 程序2——方法 E11B:U 型弯曲

应把试样围绕心轴弯过 180°,并在弯曲期间保持拉紧。一次 U 形弯曲和紧接一次反向 U 形弯曲,然后返回到直线状态,构成1个循环。应在详细规范中规定心轴直径和循环次数。

14.5 要求

试验的合格判据应在详细规范中规定。通常的合格判据是光纤不断裂、衰减变化不超过详细规范中规定的值和光缆护套不开裂。

14.6 待规定细节

详细规范应包括如下内容:

a) 所采用的程序(程序1或程序2);

b) 试验心轴直径(或心轴直径与光缆直径的比率);

c) 循环次数;

d) 螺旋线圈数(当采用程序1时);

e) 最大允许附加衰减:

——试验期间(当必要时);

——试验之后(当必要时);

f) 试验温度。

15 方法 E12:抗切穿

15.1 目的

本试验的目的是确定光缆(例如航空器光缆)护套抗切穿的能力。

15.2 试样

试样长度应足以施行规定的试验。

15.3 设备

试验设备应能以一个规定的速率施加一个规定的切入力。适用设备示例见图16。针棒的半径应符合详细规范中的规定。

15.4 程序

除非另有规定,应以(50±10) N/min 的速率逐渐施加力,直至达到详细规范中规定的力值,并持续详细规范中规定的时间。

试验后，应利用5到10倍放大镜以目视检查试样损坏情况，以及检测光纤是否保持光学连续性。

15.5 要求

护套应无穿孔，光纤应不断裂。

15.6 待规定细节

详细规范应包括如下内容：

a) 针棒的半径；

b) 试验温度；

c) 施加的力；

d) 施加力的速率；

e) 施加力的保持时间。

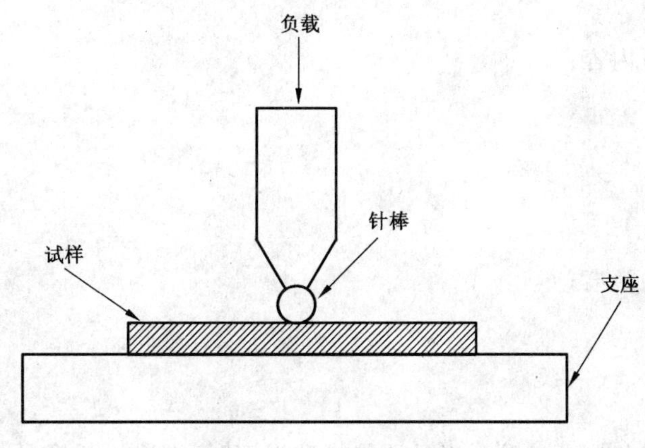

图16 切穿设备示例

16 方法E13：枪击

16.1 目的

本试验的目的是测定架空光缆承受霰弹猎枪枪击损坏的能力。

16.2 概述

有两种试验方法：

a) 方法E13A，它用霰弹猎枪对安放在架子上的光缆试样射击；

b) 方法E13B，它模拟来自霰弹猎枪小弹丸的冲击，单个弹丸以等于在至多40 m的给定射程上从霰弹猎枪射出弹丸的能量撞击到光缆试样内。

16.3 方法E13A

16.3.1 试样

通常是一段3 m长的光缆。

16.3.2 设备

设备包括：

a) 一支猎枪，应符合详细规范中的规定。

b) 一个用于紧固光缆试样的支架，它应不妨碍试样自由摆动和适应射击的弹丸可能散射成椭圆形状。

c) 枪弹：

1) 4号或7号，或者按详细规范中的规定。

注1：枪弹尺寸宜体现出对架空光缆的严重危害。

2) 弹丸的类型应符合详细规范中的规定。

注2：通常使用铅弹或钢弹，铅弹丸在冲击下会变形，其破坏性小于钢弹丸。

3） 弹壳的类型应符合详细规范中的规定。

16.3.3 程序

光缆试样应安放在架子上，在详细规范中规定的距离上射击。枪口和试样间的距离通常为 20 m。

16.3.4 要求

试验后，光缆试样中的光纤应不断裂。

试验报告应包括如下信息：

a） 试验布置的细节，包括光缆的方位；

b） 遭受损坏的报告，包括光纤是否断裂；

c） 弹丸直径；

d） 弹丸材料。

16.3.5 待规定细节

详细规范应包括如下内容：

a） 枪的类型；

b） 枪弹尺寸；

c） 弹丸的类型；

d） 弹壳的类型；

e） 枪口和试样间的距离；

f） 合格判据。

16.4 方法 E13B

16.4.1 试样

试样长度应足以实施规定的试验。当只评价物理损害时，一段短长度已足够。当要求监测光学性能变化时，则试样应是必需的较大长度。

16.4.2 设备

合用的设备给于图 17。设备包括如下：

a） 一个跌落重物。

跌落重物的示意图给于图 18，它由跌落重物主体和一个弹丸支撑销钉组成。

当从相应高度跌落时，使用的重物应足以模拟从给定射程射击的弹丸的能量。作为资料介绍，对一个给定弹丸尺寸计算合用的质量和跌落高度的导则，给于 16.4.6 中。

选择的弹丸支撑销钉要使它的直径“B”不大于霰弹猎枪小弹丸的全直径，通常小 0.2 mm。为了降低小弹丸剪切和销钉损坏的危险，销钉表面宜作成用“A”示出的剖面，以提供平坦着陆。

对于小的光缆（通常小于 10 mm）而言，可用一个替代的跌落重物和弹丸支撑销钉来改良试验精度（见图 19），以便防止在试验期间试样转动和（或）弹丸偏斜。

b） 跌落重物的导筒把重物导向试样，它装有释放销钉，以保障跌落重物在要求的跌落高度。通常，采用 25.4 mm 的正方形截面，使导筒内表面和柱形跌落重物体的外表面之间的摩擦最小。

c） 一个定位板。

d） 枪弹，4 号或 7 号，或者按详细规范中的规定。

e） 塑料粘合剂。

f） 当需要时，测量光学性能的光学试验装置。

16.4.3 程序

光缆试样应安放在定位板上，在靶区孔的正上方。安装在定位板上的夹具，可用于确保试样定位。如果记录光纤衰减变化，则安放的试样应使小弹丸冲击在至少一根被测量的光纤附近。用合适的材料，例如可反复使用的塑料粘合剂，把小弹丸安放到跌落重物的销钉上。粘合剂使用量宜少，以使冲击力不被粘合剂吸收。然后，把重物以释放销钉固定在导筒内的适当高度。然后，抽出释放销钉，使跌落重物冲击到光缆试样上。

除非另有规定，在同一试样位置上只实施试验一次。

16.4.4 要求

试验合格判据应在详细规范中陈述。通常的合格判据包括缆心元件无损害（例如，未刺穿松套管）和光纤不断裂。

16.4.5 待规定细节

详细规范应包括如下内容：

a） 弹丸的尺寸；

b） 弹丸的类型；

c） 跌落质量；

d） 跌落高度；

e） 在分开的位置上冲击的次数；

f） 合格判据；

g） 试验温度。

16.4.6 跌落重物和高度的计算

霰弹猎枪小弹丸的动能计算式为：

$$E_k = \frac{1}{2}mv^2 \qquad \cdots\cdots(1)$$

式中：

E_k——动能，单位为焦耳(J)；

m——小弹丸质量，单位为千克(kg)；

v——小弹丸速度，单位为米每秒(m/s)。

它等于跌落重物的势能：

$$E_k = E_p = Mgh \qquad \cdots\cdots(2)$$

式中：

E_p——势能，单位为焦耳(J)；

M——跌落重物的质量，单位为千克(kg)；

g——重力加速度，单位为米每秒平方(m/s^2)；

h——跌落的距离，单位为米(m)。

于是，跌落重物的质量可用跌落高度来规定：

$$M = \frac{E_k}{gh} \qquad \cdots\cdots(3)$$

式中：

E_k——动能，单位为焦耳(J)；

g——跌落重物的加速度，单位为米每秒平方(m/s^2)；

h——跌落高度，单位为米(m)。

利用代表性弹壳数据，可规定适当的试验。例如，一粒铅弹丸具有平均质量为 0.083 3 g，从 25 m 射程射击，通常具有 234 m/s 的冲击速度。因此，利用式(1)可得：

$$E_k = 2.281\,5 \quad (J)$$

假设通常的跌落高度为 1 m，利用式(2)可得：

$$M = 233 \quad (g)$$

当使用同一重物更便利时，可针对不同射程计算出跌落高度。

当需要定标时，可用护套材料制成的薄板来对比模拟方法和真正的野外试验，例如，高密度聚乙烯的 2 mm 薄板在距离 40 m 处射击。

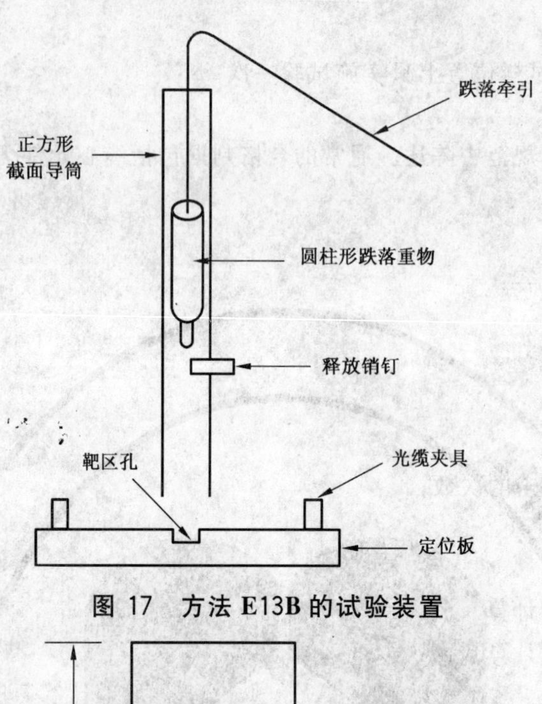

图 17　方法 E13B 的试验装置

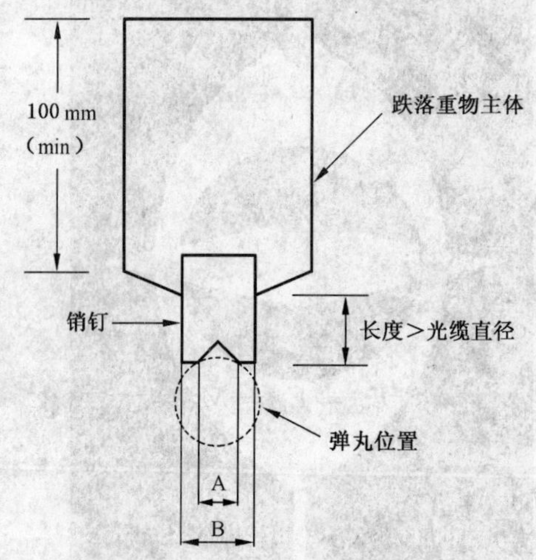

图 18　组装上弹丸支撑销钉的跌落重物

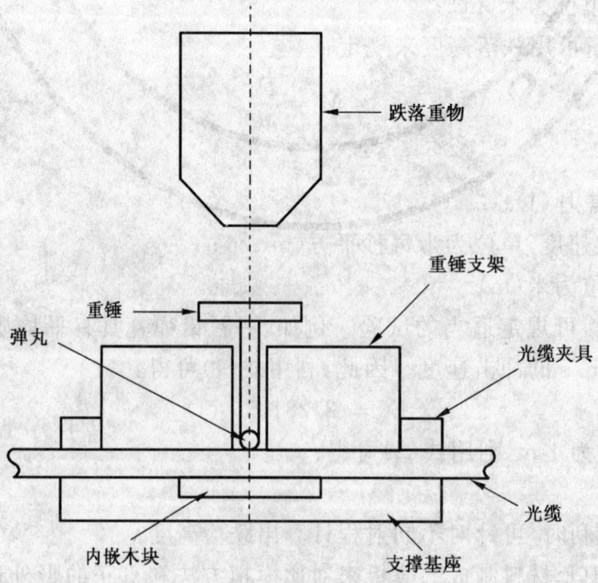

图 19　代用的跌落重物和弹丸支撑销钉

17 方法 E17:刚性

17.1 目的

本试验的目的是测定光缆的刚性。

17.2 概述

刚性是用于评价(例如在管道、线槽、导管或地板下)采用常规牵引技术安装时以及采用吹送技术时的光缆性能参数。刚性还用于保证跳线和室内光缆足够结实而又柔软,足以承受安装和正常使用。

依光缆型式而定,有三种可选的适用方法。各方法所测得的值可能不等同。

方法 E17A 和 E17B 适用于粗大的光缆。

方法 E17B 也适用于较细小的光缆,包括轻铠装光缆和室内光缆。

方法 E17C 适用于细小的光缆,例如加强型单芯光缆。

17.3 方法 E17A

17.3.1 试样

试样长度应大于试验用支架间的距离,并应确保光缆元构件的任何内部移动都不得影响试验结果。

17.3.2 设备

三点弯曲试验装置示例见图 20。试样放在两个支架上,例如用可转动的棒支持试样,试样能自由移动。应提供措施把力施加到两支架间的中点,并测量随之产生的位移。

17.3.3 程序

按详细规范中规定的间距放置两支架。

把试样放在支架上,可用固定在拉伸试验机上的叶片或用重物钩在试样上加力,测量产生的位移。

当支架间距为 X(单位 m)、力 F(单位 N)引起的位移为 Y(单位 m)时,则刚性 B 为(单位 N·m²):

$$B = \frac{X^3}{48}\frac{F}{Y}$$

由于某些光缆,例如铠装光缆,可能显示出由弹性到非弹性的性能变化,如图 21 所示,因此,力的增量应能适宜于识别所有变化点。规定的刚性是弹性刚性,其数值由下式给出(单位 N·m²):

$$B = \frac{X^3}{48}\tan\alpha$$

17.3.4 要求

光缆刚性应满足详细规范中的规定。

17.3.5 待规定细节

详细规范应包括如下内容:

a) 光缆型式;

b) 支架间距离;

c) 试样长度;

d) 最大力;

e) 受试试样数;

f) 加载速率。

17.4 方法 E17B

17.4.1 试样

试样长度应足以实施规定的试验,并应确保光缆元构件的任何内部移动都不得影响试验结果。

17.4.2 设备

悬臂试验装置示例见图 22。试样用夹具紧固,应把力施加在试样远离夹具的那一端,测量产生的位移。

在某些情况下，例如小跳线光缆，所用夹具应能控制试样的弯曲半径，如图 22b)所示。

17.4.3 程序

用夹具把试样固牢，可用拉伸试验机或用重物在距离夹具 L 处加力，测量产生的位移。

当跨距长度为 L(单位 m)、力 F(单位 N)引起的位移为 Y(单位 m)时，则刚性 B 为(单位 N・m²)：

$$B=\frac{L^3}{3}\frac{F}{Y}\text{ 或 }B=\frac{L^3}{3}\tan\alpha$$

式中：

α——弯曲角度。

17.4.4 要求

光缆刚性应满足详细规范中的规定。

17.4.5 待规定细节

详细规范应包括如下内容：

a) 光缆型式；

b) 光缆跨距(L)；

c) 最大力；

d) 试样长度；

e) 受试试样数。

17.5 试验方法 E17C

17.5.1 试样

试样长度应足以施行规定的试验。

17.5.2 设备

试验装置示例见图 23，它能测量受试试样弯曲成 U 形时施加的力。适用设备是一台配有负载传感器的拉伸试验机，它能在规定的夹板间距下持续规定的时间。

17.5.3 程序

把试样安装在设备中呈直线状态。把夹板间距减小到由 $s\times d$ 得到的值，此处 d 为光缆直径，s 为详细规范中给定的间距系数。在详细规范中规定的持续时间之后，记录施加在试样上的力。

此时，刚性 B 为(单位 N・m²)：

$$B=F\pi r^2$$

式中：

F——实测的力，单位为牛顿(N)；

r——夹板处于最终间距时的光缆弯曲半径，单位为米(m)。

17.5.4 要求

光缆刚性应满足详细规范中的规定。

17.5.5 待规定细节

详细规范应包括如下内容：

a) 间距系数(s)；

b) 试验持续时间；

c) 试样长度；

d) 受试试样数。

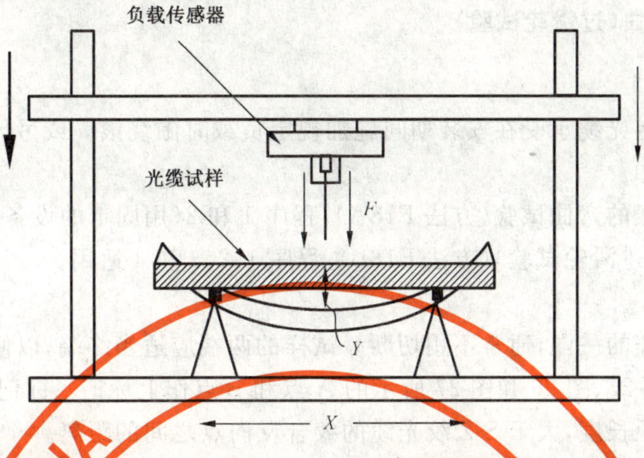

负载传感器
光缆试样
F
Y
X

图 20　方法 E17A 的试验装置

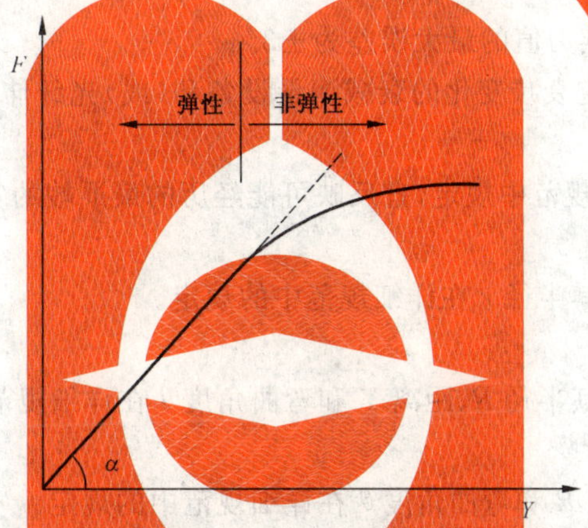

F
弹性
非弹性
α
Y

图 21　施加的力和位移的试验结果示例

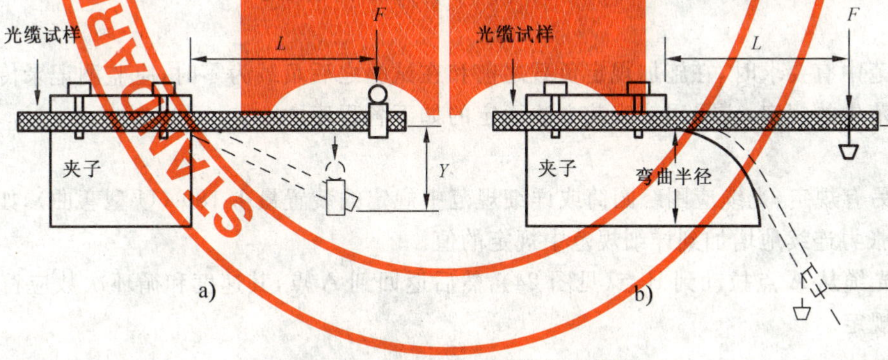

光缆试样
L
F
夹子
Y
a)
光缆试样
L
F
夹子
弯曲半径
Y
b)

图 22　方法 E17B 的试验装置

夹板起始间距
夹板最终间距

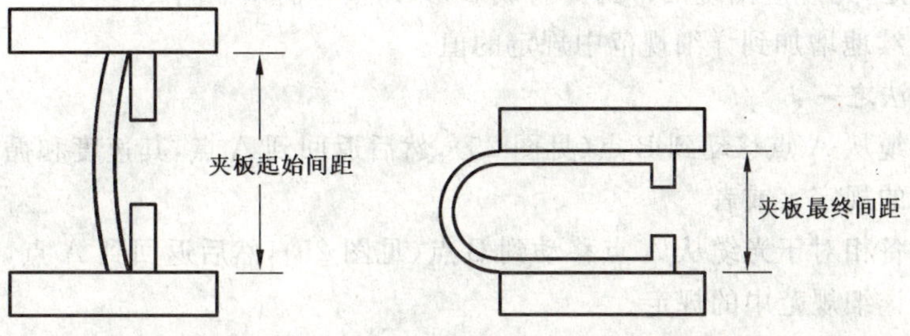

图 23　方法 E17C 的试验装置

18 方法 E18:张力下弯曲(过滑轮试验)

18.1 目的

本试验的目的是测定光缆承受在安装期间施加规定负载时围绕滚筒或弓形物弯曲的能力。不同的程序叙述在下面的各条中。

——对于张力下一般的弯曲试验(方法 E18A),程序 1 和 2(用固定的设备)适用。

——对于架空光缆(过滑轮试验)(方法 E18B),程序 1、2、3 和 4 适用。

18.2 试样

试样应取自成品光缆的一端,通常不用切断。试样的两端应适当终端,以便于施加规定负载。

试样应在如图 24、图 25、图 26 和图 27 所示的 A 点和 B 点作上标记。标记 A 点和 B 点之间的间距应大于螺旋绞光缆的节距长度,大于 S-Z 绞光缆的绞合反向点之间的距离。

18.3 设备

设备包括:

a) 一台拉伸动力装置,其力值的最大误差为±3%。

b) 当有要求时,用于测定衰减变化的衰减测量设备和(或)光纤伸长应变测量设备。光纤的试验长度应最少 100 m。

c) 所用的程序应在详细规范中规定,宜反映可能经历的最严峻的安装设想。

程序 1:

一个滚筒/滑轮,见图 24,其半径 r 在详细规范中的规定。

程序 2:

两个滚筒/滑轮,见图 25,其半径 R、距离 Y 和弯曲角度 θ 在详细规范中的规定。

程序 3:

一个滑轮,见图 26,其半径 R 和弯曲角度 θ 在详细规范中的规定。

程序 4:

三个滑轮,见图 27,其半径 R 和弯曲角度 θ 在详细规范中的规定。

18.4 程序

当详细规范中有要求时,在施加规定负载之前和在试验之后负载为零时,应监测记录传输光功率。

按详细规范中的规定,应采用依安装方法而定的如下各程序之一。

程序 1

a) 除非另有规定,光缆应围绕圆筒或详细规范中规定的装置最少 180°(U 型弯曲),如图 24 所示。

b) 应把张力连续地增加到详细规范中规定的值。

c) 应把光缆从 A 点拉动到 B 点(见图 24),然后返回到 A 点,其速度和循环次数应符合详细规范中的规定。

程序 2

a) 除非另有规定,光缆应围绕两个圆筒弯成 S 形(S 型弯曲),如图 25 所示。

b) 应把张力连续地增加到详细规范中规定的值。

c) 按如下两方法之一:

   1) 应把光缆从 A 点移动到 B 点(见图 25),然后返回到 A 点,其速度和循环次数应符合详细规范中的规定。或者

   2) 应把设备相对于光缆从 A 点移动到 B 点(见图 25),然后返回到 A 点,其速度和循环次数应符合详细规范中的规定。

程序 3

a) 光缆应围绕一个圆筒或详细规范中规定的装置,绕过详细规范中规定的角度,如图 26 所示。

b) 应把张力连续地增加到详细规范中规定的值。

c) 应把光缆从A点移动到B点(见图26),然后返回到A点,其速度和循环次数按详细规范中的规定。

程序4

a) 光缆应以详细规范中规定的角度绕过详细规范中规定的那些圆筒,如图27所示。

b) 应把张力连续地增加到详细规范中规定的值。

c) 按如下两方法之一进行:

1) 把光缆从A点移动到B点(见图27),然后返回到A点,其速度和循环次数应符合详细规范中的规定。或者

2) 应把设备相对于光缆从A点移动到B点(见图27),然后返回到A点,其速度和循环次数按详细规范中的规定。

18.5 要求

在无放大的情况下用目视检查,护套和(或)光缆元件应无明显损伤。

当有规定时,试验之后光纤的永久性残余附加衰减应不超过详细规范中规定的值。

其他详细要求,如光纤应变、护套伸长和光缆所含导电线的电气参数变化,宜在详细规范中规定。

18.6 待规定细节

详细规范应包括如下内容:

a) 采用的程序(程序1、程序2、程序3或程序4);

b) 试验期间施加的最大张力(通常最大负载为安装期间可能施加的负载);

c) 光缆长度和张力下弯曲长度;

d) 端头制备;

e) 张力装置;

f) 程序1中滚筒的半径r;

g) 程序2、3或4中滚筒或圆筒或心轴的半径R;

h) 程序2中距离Y;

i) 程序2、3或4中弯曲角度θ;

j) 移动速度(通常不大于安装速度);

k) 移动循环次数;

l) 试验期间光纤的允许应变(当有规定时);

m) 试验后护套允许伸长(当要求时);

n) 注入条件和衰减测量装置(当有关时);

o) 光缆中所包含导电线的电气参数的允许变化(当有规定时)。

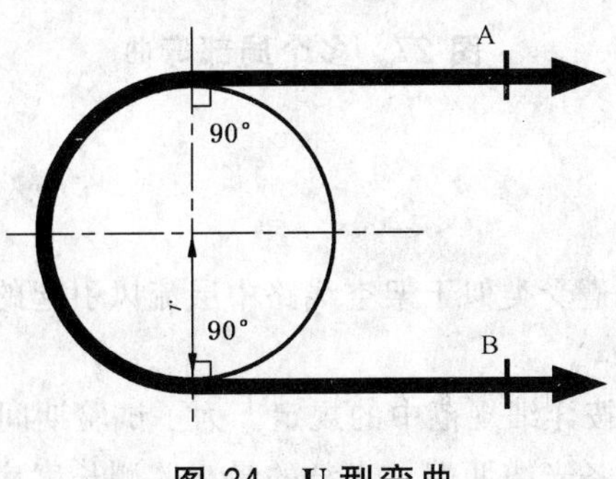

图24 U型弯曲

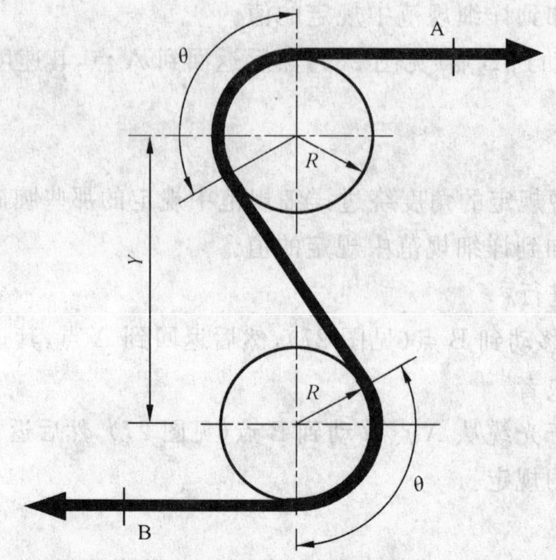

图 25 S 型弯曲

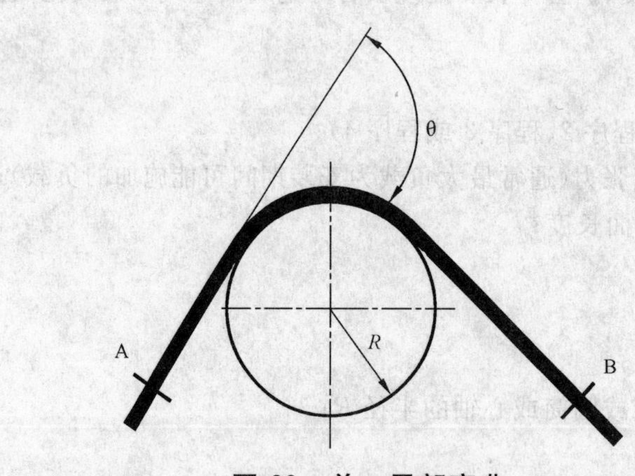

图 26 单一局部弯曲

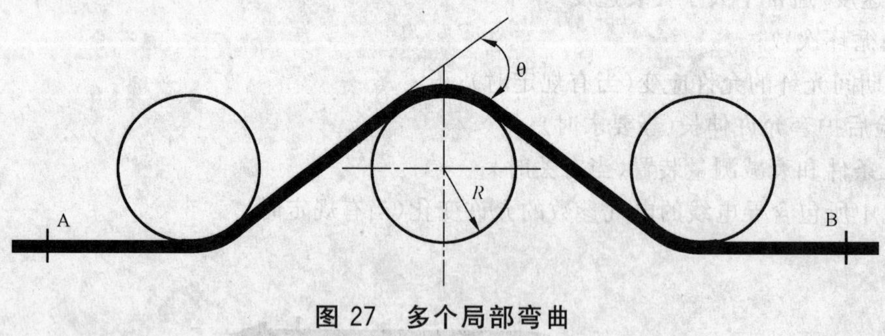

图 27 多个局部弯曲

19 方法 E19:风振

19.1 目的

本试验的目的是使架空光缆遭受类似于架空线路中层流风引起的振动所强加的动态应力。

19.2 试样

试样的最小长度为 50 m,或按详细规范中的规定。为了试验期间(按详细规范中的规定)在一根或几根光纤中监测传输光功率而制备光缆两端。光纤的最小监测长度应为 100 m,当必要时,各光纤允许在光缆端部作接头。

19.3 设备

试验设备应包括如下：

——试验装置(典型安排示于图 28)；

——电子控制的震动器；

——测力计，负载传感器，已定标的测力杆或测量光缆张力的其他装置；

——标称波长为 1 550 nm 的光源和光功率计，用于测量光功率和测量 0～300 Hz 频率范围内的光功率波动；

——OTDR，当详细规范中有要求时。

19.4 程序

在加张力之前，试样两端应进行终端，以使光纤相对于光缆不能移动。测力计、负载传感器、已标定的测力杆或其他装置，应用于测量光缆张力。同样的方法宜用于在试验期间温度波动时保持张力恒定。光缆应加载到约(15～25)%RTS(额定拉断力)或按详细规范中给定的值。

系统终端之间的总档距应最小 30 m。最小活动档距宜约为 20 m，一个适当的吊挂组件位于两堵塞端组件之间距离的约三分之二处。可采用较长的活动档距和(或)后档距。档距应吊挂在一个高度上，使活动档距中光缆对水平的静态弧垂角为(1.5±0.5)°。

应提供措施，在自由弧环处，而不在支撑弧环处，测量和监控弧环中点(波腹)的振幅。

利用电子控制的震动器，在垂直平面内激振光缆。震动器衔铁应牢固地扣住光缆，使它在竖直平面内垂直于光缆。震动器宜位于档距内，使吊挂组件和震动器之间至少成六个振动弧环。

试验应在给定风态的频率范围内的一个或几个谐振频率下实施。风振通常在 0.5 m/s 到 7 m/s 的层流风下发生。

振动频率 f(Hz)正比于风速 v(m/s)，反比于缆径 D(m)，由下式给出：

$$f = \mathrm{k}v/D \quad (\mathrm{Hz}) \qquad \cdots\cdots(4)$$

式中：

k——斯德鲁哈尔常数(对于架空缆和导线为 0.2)。

振动的波长(λ)(等于两个弧环长度)由下式给出：

$$\lambda = (1/f)\sqrt{T/m} \quad (\mathrm{m}) \qquad \cdots\cdots(5)$$

式中：

T——光缆张力，单位为牛顿(N)；

m——单位长度的质量，单位为千克每米(kg/m)。

注：当光缆结构属性需要时，光缆宜解除初始应力。因此，在起始阶段，试验档距需要连续关注和监测试验参数，直至试验档距稳定为止。

19.5 要求

任何对光缆或各元构件部分的短暂或长期的损害迹象，或有要求时，衰减变化大于详细规范中规定的值，都应是一次失效。

19.6 待规定细节

a) 振动试验台的特性；

b) 档距长度；

c) 所用的吊挂装置和锚定装置的特性；

d) 光缆安装张力，包括当第一阶段施加时的任何过张力系数；

e) 受试光缆和光纤的长度(当光纤之间存在接头时，接头的特性)；

f) 进行光学监测的波长；

g) 试验期间保持的振动模式(特性)；

h) 端头的制备；

i） 测量设备的特性，包括测量装置和注入条件；

j） 试验期间的环境温度和湿度；

k） 光缆的单位长度质量和直径。

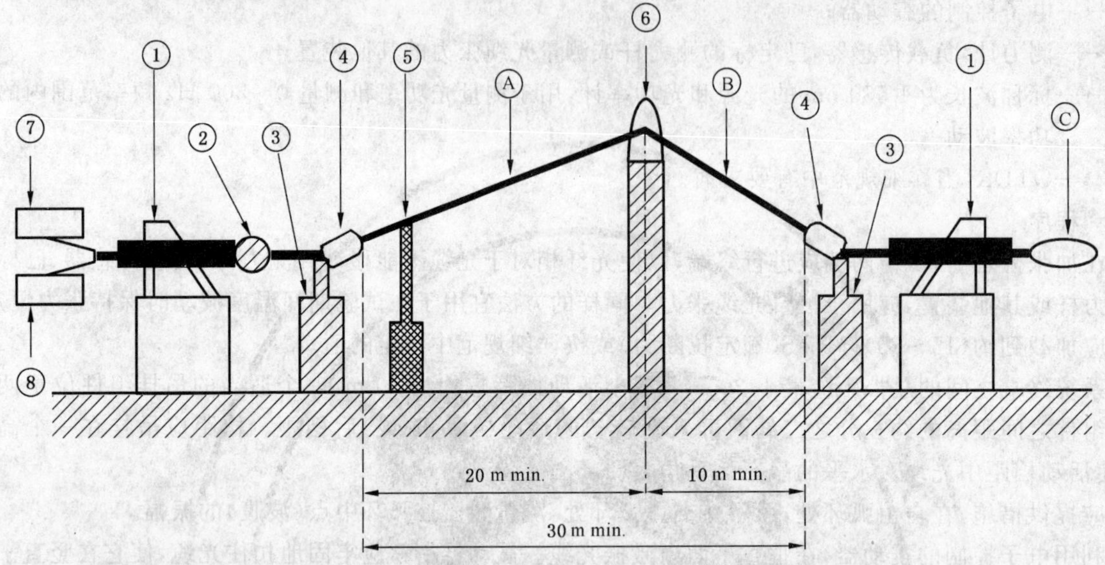

1——端部支座；

2——负载传感器；

3——中间支座；

4——堵塞端组件；

5——适用的震动器；

6——吊挂组件；

7——测量入口；

8——测量出口；

A——活动档距；

B——后档距；

C——光纤接头。

图 28 风振试验

20 方法 E20：成圈性能

20.1 目的

本试验的目的是验证铠装的水下光缆在安装时成圈和解脱的能力。

20.2 试样

从受试光缆取下足够长度的光缆，应能以规定直径构成规定圈数（例如，10 圈）。

20.3 设备

除了一个足以圈成规定圈数的平地之外，试验不需要设备。圈的直径应符合规定的最小成圈直径。

20.4 程序

除非另有规定，试验应在相应于装船和敷设环境条件的一个规定温度下实施。

试样应取自光缆产品的端部，在合适的地面上圈成扁平状。在试验期间，光缆始端应固牢。成圈宜从光缆制造、装载和敷设期间通常所设想的高度上进行。

成圈应以制造商规定的直径开始。成圈的方向宜按制造商所指明的方向。

20.5 要求

光缆应形成光滑的圆形，在地面上所有围绕圆周的路径保持扁平。其他要求可在详细规范中规定。

20.6 待规定细节

详细规范应包括如下内容：

a) 试样长度；

b) 成圈直径；

c) 圈数；

d) 温度。

21 方法 F1:温度循环

21.1 目的

本方法适用于用温度循环来试验光缆，以确定遭受温度变化时光缆衰减的稳定性。

光缆衰减变化可能伴随温度变化而发生，这通常是因为光纤的热胀系数与光缆加强构件和护层的热胀系数不同而引起光纤弯曲或拉紧的结果。温度相关性测量的试验条件应模拟最坏的情况。

本试验能用于监测在贮存、运输和使用期间可能发生的温度范围内的光缆性能，或者检验在一个选定的温度范围内(通常比上述情况所要求的更宽)光缆结构中与光纤基本无微弯状态有关联的衰减稳定性。

21.2 试样

试样应当是一个制造长度，或者是详细规范中指出的、而且适合于取得期望的衰减测量精度的足够长度的样品。按详细规范中的规定，宜监测分布于光缆结构上足够数量的有代表性的光纤。

为了获得可重复的数值，光缆试样应当以松弛的圈或绕在盘上放入气候室中。

光缆的弯曲半径可能影响光纤适应光缆各元构件热胀冷缩有差异的能力(例如通过在光缆内滑动)，因此，试样处理条件宜尽可能实现接近正常的使用条件。

潜在的问题在于试样和支持物(线盘、笼式线架、托盘等)的膨胀系数间的实际不同，只要“无影响”的条件未完全实现，它就能在热循环期间对试验结果产生显著影响。

有影响的参数主要是温度处理的细节、支持物的类型和材料、试样圈和缆盘的直径等。

通常推荐：

a) 卷绕直径应当足够大，以保持光纤适应膨胀差和收缩差的能力。卷绕直径显著大于光缆交货选定的值，可能是必要的。

b) 应抑制由于温度处理所产生的光缆膨胀(或收缩)受到限制的任何危险性。尤其宜特别小心避免试验期间在光缆上残留张力。例如，不推荐紧绕在缆盘上，因为这会限制低温下光缆收缩。另一方面，多层紧绕能限制高温下的膨胀。

c) 推荐采用松绕，例如大直径成圈，带柔软层的或简易零张力装置的缓冲缆盘等。

当需要时，为了限制受试光缆长度，允许把光缆中几根光纤连接起来后进行测量。应限制接点数量，宜把接点放置在气候室外面。

21.3 设备

设备包括：

a) 一台适合测定衰减变化的衰减测量设备(见 GB/T 15972.46—2008 中方法 B 或 YD/T 629.2)。

b) 一个气候室，其大小应适合于容纳光缆试样，其温度应可控制，以保持在规定试验温度的±3℃以内。GB/T 2423.22—2002 第 2 章“试验 Nb”中指出一个适用的气候室示例。

21.4 程序

本方法的程序如下：

a) 初始测量

除非另有规定，试样应在 20℃±5℃下预处理 24 h。然后，应对试样作目力检查，并应在初始温度下测定衰减的基准值。

b) 处理

1) 应把处于环境下的试样放进也处于那个温度下的气候室内。

2) 然后,应以适当的冷却速率把气候室内的温度降低到适当的低温 T_A。

3) 在气候室内的温度达到稳定之后,试样应暴露于该低温条件下适当时期 t_1。

4) 然后,应以适当的加热速率把气候室内的温度升高到适当的高温 T_B。

5) 在气候室内的温度达到稳定之后,试样应暴露于该高温条件下适当时期 t_1。

6) 然后,应以适当的冷却速率把气候室内的温度降低到环境温度值。这个程序构成一个循环(见图 29)。

7) 除非在有关的详细规范中另有要求,试样应经受两个循环。

8) 有关的规范应陈述:

- 在处理期间的衰减变化和检查要求;
- 在哪个(些)时期之后进行这些检验。

9) 在从气候室取出之前,受试试样应在环境温度下已达到温度稳定。

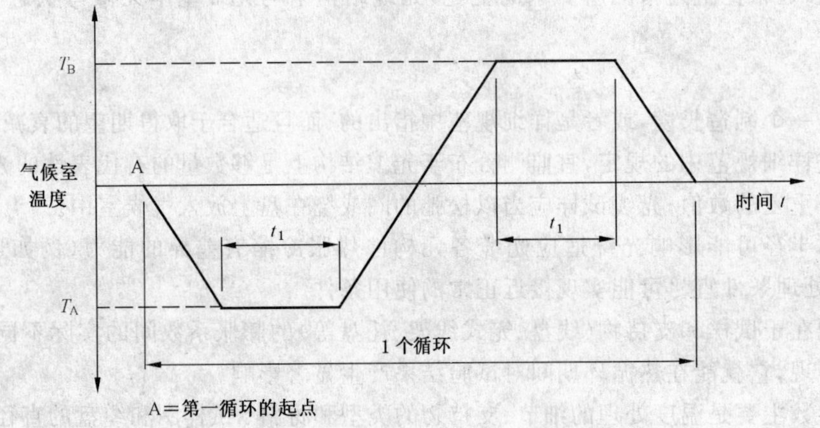

图 29 一个循环的温度循环图

10) 如果有关规范指出贮存和使用时的温度范围不同,则允许按图 30 用一个组合试验程序来代替两个不同温度的试验。

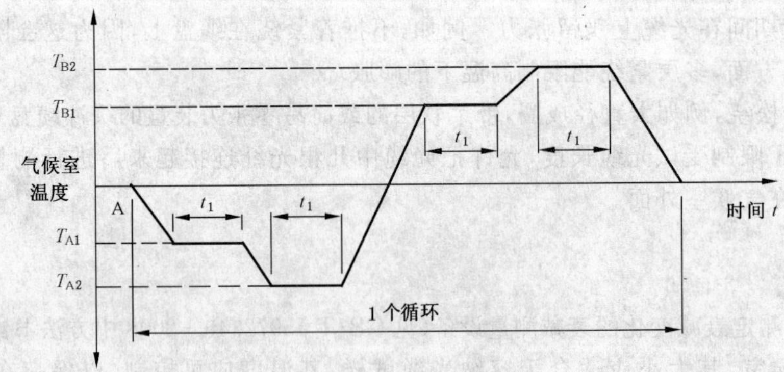

图 30 组合试验温度循环图

11) T_A、T_B 和 t_1 的数值和冷却(或加热)的速率应在详细规范中规定。

依光缆结构而定,光缆缆芯的温度可能不同于气候室的规定温度。

c) 恢复

1) 如果从气候室取出之后环境温度不是试验用标准大气条件,则试样应在标准大气条件下达到温度稳定。

2) 有关的详细规范可对给定型式的试样要求一个规定的恢复期。

21.5 要求

试验的合格判据应在详细规范中规定。通常的合格判据是光纤不断裂、衰减变化不超过详细规范中规定的值和光缆护套与(或)缆芯元构件不损坏。

21.6 待规定细节

详细规范应包括如下内容:

a) 光缆试样长度;

b) 光纤总数和监测光纤数;

c) 受试光纤长度;

d) 光纤之间的连接类型(当有它时);

e) 卷绕的型式

  1) 成圈、装盘、其他(在带缓冲垫的缆盘情况下,应陈述缓冲垫的类型和所用的材料);

  2) 卷绕的直径;

  3) 单层或多层;

  4) 卷绕张力和简易零张力装置(当有它时);

f) 测量设备的类型;

g) 注入条件;

h) 温度循环图;

i) 循环次数;

j) 在每个温度极值下的湿度水平(当需要时);

k) 在规定波长下的衰减变化与温度循环的函数关系。

22 方法 F3:护套完整性

待定。

23 方法 F5:渗水

23.1 目的

本试验适用于连续阻水的光缆,其目的在于确定光缆阻止水沿着规定长度迁移的能力。

应按详细规范中的规定,采用如下两个方法(F5A 或 F5B)之一在光缆试样上来检验合格性。方法 F5A 试验缆芯和护套之间的水迁移,而方法 F5B 试验整个阻水截面上的水迁移。

23.2 试样

23.2.1 方法 F5A

应在距离光缆试样段一端 3 m 处环状去除 25 mm 宽的护套和包带,应把一个水密闭套管施加在暴露的缆芯上,如同桥接在护套间隙上,并容许施加 1 m 高水头。

23.2.2 方法 F5B

光缆样品的长度应大于受试长度(一般为 3 m)约 1 m。当有要求时,试样按 14.4.2 经受 U 型弯曲程序。然后,应从样品的中央部分取一段 3 m 的光缆试样,把一个水密闭套管施加到试样的一端,施加上 1 m 高水头。

注:对于铠装层未设计为阻水的铠装光缆,在施加密封之前可剥除铠装。

23.3 设备

合适的试验安排见图 31。

23.4 程序

除非详细规范中另有规定,试样应水平地支撑,并应在(20±5)℃温度下施加 1 m 水高 24 h。

可使用水溶性荧光染料或其他合适的着色剂来检测水泄漏。宜仔细选择荧光染料,使它不得与光缆的任何组件发生反应。

23.5 要求

在试样未密封端应检测不到水。如果使用荧光染料,可使用紫外光来检查。

注:上述试验程序是一种基本验收要求,对日常试验,可以用较短长度的试样试验较短的时间。

23.6 待规定细节

详细规范应包括如下内容:

a) 采用的方法和试验的横截面;

b) 施加的弯曲程序(当要求时);

c) 染料的量和类型(当应用时)。

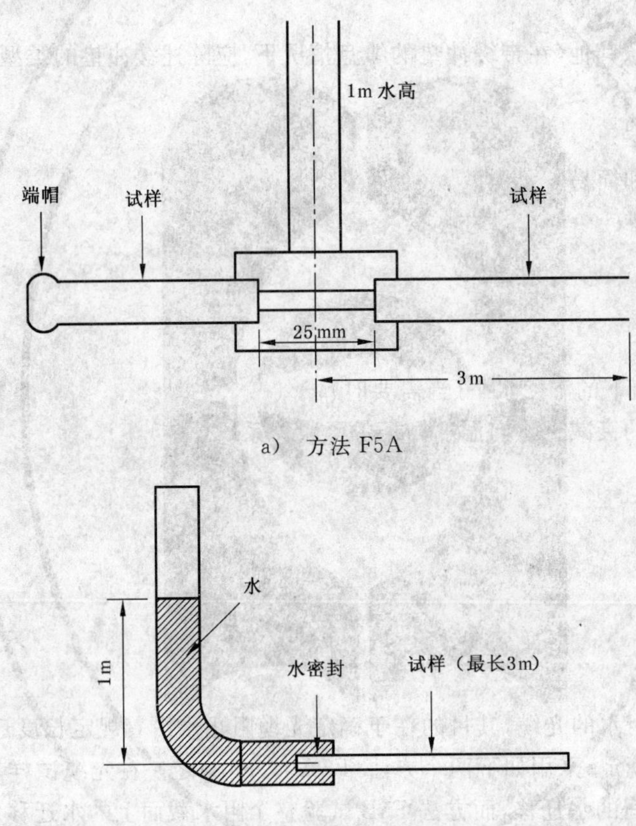

a) 方法 F5A

b) 方法 F5B

图 31 渗水试验

24 方法 F6:复合物滴流

24.1 目的

本试验用于验证填充和浸渍的复合物在规定的温度下不会从填充光缆中流出。

24.2 试样

a) 数量和类型

除非另有规定,应从被试光缆的样品中取有代表性的 5 个试样。

b) 长度

除非另有规定,每个试样的长度应是(300±5) mm。

c) 制备

按如下制备各光缆试样,但当 d)项中有要求时可作一些修改:

1） 从试样一端去除一段(130±2.5) mm的外护套材料。

2） 从同一光缆端去除(80±2.5) mm长度的所有残留的非填隙光缆构件(例如，铠装、屏蔽、内护套、螺旋施加的加强构件、阻水带和其他缆芯包带等)。不得扰动光缆的留下部分(例如，含光纤的松套管和为整成圆形用的填充绳等)。

3） 去除在1)或2)中受扰动而松散附着的填充材料或浸渍材料，但是保证试样实质上保持被填充材料或浸渍材料所涂覆(即不得擦拭干净)。

4） 如果允许预处理，则在施加夹子、塞子等之前把每个试样称重。

5） 对于含有诸如光纤束或光纤带之类组件的光缆，在试验期间这些组件可能在它们的自重下移动，可在试样的未制备端以不扰动试样余留部分的方式，用夹子、环氧堵塞或其他满足本程序意图的方法把这些组件固定。

6） 当详细规范许可时，可以把松套管和护套的上端密封起来，以便模拟大长度光缆段。

d） 试样终端

如果详细规范允许，对于实际使用的终端光缆而言，光缆试样的下端按照制造厂的建议终端。c)项的各部分可能受这个终端的影响，但是c)项的意图仍要遵循。

24.3 设备

执行本试验需要如下的设备：

a） 一台温度试验箱，其内部空间应足以使试样保持垂直位置，它具有足够的热容量，以便在试验期间保持规定的温度。如果温度试验箱是空气循环型的，空气应不直接吹在试样上。

b） 非吸湿性的容器，用于接住滴落的复合物材料。

c） 一台天平，其精度不劣于0.001 g，它能称出空容器和装有允许量滴落物的容器之间的质量差。

24.4 程序

应按如下规定进行试验：

a） 把温度箱预热到详细规范中规定的温度。

b） 把每个制备好的试样垂直悬挂在箱中，制备端向下。把预称重的清洁容器放在悬挂试样的正下方，但是不接触。

c） 如果详细规范允许，可按下面1)到3)的规定实施预处理；否则继续d)。

1） 保持温度箱的温度稳定，除非详细规范中另有规定，各试样预处理1 h时间。

2） 在规定的预处理时间结束时，用另一个预称重的清洁容器来代替原来那个容器。然后，把原来那个容器再称重，以测定预处理期间可能已从光缆中滴出的复合物量。当测定的量大于规定的预处理限值时，应构成为失效。除非详细规范中另有规定，预处理限值应小于光缆试样总质量的0.5%与0.5 g的较小者。

3） 除非详细规范中另有规定，继续试验23 h，然后，继续e)。

d） 保持温度箱的温度稳定，除非详细规范中另有规定，试验24 h时间。

e） 在规定的时间结束时，把容器取出称重，计算出可能已经从光缆中滴出的复合物量。

f） 记录每个光缆试样滴出的复合物量。除非详细规范中另有规定，当滴流量不大于0.005 g时，报告为“未滴流”。

24.5 要求

除非详细规范中另有规定，应允许所有光缆试样的最大滴流量为0.050 g。如果从5个初始试样之一的滴流量超过0.050 g，但是不超过0.100 g，则按24.2 c)制备5个附加的光缆试样，并按24.4的a)到f)进行试验。如果第二组试样中没有一个滴流量超过0.050 g，则应认为试验合格。

24.6 待规定细节

详细规范应包括如下内容：

a） 试验温度；

b） 预处理细节（当有要求时）：

1） 陈述允许预处理（当有要求时）；

2） 对不按24.4 c)规定履行预处理程序的规定；

3） 预处理通过/失效的判据；

c） 对应用本程序要求的任何异议；

d） 合格（通过/失效）判据（当另有失效判据时）。

25 方法F7：核辐照

25.1 背景

光缆曝露于核辐照中能引起光纤的衰减变化和光缆结构所用材料的物理特性变化。

当曝露于核辐照时，成缆光纤和未成缆光纤的衰减通常增加，这首先是由于在玻璃中的缺陷位置俘获放照电子和空穴的缘故。聚合物材料曝露于辐照中通常引起性能劣化，例如拉断力、断裂伸长率和冲击性能随着材料变脆而劣化（虽然某些材料在相对低的辐照下由于交链而初期表现出改善）。

在光缆工作环境包括曝露于核辐照中的特殊情况下，例如军用和核电站及核试验室用的光缆，可选用具有适当辐照响应的光纤和材料，也可考虑光缆结构中加入金属护套或复合屏蔽层。

25.2 测量程序

a） 光纤

对于包括已成缆光纤在内的光纤的辐照响应，采用方法GB/T 15972.54。

b） 材料

对于材料的辐照响应，采用IEC 60544规定方法。

26 方法F8：气阻

26.1 目的

本试验仅适用于采用充气保护的非填充光缆。其目的是测量这种光缆的充气气阻。

26.2 试样

成品光缆的试样应具有足以施行规定试验的长度。

26.3 设备

设备包括：

a） 充气设备，用于给试样提供受控气压；

b） 一只流量计；

c） 一只气压表；

d） 一只温度计。

26.4 程序

应测量环境温度和大气压。

成品光缆段应有一端连接到提供稳态干燥空气流的受控气压源，在20℃下气流的相对湿度为5%或更低。光缆的另一端应向大气敞开。

除非另有规定，施加在光缆两端间的气压差应为62 kPa，其相对误差为±2%。采用定标到±10%的流量计记录稳态气流。

应只测量那些在护套以内通过的气路。

应以反方向的气流进行第二次测量，其测量结果应分别记录。

由下式计算气阻：

$$\text{气阻} = \frac{3\,720}{f \cdot L} \quad \text{kPa} \cdot \text{s}/(\text{m}^3 \cdot \text{m})$$

式中：

L——试样长度，单位为米(m)；

f——流量，单位为立方米每秒(m^3/s)。

26.5　要求

气阻应满足详细规范中的最大值规定。

26.6　待规定细节

详细规范应包括如下内容：

a)　最大气阻；

b)　试样长度；

c)　气压(当不同于 62 kPa 时)。

27　方法 F9：老化

本试验程序在考虑中。

28　方法 F10：耐静水压

28.1　目的

本试验的目的是通过测量衰减或监测衰减变化来确定水下光缆承受静水压的能力。

28.2　试样

试样的长度应足以在加压桶外面的两端进行终端。

28.3　设备

设备应包括如下：

a)　合适的衰减测量设备，用于监测衰减变化(见 3.8)；

b)　加压桶。加压桶的大小应足以容纳详细规范要求的最小长度。

28.4　程序

试验在室温下进行。除非另有规定，压力应保持 24 h。

光缆应安装在加压桶中。加压桶内的水压在试验期间应是光缆将安装的海底处水压的 1.1 倍。

在试验之前、之中和之后，应监测衰减变化。

注：要特别注意加压桶两端不密封会影响试验结果。

28.5　要求

除非详细规范中另有规定，试验期间和之后，应无附加衰减。

28.6　待规定细节

详细规范应包括如下内容：

a)　试样长度；

b)　压力；

c)　加压持续时间。

29　方法 G1：光缆元件的弯曲

29.1　目的

本试验的目的是通过确定光纤元件在接头盒或类似装置内弯曲时的附加衰减来表征光缆元件的接续特性。

29.2　试样

光纤元件试样的长度应足以实施规定的试验。

29.3 设备

设备包括：

a) 一个具有平滑表面的心轴，其直径符合详细规范的规定。

b) 一台衰减监测设备(3.8)。

29.4 程序

受试元件应松绕在心轴上，其圈数应符合详细规范的规定。

然后，测量光纤衰减，在扣除光纤的固有衰减后得到弯曲引起的附加衰减。

29.5 要求

任何附加衰减应满足详细规范中规定的限制值。

29.6 待规定细节

详细规范应包括如下内容：

a) 监测衰减的波长；

b) 心轴直径；

c) 卷绕圈数；

d) 设备和衰减监测技术；

e) 温度。

30 方法 G2：光纤带几何尺寸的观测法

30.1 目的

本试验的目的是确定用宽度、厚度和光纤排列来定义的光纤带几何结构，作为接受特定制造工艺的型式试验。除非另有规定，本试验一般不用于产品的出厂检验。

30.2 试样

受试试样数应在详细规范中规定。选定的这些试样应在统计上独立代表被试光纤带总体。

30.3 设备

设备包括一台有合适放大倍数的显微镜或剖面投影仪。

30.4 程序

对于规定数量的试样而言，应测量所有尺寸的平均值以及最大值和最小值。

可采用如下两个程序之一。

30.4.1 方法 1

试样制备时，把它垂直于光纤带的轴线切断，放入可固化的树脂中或夹持工具内。当需要时，试样应被研磨和抛光，制备成平滑的垂直端面。保证制备好的试样端面垂直于光路，并用显微镜或剖面投影仪来测量。

注：宜小心制备试样，不得改变光纤带的结构，使它代表光纤包层和光纤带横截面的未扰动图像。

30.4.2 方法 2

把光纤带放置在一个光纤带夹具内，用热剥带工具去除光纤涂覆层和成带材料 20 mm～25 mm，并用浸湿酒精的薄纸擦净光纤的剥除部分。调节光纤带在夹具中的位置，在距离光纤带剥离边缘 250 μm～500 μm 处折断光纤。把光纤带的另一端切断并抛光，用聚焦光源照亮它。在显微镜下调准和测量光纤带的折断端。

注：宜小心制备试样，不得改变光纤带的结构，使它代表光纤包层和光纤带横截面的未扰动图像。

30.5 要求

除非详细规范中另有规定，宽度、厚度和光纤排列应符合有关光纤带的规范规定。

30.6 待规定细节

详细规范应包括如下内容：

a） 允许的最大和最小值；

b） 平均值；

c） 受试试样数。

31 方法 G3：光纤带尺寸的孔规法

31.1 目的

本试验的目的是验证光纤带的功能性，用于评估光纤带的总尺寸。为了保证功能性，边缘粘连型光纤带的尺寸可用孔规进行控制和最终检验。其意图是验证光纤带端部是否能插入并适当对准商用剥离工具的导槽。适用于封包型光纤带的本方法在考虑中。

31.2 试样

除非详细规范中另有规定，应从受试光纤带取5个试样，每个的最小长度为50 mm。

31.3 设备

如图32所示的一只孔规，它有一个基于光纤带尺寸要求在详细规范中规定的孔。

31.4 程序

拿住受试光纤带试样中间，把10 mm端部插入并穿过孔规。

31.5 要求

光纤带端部10 mm必须能自由地插入并穿过孔规，且试样无机械损伤。

31.6 待规定细节

详细规范应包括如下内容：

a） 孔规的尺寸；

b） 受试试样数。

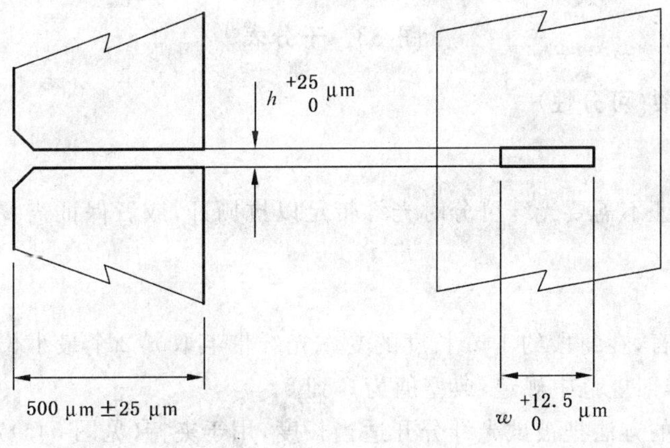

图32 孔规

32 方法 G4：光纤带尺寸的千分表法

32.1 目的

本试验的目的是确定光纤带的宽度和厚度。

32.2 试样

受试光纤带数量应在详细规范中规定。选定的光纤带试样应在统计上独立代表受试光纤带总体。

32.3 设备

应采用一只度盘式千分表测量光纤带的宽度和厚度，其最大测量力为1.4 N。典型的千分表见图33。

32.4 程序

应在受试光纤带两端各进行至少 5 次宽度和厚度测量，然后求取平均值。当测量宽度时，应把光纤带弯成一个环，如图 33 所示，使光纤带垂直于千分表的测量表面。

32.5 要求

除非详细规范中另有规定，宽度和厚度应符合有关光纤带的规范中的要求。并且应记录带宽和带厚的各最小值、最大值和平均值。

32.6 待规定细节

详细规范应规定受试光纤带数量。

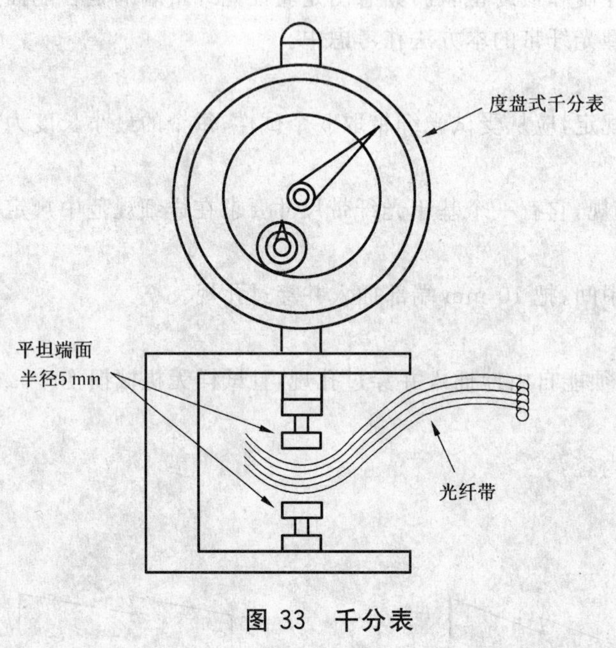

图 33 千分表

33 方法 G5：光纤带撕裂（可分性）

33.1 目的

本试验的目的是保证不需要光纤可分时光纤带足以抗撕开，或者保证需要光纤可分时光纤带的光纤有足够可分性。

33.2 试样

对于 n 芯光纤带而言，在每段约 1 m 长度的受试光纤带上取 $n/2$ 个最小长度 100 mm 的试样，作为一组。共取 x 组，x 在详细规范中规定，典型值为 3 到 5。

用小刀或其他合适的方法把被试光纤分开适当长度，用于夹持（见图 34a））。对 x 个试样（每组取 1 个），把 1 根光纤同光纤带中的其他光纤分开。对另外 x 个试样（每组取 1 个），把 2 根光纤同光纤带中的其他光纤分开，依次类推，直到 $n/2$ 根光纤。

33.3 设备

设备包括：

a) 一台有合适夹持装置的拉力测量设备；

b) 一台至少 100 倍的显微镜。

33.4 程序

把各试样插入拉力测量设备，如图 34b）所示。受试光纤撕裂两端以大约 100 mm/min 的速率分离撕开，并连续记录 50 mm 长度上撕开光纤的力。必要时，依据各试样的最小值、平均值和最大值计算得到 $xn/2$ 个试样的最小值、平均值和最大值。

在要求光纤分开的情况下，应通过显微镜目视检查已分开的各光纤预涂覆层。

33.5 要求

撕裂力的最小值或最大值和平均值应符合详细规范中的规定。

任何光纤的色码应充分完整地保留,以便能识别各光纤。

33.6 待规定细节

详细规范应包括如下内容:

a) 当光纤不需要分开时允许的最小和平均撕裂力,单位为牛顿(N);

b) 当光纤需要分开时允许的最大和平均撕裂力,单位为牛顿(N);

c) 试样数;

d) 光纤带类型(可分的或不可分的)。

单位为毫米

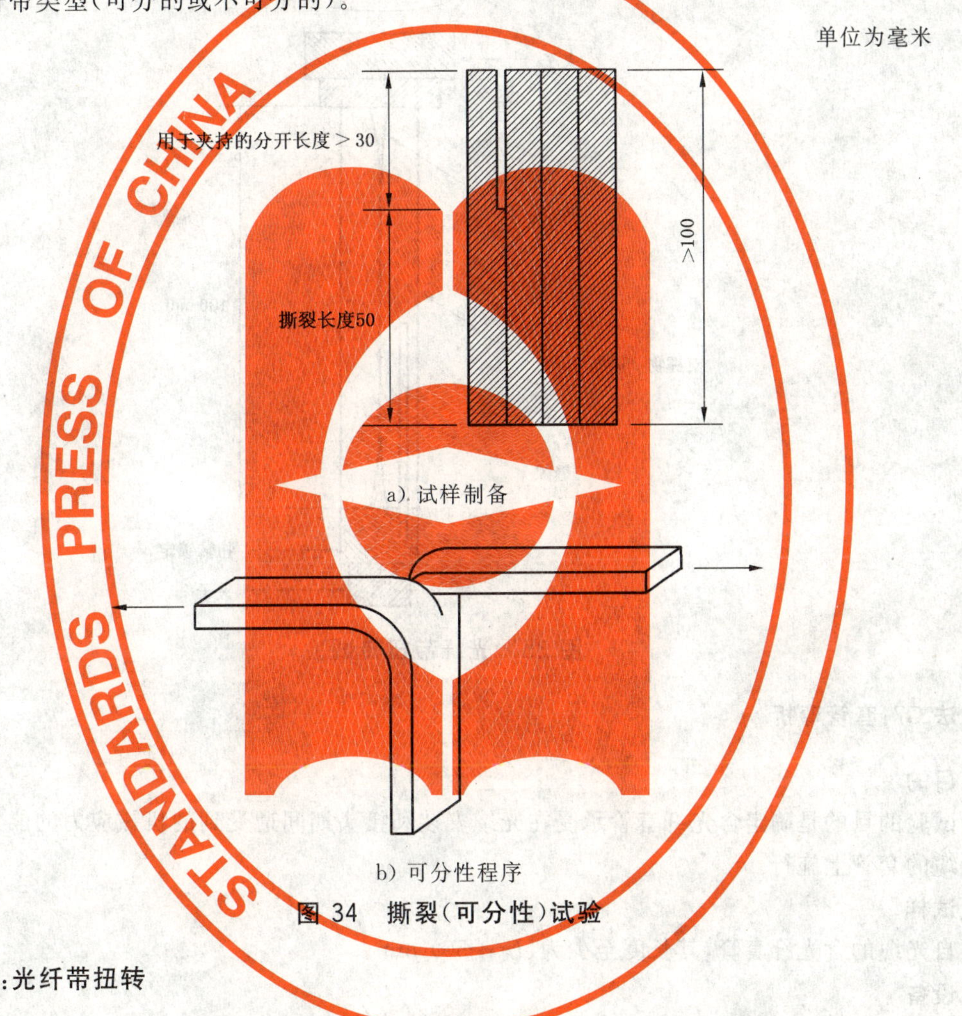

a) 试样制备

b) 可分性程序

图 34 撕裂(可分性)试验

34 方法 G6:光纤带扭转

34.1 目的

本试验的目的是验证光纤带结构的机械完整性和功能完整性,确定光纤带经受扭转而不分层能力,以及在有要求时保持光纤可分性的能力。

34.2 试样

除非详细规范中另有规定,从受试光纤带取 5 个代表性试样,每个长度最小为 120 mm。

34.3 设备

试验设备的示例见图 35,它包括两个垂直放置的夹子,用于握持试样,同时使试样在最小 1 N 张力下扭转。最小受试长度为 100 mm。

34.4 程序

把试样在设备中固牢,以 2 s 时间内 180°±5°增量作扭转。在每个扭转增量之后的最小驻留时间为 5 s。继续增加扭转到详细规范中规定的值或直到发生分层。

34.5 要求

光纤带发生分层之前承受 180° 转动的次数应符合详细规范中的规定。

34.6 待规定细节

详细规范应包括如下内容：

a) 试样数；

b) 转动数。

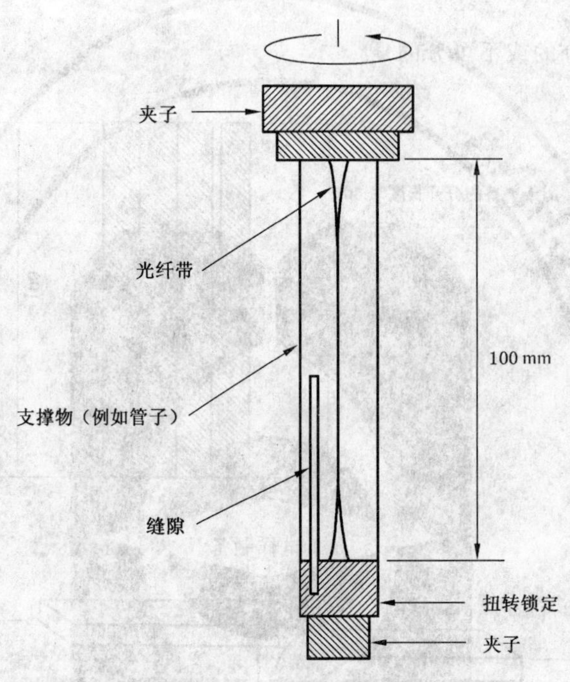

图 35 光纤带扭转试验

35 方法 G7：套管弯折

35.1 目的

本试验的目的是确定含光纤套管承受在光缆安装和接头期间遭受到的机械应力的能力。本试验在取自光缆的套管上施行。

35.2 试样

取自光缆的含光纤套管，其长度至少为(L_1＋50) mm。

35.3 设备

设备包括：

a) 一台试验装置(见图 36)；

b) 一台热风扇(选择项)。

35.4 程序

本试验环境条件应符合 3.4 规定。

根据安装实践，当详细规范中有规定时，可使用热风扇在温度约 80℃下平整试样，但要防止因过热而损坏试样。

试样应标出一段长度 L_1，并且如图 36 所示安装在试验设备内，可移动夹头和固定夹头分开距离 L_2。

可移动夹头应以约 10 mm/s 的速度从在位置 1 移动到相距 L 的位置 2，然后返回到位置 1，构成 1

个循环。应移动规定的循环次数，并应在最后的循环期间使试样在位置 2 停留 60 s 后再返回到位置 1。

试验参数 L、L_1、L_2 的值和循环次数宜模拟运行使用条件，并应在有关规范中规定。

注 1：由于在试验设备内弯曲的缘故，环的最小直径是不固定的，而且只受到依套管直径而定的试样固定长度 L_1 和移动长度 L 的控制。

注 2：固定导槽保证试样有一个规定的位置。透明罩使试样在进行试验时保持在同一平面内并便于观察。两个罩板间的距离通常应为套管直径的 3 倍。

35.5 要求

在试验期间应未见试样弯折。

35.6 待规定细节

详细规范应包括如下内容：

a) 循环次数(典型为 5 次)；

b) 长度 L、L_1、L_2；

c) 用热风扇弄平整的情况(当使用时)。

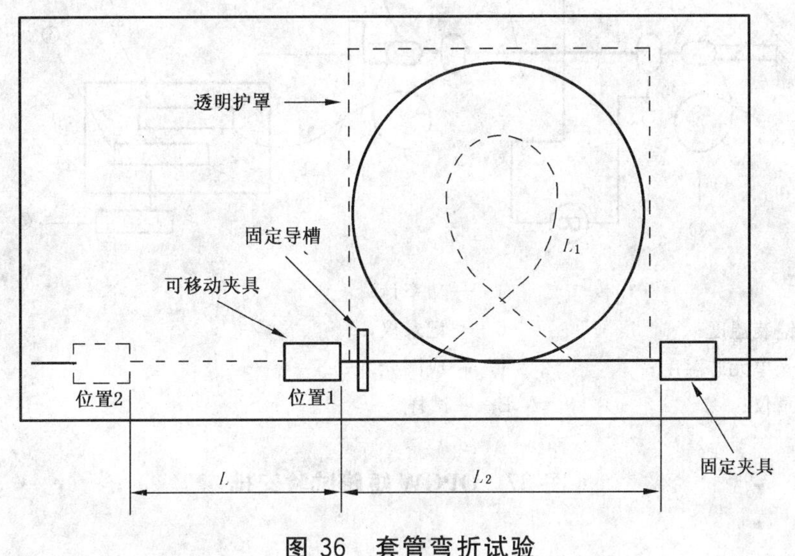

图 36 套管弯折试验

36 方法 H1:短路电流试验

36.1 目的

短路电流试验用于评定 OPGW(光纤复合地线)在典型短路电流下的特性，或评定在吊线上的短路电流对 OPAC(附挂式光缆)性能的影响。

36.2 试样

36.2.1 OPGW 试验

36.2.1.1 两试样试验方法

每个至少长 10 m 的两个试样，应在两端用合适的附件终端。在试样 A 中，应把一个或多个热电耦插入到钻在光单元中的孔内，监测光单元温度。在试样 B 中，应把一个或多个热电耦贴在 OPGW 的金属线上，监测 OPGW 温度。应使用连接到试样 B 的受试光纤各端的光源和光功率计，监测光纤衰减变化。光纤的受试长度至少 100 m。

用两个试样的典型安排示于图 37。

36.2.1.2 单试样试验方法

至少长 10 m 的试样应在两端用合适的附件终端。应把一个或多个热电耦穿过 OPGW 的绞层插到光单元表面上，监测光单元温度。应把一个或多个热电耦贴在 OPGW 的金属线上，监测 OPGW 温度。应使用连接到受试光纤各端的光源和光功率计，监测光纤衰减变化。光纤的受试长度至少 100 m。

36.2.2 **OPAC 试验**

至少长 10 m 的 OPAC 试样用合适的附件附着到商定的吊线上。应把多个热电耦贴在吊线上，记录试验期间达到的温度。温度由用户规定。此外，应把光源和光功率计连接到 OPAC 的受试光纤各端，监测光纤衰减变化。光纤的受试长度至少 100 m。

用于试验 OPAC 的典型安排示于图 38。

36.3 **设备**

OPGW 短路试验设备的典型安排见图 37。OPAC 短路试验设备的典型安排见图 38。

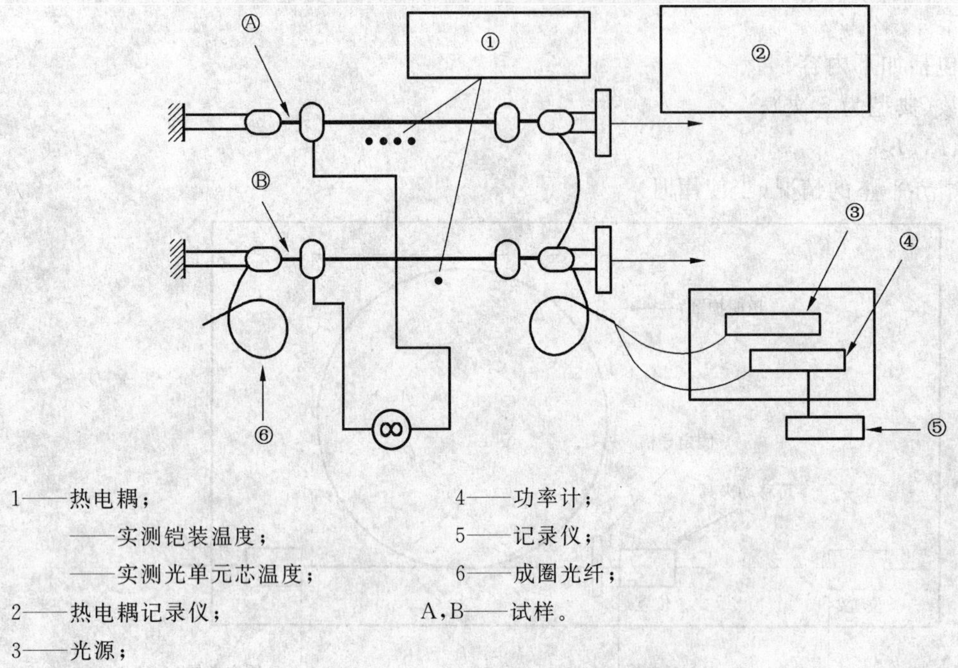

1——热电耦；
——实测铠装温度；
——实测光单元芯温度；
2——热电耦记录仪；
3——光源；
4——功率计；
5——记录仪；
6——成圈光纤；
A,B——试样。

图 37 OPGW 短路试验安排

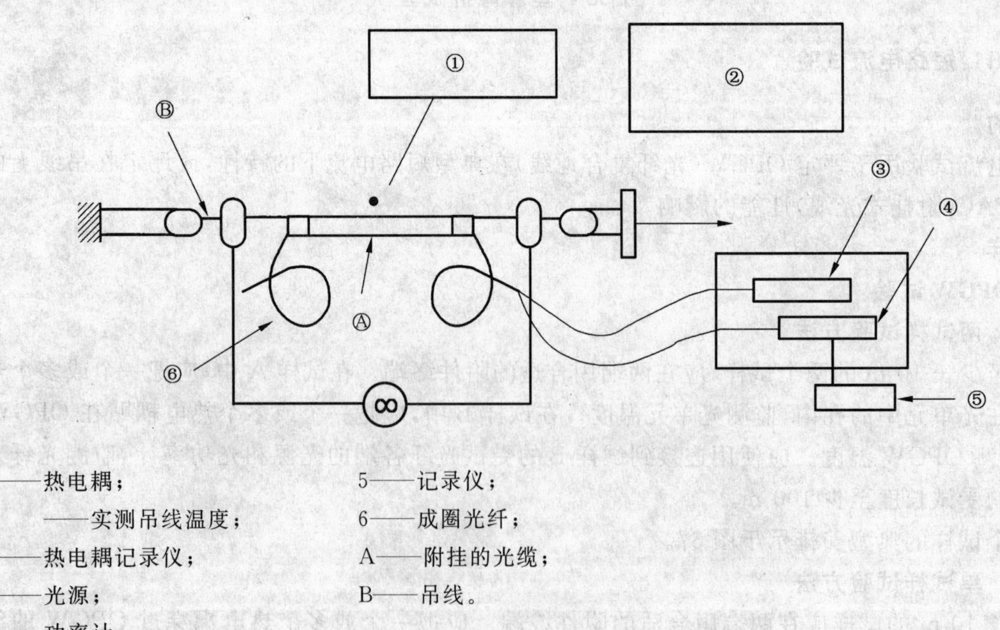

1——热电耦；
——实测吊线温度；
2——热电耦记录仪；
3——光源；
4——功率计；
5——记录仪；
6——成圈光纤；
A——附挂的光缆；
B——吊线。

图 38 OPAC 短路试验安排

36.4 程序

36.4.1 OPGW 试验

通用试验条件如下：

——张力负载：(15±5)%RTS(额定拉断力)；

——试样长度：至少 10 m；

——光纤试验长度：至少 100 m；

——试样起始温度：按用户和制造厂之间的商定；

——故障短路电流密度：按用户和制造厂之间的商定；

——故障短路电流持续时间：按用户和制造厂之间的商定；

——脉冲冲击次数：至少 3 次；

——波形：在第 3 周期之后是对称的。

试样起始温度应由用户和制造厂之间商定。电流脉冲应以金属电缆施加，在各次脉冲之间要使金属电缆冷却到起始温度以下 5℃之内。

在每次电流脉冲之前至少 2 min 到之后至少 5 min，应连续监测受试光纤的衰减变化。

应监测 OPGW 和光单元的温度。

36.4.2 OPAC 试验

通用试验条件如下：

——张力负载：用户和制造厂之间商定；

——试样长度：至少 10 m；

——光纤试验长度：至少 100 m；

——试样起始温度：按用户和制造厂之间的商定；

——吊线最高温度：参照用户规范；

——故障短路电流持续时间：参照用户规范；

——脉冲冲击次数：至少 3 次；

——波形：在第 3 周期之后是对称的。

吊线起始温度应由用户和制造厂之间商定。电流脉冲应以吊线施加，在各次脉冲之间要使吊线冷却到起始温度以下 5℃之内。

在每次电流脉冲之前至少 2 min 到之后至少 5 min，应连续监测受试光纤的衰减变化。吊线温度也应监测。

36.5 要求

应无明显的永久附加衰减，即永久附加衰减不大于允许的测量不确定度。

试验完成时，OPGW 中任何元件达到的最高温度，应在制造厂为这个元件规定的允许温度范围之内。

OPGW 所附着的吊线在试验期间宜达到用户规定的温度。

短路电流试验之后，OPGW 和 OPAC 应拆除，把缆的各元件分开，检查是否有严重磨损、变色、变形或断裂迹象。要特别注意最接近终端金具和档距中点的光缆段。

36.6 待规定细节

36.6.1 OPGW 试验

详细规范应包括如下内容：

a) 所采用的程序(单试样或两试样试验方法)；

b) 试样起始温度；

c) 故障短路电流密度；

d) 故障短路电流持续时间；

e） 脉冲冲击次数。

36.6.2 **OPAC 试验**

详细规范应包括如下内容：

a） 吊线张力负载；

b） 试样起始温度；

c） 吊线达到的最高温度；

d） 故障短路电流持续时间；

e） 脉冲冲击次数。

37 方法 H2：沿电力线路的架空光缆的雷电试验

37.1 目的

本试验用于评定雷击对 OPGW（光纤复合地线）或 OPAC（附挂式光缆）的影响。在 OPGW 情况下，进行雷电试验仅仅是为了不同结构设计之间的比较。在 OPAC 光缆情况下，光缆应安装在吊线上，以尽可能严密地模拟真实安装，进行雷电试验是为了确定护套未受严重损坏。

37.2 试样

试验应在 OPGW 试样中点实施，或者在附着到商定的吊线上的 OPAC 试样上实施。

试样在拉线夹之间应至少 1 m。

37.3 设备

能用于雷电试验的典型试验安排示于图 39。

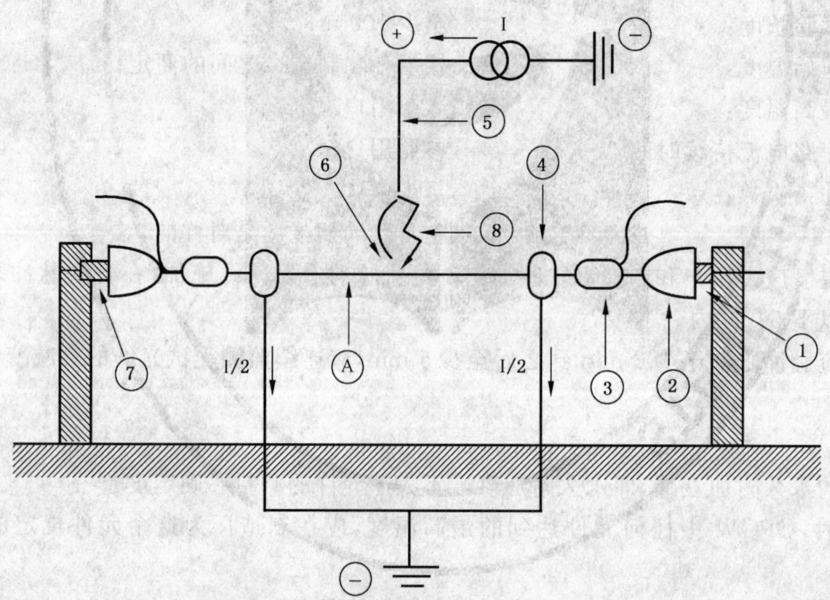

1——螺丝扣；
2——绝缘子；
3——拉线夹；
4——对称接地连接器；
5——具有最好是钨-铜平表面的电极；
6——点火用金属熔丝；
7——张力计；
8 ——电极和光缆表面之间的间隙＝6 cm；
A——试样（包含 OPAC 吊线）。

图 39 雷电试验安排

电极由铜棒或铁棒构成，它应位于金属缆上方。电极和金属缆应在它们自身之间用金属熔丝连接。金属缆上施加的张力负载应是EDS(日平均张力)，为15%～25%RTS(额定拉断力)。如果用户和制造厂之间协商一致，则可施加其他张力负载。

当试验OPAC时，金属熔丝应尽可能紧密连接到OPAC和可施加的绑扎绳与吊线接触的一点。

37.4 程序

试样应经受产生熔融效应的模拟雷击。

依结构特征而定，试验参数按照表2在0级到3级之间选择，或者在用户和制造厂之间商定。

表2 试验参数

试验等级	0级	1级	2级	3级
电流/A	100	200	300	400
持续时间/s	0.5	0.5	0.5	0.5
电荷迁移/C	50	100	150	200

缆的起始温度宜为23℃±5℃。试验应在同样的条件下的不同试样上重复5次。

37.5 要求

试验完成时，失效判据如下：

a) 任何永久的或短暂的光纤附加衰减大于规定值，应构成一次失效(OPGW/OPAC)。

b) 对于OPGW而言，如果发现任何金属线断裂，则OPGW的残留强度应对保持不断的金属线计算。如果算得的残留强度小于最初宣称的RTS的75%，则构成一次失效。

37.6 待规定细节

详细规范应包括如下内容：

a) 试验条件：0级、1级、2级或3级；

b) 允许的光纤附加衰减值。

ICS 27.040
K 54

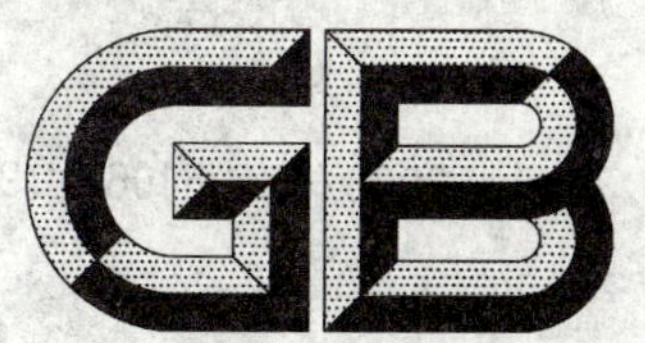

中华人民共和国国家标准

GB/T 7441—2008/IEC 61063:1991
代替 GB/T 7441—1987

汽轮机及被驱动机械发出的空间噪声的测量

Measurement of airborne noise emitted by steam turbines and driven machinery

(IEC 61063:1991,IDT)

2008-07-16 发布　　2009-04-01 实施

中华人民共和国国家质量监督检验检疫总局
中国国家标准化管理委员会　发布

前　言

本标准等同采用 IEC 61063:1991《声学　汽轮机及被驱动机械发出的空间噪声的测量》(英文版)。

本标准等同翻译 IEC 61063:1991。

为便于使用,本标准作了下列编辑性修改:

a) 本标准的名称改为:"汽轮机及被驱动机械发出的空间噪声的测量";

b) 删除 IEC 61063:1991 原文的"前言"和"引言";

c) "引用标准"按 GB/T 1.1—2000 重新排序;

d) 对 IEC 61063:1991 原文中的部分内容,根据我国的叙述习惯进行了适当的编译;

e) 对 IEC 61063:1991 原文图中的部分内容进行重新编译;

本标准代替 GB/T 7441—1987《电站汽轮发电机组噪声测量方法》。本标准与 GB/T 7441—1987 相比主要差别如下:

a) 本标准的名称改为:"汽轮机及被驱动机械发出的空间噪声的测量"。

b) 本标准是等同采用 IEC 61063:1991,与 GB/T 7441—1987 差别较大,无法相比。

c) 本标准增加了规范性引用文件、术语和定义等内容;

d) 本标准对测点设置、反射面等提出了具体要求。

本标准的附录 A 为规范性附录。

本标准由中国电器工业协会提出。

本标准由全国汽轮机标准化技术委员会(SAC/TC 172)归口。

本标准起草单位:上海发电设备成套设计研究院、西安热工研究院有限公司、东方汽轮机有限公司。

本标准主要起草人:程钧培、刘志江、胡廷瑞、刘晨、叶奋、杨瑞福。

本标准所代替标准的历次版本发布情况为:

——GB/T 7441—1987。

汽轮机及被驱动机械发出的
空间噪声的测量

1 范围

1.1 总则

1.1.1 本标准适用于由汽轮机和被驱动机械的组合体(以下称为汽轮机组)发出的空间噪声的测量。对配备有规定的辅助设备的机组不限制其输出功率的大小。本标准仅适用于位于汽轮机运行层面以上和在以该层面为界的连续的测量包络表面以内的汽轮机组(汽轮机、发电机及连接部件)。

在汽轮机基础地面上方,具有反射特性的连续延伸出去的汽轮机运行层面,将视为反射平面。

1.1.2 大型汽轮机组中,汽轮机运行层面经常位于汽轮机水平中心线之下并与之接近(见图1)。如果该层面是连续的和没有会让汽轮机运行层面以下发出噪声影响传声器处噪声测量的开口,则可采用本标准得到汽轮机组噪声的有效测量。

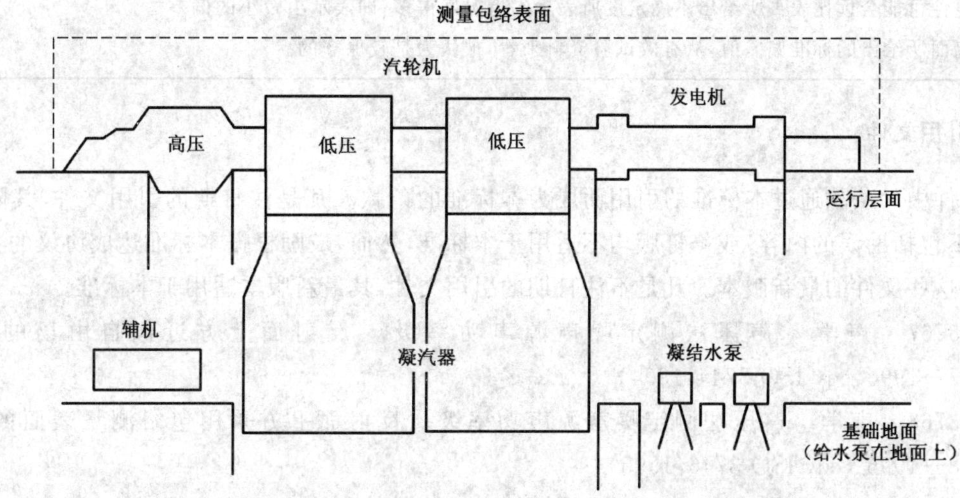

图1 汽轮机组(包括它们的附件和辅机)的示意位置

1.1.3 当汽轮机运行层面位于近汽轮机组中心线的下侧,并具有以下任一结构时:

a) 穿通的栅格形结构地板;

b) 实心地板但在汽轮机组近旁带有开口;

c) 1 m~2 m 宽的实心或栅格形结构的通道。

该汽轮机运行层面不能视作反射平面,此时反射平面就是汽轮机组的基础地面。

在连续的测量包络表面以汽轮机运行层面或汽轮机基础地面为界时,位于汽轮机运行层面以下的附加设备和辅机的噪声,预计在传声器测量位置上会产生很大影响。此时,采用本标准测定声功率级无效。

如果本标准用作比较同类汽轮机 1 m 处的声级,则汽轮机运行层面应作为连续的测量包络面的界面。该比较测量的有效性将取决于由附加设备和辅机在测量位置产生的噪声,从而需要精确规定这些辅机的数量、型式和位置。

确定附件和辅机的噪声辐射对传声器测量位置处声级的影响,最好按 GB/T 3768 测定这些辅机的噪声,并确定这些噪声到传声器测量位置的传播特性。然而,这种方法超出了本标准的范围。

注:当地板上的开口部分在试验期间用适当的相应面板封闭时(面板上侧应具有与汽轮机运行层面相同的反射特性),才视为测量有效。

1.1.4 在汽轮机组已安装在或部分埋入基础地面(也可定义为汽轮机运行层面)的情况下,汽轮机噪声辐射的有效测量可采用本标准。

1.1.5 在诸如汽轮机罩壳和/或滤网这些噪声控制处理装置,已安装在汽轮机组、被驱动机械和辅机上时,处理装置的型式、位置和范围应予说明。

1.2 测量的不确定度

按本标准进行的测量,其偏差小于或等于表1给出的标准偏差。

表1 概测法测定A计权声功率级的不确定度

使用范围	标准偏差/dB
适用于包括分散主音调在内的声源	5
适用于频率均匀分布在人们关注的频率范围内的声源	4

注1:如果本标准规定的方法用于比较类似机组全向和辐射宽频带噪声的声功率级,且在相似环境下测量,则此比较测量的不确定度的标准偏差小于或等于3 dB。

注2:本表所给出的标准偏差反映各种测量不确定度产生因素的累积效应,包括机械设备之间或试验之间的差异可能引起的声功率级的变化。例如:改变声源的安装和运行工况引起的变化。试验结果的再现性和重复性可能会远比表1所给出不确定度所表示的情况好得多,即表示出较小的偏差。

注3:上面所给出的标准偏差值,从有效试验资料来看,被认为是较保守的。

2 规范性引用文件

下列文件中的条款通过本标准的引用而成为本标准的条款。凡是注日期的引用文件,其随后所有的修改单(不包括勘误的内容)或修订版均不适用于本标准,然而,鼓励根据本标准达成协议的各方研究是否可使用这些文件的最新版本。凡是不注日期的引用文件,其最新版本适用于本标准。

GB/T 3767 声学 声压法测定噪声源声功率级 反射面上方近似自由场的工程法(GB/T 3767—1996,eqv ISO 3744:1994)

GB/T 3768 声学 声压法测定噪声源声功率级 反射面上方采用包络测量表面的简易法(GB/T 3768—1996 ,eqv ISO 3746:1995)

GB/T 4129 声学 用于声功率级测定的标准声源的性能与校准要求(GB/T 4129—2003,ISO 6926:1999,IDT)

GB/T 9401 传声器测量方法(GB/T 9401—1988,eqv IEC 60268-4:1972)

GB/T 14367 声学 噪声源声功率级的测定 基础标准使用指南(GB/T 14367—2006,ISO 3740:2000,MOD)

IEC 60050-801:1994 国际电工词汇 第801章:声学和电声学

IEC 61672:2002 声级计

3 术语和定义

下列术语和定义适用于本标准。

3.1

声压级 sound pressure level

L_p,dB

声压与基准声压之比值以10为底的对数值乘以20。使用的计权网络应予指明,例如,A计权声压级,L_{PA}基准声压为20 μPa。

3.2

A 计权表面声压级　A-weighted surface sound pressure level

dB

按第 8 章要求在测量表面上的平均的 A 计权声压级。

3.3

声功率级　sound power level

L_w,dB

给定声功率与基准声功率比值以 10 为底的对数值乘以 10。使用的计权网络应予指明,例如,A 计权声功率级 L_{wA} 基准声功率为 1 pW(10^{-12} W)。

3.4

测量表面　measurement surface

安放传声器的包围声源的面积为 S 的一个假想表面。

3.5

基准面　reference surface

一个假想的恰好包围着声源并终接于反射平面上的最小矩形六面体(即矩形箱体)的表面。

3.6

测量距离　measurement distance

基准面和测量表面之间的距离。

3.7

背景噪声　background noise

当被测声源停运时,在各传声器位置上测得的 A 计权声压级。

4　声学环境

4.1　测试环境的充分准则

为了使声源辐射到反射面上的自由场中,理想的测试环境应除反射平面之外无反射物体。适合按本标准进行测量的测试环境,包括满足附录 A 鉴定要求的平坦的室外场地和室内环境。

附录 A 阐述考虑到测试环境与理想条件的偏差而确定环境修正(如果有的话)数值的方法。

注:如必须在不满足附录 A 准则的空间内测量,试验结果的标准偏差可能大于在 1.2 中给出的标准偏差。

4.2　背景噪声级的准则

在传声器位置上,背景噪声产生的 A 计权声压级至少应比有被测声源的机械运行时的 A 计权声压级低 3 dB。

注:当被测声源的声压级高于背景噪声的声压级不到 3 dB 时,则无法对被测机械进行有效的测量。但是,在有更高背景噪声的情况下,测定的结果作为声源功率级的上限指示可能有用的。

4.3　风

如果测量是在室外进行,风速应小于 6 m/s。在风速高于 1 m/s 时,应使用风屏以保证背景噪声级(由风和其他背景噪声源累积作用而产生的)至少比有被测声源运行时的声级低 3 dB。

5　仪表

5.1　总则

满足 IEC 61672 要求的声级计应采用"慢"档时间计权。

为了将观测者对测量值的影响减至最小,在传声器和声级计之间应采用一根缆线或延伸杆。观测者不应站在传声器和被测声功率级的声源之间。

5.2 校准

至少在每次系列测量之前，应采用准确度为 0.5 dB 声级校准计，在一个或多个频率下校验整个测量系统(如使用电缆，应包括电缆)中传声器。校准频率应在 250 Hz～1 000 Hz 的范围内。校准计应每年检定一次以证实输出没有变化。

6 汽轮机组的安装和运行

6.1 汽轮机组的安装

噪声测量要在汽轮机组以及其所有隔热板、罩壳完全安装好的现场进行。

注：如果测量结果没有受到安装的设备、传动装置、负载装置和场地上其他试验设备所辐射的附加的、不可避免的噪声影响，在进行试验的场地上所做噪声测量的结果，才是可用的。

6.2 在试验期间汽轮机组的运行

汽轮机组应在额定的负荷、转速和励磁工况下正常运行。为了确定噪声最大的运行工况的特性，在各种典型的带负荷工况下，如 25%、50%、75%、100%的额定负荷时可重复测量。

在进行任何噪声测量前，汽轮机组应处于稳态运行工况。

应注意避免来自其他机械的噪声(见 6.3 和 7.3)。

注：在起动和停机期间，可在短期内出现由辅机(如疏水、旁路装置)产生的和部分由汽轮机组部件辐射的较高噪声级。这样的噪声源或运行工况不在本标准范围内。

6.3 辅助设备和被连接机械

被测的汽轮机组运行所需的、但并非机组部件的一切辅助设备不得对噪声测量有较大的影响(见 7.3)。

7 A 计权声压级的测量

7.1 基准表面和测量表面

相关的基准面由相邻的几个单独的基准矩形六面体组成，这样它们刚好包围包括保温层和任何噪声控制屏和罩壳的汽轮机组的各不同部件。该表面应终接在反射平面上。确定基准面的尺寸时，突出在声源之外的非主辐射体零部件可忽略不计。情况通常是这样的，只是阀门要用基准面把它的任何突出部位包围进去。如果阀门不是汽轮机组主体的部件，应按本标准进行单独测量，基准面和测量表面的结构以及传声器位置的分布，应在测量报告中叙述清楚。

注：对于类似机组的为了得到相同的测量表面，其基准矩形六面体总是根据装好有保温层的汽轮机来确定的，即使该汽轮机打算不带保温层运行。

传声器位于测量表面上，该表面是围住声源以及基准矩形六面体终接于反射平面面积为 S 的一个假想表面。

对于汽轮机组，不管大小如何，其测量表面由矩形六面体组成(见图 2)，其各侧平行于基准矩形六面体的各侧，并与基准矩形六面体的距离(测量距离)d。测量距离(d)等于 1 m。

根据图 2，测量表面的面积 S 按式(1)计算。

$$S = 2h_{\max} \cdot b_{\max} + \sum_{i=1}^{Z} l_i(2h_i + b_i) \qquad \cdots\cdots(1)$$

式中：

$h_{\max}$——最大高度；

$b_{\max}$——最大宽度；

Z——矩形六面体的个数。

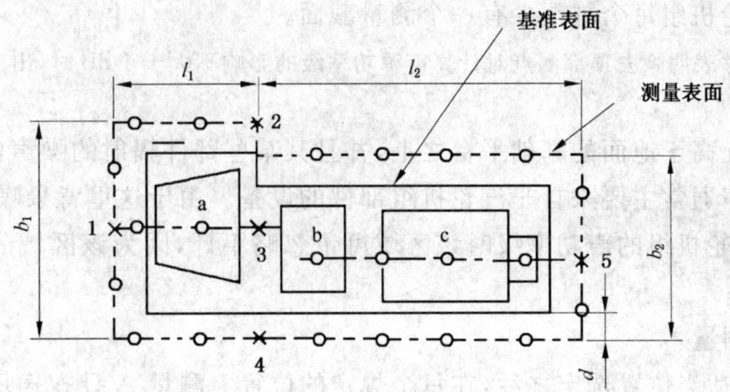

a——汽轮机；

b——齿轮装置；

c——压缩机。

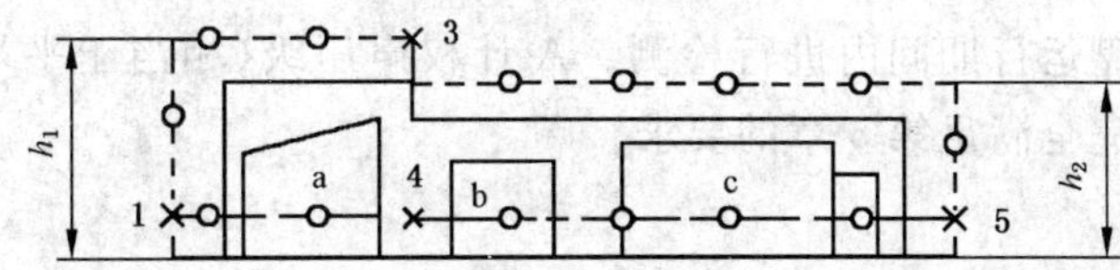

a) 驱动压缩机和齿轮装置的汽轮机

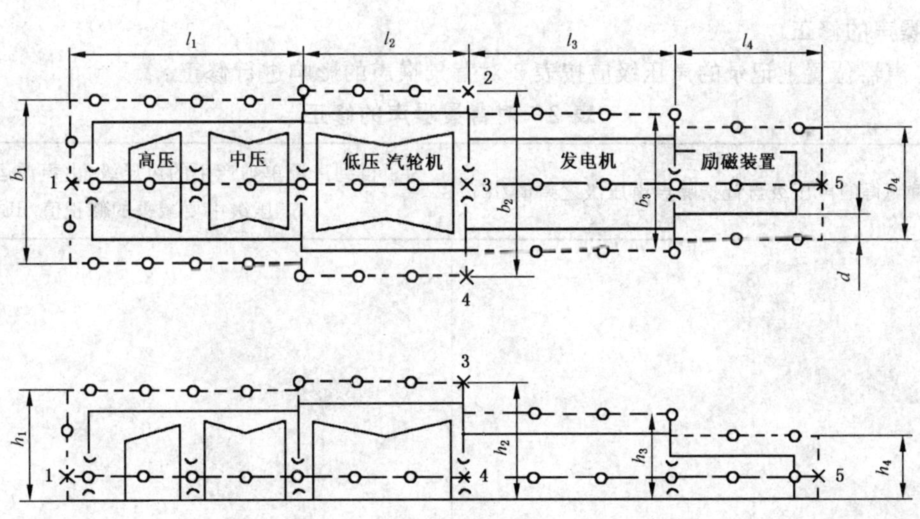

×——主传声器位置；

○——附加传声器位置。

b) 带发电机和励磁装置的大型汽轮机组

图 2 传声器位置的典型布置

7.2 传声器的布置

7.2.1 测量表面上的主传声器位置

图 2 规定了 5 个主传声器的位置。

7.2.2 测量表面上的附加传声器位置

附加传声器的数量取决于整个机组中各部件的尺寸和数量。从主传声器开始，附加传声器应等距离排列，其距离应使汽轮机组每个缸至少有一个测量截面。

注：倘若初步测量能够表明除去顶部测点对计算声源功率级的影响不大于1 dB时，出于安全和价格的理由，顶部测点可以除去。

通常，汽轮机安装在高于地面的基础平台之上，并且其某些部件辐射的噪声传入运行层下面的空间之中。在这些地方，噪声通常主要来自非汽轮机组部件的设备。由于这里背景噪声高，对该区域不推荐安放传声器。在测定汽轮机组的声功率级时该区域可予忽略不计，因为该区域的辐射表面与汽轮机总表面相比很小。

7.3 A计权声压级的测量

在矩形上的传声器适当位置选定之后，在每个规定的位置上测量A计权声压级。对背景噪声进行修正(见8.1)后，该数据用来按第8章的公式进行表面声压级和声功率级的计算。

7.4 测量条件

环境条件可能对用于测量的传声器产生不利影响。这样的条件(如强电场或强磁场、风、被试机械排出的空气或蒸汽的冲击、高温或低温)应通过正确选择传声器位置而加以避免。

注：关于进一步的资料，需用者可参阅GB/T 9401和IEC 61672。

声压级应在机组典型运行期间内进行检测。A计权声压级(相当于平均一平方声压级)应在各测点测取。所用的仪表应完全满足第5章的要求。

应测得以下数据：

a) 试验机械运行期间的A计权声压级；

b) 背景噪声的A计权声压级。

8 表面声压级和声功率级的计算

8.1 背景噪声的修正

每个传声器位置上记录的声压级应按表2对背景噪声的影响进行修正。

表2 对背景噪声的修正

声源运行时测得的声压级与背景噪声声压级之差值/dB	为了得到声源单独产生的声压级，由声源运行时测得的声压级中要减去的修正值/dB
3	3
4	2
5	2
6	1
7	1
8	1
9	0.5
10	0.5
>10	0

注1：在多数情况下(尤其是室内测量)，不可能在汽轮机停运时测定背景噪声级。此时，背景噪声只能通过考虑辅助设备的声功率级和试验房间的反射特性来进行估计。

注2：另一种方法是进行噪声测量以确定主要背景噪声源。当适用的话，应采用吸声层或隔声层，以减小背景噪声级。

8.2 环境修正

如果必要，测得的声压级应对试验环境中所不希望有的反射予以修正，附录A的A.3给出了详细的方法以此确定修正值K(单位:dB)。

8.3 A 计权表面声压级$\overline{L_{PA}}$的计算

测得的 A 计权声压级 L_{PAi} 如果必要的话,应采用 8.1 进行修正之后)使用式(2)来计算 A 计权表面声压级$\overline{L_{PA}}$。

$$\overline{L_{PA}} = 10\lg[1/N\sum_{i=1}^{N}10^{0.1}L_{PAi}] - K \quad \cdots\cdots(2)$$

式中:

$\overline{L_{PA}}$——A 计权表面声压级,dB;基准值:20 μPa;

L_{PAi}——第 i 个测点上 A 计权声压级,dB;基准值:20 μPa;

N——测点总数;

K——考虑声反射影响的环境修正,dB。

环境修正值 K 典型范围是从 0 dB(对于室外测量)到 10 dB 以上(高混响房间的室内测量)。使用本标准时,其允许的最大 K 值为 7 dB。

注:当各 L_{PAi} 值的范围不超过 5 dB 时,可采用简单的算术平均法。得出的平均值与采用式(2)所得数值之差不大于 0.7 dB。

8.4 A 计权声法功率级 L_{WA} 的计算

A 计权声功率级应由式(3)计算。

$$L_{wA} = \overline{L_{PA}} + 10\ \lg(S/S_o) \quad \cdots\cdots(3)$$

式中:

L_{wA}——声源的 A 计权声功率级,dB;基准值:1pW;

$\overline{L_{PA}}$——按 8.3 测得的 A 计权表面声压级,dB;基准值:20 μPa;

S——测量表面的面积,m^2;

S_o——1 m^2。

9 应记录的内容

对于按本标准所做的所有测量,应记录和汇总下列可能用到的内容资料。

9.1 被测汽轮机组

a) 被测汽轮机组的说明(包括其尺寸);

b) 运行工况;

c) 安装条件和汽轮机运行层面相对于汽轮机组和基础地面的位置;

d) 如果机器有多个临时运行声源,测量期间内运行声源的说明;

e) 可能影响传声器位置上噪声的附加设备和辅机噪声源的数量和位置;

f) 噪声控制屏和/或罩壳的数量、型式、位置和大小。

9.2 声学环境

a) 试验环境的说明

如果是室内,应阐明墙壁、天花板和地面的实际处理状况;包括一张标注了声源位置的示意图,所有房间的容积和其他重要细节,如地板的开口情况的示意图。

如果是室外,包括一张表明声源与周围场地相对位置的示意图,并包含该试验环境的实际状况。反射(地面)平面的性质应予记录。

b) 试验环境的声学鉴定见附录 A。

9.3 仪表

a) 测量所用的设备,包括名称、型式、编号和制造厂;

b) 仪表系统校准的日期和地点;

c) 检查传声器及其测量设备校准所使用的方法。

9.4 声学数据

a) 传声器位置(如需要,可包括示意图)和测量距离;

b) 测量表面的面积 S;

c) 各传声器位置上的 A 计权声压级;

d) 各传声器位置上背景噪声的 A 计权声压级和相应的修正值;

e) 按附录 A 算得的环境修正值 K;

f) A 计权表面声压级;

g) 计算得的 A 计权声功率级,该值应圆整为最接近的整数 dB 值;

h) 详述噪声的主观感受(可听见的不连续音调、脉冲特性、频谱成分、瞬时特征等);

i) 测量日期和时间。

10 应报告的资料

报告书应包含阐明完全按本标准的方法测量所得的 A 计权声功率级的内容,并说明该声功率级是以 1 pW(10^{-12} W)为基准,以 dB 值来表示的。

只有资料的最终使用者所需要的那些数据(见第 9 章)才要求报告的。

至少报告如下数据:

a) 被测汽轮机的说明,包括噪声控制屏和/或罩壳装置;

b) 运行工况;

c) 经背景噪声修正后的、试验汽轮机组周围的各个传声器位置上的 A 计权声压级;

d) A 计权表面声压级;

e) A 计权声功率级;

f) 测量日期和时间;

特殊情况下,例如性能试验,试验报告可能有必要包含第 9 章所列的所有资料。

附 录 A
（规范性附录）
测试环境鉴定方法

A.1 总则

按本标准进行测量应提供一个反射平面以上近似自由场的环境。户外适当的试验场地或一个满足本附录所提要求的普通房间可作为测量环境。

除反射平面以外，反射物体应从被测机械的邻近尽可能地移至最远处。试验房间应能理想地提供一个假定的测量表面，该表面位于：

a) 基本上不受附近物体和房间边界反射干扰的声场之内；和

b) 近于被测声源的声场的外部。

对本概测法而言，频率高于 100 Hz 时，如果测量点与被测声源的距离大于或等于 0.25 m 时，则测量表面被认为是在近场的外部。

对于室外测量，A.2 章所规定的条件应予保证。对于室内测量，应遵循 A.3 章两种鉴定方法之一。否则，测量就不符合本标准的要求。

A.2 环境条件

A.2.1 反射平面的类型

对于室外测量，其反射平面应是不受干扰的土面或人造的混凝土地面或致密的沥青地面。对于室内测量，其反射平面通常是房间的地面。

注：当反射表面不是地平面或试验房间的地面时，应注意确保其反射表面不会因振动而辐射任何明显的声能。

A.2.1.1 形状和尺寸

反射表面应大于测量表面在反射表面上的投影，并且最好大于该投影 4 m 以上的距离。

A.2.1.2 吸声系数

反射平面的吸声系数最好在所考虑的频率范围内小于 0.1。当在混凝土地面、沥青地面、沙或石地面上进行室外测量时，这要求一般是满足的，对于室内测量，木质地面和砖面是允许的。

A.2.2 反射物

测量时，测量表面的内部应无被测声源部件的反射物。

A.2.3 室外测量的注意事项

应认识到不利的气象条件（例如温度梯度、风量、降雨量以及湿度）都会影响测量值。测量期间应避免极端气象的条件。在一切情况下，应遵守制造商在仪表使用说明书中所指明的注意事项。

A.3 试验房间的鉴定方法和要求

A.3.1 试验方法

8.3 式(2)中的环境修正值 K 考虑了房间边界和/或被测声源附近的反射物体不希望有的声反射影响。环境修正值 K 的大小主要取决于试验房间等效吸声面积 A 和测量表面面积 S 之比值。其大小与声源在试验房间的位置基本无关。

在本标准中，对应于 A/S 值的环境修正值 K 由图 A.1 求取。测量表面面积 S 由 7.1 式(1)算得。

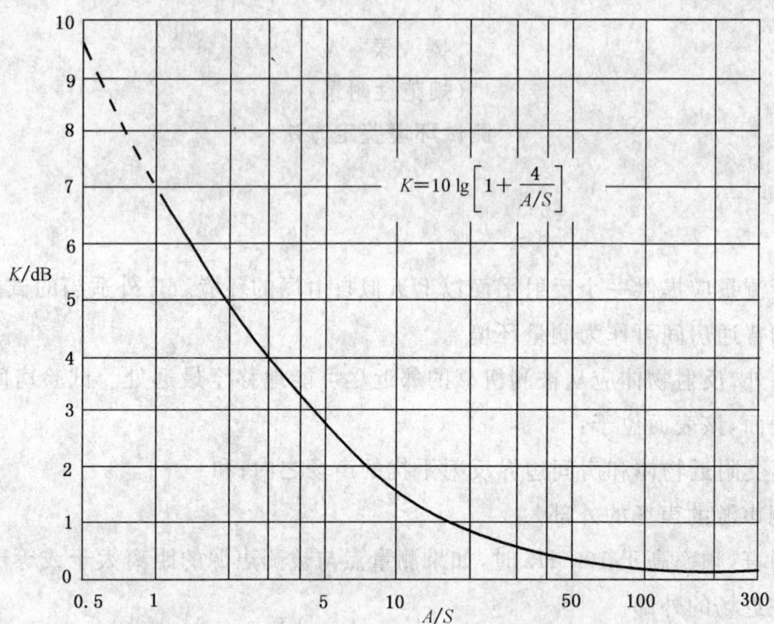

图 A.1 环境修正值 K

等效吸声面积由试验房间的混响时间来确定的，混响时间测定，用宽带噪声或脉冲声激发，在接收系统上用 A 计权接收。A 值(单位 m^2)由下式给出：

$$A = 0.16(V/T)$$

式中：

V——试验房间的体积，m^3；

T——试验房间的混响时间，s。

A.3.2 基于使用标准声源的代用试验方法

环境修正值 K 也可通过计算标准声源的声功率级来确定，该标准声源已在反射平面($K=0$)上的自由声场中预先进行了标定。此时 K 由下式所示：

$$K = L_w - L_{wr}$$

式中：

L_w——标准声源的声功率级，基准值 1 pW，单位 dB。它是按 GB/T 3768 所述的方法测定的，无环境修正值 K(即 K 开始假定为零)。

L_{wr}——标准声源标定后的声功率级，基准值 1 pW，单位 dB。其值按 GB/T 4129 所述方法测定。

注：L_w 是在被测汽轮机组每条长边的中部进行两次测定的平均值，测量表面距标准声源 1 m。被测汽轮机的长度大于 10 m 时，标准声源要补充两个位置，如可能，可设于机组的两端。

A.3.3 试验房间的鉴定要求

为了使试验房间中的测量表面能满足按本标准要求进行的测量，环境修正值 K 应不大于 7 dB。

$$K \leqslant 7$$

这意味着吸声面积 A 与测量表面面积 S 的比值应大于、等于 1：

$$A/S \geqslant 1$$

注：比值 A/S 越大越好。

如果上述要求不能满足，可在试验房间里放入吸声材料来增大比值 A/S 并在新的条件下重新测定 A/S 值。

如果环境不能满足本条的要求，则此环境不能用作按本标准要求进行被测声源的测量。

A.4 室外测量的鉴定要求

对于比汽轮机组体积大得多的房间且未完全封闭的厂房，则环境修正值 K 可视作零。对于室外测量其反射平面应具有 A.2.1 所规定的特性并且背景噪声级应符合 4.2 的要求。